U0341928

Cultural Corridor
文化长廊

天津滨海新区文化中心规划和建筑设计

Planning and Architectural Design of Cultural Center in Binhai New Area, Tianjin

《天津滨海新区规划设计丛书》编委会　编
霍　兵　主编

江苏凤凰科学技术出版社

Tianjin Binhai Exploratorium brings together
both the development of Binhai
and its industrial history
It is a cultural facility of the past,
the present and the future.

Bernard Tschumi
15 April 2016

天津滨海探索馆将滨海新区的发展和工业历史结合在一起，它是服务于过去、现在和未来的文化设施。

伯纳德 · 屈米
2016 年 4 月 15 日

滨海之心
文化之脉
时代之韵

何镜堂

Glück und Erfolg für ein außergewöhnliches Projekt!

Stephan Schütz

Architekten von Gerkan, Marg + Partner

Berlin, 06.04.16

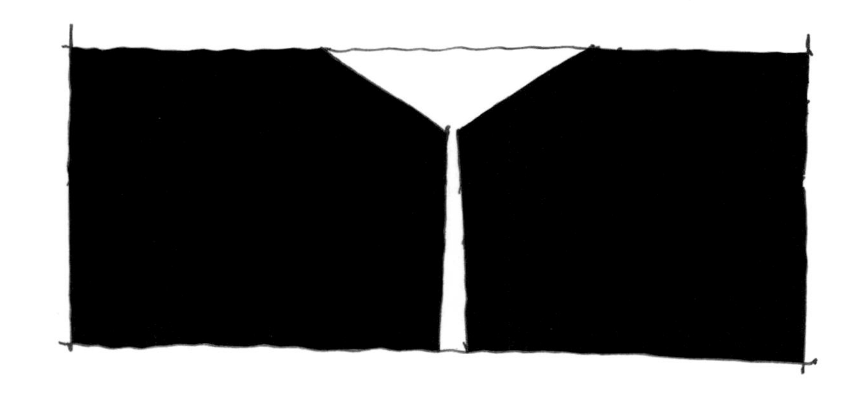

祝愿这个非比寻常的项目顺利落成、取得成功！

斯特凡 · 胥茨

2016 年 4 月 6 日

The eye is the center of the library. Here the building is 'hollowed out' to make – out of the bookshelves – a space to sit, read, hang out, talk, climb and access.
In its very heart the mirroring auditorium 'enlarges' this space many times....

Winy Maas

“眼睛”是整个图书馆的中心。在这里，建筑被“挖空”了——创造一个在书架空间之外可供人们休息、读书、参观、交谈、攀爬或者进入的空间。在建筑的中心位置，这个球形的镜面剧场把这里的空间“放大”了许多倍。

韦尼 · 马斯

《天津滨海新区规划设计丛书》编委会

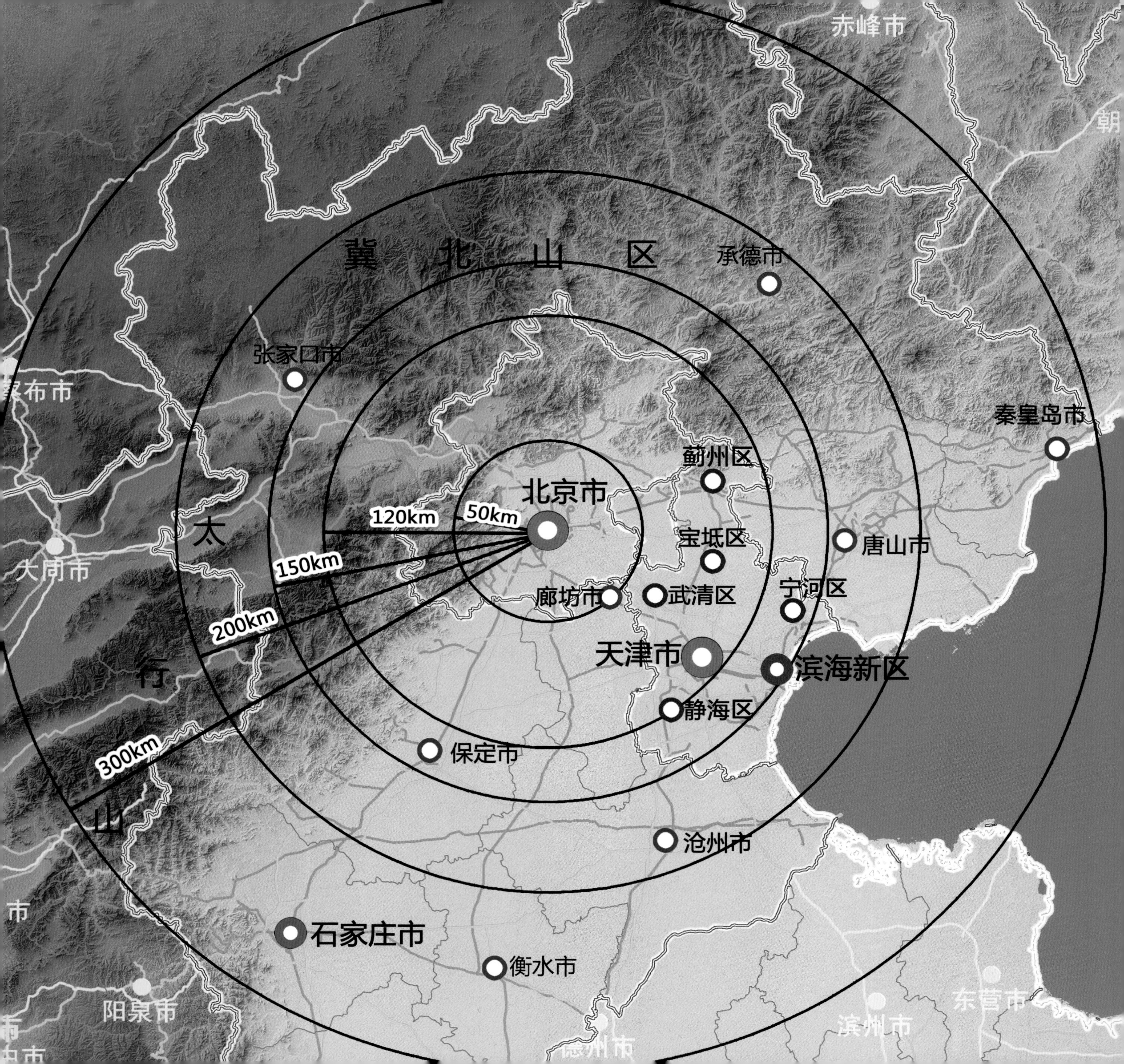

赤峰市
朝
冀 北 山 区
承德市
张家口市
布市
秦皇岛市
蓟州区
北京市
120km
50km
太
宝坻区
唐山市
大同市
150km
廊坊市
武清区
宁河区
200km
天津市
滨海新区
行
静海区
300km
保定市
山
沧州市
市
石家庄市
衡水市
阳泉市
东营市
滨州市
德州市

序
Preface

2006年5月，国务院下发《关于推进天津滨海新区开发开放有关问题的意见》（国发〔2006〕20号），滨海新区正式被纳入国家发展战略，成为综合配套改革试验区。按照党中央、国务院的部署，在国家各部委的大力支持下，天津市委市政府举全市之力建设滨海新区。经过艰苦的奋斗和不懈的努力，滨海新区的开发开放取得了令人瞩目的成绩。今天的滨海新区与十年前相比有了天翻地覆的变化，经济总量和八大支柱产业规模不断壮大，改革创新不断取得新进展，城市功能和生态环境质量不断改善，社会事业不断进步，居民生活水平不断提高，科学发展的滨海新区正在形成。

回顾和总结十年来的成功经验，其中最重要的就是坚持高水平规划引领。我们深刻地体会到，规划是指南针，是城市发展建设的龙头。要高度重视规划工作，树立国际一流的标准，运用先进的规划理念和方法，与实际情况相结合，探索具有中国特色的城镇化道路，使滨海新区社会经济发展和城乡规划建设达到高水平。为了纪念滨海新区被纳入国家发展战略十周年，滨海新区规划和国土资源管理局组织编写了这套《天津滨海新区规划设计丛书》，内容包括滨海新区总体规划、规划设计国际征集、城市设计探索、控制性详细规划全覆盖、于家堡金融区规划设计、滨海新区文化中心规划设计、城市社区规划设计、保障房规划设计、城市道路交通基础设施和建设成就等，共十册。这是一种非常有意义的纪念方式，目的是总结新区十年来在城市规划设计方面的成功经验，寻找差距和不足，树立新的目标，实现更好的发展。

未来五到十年，是滨海新区实现国家定位的关键时期。在新的历史时期，在“一带一路”、京津冀协同发展国家战略及自贸区的背景下，在我国经济发展进入新常态的情形下，滨海新区作为国家级新区和综合配套改革试验区，要在深化改革开放方面进行先行先试探索，期待用高水平的规划引导经济社会发展和城市规划建设，实现转型升级，为其他国家级新区和我国新型城镇化提供可推广、可复制的经验，为全面建成小康社会、实现中华民族的伟大复兴做出应有的贡献。

天津市委常委

滨海新区区委书记

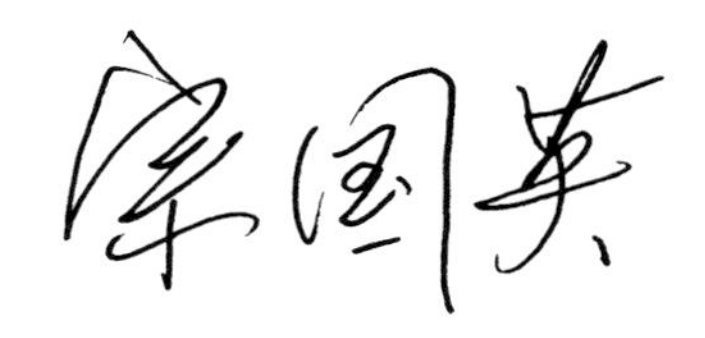

2016年2月

N
0
4000
8000M
2000
6000
滨海新区用地规划图

前 言
Foreword

天津市委市政府历来高度重视滨海新区城市规划工作。2007 年，天津市第九次党代会提出：全面提升城市规划水平，使新区的规划设计达到国际一流水平。2008 年，天津市政府设立重点规划指挥部，开展 119 项规划编制工作，其中新区 38 项，内容包括滨海新区空间发展战略和城市总体规划、中新天津生态城等功能区规划、于家堡金融区等重点地区规划，占全市任务的三分之一。在天津市空间发展战略的指导下，滨海新区空间发展战略规划和城市总体规划明确了新区发展的空间格局，满足了新区快速建设的迫切需求，为建立完善的新区规划体系奠定了基础。

天津市规划局多年来一直将滨海新区规划工作作为重点。1986 年，天津城市总体规划提出“工业东移”的发展战略，大力发展滨海地区。1994 年，开始组织编制滨海新区总体规划。1996 年，成立滨海新区规划分局，配合滨海新区领导小组办公室和管委会做好新区规划工作，为新区的规划打下良好的基础，并培养锻炼一支务实的规划管理人员队伍。2009 年滨海新区政府成立后，按照市委市政府的要求，天津市规划局率先将除城市总体规划和分区规划之外的规划审批权和行政许可权依法下放给滨海新区政府；同时，与滨海新区政府共同组织新区各委局、各功能区管委会，再次设立新区规划提升指挥部，统筹编制 50 余项规划，进一步完善规划体系，提高规划设计水平。市委市政府和新区区委区政府主要领导对新区规划工作不断提出要求，通过设立规划指挥部和开展专题会等方式对新区重大规划给予审查。市规划局各位局领导和各部门积极支持新区工作，市有关部门也对新区规划工作给予指导支持，以保证新区各项规划建设的高水平。

滨海新区区委区政府十分重视规划工作。滨海新区行政体制改革后，以原市规划局滨海分局和市国土房屋管理局滨海分局为班底组建了新区规划和国土资源管理局。五年来，在新区区委区政府的正确领导下，新区规划和国土资源管理局认真贯彻落实中央和市委市政府、区委区政府的工作部署，以规划为龙头，不断提高规划设计和管理水平；通过实施全区控规全覆盖，实现新区各功能区统一的规划管理；通过推广城市设计和城市设计规范化、法定化改革，不断提高规划管理水平，较好地完成本职工作。在滨海新区被纳入国家发展战略十周年之际，新区规划和国土资源管理局组织编写这套《天津滨海新区规划设计丛书》，对过去的工作进行总结，非常有意义；希望以此为契机，再接再厉，进一步提高规划设计和管理水平，为新区在新的历史时期再次腾飞做出更大的贡献。

天津市规划局局长　　天津市滨海新区区长

2016 年 3 月

滨海新区城市规划的十年历程
Ten Years Development Course of Binhai Urban Planning

白驹过隙，在持续的艰苦奋斗和改革创新中，滨海新区迎来了被纳入国家发展战略后的第一个十年。作为中国经济增长的第三极，在快速城市化的进程中，滨海新区的城市规划建设以改革创新为引领，尝试在一些关键环节先行先试，成绩斐然。组织编写这套《天津滨海新区规划设计丛书》，对过去十年的工作进行回顾总结，是纪念新区十周年一种很有意义的方式，希望为国内外城市提供经验借鉴，也为新区未来发展和规划的进一步提升夯实基础。这里，我们把滨海新区的历史沿革、开发开放的基本情况以及在城市规划编制、管理方面的主要思路和做法介绍给大家，作为丛书的背景资料，方便读者更好地阅读。

一、滨海新区十年来的发展变化

1. 滨海新区重要的战略地位

滨海新区位于天津东部、渤海之滨，是北京的出海口，战略位置十分重要。历史上，在明万历年间，塘沽已成为沿海军事重镇。到清末，随着京杭大运河淤积，南北漕运改为海运，塘沽逐步成为河、海联运的中转站和货物集散地。大沽炮台是我国近代史上重要的海防屏障。

1860 年第二次鸦片战争，八国联军从北塘登陆，中国的大门向西方打开。天津被迫开埠，海河两岸修建起八国租界。塘沽成为当时军工和民族工业发展的一个重要基地。光绪十一年（1885 年），清政府在大沽创建“北洋水师大沽船坞”。光绪十四年（1888 年），开滦矿务局唐（山）胥（各庄）铁路延长至塘沽。1914 年，实业家范旭东在塘沽创办久大精盐厂和中国第一个纯碱厂——永利碱厂，使这里成为中国民族化工业的发源地。抗战爆发后，日本侵略者出于掠夺的目的于 1939 年在海河口开建人工海港。

新中国成立后，天津市获得新生。1951 年，天津港正式开港。凭借良好的工业传统，在第一个“五年计划”期间，我国许多自主生产的工业产品，如第一台电视机、第一辆自行车、第一辆汽车等，都在天津诞生，天津逐步从商贸城市转型为生产型城市。1978 年改革开放，天津迎来了新的机遇。1986 年城市总体规划确定了“一个扁担挑两头”的城市布局，在塘沽城区东北部盐场选址规划建设天津经济技术开发区（Tianjin Economic-Technological Development Area—TEDA）——泰达，一批外向型工业兴起，开发区成为天津走向世界的一个窗口。1986 年，被称为“中国改革开放总设计师”的邓小平高瞻远瞩地指出：“你们在港口和市区之间有这么多荒地，这是个很大的优势，我看你们潜力很大”，并欣然题词：“开发区大有希望”。

1992 年小平同志南行后，中国的改革开放进入新的历史时期。1994 年，天津市委市政府加大实施“工业东移”战略，提出：用十年的时间基本建成滨海新区，把饱受发展限制的天津老城区的工业转移至地域广阔的滨海新区，转型升级。1999 年，时任中央总书记的江泽民充分肯定了滨海新区的发展：“滨海新区的战略布局思路正确，肯定大有希望。”经过十多年的努力奋斗，进入 21 世纪以来，天津滨海新区已经具备了一定的发展基础，取得了一定的成绩，为被纳入国家发展战略奠定了坚实的基础。

2. 中国经济增长的第三极

2005 年 10 月，党的十六届五中全会在《中共中央关于制定国民经济和社会发展第十一个五年规划的建议》中提出：继续发挥经济特区、上海浦东新区的作用，推进天津滨海新区等条件较好地区的开发开放，带动区域经济发展。2006 年，滨海新区被纳入国家“十一五”规划。2006 年 6 月，国务院下发《关于推进天津滨海新区开发开放有关问题的意见》（国发〔2006〕20 号），滨海新区被正式纳入国家发展战略，成为综合配套改革试验区。

20 世纪 80 年代深圳经济特区设立的目的是在改革开放的初期，打开一扇看世界的窗。20 世纪 90 年代上海浦东新区的设立正处于我国改革开放取得重大成绩的历史时期，其目的是扩大开放、深化改革。21 世纪天津滨海新区设立的目的是在我国初步建成小康社会的条件下，按照科学发展观的要求，做进一步深化改革的试验区、先行区。国务院对滨海新区的定位是：依托京津冀、服务环渤海、辐射“三北”、面向东北亚，努力建设成为我国北方对外开放的门户、高水平的现代制造业和研发转化基地、北方国际航运中心和国际物流中心，逐步成为经济繁荣、社会和谐、环境优美的宜居生态型新城区。

滨海新区距北京只有1小时车程，有北方最大的港口天津港。有国外记者预测，“未来 20 年，滨海新区将成为中国经济增长的第三极——中国经济增长的新引擎”。这片有着深厚历史积淀和基础、充满活力和激情的盐田滩涂将成为新一代领导人政治理论和政策举措的示范窗口和试验田，要通过“科学发展”建设一个“和谐社会”，以带动北方经济的振兴。与此同时，滨海新区也处于金融改革、技术创新、环境保护和城市规划建设等政策试验的最前沿。

3. 滨海新区十年来取得的成绩

按照党中央、国务院的部署，天津市委市政府举全市之力建设滨海新区。经过不懈的努力，滨海新区开发开放取得了令人瞩目的成绩，以行政体制改革引领的综合配套改革不断推进，经济高速增长，产业转型升级，今天的滨海新区与十年前相比有了沧海桑田般的变化。

2015 年，滨海新区国内生产总值达到 9300 万亿左右，是 2006 年的 5 倍，占天津全市比重 56%。航空航天等八大支柱产业初步形成，空中客车 A-320 客机组装厂、新一代运载火箭、天河一号超级计算机等国际一流的产业生产研发基地建成运营。1000 万吨炼油和 120 万吨乙烯厂建成投产。丰田、长城汽车年产量提高至 100 万辆，三星等手机生产商生产手机 1 亿部。天津港吞吐量达到 5.4 亿吨，集装箱 1400 万标箱，邮轮母港的客流量超过 40 万人次，天津滨海国际机场年吞吐量突破 1400 万人次。京津塘城际高速铁路延伸线、津秦客运专线投入运营。滨海新区作为高水平的现代制造业和研发转化基地、北方国际航运中心和国际物流中心的功能正在逐步形成。

十年来，滨海新区的城市规划建设也取得了令人瞩目的成绩，城市建成区面积扩大了 130 平方千米，人口增加了 130 万。完善的城市道路交通、市政基础设施骨架和生态廊道初步建立，产业布局得以优化，特别是各具特色的功能区竞相发展，一个既符合新区地域特点又适应国际城市发展趋势、富有竞争优势、多组团网络化的城市区域格局正在形成。中心商务区于家堡金融区海河两岸、开发区现代产业服务区（MSD）、中新天津生态城以及空港商务区、高新区渤龙湖地区、东疆港、北塘等区域的规划建设都体现了国际水准，滨海新区现代化港口城市的轮廓和面貌初露端倪。

二、滨海新区十年城市规划编制的经验总结

回顾十年来滨海新区取得的成绩，城市规划发挥了重要的引领作用，许多领导、国内外专家学者和外省市的同行到新区考察时都对新区的城市规划予以肯定。作为中国经济增长的第三极，新区以深圳特区和浦东新区为榜样，力争城市规划建设达到更高水平。要实现这一目标，规划设计必须具有超前性，且树立国际一流的标准。在快速发展的情形下，做到规划先行，切实提高规划设计水平，不是一件容易的事情。归纳起来，我们主要有以下几方面的做法。

1. 高度重视城市规划工作，花大力气开展规划编制，持之以恒，建立完善的规划体系

城市规划要发挥引导作用，首先必须有完整的规划体系。天津市委市政府历来高度重视城市规划工作。2006 年，滨海新区被纳入国家发展战略，市政府立即组织开展了城市总体规划、功能区分区规划、重点地区城市设计等规划编制工作。但是，要在短时间内建立完善的规划体系，提高规划设计水平，特别是像滨海新区这样的新区，在“等规划如等米下锅”的情形下，必须采取非常规的措施。

2007 年，天津市第九次党代会提出了全面提升规划水平的要求。2008 年，天津全市成立了重点规划指挥部，开展了 119 项规划编制工作，其中新区 38 项，占全市任务的 1/3。重点规划指挥部采用市主要领导亲自抓、规划局和政府相关部门集中办公的形式，新区和各区县成立重点规划编制分指挥部。为解决当地规划设计力量不足的问题，我们进一步开放规划设计市场，吸引国内外高水平的规划设计单位参与天津的规划编制。规划编制内容充分考虑城市长远发展，完善规划体系，同时以近五年建设项目策划为重点。新区 38 项规划内容包括滨海新区空间发展战略规划和城市总体规划、中新天津生态城、南港工业区等分区规划，于家堡金融区、响螺湾商务区和开发区现代产业服务区（MSD）等重点地区，涵盖总体规划、分区规划、城市设计、控制性详细规划等层面。改变过去习惯的先编制上位规划、再顺次编制下位规划的做法，改串联为并联，压缩规划编制审批的时间，促进上下层规划的互动。起初，大家对重点规划指挥部这种形式有怀疑和议论。实际上，规划编制有时需要特殊的组织形式，如编制城市总体规划一般的做法都需要采取成立领导小组、集中规划编制组等形式。重点规划指挥部这种集中突击式的规划编制是规划编制各种组织形式中的一种。实践证明，它对于一个城市在短时期内规划体系完善和水平的提高十分有效。

经过大干 150 天的努力和“五加二、白加黑”的奋战，38 项规划成果编制完成。在天津市空间发展战略的指导下，滨海新区空间发展战略规划和城市总体规划明确了新区发展大的空间格局。在总体规划、分区规划和城市设计指导下，近期重点建设区的控制性详细规划先行批复，满足了新区实施国家战略伊始加速建设的迫切要求。可以说，重点规划指挥部 38 项规划的编制完成保证了当前的建设，更重要的是夯实了新区城市规划体系的根基。

除城市总体规划外，控制性详细规划不可或缺。控制性详细规划作为对城市总体规划、分区规划和专项规划的深化和落实，是规划管理的法规性文件和土地出让的依据，在规划体系中起着承上启下的关键作用。2007 年以前，滨海新区控制性详细规划仅完成了建成区的 30%。控规覆盖率低必然造成规划的被动。因此，我们将新区控规全覆盖作为一项重点工作。经过

近一年的扎实准备，2008 年初，滨海新区和市规划局统一组织开展了滨海新区控规全覆盖工作，规划依照统一的技术标准、统一的成果形式和统一的审查程序进行。按照全覆盖和无缝拼接的原则，将滨海新区 2270 平方千米的土地划分为 38 个分区 250 个规划单元，同时编制。要实现控规全覆盖，工作量巨大，按照国家指导标准，仅规划编制经费就需巨额投入，因此有人对这项工作持怀疑态度。新区管委会高度重视，利用国家开发银行的技术援助贷款，解决了规划编制经费问题。新区规划分局统筹全区控规编制，各功能区管委会和塘沽、汉沽、大港政府认真组织实施。除天津规划院、渤海规划院之外，国内十多家规划设计单位也参与了控规编制。这项工作也被列入 2008 年重点规划指挥部的任务并延续下来。到 2009 年底，历时两年多的奋斗，新区控规全覆盖基本编制完成，经过专家审议、征求部门意见以及向社会公示等程序后，2010 年 3 月，新区政府第七次常务会审议通过并下发执行。滨海新区历史上第一次实现了控规全覆盖，实现了每一寸土地上都有规划，使规划成为经济发展和城市建设的先行官，从此再没有出现招商和项目建设等无规划的情况。控规全覆盖奠定了滨海新区完整规划体系的牢固底盘。

当然，完善的城市规划体系不是一次设立重点规划指挥部、一次控规全覆盖就可以全方位建立的。所以，2010 年 4 月，在滨海新区政府成立后，按照市委市政府要求，滨海新区人民政府和市规划局组织新区规划和国土资源管理局与新区各委局、各功能区管委会，再次设立新区规划提升指挥部，统筹编制新区总体规划提升在内的 50 余项各层次规划，进一步完善规划体系，提高规划设计水平。另外，除了设立重点规划指挥部和控规全覆盖这种特殊的组织形式外，新区政府在每年年度预算中都设立了规划业务经费，确定一定数量的指令性任务，有计划地长期开展规划编制和研究工作，持之以恒，这一点也很重要。

十年后的今天，经过两次设立重点规划指挥部、控规全覆盖和多年持续的努力，滨海新区建立了包括总体规划和详细规划两大阶段，涉及空间发展战略、总体规划、分区规划、专项规划、控制性详细规划、城市设计和城市设计导则等七个层面的完善的规划体系。这个规划体系是一个庞大的体系，由数百项规划组成，各层次、各片区规划具有各自的作用，不可或缺。空间发展战略和总体规划明确了新区的空间布局和总体发展方向；分区规划明确了各功能区主导产业和空间布局特色；专项规划明确了各项道路交通、市政和社会事业发展布局。控制性详细规划做到全覆盖，确保每一寸土地都有规划，实现全区一张图管理。城市设计细化了城市功能和空间形象特色，重点地区城市设计及导则保证了城市环境品质的提升。我们深刻地体会到，一个完善的规划体系，不仅是资金投入的累积，更是各级领导干部、专家学者、技术人员和广大群众的时间、精力、心血和智慧的结晶。建立一套完善的规划体系不容易，保证规划体系的高品质更加重要，要在维护规划稳定和延续的基础上，紧跟时代的步伐，使规划具有先进性，这是城市规划的历史使命。

2. 坚持继承发展和改革创新，保证规划的延续性和时代感

城市空间战略和总体规划是对未来发展的预测和布局，关系城市未来几十年、上百年发展的方向和品质，必须符合城市发展的客观规律，具有科学性和稳定性。同时，21 世纪科学技术日新月异，不断进步，所以，城市规划也要有一定弹性，以适应发展的变化，并正确认识城市规划不变与变的辩证关系。多年来，继承发展和改革创新并重是天津及滨海新区城市规划的主要特征和成功经验。

早在1986年经国务院批准的第一个天津市城市总体规划中，天津市提出了“工业战略东移”的总体思路，确定了“一个扁担挑两头”的城市总体格局。这个规划符合港口城市由内河港向海口港转移和大工业沿海布置发展的客观规律和天津城市的

实际情况。30 年来，天津几版城市总体规划修编一直坚持城市大的格局不变，城市总体规划一直突出天津港口和滨海新区的重要性，保持规划的延续性，这是天津城市规划非常重要的传统。正是因为多年来坚持了这样一个符合城市发展规律和城市实际情况的总体规划，没有“翻烧饼”，才为多年后天津的再次腾飞和滨海新区的开发开放奠定了坚实的基础。

当今世界日新月异，在保持规划传统和延续性的同时，我们也更加注重城市规划的改革创新和时代性。2008 年，考虑到滨海新区开发开放和落实国家对天津城市定位等实际情况，市委市政府组织编制天津市空间发展战略，在 2006 年国务院批准的新一版城市总体规划布局的基础上，以问题为导向，确定了“双城双港、相向拓展、一轴两带、南北生态”的格局，突出了滨海新区和港口的重要作用，同时着力解决港城矛盾，这是对天津历版城市总体规划布局的继承和发展。在天津市空间发展战略的指导下，结合新区的实际情况和历史沿革，在上版新区总体规划以塘沽、汉沽、大港老城区为主的“一轴一带三区”布局结构的基础上，考虑众多新兴产业功能区作为新区发展主体的实际，滨海新区确定了“一城双港、九区支撑、龙头带动”的空间发展战略。在空间战略的指导下，新区的城市总体规划充分考虑历史演变和生态本底，依托天津港和天津国际机场核心资源，强调功能区与城区协调发展和生态环境保护，规划形成“一城双港三片区”的空间格局，确定了“东港口、西高新、南重化、北旅游、中服务”的产业发展布局，改变了过去开发区、保税区、塘沽区、汉沽区、大港区各自为政、小而全的做法，强调统筹协调和相互配合。规划明确了各功能区的功能和产业特色，以产业族群和产业链延伸发展，避免重复建设和恶性竞争。规划明确提出：原塘沽区、汉沽区、大港区与城区临近的石化产业，包括新上石化项目，统一向南港工业区集中，真正改变了多少年来财政分灶吃饭体制所造成的一直难以克服的城市环境保护和城市安全的难题，使滨海新区走上健康发展的轨道。

改革开放 30 年来，城市规划改革创新的重点仍然是转换传统计划经济的思维，真正适应社会主义市场经济和政府职能转变要求，改变规划计划式的编制方式和内容。目前城市空间发展战略虽然还不是法定规划，但与城市总体规划相比，更加注重以问题为导向，明确城市总体长远发展的结构和布局，统筹功能更强。天津市人大在国内率先将天津空间发展战略升级为地方性法规，具有重要的示范作用。在空间发展战略的指导下，城市总体规划的编制也要改变传统上以 10 ~ 20 年规划期经济规模、人口规模和人均建设用地指标为终点式的规划和每 5 ~ 10 年修编一次的做法，避免“规划修编一次、城市摊大一次”，造成“城市摊大饼发展”的局面。滨海新区空间发展战略重点研究区域统筹发展、港城协调发展、海空两港及重大交通体系、产业布局、生态保护、海岸线使用、填海造陆和盐田资源利用等重大问题，统一思想认识，提出发展策略。新区城市总体规划按照城市空间发展战略，以 50 年远景规划为出发点，确定整体空间骨架，预测不同阶段的城市规模和形态，通过滚动编制近期建设规划，引导和控制近期发展，适应发展的不确定性，真正做到“一张蓝图干到底”。

改革开放 30 年以来，我国的城市建设取得了巨大的成绩，但如何克服“城市千城一面”的问题，避免城市病，提高规划设计和管理水平一直是一个重要课题。我们把城市设计作为提升规划设计水平和管理水平的主要抓手。在城市总体规划编制过程中，邀请清华大学开展了新区总体城市设计研究，探讨新区的总体空间形态和城市特色。在功能区规划中，首先通过城市设计方案确定功能区的总体布局和形态，然后再编制分区规划和控制性详细规划。自 2006 年以来，我们共开展了 100 余项城市设计。其中，新区核心区实现了城市设计全覆盖，于家堡金融区、响螺湾商务区、开发区现代产业服务区（MSD）、空港经济区核心区、滨海高新区渤龙湖总部区、北塘特色旅游区、东疆港配套服务区等 20 余个城市重点地区，以及海河两岸和历史街区都编制了高水平的城市设计，各具特色。鉴于目前城市设计在我国还不是法定规划，作为国家综合配套改革试验区，我们开展了城市设计规范化和法定化专题研究和改革试点，在城市设计的基础上，编制城市设计导则，作为区域规划管理和建筑设计审批的依据。城市设计导则不仅规定开发地块的开发强度、建筑高度和密度等，而且确定建筑的体量位置、贴线率、建筑风格、色彩等要求，包括地下空间设计的指引，直至街道景观家具的设置等内容。于家堡金融区、北塘、渤龙湖、空港核心区等新区重点区域均完成了城市设计导则的编制，并已付诸实施，效果明显。实践证明，与控制性详细规划相比，城市设计导则在规划管理上可更准确地指导建筑设计，保证规划、建筑设计和景观设计的统一，塑造高水准的城市形象和建成环境。

规划的改革创新是个持续的过程。控规最早是借鉴美国区划和中国香港法定图则，结合我国实际情况在深圳、上海等地先行先试的。我们在实践中一直在对控规进行完善。针对大城市地区城乡统筹发展的趋势，滨海新区控规从传统的城市规划范围拓展到整个新区 2270 平方千米的范围，实现了控制性详细规划城乡全覆盖。250 个规划单元分为城区和生态区两类，按照不同的标准分别编制。生态区以农村地区的生产和生态环境保护为主，同时认真规划和严格控制“六线”，包括道路红线、轨道黑线、绿化绿线、市政黄线、河流蓝线以及文物保护紫线，一方面保证城市交通基础设施建设的控制预留，另一方面避免对土地不合理地随意切割，达到合理利用土地和保护生态资源的目的。同时，可以避免深圳由于当年只对围网内特区城市规划区进行控制，造成外围村庄无序发展，形成今天难以解决的城中村问题。另外，规划近、远期结合，考虑到新区处于快速发展期，有一定的不确定性，因此，将控规成果按照编制深度分成两个层面，即控制性详细规划和土地细分导则，重点地区还将同步编制城市设计导则，按照“一控规、两导则”来实施规划管理，规划具有一定弹性，重点对保障城市公共利益、涉及国计民生的公共设施进行预留控制，包括教育、文化、体育、医疗卫生、社会福利、社区服务、菜市场等，保证规划布局均衡便捷、建设标准与配套水平适度超前。

3. 树立正确的指导思想，采纳先进的理念，开放规划设计市场，加强自身队伍建设，确保规划编制的高起点、高水平

如果建筑设计的最高境界是技术与艺术的完美结合，那么城市规划则被赋予更多的责任和期许。城市规划不仅仅是制度体系，其本身的内容和水平更加重要。规划不仅仅要指引城市发展建设，营造优美的人居环境，还试图要解决城市许多的经济、社会和环境问题，避免交通拥堵、环境污染、住房短缺等城市病。现代城市规划 100 多年的发展历程，涵盖了世界各国、众多城市为理想愿景奋斗的历史、成功的经验、失败的教训，为我们提供了丰富的案例。经过 100 多年从理论到实践的循环往复和螺旋上升，城市规划发展成为经济、社会、环境多学科融合的学科，涌现出多种多样的理论和方法。但是，面对中国改革开放和快速城市化，目前仍然没有成熟的理论方法和模式可以套用。因此，要使规划编制达到高水平，必须加强理论研究和理论的指引，树立正确的指导思想，总结国内外案例的经验教训，应用先进的规划理念和方法，探索适合自身特点的城市发展道路，避免规划灾难。在新区的规划编制过程中，我们始终努力开拓国际视野，加强理论研究，坚持高起步、高标准，以滨海新区的规划设计达到国际一流水平为努力的方向和目标。

新区总体规划编制伊始，我们邀请中国城市规划设计研究院、清华大学开展了深圳特区和浦东新区规划借鉴、京津冀产业协同和新区总体城市设计等专题研究，向周干峙院士、建设部唐凯总规划师等知名专家咨询，以期站在巨人的肩膀上，登高望远，看清自身发展的道路和方向，少走弯路。21 世纪，

在经济全球化和信息化高度发达的情形下，当代世界城市发展已经呈现出多中心网络化的趋势。滨海新区城市总体规划，借鉴荷兰兰斯塔特（Randstad）、美国旧金山硅谷湾区（Bay Area）、深圳市域等国内外同类城市区域的成功经验，在继承城市历史沿革的同时，结合新区多个特色功能区快速发展的实际情况，应用国际上城市区域（City Region）等最新理论，形成滨海新区多中心组团式的城市区域总体规划结构，改变了传统的城镇体系规划和以中心城市为主的等级结构，适应了产业创新发展的要求，呼应了城市生态保护的形势，顺应了未来城市发展的方向，符合滨海新区的实际。规划产业、功能和空间各具特色的功能区作为城市组团，由生态廊道分隔，以快速轨道交通串联，形成城市网络，实现区域功能共享，避免各自独立发展所带来的重复建设问题。多组团城市区域布局改变了单中心聚集、“摊大饼”式蔓延发展模式，也可避免出现深圳当年对全区域缺失规划控制的问题。深圳最初的规划以关内 300 平方千米为主，“带状组团式布局”的城市总体规划是一个高水平的规划，但由于忽略了关外 1600 平方千米的土地，造成了外围“城中村”蔓延发展，后期改造难度很大。

生态城市和绿色发展理念是新区城市总体规划的一个突出特征。通过对城市未来 50 年甚至更长远发展的考虑，确定了城市增长边界，与此同时，划定了城市永久的生态保护控制范围，新区的生态用地规模确保在总用地的 50% 以上。根据新区河湖水系丰富和土地盐碱的特征，规划开挖部分河道水面、连通水系，存蓄雨洪水，实现湿地恢复，并通过水流起到排碱和改良土壤、改善植被的作用。在绿色交通方面，除以大运量快速轨道交通串联各功能区组团外，各组团内规划电车与快速轨道交通换乘，如开发区和中新天津生态城，提高公交覆盖率，增加绿色出行比重，形成公交都市。同时，组团内产业和生活均衡布局，减少不必要的出行。在资源利用方面，开发再生水和海水利用，实现非常规水源约占比 50% 以上。结合海水淡化，大力发展热电联产，实现淡水、盐、热、电的综合产出。鼓励开发利用地热、风能及太阳能等清洁能源。自 2008 年以来，中新天津生态城的规划建设已经提供了在盐碱地上建设生态城市可推广、可复制的成功经验。

有历史学家说，城市是人类历史上最伟大的发明，是人类文明集中的诞生地。在 21 世纪信息化高度发达的今天，城市的聚集功能依然非常重要，特别是高度密集的城市中心。陆家嘴金融区、罗湖和福田中心区，对上海浦东新区和深圳特区的快速发展起到了至关重要的作用。被纳入国家发展战略伊始，滨海新区就开始研究如何选址和规划建设新区的核心——中心商务区。这是一个急迫需要确定的课题，而困难在于滨海新区并不是一张白纸，实际上是一个经过 100 多年发展的老区。经过深入的前期研究和多方案比选，最终确定在海河下游沿岸规划建设新区的中心。这片区域由码头、仓库、油库、工厂、村庄、荒地和一部分质量不高的多层住宅组成，包括于家堡、响螺湾、天津碱厂等区域，毗邻开发区生活区 MSD。在如此衰败的区域中规划高水平的中心商务区，在真正建成前会一直有怀疑和议论，就像十多年前我们规划把海河建设成为世界名河所受到的非议一样，是很正常的事情。规划需要远见卓识，更需要深入的工作。滨海新区中心商务区规划明确了在区域中的功能定位，明确了与天津老城区城市中心的关系。通过对国内外有关城市中心商务区的经验比较，确定了新区中心商务区的规划范围和建设规模。大家发现，于家堡金融区半岛与伦敦泰晤士河畔的道克兰金融区形态上很相似，这冥冥之中揭示了滨河城市发展的共同规律。为提升新区中心商务区海河两岸和于家堡金融区规划设计水平，我们邀请国内顶级专家吴良镛、齐康、彭一刚、邹德慈四位院士以及国际城市设计名家、美国宾夕法尼亚大学乔纳森·巴奈特（Jonathan Barnett）教授等专家作为顾问，为规划出谋划策。邀请美国 SOM 设计公司、易道公司（EDAW Inc.）、清华大学和英国沃特曼国际工程公司（Waterman

Inc.）开展了两次工作营，召开了四次重大课题的咨询论证会，确定了高铁车站位置、海河防洪和基地高度、起步区选址等重大问题，并会同国际建协进行了于家堡城市设计方案国际竞赛。于家堡地区的规划设计，汲取纽约曼哈顿、芝加哥一英里、上海浦东陆家嘴等的成功经验，通过众多规划设计单位的共同参与和群策群力，多方案比选，最终采用了窄街廓、密路网和立体化的规划布局，将京津城际铁路车站延伸到金融区地下，与地铁共同构成了交通枢纽。规划以人为主，形成了完善的地下和地面人行步道系统。规划建设了中央大道隧道和地下车行路，以及市政共同沟。规划沿海河布置绿带，形成了美丽的滨河景观和城市天际线。于家堡的规划设计充分体现了功能、人文、生态和技术相结合，达到了较高水平，具有时代性，为充满活力的金融创新中心的发展打下了坚实的空间基础，营造了美好的场所，成为带动新区发展的“滨海芯”。

人类经济社会发展的最终目的是为了人，为人提供良好的生活、工作、游憩环境，提高生活质量。住房和城市社区是构成城市最基本的细胞，是城市的本底。城市规划突出和谐社会构建、强调以人为本就是要更加注重住房和社区规划设计。目前，虽然我国住房制度改革取得一定成绩，房地产市场规模巨大，但我国在保障性住房政策、居住区规划设计和住宅建筑设计和规划管理上一直存在比较多的问题，大众对居住质量和环境并不十分满意。居住区规划设计存在的问题也是造成城市病的主要根源之一。近几年来，结合滨海新区十大改革之一的保障房制度改革，我们在进行新型住房制度探索的同时，一直在进行住房和社区规划设计体系的创新研究，委托美国著名的公共住房专家丹・所罗门（Dan Solomon），并与华汇公司和天津规划院合作，进行新区和谐新城社区的规划设计。邀请国内著名的住宅专家，举办研讨会，在保障房政策、社区规划、住宅单体设计到停车、物业管理、社区邻里中心设计、网络时代社区商业运营和生态社区建设等方面不断深化研究。规划尝试建立均衡普惠的社区、邻里、街坊三级公益性公共设施网络与和谐、宜人、高品质、多样化的住宅，满足人们不断提高的对生活质量的追求，从根本上提高我国城市的品质，解决城市病。

要编制高水平的规划，最重要的还是要邀请国内外高水平、具有国际视野和成功经验的专家和规划设计公司。在新区规划编制过程中，我们一直邀请国内外知名专家给予指导，坚持重大项目采用规划设计方案咨询和国际征集等形式，全方位开放规划设计市场，邀请国内外一流规划设计单位参与规划编制。自 2006 年以来，新区共组织了 10 余次、20 余项城市设计、建筑设计和景观设计方案国际征集活动，几十家来自美国、英国、德国、新加坡、澳大利亚、法国、荷兰、加拿大以及中国香港等国家和地区的国际知名规划设计单位报名参与，将国际先进的规划设计理念和技术与滨海新区具体情况相结合，努力打造最好的规划设计作品。总体来看，新区各项重要规划均由著名的规划设计公司完成，如于家堡金融区城市设计为国际著名的美国 SOM 设计公司领衔，海河两岸景观概念规划是著名景观设计公司易道公司完成的，彩带岛景观设计由设计伦敦奥运会景观的美国哈格里夫斯事务所（Hargreaves Associates.）主笔，文化中心由世界著名建筑师伯纳德・屈米（Bernard Tschumi）等国际设计大师领衔。针对规划设计项目任务不同的特点，在规划编制组织形式上灵活地采用不同的方式。在国际合作上，既采用以征集规划思路和方案为目的的方案征集方式，也采用旨在研究并解决重大问题的工作营和咨询方式。

城市规划是一项长期持续和不断积累的工作，包括使国际视野转化为地方行动，需要本地规划设计队伍的支撑和保证。滨海新区有两支甲级规划队伍长期在新区工作，包括 2005 年天津市城市规划设计研究院成立的滨海分院以及渤海城市规划设计研究院。2008 年，渤海城市规划设计研究院升格为甲级。这两支甲级规划设计院，100 多名规划师，不间断地在新区从事规划编制和研究工作。另外，还有滨海新区规划国土局所属的信息中心、城建档案馆等单位，伴随新区成长，为新区规划达到高水平奠定了坚实的基础。我们组织的重点规划设计，如滨海新区中心商务区海河两岸、于家堡金融区规划设计方案国际征集等，事先都由天津市城市规划设计研究院和渤海城市规划设计研究院进行前期研究和试做，发挥他们对现实情况、存在问题和国内技术规范比较清楚的优势，对诸如海河防洪、通航、道路交通等方面存在的关键问题进行深入研究，提出不同的解决方案。通过试做可以保证规划设计征集出对题目，有的放矢，保证国际设计大师集中精力于规划设计的创作和主要问题的解决，这样既可提高效率和资金使用的效益，又可保证后期规划设计顺利落地，且可操作性强，避免"方案国际征集经常落得花了很多钱但最后仅仅是得到一张画得十分绚丽的效果图"的结局。同时，利用这些机会，天津市城市规划设计研究院和渤海城市规划设计研究院经常与国外的规划设计公司合作，在此过程中学习，进而提升自己。在规划实施过程中，在可能的情况下，也尽力为国内优秀建筑师提供舞台。于家堡金融区起步区"9+3"地块建筑设计，邀请了崔愷院士、周恺设计大师等九名国内著名青年建筑师操刀，与城市设计导则编制负责人、美国 SOM 设计公司合伙人菲尔·恩奎斯特（Philip Enquist）联手，组成联合规划和建筑设计团队共同工作，既保证了建筑单体方案建筑设计的高水平，又保证了城市街道、广场的整体形象和绿地、公园等公共空间的品质。

4. 加强公众参与，实现规划科学民主管理

城市规划要体现全体居民的共同意志和愿景。我们在整个规划编制和管理过程中，一贯坚持以"政府组织、专家领衔、部门合作、公众参与、科学决策"的原则指导具体规划工作，将达成"学术共识、社会共识、领导共识"三个共识作为工作的基本要求，保证规划科学和民主真正得到落实。将公众参与作为法定程序，按照"审批前公示、审批后公告"的原则，新区各项规划在编制过程均利用报刊、网站、规划展览馆等方式，对公众进行公示，听取公众意见。2009 年，在天津市空间发展战略向市民征求意见中，我们将滨海新区空间发展战略、城市总体规划以及于家堡金融区、响螺湾商务区和中新天津生态城规划在《天津日报》上进行了公示。2010 年，在控规全覆盖编制中，每个控规单元的规划都严格按照审查程序经控规技术组审核、部门审核、专家审议等程序，以报纸、网络、公示牌等形式，向社会公示，公开征询市民意见，由设计单位对市民意见进行整理，并反馈采纳情况。一些重要的道路交通市政基础设施规划和实施方案按有关要求同样进行公示。2011 年我们在《滨海时报》及相关网站上，就新区轨道网规划进行公开征求意见，针对收到的 200 余条意见，进行认真整理，根据意见对规划方案进行深化完善，并再次公告。2015 年，在国家批准新区地铁近期建设规划后，我们将近期实施地铁线的更准确的定线规划再次在政务网公示，广泛征求市民的意见，让大家了解和参与到城市规划和建设中，传承"人民城市人民建"的优良传统。

三、滨海新区十年城市规划管理体制改革的经验总结

城市规划不仅是一套规范的技术体系，也是一套严密的管理体系。城市规划建设要达到高水平，规划管理体制上也必须相适应。与国内许多新区一样，滨海新区设立之初不是完整的行政区，是由塘沽、汉沽、大港三个行政区和东丽、津南部分区域构成，面积达 2270 平方千米，在这个范围内，还有由天津港务局演变来的天津港集团公司、大港油田管理局演变而来的中国石油大港油田公司、中海油渤海公司等正局级大型国有企业，以及新设立的天津经济技术开发区、天津港保税区等。国务院《关于推进天津滨海新区开发开放有关问题的意见》提出：

滨海新区要进行行政体制改革，建立“统一、协调、精简、高效、廉洁”的管理体制，这是非常重要的改革内容，对国内众多新区具有示范意义。十年来，结合行政管理体制的改革，新区的规划管理体制也一直在调整优化中。

1. 结合新区不断进行的行政管理体制改革，完善新区的规划管理体制

1994年，天津市委市政府提出“用十年时间基本建成滨海新区”的战略，成立了滨海新区领导小组。1995年设立领导小组专职办公室，协调新区的规划和基础设施建设。2000年，在领导小组办公室的基础上成立了滨海新区工委和管委会，作为市委市政府的派出机构，主要职能是加强领导、统筹规划、组织推动、综合协调、增强合力、加快发展。2006年滨海新区被纳入国家发展战略后，一直在探讨行政管理体制的改革。十年来，滨海新区的行政管理体制经历了2009年和2013年两次大的改革，从新区工委管委会加3个行政区政府和3大功能区管委会，到滨海新区政府加3个城区管委会和9大功能区管委会，再到完整的滨海新区政府加7大功能区管委会和19街镇政府。在这一演变过程中，规划管理体制经历2009年的改革整合，目前相对比较稳定，但面临的改革任务仍然很艰巨。

天津市规划局（天津市土地局）早在1996年即成立滨海新区分局，长期从事新区的规划工作，为新区统一规划打下了良好的基础，也培养锻炼了一支务实的规划管理队伍，成为新区规划管理力量的班底。在新区领导小组办公室和管委会期间，规划分局与管委会下设的3局2室配合密切。随着天津市机构改革，2007年，市编办下达市规划局滨海新区规划分局三定方案，为滨海新区管委会和市规划局双重领导，以市局为主。2009年底滨海新区行政体制改革后，以原市规划局滨海分局和市国土房屋管理局滨海分局为班底组建了新区规划国土资源局。按照市委批准的三定方案，新区规划国土资源局受新区政府和市局双重领导，以新区为主，市规划局领导兼任新区规划国土局局长。这次改革，撤销了原塘沽、汉沽、大港三个行政区的规划局和市国土房管局直属的塘沽、汉沽、大港土地分局，整合为新区规划国土资源局三个直属分局。同时，考虑到功能区在新区加快发展中的重要作用和天津市人大颁布的《开发区条例》等法规，新区各功能区的规划仍然由功能区管理。

滨海新区政府成立后，天津市规划局率先将除城市总体规划和分区规划之外的规划审批权和行政许可权下放给滨海新区政府。市委市政府主要领导不断对新区规划工作提出要求，分管副市长通过规划指挥部和专题会等形式对新区重大规划给予审查指导。市规划局各部门和各位局领导积极支持新区工作，市有关部门也都对新区规划工作给予指导和支持。按照新区政府的统一部署，新区规划国土局向功能区放权，具体项目审批都由各功能区办理。当然，放权不等于放任不管。除业务上积极给予指导外，新区规划国土局对功能区招商引资中遇到的规划问题给予尽可能的支持。同时，对功能区进行监管，包括控制性详细规划实施、建筑设计项目的审批等，如果存在问题，则严格要求予以纠正。

目前，现行的规划管理体制适应了新区当前行政管理的特点，但与国家提出的规划应向开发区放权的要求还存在着差距，而有些功能区扩展比较快，还存在规划管理人员不足、管理区域分散的问题。随着新区社会经济的发展和行政管理体制的进一步改革，最终还是应该建立新区规划国土房管局、功能区规划国土房管局和街镇规划国土房管所三级全覆盖、衔接完整的规划行政管理体制。

2. 以规划编制和审批为抓手，实现全区统一规划管理

滨海新区作为一个面积达2270平方千米的新区，市委市政府要求新区做到规划、土地、财政、人事、产业、社会管理等方面的“六统一”，统一的规划是非常重要的环节。如何对功能区简政放权、扁平化管理的同时实现全区的统一和统筹管理，

一直是新区政府面对的一个主要课题。我们通过实施全区统一的规划编制和审批，实现了新区统一规划管理的目标。同时，保留功能区对具体项目的规划审批和行政许可，提高行政效率。

滨海新区被纳入国家发展战略后，市委市政府组织新区管委会、各功能区管委会共同统一编制新区空间发展战略和城市总体规划是第一要务，起到了统一思想、统一重大项目和产业布局、统一重大交通和基础设施布局以及统一保护生态格局的重要作用。作为国家级新区，各个产业功能区是新区发展的主力军，经济总量大，水平高，规划的引导作用更重要。因此，市政府要求，在新区总体规划指导下，各功能区都要编制分区规划。分区规划经新区政府同意后，报市政府常务会议批准。目前，新区的每个功能区都有经过市政府批准的分区规划，而且各具产业特色和空间特色，如中心商务区以商务和金融创新功能为主，中新天津生态城以生态、创意和旅游产业为主，东疆保税港区以融资租赁等涉外开放创新为主，开发区以电子信息和汽车产业为主，保税区以航空航天产业为主，高新区以新技术产业为主，临港工业区以重型装备制造为主，南港工业区以石化产业为主。分区规划的编制一方面使总体规划提出的功能定位、产业布局得到落实，另一方面切实指导各功能区开发建设，避免招商引资过程中的恶性竞争和产业雷同等问题，推动了功能区的快速发展，为滨海新区实现功能定位和经济快速发展奠定了坚实的基础。

虽然有了城市总体规划和功能区分区规划，但规划实施管理的具体依据是控制性详细规划。在 2007 年以前，滨海新区的塘沽、汉沽、大港 3 个行政区和开发、保税、高新 3 大功能区各自组织编制自身区域的控制性详细规划，各自审批，缺乏协调和衔接，经常造成矛盾，突出表现在规划布局和道路交通、市政设施等方面。2008 年，我们组织开展了新区控规全覆盖工作，目的是解决控规覆盖率低的问题，适应发展的要求，更重要的是解决各功能区及原塘沽、汉沽、大港 3 个行政区规划各自为政这一关键问题。通过控规全覆盖的统一编制和审批，实现新区统一的规划管理。虽然控规全覆盖任务浩大，但经过 3 年的艰苦奋斗，2010 年初滨海新区政府成立后，编制完成并按程序批复，恰如其时，实现了新区控规的统一管理。事实证明，在控规统一编制、审批及日后管理的前提下，可以把具体项目的规划审批权放给各个功能区，既提高了行政许可效率，也保证了全区规划的完整统一。

3. 深化改革，强化服务，提高规划管理的效率

在实现规划统一管理、提高城市规划管理水平的同时，不断提高工作效率和行政许可审批效率一直是我国城市规划管理普遍面临的突出问题，也是一个长期的课题。这不仅涉及政府各个部门，还涵盖整个社会服务能力和水平的提高。作为政府机关，城市规划管理部门要强化服务意识和宗旨，简化程序，提高效率。同样，深化改革是有效的措施。

2010 年，随着控规下发执行，新区政府同时下发了《滨海新区控制性规划调整管理暂行办法》，明确规定控规调整的主体、调整程序和审批程序，保证规划的严肃性和权威性。在管理办法实施过程中发现，由于新区范围大，发展速度快，在招商引资过程中会出现许多新情况。如果所有控规调整不论大小都报原审批单位、新区政府审批，那么会产生大量的程序问题，效率比较低。因此，根据各功能区的意见，2011 年 11 月新区政府转发了新区规国局拟定的《滨海新区控制性详细规划调整管理办法》，将控规调整细分为局部调整、一般调整和重大调整 3 类。局部调整主要包括工业用地、仓储用地、公益性用地规划指标微调等，由各功能区管委会审批，报新区规国局备案。一般调整主要指在控规单元内不改变主导属性、开发总量、绿地总量等情况下的调整，由新区规国局审批。重大调整是指改变控规主导属性、开发总量、重大基础设施调整以及居住用地容积率提高等，报区政府审批。事实证明，新的做法是比较成功的，既保证了控规的严肃性和统一性，也提高了规划调整审批的效率。

2014年5月，新区深化行政审批制度改革，成立审批局，政府18个审批部门的审批职能集合成一个局，“一颗印章管审批”，降低门槛，提高效率，方便企业，激发了社会活力。新区规国局组成50余人的审批处入驻审批局，改变过去多年来“前店后厂”式的审批方式，真正做到现场审批。一年多来的实践证明，集中审批确实大大提高了审批效率，审批处的干部和办公人员付出了辛勤的劳动，规划工作的长期积累为其提供了保障。运行中虽然还存在一定的问题和困难，这恰恰说明行政审批制度改革对规划工作提出了更高的要求，并指明了下一步规划编制、管理和许可改革的方向。

四、滨海新区城市规划的未来展望

回顾过去十年滨海新区城市规划的历程，一幕幕难忘的经历浮现脑海，“五加二、白加黑”的热情和挑灯夜战的场景历历在目。这套城市规划丛书，由滨海新区城市规划亲历者们组织编写，真实地记载了滨海新区十年来城市规划故事的全貌。从书内容包括滨海新区城市总体规划、规划设计国际征集、城市设计探索、控制性详细规划全覆盖、于家堡金融区规划设计、滨海新区文化中心规划设计、城市社区规划设计、保障房规划设计、城市道路交通基础设施和建设成就等，共十册，比较全面地涵盖了滨海新区规划的主要方面和改革创新的重点内容，希望为全国其他新区提供借鉴，也欢迎大家批评指正。

总体来看，经过十年的努力奋斗，滨海新区城市规划建设取得了显著的成绩。但是，与国内外先进城市相比，滨海新区目前仍然处在发展的初期，未来的任务还很艰巨，还有许多课题需要解决，如人口增长相比经济增速缓慢，城市功能还不够完善，港城矛盾问题依然十分突出，化工产业布局调整还没有到位，轨道交通建设刚刚起步，绿化和生态环境建设任务依然艰巨，城乡规划管理水平亟待提高。“十三五”期间，在我国经济新常态情形下，要实现由速度向质量的转变，滨海新区正处在关键时期。未来5年，新区核心区、海河两岸环境景观要得到根本转变，城市功能进一步提升，公共交通体系初步建成，居住和建筑质量不断提高，环境质量和水平显著改善，新区实现从工地向宜居城区的转变。要达成这样的目标，任务艰巨，唯有改革创新。滨海新区的最大优势就是改革创新，作为国家综合配套改革试验区，城市规划改革创新的使命要时刻牢记，城市规划设计师和管理者必须有这样的胸襟、情怀和理想，要不断深化改革，不停探索，勇于先行先试，积累成功经验，为全面建成小康社会、实现中华民族的伟大复兴做出贡献。

自2014年底，在京津冀协同发展和“一带一路”国家战略及自贸区的背景下，天津市委市政府进一步强化规划编制工作，突出规划的引领作用，再次成立重点规划指挥部。这是在新的历史时期，我国经济发展进入新常态的情形下的一次重点规划编制，期待用高水平的规划引导经济社会转型升级，包括城市规划建设。我们将继续发挥规划引领、改革创新的优良传统，立足当前、着眼长远，全面提升规划设计水平，使滨海新区整体规划设计真正达到国内领先和国际一流水平，为促进滨海新区产业发展、提升载体功能、建设宜居生态城区、实现国家定位提供坚实的规划保障。

天津市规划局副局长、滨海新区规划和国土资源管理局局长

2016年2月

目 录

Contents

序

前 言

滨海新区城市规划的十年历程

028 设计团队名单

030 文化长廊

—— 天津滨海新区文化中心规划设计实践与创新

060 2010—2011 年天津滨海新区文化中心建筑群概念设计国际咨询

062 **项目背景**

064 项目概况

068 工作机制

070 设计要求

072 **建筑群及单体建筑概念方案**

074 滨海大剧院

112 现代工业博物馆

134 航空航天博物馆

156 滨海美术馆

186 **方案汇总**

188 文化中心汇总方案

190 天碱解放路地区城市设计

208 2011—2013 年天津滨海新区文化中心城市设计概念方案

210 第一阶段：以近期建设为重点的方案深化
212 深化背景
214 深化方案（2011.05—2011.11）
224 资金测算与实施建议
226 第二阶段：结合天碱解放路地区城市设计的整合深化
228 整合背景
238 整合方案（2011.12—2013.06）
252 城市设计成果
254 规划定位
258 规划布局
259 总体结构
260 文化长廊
262 公园景观
264 交通组织
265 轨道与地下空间
265 竖向设计
266 建设内容
267 分期实施

270 2013 年天津滨海新区文化中心（一期）建筑设计方案国际咨询

272 准备工作
274 波茨坦广场操作方式研究
274 任务书研究
276 工作机制
278 设计要求

280 **工作营及研讨会**
282 第一次工作营（2013.08.02）
294 第二次工作营（2013.08.20）
304 第三次工作营（2013.08.26）
306 研讨会（2013.09.12—2013.09.13）
312 **建筑群设计方案**
314 文化中心总体设计
332 规划与工业展览中心
350 美术中心
366 图书中心
382 文化交流大厦
404 市民公共文化服务中心
442 **专项设计方案**
444 景观设计
454 绿色建筑咨询
460 **方案深化**
462 总图设计
466 建筑造型
468 建筑功能
470 文化长廊

478 2013—2014 年天津滨海新区文化中心（一期）建筑设计方案国际咨询汇总深化和城市设计

480 **建筑功能整合，立面深化**
482 建筑功能整合
490 建筑立面深化
494 **建筑群整合设计**
496 总图调整
498 文化与商业功能协调发展

500 轨道站方案
502 景观深化设计
506 文化长廊深化设计
509 金色大厅
510 魅力秀场
511 人文生态
512 科技与艺术
514 文化中心周边城市设计
516 开放空间系统
517 道路系统
518 轨道系统
520 步行系统
522 空间形态
524 文化中心城市设计和修建性详细规划
526 城市设计
538 修建性详细规划

554 2014—2015 年天津滨海新区文化中心（一期）建筑群建设实施方案

558 总体设计
576 文化长廊
586 滨海现代城市与工业探索馆
596 滨海现代美术馆
608 滨海图书馆
620 滨海市民活动中心
632 滨海东方演艺中心

646 后 记

设计团队名单
Team List

天津滨海新区文化中心
建筑群概念设计国际咨询设计团队名单（2010—2011 年）

Team List of International Consultation for Conceptual Architectural Design of Cultural Center in Binhai New Area, Tianjin（2010—2011）

滨海大剧院

英国扎哈 · 哈迪德建筑事务所

天津市城市规划设计研究院

现代工业博物馆

美国伯纳德 · 屈米建筑事务所

美国 KDG 建筑设计有限公司

航空航天博物馆

荷兰 MVRDV 事务所

北京市建筑设计研究院

滨海美术馆

华南理工大学建筑设计研究院

文化中心城市设计

天津市城市规划设计研究院

天碱及解放路周边地区城市设计

美国 SOM 设计公司

天津市渤海城市规划设计研究院

天津滨海新区文化中心
（一期）建筑群方案设计国际咨询设计团队名单（2013 年）

Team List of International Consultation for Architectural Design of Cultural Center（Phase Ⅰ）in Binhai New Area, Tianjin（2013）

总体规划及文化长廊设计
德国 gmp 国际建筑设计有限公司
天津市城市规划设计研究院

规划与工业展览中心
美国伯纳德 · 屈米建筑事务所
天津市城市规划设计研究院

美术中心
德国 gmp 国际建筑设计有限公司
天津市建筑设计院

图书中心
荷兰 MVRDV 事务所
天津市城市规划设计研究院

文化交流大厦（未实施）
美国墨菲扬建筑师事务所
天津市建筑设计院

市民公共文化服务中心
天津华汇工程建筑设计有限公司
加拿大 Bing Thom 建筑事务所

景观设计
华汇（厦门）环境规划设计顾问有限公司天津分公司

外部交通规划咨询
香港弘达交通咨询有限公司北京分公司（MVA）
天津市渤海城市规划设计研究院

建筑群地下空间咨询
日本株式会社日建设计

绿色建筑咨询
天津市建筑设计院

文化长廊商业策划
第一太平戴维斯物业顾问（北京）有限公司天津分公司

文化长廊
—— 天津滨海新区文化中心规划设计实践与创新
Cultural Corridor
— Practice and Innovation of Planning and Design of Cultural Center in Binhai New Area, Tianjin

霍 兵 叶 炜 冯天甲 杨 波

今天，我们沿中央大道，由北向南行驶，经过新港四号路地道，右手望去是一个热火朝天的建筑工地，它就是正在建设中的滨海新区文化中心。滨海新区文化中心于 2015 年正式启动建设，但确定选址却早在 2009 年，从选址、启动规划设计至今已经有六年时间。今年，2016 年，是滨海新区被纳入国家发展战略十周年，《文化长廊——天津滨海新区文化中心规划和建筑设计》是《天津滨海新区规划设计丛书》中重要的一本，它记录了滨海新区文化中心规划设计的历程，延续了我们的梦想。

一、城市客厅、人民的文化中心——滨海新区文化中心的选址（2007—2009 年）

一个城市的文化中心就像一个城市的客厅，通常位于城市的核心，优雅大方，邀请城市的居民和外来游客来此聚会做客，体现一个城市的文化底蕴和特色。城市的文化中心也是一个非常重要的文化场所，能够产生许多好的艺术作品，展示城市的格调、品位，陶冶市民的情操，延续城市的精神。天津滨海新区文化中心的规划设计，汲取国内外成功案例的经验，通过创新型的规划设计，努力打造一个功能复合、尺度宜人、充满活力、富有多样性、具有国际水准的 21 世纪文化中心。

1. 世界各国文化中心的发展历史

（1）西方国家城市文化中心的发展。

城市是人类文明的集中体现，城市文化在城市的众多功能中举足轻重。城市中的文化建筑和设施是文化的重要载体，也是城市内在精神品质的体现。古希腊、古罗马的城市中心都有剧场等众多文化建筑的遗迹。文艺复兴时期的图书馆建筑和城市广场、雕塑映射出当时城市的文化繁荣。巴黎歌剧院、维也纳音乐厅这些登峰造极的建筑作品，今天仍然发挥着重要作用，成为城市的文化地标。近现代城市中，有大量的文化建筑，它们形成一个城市的文化中心，如华盛顿斯密森尼亚博物馆群、纽约林肯艺术中心、百老汇等，成为一个城市的文化发生器和文化符号。虽然，当今西方发达国家的城市建设的脚步已经放缓，但文化建筑的建设依然十分活跃，而且许多文化建筑引领着世界建筑的潮流，成为城市中最精彩亮丽的一道风景。

（2）我国城市文化中心的发展。

我国古代的城市都是文化荟萃之地。虽然我国古代城市没有所谓的文化中心，但有众多的文化场所。我国的图书馆历史悠久，只是起初并不称作“图书馆”，而是称为“府”“阁”“观”“台”“殿”“院”“堂”“斋”“楼”，如西周的盟府，两汉的石渠阁、东观和兰台，隋朝的观文殿，宋朝的崇文院，明代的澹生堂，清朝的四库七阁等。浙江宁波的天一阁是我国现存最早的私家藏书楼，建于明朝中期，也是亚洲现有最古老的图书馆和世界最早的三大家族图书馆之一，由当时退隐的兵部右侍郎范钦主持建造。我国演艺建筑的历史可上溯到汉唐，汉代上演百戏有看棚，隋唐有戏场、乐棚；宋代出现了瓦舍、勾栏，具有剧场的要素，成为后来中国剧场的基本格局。清代的剧场沿着宫廷剧场、府第剧场、营业性的民间茶园或地方性会馆里的小型剧场等不同的型制不断发展，孕育出五彩斑斓的戏剧文化。

新中国成立后，我国文化建筑迎来新生。为庆祝新中国成立十周年而建设的十大建筑中有三座是文化建筑，包括中国革命历史博物馆、

巴黎歌剧院

纽约林肯艺术中心

百老汇

华盛顿国家艺术馆东馆

维也纳音乐厅

华盛顿斯密森尼亚博物馆群

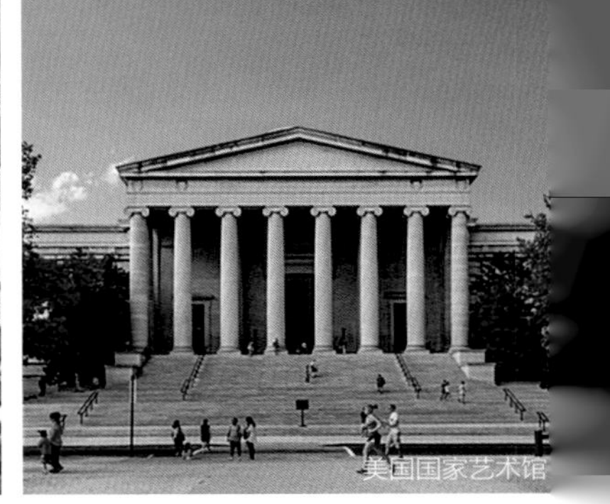

美国国家艺术馆

天一阁

北京民俗文化宫

国家博物馆

陶风楼

中国革命军事博物馆

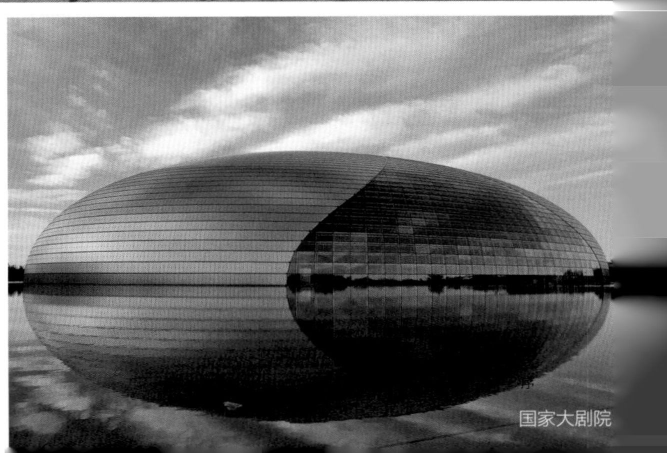

国家大剧院

中国人民革命军事博物馆和北京民族文化宫。改革开放后，我国文化建筑蓬勃发展，特别是建设了国家大剧院、国家博物馆等一批国家级、有影响力的文化建筑。同时，全国各大城市也建设了一批文化中心。文化中心和场馆的建设对我国文化事业的繁荣发展、对城市的进步起到了巨大作用。

2008 年，天津市中心城区开始天津文化中心的规划设计，组织建筑方案国际征集；经过不断深化完善，公开征求市民意见，2010 年启动建设，2011 年 5 月建成并投入使用。规划设计、建筑设计以及建成后的实际效果都非常成功，极大地提升了天津城市的文化品质。2007 年，滨海新区文化中心提出规划构思，2009 年确定选址，经过六年的规划设计和建筑设计的反复推敲和不断深化完善，2015 年启动建设，计划 2017 年投入使用，它将在滨海新区文化大发展、大繁荣中发挥巨大的作用。

2. 滨海新区文化中心的选址

（1）滨海新区文化中心的位置。

滨海新区文化中心位于滨海新区核心区，中心商务区于家堡以北的天碱与紫云公园地区，中央大道西侧，新港四号路南侧，是连接于家堡金融区、响螺湾商务区、天碱商业区、开发区生活区与塘沽老城区的枢纽，位置非常重要。滨海新区文化中心选址过去曾经是天碱化工厂的碱渣地，临近津港铁路，塘沽老城区边缘，当年人们并未发现它的重要价值。

（2）滨海新区文化中心场地情况和曾经的规划。

天碱化工厂有近百年的历史，形成了大面积的碱渣山，白色碱渣被风吹起，污染非常严重。2000 年塘沽区开始治理碱渣山，建设了紫云公园。2004 年，海滨立交桥通车，拉近了塘沽老城区与开发区的距离。同时，规划延伸至开发区黄海路，穿越新港四号路、津滨轻轨和进港铁路二线，连通塘沽天碱与紫云公园地区。为了加强开发区与塘沽的联系，新区工委管委会在目前新区文化商务中心的位置规划选址建设体育中心，由塘沽区出地，开发区出资建设，规划设计方案已经完成，但由于各种原因一直没有实施。

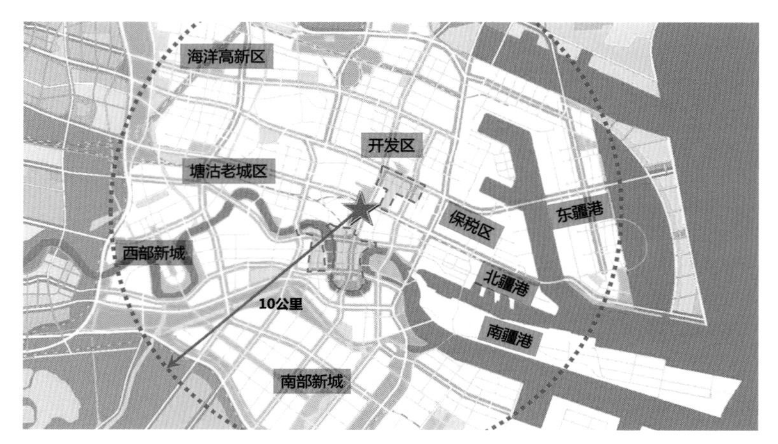

滨海新区文化中心核心区位

原天碱化工厂

体育中心规划鸟瞰图

2015 年 9 月滨海新区文化中心选址航拍图

2004 年 8 月滨海新区文化中心选址航拍图

2009 年 2 月滨海新区文化中心选址航拍图

紫云公园照片

2013 年 9 月滨海新区文化中心选址航拍图

（3）滨海新区中心商务区规划和城市总体规划的发展。

2005年10月，党的十六届五中全会在《中共中央关于制定国民经济和社会发展第十一个五年规划的建议》中提出：继续发挥经济特区、上海浦东新区的作用，推进天津滨海新区等条件较好地区的开发开放，带动区域经济发展。在这一背景下，滨海新区管委会开始组织滨海新区城市商务商业中心规划研究。经过多方案比选，确定由开发区生活区、天碱厂区和于家堡组成滨海新区商务商业中心区，并针对此区域组织了国际竞赛。然而，当时各区定位不清楚，于家堡是以生活居住和创意为主的商务街区，天碱厂区为商业中心和居住区。现文化商务中心当时依然规划为体育中心用地。

2006年6月，国务院下发《关于推进天津滨海新区开发开放有关问题的意见》（国发〔2006〕20号），滨海新区被正式纳入国家发展战略，成为综合配套改革试验区。2006年6月，滨海委、市规划局组织包括于家堡在内的5个功能区的城市设计方案国际征集。2007年，滨海委、市规划局和原塘沽区开始进一步研究中心商务区和海河两岸地区规划，组织国际咨询，确定高铁站选址、起步区位置等重大问题。市规划院在前期研究中提出在原体育中心规划建设文化中心，建设高架单轨联系开发区和于家堡起步区。2008年，天津市委市政府成立重点规划指挥部，编制119项重点规划，新区38项，包括滨海新区城市总体规划、于家堡金融区城市设计等。滨海新区城市总体规划，初步明确了滨海新区文化中心的位置；美国SOM设计公司牵头最终编制完成了于家堡城市设计，确定了京津城际铁路延伸线滨海车站——于家堡站的选址。2009年，中心商务区管委会委托美国SOM设计公司开始编制天碱搬迁后原厂区的城市设计。

（4）滨海新区文化中心选址的确定。

建设滨海新区文化中心和文化商务中心（新区工委管委会）是加快滨海新区开发开放的重要举措之一。对于新区工委管委会选址当时进行过多方案反复比较，开始选择的主要方向是开发区生活区，但开发区没有足够的土地，也一直没有选到合适的位置。

2008年，结合中心商务区规划研究，我们提出滨海新区文化中心

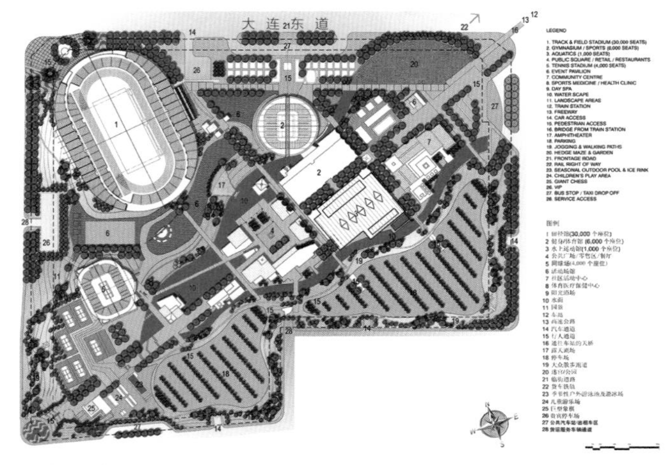

体育中心规划平面图

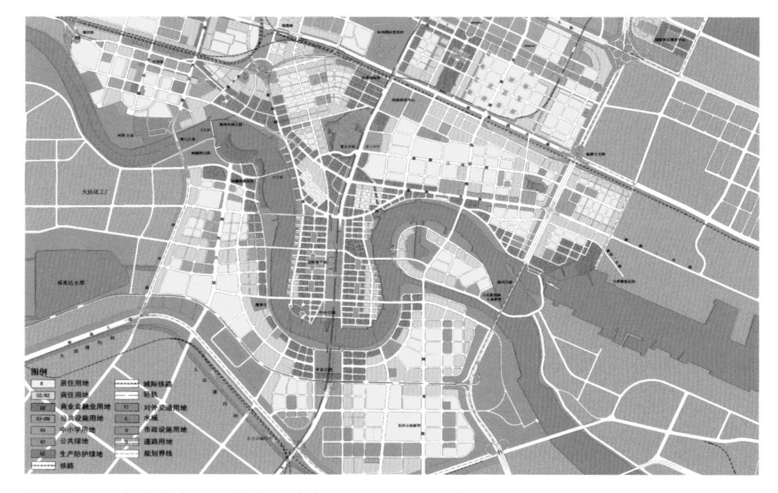
滨海新区中心商务商业区总体规划（2005—2020年）

滨海新区文化中心分析模型

和文化商务中心（新区工委管委会）目前的选址方案，当时有许多不同的意见，认为位置不好，土壤有污染。经过市环保局滨海分局组织进行勘探和土壤分析，结果显示除表层碱渣外，没有其他问题，可以通过简单方式处理解决。2009 年，市规划院城市设计所编制了滨海新区文化商务中心选址和城市设计策划方案。改革开放以来，我国城市文化中心的建设多与行政中心结合，如上海中心广场等。滨海新区文化中心与文化商务中心隔中央大道毗邻，形成互动，又适当分离，避免相互干扰。2009 年 7 月，天津市加快滨海新区开发开放领导小组第十次会议听取了有关汇报，同意滨海新区文化中心和行政中心毗邻选址于滨海新区中心商务区于家堡以北，位于天碱与紫云公园地区。

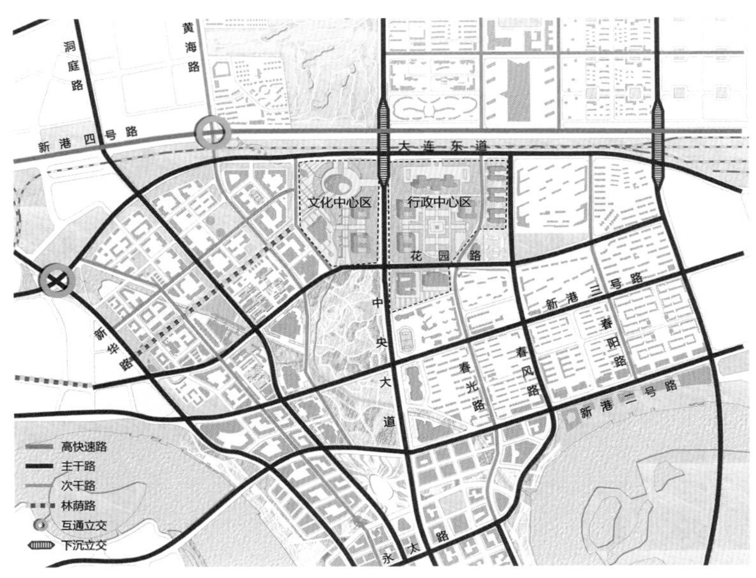

行政文化中心选址及周边道路分析图

2009 年年底，经过审查的新区总体规划也明确了文化中心以及文化商务中心的位置。2011 年市政府批复的滨海新区中心商务区分区规划对文化中心用地再次予以明确。

3. 城市的客厅，人民的文化中心

（1）滨海新区文化中心位于最佳的位置。

今天看，滨海新区文化中心位于滨海新区核心区最佳的位置，毗邻行政中心，背靠天碱商业中心，南连于家堡金融区和京津城际高铁车站，与由紫云公园等绿地组成的近千亩的文化公园融为一体。文化中心不仅是连接于家堡金融区、响螺湾商务区、天碱商业区、开发区生活区与塘沽老城区的枢纽，而且通过中央大道和地铁 Z4、B1、B2、B7 和现有津滨轻轨，快速便捷地服务塘沽、汉沽、大港和各功能区的居民，把滨海新区文化中心与中心城区文化中心紧密联系起来，形成互动。滨海新区文化中心是继天津市中心城区文化中心后又一重要的城市文化地标建筑群。如果说滨海新区文化中心选址有什么遗憾，那就是没有毗邻海河。当时，也做过海河沿岸选址方案的研究，只是因为不具备条件而放弃。熊掌和鱼不可兼得，为了弥补这一遗憾，我们在于家堡金融区南部的规划中，也预留了部分文化设施用地。

（2）滨海新区文化中心和文化公园的规模和土地价值。

滨海新区文化中心总占地面积 90 公顷，其中文化公园 68 公顷，文化场馆及道路广场用地 22 公顷。90 公顷用地中，已经建成的紫云公园占 30 公顷，高铁站北绿地占 20 公顷，占用天碱老厂区 40 公顷。当时在编制天碱老城区城市设计时，有人提出在这 40 公顷土地上建设一个大型购物中心，发挥其商业价值。2012 年，天碱老厂区部分用地出让，其中居住用地楼面价每平方米 5400 元，公建用地楼面价每平方米 2700 元，与当时周边地价相比已经高出许多。即使按照这个价格计算，40 公顷可全部建成商业建筑 60 ~ 80 万平方米，土地价值 16.2 ~ 21.6 亿元，政府净收益 4.1 ~ 5.4 亿元。实际上，大型商业要招商引资，要给予土地税收等各种优惠。况且，在这个位置建设大型购物中心，如果经营成功了，会造成中央大道交通的极度拥堵。如果真的建成一个商业中心，在电商高度发达的今天，这个大型购物中心也有可能成为一个巨大的包袱。把这 40 公顷土地全部建成住宅，可以获得最大的商业价值，但长远看对城市毫无裨益，不符合城市总体规划，只能为少数居民服务，无法发挥这块土地连接于家堡金融区、天碱商业区、开发区生活区与塘沽老城区的区位枢纽作用，等于浪费了这片宝贵土地的价值，湮没了它的本质和光彩。

（3）城市中央大道主轴线上的皇冠——滨海新区文化中心的价值。

规划的慧眼发现了这块宝地，经过多轮规划设计方案的探讨，终于找到这块璞玉的价值，精雕细刻，打造成一块无价之宝。同时，滨海新区文化中心和文化公园的规划设计也对滨海新区核心区城市中轴线的塑造发挥了重要作用。

如果说城市犹如一盘棋，那么滨海新区文化中心无疑是滨海新区这盘棋中重要的一颗子。然而，落子需要权衡利弊，要在市民、政府、企业等众多利益间满足各方需求，既保证经济效益，又最大化地发挥公共效益，同时塑造有特色、有活力、亲切宜人的城市空间。可以说，重大项目的选址也是总体城市设计工作的重要内容，对形成城市的结构、塑造城市的艺术骨架十分关键。

二、文化长廊——滨海新区文化中心城市设计的演进（2010—2013 年）

1．大师的盛宴——滨海新区文化中心概念方案国际征集

（1）初步确定文化中心的内容。

2009 年 7 月，滨海新区文化中心和行政中心毗邻选址确定后，与有关部门研究，本着突出滨海新区的特色，与市区文化中心错位发展的原则，初步确定规划建设内容，包括大剧院、航天航空博物馆、现代工业博物馆、美术馆、青少年活动中心、传媒大厦、商业综合体七组文化建筑。功能上突出文化娱乐、休闲游憩、绿化景观，与周边错位互补。滨海新区文化中心将进一步完善滨海核心区功能，改变以金融、商务、居住功能为主且市民文化配套服务功能不足的现状，是带动新区核心区开发建设的重要引擎。

（2）开展概念方案国际征集。

2010 年 12 月，滨海新区文化中心进行了概念方案国际征集，包括总体概念设计和单体概念设计两个层面，总用地面积 45 公顷，总建筑规模 51 万平方米，其中包括大剧院、航天航空博物馆、现代工业博物馆、美术馆、青少年活动中心、传媒大厦、商业综合体七组文化建筑。由于滨海新区的影响力和文化中心建筑创作的吸引力，我们有幸邀请到英国扎哈·哈迪德、美国伯纳德·屈米、中国何镜堂院士以及荷兰 MVRDV 事务所的韦尼·马斯四位国际著名而且均处于创作高峰期的建筑设计大师。虽然是概念设计征集，每家只给 10 万美金的保底费，但他们都付出了极大的热情、精力和人力，并提出了独具匠心、令人怦然心动的概念构想。每位大师在充分分析场地、周围历史沿革和规划的情况下，提出了完全不同、各具特色的建筑群总体设计方案，开拓了我们的思路。同时，结合各自特长和意愿，每人做了一个文化场馆的概念建筑设计方案。无疑，大师们的单体建筑方案同样是绚丽夺目的。

（3）概念方案国际征集汇总方案

如何将四位大师的作品整合成“一盘菜”？这对年轻的规划师来说是勉为其难的。总图以何镜堂院士的方案为基础，融入其他建筑方案，最后的结果更像伯纳德·屈米大师的“拼盘”方案，也许他早有预见。虽然四个建筑各具特色、相得益彰，但公共空间却不够出色，缺少清晰的城市空间与界面，与周边城市街道和广场缺少联系，整体性相对较差，缺乏与城市的互动。在综合方案的同时，我们与主持天

滨海新区文化中心概念方案国际征集汇总方案鸟瞰图

扎哈·哈迪德（英国）

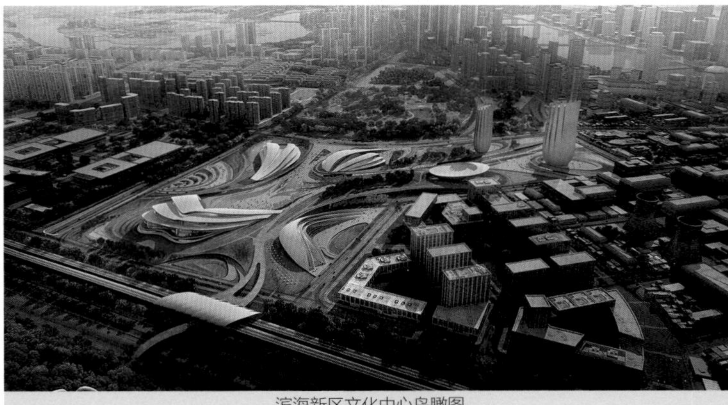
滨海新区文化中心鸟瞰图

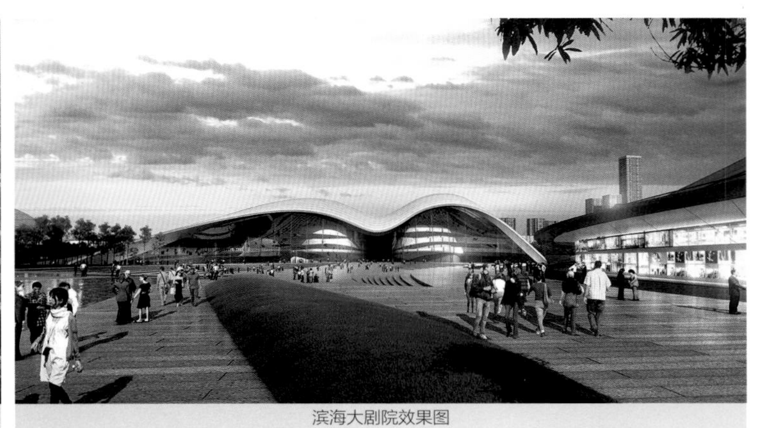
滨海大剧院效果图

伯纳德·屈米（美国）

滨海新区文化中心鸟瞰图

现代工业博物馆效果图

韦尼·马斯（荷兰）（左）

滨海新区文化中心鸟瞰图

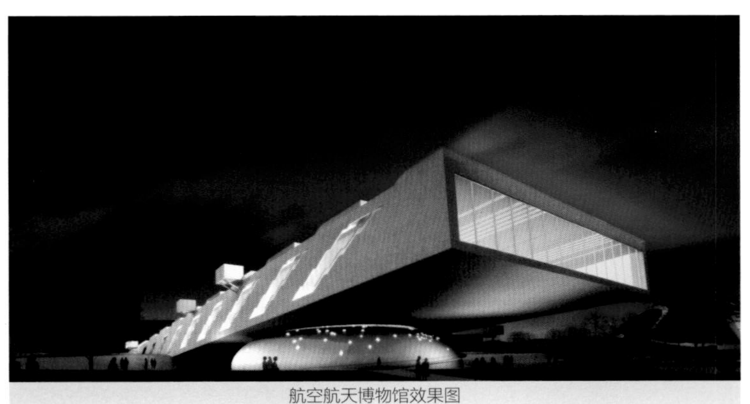
航空航天博物馆效果图

何镜堂（中国）

滨海新区文化中心鸟瞰图

滨海美术馆效果图

滨海新区文化中心概念方案国际征集方案

碱城市设计的美国 SOM 设计公司共同探讨，明确了滨海新区文化中心的用地边界，各方达成共识。

2. 通过多方案比较的城市设计，形成文化长廊

（1）以近期建设为重点的城市设计。

在滨海新区文化中心概念方案中，虽然大师们的设计构想极富吸引力，但领导并未草率决策，而是预留了原设计的大剧院、航天航空博物馆、现代工业博物馆、美术馆四个核心场馆用地，近期先建设需求迫切的场馆，包括规划展览馆、图书档案馆、群众艺术馆、科普馆和传媒大厦等。

为了给近期建设项目建筑设计提供更加明确的规划设计条件，我们开展了以文化中心近期建设为重点的城市设计工作，经过多方案比选，主要考虑文化场馆的相互位置、与文化广场的关系等问题。然而，这时的问题是天碱总体城市设计方案没有确定，与文化中心的关系也不明确，因此，文化中心近期建设地段的城市设计工作难以定论。2011 年 5 月，正值天津中心城区文化中心建成并投入使用。天津市文化中心以高品质的文化建筑围合出 U 形开放空间，成为市民公共文化活动中心的城市客厅。这既是对滨海新区文化中心的巨大激励，也对它的规划设计和建设提出了更高的要求。

（2）在天碱解放路地区整体城市设计下的文化中心规划设计。

2011 年 12 月开始，根据市领导要求，在美国 SOM 设计公司方案的基础上，开始进行天碱解放路地区城市设计提升工作，渤海规划院牵头城市设计，市规划院负责文化中心城市设计，华汇建筑设计公司负责商业中心概念规划，华汇环境规划设计公司负责中央大道绿轴景观设计，形成团队。这个阶段共进行了一年多，从 2012 年初到 2013 年 6 月，经过十几轮的方案比选推敲，其间征询各方面和各委办局意见，通过逐步解决由争议引发的问题，城市设计方案思路逐渐清晰，形成文化长廊统领和中央公园辉映的特色方案。

规划设计虽是一件艰辛的脑力劳动，但也常有惊喜出现。就像野外探险，过程中虽经常遇到山穷水尽的情况，但也有峰回路转、柳暗花明的惊喜。在推敲滨海新区文化中心的设计条件时，常遇到从宏观向微观深入受阻的时候，整个过程共经历了四次重要的设计提升，使设计质量得到了递推式的提高。

① 第一提升点：明确天碱地区的规划结构。

天碱解放路地区城市设计提升工作是在美国 SOM 设计公司天碱城市设计基础上针对方案存在的问题展开的。一是为减少对碱渣山紫云公园的切割，按照碱渣山的等高线优化新港三号路和解放路位置和线形。通过线形的优化，最终我们发现可以在紫云公园和海河之间形成一条天碱记忆廊道，连通紫云公园绿轴和海河绿带。二是将大型商业用地南移，更靠近城市道路和海河。三是明确文化中心用地与廊道和天碱的关系，再沿开敞空间形成两个连续的商业界面，使文化中心更加靠近天碱记忆廊道。这样，同时兼顾到经济性的考虑，文化中心用地从 45 公顷压缩到 22 公顷，更多的土地用于可出让的居住和公建用地。这时实际已经出现了中央公园的思路，但还没有明确具体的形态。

中央大道是滨海新区核心区“黄金十字”城市空间结构的重要组成部分，它沿路汇集了新区最高级别的公共中心，是体现滨海时代特色的城市活力之轴。同时，沿线有紫云公园等零散绿地，在原有的基础上，形成南北贯通的带状绿地。过去有人曾提出中央公园的设想，大家一直在思考。2011 年，我们也组织了中央大道景观设计方案国际征集。因此，如何处理文化中心与中央公园的关系成为设计的核心问题。在这之后的十几轮方案比选推敲中，我们始终坚持优先保证中央公园的南北通透性。

② 第二提升点：打造文化长廊。

按照连续界面的要求，文化中心形成沿中央公园的线性布局，文化场馆一字排开，略显单调，没有形成围合的空间。所以，又回到最初的文化场馆在中央公园中的布局，提出了围合式、自由围合式、靠近西侧等多个方案。通过比较分析，包括与天津中心城区文化中心的对比，最后各方基本达成一致，摒弃传统的轴线对称模式，文化中心应该选用靠近西侧布局的方案。滨海新区文化中心退让到用地西侧，可以保持中央公园的通透完整性，形成真正的中央公园，但文化中心用地变得狭长，苦于找不到合适的形态和空间。最终，2012 年底，市

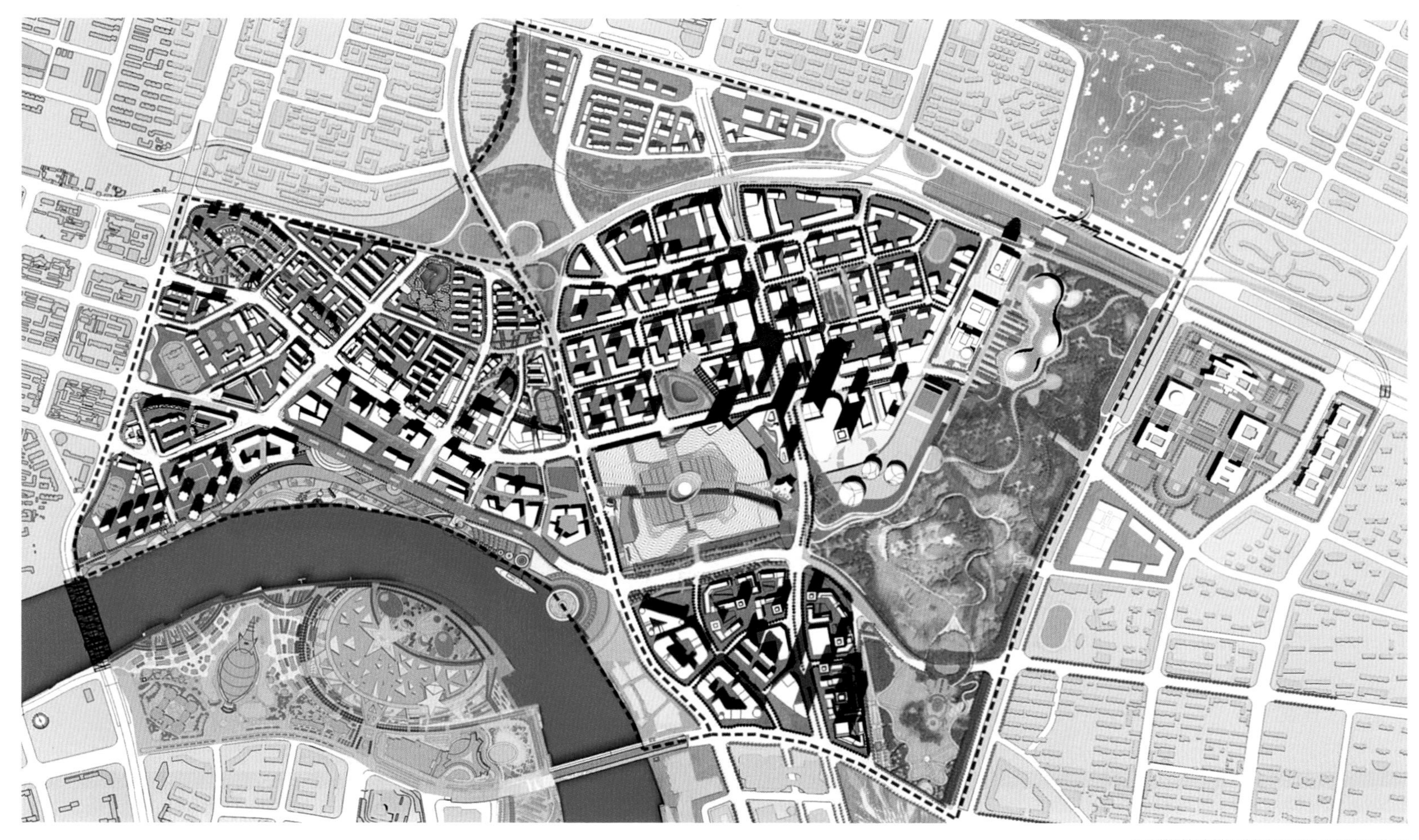

天碱解放路地区城市设计提升总平面图

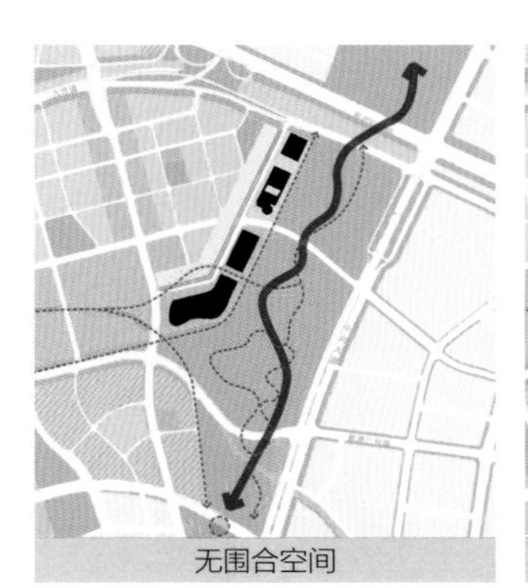

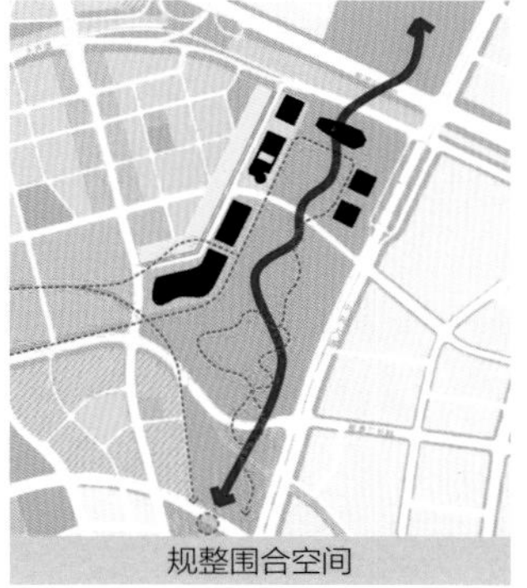

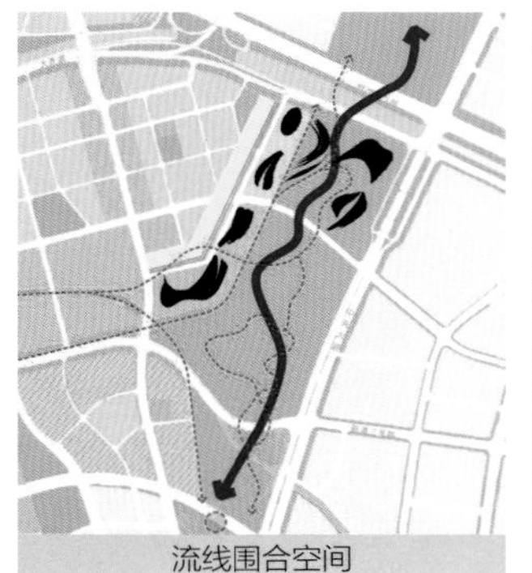

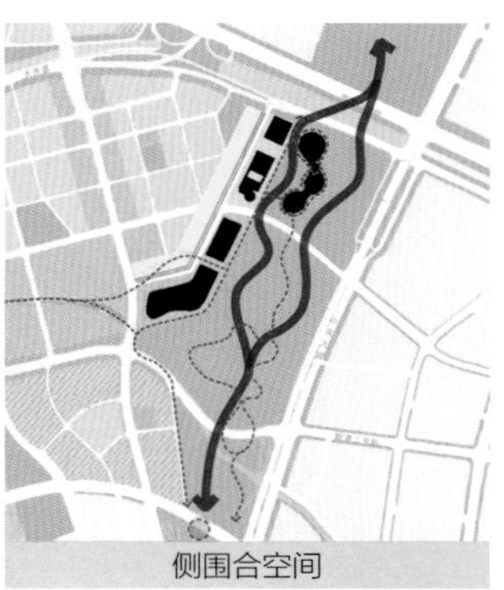

滨海新区文化中心多方案比选

领导听取了天碱地区城市设计汇报，针对文化中心做出指示：保持中央公园的完整性，文化中心集中布局。以步行内街形式串联各文化建筑，形成以一千米文化长廊为特色的文化综合体。市领导提出的思路，令我们豁然开朗。

文化长廊，即文化场馆建筑相向邻近布置，以小尺度内街为核心串接各单体建筑，形成了文化综合体。相比其他大型公共文化中心的大空间、大广场的“轰动、华丽”，这条内街显得格外“低调、朴实”，但却是对市民感受的关照，是对人性空间的回归，可以避免空间尺度和建筑体量过大、单体建筑各自独立、缺乏交通联系、严寒的冬季室外空间缺乏活力等诸多问题。这一鱼骨状的内街，形成了连续无阻断的步行空间，创造了文化建筑和文化公园完全融合的活动空间，是规划设计方案历经三年半的一次“朴实”的转身。这是一个城市和建筑双赢的方案，这样既创造了适宜的建筑空间环境，又形成了集中的中央公园。

文化长廊是整个文化综合体的灵魂，文化长廊的尺度力求人性化。从功能上，它不再是功能单一孤立的文化设施的简单拼接，而是由长廊组织商业服务，实现多元功能的立体复合；从空间上，它不再是纯粹的建筑空间，而是由长廊整合风格各异的建筑单体，创造既统一又不失多样性的城市公共空间。我们希望它如无数伟大的街道那样，承载市民丰富的行为和生活，激发城市活力，如织的市民会让这里成为最具人气的文化场所之一。

③ 第三提升点：优化交通布局。

文化长廊的布局使文化中心用地非常紧凑，便于交通组织。首先考虑通过立体的交通组织，市民可以方便地抵达文化中心。在统一规划下，各文化建筑主入口均朝向长廊，并且沿长廊界面形成了连续商业界面。机动车停车在地下，来访者可以通过垂直交通直接进入长廊，然后进入各个文化建筑，非常便捷，方便群众使用，避免了风吹日晒，有利于集聚文化中心的人气与活力。同时，充分利用公共交通，滨海新区文化中心周边规划了公交首末站，与地铁车站联系方便，有完善的地下步行系统。文化长廊向南与京津城际于家堡城际车站连接，向北通过步行天桥，与开发区 MSD 和生活区形成连续的步行网络，向西与天碱解放路商业街顺接形成三千米步行街，与海河相连。

为了解决解放路的分割，规划初步考虑将长廊下通过的解放路改为下沉路段，以保持文化长廊的连贯通达性。

④ 第四提升点：文化场馆和文化产业的复合功能。

通常，我国的文化设施由政府部门管理，每个场馆是一个独立的事业编制单位，通过财政拨款运营，向公众提供的文化服务和产品欠佳。同时，极具活力的文化产业的发展一般被放在主要场馆的外围。这种运营管理模式也束缚了规划设计，不利于塑造活跃的城市公共空间。中国城市的文化中心应该尽快寻求转变，不仅体现在空间形态设计上，还应伴随着文化事业和文化产业融合发展的管理和运营模式等一系列的转型。滨海新区文化中心从第一次概念方案国际征集后就意识到独立文化场馆所面临的问题，试图通过文化事业与文化产业的融合发展展开创新。考虑现实情况和近、远期结合，文化中心（一期）以国家达标的文化场馆为主，二期、三期更加市场化，二期为面向市场的演艺中心，三期为企业参与文化活动的文博建筑用地。

在确定一期文化中心建设内容及编制建筑单体设计任务书时，新区文广局、规划国土局、工信委、科委、民政局、人社局、团委、妇联等多家单位参与了这项工作。作为综合配套改革试验区，新区的文化中心要打破传统的模式，在这方面各单位达成共识，不再单门独户，而是采取相互兼容又相互独立的模式，按主要功能分为五个文化建筑。为了与传统文化建筑相区别，每个建筑称为中心，包括文化事业和文化产业两部分。如规划工业展中心由规划、工业展览馆和企业产品主力店、科技体验和产品发布等功能组成；美术中心由美术馆和画廊、拍卖行组成；图书中心由图书馆和类似台湾诚品书店的书城组成；市民公共服务中心由群艺馆、剧场和电影院、青少年宫等组成；文化交流大厦包括文化企业办公及配套酒店、展示等经营性质的文化设施。五个中心实际是 11 个文化建筑拼合而成，另外还有餐饮、娱乐、相关文化产品零售等复合型商业设施，确保文化长廊丰富多样并充满生机。

随着滨海新区核心区城市设计的推进，天碱解放路地区城市设计的不断整合深化，滨海新区文化中心的轮廓愈发清晰。总体看，滨海新区文化中心的布局在这一地区起到了画龙点睛的作用，使新区核心区城市空间结构进一步清晰，形成了集中大气的中央公园，水平展开的文化中心建筑群，与于家堡高层区对比强烈，共同构成与世界城市看齐、富有特色的城市核心区空间形态。滨海新区文化中心主体建筑高度30米，考虑到与西侧天碱商业区高层建筑的整体效果，规划布置了150米高的文化交流大厦，形成了富有层次的城市景观。同时，于家堡金融区、开发区MSD、响螺湾商务区均充分考虑控制视线通廊，保证天际线景观的可视效果和质量。从周边各区域进入文化中心时均呈现风格鲜明的门户形象，例如，从中央大道方向，东广场以景观草坪为前景，体现大气、开敞形象；从于家堡方向，以天碱商业中心为背景，体现现代、繁荣形象；从海河——天碱方向，体现历史与现代交融的形象，唤起对工业历史文化的记忆。

经过一年多的多次研究和反复论证，最终形成了滨海新区文化中心初步的城市设计，确定了总体结构、布局形式、道路交通系统、地下空间和竖向、实施的分期和一期建设内容，为启动建设提供了基本的条件。这一阶段的城市设计工作是滨海新区文化中心整个规划设计中非常关键的工作，是一项核心内容。接下来，还有许多深入细致的工作要进一步解决。

三、城市中的建筑——滨海新区文化中心（一期）的建筑设计（2013—2015年）

1. 滨海新区文化中心（一期）建筑设计方案国际咨询（2013年）

（1）滨海新区文化中心（一期）项目。

为提升新区的城市服务功能和提高核心区城市吸引力，新区启动“十大民生工程”建设，滨海新区文化中心是其中非常重要的项目。按照初步确定的城市设计，2013年7月至9月，开始了滨海新区文化

天碱解放路地区空间形态

中心（一期）建筑设计方案国际咨询和设计深化工作。滨海新区文化中心（一期）项目用地东至文化公园，南至滨海新区文化中心（二期），北至滨海新区文化中心（三期），西至旭升路。规划用地面积 11 公顷，总建筑面积 27 万平方米。包括一个文化长廊和五个文化建筑，即规划与工业展览中心、美术中心、图书中心、市民公共文化服务中心和文化交流大厦等。

（2）设计单位的选定和团队间的协同设计。

在城市设计思路的指导下，参照德国柏林波茨坦广场设计的组织模式，我们确定了国内外联合的设计团队，根据各家所长，明确各建筑师团队在整个建筑群设计中的角色，为每个团队提供尽可能多的发挥空间。为保持工作的连续性，我们尽可能选择参加过第一次建筑概念设计方案征集的设计公司。工作组织按照“中外结对子”的原则，建筑大师伯纳德·屈米先生牵头设计规划与工业展览中心，天津市规划院建筑分院配合。荷兰 MVRDV 事务所设计图书中心，天津市规划院建筑分院配合。考虑到项目城市设计的特点，邀请德国 gmp 公司作为总建筑师承担总图、文化长廊设计，天津市规划院建筑分院配合，德国 gmp 公司还主持美术馆单体建筑设计，天津市建筑设计院配合。同时，邀请美国赫尔默特·扬牵头设计文化交流大厦，天津市建筑设计院配合。天津华汇建筑设计公司负责市民公共文化服务中心设计，邀请加拿大 Bing Thom 公司牵头设计演艺剧场部分。同时，开展了若干专项设计，香港 MVA 公司和渤海规划院牵头交通专项规划，日建公司负责地下空间规划设计，天津华汇环境规划设计公司承担景观规划，第一太平戴维斯负责前期运营策划，天津市建筑设计院开展绿建研究等工作。

对于这样一个高度集成而又具有丰富多样性的文化综合体，牵一发而动全身，各个设计单位、各位设计大师的设计衔接、彼此协调、通力合作是方案完成的关键所在，这也是我们选择在中国已设计完成众多公共建筑、作风严谨、在北京有百人事务所的德国 gmp 公司作为总建筑师、承担总图和文化长廊设计的目的。从在地工作组织方面，主要由天津市规划院牵头配合德国 gmp 公司。参加过第一次方案征集的国际著名设计大师扎哈·哈迪德及其团队所展示出的设计功力令我们印象深刻，敬业精神令人钦佩，但其设计风格与文化长廊的模式不同，我们只好忍痛割爱。

滨海新区文化中心（一期）建筑设计方案国际咨询和设计深化工作历时三个多月，过程中，展开了三次工作营和一次国内外专家研讨会。同时，国内外设计团队在网上建立了共享设计平台，多次召开视频会议，协调解决各种协同设计问题。由于有城市设计比较好的基础和各位大师对文化长廊布局模式的认同，各设计单位的全力投入，国内设计单位的全力配合，整体设计工作进展顺利。当然，在过程中磕磕绊绊在所难免。2013 年 9 月，召开了专家研讨会。伯纳德·屈米先生、赫尔默特·扬先生亲临现场汇报方案和交流对整体方案的看法，国内以马国馨院士为首的十位专家从规划、建筑、结构、环境等多方面提出了

滨海新区文化中心（一期）建筑设计方案国际咨询评审会现场

宝贵的意见和建议。不同于传统的评审会，专家不用投票评选名次，而是把更多的精力放在对方案的审查上，许多意见是真知灼见。

（3）统一多元，和而不同。

这次的建筑设计方案国际咨询活动非常重要，与城市设计形成文化长廊的重要性一样，对滨海新区文化中心的规划设计来说具有起承转合的意义。国际著名的建筑大师和设计公司都高度认可文化长廊的规划意图，经过密切的合作，达成了共识，明确了长廊的形态和各个

场馆的设计边界，保证每个单体建筑与长廊无缝衔接，每个单体建筑都成为城市中的建筑。建筑设计将文化长廊这一立意用建筑的语言展现出来，文化中心的整体建筑意向逐步清晰起来。

尽管设计条件非常严格苛刻，但几位设计大师展现了他们深厚的功力，五个文化建筑精彩纷呈，在文化长廊的统领下，统一多元、和而不同。伯纳德·屈米先生以滨海新区作为中国近代民族工业发源地的历史脉络和场地上天碱工厂的记忆设计出既具有工业历史韵味又具有现代感的规划与工业展览中心；MVRDV 事务所的韦尼·马斯先生以中国“书山有路勤为径”和“滨海之眼”等立意设计出给人强烈冲击感的图书中心；德国 gmp 公司以璞玉立意设计出美术中心；天津华汇建筑设计公司和 Bing Thom 公司以文化航母立意设计出市民公共文化服务中心；赫尔默特·扬先生的文化交流大厦以灯塔为立意，洗练精湛地设计出工业品质的高层建筑，成为文化中心的地标；德国 gmp 公司的冯·格康先生以伞的造型和模数化的设计把文化长廊树立起来。文化长廊的规划思路、文化中心整体的建筑设计和每个单体的建筑设计方案得到各方面专家的一致认同。专家们也提出了一些修改完善的意见，如图书馆，建议对倾斜的楼板进行优化，便于使用。考虑到人

总图设计

曼哈德·冯·格康　斯特凡·胥茨

美术中心

伯纳德·屈米

规划与工业展览中心

赫尔默特·扬

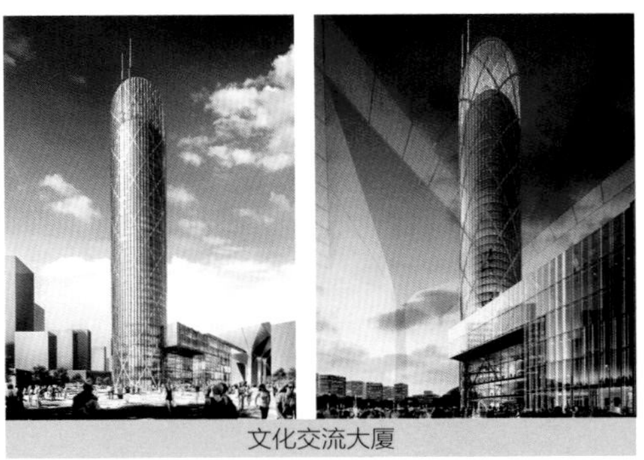
文化交流大厦

韦尼·马斯（荷兰）（左）

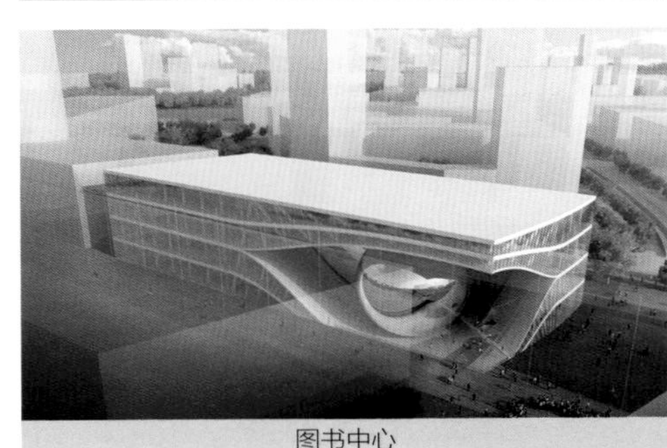
图书中心

周恺　谭秉荣

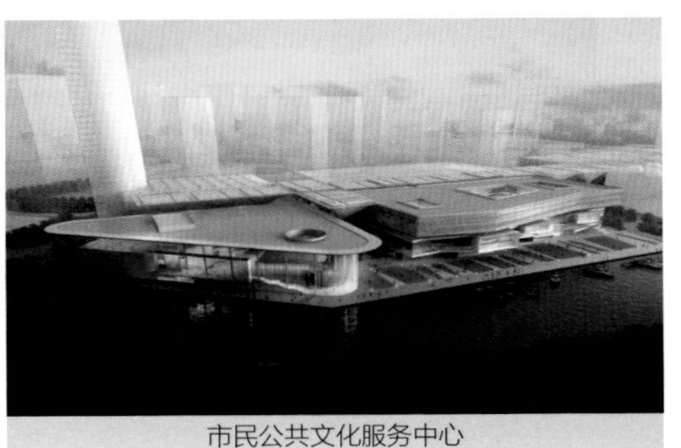
市民公共文化服务中心

滨海新区文化中心（一期）建筑设计方案国际咨询方案

流的密集程度，建议图书馆与市民文化活动中心位置互换，市民中心靠近旭升路，便于交通组织；图书馆临着中央公园，既可利用景观和安静的环境，又可把图书馆的独特造型展示出来。

（4）提出新的课题。

随着国际咨询的完成和建筑设计的深入，一些新的问题显现出来，比较突出的有几个方面：首先是文化长廊的尺度和形态，德国 gmp 公司提出了不同高度的长廊方案，也提供了多样的伞的造型设计。降低伞的高度，会造成单体建筑沿长廊一侧立面无法完全展现；增加伞的高度，我们担心太过于宏伟，以致背离宜人长廊的初衷。其次，长廊是否封闭。德国 gmp 公司和其他几位建筑师是按照文化长廊是开敞的状况进行建筑设计的。但参考北京类似室外长廊的经验，我们建议长廊按封闭处理。最后，在目前阶段，对文化中心交通的组织，与解放路、地铁车站的关系和绿色建筑考虑的深度还不够，特别是缺少建筑运营策划对建筑设计的支持。

2. 滨海新区文化中心（一期）建筑方案国际征集汇总深化和城市设计的深化（天津市规划院牵头）（2013 年 10 月—2015 年 3 月）

2013 年 11 月，市领导听取了滨海新区文化中心规划和建筑方案汇报，充分肯定了文化长廊的设计思路，原则上同意城市设计方案，并对建筑设计方案提出了三点修改要求：一是文化建筑过于零碎，功能要整合完善，形成具有一定规模和世界一流水平的文化建筑。二是文化长廊要合理划分段落，在统一的主题下形成各自的特色。三是中央公园的设计要以大绿为主，减少硬铺装。按照市领导的要求，结合国际咨询提出的新问题，我们开始组织国际咨询方案的汇总和深化工作。由于与国际大师和设计公司只是签订了方案咨询阶段的合同，在没有明确下一步工作合同前，只能以国内设计院为主进行。在工作组织方面，建筑方案设计深化工作，主要由天津市规划院建筑分院牵头组织，天津建筑设计院、天津华汇建筑设计公司参与其中。城市设计和修建性详细规划由天津市规划院城市设计所负责，渤海规划院、天津市政设计院、天津华汇环境规划设计公司参与其中。

（1）整合建筑功能，开展前期策划。

初期，考虑到文化事业与文化产业的共同发展，城市设计提出这样的新思路，比较机械地将文化建筑分为文化事业和文化产业两类，共 11 个文化建筑。这样，每个建筑体量都不大，虽然组合成五组建筑，但每组建筑缺乏整体性，可能造成功能和空间的零碎。

根据已经形成的文化长廊和建筑方案的初步形态，经过反复研究和沟通，我们进一步将文化中心调整为“一廊六馆”的结构。除文化长廊外，形成了城市与工业博物馆、美术馆、图书馆、文化馆（群艺馆）、市民活动中心（青少年、妇女、老年活动中心）和文化交流大厦六个文化建筑，突出了“博、美、图、文”的基础功能，满足了国家对城市文化设施的达标要求。将图书馆与市民活动中心位置互调。同时，

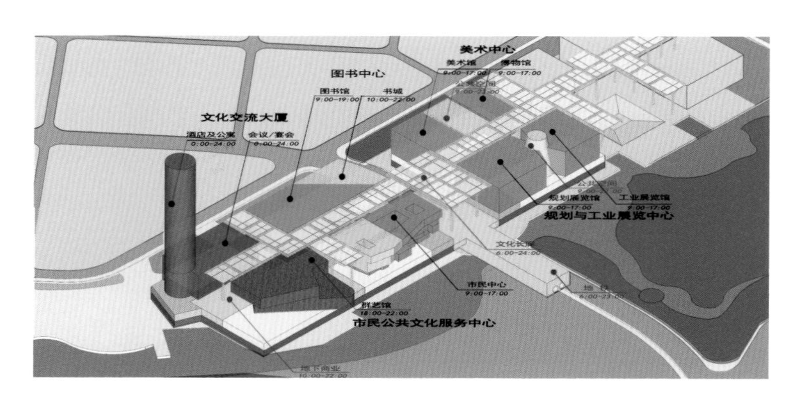

11 个文化建筑

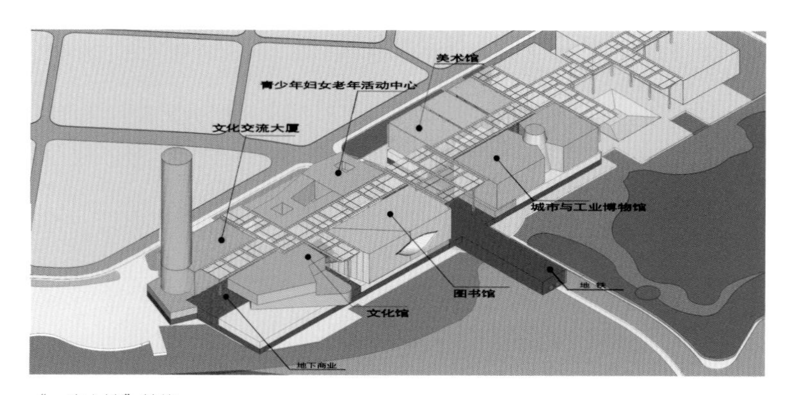

“一廊六馆”结构

转变思路，强调通过统一的运营管理，实现文化事业与文化产业的协同发展。

尽管文广局和有关部门做了大量工作，但项目策划和策展工作仍然滞后。为此，天津市规划院和天津市建筑设计院结合国内外经验进行考虑，提出每个场馆策划的初步思路，配合建筑设计深化。

① 科技创新的城市与工业博物馆。

滨海城市与工业博物馆建筑面积 3.6 万平方米，地上 3 万平方米，地下 0.6 万平方米，重点展示滨海新区城市规划和八大产业成果。同时，按照科学、艺术相结合的原则，展示全球最新城市科技发展趋势，与天津市博物馆、塘沽博物馆及位于新区的国家海洋博物馆、天津港博物馆等形成错位发展；借鉴旧金山探索馆（Exploratorium）、芝加哥科学与工业博物馆（MSI：Museum of Science and Industry Chicago）、上海和广州科技馆的策展运营经验，尽可能按照市场化运营模式管理。在策展上，突出科普及参与性，互动性要强，观众可通过不同方式参与和获得知识。同时，展区兼具新区工业产品发布、交易、对外招商和宣传等功能。城市展览部分也要与传统城市规划展览馆不同，在介绍滨海新区城市规划的同时，更侧重对世界著名都市规划和建筑的介绍，并展示城市未来的发展趋势和最新技术。

② 艺术精琢的美术馆。

滨海美术馆，建筑面积 3 万平方米，其中地上 2.4 万平方米，地下 0.6 万平方米，要成为国际一流的现代美术馆，与市美术馆错位发展，作为国家版画基地，充分体现原塘沽、汉沽版画传统和在全国的地位，设置美术家工作室以及展示、创作和培训内容。参照纽约、芝加哥、旧金山 MOMA（The Museum of Modern Art）模式和北京 798 模式策展，拟与美国 MOMA 基金会、香港侨福集团、上海外滩美术馆、北京 798 等国内外运营管理团队接触，与北京 798 艺术团体合作，拟开展现代艺术品展示管理和运营服务。现代艺术展厅分为绘画、现代雕塑、装置设计艺术展厅。同时，设置画廊、拍卖行、工艺品交易中心等经营设施，为公众服务。

城市与工业博物馆目标案例——芝加哥科学与工业博物馆

美术馆目标案例——美国现代艺术博物馆 MOMA

图书馆目标案例——西雅图中央图书馆

场馆策划目标案例

③ 诗意浪漫的图书馆。

滨海图书馆建筑面积 3.8 万平方米，地上 3.3 万平方米，地下 0.5 万平方米，突出休闲阅读空间及强化多媒体网络时代的特点，将“滨海之眼”和阅览中厅结合为图书馆内部良好的公共空间。同时，设置数字图书馆、球幕演示厅、媒体图书馆等新型交流设施，强化多媒体网络时代中的图书馆发展模式。固定座位 2000 个，藏书量 280 万册，建筑面积、藏书量、固定座位数均满足相关要求。

④ 体现人文关怀的市民活动中心。

滨海市民文化馆建筑面积 3.8 万平方米，地上 3.3 万平方米，地下 0.5 万平方米，涵盖多种市民公共服务功能，包括政府服务窗口、市民文化活动展示与体验空间、公众培训与继续教育、体育健身及多规模多标准的电影观演厅等设施。借鉴芝加哥加里科默青年中心、丹麦教育中心等项目，为儿童、青少年、妇女、老年等提供多样的学习、培训和互动体验。

⑤ 音韵悠扬的群艺馆。

滨海群艺馆建筑面积 2.4 万平方米，地上 1.9 万平方米，地下 0.5 万平方米，设 1200 座歌剧院和 400 座实验小剧场，并设置一定数量的音乐工作室、培训教室等。歌剧院可兼做音乐厅使用，实验小剧场座位可灵活布置，用于彩排、动漫 Cosplay 演出、观摩演出和综合活动。综合表演项目场地结合小剧场、门厅和文化长廊空间，开展街头艺术等节目表演。借鉴林肯艺术中心、爱丽丝塔里音乐厅和查尔斯威力剧院等国际一流项目，按照市场化运营。拟与林肯艺术中心、茱莉亚音乐学院、天津音乐学院和东方歌舞团等驻场、巡演单位取得联系。

⑥ 滨海文化交流大厦。

文化交流大厦建筑面积 5.8 万平方米，高 170 米，其定位是国内一流的文化中心配套服务设施，设置文化企业办公驻地、人才交流中心和一个拥有 100 套客房的小型艺术精品酒店，为文化企业进驻提供高端办公运营场地，为文化中心相关驻场、文化交易类产业提供企业孵化器和总部基地。酒店部分借鉴北京芳草地（侨福）怡亨酒店的经验，由世界小型奢侈酒店（Small Luxury Hotels of the World）集团管理，拟

市民活动中心目标案例——芝加哥加里科默青年中心屋顶花园

群艺馆目标案例——林肯艺术中心

文化交流大厦目标案例——北京芳草地（侨福）怡亨酒店

场馆策划目标案例

与北京芳草地（侨福）怡亨酒店形成关联。

在对六个场馆进行策划的同时，对文化长廊和地下配套商业进行策划，拟引进国内外先进且与文化相关的商业业态及咖啡、餐饮等配套服务项目，增加文化中心的活力和吸引力。

（2）和谐统一的文化长廊。

文化长廊（一期）470米，在方案国际咨询中初步确定文化长廊设计上采取统一的形式，整个文化长廊由28个30米高的伞形钢结构贯穿，在取得统一效果的同时，在造型和气氛上略显单一，缺乏与各文化建筑之间的呼应。结合两侧各文化建筑的功能和特点，对文化长廊分段设计，赋予不同的文化内容，形成了“一个主题、三个段落、一个节点”的格局。一个主题，重点强调生态和谐的概念，通过树伞状支撑柱，以多媒体、虚拟现实、抽象艺术等形式展示世界生态、科学、艺术、人文等的未来发展。三大段落是以艺术、人文和科技理念营造环境并烘托氛围，将六组建筑分为三段，由南至北分别为“魅力秀场”“人文生态”“科技与艺术”段落。“魅力秀场”段落长约120米，两侧为群艺馆和文化交流大厦，包括活动中心的影城，用艺术红地毯风格为首映式、梯台秀、发布会等演艺、媒体活动提供场所装饰，设置群星大道等仪式纪念场地。“人文生态”段落长约140米，两侧为图书馆和市民活动中心，突出绿化景观、低碳科技等室内风格，长廊可举行文学作品签售、国学讲堂宣传，提供休闲阅览、网络文学版聚等空间。“科技与艺术”段落长约140米，两侧为城市与工业博物馆、美术馆，将这一场所作为博物馆和美术馆的室外展场，展示现代艺术、艺术雕塑和科技产品。该构件高18米，包括新区生产的无人机、直升机等，以及天碱工业遗产白灰窑，旨在展示新区的工业传统。

一个节点是金色大厅，位于文化中心的中部，下沉解放路的上方，尺度为120米 ×60米，是文化中心的主入口，具有交通、展示、秀场等多种功能。这个大厅是与德国gmp公司原方案差别较大的地方。金色大厅位于人文生态段落和科技与艺术段落之间，是文化中心的节日庆典活动中心，活动看台可容纳大量游客，举办大型活动、表演，周边布置类似台湾诚品书屋、特色咖啡、精品手工艺等高档店面，金色大厅与室外紧邻的东广场共同构成新区城市活动、重大庆典仪式等活动的“城市会客厅”。

（3）交通组织与下沉道路、地铁车站关系深化研究。

处理好文化中心的交通一直是我们要考虑的首要问题之一。在本阶段，主要是明确文化中心地下的交通组织和出入口位置，处理好与下沉的解放路、远期规划的地铁B7线文化中心车站的关系。为了做好这项工作，共有天津市规划院、渤海规划院、日建设计、香港MVA、天津市政设计院路桥分院和地铁分院等多家设计单位参与设计研究。

文化中心西侧是旭升路，中部为解放路穿过。为了避免对文化中心的切割，解放路局部下沉，规划在标高10.1米的高度设计连贯的文化长廊，东侧出入口与文化公园接顺，在解放路地道上方设有文化中心入口广场，设有与城市道路相连接的落客区，供贵宾出入使用。人

魅力秀场

人文生态

科技与艺术

金色大厅

文化长廊分段设计格局

流可以从各方向进入文化中心，可以通过位于南侧和北侧的入口平台进入文化长廊，也可经由自动扶梯和楼梯从旭升路进入中央大厅西侧。各文化场馆可从文化长廊内部直接进入，也设有外部的独立出入口。解放路从文化中心大厅下穿过，规划公交站，通过垂直交通可直达大厅。为了减少实施难度，解放路规划市政管线也外移到其他道路上。

文化中心地下两层，均设置停车位。停车数量按照《天津市建设项目配建停车场（库）标准》执行。地下一层部分为设备和库房，部分设置停车泊位。受解放路地道影响，地下一层南北两部分不连通。地下二层全部设置停车泊位，南北连通，并设置机动车主通道。地下车库共设置出入口 4 处，其中沿解放路地道设置 2 处出入口，进行右进右出交通组织。在旭升路东侧设置 2 处出入口。地下车库通过竖向电梯和楼梯间与上部文化长廊和建筑相连接。参观者能够方便地从地下车库直接进入文化长廊及各个文化场馆。

轨道交通方面，轨道 B7 线沿解放路地下敷设通过，规划设有文化中心站。按照最理想的方式，地铁站与文化中心地下一体化设计建设。地铁站厅层镶入文化中心地下二层，通过垂直交通可以进入文化长廊，连通文化中心地下一层南北商业街。

（4）运营策划。

第一太平戴维斯从 2013 年 7 月就受邀参与到设计团队中。第一太平高度评价滨海文化长廊的布局，认为符合当今文化和大型商业娱乐、参与、互动发展的趋势，详细介绍了北京芳草地项目案例，对滨海新区文化中心的业态、长廊的尺度、柱网尺寸、店面的规模和面宽与进深的比例都提出了详细的建议，认为长廊的宽度以 15 ~ 25 米为宜，不宜大于 25 米。长廊两侧店面要连续。沿文化长廊，从地下一层到长廊层均应设置可经营的文化类商业店面，为聚集人气和休闲活动提供场所。地下一层以特色餐饮、专题售卖为主，长廊层以文化艺术类特色精品店铺、休闲休憩店铺为主，可以采用“一拖二”两层的形式。地面层应与地下层通透，通过扶梯和垂直电梯连接。

（5）绿建设计。

天津建筑设计院绿建中心此时主动请缨，参与到文化中心的设计团队中，从文化中心总体建筑布局，到单体建筑设计，包括能源利用等方面开展绿建研究，提出合理建议。特别是针对文化长廊是否封闭的问题，利用计算机模型进行多指标的模拟分析，包括长廊内不同季节、时段的温度、风速、自然采光等，考虑人的舒适程度和感受，建议采取长廊封闭、夏季部分开启的模式。以达到国家绿色建筑三星级为设计标准，利用地源热泵等技术，建立绿色建筑智能管理平台，通过一系列的绿建设计策略，减少建筑能耗与运营费用。

（6）优化建筑造型，多方案比选建筑立面

尽管有文化长廊的统领，但每个文化建筑还是有各自非常突出的特点，放在一起还是不够协调。为此，由国内设计院进行了建筑方案立面的多方案比选和统筹工作，包括在造型、色彩和意向材质上的调整等。2014 年 3 月，市领导听取了汇报，对各场馆建筑立面提出意见，为下一步正式开展建筑设计确定了方向。

3. 滨海新区文化中心 90 公顷城市设计和修建性详细规划（由天津市规划院牵头）（2013 年 12 月）

实践表明，城市设计会随着建筑设计、轨道交通和地下空间设计、道路市政设计的深入不断完善。滨海新区文化中心的城市设计从概念性建筑设计方案国际征集起步，经过数十稿方案的演进，形成了文化长廊意向性的总体布局。在经过深化的建筑设计和道路市政设计研究后，形态逐步清晰起来，成为指导下一步工作的导则。

（1）文化中心周边城市设计。

随着滨海新区核心区城市设计的推进，滨海新区文化中心周边地区的城市设计也不断在整合深化。滨海新区文化中心，作为重要的城市节点，开始被纳入到更大的城市区域中整合思考。总体看，滨海新区文化中心位于滨海新区核心区天碱解放路商业区，连接于家堡金融区、响螺湾商务区、开发区生活区和塘沽老城区，突出文化娱乐、休闲游憩、绿化景观等功能，与周边区域错位互补，是连接各区域的纽带。沿中央大道规划连续开放的公共空间系统，保留紫云公园等绿地，在原有零散绿地的基础上，向南北扩展，为城市在核心区保留一块弥足珍贵的绿色资产，形成一个长 2700 米、宽 300 米、贯穿南北的中央

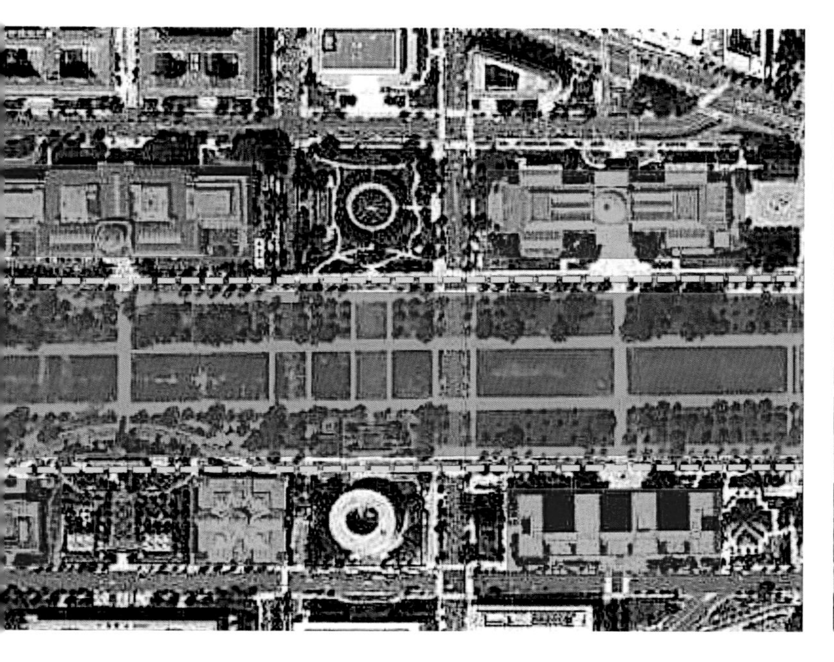

华盛顿 MALL

纽约中央公园

公园，公园总面积达143公顷，有8000米景观展示面，可以与华盛顿MALL和纽约中央公园媲美。规划构建连通于家堡交通枢纽和海河的绿色景观和步行网络，文化长廊向西延伸与天碱商业区顺接形成三千米步行街，并与海河及响螺湾商务区联系。向南连接城际车站和于家堡金融区步行街。向北跨越进港二线铁路屏障，与开发区MSD和生活区形成以人为本、连续友好的步行网络。公交优先，现有津滨轻轨M9、京津城际延长线及近期拟建设的Z4、B1线组成“四线四站”，远期结合B2、B7线建设，形成“六线七站”的地铁服务网络。结合轨道站点，形成西接天碱商业区，南接于家堡城际车站和地下步行街的地下步行系统。依托“五横四纵”的主干路网体系，构建交通畅达的道路系统，为到达滨海新区文化中心提供便捷均衡的交通服务。根据天碱地区交通影响评价，对道路节点进行优化，满足区域路网通行能力。考虑与西侧天碱商业区的整体效果，形成富有层次、相互关联的空间形态和城市景观，向于家堡金融区、开发区MSD、响螺湾商务区均考虑控制视线通廊，保证天际线景观的可视效果和质量。

总体看，滨海新区文化中心相对集中、保证公园完整性的布局起到了画龙点睛的作用，形成了大气的中央公园，使新区核心区城市空间结构愈发清晰；完善的步行、轨道及道路交通系统为文化中心提供了高水平的服务，也使文化中心能够服务全新区；水平展开的文化中心建筑群，与于家堡高层区形成了鲜明的对比，共同构成了与世界城市看齐、富有特色的滨海新区城市核心区空间形态和景观。

（2）90公顷文化中心城市设计和修建性详细规划。

在以上工作的基础上，滨海新区文化中心城市设计清晰起来，规划范围包括文化场馆用地和连成一体的中央公园，总用地90公顷。规划思路和定位为：以国际一流的规划，建设全球领先的文化场馆，营造绿色宜人的景观环境，塑造以文化长廊为核心的滨海新区文化中心。

① 国际一流的规划。

滨海新区文化中心东至中央大道，南到新港二号路于家堡城际车站，西到洞庭路和旭升路，北到大连道，南北长1700米，东西宽500米，现为紫云公园（碱渣山体）和天碱老城区拆迁后的临时绿地。基地高程4米左右，紫云公园最高点约32米。

规划形成“两区、两廊、两心、三园、三节点”的总体布局结构。“两区”包括文化建筑区和文化公园区，文化建筑区位于公园西北，宽200米，长1000米，占地面积22公顷；文化公园区占地面积68公顷，长1700米，宽300米。“两廊”为文化长廊和生态绿廊，文化长廊全长1000米，划分为三段，联系演艺、博美图文、文博三组团。“两心”是文化建筑与公园交汇点形成的东和南两个广场，作为人流集散活动的中心和建筑主立面。“三园、三节点”，三园即紫云公园、车站北公园和文化艺术公园，形成园中园格局；三节点为东、南、北三个方向形成文化公园的三个主要出入口节点。

文化中心周边有中央大道、新港二号路、新港三号路、大连道、洞庭路等四条城市主干道和旭升路、解放路两条次干道。文化中心与旭升路、解放路两条次干道相邻，机动车可以通过城市主干道接入次干道，方便进入文化中心地下停车场，避免造成主干道拥挤。城市主干道路合理间距400～600米，为保证文化长廊和公园的完整性和步行连续性，规划解放路、新港三号路下穿滨海新区文化中心，满足过境和到达交通需求，实现人车合理分流。金色大厅和主入口位于解放路上方，这里是文化中心竖向最复杂的地方。首层为抬高的金色大厅和主入口，地下一层为解放路和市政管线，地下二层为地铁站厅层，地下三层为地铁站台层。位于地下二层的地铁站厅通过垂直交通连接文化长廊和地下一层商业街、停车场，汇聚人气，激活商业。以文化长廊为主轴，文化中心形成鱼骨状的内街，将城市步行交通流线通过内街与公园流线融为一体，创造连续无阻断的步行环境，形成城市—休闲—游憩逐渐过渡的多元步行体验，这种完全融合的布局形式与公园拥有更高的融合度和互动性。

文化中心周边和内部有轨道Z4线天碱文化中心站、M9文化中心站两个枢纽站和B7线文化中心站点，文化中心地下步行街通过轨道站点与天碱商业和于家堡车站地下商业等连通。区域共设置停车泊位4287个，其中地下停车泊位3337个，地面停车950个，包括社会车辆、大巴车、停车楼、出租车停靠、VIP（应急）等，非机动车停车位5400

个，公交首末站 1 处。

② 建设全球领先的文化场馆。

滨海新区现有文化类公共服务设施存在类型不全、规模不够、布局分散等问题，现有千人文化设施指标与国内主要城市比较明显偏低。根据滨海新区城市总体规划和公共文化服务设施专项规划，在新区核心区规划建设新区级文化设施和文化中心，满足《第二批国家公共文化服务体系示范区创建标准（东部）》达标要求。根据“一城双港三片区”的城市区域结构，立足服务滨海新区核心区为主，以 400 万人口计算配建规模。借鉴国外发达国家城市文化中心的经验，如华盛顿史密森尼博物馆群、纽约林肯表演艺术中心、旧金山叶巴贝纳中心、西雅图中心等，采取集中式、综合性的功能布局，场馆体现新区特色，力争达到国际一流水平。文化中心内容为：基本公共设施，包括博物馆、美术馆、图书馆和群艺馆和工业与规划展览馆、青少年妇女儿童活动中心、市民中心和人力资源中心等；文化产业设施，包括演艺中心、文博中心、文化交流大厦等；配套的商业、停车等设施。规划总建筑面积 51 万平方米，其中地上面积 31 万平方米，地下 20 万平方米。属于文化事业的场馆总建筑面积 16.4 万平方米，占 33%；文化产业 20.8 万平方米，占 40%；商业和配套 13.8 万平方米，占 27%。

③ 营造绿色宜人的景观环境。

滨海新区文化中心与中央公园紧密融为一体，较之华盛顿 MALL（文化建筑与公园之间被路隔断）和纽约中央公园（大都会博物馆背

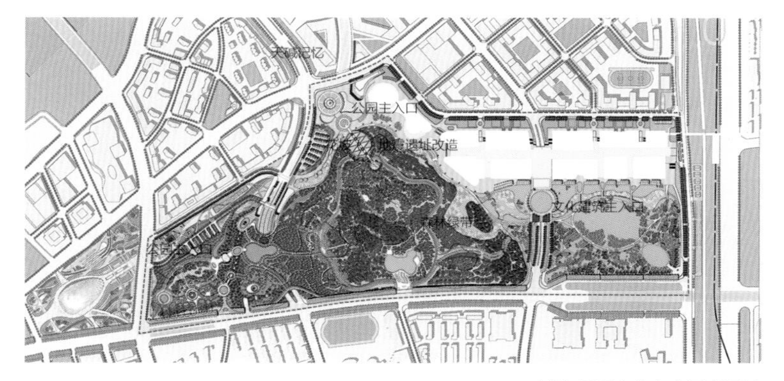

滨海新区文化中心景观设计

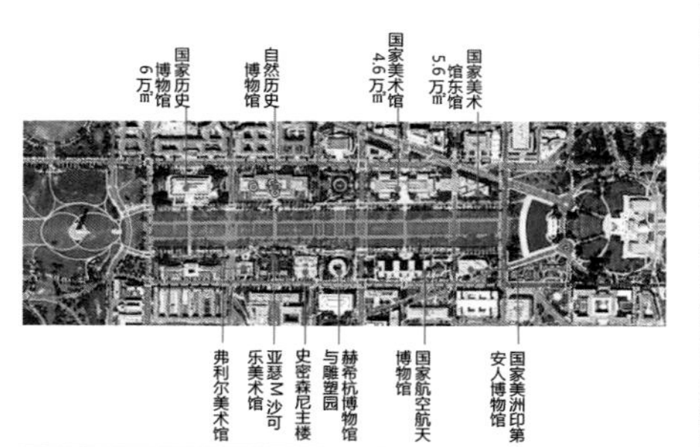

华盛顿史密森尼博物馆（75 公顷）

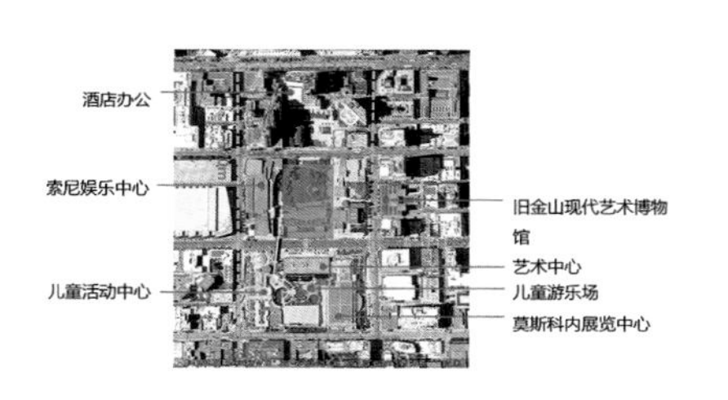

林肯表演艺术中心（6.5 公顷）

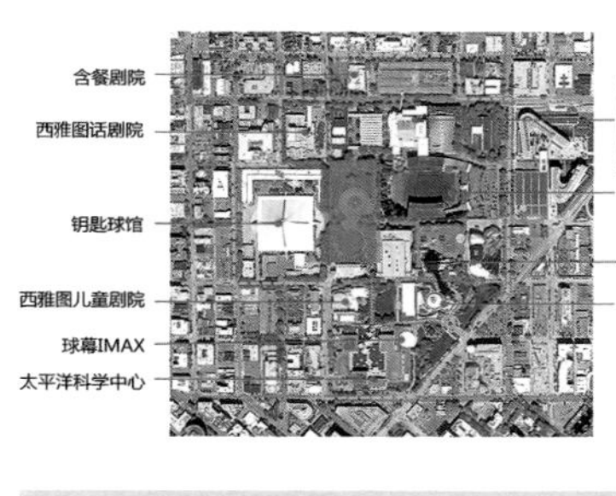

叶巴贝纳中心（16 公顷）

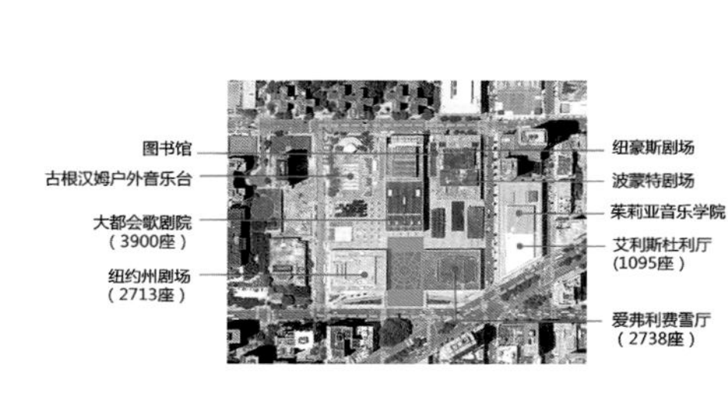

西雅图中心（30 公顷）

国外发达国家城市文化中心

面朝向公园），这种完全融合的布局形式与公园拥有更高的融合度和互动性。

以现有紫云公园为基础进行南北扩展，构建出完整的中央公园森林绿带。中央公园以大绿为主，由北至南由三个区段构成：北区段是疏林草地的文化公园，中区段是叠翠通幽的紫云公园，南区段是欢快流动的车站公园。中央公园形成了统一的绿色开放空间，是滨海新区文化中心的基调背景，也是文化活动的室外空间。中央公园景观设计打通了三条由周边主要道路方位看向文化中心的视线通廊，同时，通过设计一条特色步行廊道，由南至北将天碱记忆通廊、历史遗迹、公园主入口、文化建筑出入口、公园主要景点以及周边公交轨道站点进行有机串联，为公园与建筑和城市的互动融合奠定基础。

④ 塑造以文化长廊为特色的滨海新区文化中心。

天津市文化中心，采用环绕中心绿化和水体的半围合式布局，成为天津最具人气的公共场所。滨海新区文化中心结合自身特色，摒弃传统的轴线对称模式，在保持中央公园通透完整的前提下，以文化长廊为核心串接单体文化建筑，形成文化综合体，成为滨海新区文化中心最鲜明的特征。我们希望滨海新区文化中心的文化长廊如无数伟大的街道那样去承载市民丰富的行为和生活，激发城市活力。

文化长廊是整个文化综合体的灵魂，既是建筑的空间，也是城市的空间；它是建筑设计的核心变位，也是城市设计重点考虑的内容。城市设计力求文化长廊的尺度人性化，在最初城市设计中提出长廊的宽度 24 米，之间设双排柱廊，宽 10 米左右，高度 15 米，形式上有欧式和现代两种方案。德国 gmp 公司就文化长廊尺度提出了两个方案：一个是高 18 米、宽 20 米的方案；一个是高 30 米、宽 30 米的方案。由于长廊一侧文化场馆高 30 米，如果采用 18 米高的长廊方案，则无法全面展示建筑的立面形象。所以，各位建筑大师和评审专家倾向于采用 30 米高的方案。同时，德国 gmp 公司就伞的造型、结构构造进行了详细研究，提出了中心柱和偏柱两种类型和多种寓意的造型。天津市规划院建筑分院也进行了单柱、双柱和无柱方案的比较分析。综合考虑，确定长廊的尺度为宽 24 米、高 30 米，采用中心单柱伞，达

总占地面积：90 公顷
总建筑面积：100 万平方米
绿地及水面面积：33 公顷

中心城区文化中心（市级）

总占地面积：90 公顷
总建筑面积：51 万平方米
公园面积：68 公顷

滨海新区文化中心（新区级）

到气势宏伟的效果。

在统一规划下，各文化建筑主入口均朝向长廊，并且沿长廊界面形成了连续商业界面，提升长廊内商业氛围。文化长廊应该是开放的城市空间，虽然出于舒适度的考虑封闭起来，但应该是开放的，具有城市街道的功能。文化长廊对外串联解放路天碱商业区步行轴、高铁站与轨道交通站点，同时，向西与天碱居住区路网接顺，向东通向中央公园。它不是城市与中央公园间的一道城墙，而是城市活动的转化和发生器。公交车、小汽车、步行流线可以直接到达长廊，方便群众使用，有利于集聚文化中心的人气与活力。

⑤ 近期建设。

文化长廊全长 1000 米，划分为三段，从南向北分别是演艺、博美图文、文博组团，分为三期。在统筹兼顾滨海新区现有文化设施资源的基础上，按照促进文化事业与文化产业融合和近、远期结合的原则，满足《第二批国家公共文化服务体系示范区创建标准（东部）》要求，滨海新区文化中心近期规划建设博美图文组团及文化公园。近期文化建筑占地 11.7 万平方米，建筑面积约 31 万平方米，其中地上 18 万平方米，地下 13 万平方米。公园新建绿化面积 30 万平方米。形成由城市与工业博物馆、美术馆、图书馆、群艺馆、市民活动中心、文化交流大厦六个文化建筑和文化长廊构成的文化综合体。这样，既考虑近期建设需求，也为长远发展留有空间。

在这段非常关键的建筑设计和城市设计深化时期，建筑设计团队和城市设计团队密切合作，相互协调，各专业单位积极配合。期间，新区规划和国土资源管理局以及文化广播电视局多次召开由天津市和滨海新区博物馆、美术馆、图书馆、文艺书画界专家参加的座谈会，征求各方意见，设计方案多次向市领导和区委区政府汇报，不断修改完善，终于确定了滨海新区文化中心的城市设计和建筑概念设计方案，为正式开始实施的建筑设计奠定了坚实的基础。

4. 投资建设运营新模式的探索

城市规划要具有超前性，要创新城市规划建设的思路和方法。因此，规划管理部门要经常作为新思想、新模式的主动推动者，虽然可能超越了本职工作也在所不辞。为了推动滨海新区文化中心加快启动建设，我们借鉴市文化中心的成功案例，结合新区的实际和当前的形势，初步设想在文化事业与文化产业相互促进、融合发展的情形下，以“政府购买公共服务”为核心理念，采取“政府主导、企业市场运作、多元投资、统一建设、统一管理、和谐运营”的原则和思路，推动滨海新区文化中心的投资建设和运营管理。

（1）打破定式思维，探索文化综合体投资建设运营模式。

在滨海新区文化中心的规划设计过程中，一直试图改变过去建设一个文化场馆组建一个事业单位的做法，强调以文化产业带动文化事业融合发展和政府与企业合作这种新的模式，希望由政府与企业分担投资、合作建设，政府购买公共服务委托运营，与当前国际上通行的方法接轨，应该是我国公共文化事业发展的方向。结合新区实际，我们主要探讨了以下两种模式。

第一种模式：政府平台公司融资建设，使用单位运营管理或委托管理，政府承诺回购和租金。这种模式对于学校、医院等难以市场化的项目是合适的。目前，新区“十项民心工程”采用这种模式，由新区建投成立的公共设施投资公司建设。政府提供 30% 的资金作为自有资金，通过回购承诺，融资 70% 左右。这样一定程度上缓解了政府投入的压力，但运营期回购还款和委托运营压力还是比较大。

第二种模式：政府购买公共服务，由市场主体投资建设运营管理。即政府委托企业进行文化场馆的投资建设和运营管理，政府只求所用，不求所有，承诺给予企业固定租金和一定回报。这是一种新的模式，可以减轻政府的财政压力和负债，鼓励社会企业参与文化产业和城市运营，符合发展的方向。滨海新区文化中心除文化场馆外，还包括许多经营性的文化产业和商业设施，企业除按照政府要求提供上述公共文化产品服务、政府给予租金和回报外，还可以通过文化产业和商业设施充分经营和运营，来整体获利。

中投发展投资天碱，目标是作为城市运营商，对参与滨海新区文化中心建设表现出积极性，完成了初步的方案和经济测算。拟成立合资公司，中投占 51% 股份，政府平台公司占 10%，可以以土地入股，有经验的商业或文化运营公司占39%，合资公司负责投资建设滨海新区文化中心，并负责运营和管理。项目收入包括政府租用10万平方米文化事业设施的租金、企业10万平方米文化产业出租租金、1.6万平方米商业出租租金、酒店经营和公寓出租或出售收入，以及物业管理费、停车费收入等。按照当时融资利率9%、政府租金（2元/平方米/天）、商业租金（3.6元/平方米/天）计算，收回投资需要30年，预期并不乐观，特别是在运营初期更为困难。但有政府固定租金收入，一定会比普通商业项目压力小。因此，中投建议政府给予提高租金标准，增加商业面积，减免土地交易契税、企业所得税和相关税费等支持。

（2）多种投资建设运营模式下的规划审批。

结合以上两种投资运营模式，我们设计了土地供应和规划审批的相应模式，进行创新探索，包括管理边界的划分。如果采用政府平台公司融资建设的模式，文化场馆部分按划拨方式供地，按代建模式建设。文化产业部分按招拍挂方式供地，由社会投资。为了减少政府投资压力，初期可以按照划拨方式供地，作为配套实施用地。如果要经营，再补办经营部分土地的出让手续。如果按照政府购买公共服务模式，土地既可以采用全部出让方式供地，也可以文化场馆部分按划拨方式、文化产业部分按招拍挂方式同时供地。我们将文化中心（一期）的文化场馆和文化产业两部分的土地的界面进行了划分。由于文化场馆和文化产业是滨海新区文化中心不可分割的两部分，为了做好衔接，最好要统一规划设计，同步建设和运营管理。

政府购买公共服务模式已经是比较通行的做法，但用在文化场馆的投资建设上，还是第一次，我们提出这种做法也是在国家提倡PPP之前，应该说有一定的超前性。然而，遗憾的是，出于各种原因，最终没能实现。

5. 滨海新区文化中心（一期）建筑实施方案（天津市建院牵头）（2014—2015年）

2014年，作为新区“十大民生工程”的滨海新区文化中心正式启动，2014年10月，滨海文投公司成立，正式委托天津市建筑设计院总承包设计深化和施工图设计工作。设计深化延续了国内外联合的设计团队和工作营、研讨会的形式，工作组织继续按照中外结对子的原则，保持工作的连续性。唯一的变化是配合德国gmp公司承担总图、文化长廊设计的单位由天津市规划院建筑分院调整为天津市建筑设计院。天津市建筑设计院作为设计总承包单位，动员了全院的力量，全国勘察设计大师、建筑设计院刘景樑名誉院长亲自挂帅，发挥了重大项目

滨海新区文化中心（一期）建筑实施阶段工作现场

设计经验多和队伍强的优势，协调各设计单位，全力推进设计工作。

首先，最重要且工作量最大的是建筑设计的深化，包括长廊和新增加的金色大厅。其次，是与文化中心紧密相关的解放路、地铁站的深化设计和与文化中心关系的处理。对于这样一个高度集成且具有丰富多样性、与城市道路紧密联系的文化综合体，牵一发而动全身，各位设计大师、各设计单位和相关专业工程师的设计衔接、彼此协调、通力合作是方案完成的关键所在。随着设计的深入，后期开展了若干专项设计，如建院砼意工作室承担景观规划，北京鼎伦公司参与静态停车规划，建院华怡建源工作室参与照明设计，天津舞台所参与演艺馆音响设计等工作。从运营策划角度，还邀请了第一太平、思必思参与了文化长廊运营策划，星际元、华侨城参与了探索馆策划。过程中，广泛征询国内和地方多位文博艺术专家，力求建筑设计与展陈策划工作同步促进。

（1）建筑实施方案设计和整合。

滨海新区文化中心（一期）工程由“一廊六馆”变为“一廊五馆”，五馆即滨海现代城市与工业探索馆、滨海美术馆、滨海图书馆、滨海东方演艺中心和滨海市民活动中心，赫尔默特·扬牵头设计的文化交流大厦由于各种原因暂缓建设。各位建筑设计大师和设计单位要根据新的功能定位、设计任务书和基本确定的建筑立面意向进行深化设计，包括从实施的可行性和控制投资的角度优化建筑和结构设计。由于滨海图书馆和市民活动中心的位置进行了互换，造成原建筑设计无法使用，需要重新设计。

① 滨海现代城市与工业探索馆。

滨海现代城市与工业探索馆在展示滨海新区城市规划和八大产业成果的同时，重点展示国内外城市规划以及国际现代工业科技的发展趋势。屈米大师主动改变上一轮将城市规划展和工业展分为两个独立体量、由中间锥形中庭连接的方案，将城市规划展和工业展融合在一起，空间互相联系，互相渗透，建筑成为一个整体。将锥形中庭向公园侧移动，同时，建筑沿公园侧立面后退，形成建筑形体的变化，达到建筑形式与功能统一，尊重历史文脉，营造特色展示空间，为游客创造独特的空间体验。还充分利用区位优势，设置了鸟瞰周边城市景观的屋顶平台。

② 滨海美术馆。

滨海美术馆是国家版画基地，要成为国际一流的现代美术馆。德国 gmp 公司按照新的任务书对建筑功能布局进行优化，基本保持了原方案的建筑造型。同时，有两方面大的变化。一是对建筑结构体系重新考虑，上一版结构方案采用的是屋顶大跨度桁架、下面几层建筑吊在屋顶上的形式。本次方案改为常规的结构形式，节约投资，也保持了上版方案的空间效果。第二个变化是将上版方案中部分展厅的外墙菱形状幕墙，结合专家提出的不利于布展的意见，调整为石材。

③ 滨海图书馆。

荷兰 MVRDV 事务所设计的滨海图书馆，位置的变化造成用地尺寸的改变和功能的调整，包括拆除专家提出意见的倾斜楼板，考虑实施的可行性和造价的限制，方案变化较大，但保留了“滨海之眼”的立意。60 米宽、近 50 米长的无柱大空间和直径 20 多米的“眼”，考验了结构设计师的技术水平。

④ 滨海东方演艺中心。

Bing Thom 公司设计的滨海演艺中心位置和功能没有变化，所以深化设计一直在顺利进行中。由于用地界限是三角形，原来设计中 1200 座歌剧院和 400 座实验小剧场均为矩形，总是有些地方难以处理好。因此，Bing Thom 公司主动推倒原有成果，重新做方案。将两个剧场形状改为圆形，由此很好地与周围空间接顺，并更好地体现原方案流动性的设计意图。

⑤ 滨海市民活动中心。

由于位置的变化造成用地尺寸的改变，天津华汇建筑设计公司重新做了滨海市民活动中心的方案。市民活动中心涵盖多种公共服务功能，包括政府服务窗口、市民文化活动展示与体验空间、公众培训与继续教育、体育健身及多规模多标准的电影观演厅等设施。新的设计方案围绕双层的中庭进行功能和空间的组织，形成统一清晰的室内空间意向。

⑥ 文化长廊和中央大厅。

德国 gmp 公司对文化长廊伞的造型、与周围建筑的关系进行深化设计，对长廊玻璃幕墙的位置和入口伞的造型进行多方案比选研究。中央大厅沿用“伞”的母题，大厅的平面尺寸达到 60 米宽、120 米长、30 米高，形成连续拱形的巨大空间。为了减小大厅尺寸，德国 gmp 公司提出 60 米、80 米另外两种程度的方案。大厅和长廊均为 30 米通高，造成幕墙尺寸也巨大。在这一点上，建筑设计与城市设计的初衷和要求存在差距。

⑦ 地下辅助和停车部分。

文化中心地下两层，均设置停车位。地下一层部分为设备和库房，部分设置停车泊位。受解放路地道影响，地下一层南北两部分不连通。地下二层全部设置停车泊位，南北连通，并设置机动车主通道。货物流线通过坡道和货梯与地下一层相连接，在这里货物可以由电梯运输到上层建筑。首层在公共服务配套用房的后面设置了独立的货运通道，以避免对其他区域活动的干扰。地下车库共设置出入口 4 处，其中沿解放路地道设置 2 处，进行右进右出交通组织，在旭升路东侧设置 2 处。根据《天津市建设项目配建停车场（库）标准》DB/T29-6-2010 ，项目共配建机动车位 1500 个，地下一层设置停车泊位 550 个，地下二层设置停车泊位 950 个。地下车库通过竖向电梯和楼梯与上部文化长廊和建筑相连接，参观者能够方便地从地下车库直接进入文化长廊及各个文化场馆。地下车库的设计与人防设施进行了充分的结合。

⑧ 绿建设计。

以国家绿色建筑二星级为设计标准，开展了统一的能源利用规划，建立绿色建筑智能管理平台，通过一系列的绿建设计策略，包括遮阳、通风、太阳能、地源热泵利用等，减少建筑能耗与运营费用。

⑨ 建筑总平面图和景观设计。

滨海新区文化中心总图设计除确定建筑的平面位置、组织交通、消防外，很重要的一点是竖向设计。旭升路标高 3.5 米，规划确定建筑室内正负零标高为 4.4 米。文化长廊位于建筑二层，标高为 10.1 米。解放路半下沉路段，标高约 0.3 米。在文化长廊西侧，可从旭升路进入文化中心一层，进入后通过扶梯上一层进入文化长廊。文化长廊东侧，建筑室外地坪高程 9.5 米，通过缓坡与公园 5.0 米高程找齐。在基地东南和北部设置两个坡道，围绕一期建筑群形成消防、应急和大件货运环路，同时南北两侧可用作大型展品的临时卸货区。共设置机动车地库出入口 4 处，其中旭升路一侧设置 2 处，沿解放路地道设置 2 处，进行右进右出交通组织。地面设置停车位约 850 个，包括社会车辆、大巴车、出租车停靠、VIP（应急）等。

对于如何处理好与预留文化交流大厦的关系，各方面做了大量工作，包括招商引资同步建设、先同步建设裙房、同步实施基础部位、调整总图等，最后按照预留处理，并尽可能在基础、长廊上做好衔接。文化中心总图内的景观设计与中央公园一体考虑。用地范围内设地下能源中心，曾考虑采用燃气发电供热制冷一体化技术，后考虑到文化中心和公园的绝对安全性，采用了与市文化中心相同的市政热源加电力和冰蓄冷节能方案。

按照项目最后确定的总图，滨海新区文化中心（一期）规划用地面积 11.96 公顷，总建筑面积 32.6 万平方米，其中地上总建筑面积 20.48 万平方米，地下总建筑面积 12.12 万平方米。

⑩ 总体效果。

滨海新区文化中心（一期）建设项目的立面造型简洁大方，塑造出具有滨海新区城市特色的标志性形象，充分展示出滨海新区的现代化气息，突出文化中心综合体的特征，形成“文化航母”的整体形象，同时又彰显各文化场馆的个性气质。为了加强建筑群的整体性，在方案深化阶段，从建筑高度、色彩材质、立面划分、第五立面、长廊等五个方面进行统筹，在统一中求变化，在变化中求统一。建筑檐口高度统一在 35.7 米，滨海现代城市与工业探索馆局部突出至 45.7 米，整体天际线统一中有变化。统一色彩和材质，长廊的伞采用浅暖色调金属材质，顶棚采用白色半透明贴膜玻璃。通过浅暖色建筑衬托出白色长廊的主体地位。外檐材料以石材、金属幕墙及玻璃幕墙为主，简洁明快，通过对材质的选择与处理，使其在整体色彩上协调统一，又不失多样性，在城市尺度上恢宏大气，在近人尺度上亲切宜人。在立面划分上，强化横向划分，形成相对协调的立面肌理。为了与公园呼应，沿公园一侧的建筑全部采用绿化屋面，组织高品质的屋面休闲功能，丰富建筑第五立面。总之，在规划与建筑设计团队的协同工作下，实现了总体协调、个性突出的文化建筑组群。

（2）最终确定与下沉道路、地铁车站关系。

随着建筑设计工作的深入，天津市规划院、渤海规划院、天津市政设计院路桥分院和地铁分院等多家设计单位结合建筑设计的柱网、基础，深化解放路下沉道路的平纵断面设计，研究处理好与预留地铁线路和车站的关系。反过来对建筑设计提出要求。解放路从文化中心大厅下穿过，考虑到各种因素，对其功能进行简化，原规划公交站被取消，移到路口；为了减少实施难度，解放路规划市政管线也外移到其他道路上。

对于轨道 B7 线文化中心站，城市设计和最初的建筑设计是按照最

滨海新区文化中心（一期）鸟瞰图

理想的方式，地铁站与文化中心地下一体化设计建设。然而，由于轨道B7线是远期规划线，车站随文化中心一同实施会增加比较多的投资，短时期内又难以发挥效益，而且工期增加比较多。因此，初步确定地铁车站与文化中心脱开设置，分期实施。站点与解放路地道南北两侧各预留一条地下步行通道，通过地下通道直接连通文化中心地下。但脱开后的车站正好落在解放路下沉路段的U形槽内，对是否预留部分结构进行了深入的研究比较。为了保证文化中心近期有便捷的公共交通，规划利用即将启动建设的轨道Z4线天碱文化中心站，通过300米地下通道与文化中心地下相连通。

（3）扩初与施工图设计。

随着建筑设计方案的确定，开始进入扩初和施工图阶段，要完成大量的设计和计算分析等工作，并完成基础部位、结构超限审查、消防性能化设计及设备、材料选型等一系列工作。在过程中，也采用了BIM技术，提高了施工图设计的准确度，避免了各专业间的错漏碰缺。经过各设计单位的共同努力，滨海新区文化中心按计划开工建设。

四、总结与展望

本文较全面、翔实地回顾了滨海新区文化中心从选址到规划设计、建筑设计的历程，从中我们可以看出一个城市公共中心的规划设计所经历的一般过程。这里有规划设计人员的创造和持续的辛勤劳动，专家学者的真知灼见，规划管理人员的持续推动，各级领导的高瞻远瞩，各方面达成共识。这个过程是活生生的，充满挑战，滨海新区文化中心规划设计的孕育历程即是一次真实的写照。城市是个复杂的巨系统，现实中存在许多问题和不尽如人意的地方，是真实的状态。同时，还有许多机会和宝藏。不要抱怨，坐而论道不如起而行之。滨海新区文化中心就是一个生动的故事。

中国城市规划设计践行至今，在不断的反思中，已经从大尺度、粗放型规划设计逐步转入精细化规划设计和规划管理时代，规划设计与项目策划、运营、投资建设、经营管理等诸多因素的结合愈发紧密，需要不断学习掌握最新的理念和方法。一张蓝图的绘制需要持久的跟

领导视察滨海文化中心（一期）建设项目

滨海新区文化中心（一期）建设项目施工情况

踪、不断的完善和动态的规划设计过程。每一轮规划设计方案都是提升与完善的过程；每一次我们都竭尽全力用城市设计的统筹方法去解决复杂的技术问题；每一次我们都没有放弃在众多条件的约束下，最大可能地塑造美好城市空间的理想。也许不是每一个方案都很精彩，但坚持的过程本身就是最大的价值所在，它让我们在复杂神秘的城市中逐步理清思路，不断尝试更合理有效的解决方案，并最终寻找到最理想的规划设计方案。

有经济学家说，人类历史中，经济发展从来不是靠量的积累，而是靠创新。创新对于中国的城市规划和建筑设计非常重要，要改变目前粗放式的规划和建筑设计，提高城市和建筑的质量和水平。这也是我国经济转型升级的重要内容。要善于学习，学习新技术、新材料、新设备、新方法，要打破固有的旧的模式。文化建筑要为广大居民、文化工作者考虑，以人为本。同时，对于文化建筑，应鼓励建筑师有限制条件地创新。前期可以是畅想式的，开拓思路。实施方案的要求要严格，要满足城市规划、建筑功能、建筑风格、造价等要求。我们要会选择适合自己的建筑师，要采取中外合作的方式，中国建筑师的成长之路，靠学习，靠实践探索，持续积累，关注城市的问题。持续参加滨海新区文化中心设计的屈米先生，曾因规划建设法国巴黎拉维莱特公园获得国际设计竞赛一等奖，他设计的希腊卫城脚下的希腊卫城博物馆及馆内展示的文物令我们印象深刻。我们曾问他，如何让希腊人花大钱，把雅典卫城博物馆建得这么好。他笑着说，努力说服他们。与大师的交流让我们获益匪浅，与国内建筑设计院、规划院的交流同样十分重要，可提高规划设计的合力和水平。这样高度集成的综合项目为规划设计提供了统筹多专业的平台，建立了多维度、立体化的思维模式，在整体空间形态、城市界面、公共空间的塑造、竖向与水平的联系、交通的衔接组织、建筑表情的刻画、艺术气质的渲染、建设模式的组织以及可操作性等诸多方面形成了一系列规则，同时明确引导并推动了建筑设计及其实施，在促进优质城市空间的形成过程中发挥了重要的指导作用。

城市的活力来自它的多样性和复杂性，以及众多要素错综的关联性。随着市场化的不断成熟，未来的文化设施必然会突破体制的束缚，功能的外延也会远远突破物质空间实体而发挥更大的影响力，充分融入城市社会经济生活。文化中心作为城市交流的窗口，要从传统的内向展览研究空间转变为外向的社会活动与公共交往场所。在未来的功能复合、尺度宜人、配套完善的城市形态下，兼具多元性、包容性和联动性等内在秩序的公共文化空间将更为理想。以文化长廊为核心的文化综合体模式提供了一个更加亲近市民的城市公共空间，或许为文化设施的建设提供了一个全新的思路。文化长廊从形态上串联各个文化建筑，从功能上，它不再是单一孤立的文化设施的简单拼接，而是实现多元功能的立体复合，各个文化场馆之间的交流增强，应该产生化学反应。对文化场馆外侧和长廊侧立面的处理，包括材质，应该不一样，应该更开放。

与城市规划、建筑设计理论研究相当，城市规划和建筑设计的实践也非常重要，要及时认真总结，这是一笔宝贵的财富。我们组织参与滨海新区文化中心设计的各位专家大师、设计师、工程师共同编撰这本书，就是希望对这一历经三年的项目进行全面的回顾总结，从中总结经验与教训，以备再战。我们也想通过这本书感谢参与滨海新区文化中心工作的各位大师、院士，各设计师和相关工作的参与者，他们为滨海新区文化中心的规划设计做出了各自的贡献。同时，我们也要感谢规划管理人员，每一座建筑之后都有城市规划管理人员的奉献，他们默默无闻，是幕后英雄。文化长廊近千米，一期实施了 470 米，我们都期待文化长廊的落地，也希望二、三期的水平更高，更加充满活力。相比前期工作的时间，如此复杂的文化综合体，文化中心（一期）建筑深化设计、扩充设计和施工图设计的时间还太少，前期策划布展还不充分，我们应该继续发扬规划师连续作战的优良传统，尽早开展二、三期的前期工作，谋划更加美好的未来。

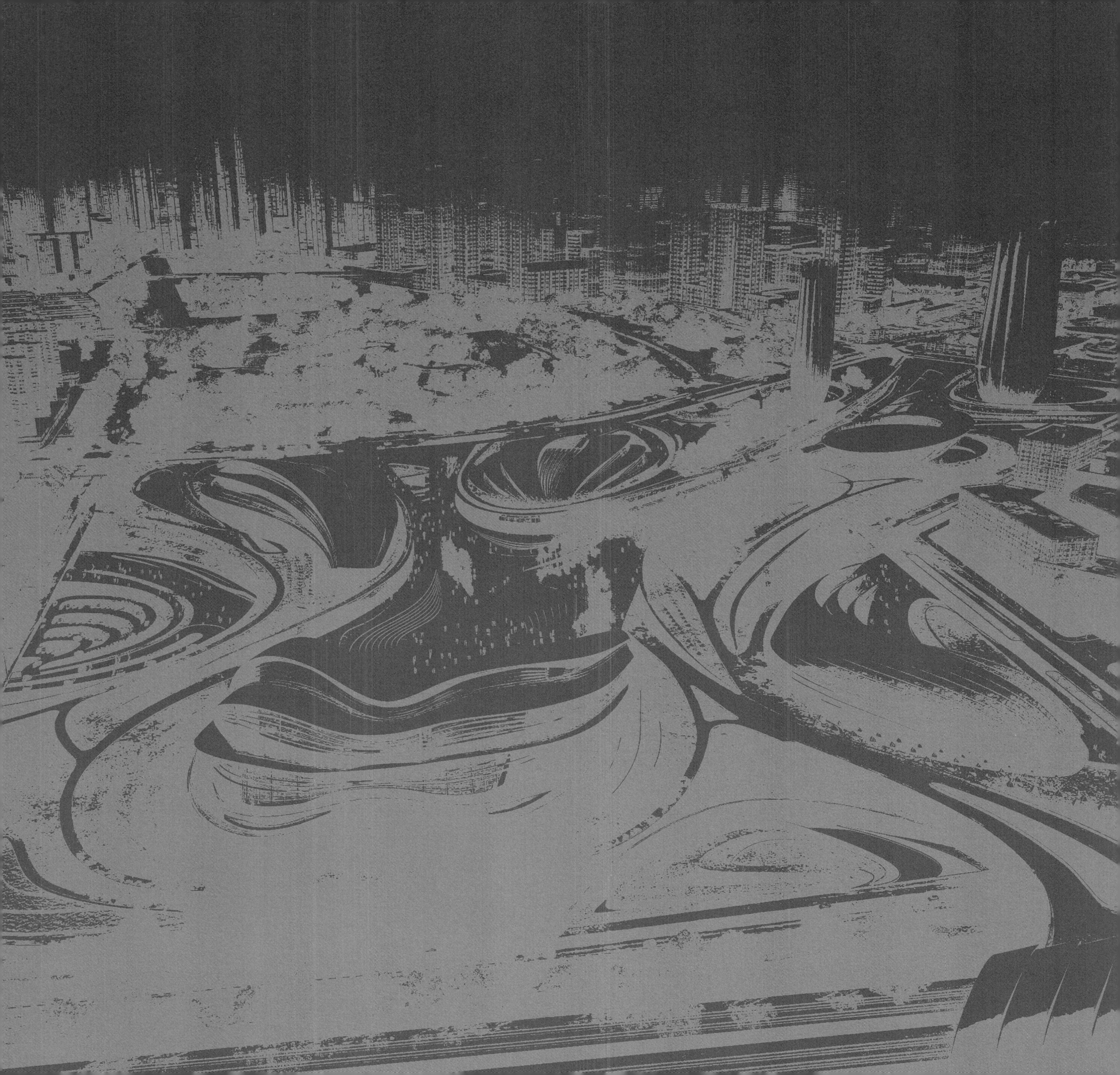

2010–2011年

天津滨海新区文化中心
建筑群概念设计国际咨询

2010—2011 Int´l Consultation of Conceptual Architectural Design for Cultural Center in Binhai New Area, Tianjin

建筑群概念设计国际咨询 ▷

项目背景

- 项目概况
- 工作机制
- 设计要求

项目概况

Project Overview

为贯彻落实党中央、国务院加快滨海新区开发开放的重大战略部署，落实天津市委市政府“打好文化大发展、大繁荣攻坚战，统筹推进中心城区、滨海新区、各区县三个层面文化产业协调发展”的总体要求，结合滨海新区“十二五”规划，在新区文化中心城市设计的基础上，计划启动滨海新区文化中心的规划设计工作。该中心对于提升滨海新区的城市功能和公共文化服务水平、促进和谐新区的建设具有重要意义，它的建设将展现滨海新区的时代性和前沿性。

滨海新区文化中心位于滨海新区核心区，是具有科技、展示、教育等多元功能的综合性文化商业区，是体现从“中国制造”到“中国创造”的重要载体。规划建设滨海大剧院、航天航空博物馆、现代工业博物馆、滨海美术馆、滨海青少年宫、传媒大厦及综合开发地下图书城、商业街及其他配套设施。

滨海新区区位图

本项目地理位置十分重要：东部为滨海文化商务中心，北部为泰达开发区（华纳高尔夫球场），西部为天碱地区，南部为紫云公园以及于家堡金融区。根据《天津市轨道交通专项规划》阶段成果，本项目所在区域内有 2 条轨道交通线路：B1 线，连接开发区、文化中心、响螺湾等地；Z4 线，连接南港工业区、天碱地区以及汉沽等地。结合概念设计，在文化中心周边各设车站 1 处，完善轨道线网整体规划。

区域轨道线网规划图（2010 年）

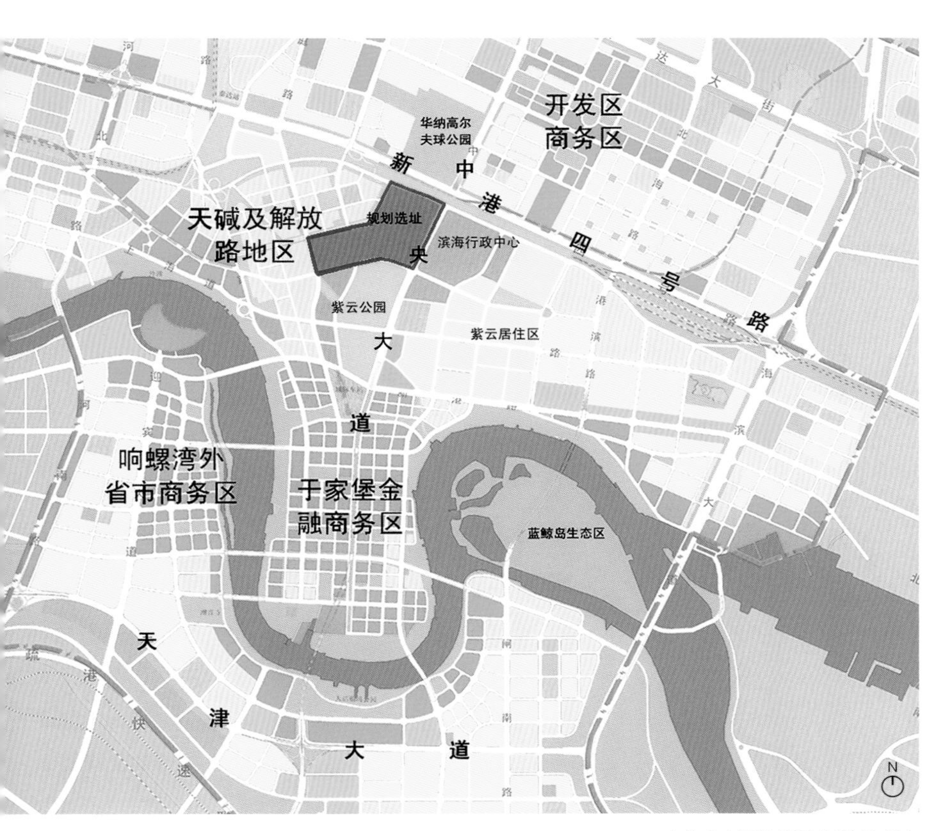

文化中心周边情况（2010 年）

总体功能空间分布图（2010 年）

滨海新区文化中心过去曾经是天碱化工厂用地和碱渣地，临近铁路，塘沽老城区边缘。2000 年，塘沽区开始治理碱渣山，建设了紫云公园。2004 年，海滨立交桥通车，拉近了塘沽老城区与开发区的距离。同时，规划延伸开发区黄海路，穿越新港四号路、津滨轻轨和进港铁路二线，连通塘沽天碱与紫云公园地区。

滨海新区文化中心航拍图（2010 年）

原天碱化工厂照片

原天碱厂房照片

原天碱化工厂堆煤场照片

原天碱化工厂堆煤场照片

紫云公园照片

紫云公园照片

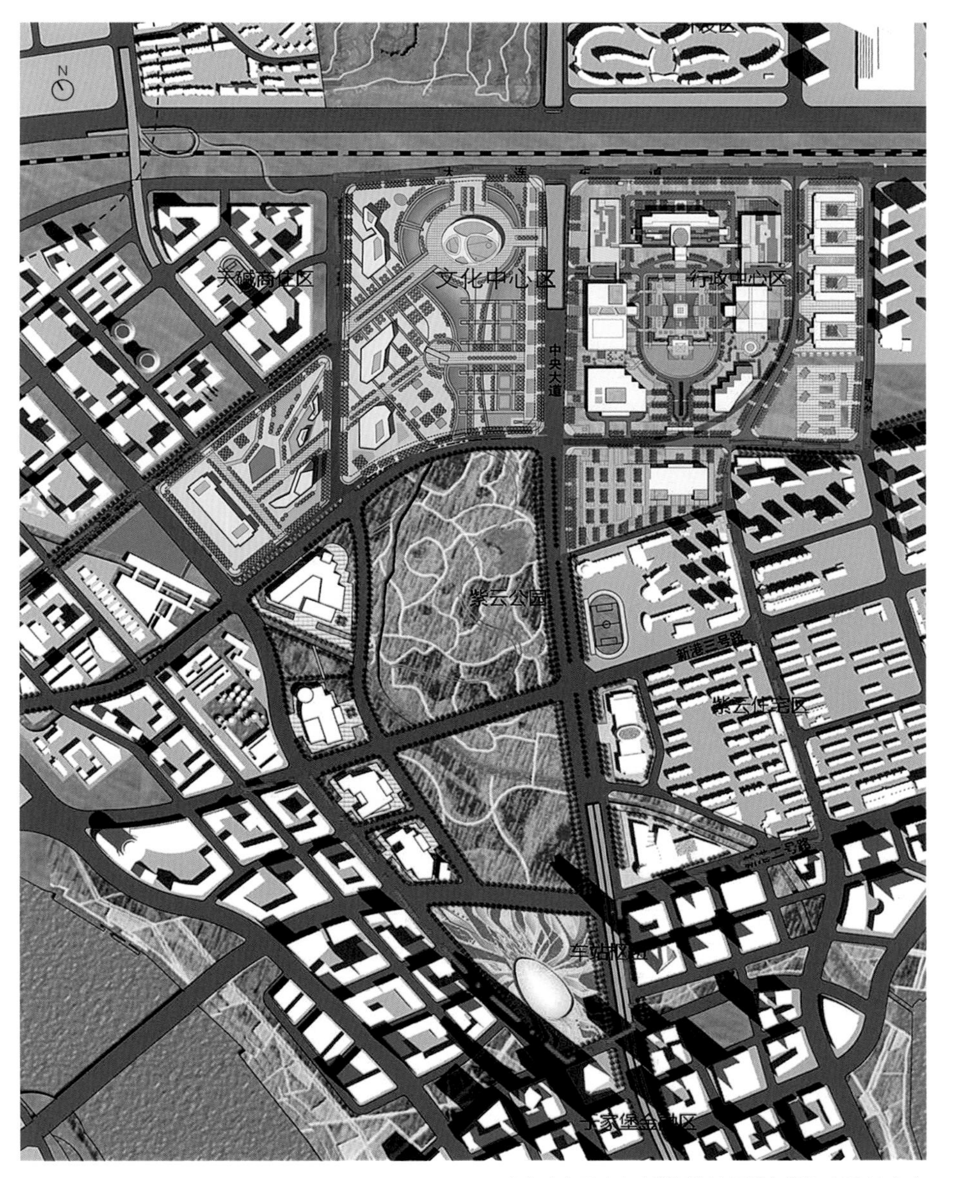

文化中心及中央大道周边地区城市设计（2010 年）

工作机制
Working Mechanism

天津滨海新区文化中心建筑群概念设计国际咨询由天津市滨海新区规划和国土资源管理局主办，天津市迪赛建设工程设计服务有限公司承办。为借鉴国内外先进的规划建筑设计理念，高起点、高水平的规划建设滨海新区文化中心，咨询活动采取公开发布信息和邀请报名相结合的方式，盛邀富有创新精神及知名文化建筑项目设计经验的境内外设计大师参加。报名结束后，由主办单位和承办单位共同组织相关专业的专家，对报名单位进行资格审查，定向邀请了英国扎哈·哈迪德、美国伯纳德·屈米、荷兰韦尼·马斯及何镜堂等四位国际一流的设计大师及其团队参加本次咨询活动。

本次咨询活动采取研讨与方案设计相结合的方式进行，四位设计大师结合自己的作品和世界先进的文化建筑设计理念及发展趋势发表演讲。以李道增院士、马国馨院士为首的擅长文化建筑设计的境内外资深专家出席研讨会，与四位设计大师共同对文化中心的设计理念、发展趋势及概念方案进行研讨，对滨海新区文化中心的规划建设提出建议。

评审专家和设计大师共同研讨会议现场

设计大师　Design Masters

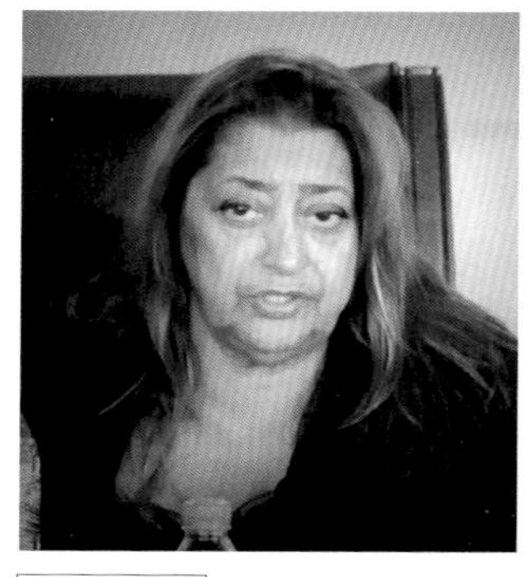
扎哈・哈迪德

伯纳德・屈米

韦尼・马斯

何镜堂

扎哈・哈迪德（Zaha Hadid）

建筑界的"解构主义大师"，2004 年获得普利兹克建筑奖

伯纳德・屈米（Bernard Tschumi）

美国建筑师协会会员，英国皇家建筑师学会会员

韦尼・马斯（Winy Maas）

荷兰 MVRDV 事务所三个合伙人之一，创新型设计师

何镜堂

中国工程院院士，华南理工大学建筑设计研究院院长

评审专家　Jury Members

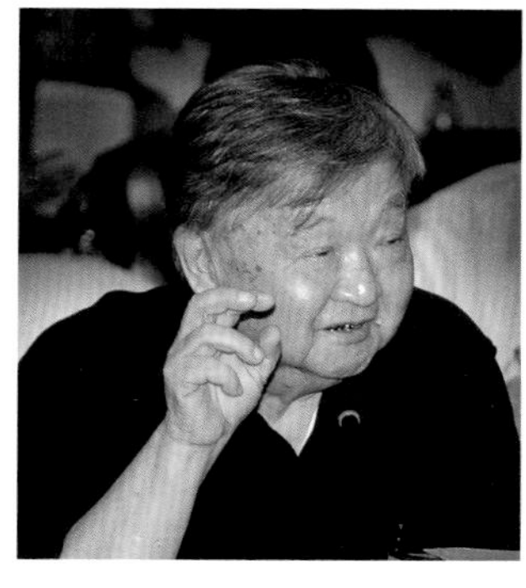
李道增

马国馨

邢同和

孙乃飞

朱雪梅

李道增　中国工程院院士，清华大学建筑学院教授

马国馨　中国工程院院士，北京市建筑设计研究院顾问总建筑师

邢同和　上海现代建筑设计（集团）有限公司总建筑师，全国工程勘察设计大师

孙乃飞　SOM 建筑设计咨询（上海）有限公司设计师

朱雪梅　天津市城市规划设计研究院副总规划师，城市设计所所长

设计要求
Design Requirement

通过对规划范围内的周边空间结构、道路交通、景观绿地以及建筑进行研究，确定与文化中心的关系，并作为规划设计的基础。结合本地区的功能定位及空间形态研究，借鉴国内外先进文化中心的设计经验，将滨海新区文化中心打造成具有科技、展示、教育等多元功能的综合性文化商业区，为滨海新区提供一个具有人文、生态特色的21世纪现代化城市公共活动中心，体现国际化都市风貌。

四至范围：东至中央大道，南至解放路、紫云公园，西至洞庭路，北至旅顺道。

设计内容：本次咨询活动的设计内容分为两部分，要求参加的设计单位同时负责总体规划设计和其中一栋单体建筑的概念设计，具体包括：

1. **总体规划设计：**围绕滨海文化广场，提出滨海大剧院、航空航天博物馆、现代工业博物馆、滨海美术馆、滨海青少年宫、传媒大厦等建筑的总体规划设计，并结合轨道交通考虑本地区地下空间的综合开发规划。
2. **建筑概念设计：**结合总体规划，各设计单位负责下列场馆（滨海大剧院、航天航空博物馆、现代工业博物馆、滨海美术馆）中的一个单体建筑的概念设计方案，并对其他场馆进行建筑形象概念设计。

项目规模：规划总用地45.2公顷，总建筑面积51.3万平方米（其中地上建筑面积39.9万平方米，地下建筑面积11.4万平方米）。
建筑包括：滨海大剧院4万平方米，航空航天博物馆2.5万平方米，现代工业博物馆2.5万平方米，滨海美术馆3.5万平方米，青少年活动中心2.4万平方米，传媒大厦5万平方米，商业综合体20万平方米。

设计时间：2010年12月8日至2011年2月24日

应征单位：滨海大剧院 —— 英国扎哈·哈迪德建筑事务所、天津市城市规划设计研究院
现代工业博物馆 —— 美国伯纳德·屈米建筑事务所、美国KDG建筑设计有限公司
航空航天博物馆 —— 荷兰MVRDV事务所、北京市建筑设计研究院有限公司
滨海美术馆 —— 华南理工大学建筑设计研究院

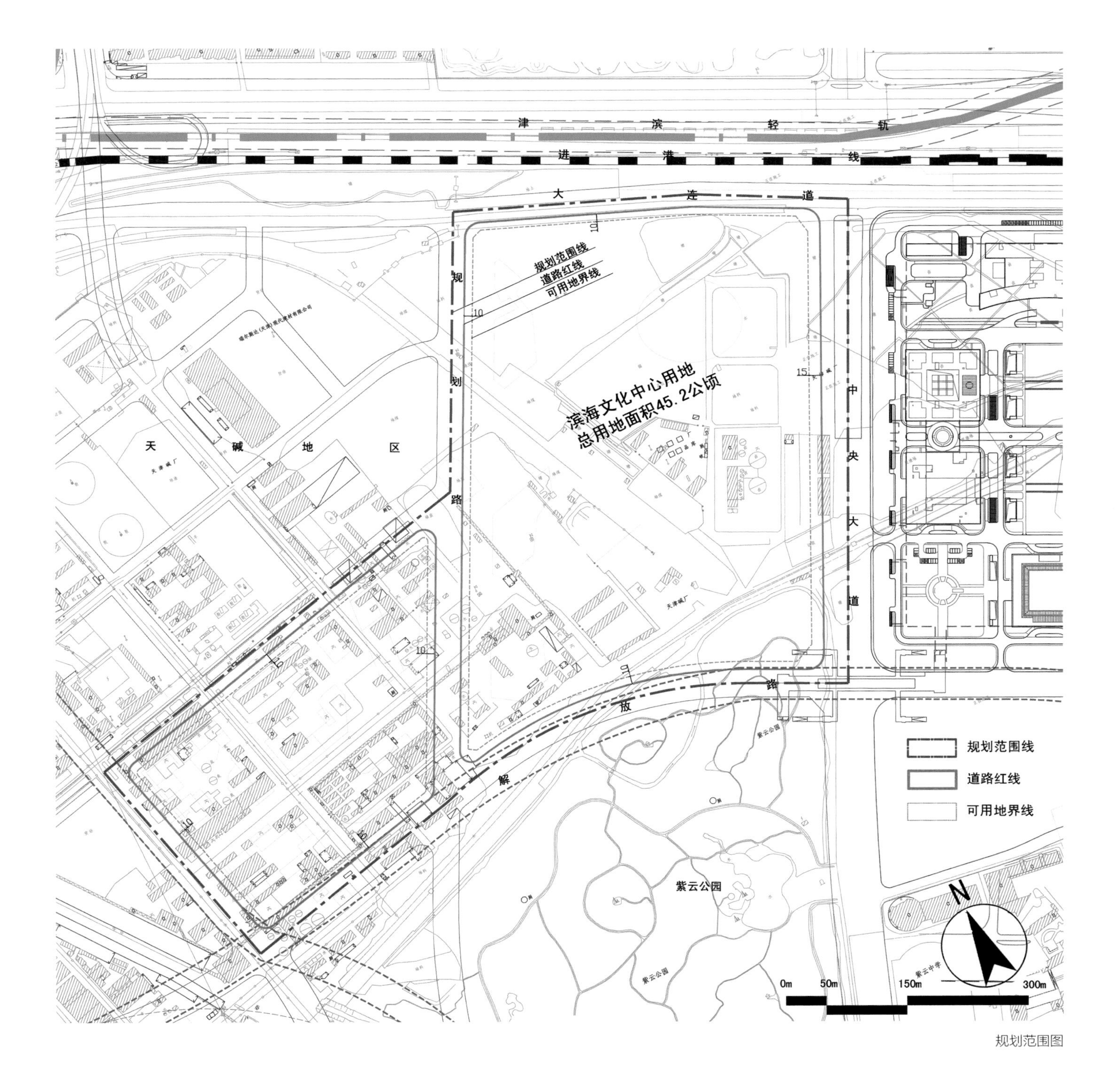
津滨轻轨
进港线
大连道
规划范围线
道路红线
可用地界线
滨海文化中心用地
总用地面积45.2公顷
天碱地区
规划路
中央大道
解放路
紫云公园
规划范围线
道路红线
可用地界线
0m
50m
150m
300m
N

规划范围图

建筑群概念设计国际咨询 ▷▷

建筑群及单体建筑概念方案

- 滨海大剧院
- 现代工业博物馆
- 航空航天博物馆
- 滨海美术馆

滨海大剧院
Binhai Grand Theatre

英国扎哈·哈迪德建筑事务所
天津市城市规划设计研究院

1. 文化中心总体规划　Master Plan of Cultural Center

设计理念　Design Concept

由一系列层层叠叠、模仿毛笔笔触的壳状建筑组成，围合成内聚的完整公共空间。

笔触

设计的景观、特征和建筑的布置都是从画笔的姿势中受到的启发。每一笔都是有目的的，也都是优雅的，以此创造流畅、循环和建筑学的形式。

贯通整个布局的是一系列“壳”，如毛笔笔画从地而起，达到引人注目的高度后回落到布置面。这样能够确保设计的和谐性，同时通过外形架构，形成大的展示空间。每一个建筑置于其中，激活了文化公园。

理念图

梯田

设计不但是为了获得设计的表达，提供一个令人向往的目的地，而且是为了通过最大限度地提升位置，为低水位提供一个解决方案；通过提升布置面，交通工具区可被隐藏，同时零售业（如书城）可以置于广场的水平位置，一同和广场创造一个令人愉快、有活力且光线充足的空间。提升的布置设计缓解了周边的交通压力，并为文化广场营造了亲切宜人的氛围。

理念图

总体鸟瞰图

设计策略　Design Strategy

布局分析

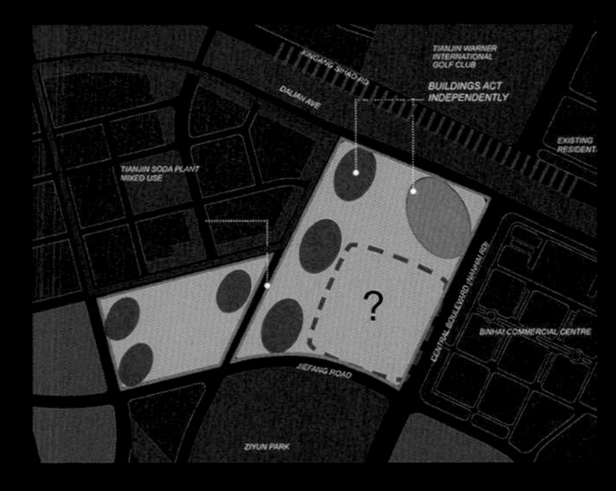

将基地作为一个整体进行考虑，使建筑与建筑、文化公园与建筑之间产生互动联系。

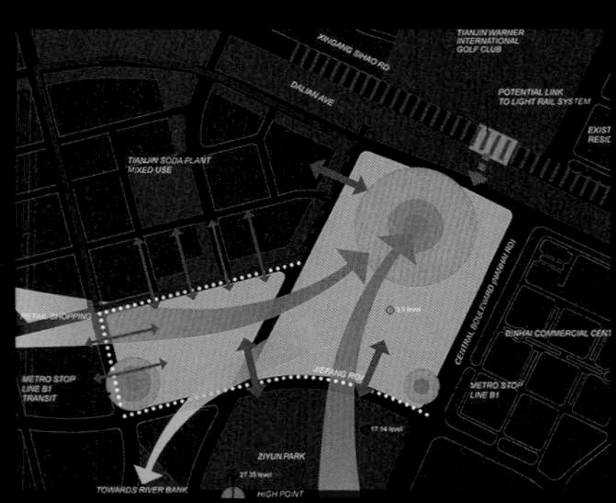

基地人流主要来自南侧的商业中心和西侧的商业办公大厦，将人群与基地的联系集中在大剧院和广场所处的基地中心位置。在基地北侧建立轻轨站点，连接周边地区。

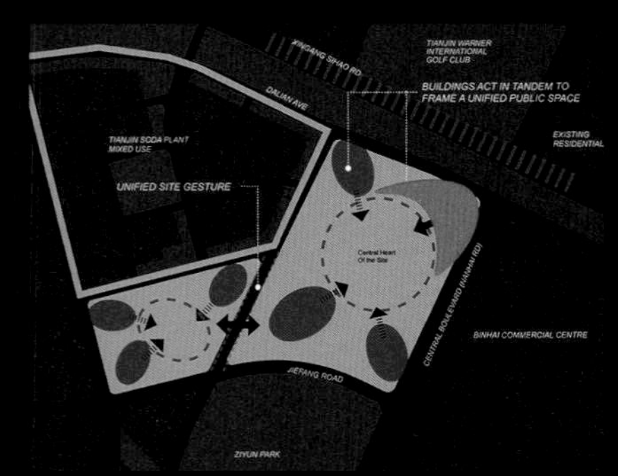

新建建筑沿基地周边道路进行布置，同时面对基地中央的文化公园，并与其形成呼应。

布局分析图

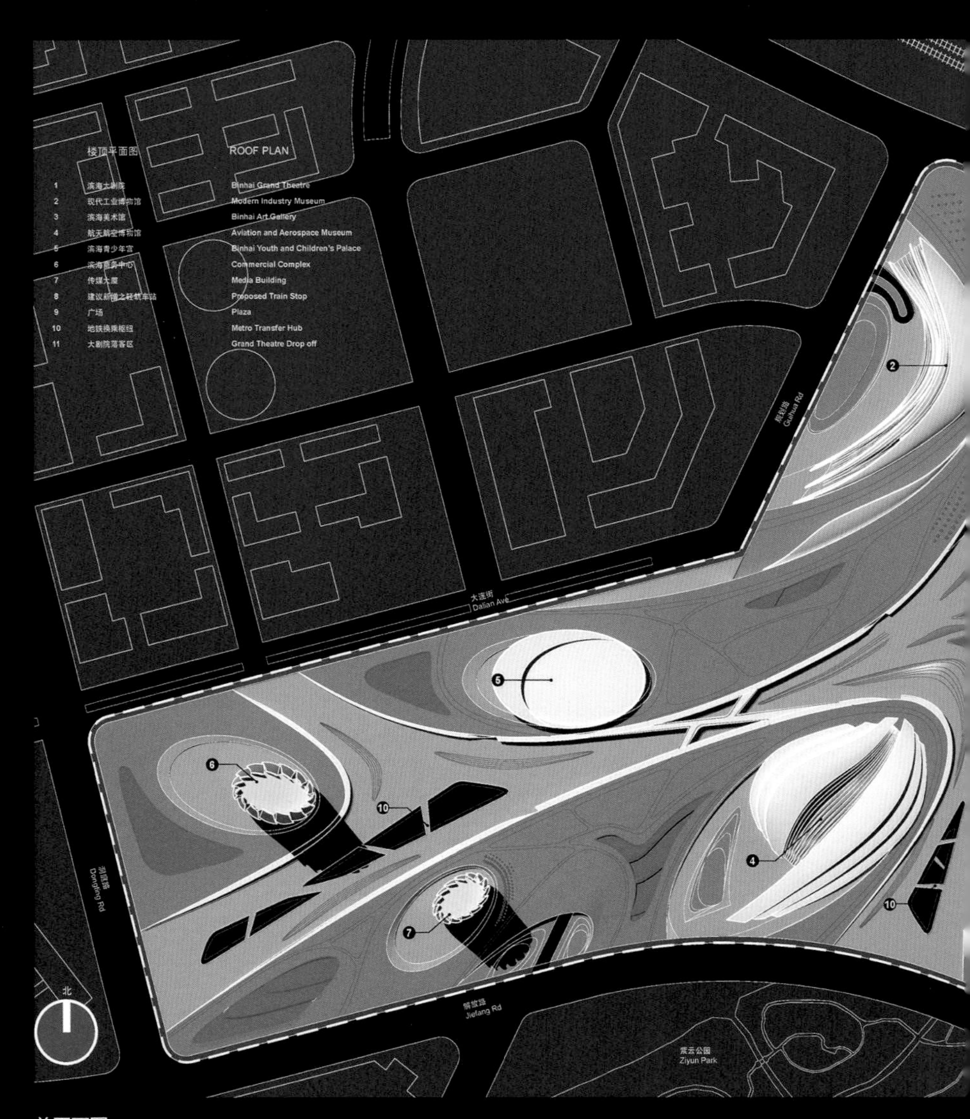

总平面图

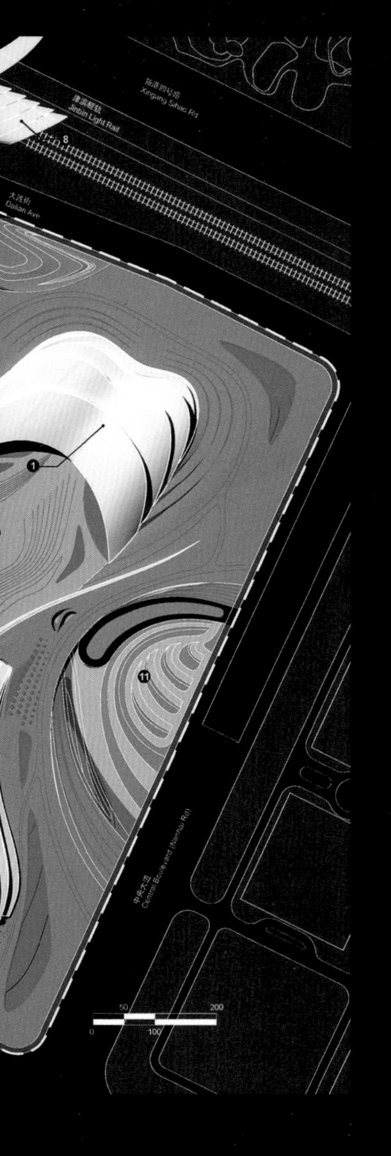
新港四号路
Xingang Sihao Rd
津滨轻轨
Jinbin Light Rail
8
大连街
Dalian Ave
1
11
中央大道
Central Boulevard (Nanhai Rd)
0
50
100
200

鸟瞰图

节点效果图

抬高部分景观层边缘，以满足装卸运输车所需通过的净高。

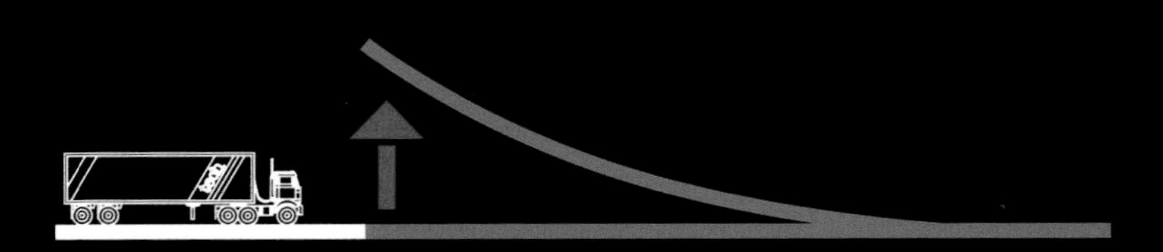

广场效果图

将多种空间藏匿于景观造型层之下的广场。

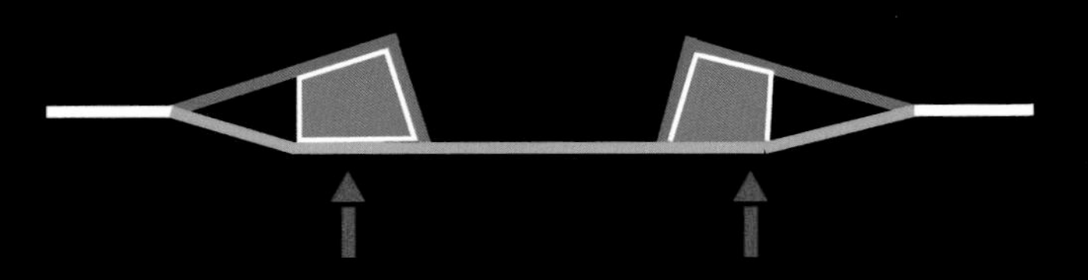

城市景观效果图

基地与街道的边缘营造出视觉上的城市景观。

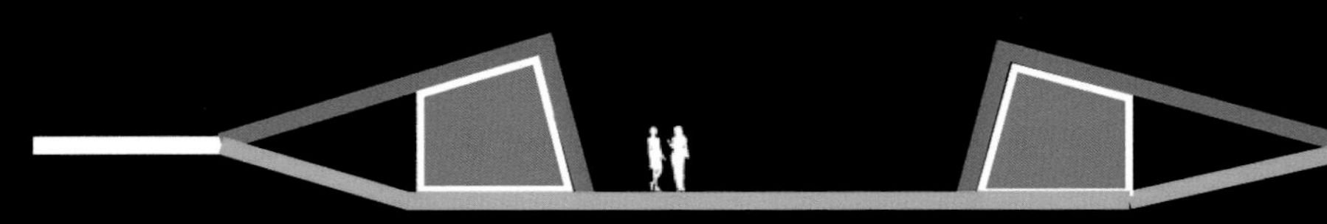

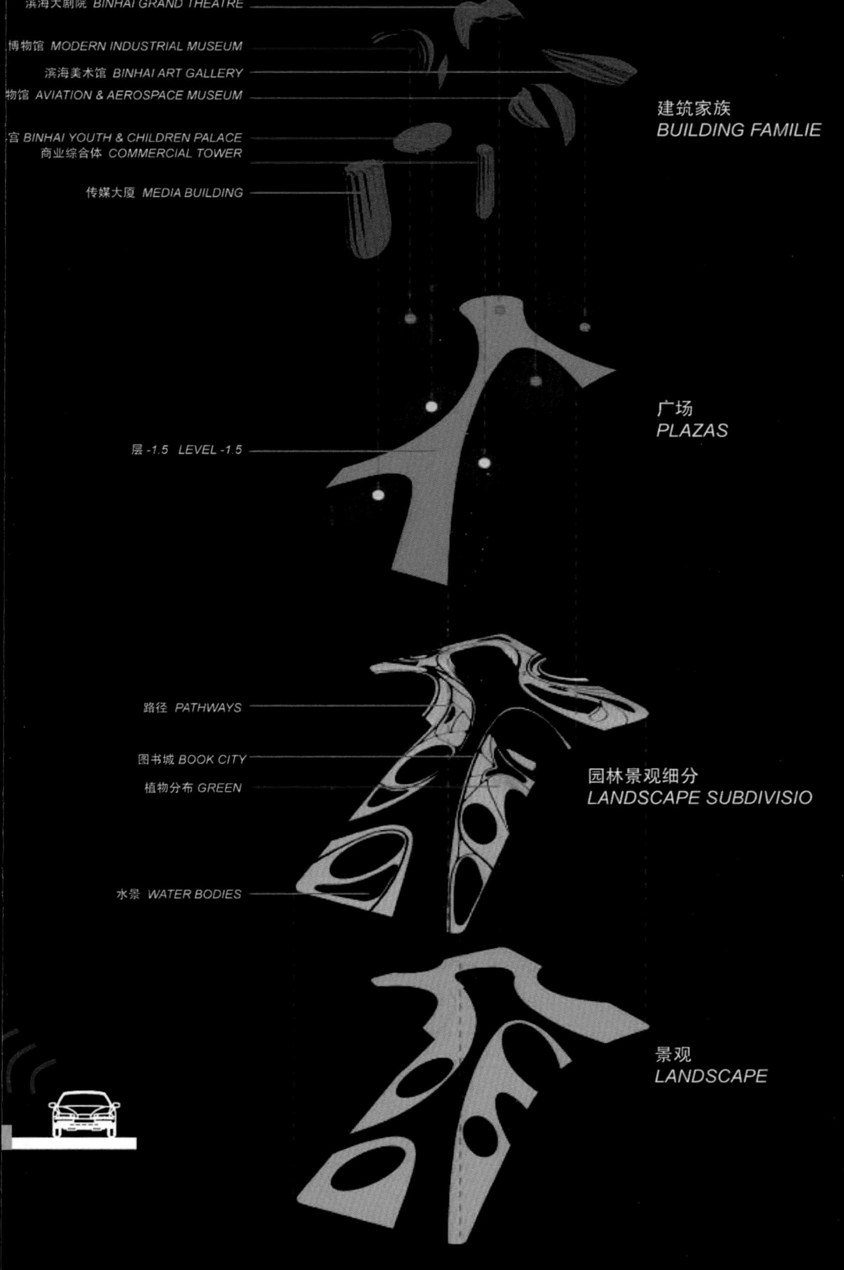

滨海大剧院 BINHAI GRAND THEATRE
博物馆 MODERN INDUSTRIAL MUSEUM
滨海美术馆 BINHAI ART GALLERY
物馆 AVIATION & AEROSPACE MUSEUM
宫 BINHAI YOUTH & CHILDREN PALACE
商业综合体 COMMERCIAL TOWER
传媒大厦 MEDIA BUILDING
建筑家族
BUILDING FAMILIE
层 -1.5 LEVEL -1.5
广场
PLAZAS
路径 PATHWAYS
图书城 BOOK CITY
植物分布 GREEN
园林景观细分
LANDSCAPE SUBDIVISIO
水景 WATER BODIES
景观
LANDSCAPE

鸟瞰图

建筑布局　Architectural Layout

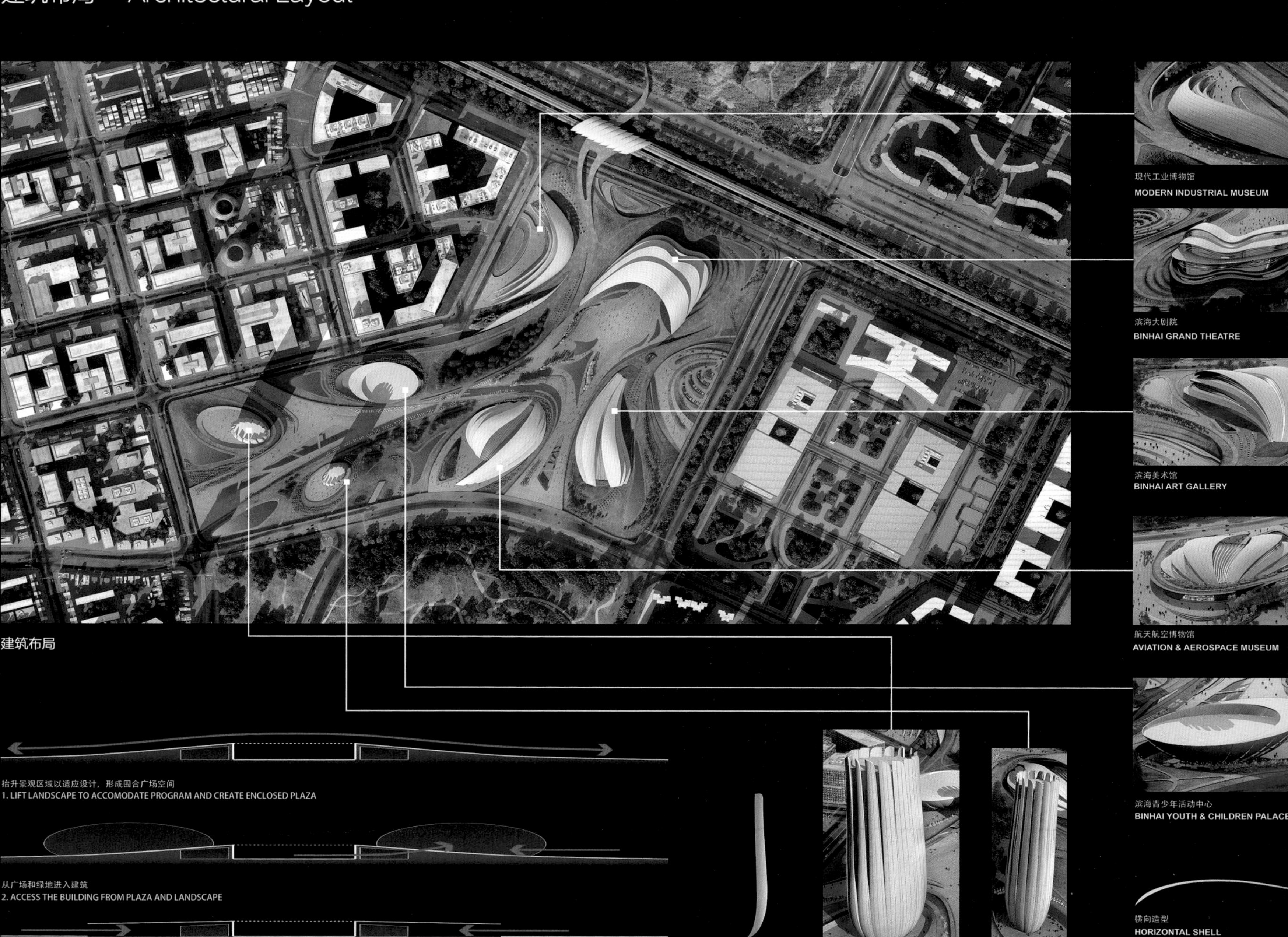

抬升基地周边以提供后勤出入口
3.LIFT EDGE TO ALLOW FOR SEVICING

竖向造型
VERTICAL SHELL

商业大厦
COMMERCIAL TOWER

传媒大厦
MEDIA BUILDING

人流以及交通网络 Public and Vehicular Transport

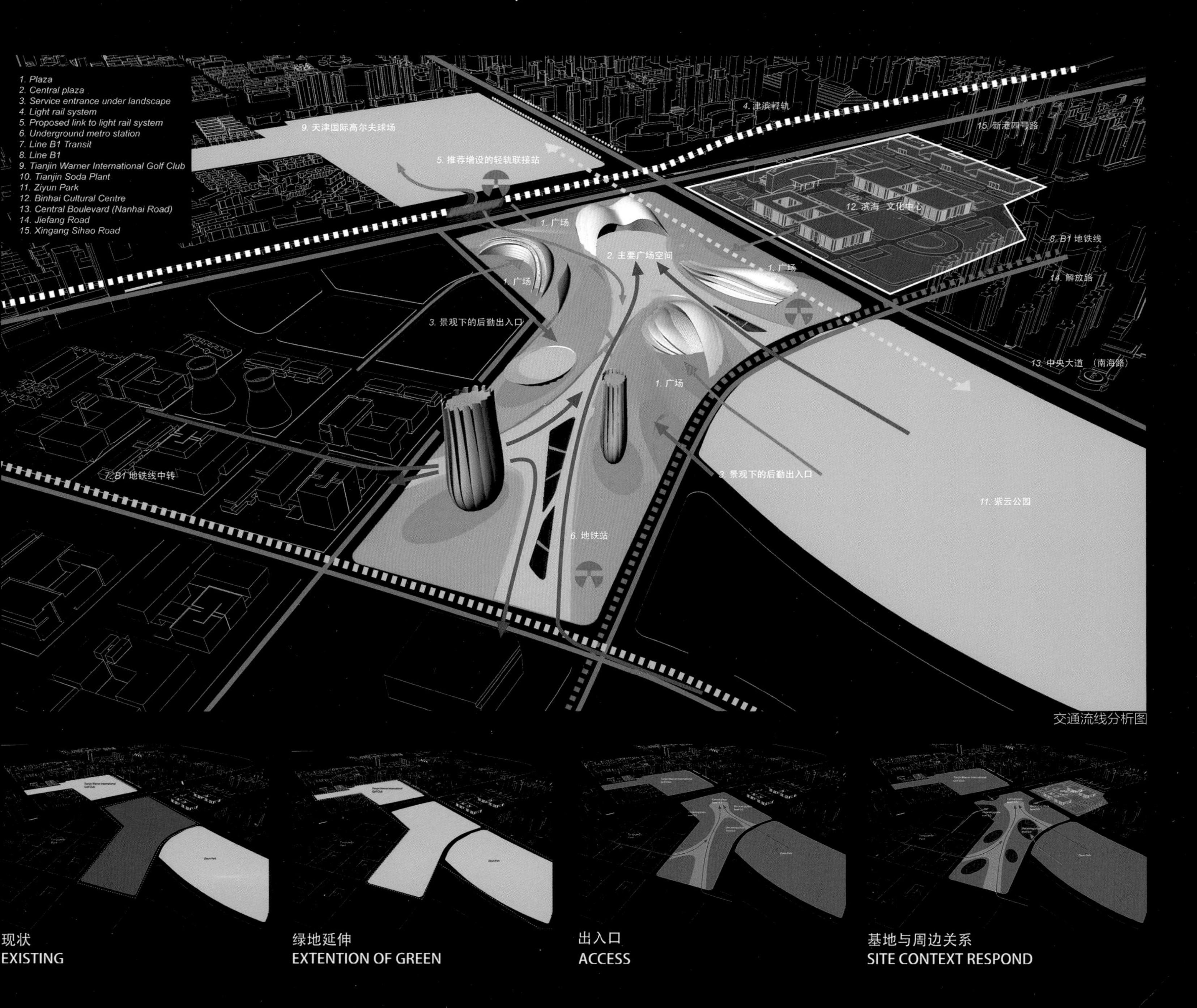

交通流线分析图

现状
EXISTING

绿地延伸
EXTENTION OF GREEN

出入口
ACCESS

基地与周边关系
SITE CONTEXT RESPOND

天津滨海新区文化中心规划和建筑设计
Planning and Architectural Design of Cultural Center in Binhai New Area, Tianjin

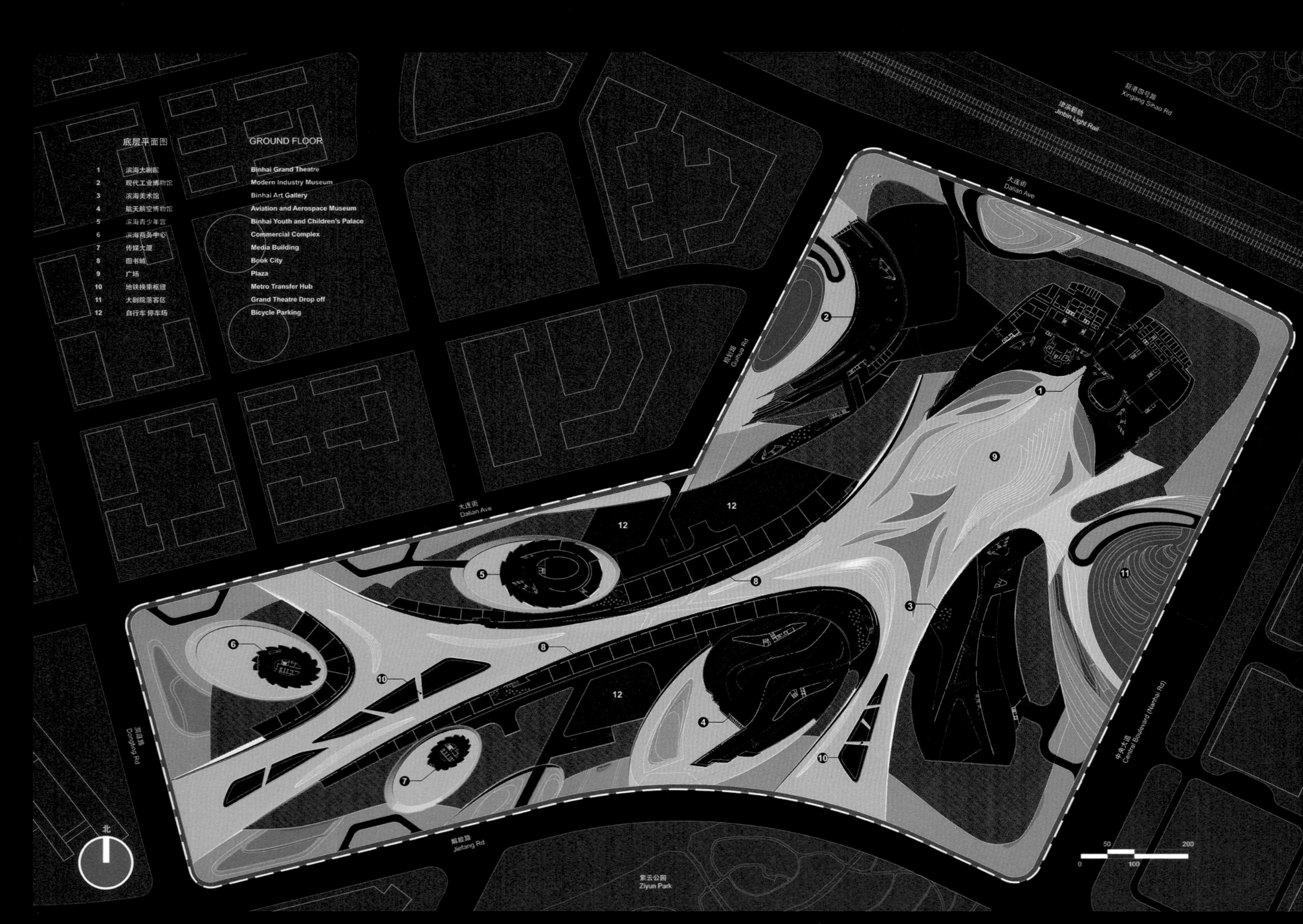

地面层平面图

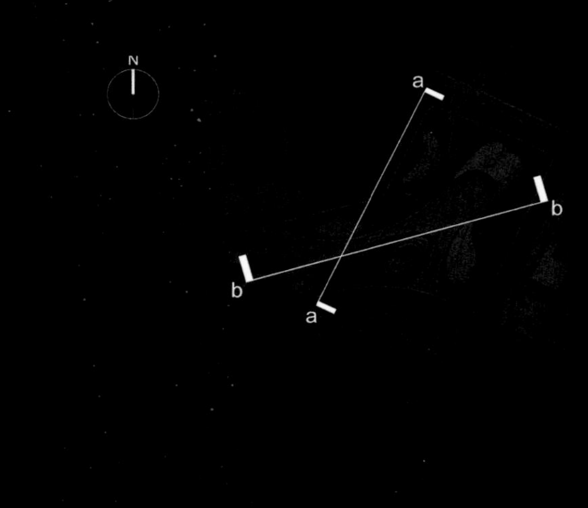

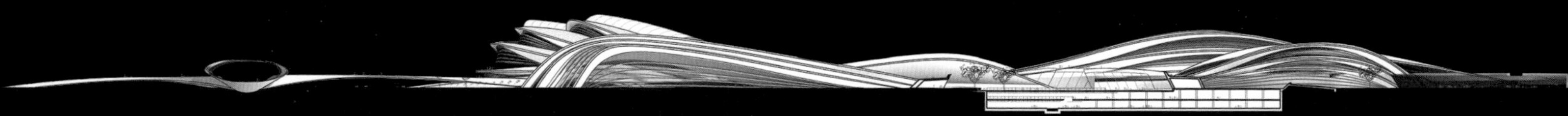

基地剖面 A-A

基地剖面 B-B

2. 滨海大剧院建筑设计 Architectural Design of Binhai Grand Theatre

设计理念 Design Concept

由一系列重叠外形（壳）组成剧院

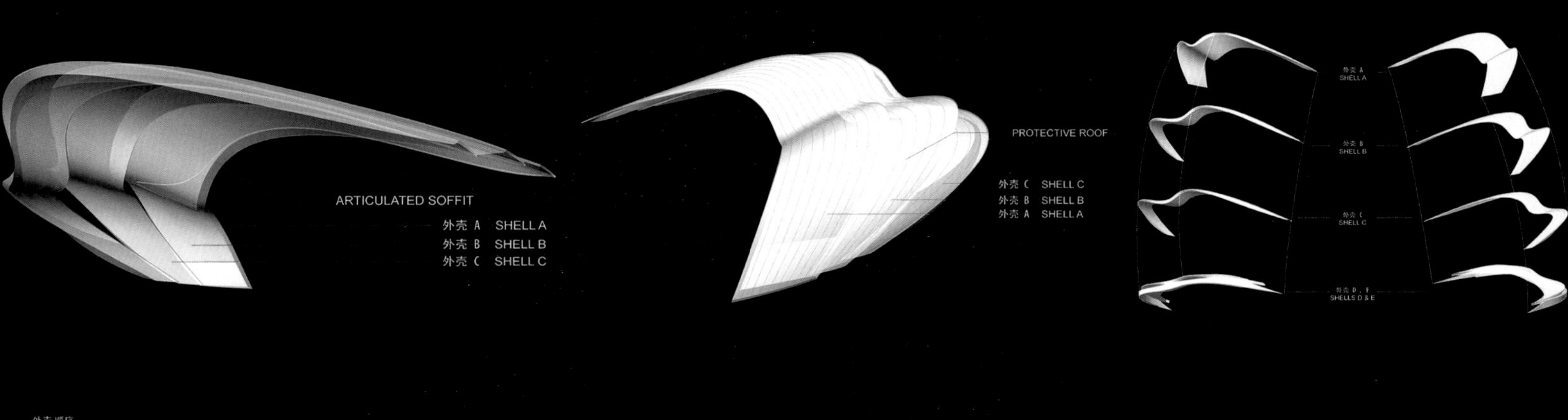

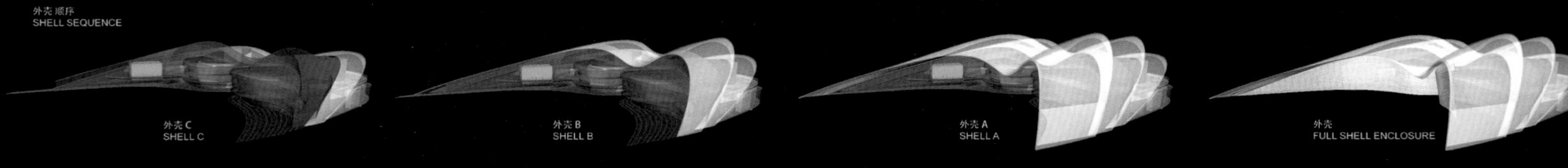

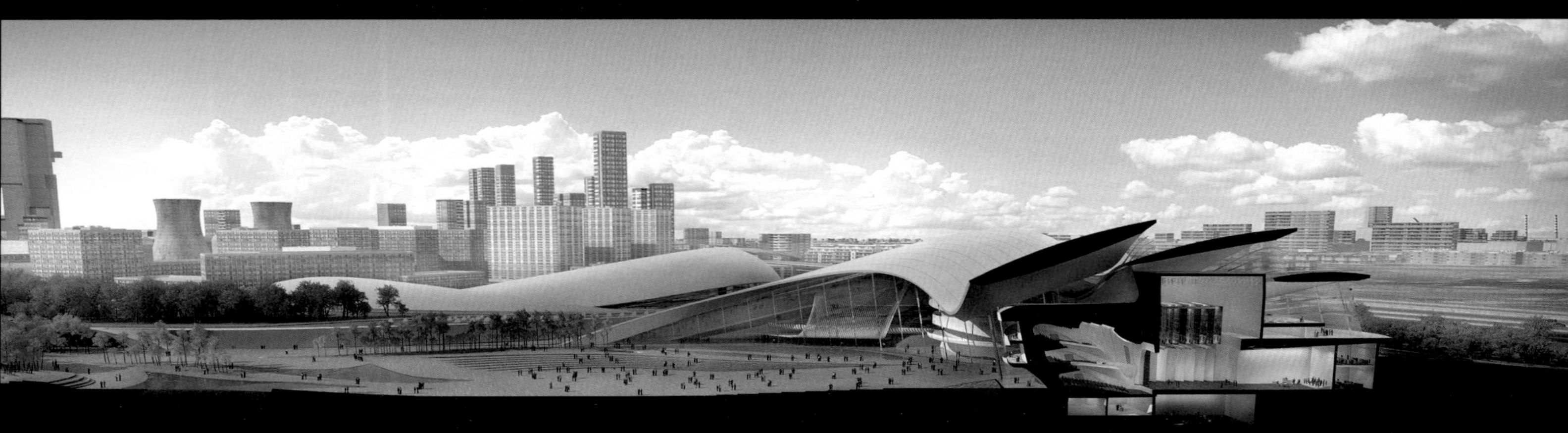

建筑剖面效果图

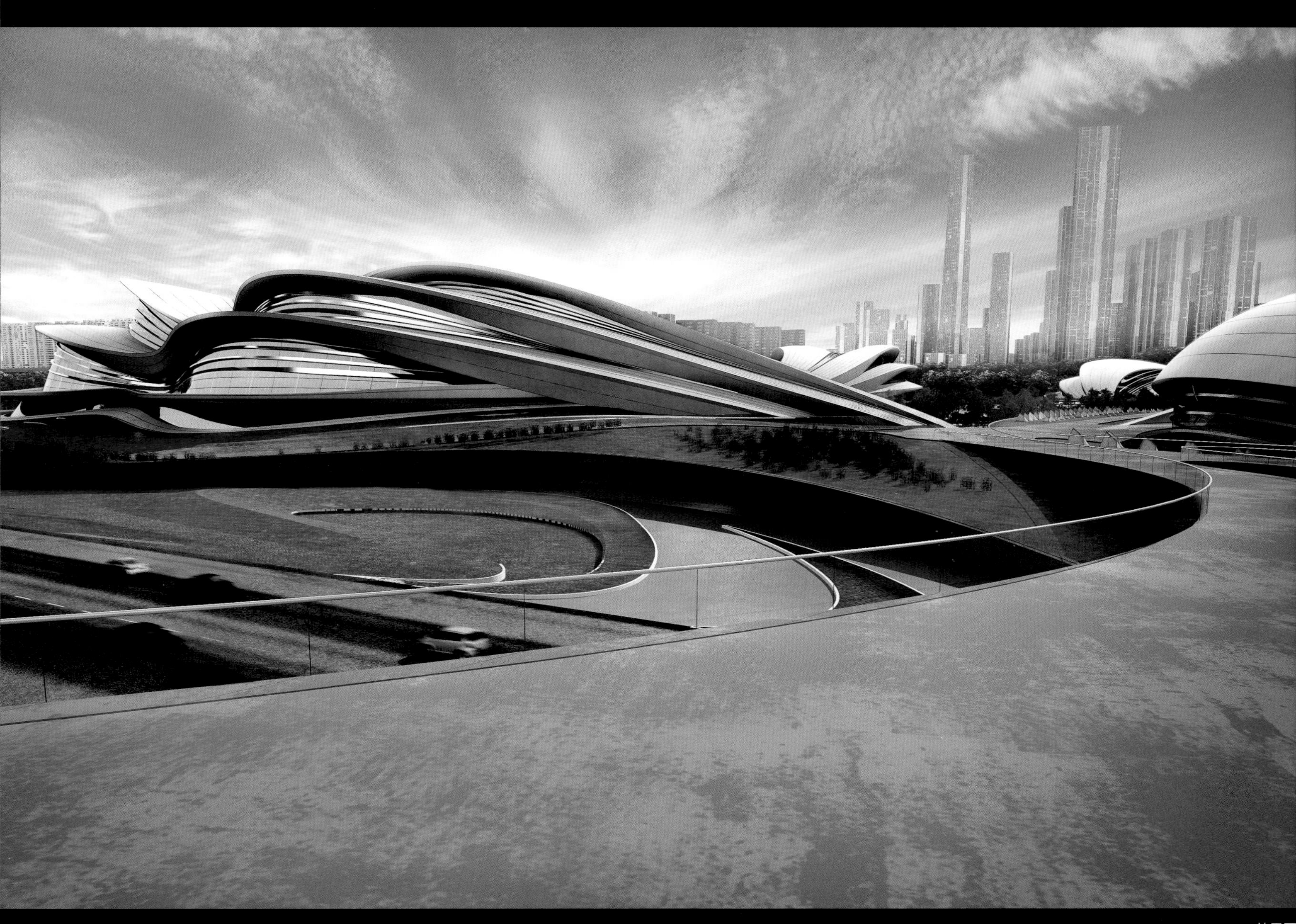

效果图

建筑外壳与景观的融合　Shells in the Landscape

一系列外壳隐藏着剧院内在的特性，并有效地融入这类建筑所需的大容量空间。当融入剧院的大致轮廓后，每个外壳扮演着特定的角色：

（1）第一个外壳，为区域营造一个广阔的公共空间。它浮于其他一切之上，同时邀请公众进入这个广阔的遮蔽处；

（2）第二个外壳，将所有的飞塔包围起来，并把很多剧院设备按要求进行归类；

（3）第三个外壳，将舞台后台和房子后部从地平面上架起来，同时创造一个可以在上层看高尔夫球的特色空间。

这些外壳在高度上有升有降，自成一体。滨海大剧院虽然是一个自成一体的建筑，但根据不同的活动安排，便于分开使用。玻璃的正面坐落于大剧院和音乐厅屋顶最低点的中间，便于分割剧院的休息室。根据不同的活动要求，每个侧厅都可以独立操作或者联合使用。人们从这里可以很便捷地前往建筑北部后台上方的一个特色空间。

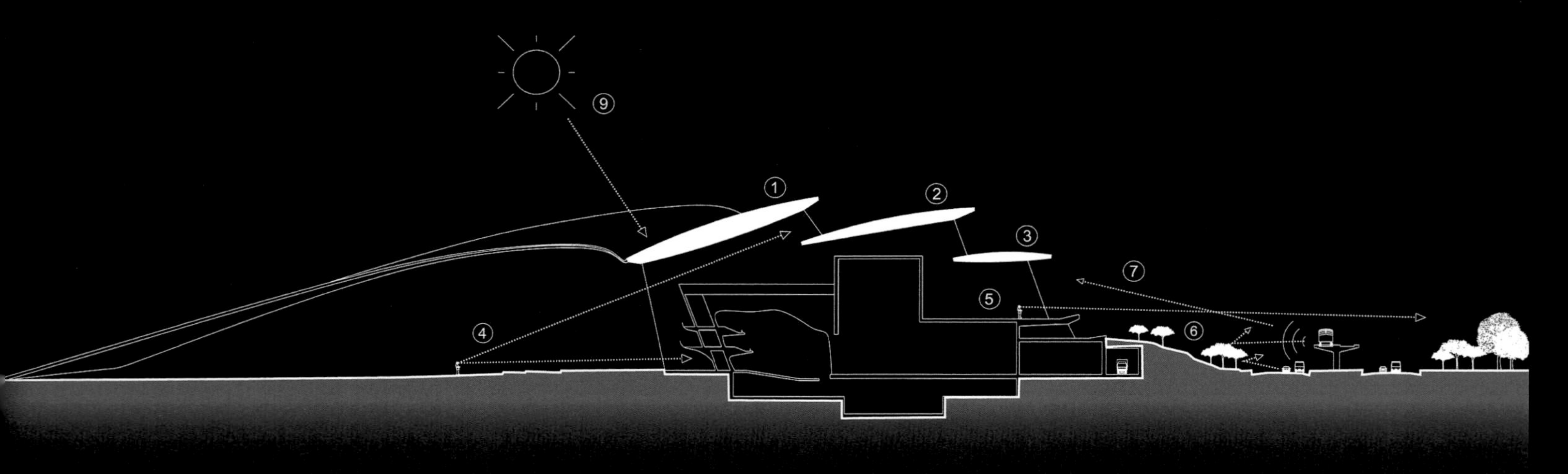

① 外壳 01 – 创造大型公共空间
② 外壳 02 – 舞台上方区域以及场馆/场馆工作区域
③ 外壳 03 – 在低区构成后台以及场馆工作区，于高区创造尊享高尔夫场全景的独特空间
④ 连续的广场空间将延伸到剧院之中- 经过透明的外观可直视剧院前厅以及部分屋顶壳
⑤ 利用提升整个独特空间来创造可以独享高尔夫球场的完整视野
⑥ 利用精心安置的景观造型来做为消音屏障
⑦ 从街道望向剧院可以感受到它的庄严和宏伟
⑧ 景观设计将会巧妙地遮盖剧院场馆工作区和装卸区
⑨ 屋顶将会和外立面结合设计成为一个可以根据阳光角度变化的遮阳系统

① Shell 1 - Creates Grand Public Space.
② Shell 2 - Zone of Flytowers and FOH/BOH threshold.
③ Shell 3 - Frames back stage and BOH areas at low level, creates feature space with views to golf course at upper level.
④ Continuous Plaza extends into theatre - views directly to theatre and through roof shells.
⑤ Feature space elevated with views to golf course.
⑥ Banked landscape acts as an acoustic barrier.
⑦ Theatre has a grand presence when viewed from street.
⑧ Landscape conceals BOH and loading areas.
⑨ Roof creates shelter and shade with a facade battering away from sun angles.

效果图

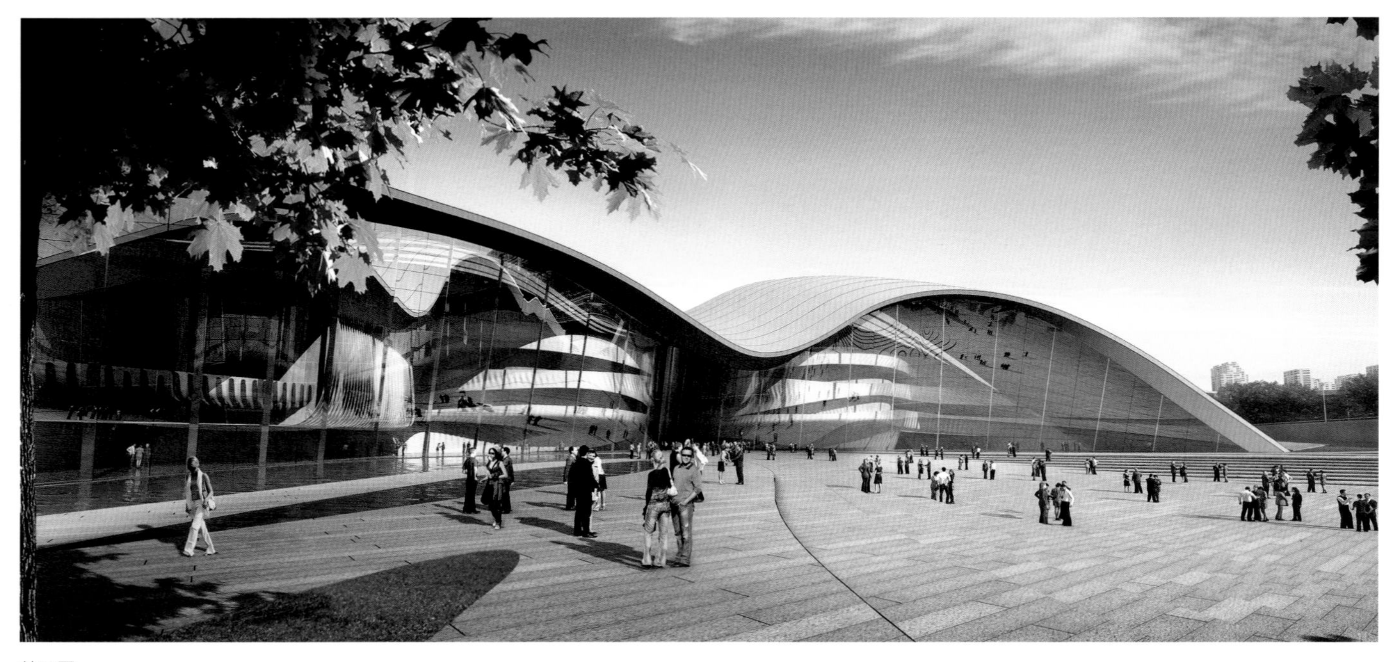

效果图

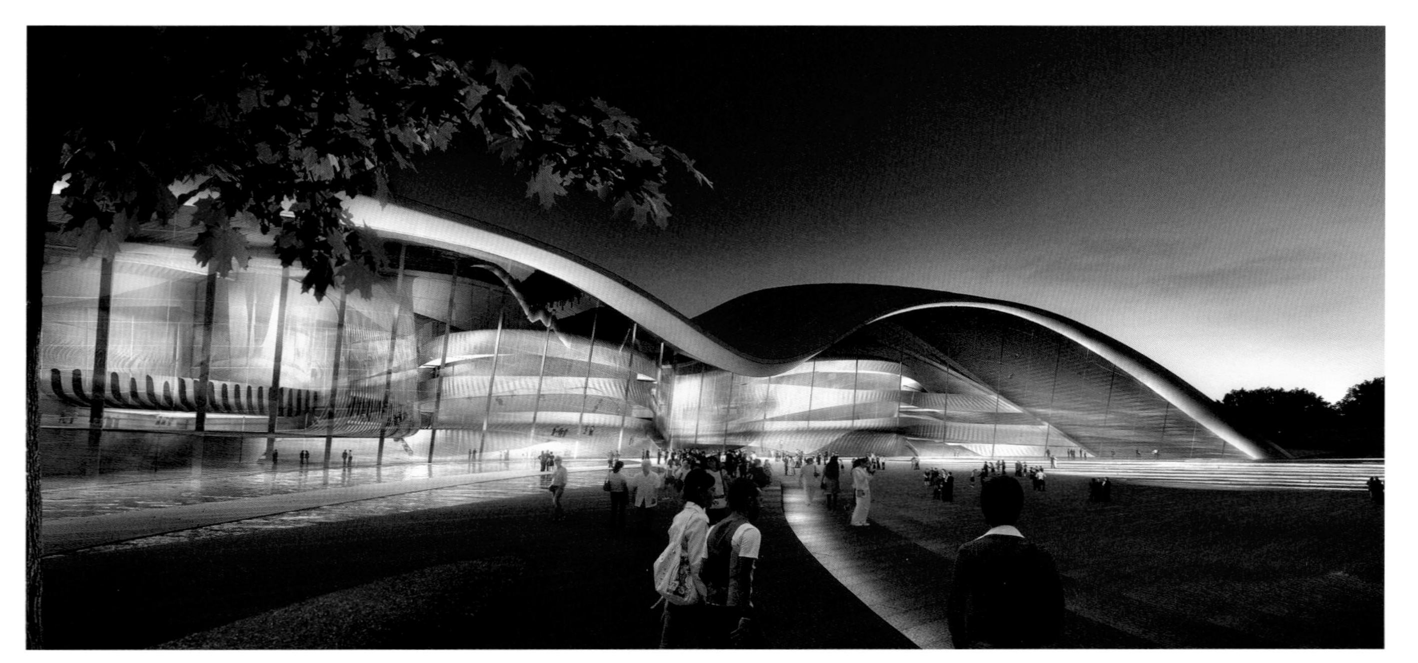

夜景效果图

效果图

剧院特征空间　Feature Space

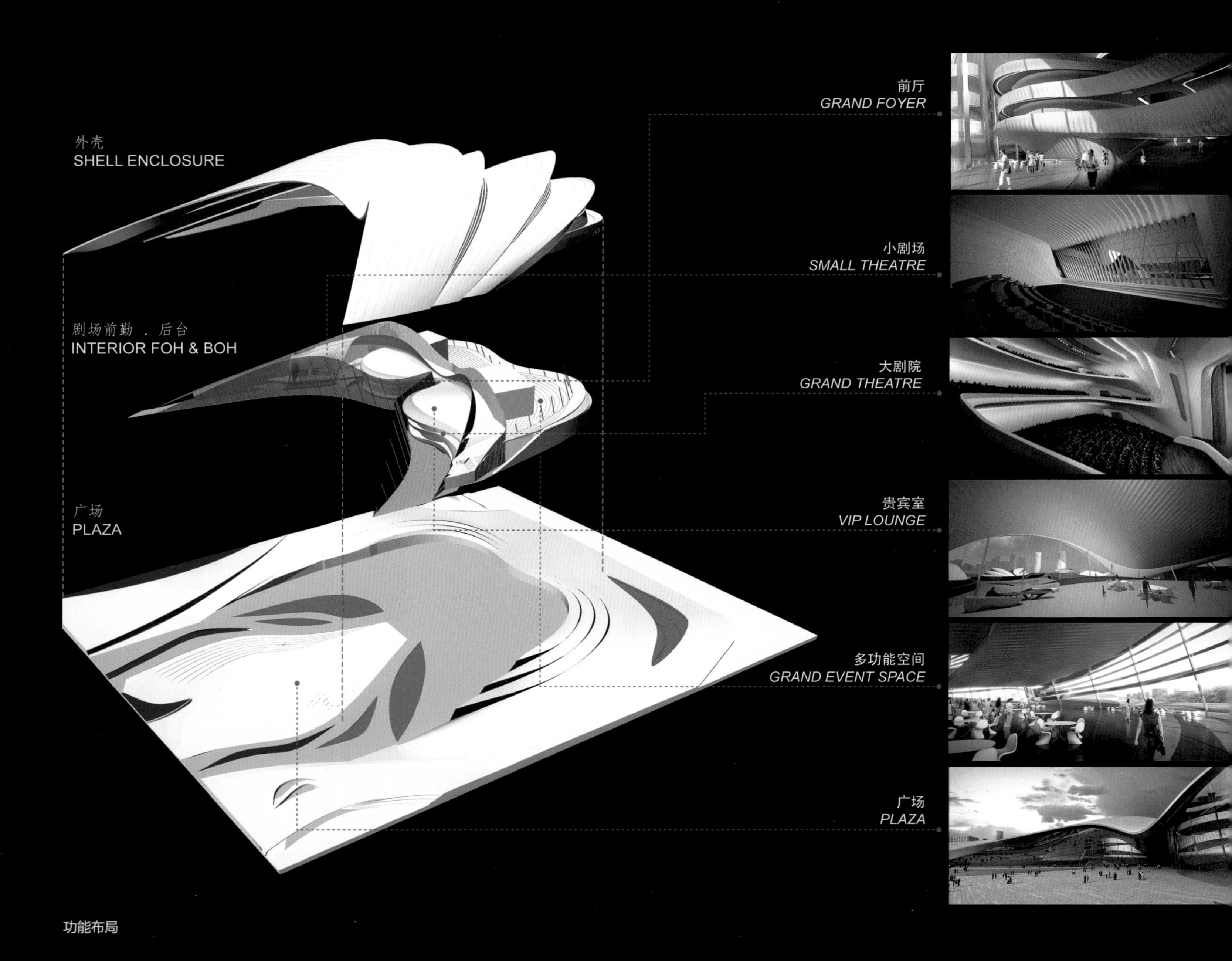

功能布局

平面分析：

（1）有盖顶的公共广场空间。景观和广场的设计特点延续到建筑立面中，引导公众到达主入口，且能保持两个空间的功能独立性。广场融合为剧院前厅的一部分，形成一个有机结合的大型公共空间。

（2）主入口的空间布局拥有极大的弹性和灵活的空间划分。建筑的主要空间均拥有独立的出入口和设备。

（3）调整剧院平面规划的形态，反映其不对称的量体以及不同的造型层次，进而创造更具戏剧变化的外观。全部空间均拥有独立的出入口和设备。根据不同的活动安排，滨海大剧院可分开使用。玻璃的正面坐落于大剧院和音乐厅屋顶最低点的中间，便于分割剧院的休息室。根据不同的活动要求，每个侧厅都可以独立操作或者联合使用。建筑北部后台上方的特色空间也便于人们进入。

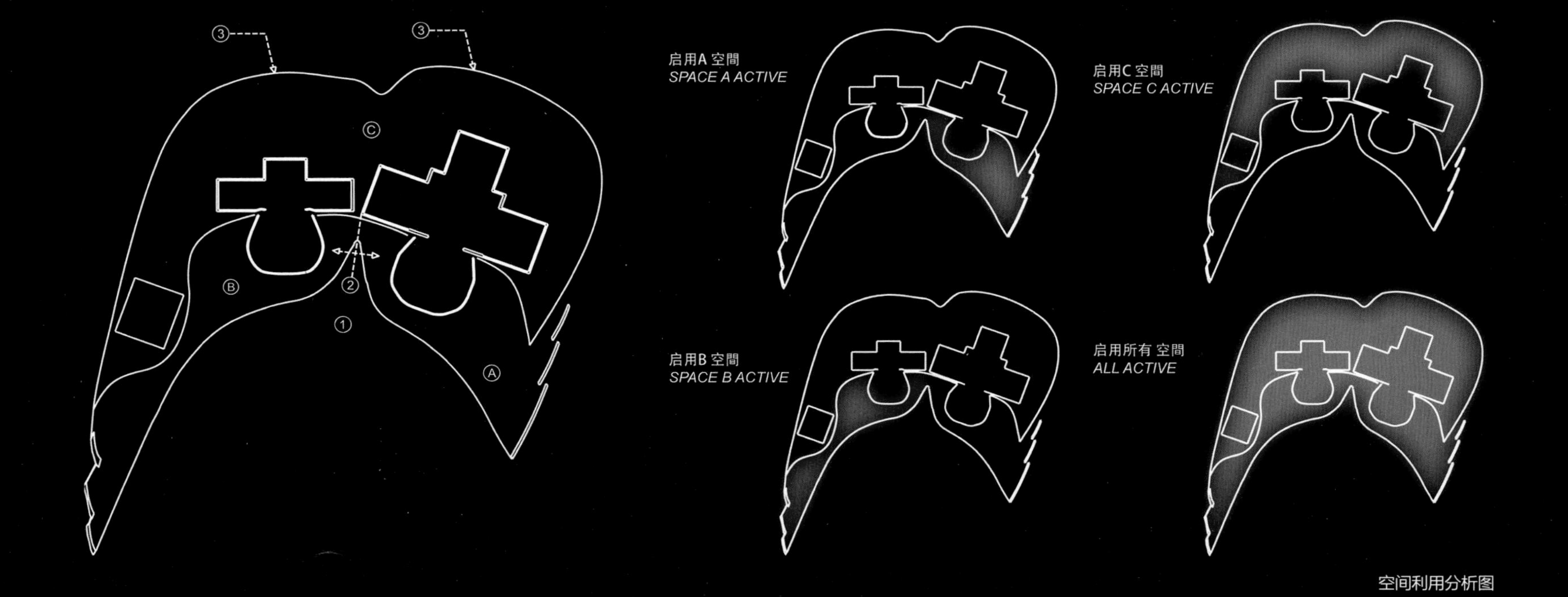

空间利用分析图

大剧院 Grand Theatre

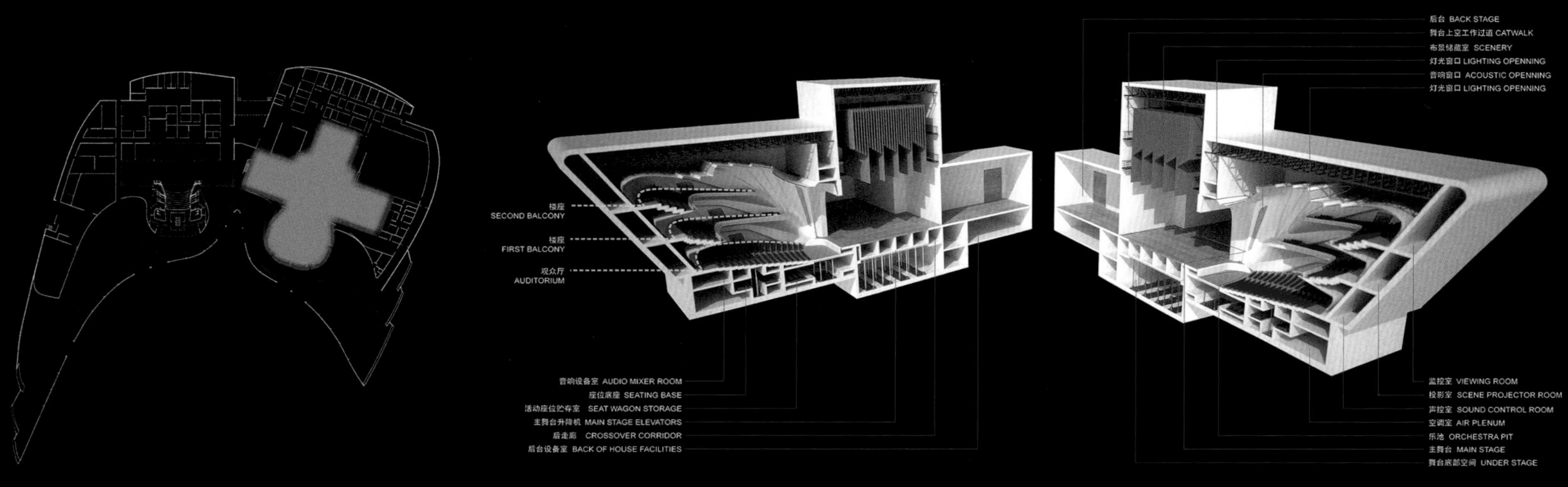
后台 BACK STAGE
舞台上空工作过道 CATWALK
布景储藏室 SCENERY
灯光窗口 LIGHTING OPENNING
音响窗口 ACOUSTIC OPENNING
灯光窗口 LIGHTING OPENNING
楼座 SECOND BALCONY
楼座 FIRST BALCONY
观众厅 AUDITORIUM
音响设备室 AUDIO MIXER ROOM
座位底座 SEATING BASE
活动座位贮存室 SEAT WAGON STORAGE
主舞台升降机 MAIN STAGE ELEVATORS
后走廊 CROSSOVER CORRIDOR
后台设备室 BACK OF HOUSE FACILITIES
监控室 VIEWING ROOM
投影室 SCENE PROJECTOR ROOM
声控室 SOUND CONTROL ROOM
空调室 AIR PLENUM
乐池 ORCHESTRA PIT
主舞台 MAIN STAGE
舞台底部空间 UNDER STAGE

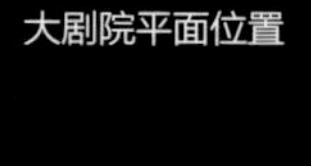

大剧院平面位置

大剧院剖切透视图

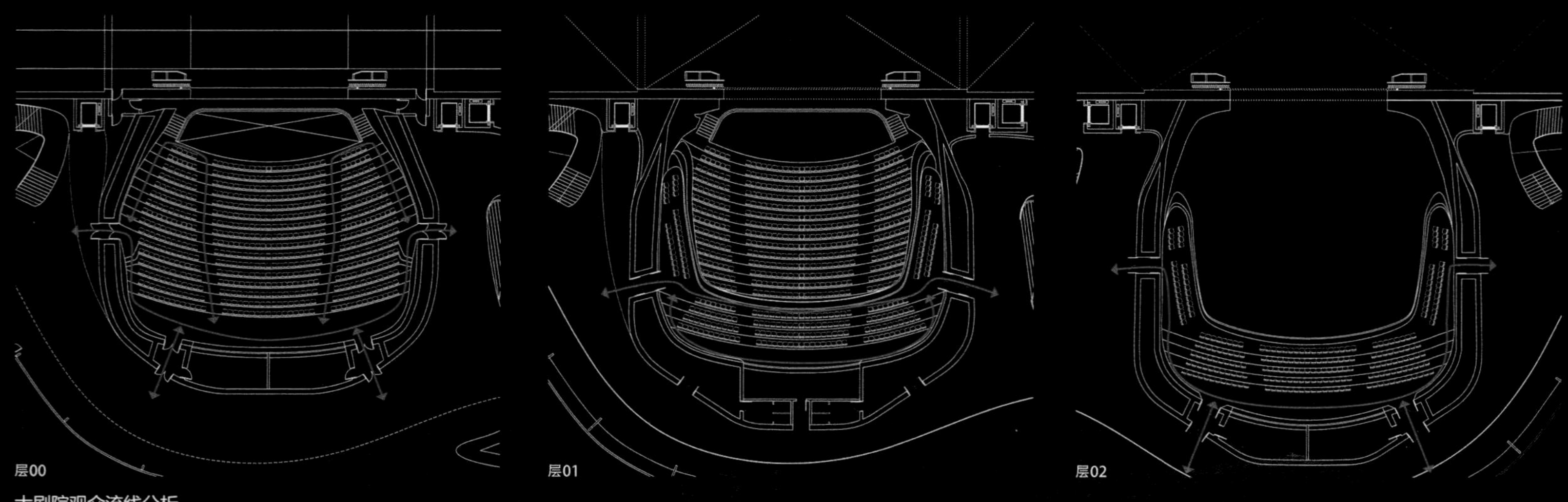
层00
层01
层02

大剧院观众流线分析

大剧院室内效果图

观众厅设计

大剧院的设计采用现代剧院的形式，将观众集中在几个层级的座位上。这种安排可以让观众尽可能地接近舞台上的表演者，使观众与表演者之间进行交流并获得巨大的观众凝聚力。

这种观众厅的形式可以在世界上最好的现代大型剧场里看到，具有创新性、现代气息，且符合潮流。

观众厅可容纳 800 ~ 1000 个观众（取决于乐池的大小），座位分为三个等级：池座和两层楼座。楼座的形状紧紧包围着观众，且正对着舞台。这是根据现代建筑理念对传统模式的一个成功改造。

观众厅真正的气氛营造在于表演者与观众之间的视觉和听觉接触。观众对舞台上的表演进行观看和聆听并有所回应，这可以增加表演效果，观众厅的设计将反映这一点。与电影院相比，舞台上活生生的表演者的面部表情非常微小，所以在剧场中观众的观看距离将被设计到最近，让观众更多地参与舞台上的表演。此外，设计将仔细研究观众观演视线，以提供最佳的观看条件。

声学和建筑

这一世界级剧院的内部设计将拥有最佳的声学特性，可以使观众听到清晰和饱满的声音，且有助于表演者之间进行交流。从天花板、墙壁到楼座的形状和材料的设计，出发点均为达到最佳的建筑声学效果。

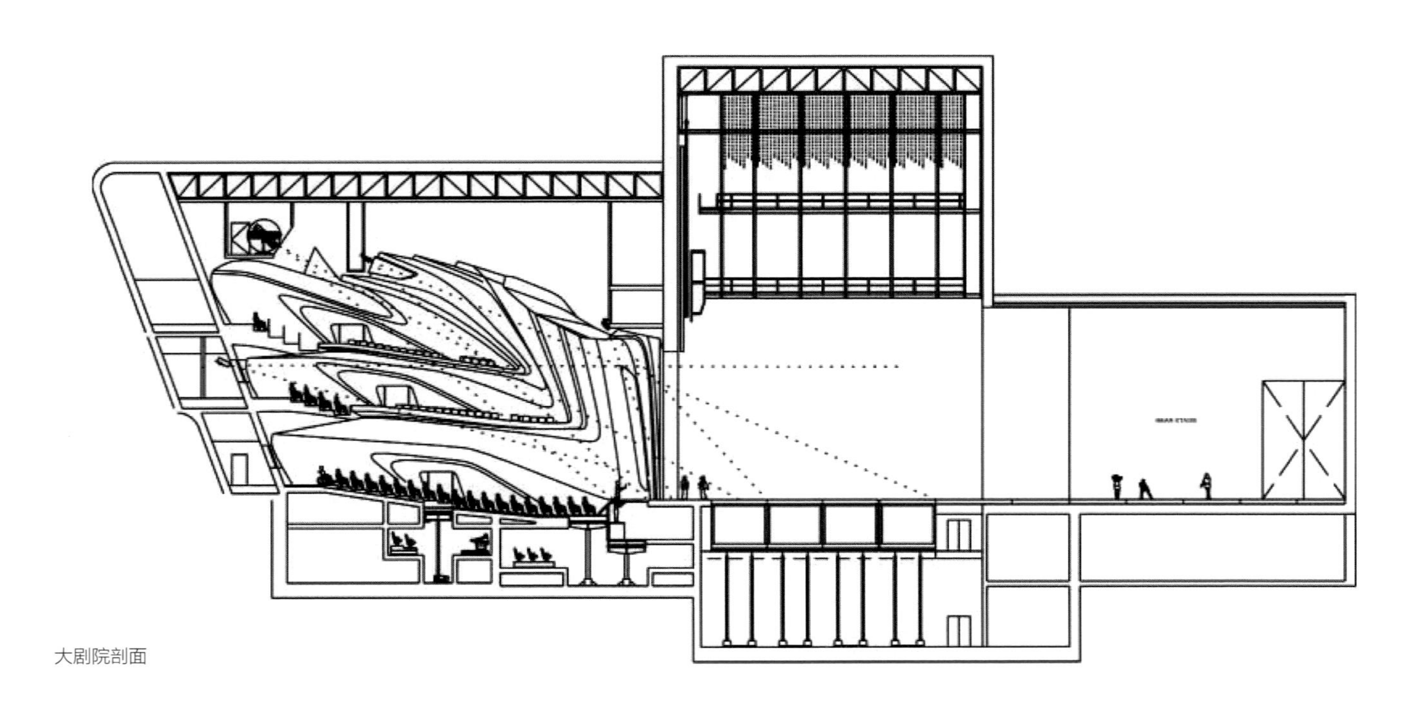

大剧院剖面

技术系统和设备

舞台：

机械化的舞台地嵌包括四个大的表演升降台。每个升降台可以在 -4 米（低于舞台平面）与 +4 米（高出舞台平面）之间移动，满足特殊表演的需求。舞台还将安装活板门，在舞台下方提供舞台入口。

左右两边的侧舞台包括 4 个大型机动车台，以配合这些升降台。辅助升降台将帮助车台在侧台和后舞台移动。

后舞台有一个车载转台。它可以运行到主舞台的升降台上，与主舞台地板表面水平融为一体。

侧台和后舞台将配备机动梁，梁上有必需的提升机，帮助舞台布局和移动。必要时，隔声幕 / 防火幕可将侧台和后舞台与主舞台分隔开来。

观众厅：

乐池有两个机动升降台，可以让管弦乐队自由组合，不需要管弦乐队时，两个升降台可以提供额外的座位空间或者延展前舞台区域。乐池上方直接安装一个舞台前方栅顶，允许技术设备或字幕机动升降系统自由定位。观众厅天花板上安装一些灯光渡桥和一个追光灯桥。控制室和放映室位于观众厅后面。观众厅设置一个临时的控制台，在排练或需要特殊的效果时使用。

演出照明、音频 / 视频和通信：

在设计的初步阶段，滨海大剧院中设置并安装最先进的系统。所有观众厅安装的设备都具有兼容性和互补性。

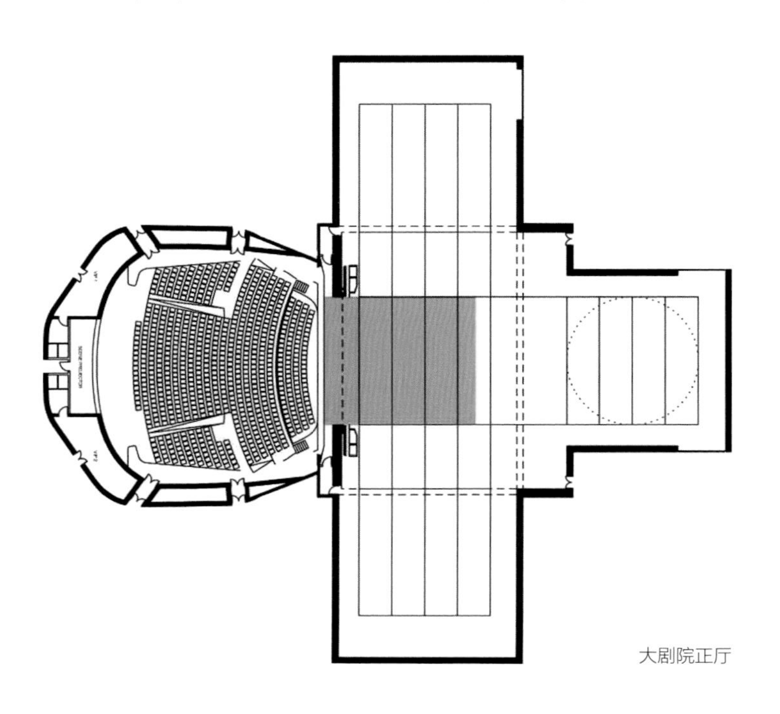
大剧院正厅

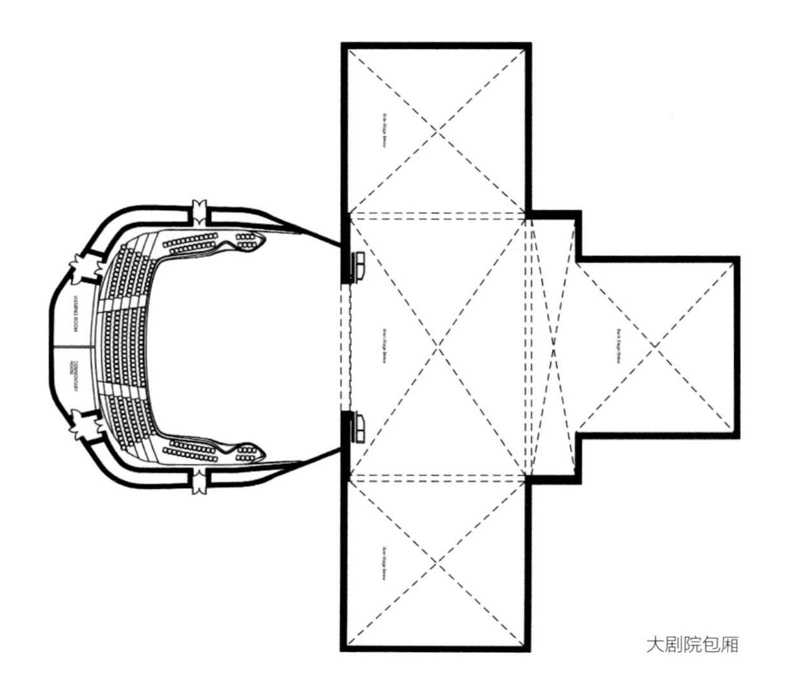
大剧院包厢

音乐厅　Concert Hall

观众厅设计

音乐厅可以容纳 400 名观众，共有两个层级的座位。这些座位的无缝连接创造了一种惊人的听觉和视觉设计安排。观众厅的格局符合音乐厅的需求，外形可以激发更精彩的表演形式，满足多种表演类型的需求。

通过使用移动天花板（声音反射板），并在侧墙上使用吸声幕布，观众厅将达到可调节的声学效果。此外，新增加的乐园舞台照明系统和录音系统可以对音乐会进行转播和监测。

声学和建筑

音乐厅的内部设计确保了最佳的声学特性，可以使观众听到清晰和饱满的声音，且有助于表演者之间进行交流。从天花板、墙壁到楼座的形状和材料的设计，出发点均为达到最佳的声学效果。

技术系统和设备

舞台：

对于涉及交响乐表演的活动，一系列的声塔可以产生一个舞台反声罩。不需要时，声塔可以巧妙地在后台摆放着并紧密地嵌套在一起。两个大的侧舞台可以让舞台组合更加灵活，并为那些需要丰富的舞台元素的活动提供宝贵的存储空间。

观众厅：

观众厅有一个吊点系统，以悬挂照明系统和音响系统或者屏幕。需要乐池时，一个机动的乐团和合唱团舞台升降系统可以满足表演需求。

演出照明、音频 / 视频和通信：

在设计的初步阶段，滨海大剧院中设置并安装最先进的系统。所有观众厅安装的设备都具有兼容性和互补性。

音乐厅剖面

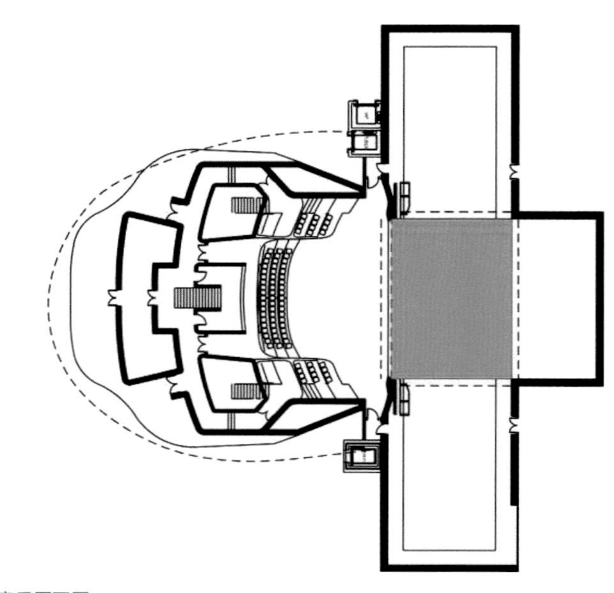

音乐厅正厅

小剧场 Small Theatre

观众厅

小剧院的设计是一个完全灵活的空间，根据不同的布局最多可以容纳 300 名观众。剧场的设计可以满足不同的用途，从传统的歌剧和戏剧，到实验剧、舞蹈和音乐。

一系列的活动座位区让观众厅显得更为灵活，这些活动区可以组成一系列的标准格式：正面舞台、圆形剧场、伸出式舞台、活动舞台以及举办晚宴和其他活动的平面地板。

技术设计

模块地板系统可以让所有部位的舞台地板满足表演的需求。模块地板上将安装活动板门，产生幻影和其他戏剧效果。地下室可以增加空间布局的灵活性，不需要时可以提供宝贵的存储空间。

整个空间都被技术栅顶覆盖，这样可以无阻碍地获得所有布局所需的技术支持。

提供的基础设施可以按照具体的表演来设置控制位置。所有的技术系统、基础设施和材料都可以与其他舞台空间兼容，以提高使用的便利性。综合演出的照明设备、视听设备和舞台设备将按照舞台空间的具体要求分别提供。

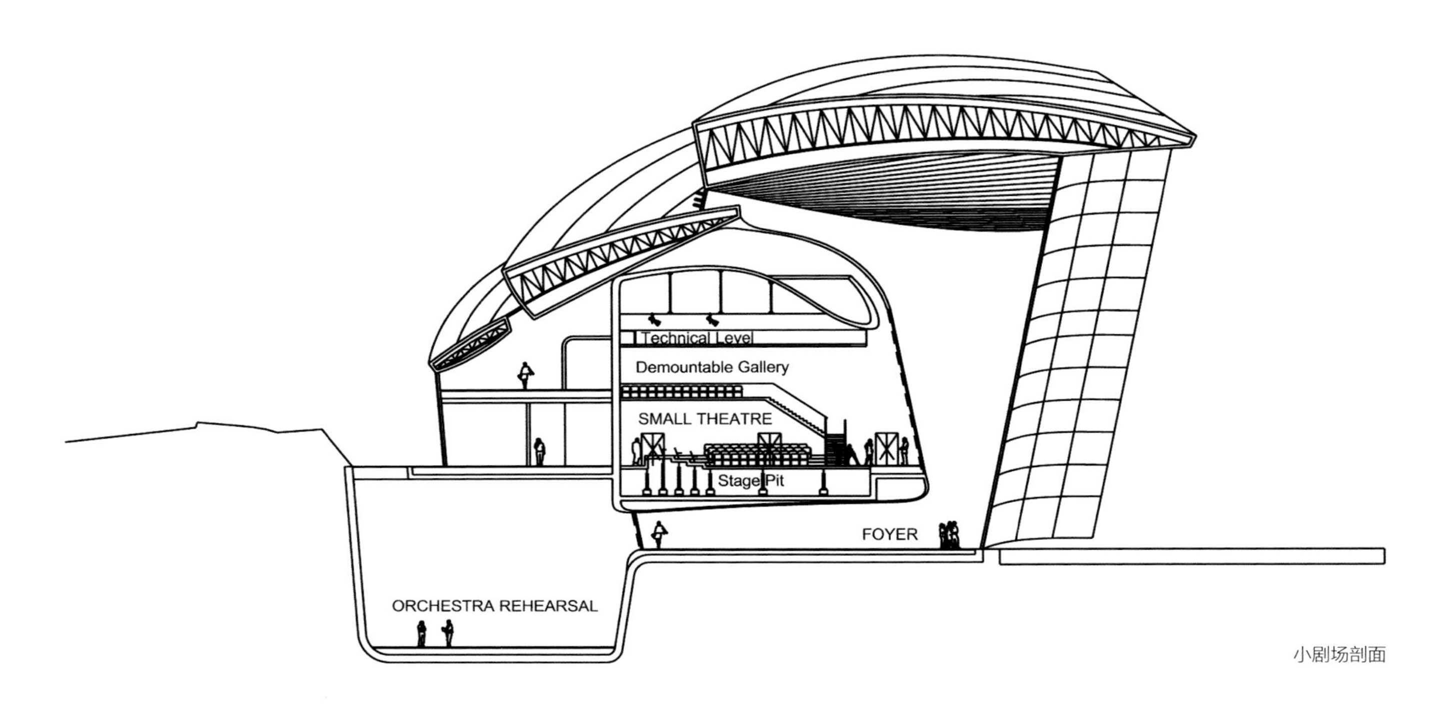

小剧场剖面

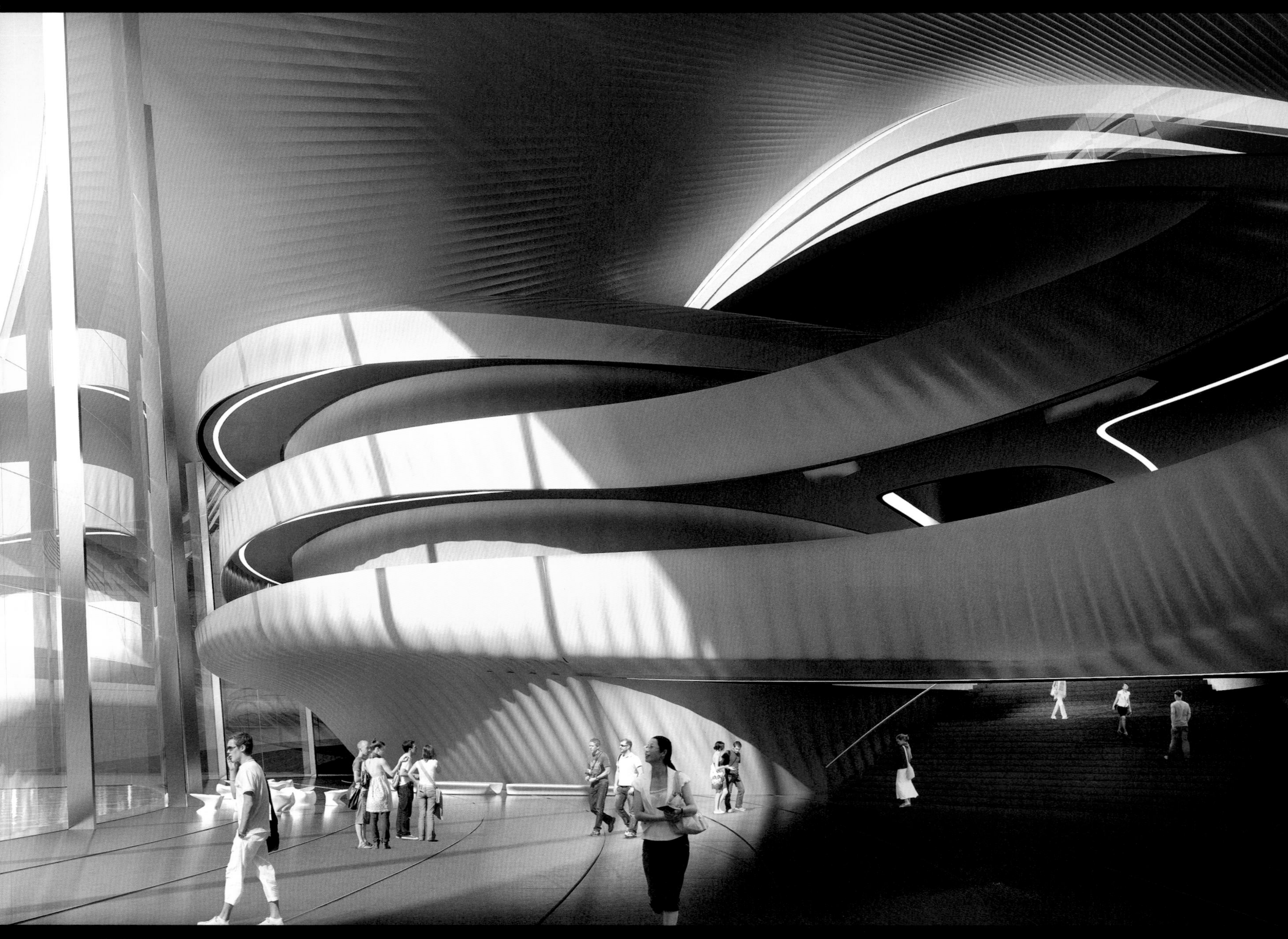

前厅效果图

小剧场效果图

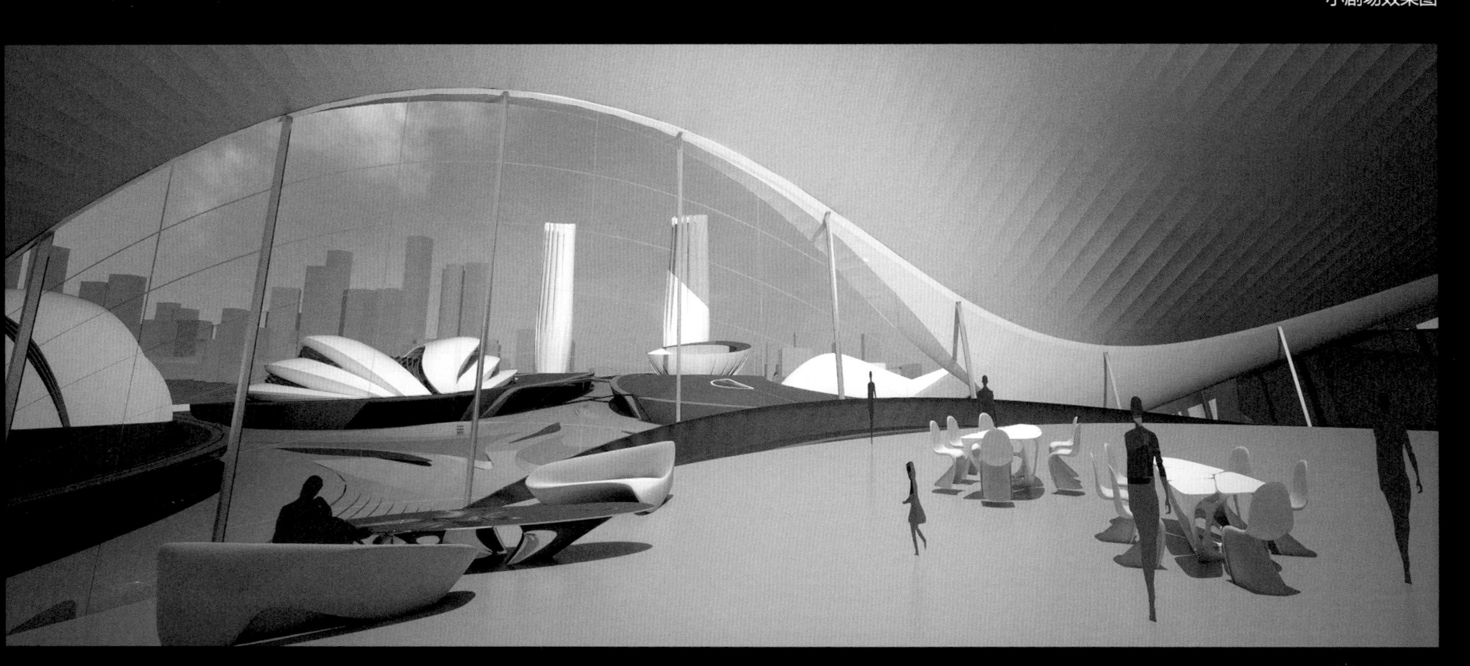

贵宾厅效果图

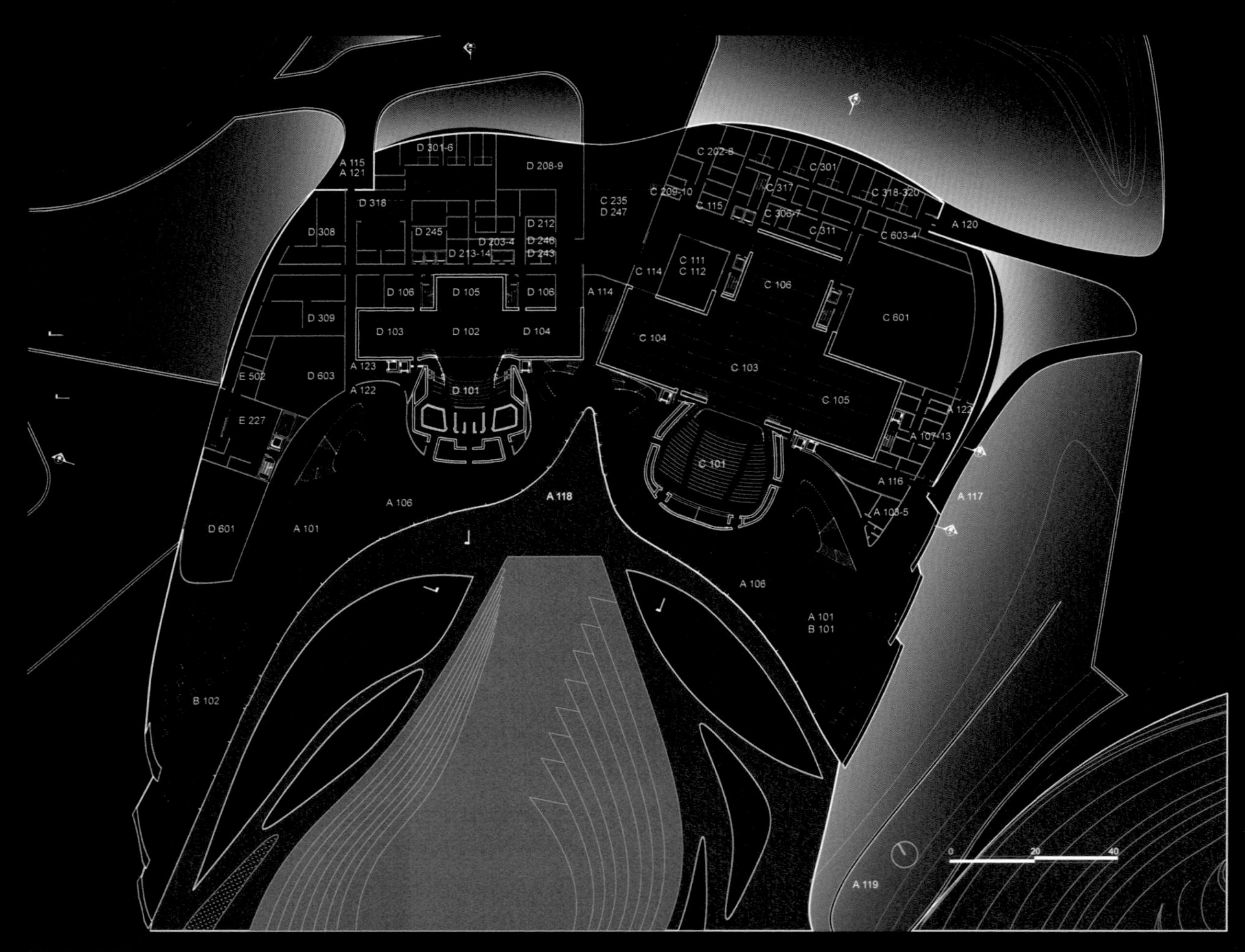

地面层平面图

A_ 入口过厅 / ENTRANCE

A 101 前厅 / Foyer
A 102 人流区域 / Circulation
A 103 男厕所 / Male Toilets
A 104 女厕所 / Female Toilets
A 105 残疾人厕所 / Disabled Toilets
A 106 售票处 / Box Office
A 107 售票处经理室 / Box Office Manager
A 108 节目单储藏室 / Programme Storage
A 109 前场经理 / Front Of House Manager
A 110 引座员/员工室 / Ushers/ Staff Room
A 111 警卫室 / Security Office
A 112 清洁工室/储藏室 / Cleaners Room
A 113 急救室 / First Aid Room
A 114 寄物处 / Cloakroom
A 115 贵宾西方出入口 / VIP Entrance West
A 116 贵宾东方出入口 / VIP Entrance East
A 117 贵宾落客 / VIP Drop Off
A 118 公共出入口 / Public Entrance
A 119 公共落客 / Public Drop Off
A 120 剧院后台出入口 / Backstage Entrance Grand The
A 121 音乐厅及小剧院后台出入口 /
Backstage Entrance Concert Hall and Small Theat
A 122 后台入口 / Backstage Entrance
A 123 贵宾大厅 / VIP Lobby

B_ 酒吧和餐厅 / BARS AND RESTAURANTS

B 101 酒吧 / Bar
B 102 餐馆 / Restaurant
B 103 景观酒吧 / Scenic Bar
B 104 景观餐厅 / Scenic Restaurant
B 105 男厕所 / Male Toilets
B 106 女厕所 / Female Toilets
B 107 残疾人厕所 / Disabled Toilets
B 108 厨房 / Kitchen
B 109 食品室 / Pantry
B 110 食品储藏室 / Pantry Store

C_ 大剧院 / GRAND THEATRE

C 100 观众厅与舞台 / Auditorium and Stage

C 101 观众厅 / Auditorium Space
C 102 观众席 / Auditorium Seating
C 103 主舞台 / Main Stage
C 104 上场门、舞台右 / Side Stage Right
C 105 下场门、舞台左 / Side Stage Left
C 106 后副台 / Rear Stage
C 107 栅顶 / Grid
C 108 天桥 / Galleries
C 109 乐池 / Orchestra Pit
C 110 活动座椅存放 / Movable Seating Base
C 111 布景储藏室 / Scenery Store
C 112 道具储藏室 / Property Store
C 113 卷轴布景储藏室 / Rolled Drop Store
C 114 组装区域 / Assembly Area
C 115 道具配餐室 / Property Pantry
C 116 屋顶空间 / Roof Void/ Lighting Bridges
C 117 电动悬吊系统马达室 / Power Flying Motor Rooms

C 200 技术支持空间 / Technical Support Spaces

C 201 舞台下方空间 / Understage
C 202 键盘乐器 / Keyboard Instruments
C 203 乐器 / Musical instruments
C 204 预留演讲台 / Rostra Reserve
C 205 吊具/帷幕储藏室 / Rigging/ Drapes Store
C 206 维修车间 / Maintenance Workshops
C 207 照明车间 / Lighting Workshop
C 208 音响车间 / Sound Workshop

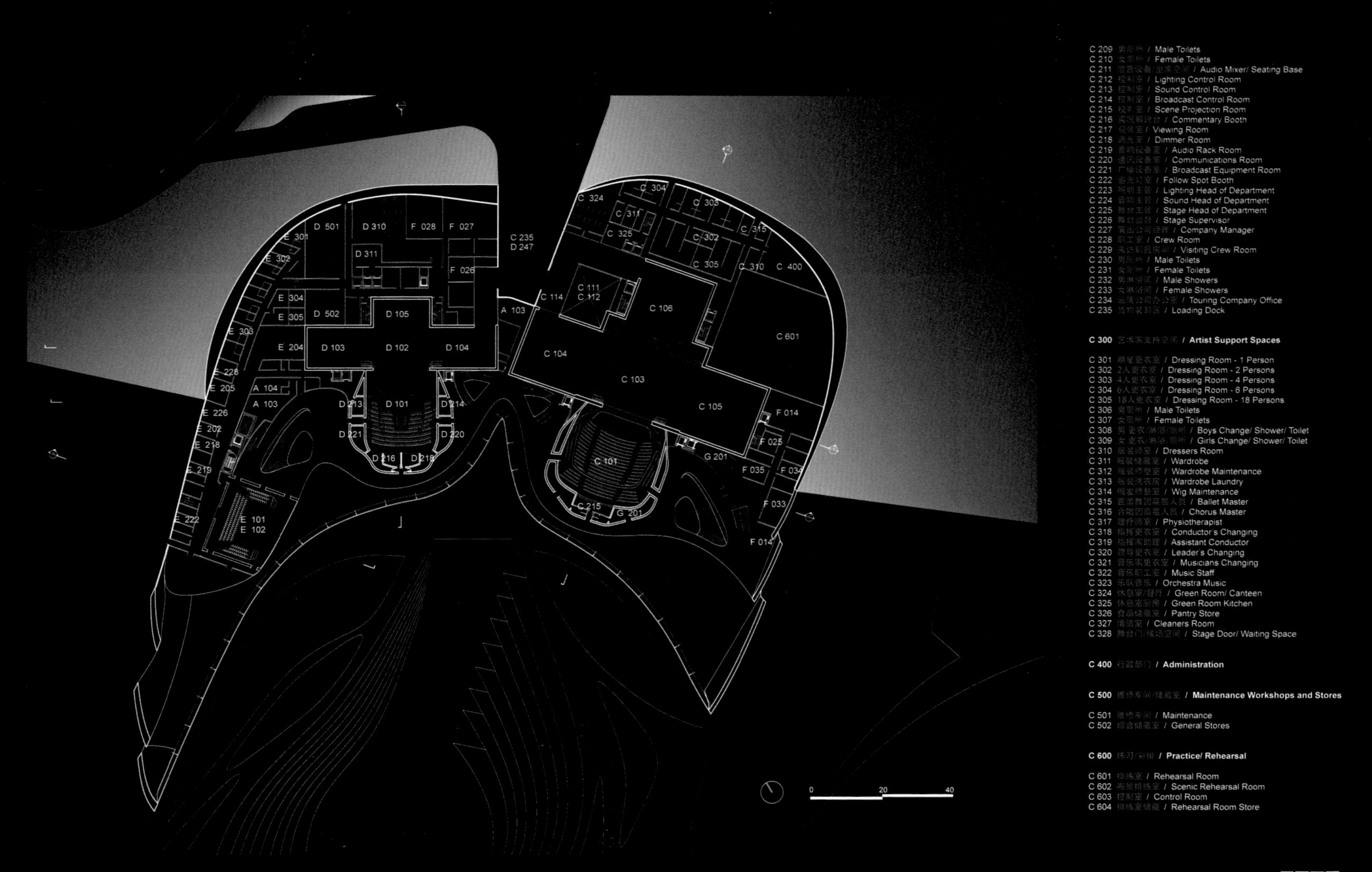
D 501
D 310
F 028
F 027
C 235
C 247
E 301
E 302
D 311
F 026
E 304
E 305
D 502
D 105
A 103
E 303
E 204
D 103
D 102
D 104
E 228
A 104
E 205
A 103
D 213
D 101
D 214
E 226
E 202
D 221
D 220
E 218
D 216
D 218
E 219
E 222
E 101
E 102
C 324
C 304
C 303
C 311
C 325
C 302
C 315
C 305
C 310
C 400
C 114
C 111
C 112
C 106
C 601
C 104
C 103
C 105
F 014
F 025
G 201
C 101
F 035
F 034
C 215
G 201
F 033
F 014
0
20
40
C 209 男厕所 / Male Toilets
C 210 女厕所 / Female Toilets
C 211 混音设备/坐席空间 / Audio Mixer/ Seating Base
C 212 控制室 / Lighting Control Room
C 213 控制室 / Sound Control Room
C 214 控制室 / Broadcast Control Room
C 215 投影室 / Scene Projection Room
C 216 实况解说台 / Commentary Booth
C 217 观看室 / Viewing Room
C 218 调光室 / Dimmer Room
C 219 音响设备室 / Audio Rack Room
C 220 通讯设备室 / Communications Room
C 221 广播设备室 / Broadcast Equipment Room
C 222 追光灯室 / Follow Spot Booth
C 223 照明主管 / Lighting Head of Department
C 224 音响主管 / Sound Head of Department
C 225 舞台主管 / Stage Head of Department
C 226 舞台监督 / Stage Supervisor
C 227 演出公司经理 / Company Manager
C 228 职工室 / Crew Room
C 229 来访职员房间 / Visiting Crew Room
C 230 男厕所 / Male Toilets
C 231 女厕所 / Female Toilets
C 232 男淋浴间 / Male Showers
C 233 女淋浴间 / Female Showers
C 234 巡演公司办公室 / Touring Company Office
C 235 货物装卸区 / Loading Dock
C 300 艺术家支持空间 / Artist Support Spaces
C 301 明星更衣室 / Dressing Room - 1 Person
C 302 2人更衣室 / Dressing Room - 2 Persons
C 303 4人更衣室 / Dressing Room - 4 Persons
C 304 6人更衣室 / Dressing Room - 6 Persons
C 305 18人更衣室 / Dressing Room - 18 Persons
C 306 男厕所 / Male Toilets
C 307 女厕所 / Female Toilets
C 308 男 更衣/淋浴/厕所 / Boys Change/ Shower/ Toilet
C 309 女 更衣/淋浴/厕所 / Girls Change/ Shower/ Toilet
C 310 服装师室 / Dressers Room
C 311 服装储藏室 / Wardrobe
C 312 服装修整室 / Wardrobe Maintenance
C 313 服装洗衣房 / Wardrobe Laundry
C 314 假发修整室 / Wig Maintenance
C 315 芭蕾舞团高层人员 / Ballet Master
C 316 合唱团高层人员 / Chorus Master
C 317 理疗师室 / Physiotherapist
C 318 指挥更衣室 / Conductor's Changing
C 319 指挥家助理 / Assistant Conductor
C 320 领导更衣室 / Leader's Changing
C 321 音乐家更衣室 / Musicians Changing
C 322 音乐职工室 / Music Staff
C 323 乐队音乐 / Orchestra Music
C 324 休息室/餐厅 / Green Room/ Canteen
C 325 休息室厨房 / Green Room Kitchen
C 326 食品储藏室 / Pantry Store
C 327 清洁室 / Cleaners Room
C 328 舞台门/候场空间 / Stage Door/ Waiting Space
C 400 行政部门 / Administration
C 500 维修车间/储藏室 / Maintenance Workshops and Stores
C 501 维修车间 / Maintenance
C 502 综合储藏室 / General Stores
C 600 练习/彩排 / Practice/ Rehearsal
C 601 排练室 / Rehearsal Room
C 602 布景排练室 / Scenic Rehearsal Room
C 603 控制室 / Control Room
C 604 排练室储藏 / Rehearsal Room Store

一层平面图

二层平面图

D_ 音乐厅 / CONCERT HALL

D 100 观众厅与舞台 / Auditorium and Stage

D 101 观众厅 / Auditorium
D 102 主舞台 / Main Stage
D 103 上场门、舞台右 / Side Stage Right
D 104 下场门、舞台左 / Side Stage Left
D 105 后副台/ 乐队反声罩储藏室 / Rear Stage/ Shell Storage
D 106 组装区域 / Assembly Area
D 107 栅顶 / Grid
D 108 天桥 / Galleries
D 109 乐池 / Orchestra Pit
D 110 活动座椅存放 / Movable Seating Base
D 111 混音室 / Sound Mixing Cockpit

D 200 技术支持空间 / Technical Support Spaces

D 201 前厅升降机 / Forestage Lift
D 202 座椅储藏室 / Seat store
D 203 钢琴升降机 / Piano Lift
D 204 钢琴储藏室 / Piano Store
D 205 屋顶空间 / Roof Void/ Lighting Bridges
D 206 键盘乐器 / Keyboard Instruments
D 207 乐器 / Musical Instruments
D 208 演讲台/乐队空间 / Rostra/ Orchestra Base
D 209 吊具/帷幕储藏室 / Rigging/ Drapes Store
D 210 照明 / Lighting Equipment
D 211 音响 / Sound Equipment
D 212 来访人员储藏室 / Visitor's Store
D 213 男厕所 / Male Toilets
D 214 女厕所 / Female Toilets
D 215 混音设备/坐席空间 / Audio Mixer/ Seating Base
D 216 控制室 / Lighting Control Room
D 217 控制室 / Sound Control Room
D 218 控制室 / Broadcast Control Room
D 219 投影室 / Projection Room
D 220 实况解说台 / Commentary Booth
D 221 观景室 / Viewing Room
D 222 调光室 / Dimmer Room
D 223 音响设备室 / Audio Rack Room
D 224 通讯设备室 / Communications Rack Room
D 225 广播设备室 / Broadcast Equipment Room
D 226 翻译间 / Translation Rooms
D 227 翻译休息室 / Translator Lounge
D 238 追光灯室 / Follow Spot Booth
D 239 后台经理室 / Back of House Manager
D 240 照明主管 / Lighting Head of Department
D 241 音响主管 / Sound Head of Department
D 242 舞台主管 / Stage Head of Department
D 243 舞台监督 / Platform Supervisor
D 244 舞台职员 / Platform/ Stage Staff
D 245 职工物品寄存室 / Crew Locker Room
D 246 来访公司办公室 / Visiting Company Office
D 247 货物装卸区 / Loading Dock

D 300 艺术家支持空间 / Artist Support Spaces

D 301 指挥更衣室 / Conductor's Changing Room
D 302 指挥休息室 / Conductor's Lounge
D 303 乐队经理 / Orchestra Manager
D 304 指挥家助理 / Assistant Conductor
D 305 领导更衣室 / Leader's Changing Room
D 306 独唱家更衣室 / Soloist Changing
D 307 乐队更衣室 / Orchestra Changing
D 308 合唱队男性更衣室 / Male Chorus Changing
D 309 合唱队女性更衣室 / Female Chorus Changing
D 310 艺术家休息室/餐厅 / Artist Lounge/ Canteen
D 311 艺术家休息室厨房 / Artists Lounge Kitchen
D 312 食品储藏室 / Pantry Store
D 313 男厕所 / Male Toilets
D 314 女厕所 / Female Toilets
D 315 男淋浴间 / Male Showers
D 316 女淋浴间 / Female Showers
D 317 清洁工室 / Cleaners Rooms
D 318 舞台门/候场空间 / Stage Door/ Waiting Space

2010—2011 Int' l Consultation of Conceptual Architectural Design for Cultural Center in Binhai New Area, Tianjin

2010—2011 年天津滨海新区文化中心建筑群概念设计国际咨询

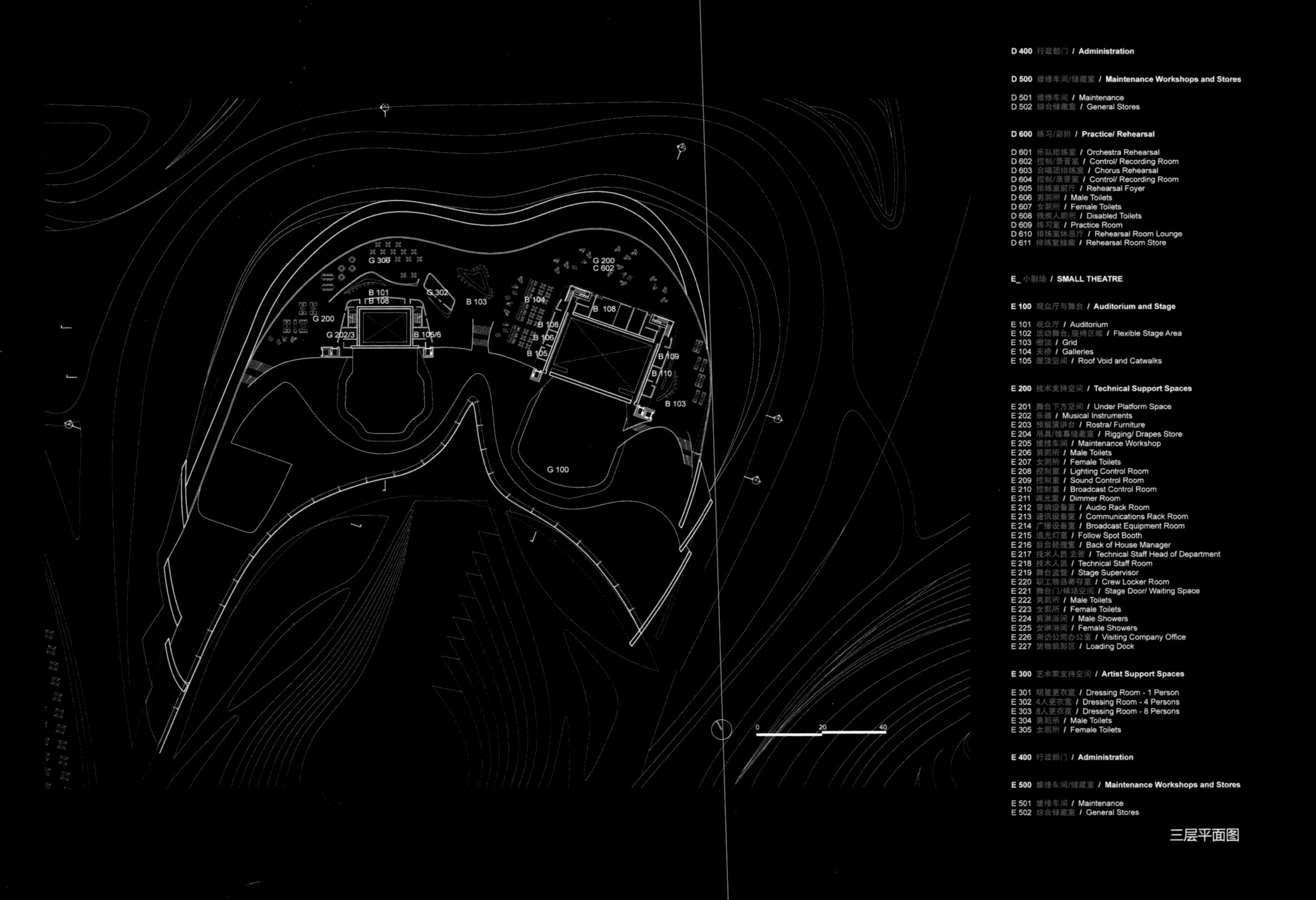

D 400 行政部门 / **Administration**

D 500 维修车间/储藏室 / **Maintenance Workshops and Stores**

D 501 维修车间 / Maintenance
D 502 综合储藏室 / General Stores

D 600 练习/彩排 / **Practice/ Rehearsal**

D 601 乐队排练室 / Orchestra Rehearsal
D 602 控制/录音室 / Control/ Recording Room
D 603 合唱团排练室 / Chorus Rehearsal
D 604 控制/录音室 / Control/ Recording Room
D 605 排练室前厅 / Rehearsal Foyer
D 606 男厕所 / Male Toilets
D 607 女厕所 / Female Toilets
D 608 残疾人厕所 / Disabled Toilets
D 609 练习室 / Practice Room
D 610 排练室休息厅 / Rehearsal Room Lounge
D 611 排练室储藏 / Rehearsal Room Store

E_ 小剧场 / **SMALL THEATRE**

E 100 观众厅与舞台 / **Auditorium and Stage**

E 101 观众厅 / Auditorium
E 102 活动舞台, 座椅区域 / Flexible Stage Area
E 103 栅顶 / Grid
E 104 天桥 / Galleries
E 105 屋顶空间 / Roof Void and Catwalks

E 200 技术支持空间 / **Technical Support Spaces**

E 201 舞台下方空间 / Under Platform Space
E 202 乐器 / Musical Instruments
E 203 预留演讲台 / Rostra/ Furniture
E 204 吊具/帷幕储藏室 / Rigging/ Drapes Store
E 205 维修车间 / Maintenance Workshop
E 206 男厕所 / Male Toilets
E 207 女厕所 / Female Toilets
E 208 控制室 / Lighting Control Room
E 209 控制室 / Sound Control Room
E 210 控制室 / Broadcast Control Room
E 211 调光室 / Dimmer Room
E 212 音响设备室 / Audio Rack Room
E 213 通讯设备室 / Communications Rack Room
E 214 广播设备室 / Broadcast Equipment Room
E 215 追光灯室 / Follow Spot Booth
E 216 后台经理室 / Back of House Manager
E 217 技术人员 主管 / Technical Staff Head of Department
E 218 技术人员 / Technical Staff Room
E 219 舞台监督 / Stage Supervisor
E 220 职工物品寄存室 / Crew Locker Room
E 221 舞台门/候场空间 / Stage Door/ Waiting Space
E 222 男厕所 / Male Toilets
E 223 女厕所 / Female Toilets
E 224 男淋浴间 / Male Showers
E 225 女淋浴间 / Female Showers
E 226 来访公司办公室 / Visiting Company Office
E 227 货物装卸区 / Loading Dock

E 300 艺术家支持空间 / **Artist Support Spaces**

E 301 明星更衣室 / Dressing Room - 1 Person
E 302 4人更衣室 / Dressing Room - 4 Persons
E 303 8人更衣室 / Dressing Room - 8 Persons
E 304 男厕所 / Male Toilets
E 305 女厕所 / Female Toilets

E 400 行政部门 / **Administration**

E 500 维修车间/储藏室 / **Maintenance Workshops and Stores**

E 501 维修车间 / Maintenance
E 502 综合储藏室 / General Stores

三层平面图

西北立面图

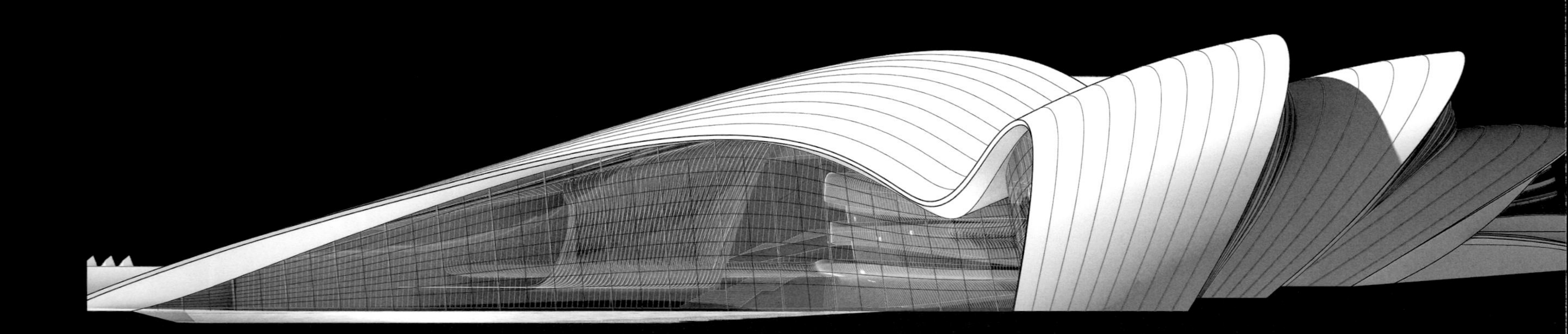

东南立面图

玻璃幕墙系统 Facade System

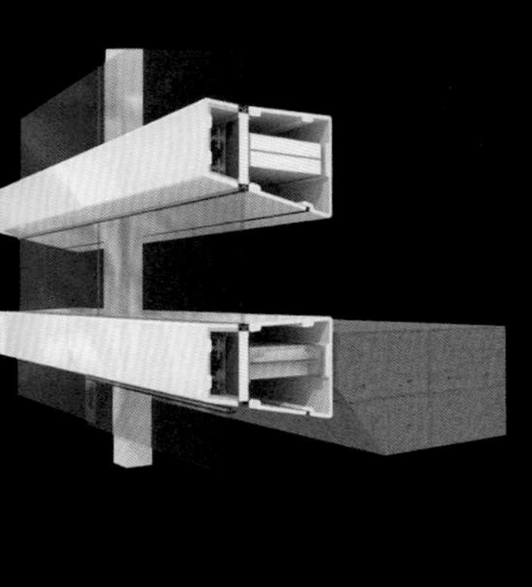
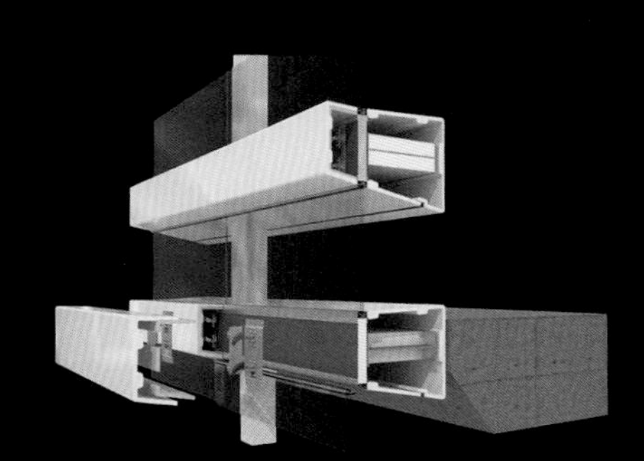
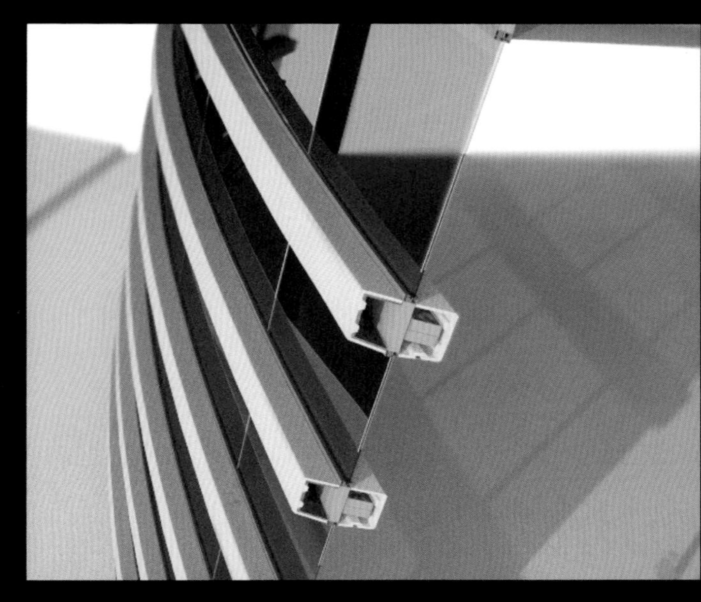
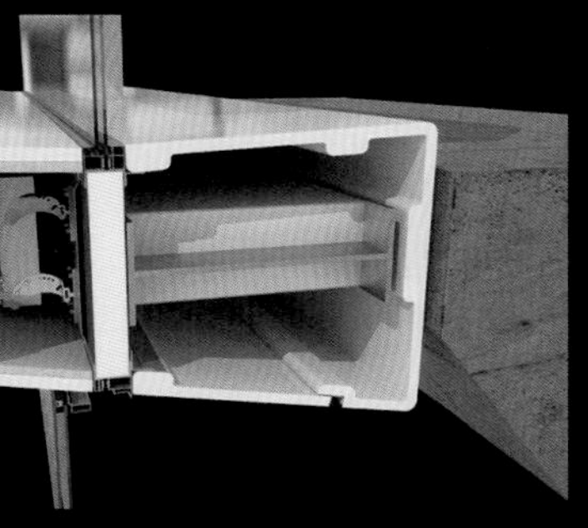
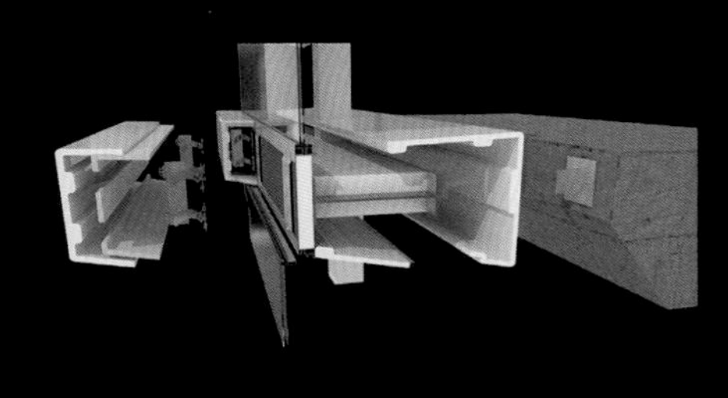
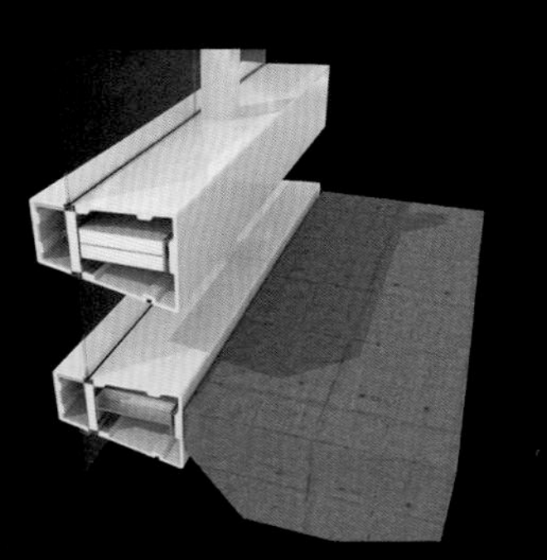
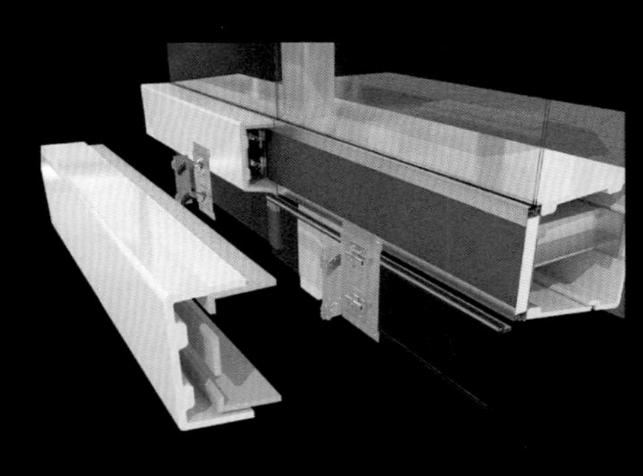
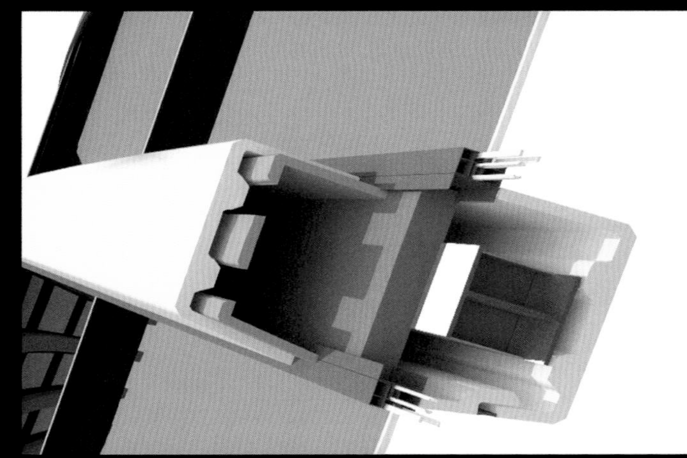

玻璃幕墙系统分析图

玻璃幕墙系统分析图

屋顶和立面构造　Roof and Facade Assmebly

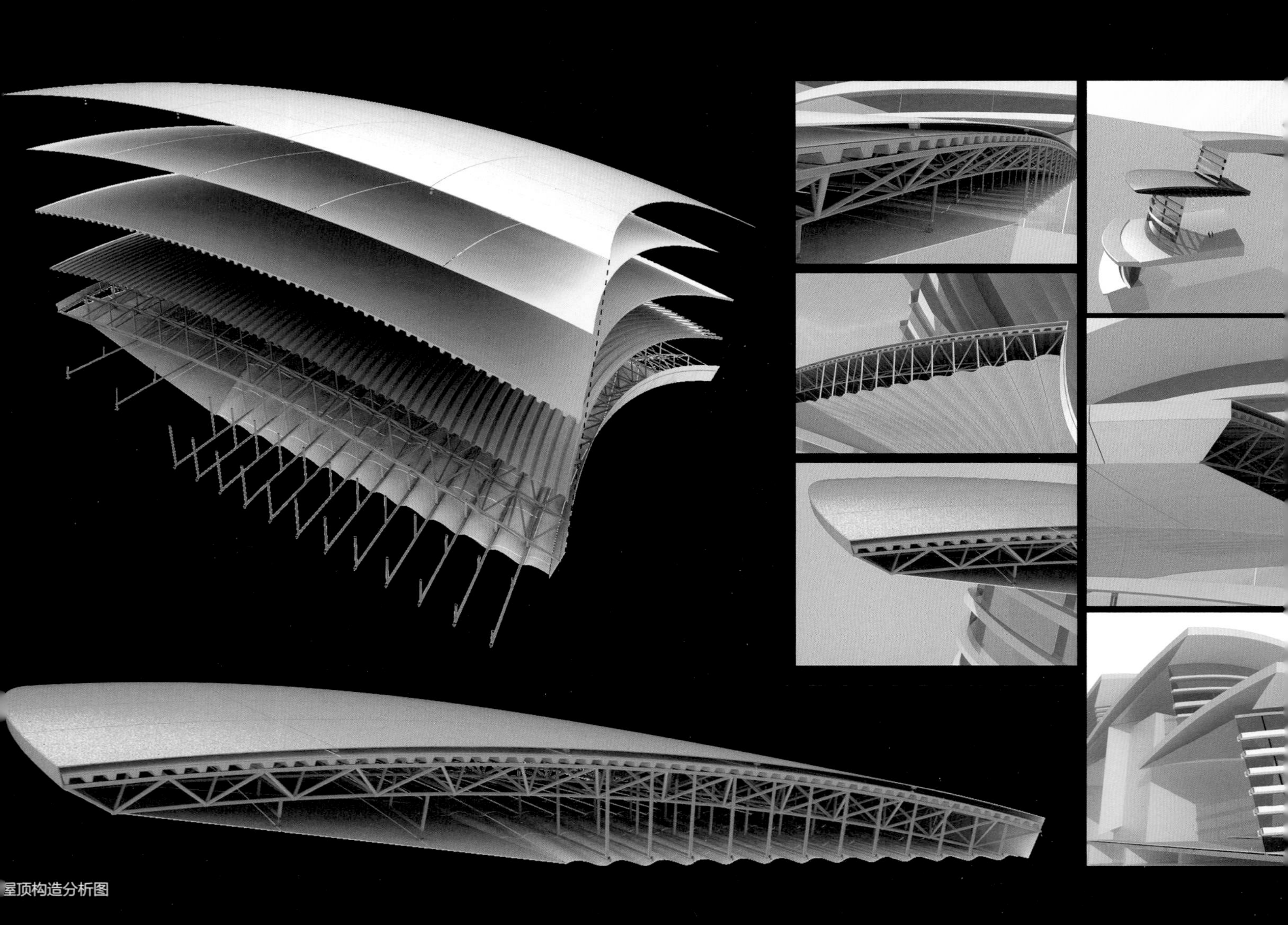

屋顶构造分析图

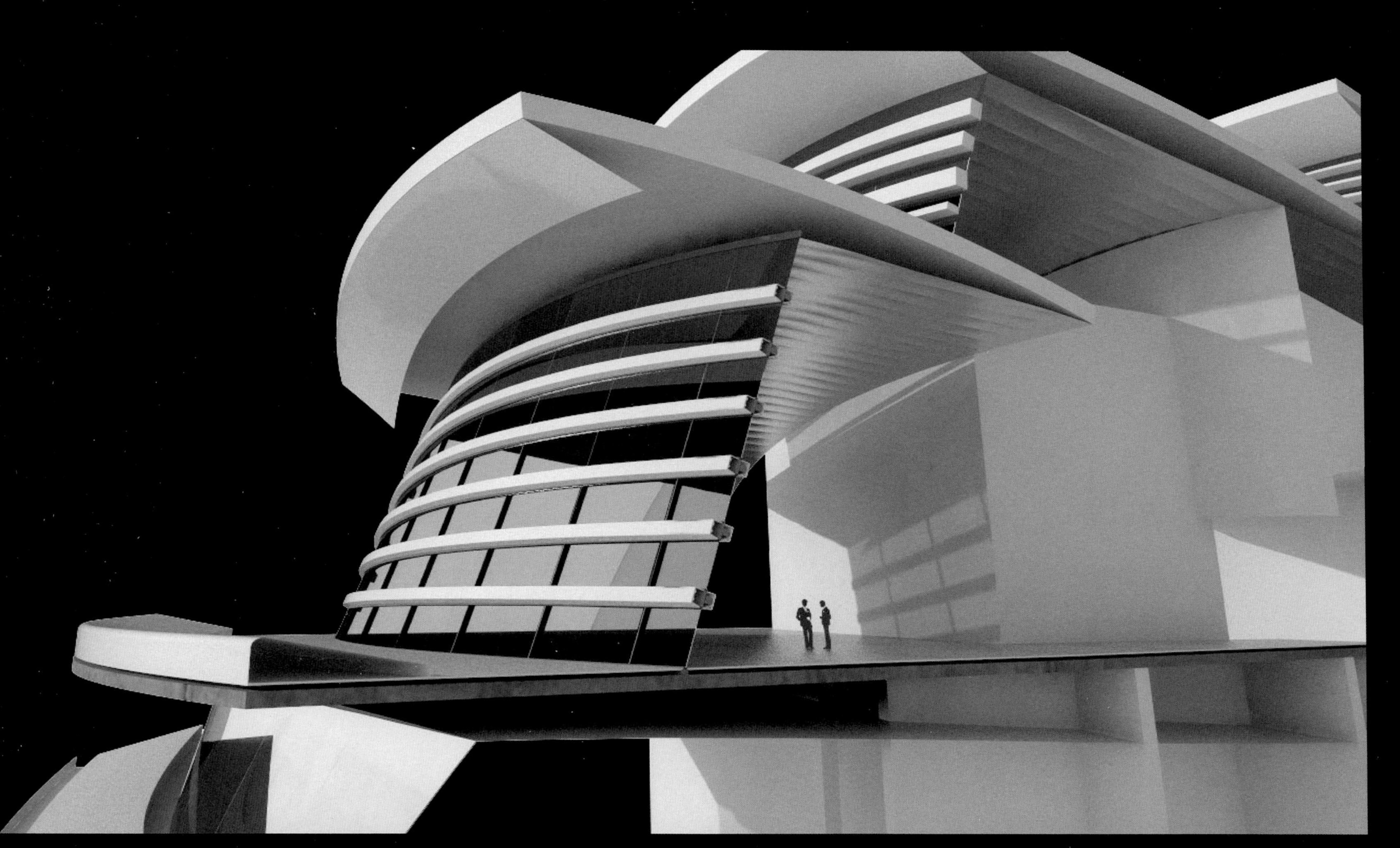

立面构造分析图

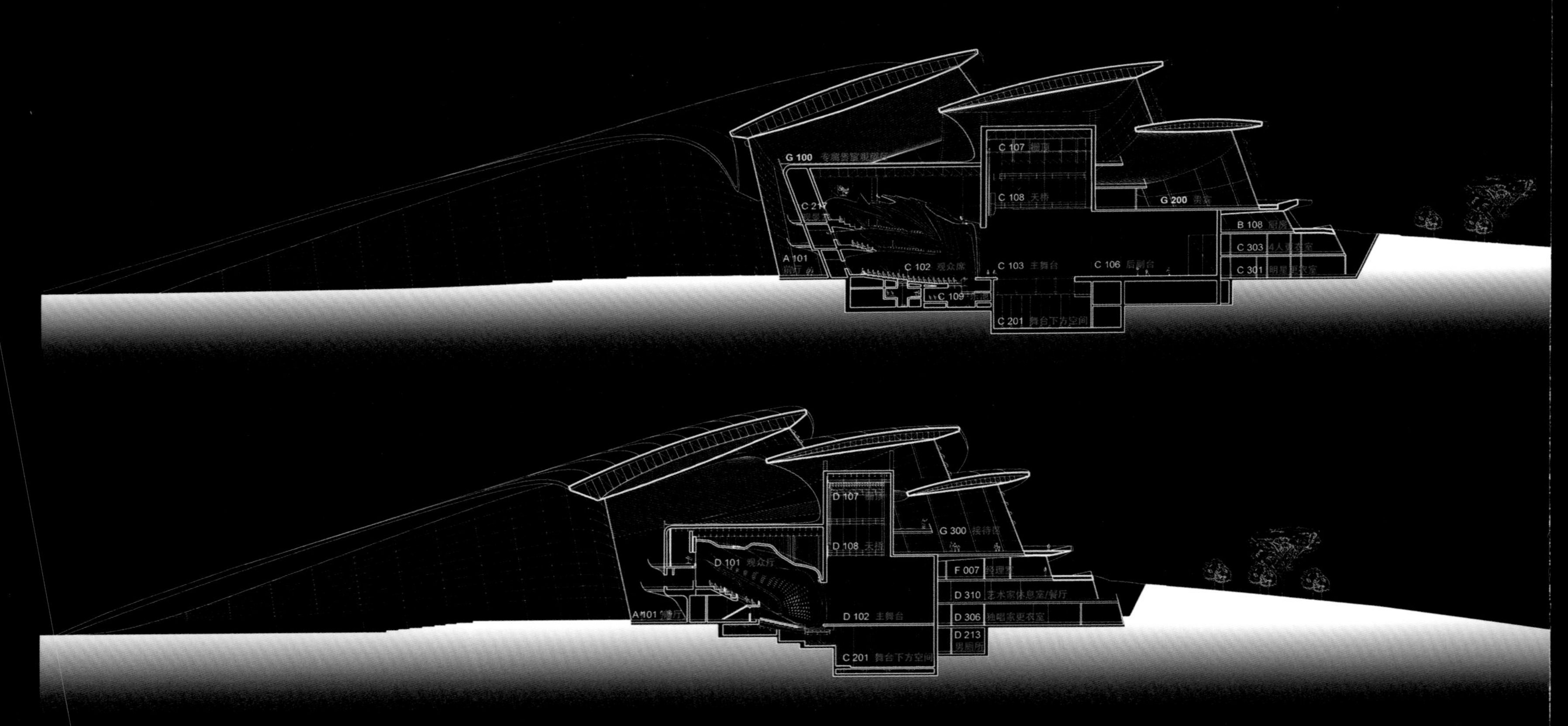
G 100
C 107
C 108 天桥
G 200
B 108 厨房
C 303
C 301 明星更衣室
C 217
A 101
C 102 观众席
C 103 主舞台
C 106 后副台
C 109
C 201 舞台下方空间
D 107
D 108
G 300
D 101 观众厅
F 007
D 310
A 101
D 102 主舞台
D 306 独唱家更衣室
D 213
C 201 舞台下方空间

横剖面

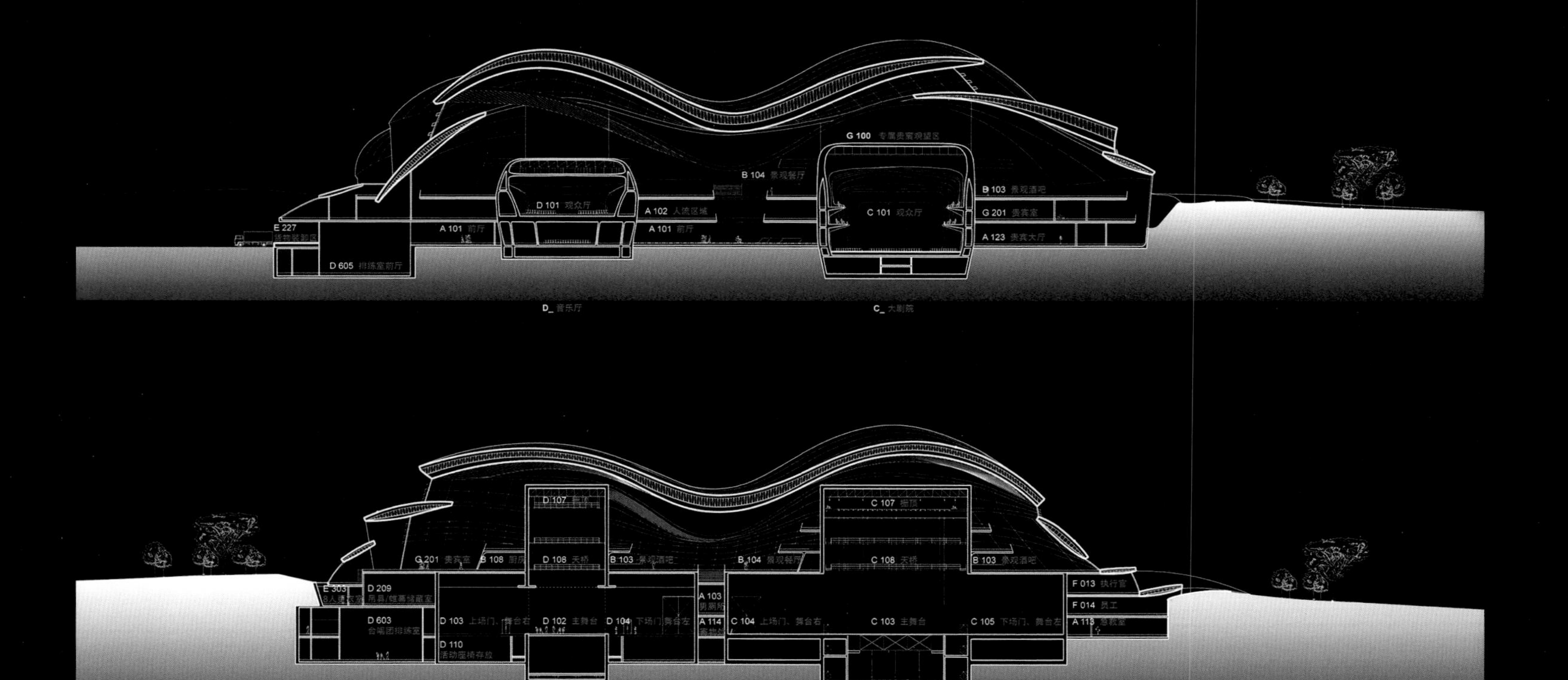
G 100 专属贵宾观望区
B 104 景观餐厅
B 103 景观酒吧
D 101 观众厅
A 102 人流区域
C 101 观众厅
G 201 贵宾室
E 227
货物装卸区
A 101 前厅
A 101 前厅
A 123 贵宾大厅
D 605 排练室前厅
D_ 音乐厅
C_ 大剧院
C 107 栅顶
G 201 贵宾室
B 108 厨房
D 108 天桥
B 103 景观酒吧
B 104 景观餐厅
C 108 天桥
B 103 景观酒吧
D 209
吊具/帷幕储藏室
A 103
男厕所
F 013
F 014
D 603
合唱团排练室
D 103 上场门、舞台右
D 102 主舞台
A 114
C 104 上场门、舞台右
C 103 主舞台
C 105 下场门、舞台左
D 110
活动座椅存放
D_ 音乐厅
C_ 大剧院

纵剖面

出入口及内部流线 Access and Internal Circulation

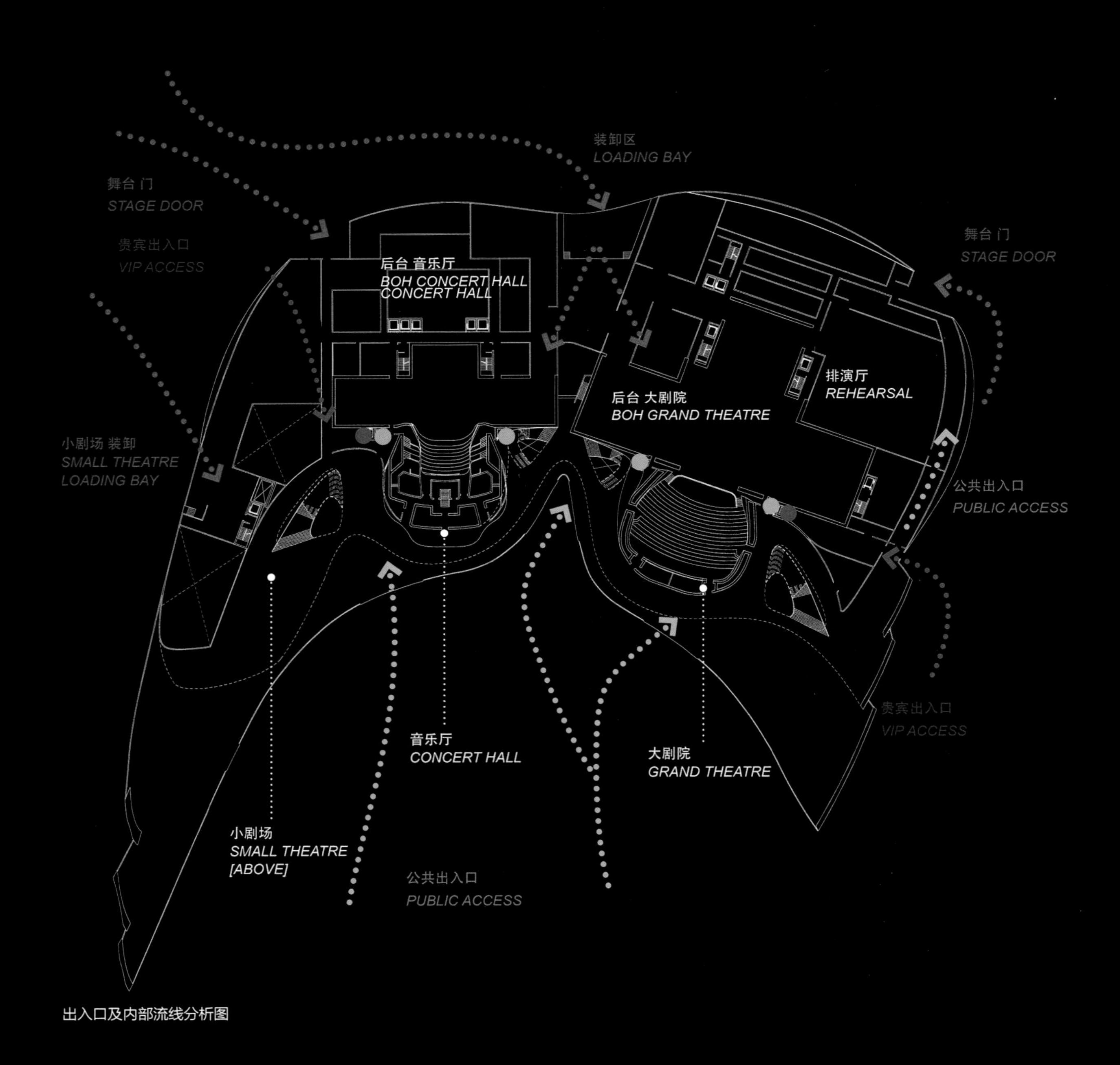

出入口及内部流线分析图

竖向交通流线　Vertical Circulation

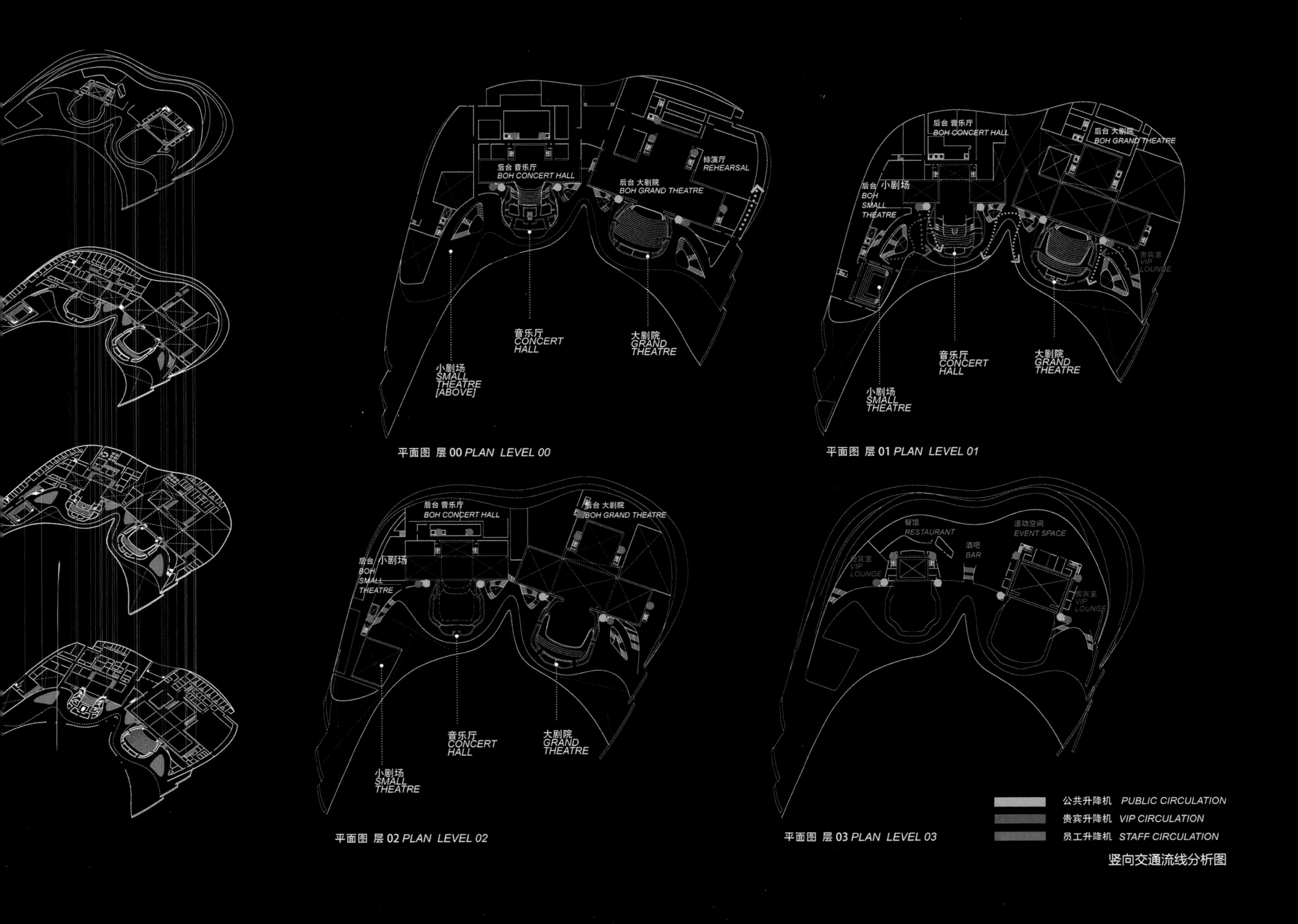

竖向交通流线分析图

现代工业博物馆 Museum of Modern Industry

美国伯纳德 · 屈米建筑事务所
美国 KDG 建筑设计有限公司

1. 文化中心总体规划 Master Plan of Cultural Center

设计理念 Design Concept

实与虚

总平面分为两个地块，方案使两个地块形成虚实互补的关系。文化建筑好像从另一个地块中雕刻出来，成为分布在公园中的一个个物体，与另一个地块商业文化区的院落形状一一对应，形成有趣的虚实对比关系。其平面形状相互关联，使两个地块更具统一性。

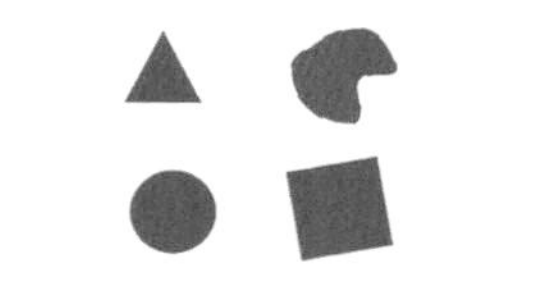

Voids (Light wells and subway entrance)
虚（采光井与地下商城入口）

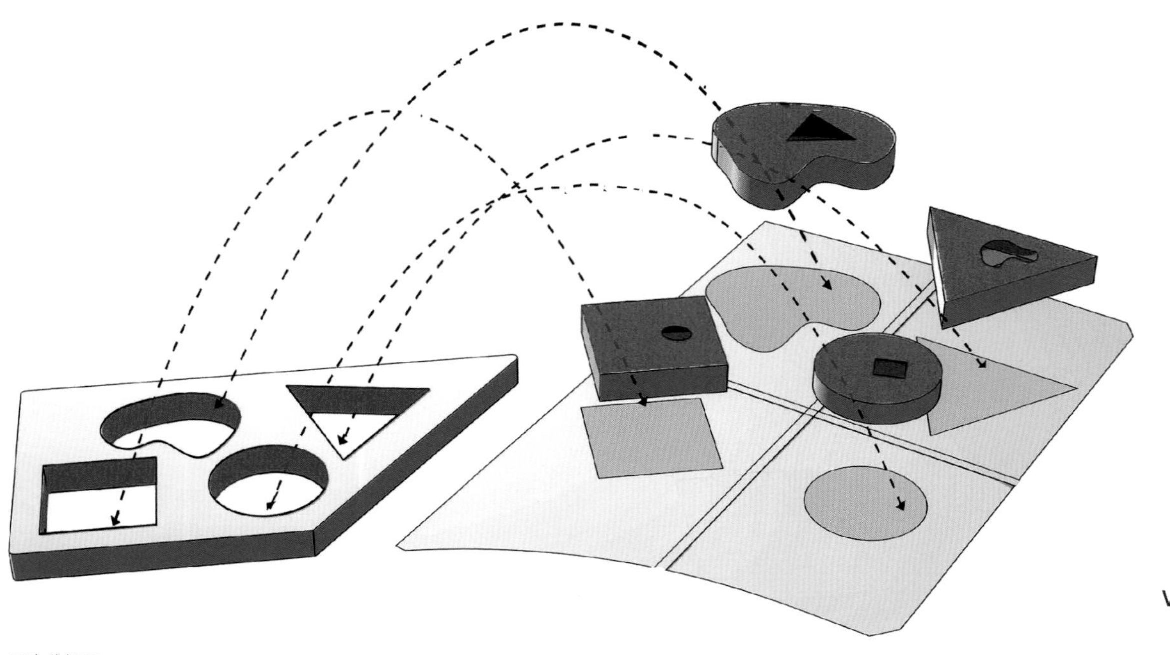

理念分析图

总体鸟瞰图

设计研究 Design Research

运用比喻的思维模式，对地块进行总平面设计。通过研究中国的文化元素和相关案例，总结出如下几种模式："分子生长"模式，有利于建筑单体根据未来需求继续生长；"茶具托盘"模式，暗示一个连续的公共平台，其上的每个建筑形态各异；"花园"模式；"法式皇家园林"模式；"英式自然园林"模式；"中式庭院"模式等。

模式化生长 （分子形态）
Repeatable Modules (Molecules)

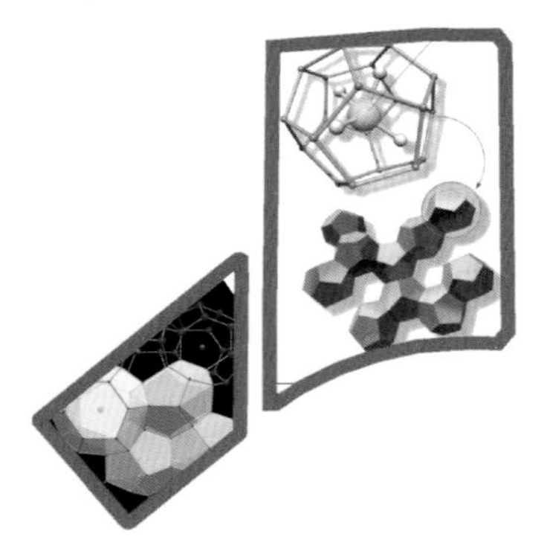

"分子生长"模式

统一底座（托盘）上的自由发挥（茶壶）
Multiple Individual Expressions (Pots) with a Common Denominator (Tray)

"茶具托盘"模式

棋盘论英雄
The Game Board

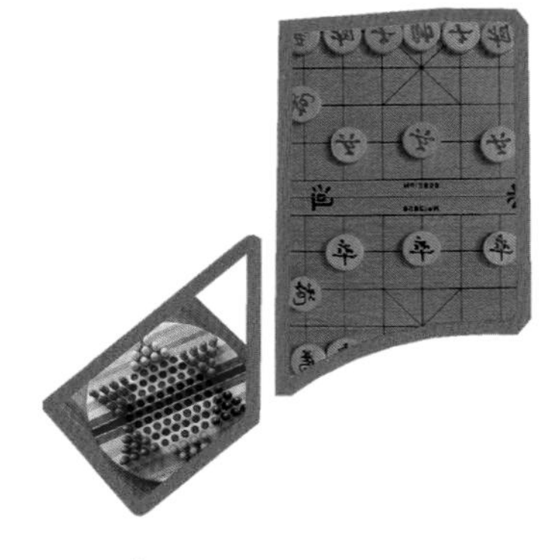

"棋盘"模式

统一风格下不同表情（面具）
Individual Expressions with a Theme (Masks)

"面具"模式

正与负的对比（山峰与峡谷）
Positive and Negative (Hill and Valley)

"山峰峡谷"模式

法式皇家园林的秩序
The Formal Garden

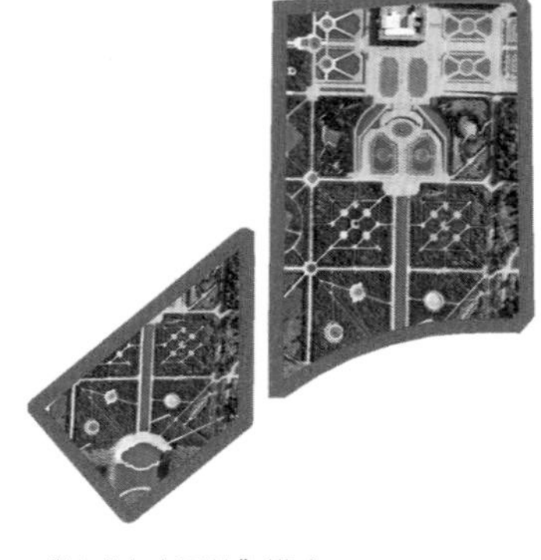

"法式皇家园林"模式

英式自然园林的画面
The Garden: Wild and Hidden

"英式自然园林"模式

现代园林的点、线、面
Point, Line, Surface

"现代园林"模式

总图解析　Interpretation of Master Plan

将文化中心地块划分为 4 个等同的区域，以景观为“画框”，每个建筑师可以在自己的‘画框’内自由发挥；每个建筑的地位是平等的，是文化中心整体不可分割的一部分；每个建筑就像画框中镶嵌的珠宝，围绕着位于花园正中的文化广场。

规划策略的意义在于它超出了纯建筑的范畴，各个文化建筑不再必须是单一的，它给予各个建筑一种“和平共处”的方式。允许各个建筑“友好竞争”，鼓动每个建筑师最大限度地表达自己，为滨海新区打造地标。

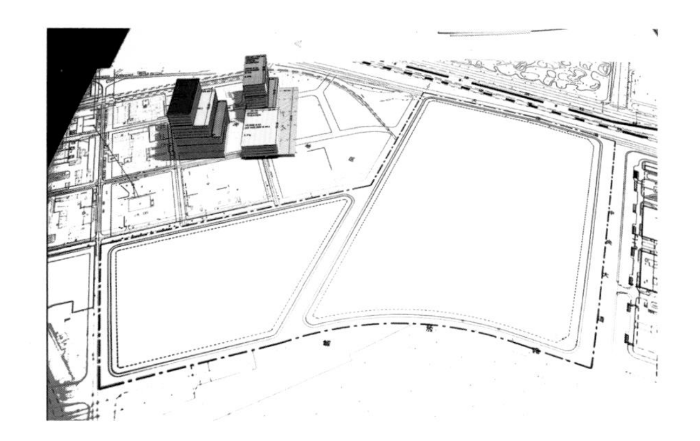

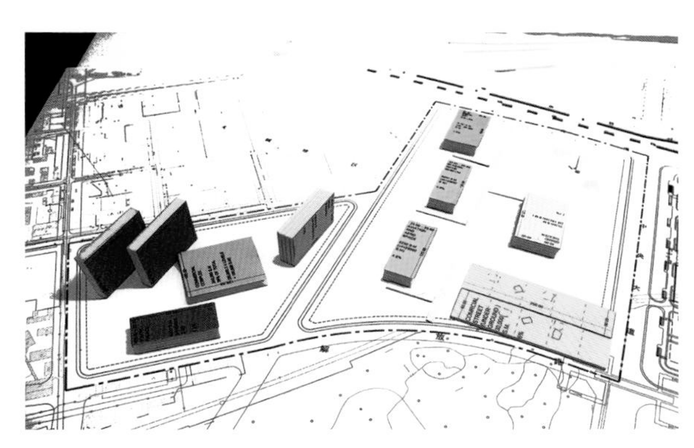

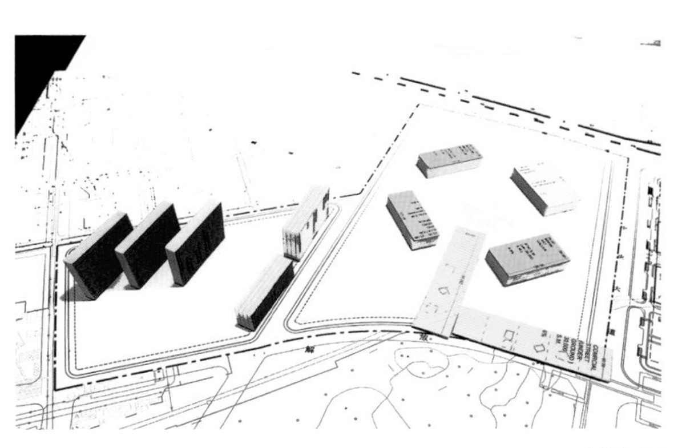

功能布局

立面材质 Facade Material:

地面的覆盖
建筑应控制在规划给出的平面范围之内，如方案需要，可以改变形状

Lot Coverage:
Building must fit into given footprint but may possibly differ in their geometry if the architectural concept requires it.

大剧院 Grand Theater
现浇素混凝土 Poured Concrete

航空航天博物馆 Aviation and Aerospace museum
绿色玻璃 Green-Tinted Glass

工业博物馆 Museum of Industry
金属：处理的钢或铜质材料 Metal: Treated Steel or Copper

滨海美术馆 Binhai Art Gallery
木材 Wood / Treated Wood

商业中心 Commercial Center
反光玻璃 Mirror Glass

青少年宫、媒体中心 Youth Palace / Media Building
反光玻璃 Mirror Glass

内部庭院
庭院内侧建筑材质，与其形状对应的文化建筑

Interior Courts:
Have the same facade materials as their counterpart in the adjacent block

雕塑底座与采光井
雕塑底座散布于公园各处，使整个公园成为展厅的延续，地面雕刻出的采光井为地下商街提供自然采光与公园入口

Pedestals and Lightwells:
Pedestals throughout the park further extend the theme as display objects, and light wells carved into the earth allow for daylight to reach the commercial district below as well as entry points for the subway station.

总图分析

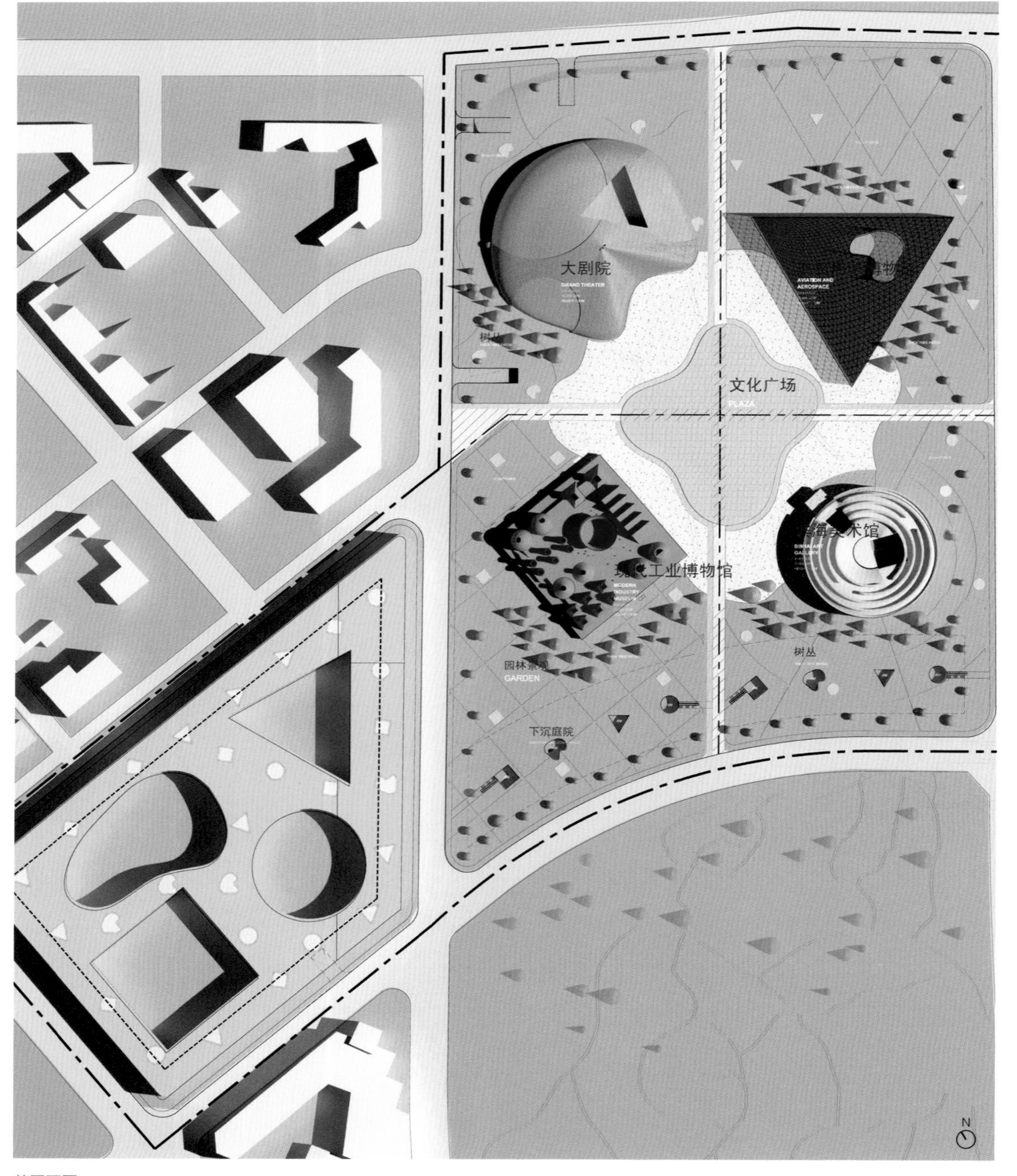
大剧院
GRAND THEATER
AVIATION AND
AEROSPACE
文化广场
PLAZA
工业博物馆
MODERN
INDUSTRY
MUSEUM
树丛
GARDEN
下沉庭院
N

总平面图

鸟瞰图

交通流线分析　Analysis of Circulation

车行入口主要设于地块西侧与北侧的市政道路，车辆经地下环路通向每个建筑的地下空间或卸货区域。自行车就近设置单独入口。工业博物馆的参观人流通过专属电梯或扶梯通向位于地面的主要入口。地下商业街或书城的人们可以通过下沉庭院的楼梯或扶梯直接前往目的地。

交通流线分析图

地下建筑设计　Underground Architectural Design

各个建筑的停车与卸货空间均安排在地下，建筑的地下空间相对独立且通过环路相连。位于商业文化街区的少年宫、媒体大厦与商业综合体，由共用的地下设施串联在一起。

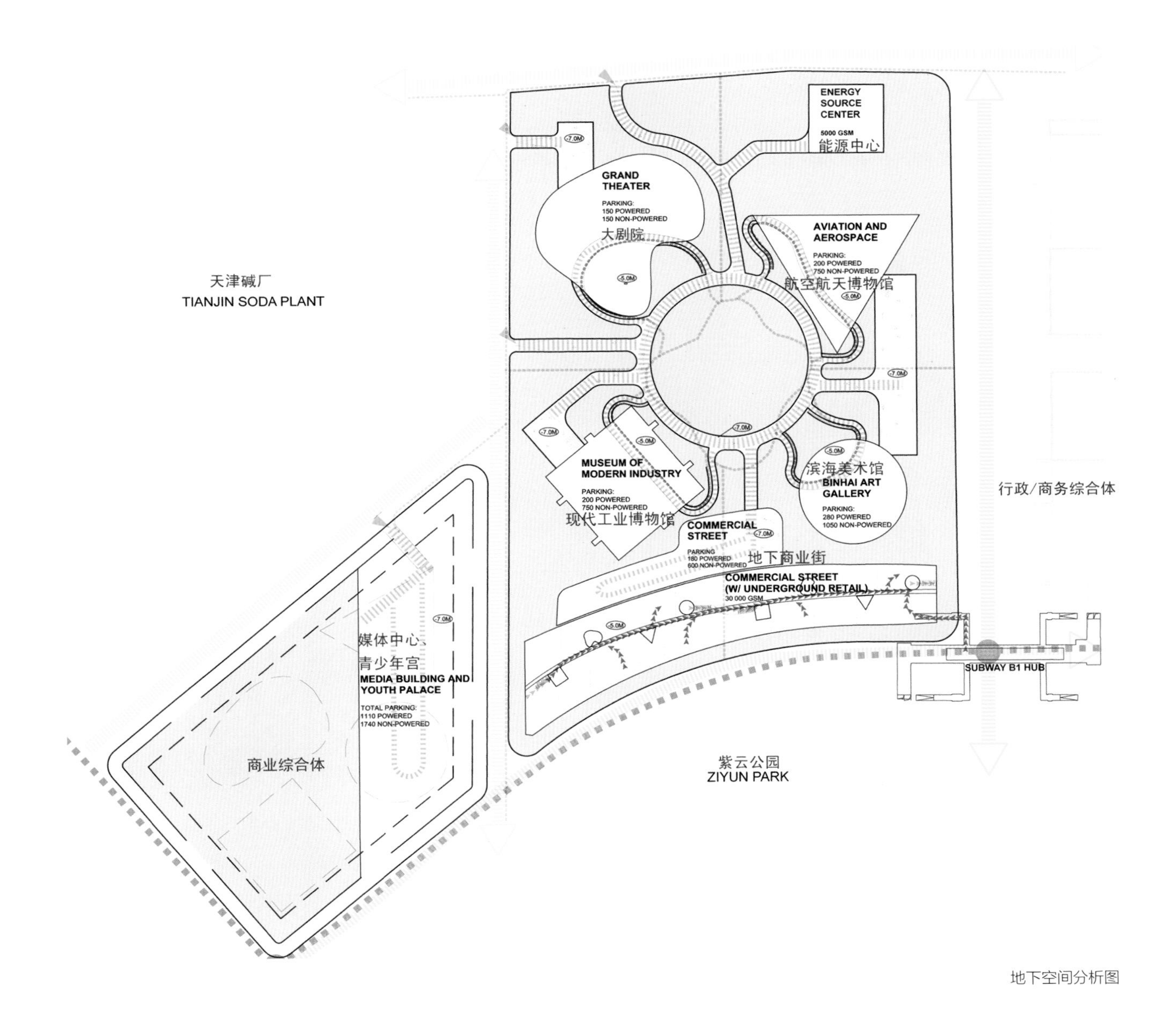

地下空间分析图

2. 现代工业博物馆建筑设计 Architectural Design of Modern Industry Museum

设计理念 Design Concept

工业建筑 +“茶具托盘”模式

规划任务：通过对过去、现在和将来与工业有关的形体进行分析，将回忆的积淀融入设计之中；利用比喻的思维模式，从被赋予全新功能的传统工业建筑设施中汲取灵感，结合“茶具托盘”模式与工业建筑的抽象外形进行设计，使建筑在外形上明确地引发有关工业的联想。

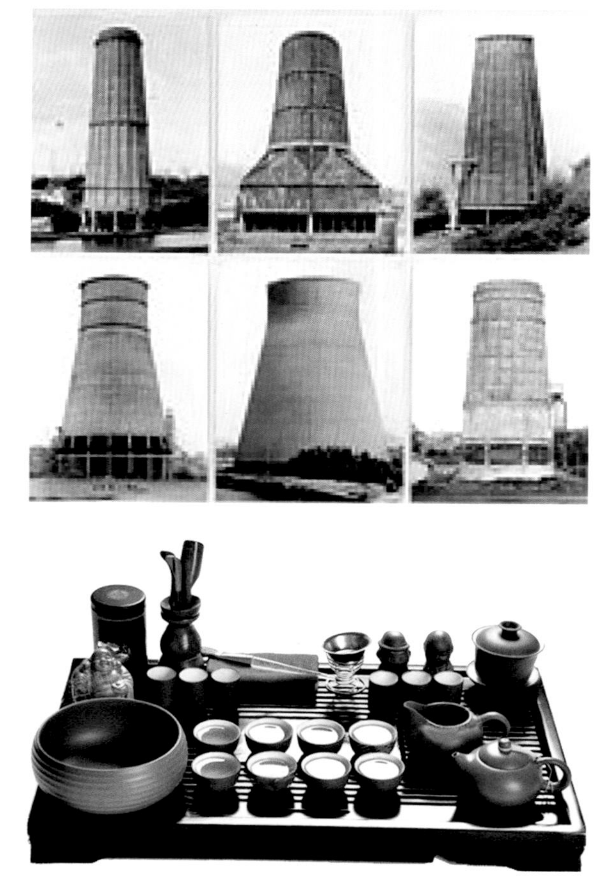

理念图

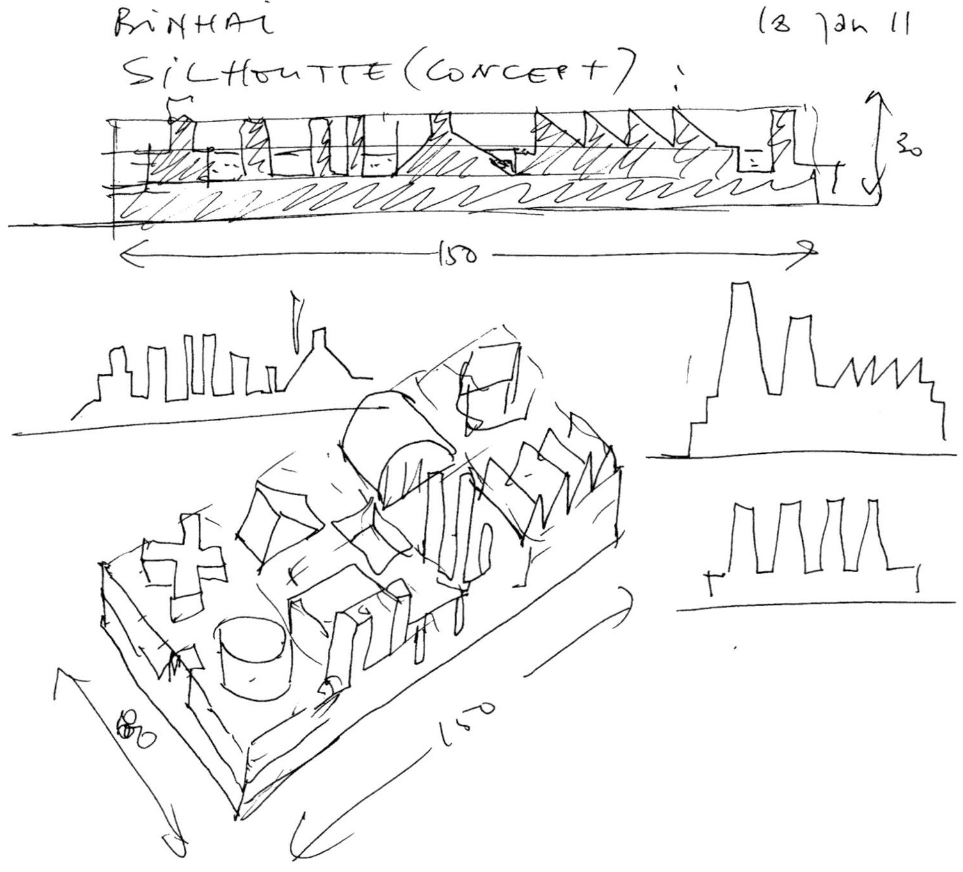

建筑手绘图

效果图

屋顶与生态建筑 Roof and Sustainability

博物馆顶部的抽象工业形体给予展示空间自然、均匀的光源，减少了对电源的依赖。其倾斜的外形可以聚集热空气，夏天将其导出建筑，冬季可以进行回收。可在南向部位设置太阳能电板，节约能源的同时，赋予建筑当代、生态的形象，与代表历史的烟囱等形成有趣的对话。

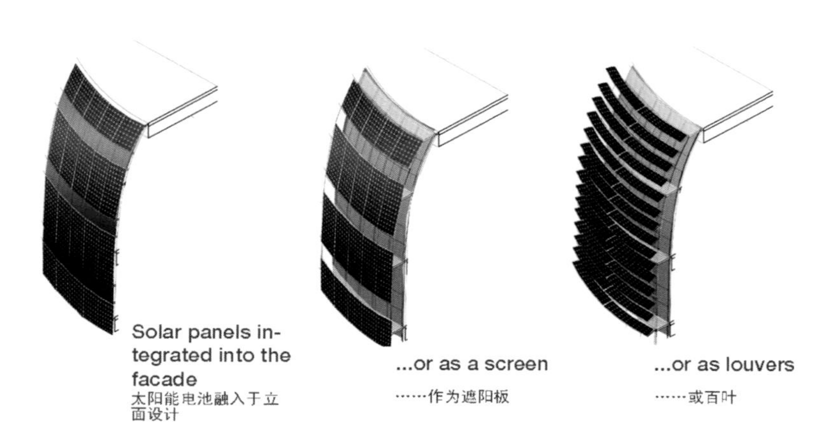

Solar panels integrated into the facade
太阳能电池融入于立面设计
...or as a screen
……作为遮阳板
...or as louvers
……或百叶

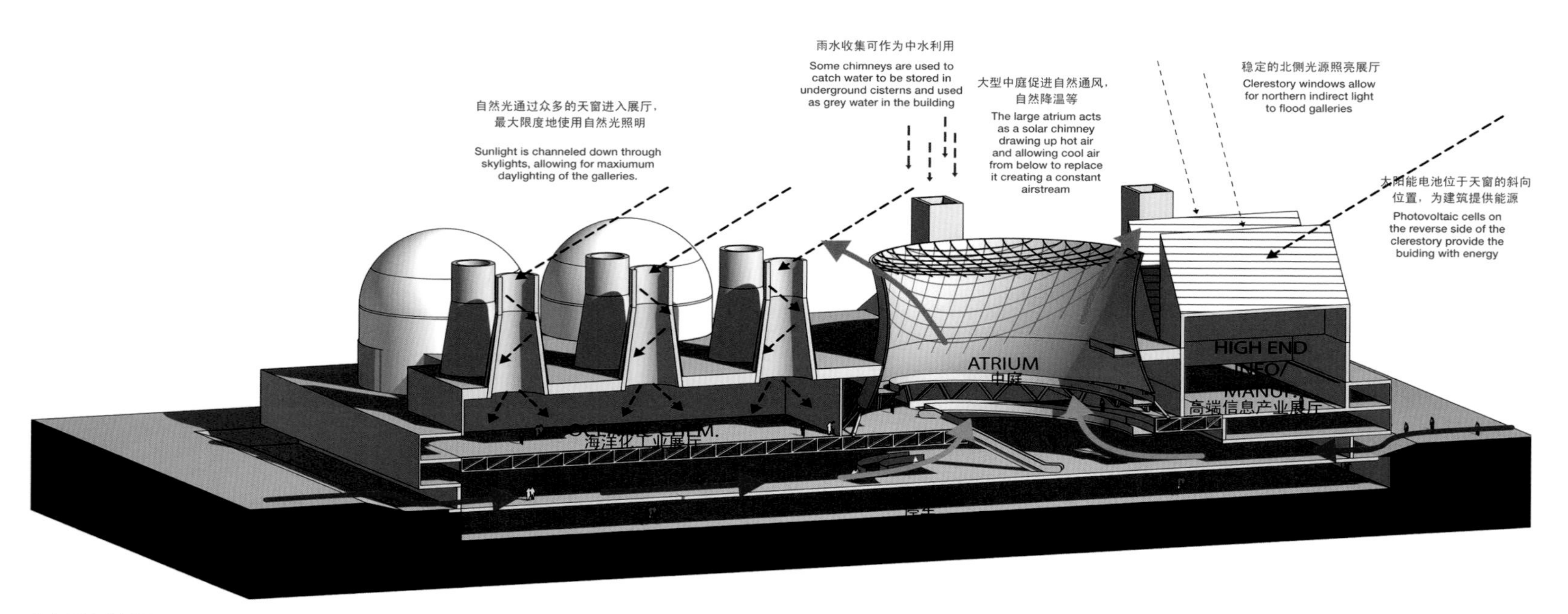

雨水收集可作为中水利用
Some chimneys are used to catch water to be stored in underground cisterns and used as grey water in the building

大型中庭促进自然通风，自然降温等
The large atrium acts as a solar chimney drawing up hot air and allowing cool air from below to replace it creating a constant airstream

稳定的北侧光源照亮展厅
Clerestory windows allow for northern indirect light to flood galleries

自然光通过众多的天窗进入展厅，最大限度地使用自然光照明
Sunlight is channeled down through skylights, allowing for maxiumum daylighting of the galleries.

太阳能电池位于天窗的斜向位置，为建筑提供能源
Photovoltaic cells on the reverse side of the clerestory provide the buiding with energy

ATRIUM 中庭

海洋化工业展厅 I.M.

HIGH END INFO/MANU..
高端信息产业展厅

生态设计分析图

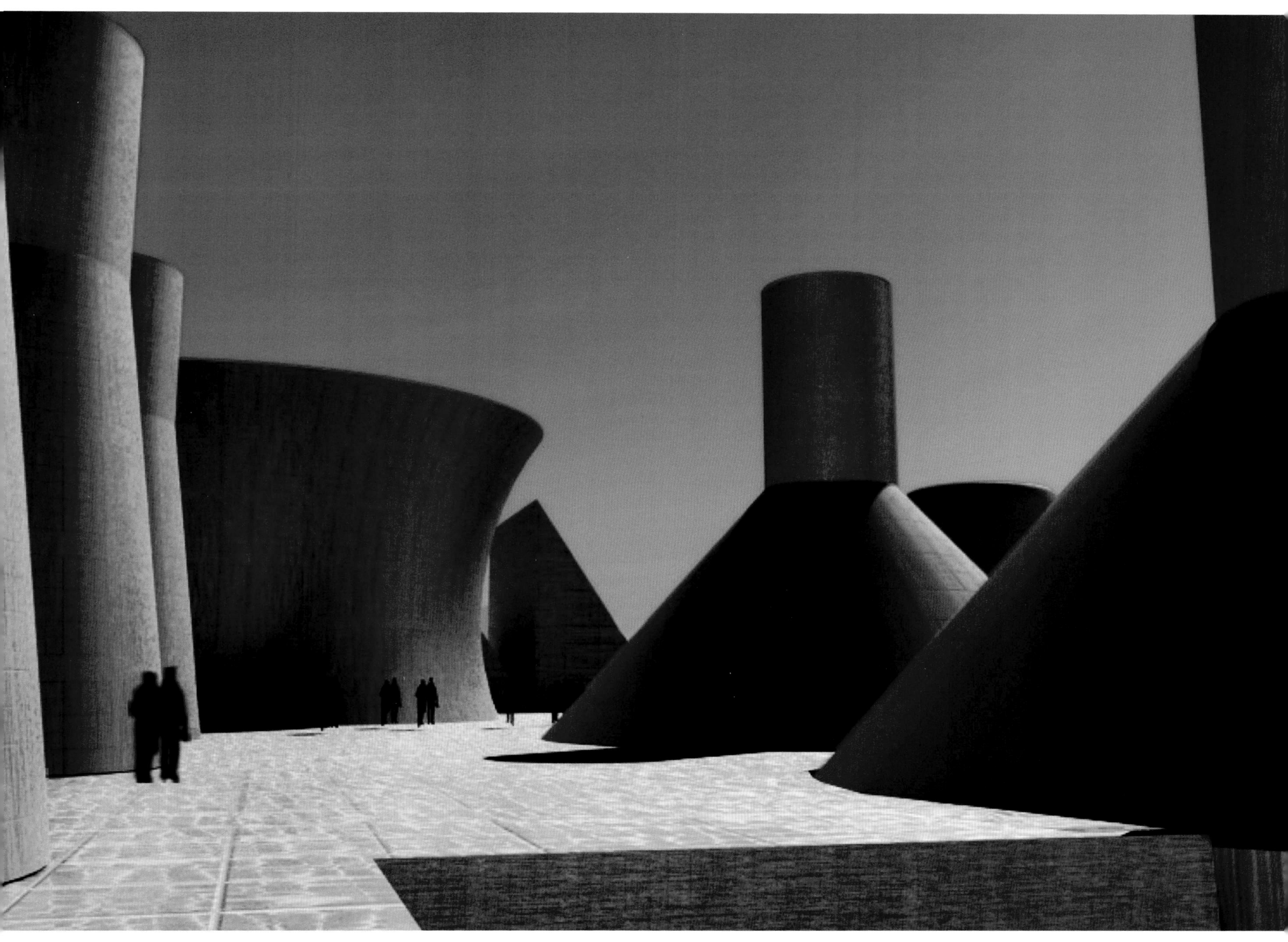

屋顶人视效果图

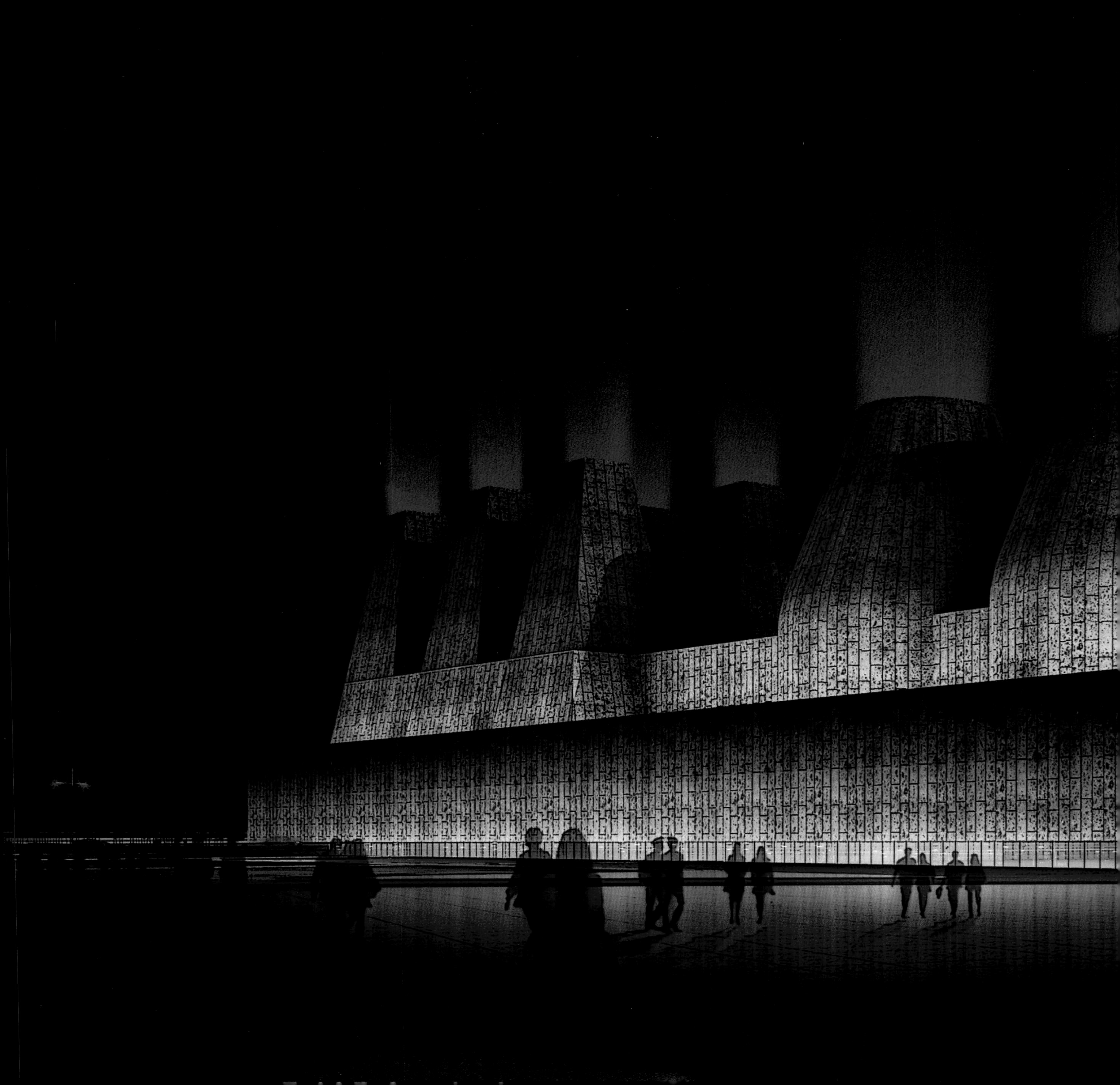

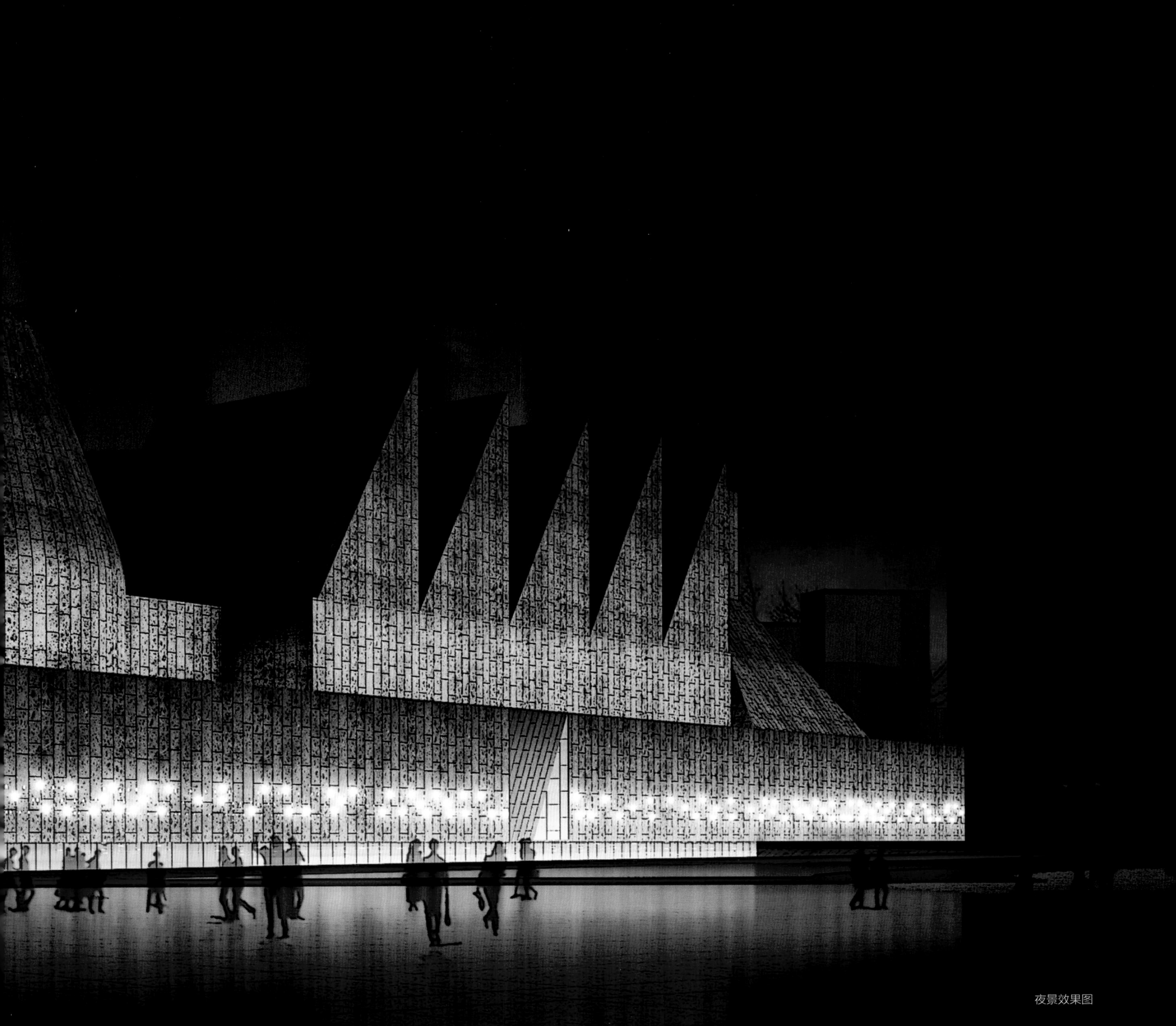

夜景效果图

中庭　Void

博物馆的核心是中庭大厅。这里所展示的工业发动机和大型工业设施，均采用单一的材料进行设计。环绕中庭的坡道将人们带至二层展厅、屋顶花园以及 30 米高的瞭望塔。

中庭效果图

展厅 Exhibition Space

二层展厅内穹形的天光营造出奇异动人的光影效果，成为各个展厅的标志性特征。7 个展厅通过大厅组合在一起，在小厅参观的时候，大厅是一个独立的整体。展厅被设计成具有工业生产氛围的矩形空间，可根据布展的需要重新划分，灵活划分使用空间是展厅设计的主要目标之一。

展厅效果图

功能分析 Functional Analysis

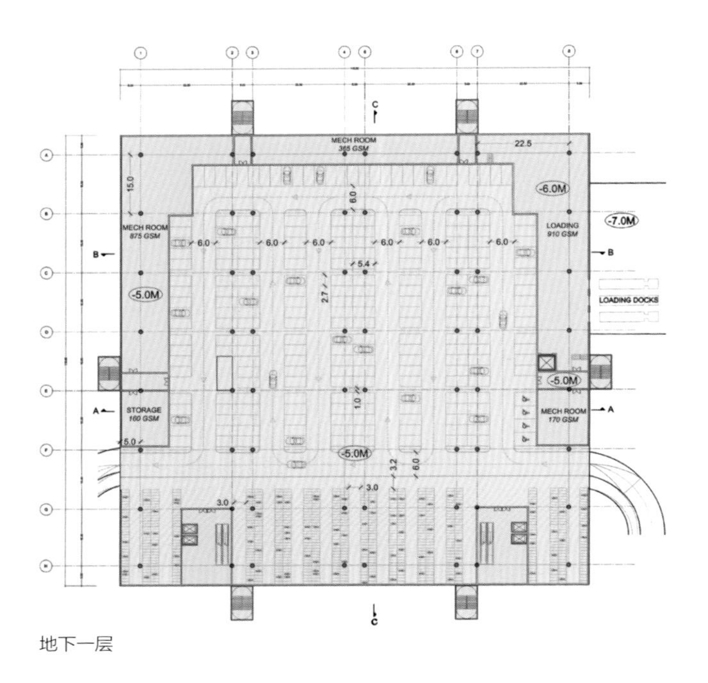

地下一层

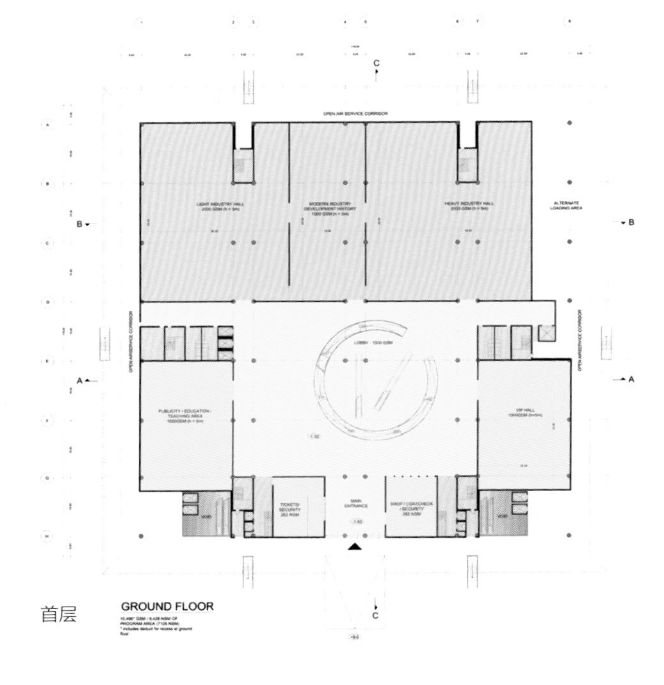

首层

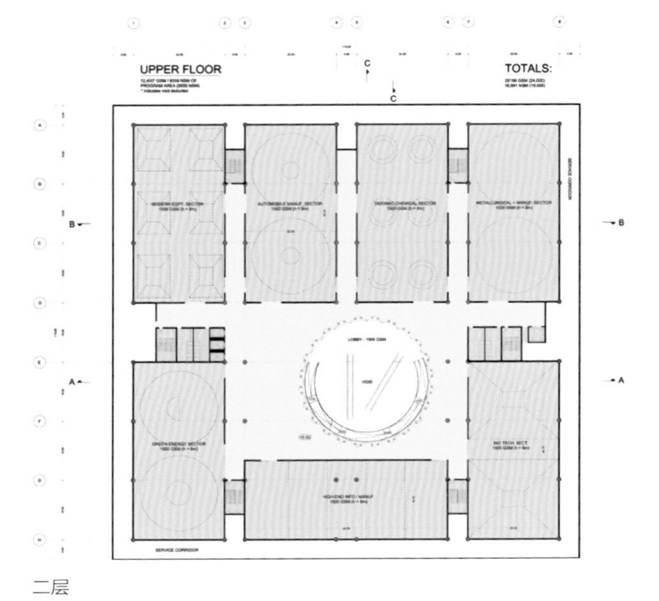

二层

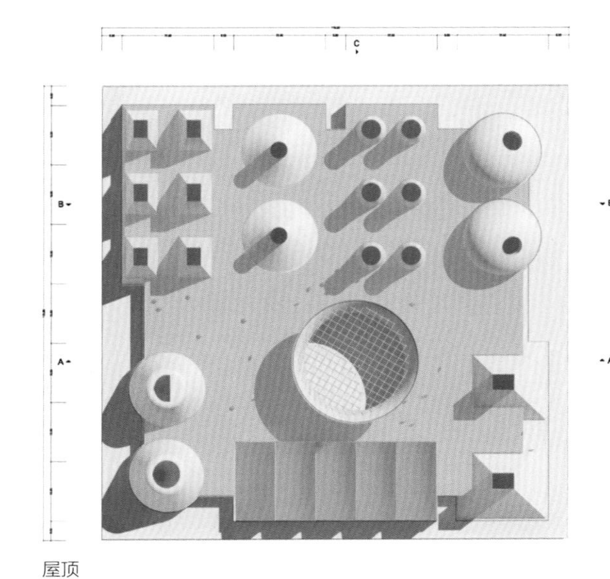

屋顶

展览空间
大堂/公共空间
办公/教育空间
绿化平台空间
停车空间
交通/辅助空间

流线分析　Circulation Analysis

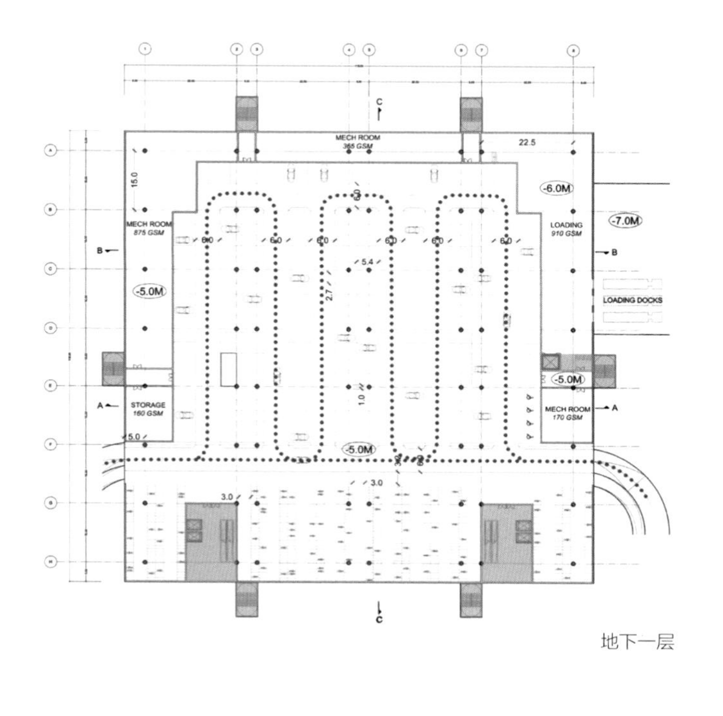

地下一层

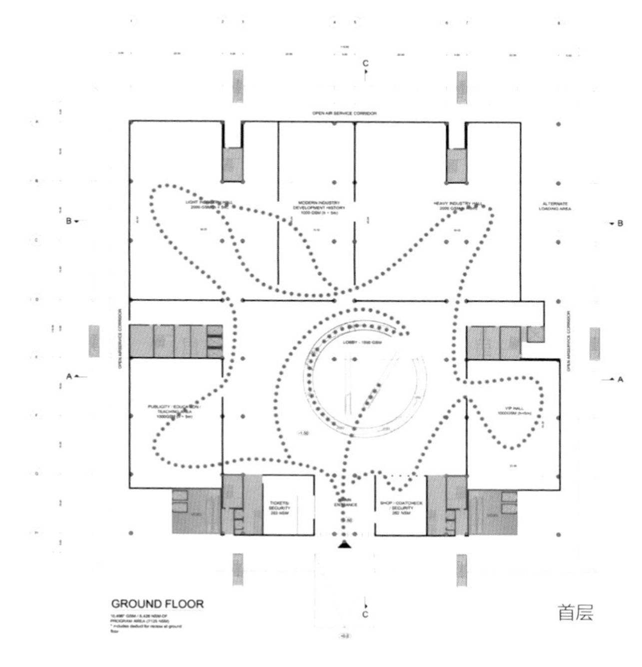

首层

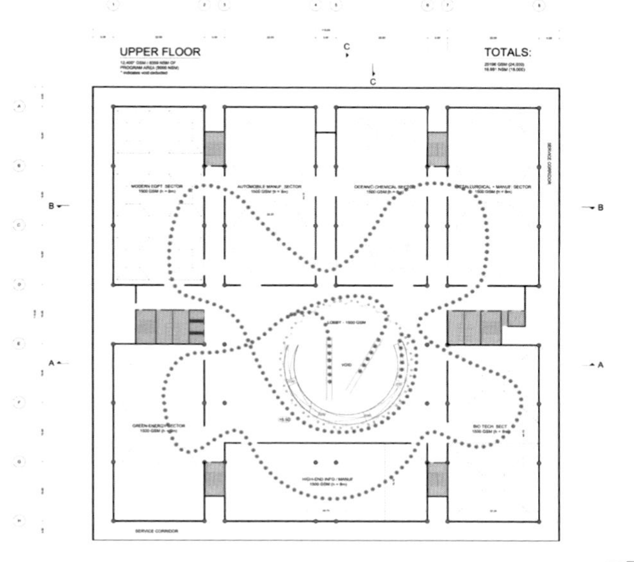

二层

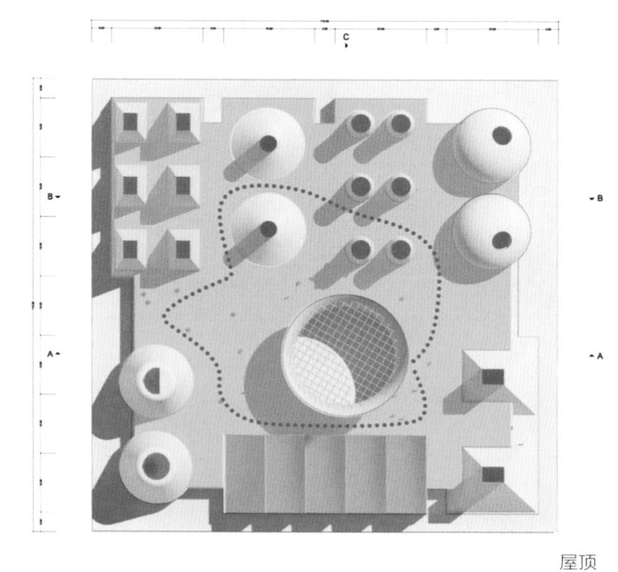
屋顶

交通/辅助空间
车行交通
参观展览交通
户外交通

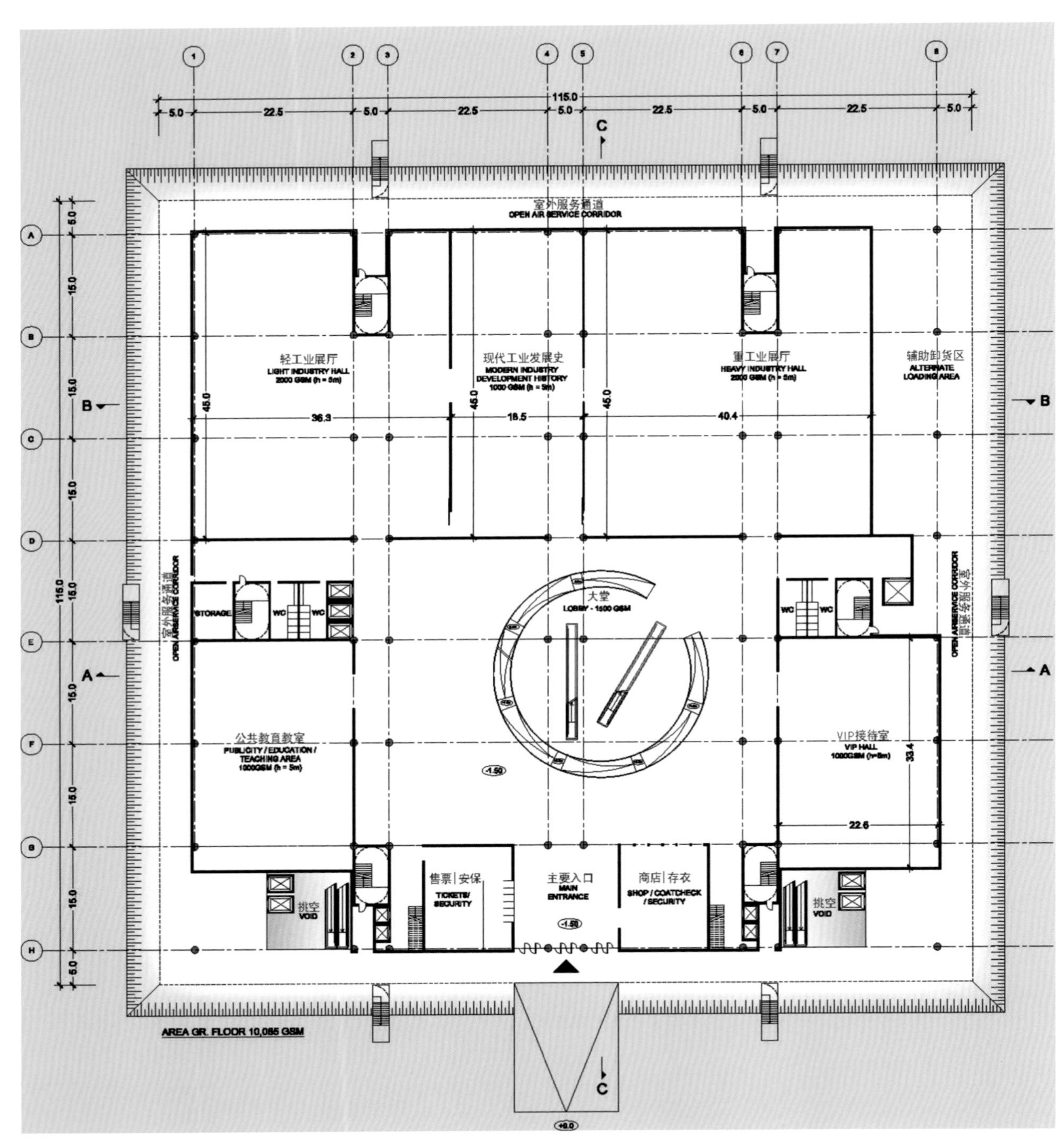
室外服务通道
OPEN AIR SERVICE CORRIDOR
轻工业展厅
LIGHT INDUSTRY HALL
现代工业发展史
MODERN INDUSTRY
DEVELOPMENT HISTORY
重工业展厅
HEAVY INDUSTRY HALL
辅助卸货区
ALTERNATE
LOADING AREA
大堂
公共教育教室
PUBLICITY / EDUCATION /
TEACHING AREA
VIP接待室
VIP HALL
售票|安保
TICKETS/
SECURITY
主要入口
MAIN
ENTRANCE
商店|存衣
SHOP / COATCHECK
/ SECURITY
挑空
VOID
STORAGE
AREA GR. FLOOR 10,085 GSM

首层平面图

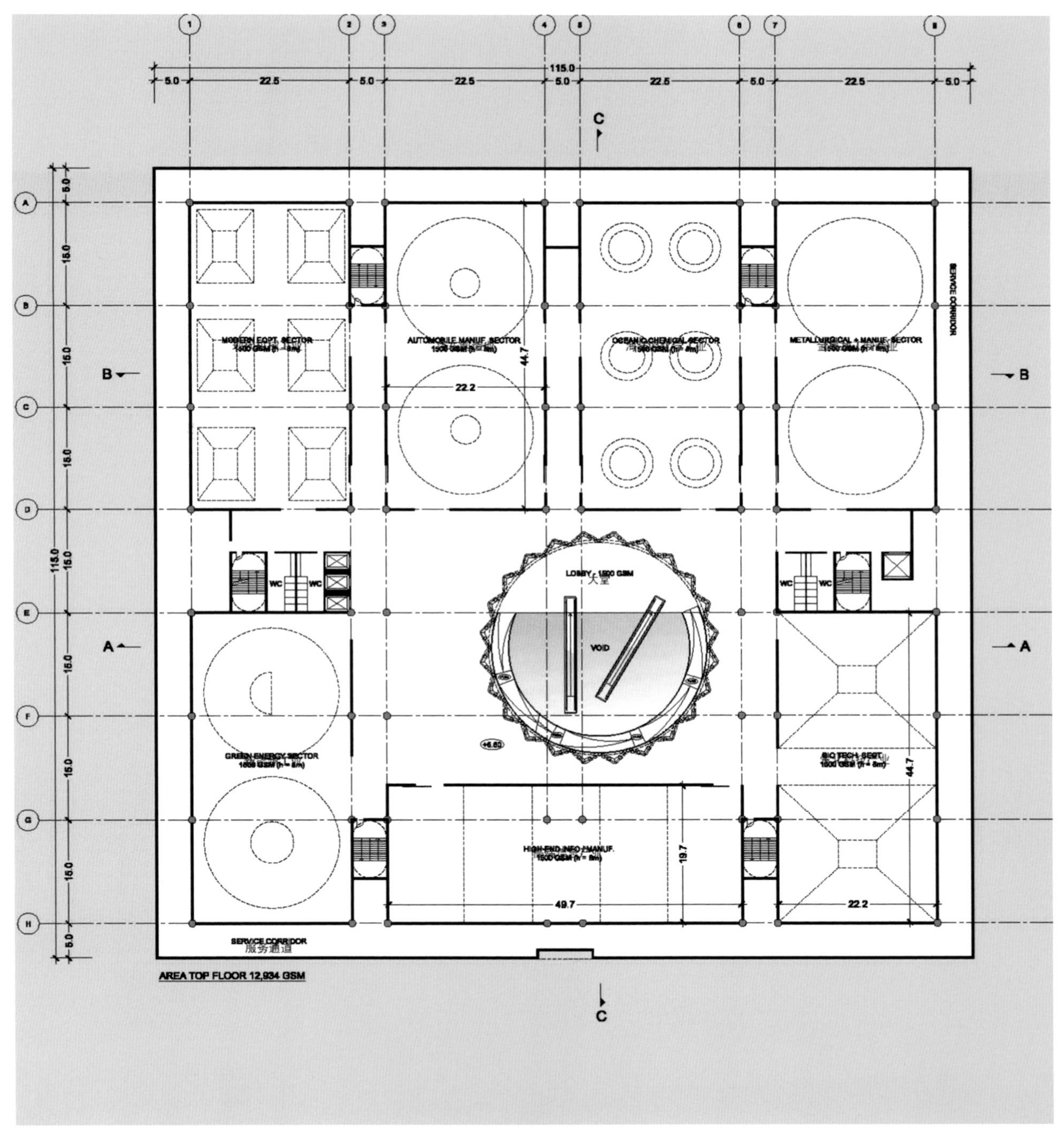
115.0
5.0
22.5
C
B
A
AUTOMOBILE MANUF. SECTOR
METALLURGICAL + MANUF. SECTOR
SERVICE CORRIDOR
22.2
44.7
WC
LOBBY - 1500 GSM
大堂
VOID
GREEN ENERGY SECTOR
HIGH-END INFO / MANUF.
19.7
49.7
SERVICE CORRIDOR
服务通道
AREA TOP FLOOR 12,934 GSM

二层平面图

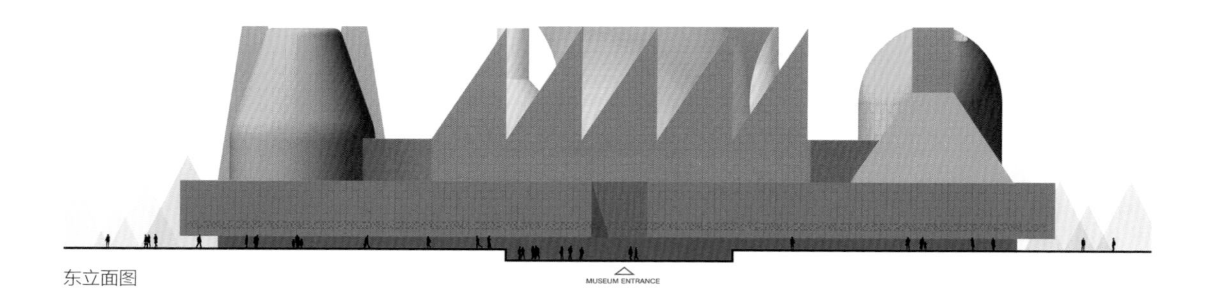

东立面图

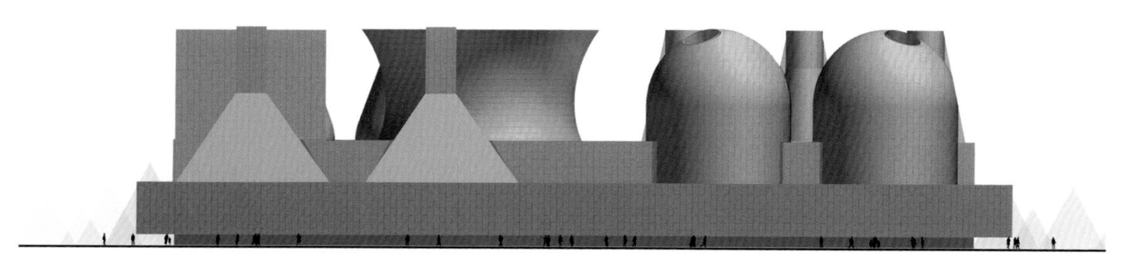
北立面图

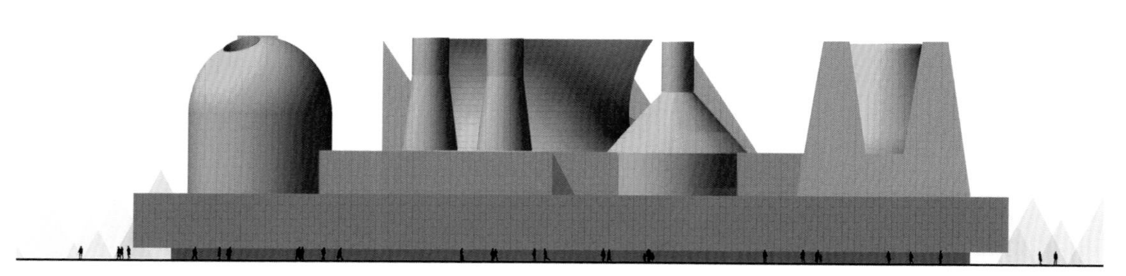
西立面图

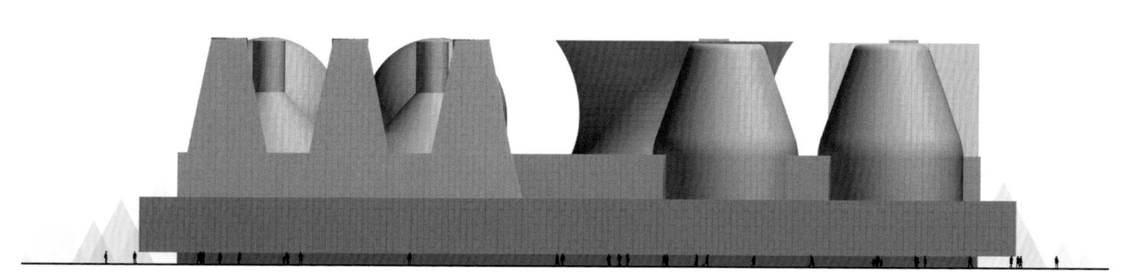
南立面图

外立面全部使用相同的材质，可供选择的材质有棕色、暗橘色以及近似于淡红色的铜或耐候特种钢。耐候特种钢是幕墙材料的首选，但外面需涂上铜保护膜。其他可供选择的材质包括电镀（着色）铝或者彩钢。

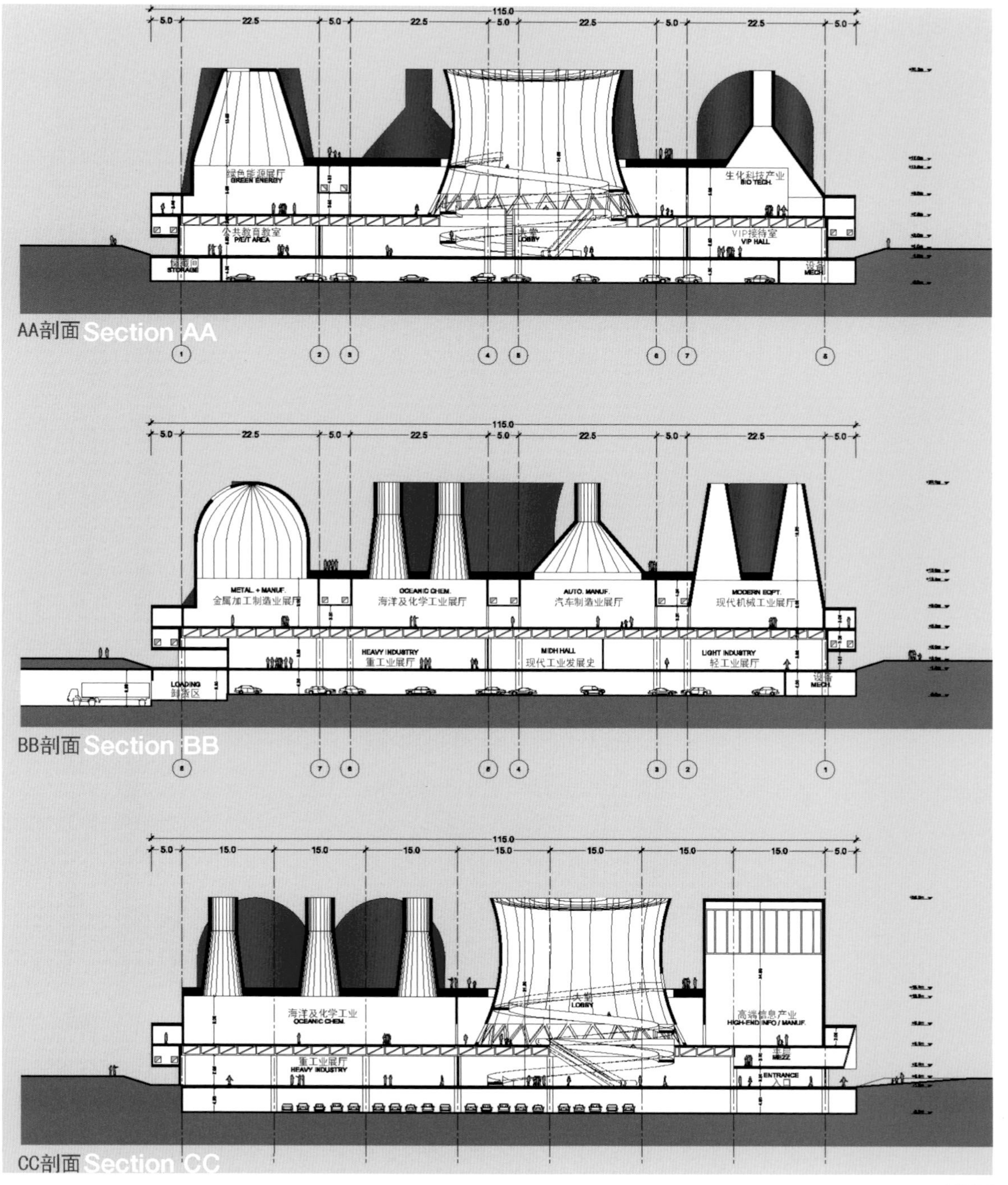
AA剖面 Section AA
绿色能源展厅
GREEN ENERGY
生化科技产业
BIO TECH.
公共教育教室
大堂
LOBBY
VIP接待室
VIP HALL
STORAGE
设备
MECH.
BB剖面 Section BB
METAL + MANUF.
金属加工制造业展厅
OCEANIC CHEM.
海洋及化学工业展厅
AUTO. MANUF.
汽车制造业展厅
MODERN EQPT.
现代机械工业展厅
HEAVY INDUSTRY
重工业展厅
MIDH HALL
现代工业发展史
LIGHT INDUSTRY
轻工业展厅
LOADING
卸货区
设备
MECH.
CC剖面 Section CC
海洋及化学工业
OCEANIC CHEM.
大堂
LOBBY
高端信息产业
HIGH-END INFO / MANUF.
重工业展厅
HEAVY INDUSTRY
MEZZ
ENTRANCE
入口

剖面图

航空航天博物馆 Aviation and Aerospace Museum

荷兰 MVRDV 事务所
北京市建筑设计研究院有限公司

1. 文化中心总体规划 Master Plan of Cultural Center

设计理念 Design Concept

口袋花园，山形建筑

规划任务：通过保留历史建筑的痕迹，将旧建筑转化为口袋花园，布置成一个极具历史内涵的花园博览会。新建筑以自由的方式布置在基地内，使其之间具有最大视野的景观。每一个建筑在公园里形成一个小山或坡形的建筑体量，通过从地面开始的室外公共步道，通往建筑顶部的最佳视野点。

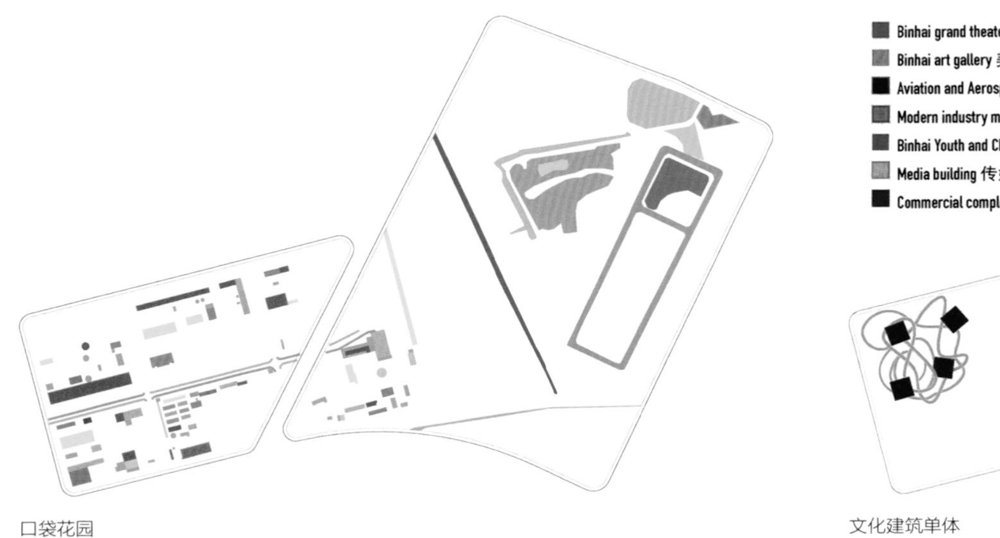

口袋花园

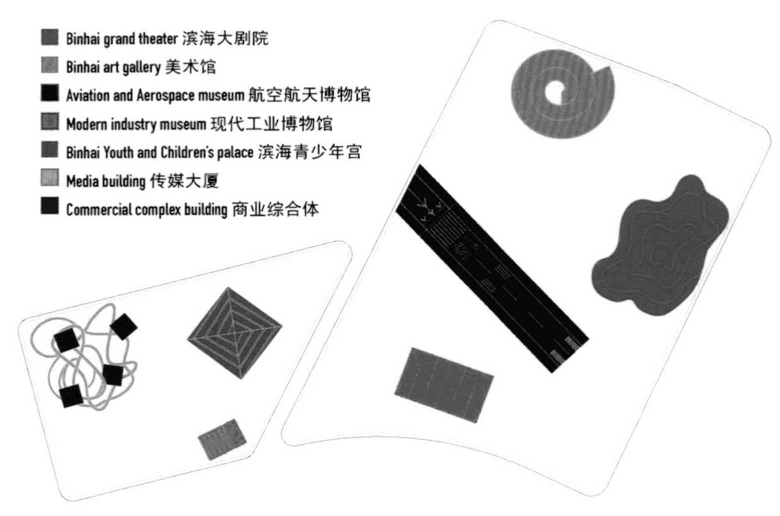

文化建筑单体

总体鸟瞰图

设计构思 Design Concept

主要轴线

从地铁站延伸出两条主要轴线。轴线交叉穿越整个文化中心基地和历史建筑，沿轴线两侧配置灯光。

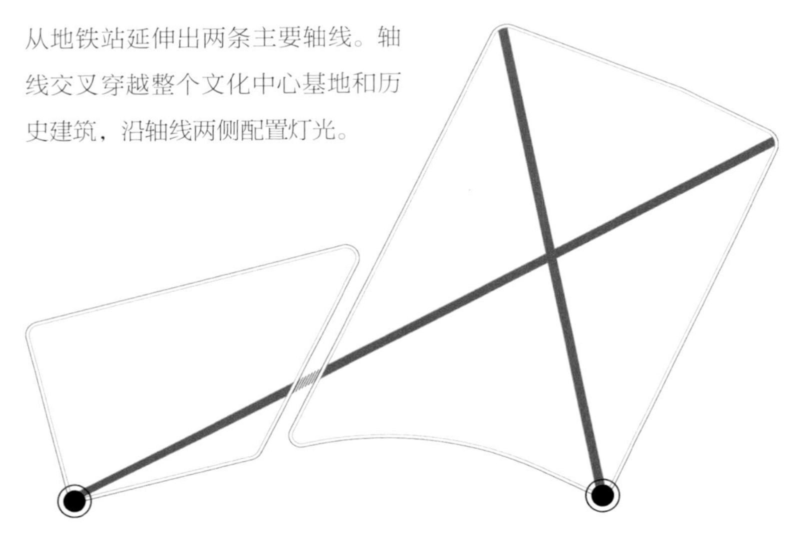

主要轴线分析图

辅助轴线

次级步道连接建筑和周边区域。

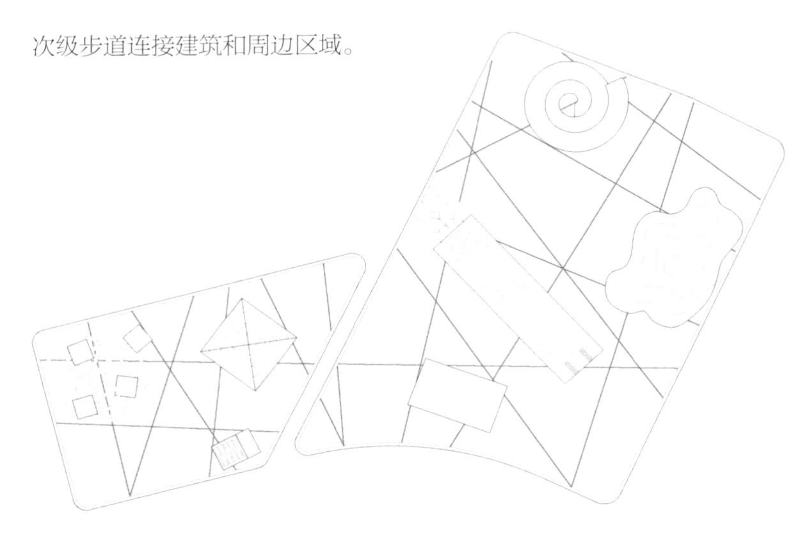

辅助轴线分析图

广场

在步道和建筑之间形成一系列广场，所有广场组合成一个大型城市舞池，举办不同的文化活动；建筑的室外坡道及屋顶则成为面向广场的观众席。

广场平面图

植物

在广场上布置各种不同的植物，在树阵下打灯光，使广场成为一个舞池。

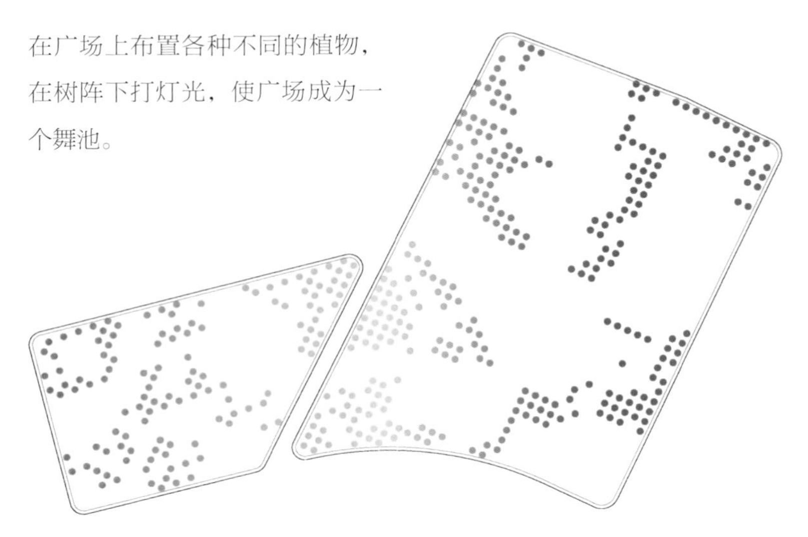

植物布置图

总平面图

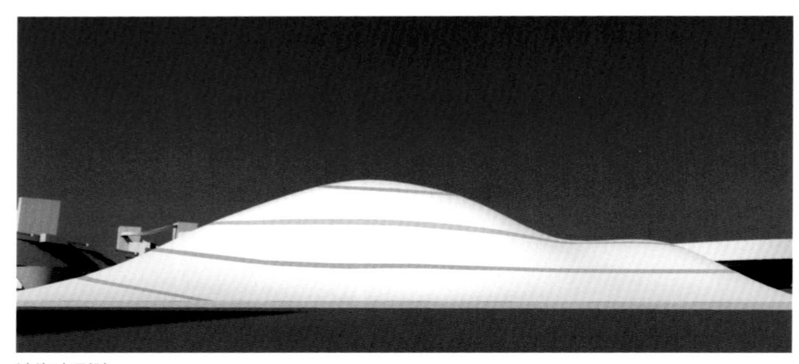
滨海大剧院

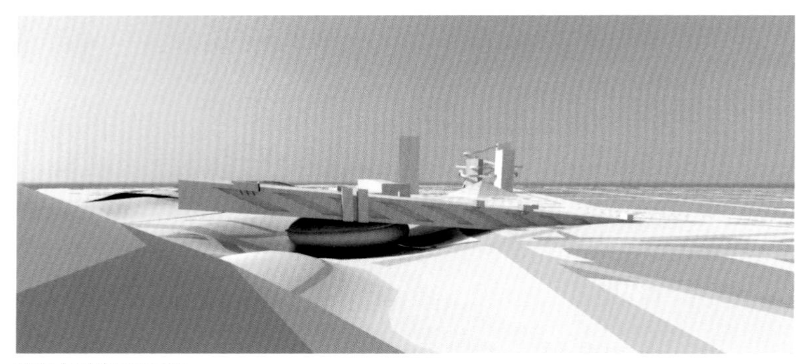
滨海大剧院屋顶景观

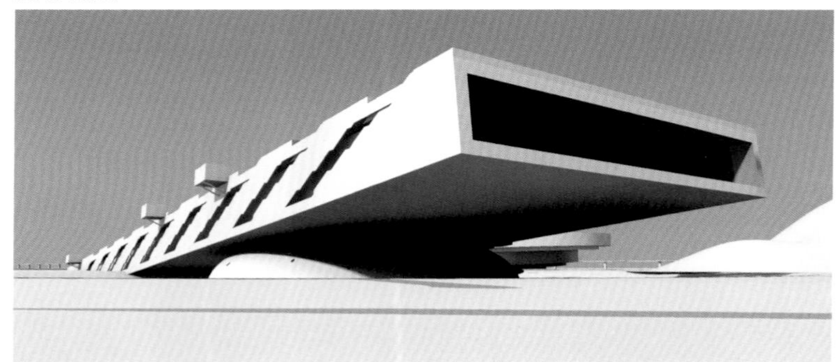
航空航天博物馆

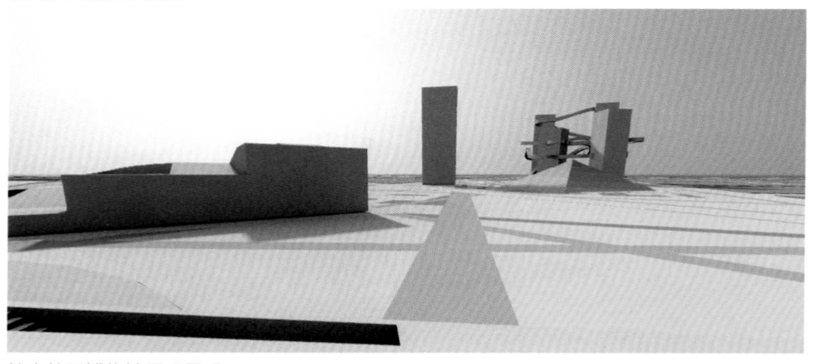
航空航天博物馆屋顶景观

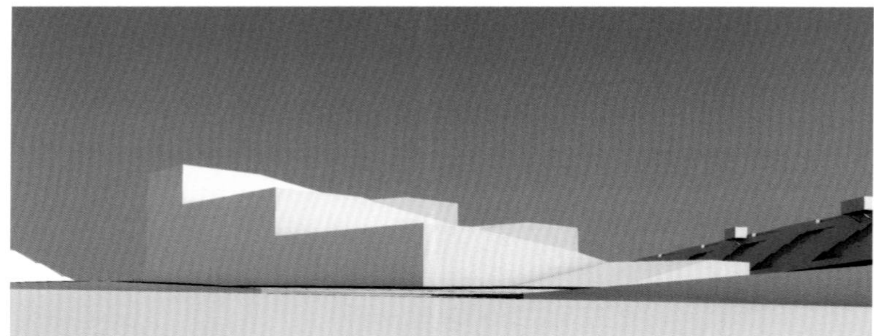
现代工业博物馆

现代工业博物馆屋顶景观

滨海美术馆

滨海美术馆屋顶景观

滨海青少年宫

滨海青少年宫屋顶景观

传媒大厦

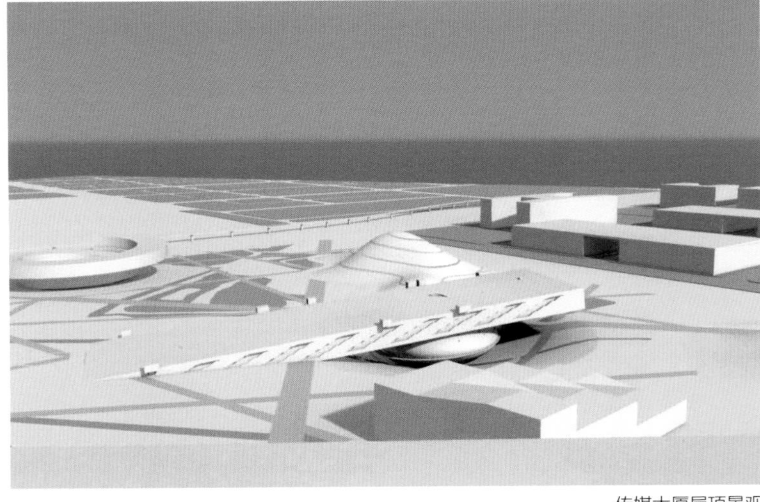
传媒大厦屋顶景观

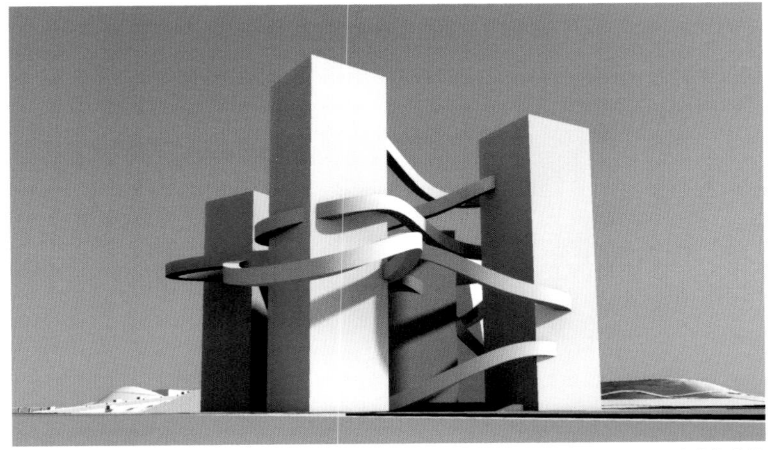
商业综合体

商业综合体屋顶景观

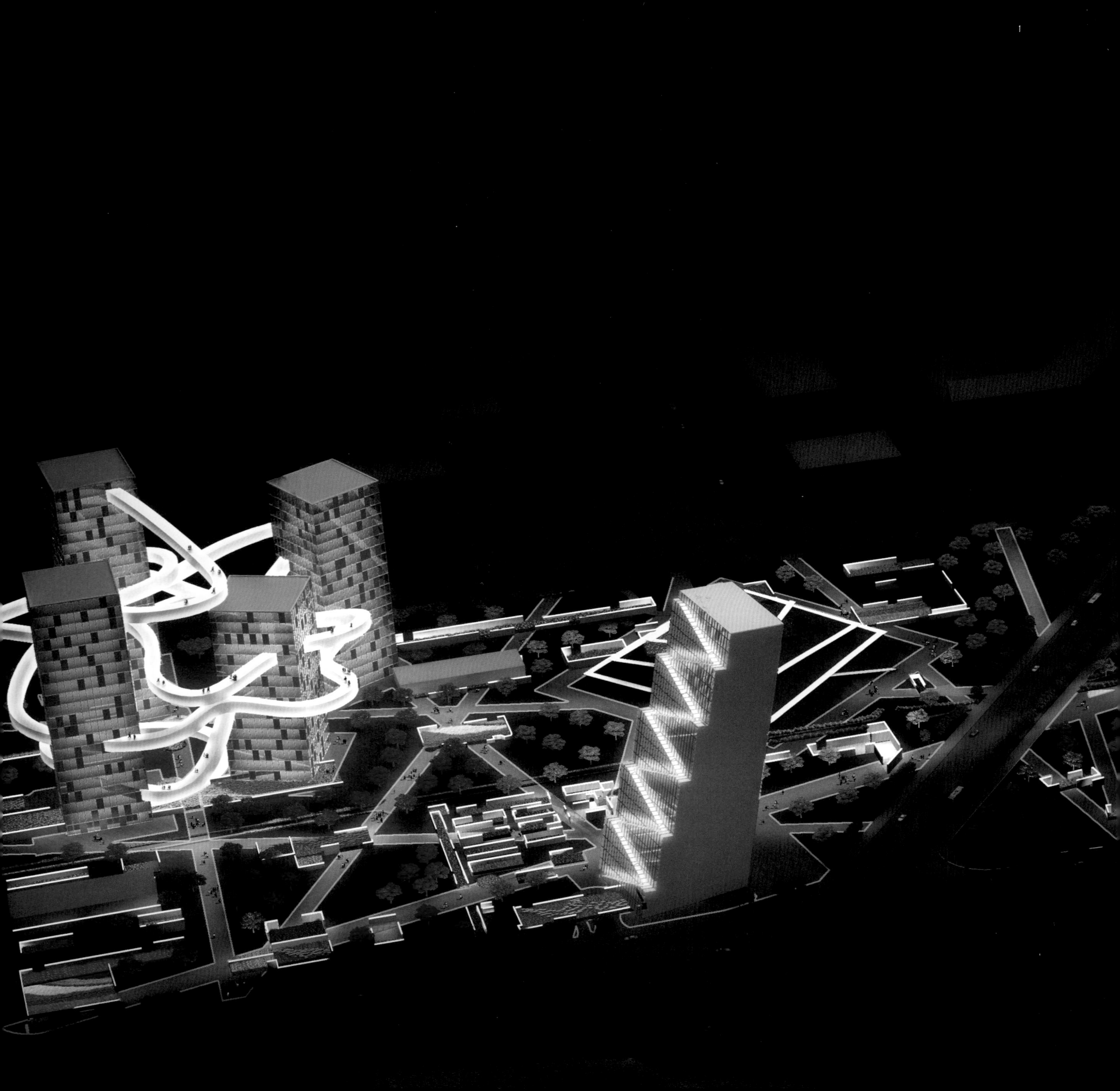

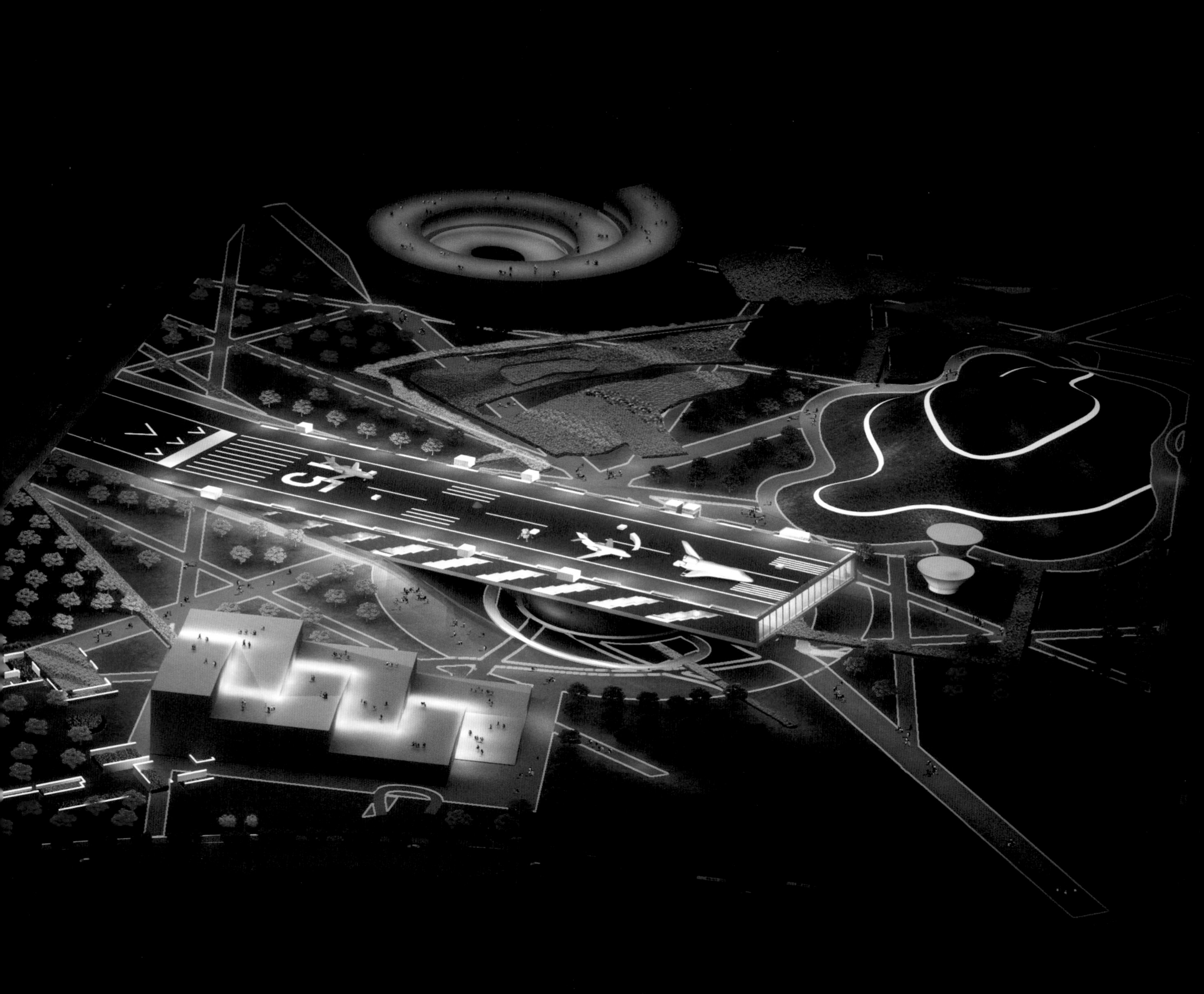

夜景鸟瞰图

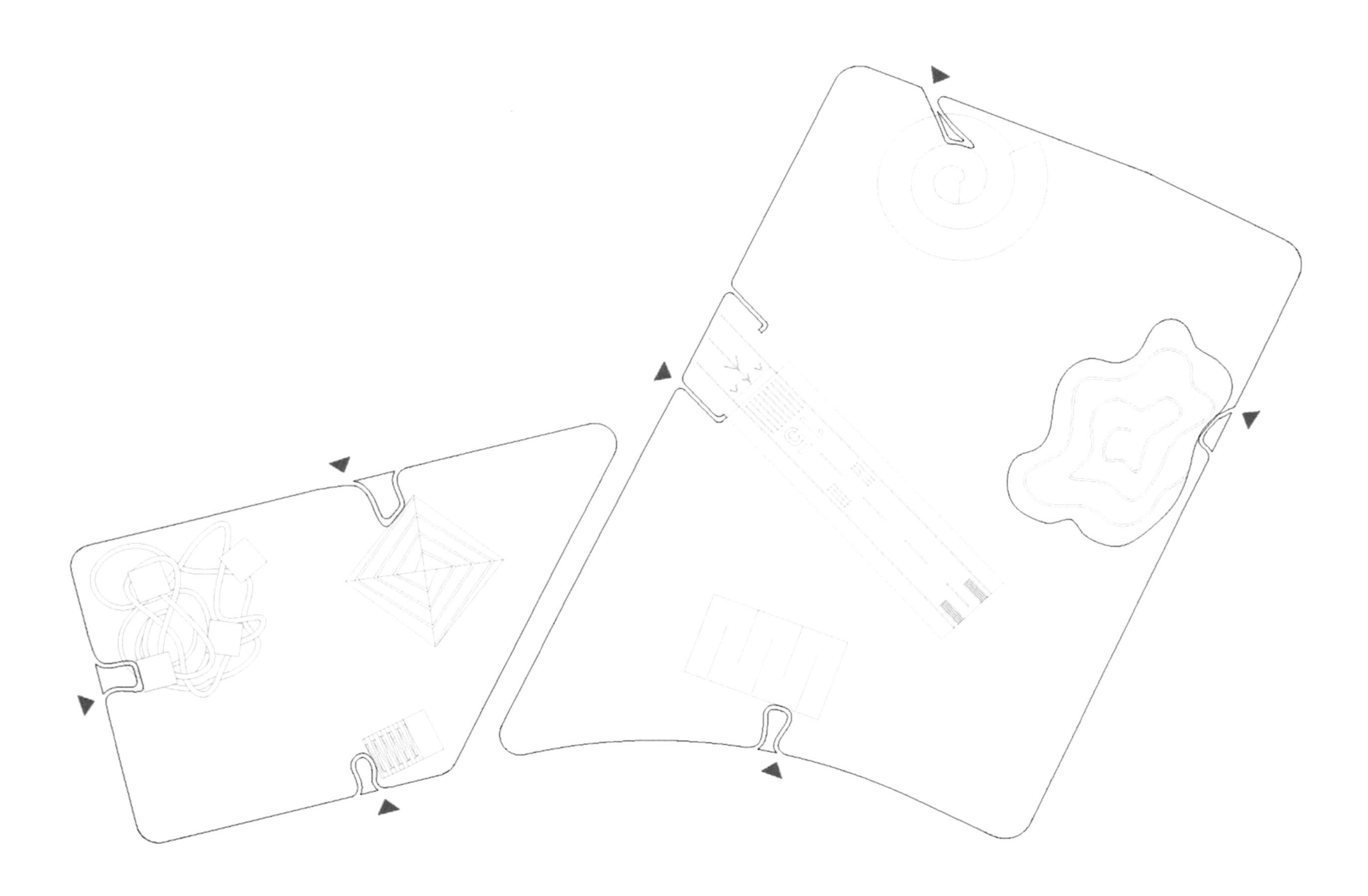

建筑车行入口

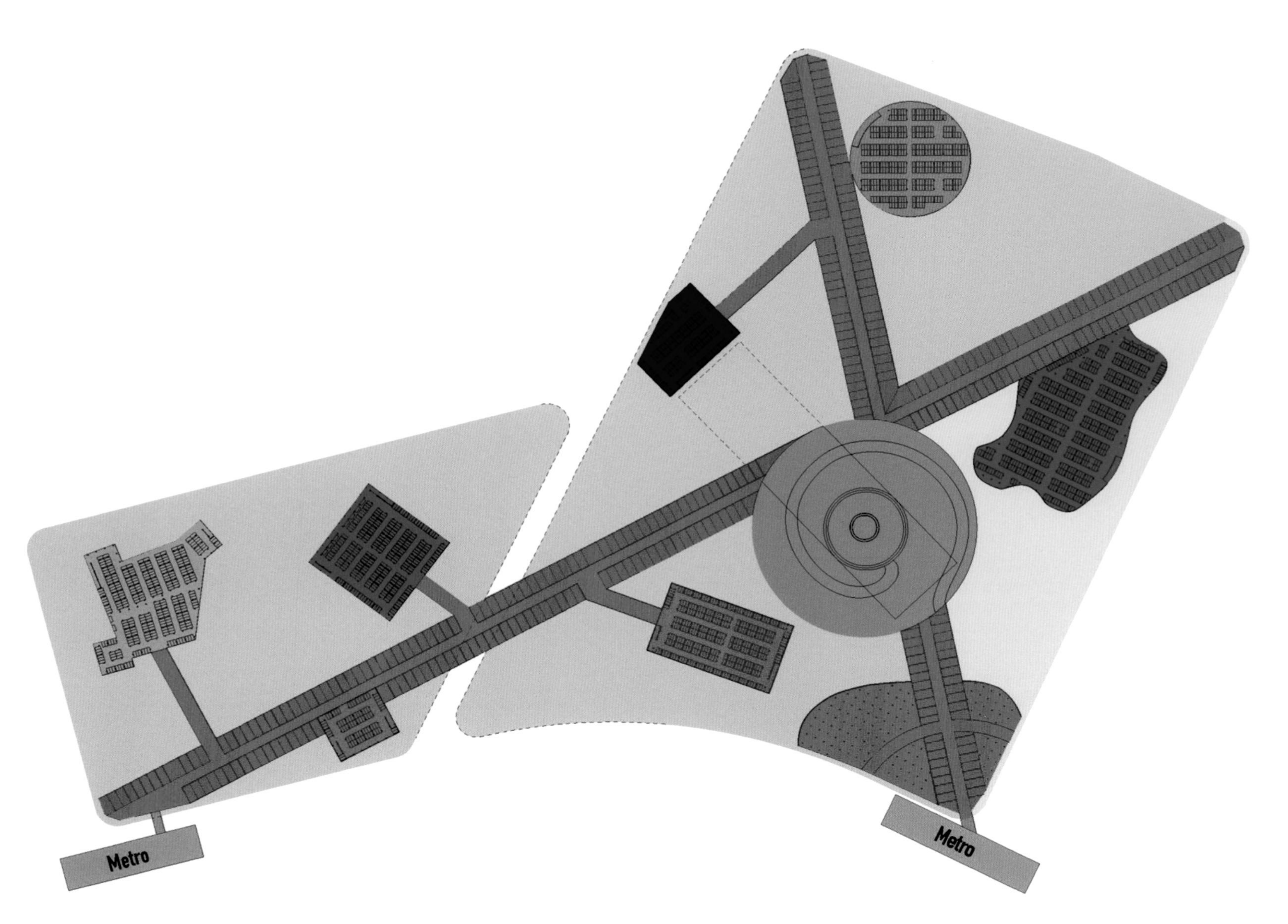

地下一层平面图

2. 航空航天博物馆建筑设计 Architectural Design of Aviation and Aerospace Museum

设计理念 Design Concept

起飞

规划任务：打造一个记录历史热忱且面向未来的博物馆；营造一个让人在探索历史之后得到启发的空间，一个代表中国航空探索、技术荣誉和宇航员创业精神的空间。博物馆的功能设置主要为航空和航天，包括办公室、航天展示区、图书馆和天象厅。

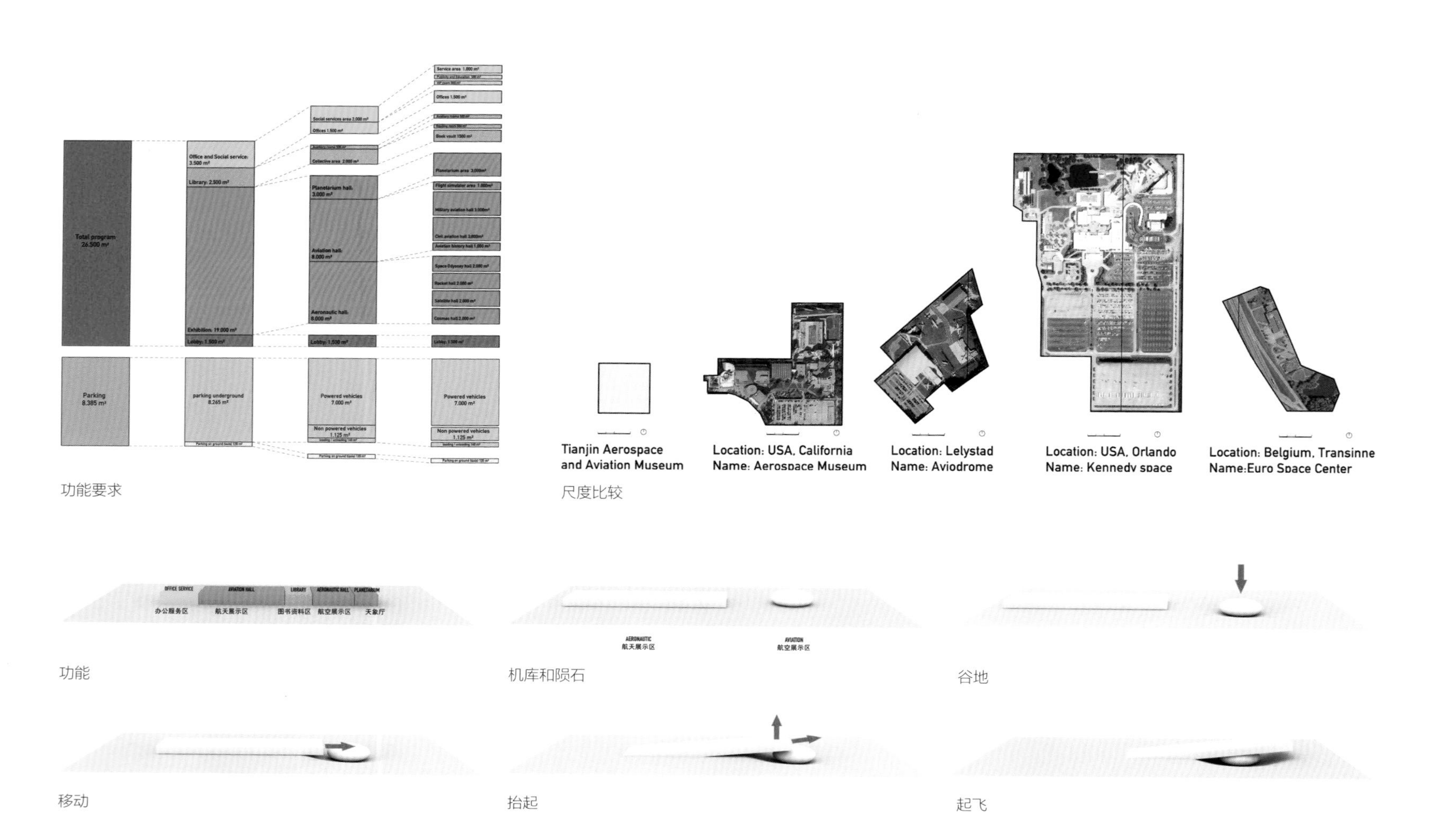

功能要求

尺度比较

功能

机库和陨石

谷地

移动

抬起

起飞

正向透视图

设计分析　Design Analysis

公共路径一

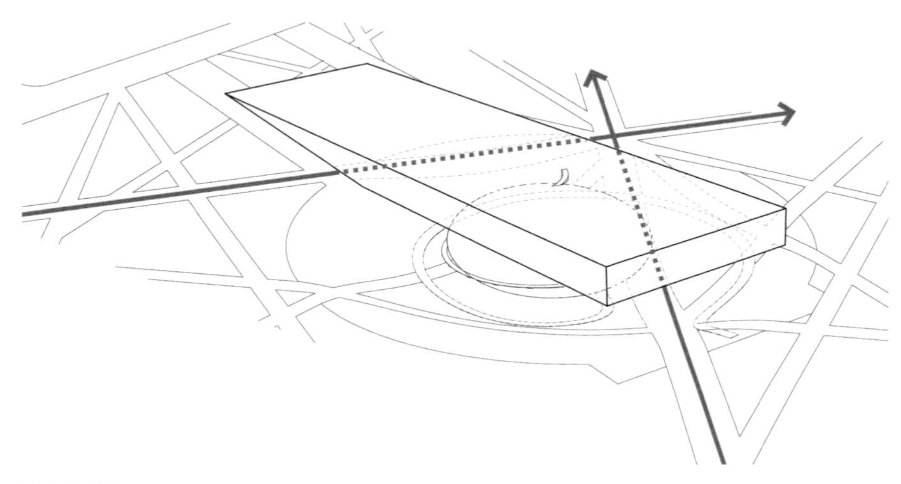

路径示意图

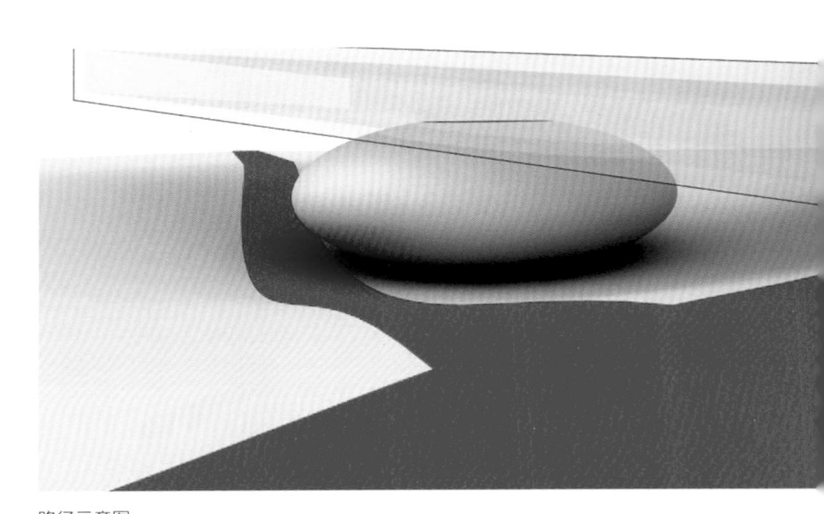

路径示意图

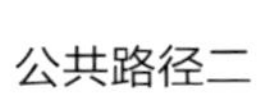

公共路径二

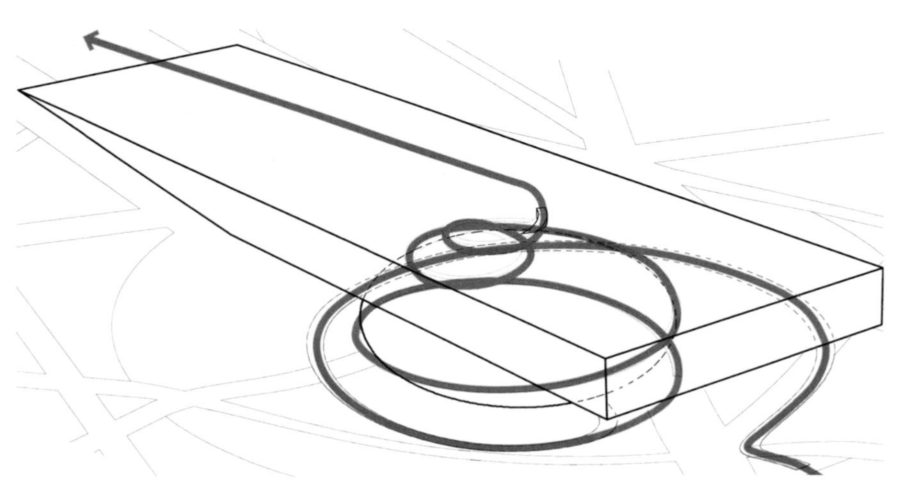

路径示意图

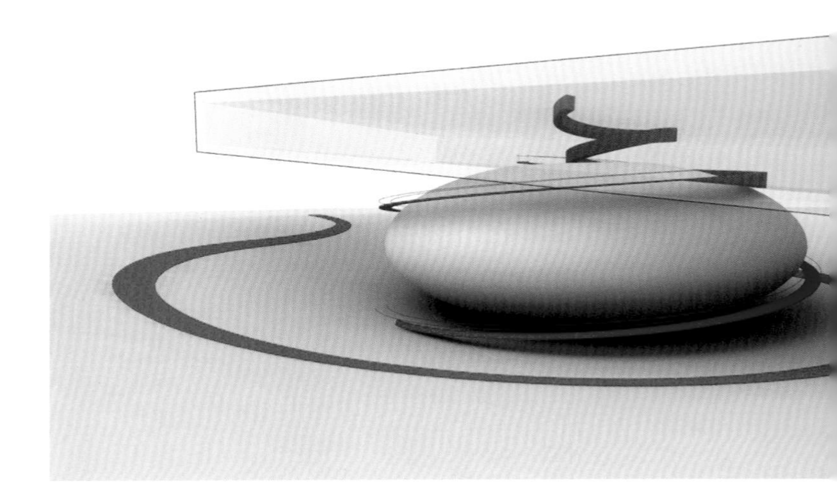

路径示意图

卫星电梯和内部通道

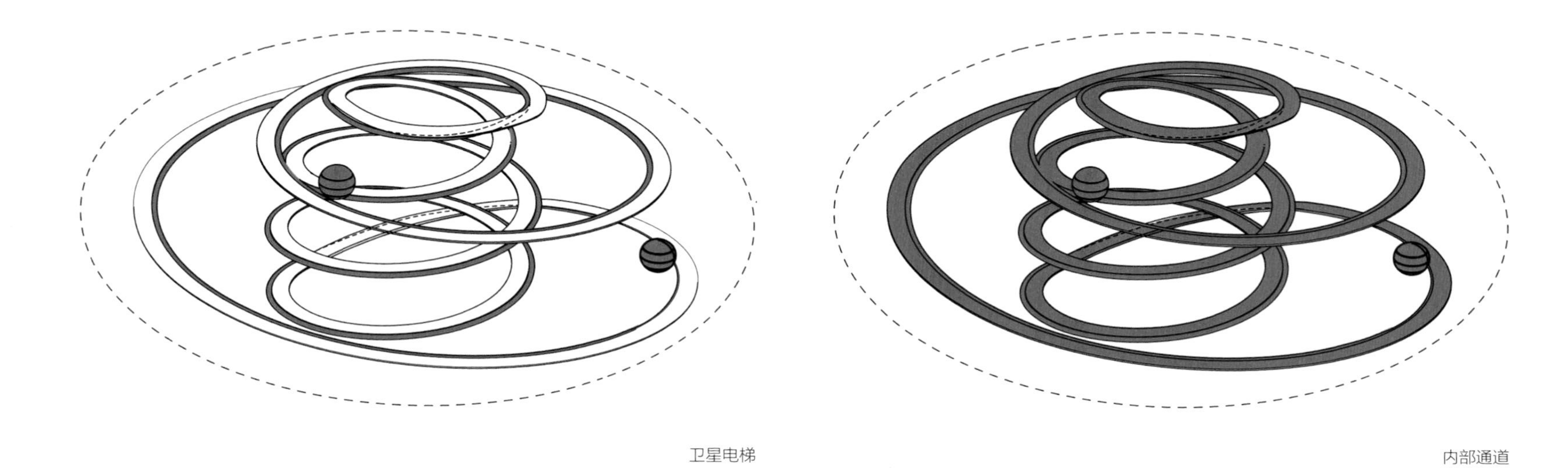

卫星电梯

内部通道

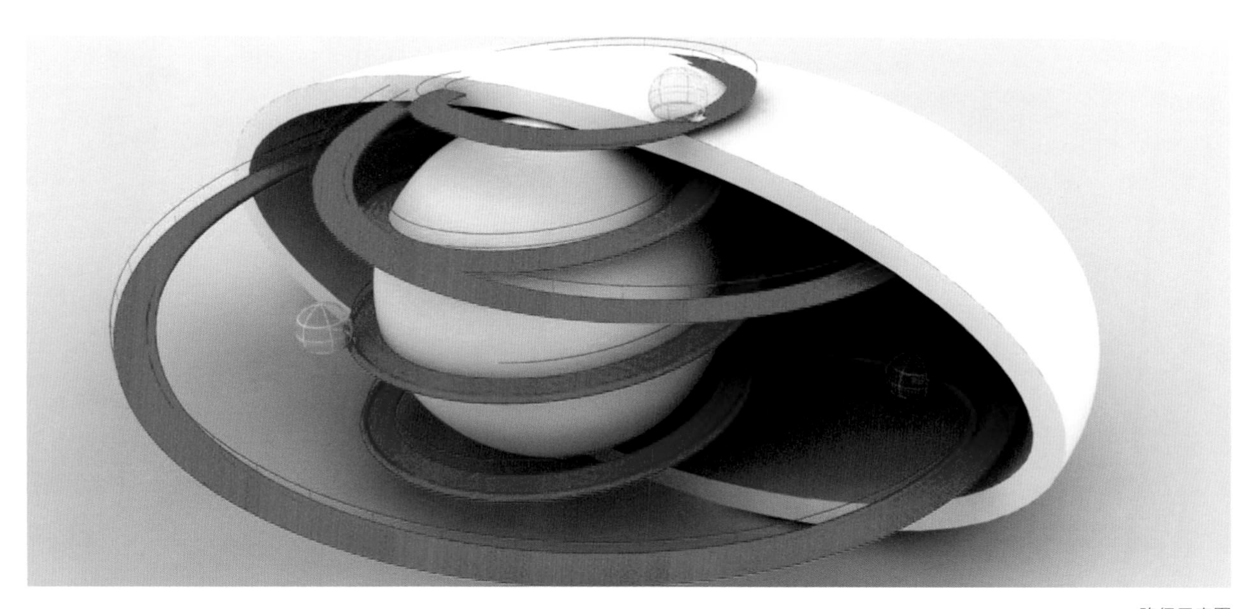

路径示意图

航空展示区效果图

航天展示区效果图

屋顶展示区效果图

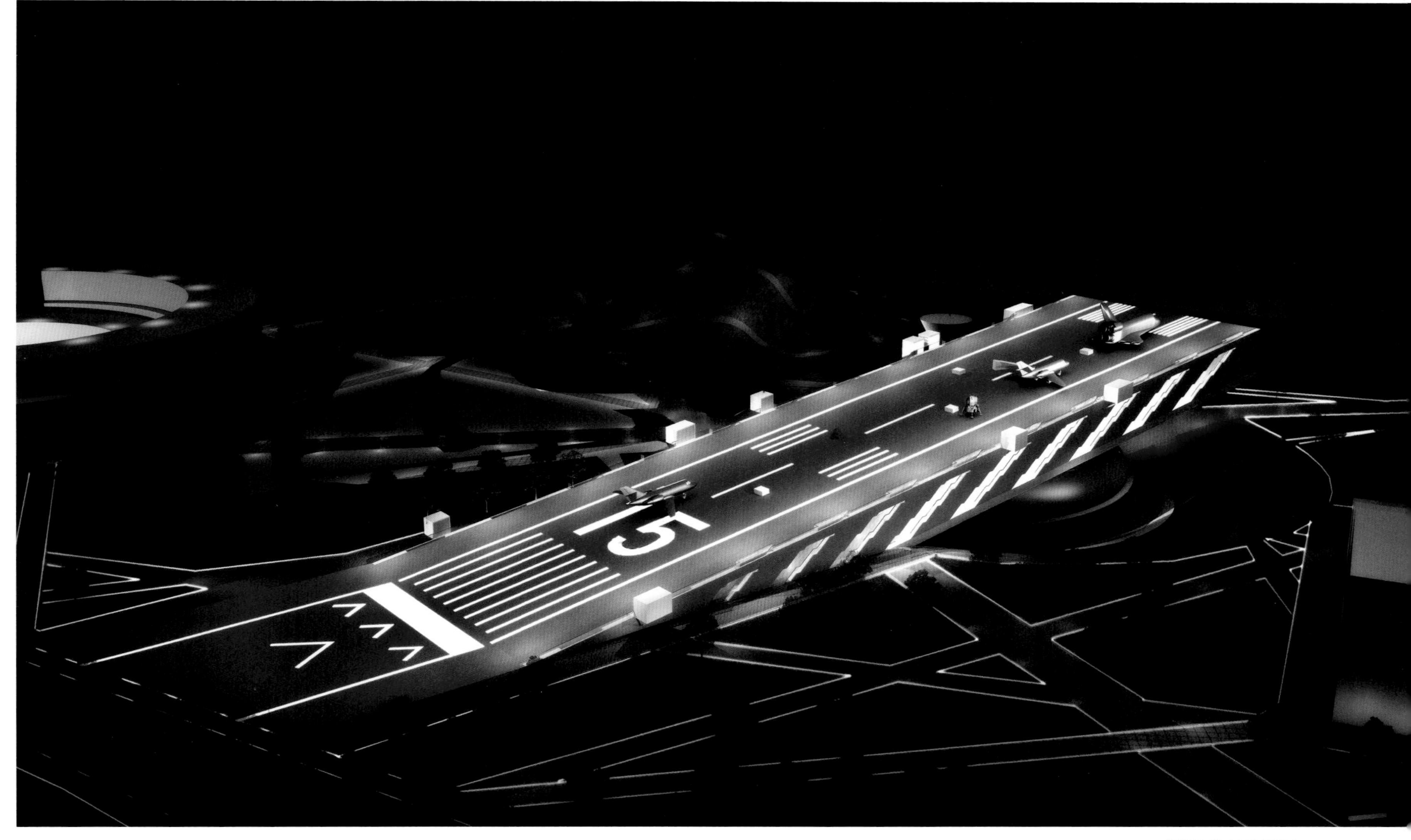

屋顶跑道夜景效果图

夜景效果图

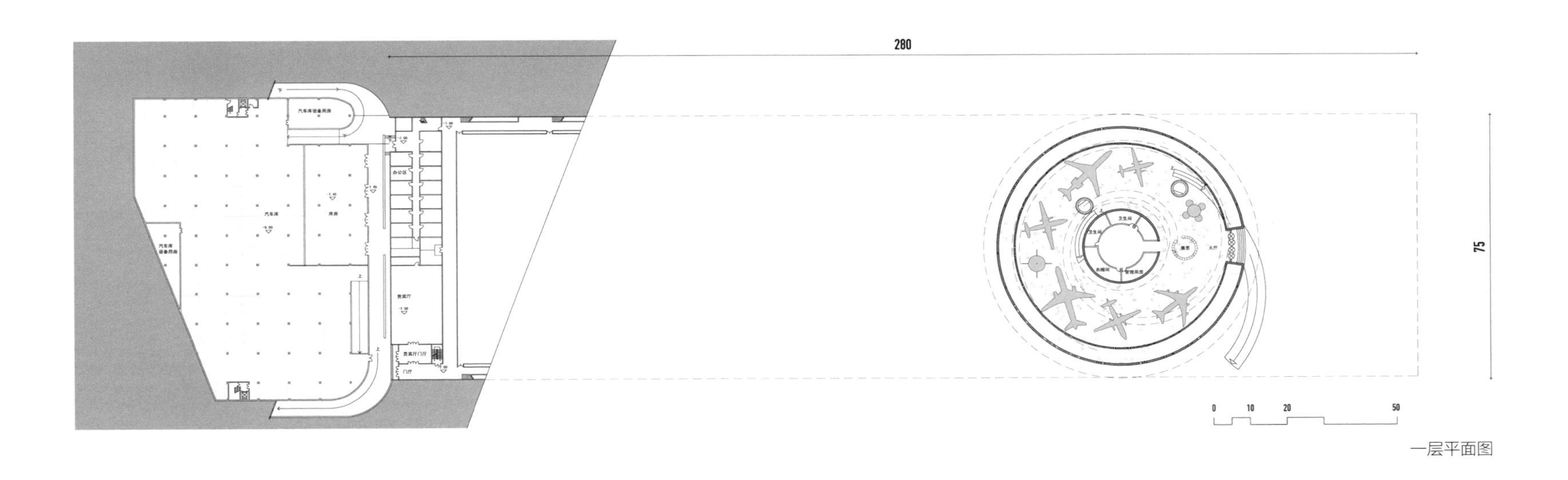

一层平面图

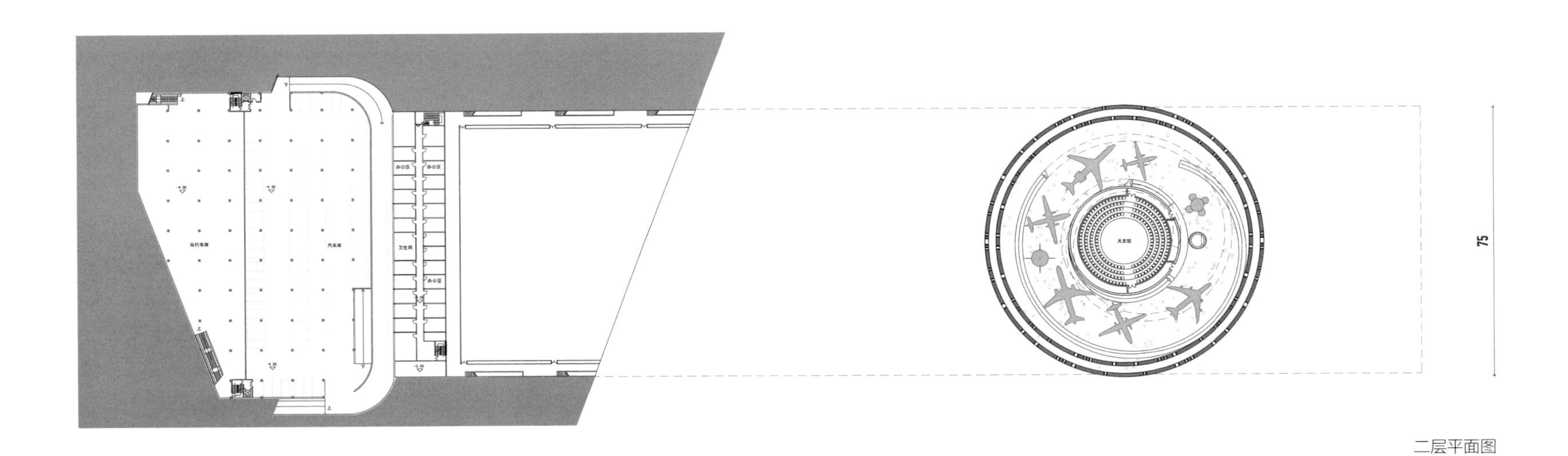

二层平面图

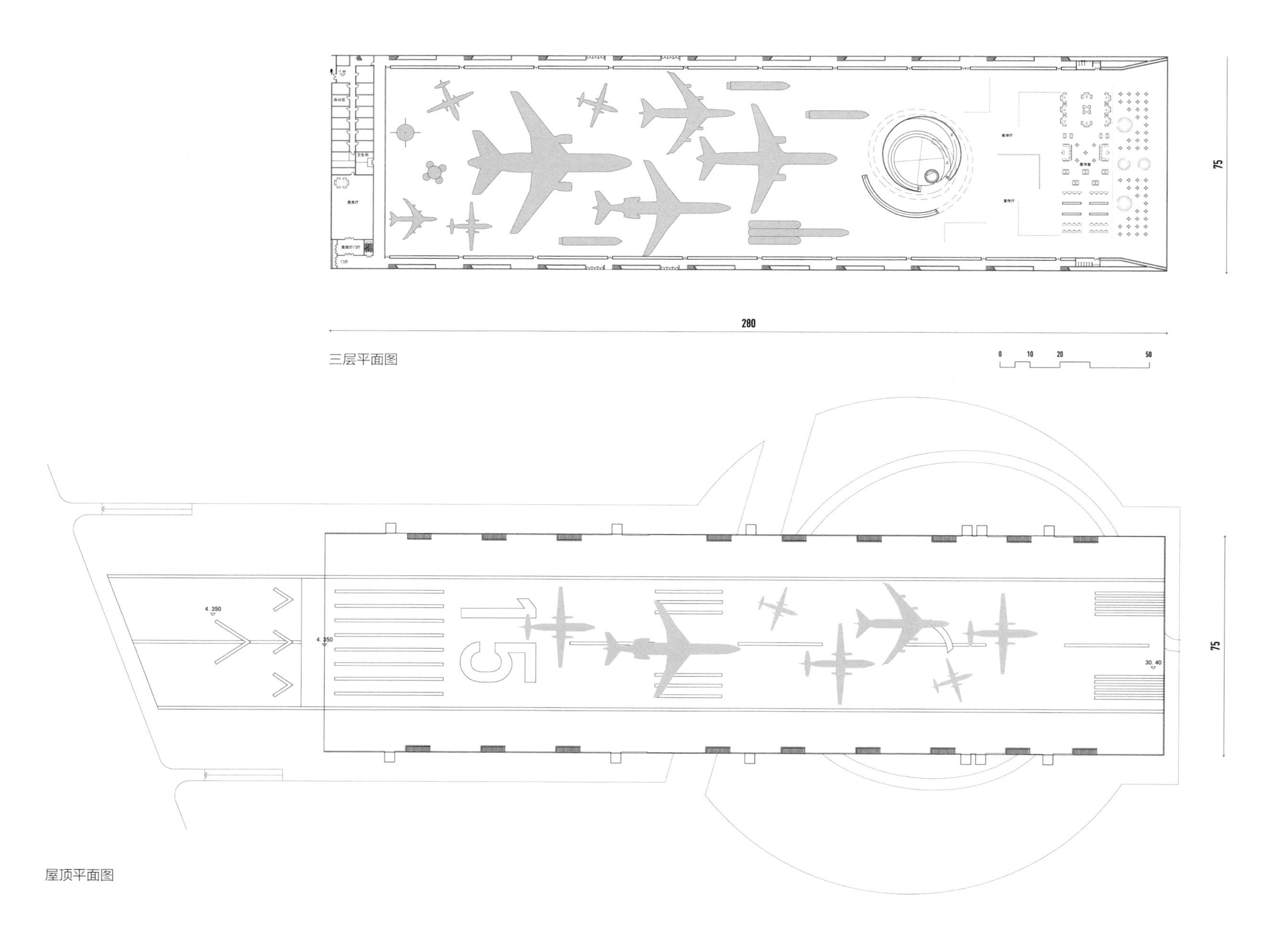

三层平面图

屋顶平面图

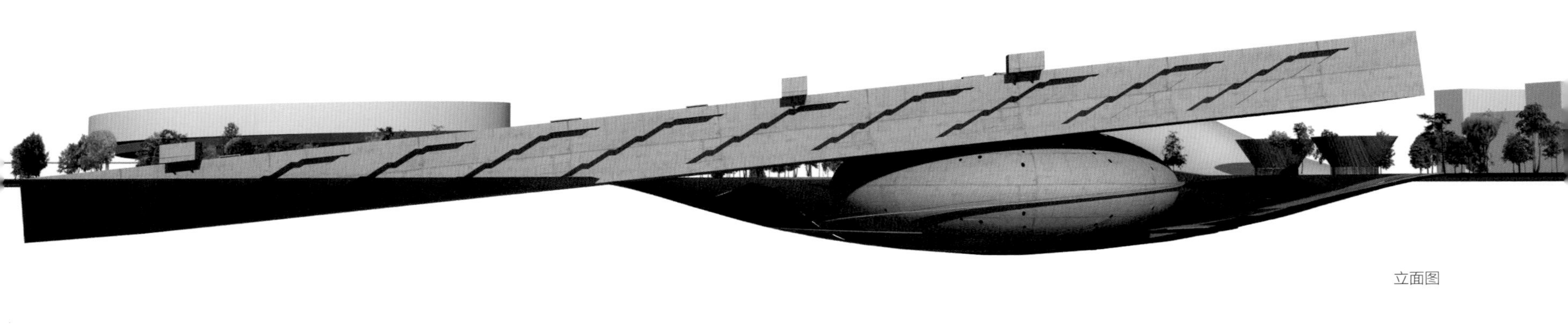
立面图

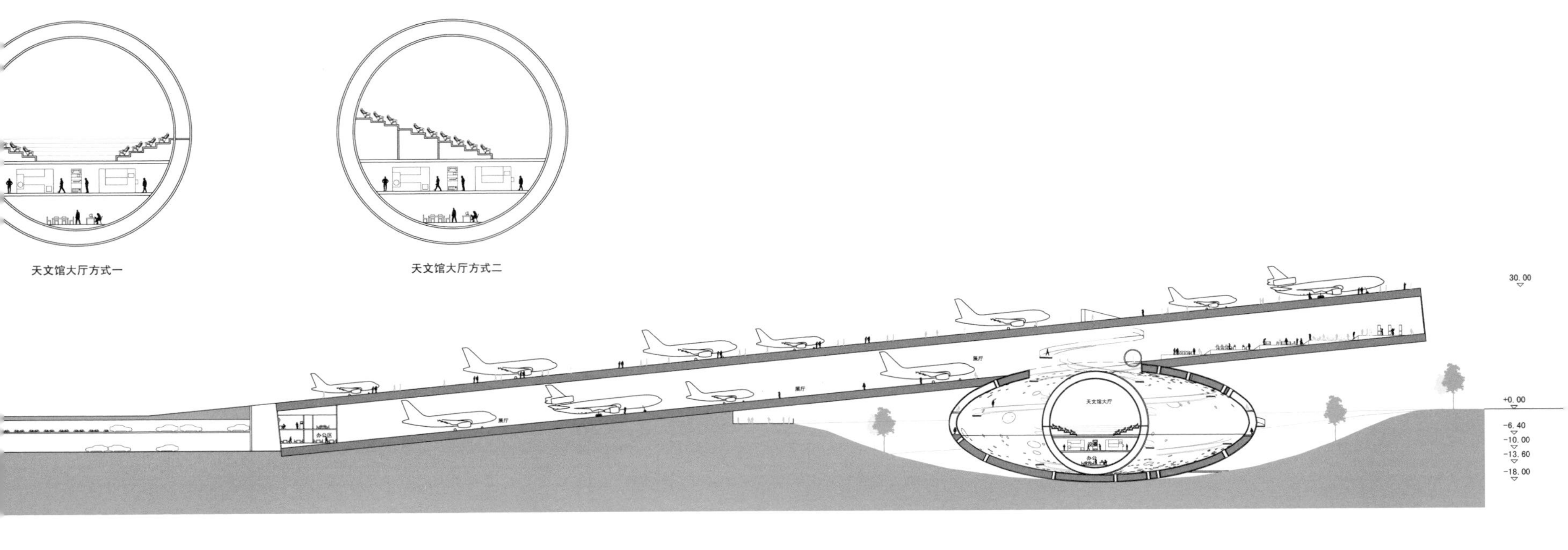
天文馆大厅方式一
天文馆大厅方式二
30.00
展厅
天文馆大厅
办公
+0.00
-6.40
-10.00
-13.60
-18.00
280
剖面图

滨海美术馆
Binhai Art Gallery

华南理工大学建筑设计研究院

1. 文化中心总体规划 Master Plan of Cultural Center

设计理念 Design Concept

众脉汇心，滨海搏动

生态绿脉、水脉、历史脉、人脉、城市文化脉、商业脉等丰富的都市脉络，汇聚到场地内，形成复合的都市文化核心和丰富多元的城市生活场所。

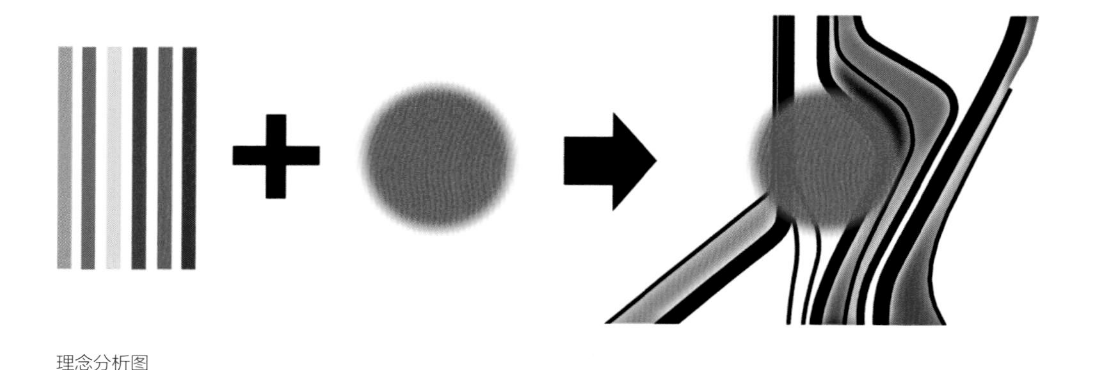

理念分析图

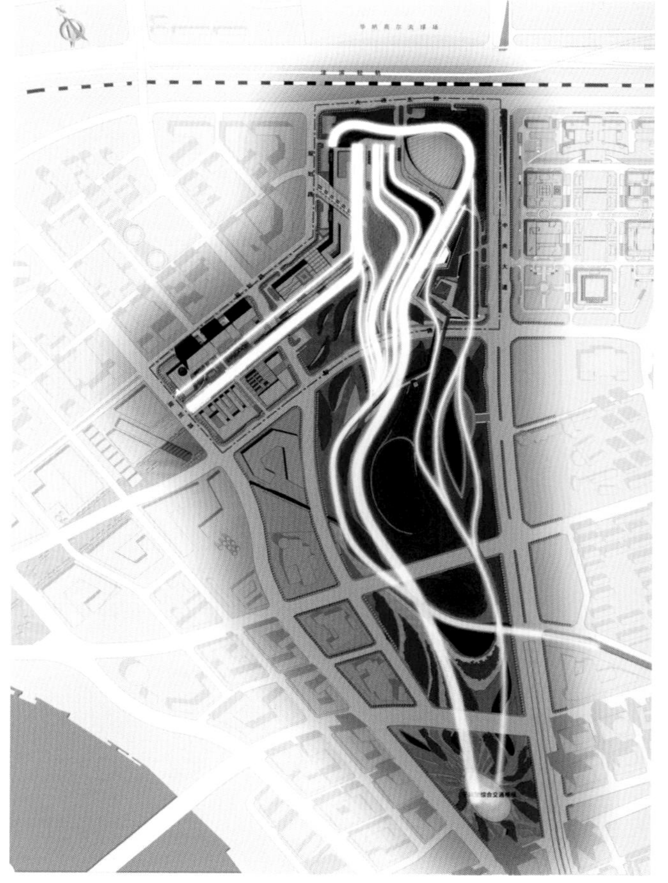

理念分析图

总体鸟瞰图

设计构思　Design Concept

城市与自然

都市生活与绿色自然融为一体。

把文化中心的设计融入城市核心大公园概念：以连续和起伏的绿色自然空间以及穿行其中的步行路径系统，整合北起文化中心、南经紫云公园、直通于家堡的综合交通枢纽，从而为周边城市街区提供一个高感知度、高可达性的都市中心绿带。

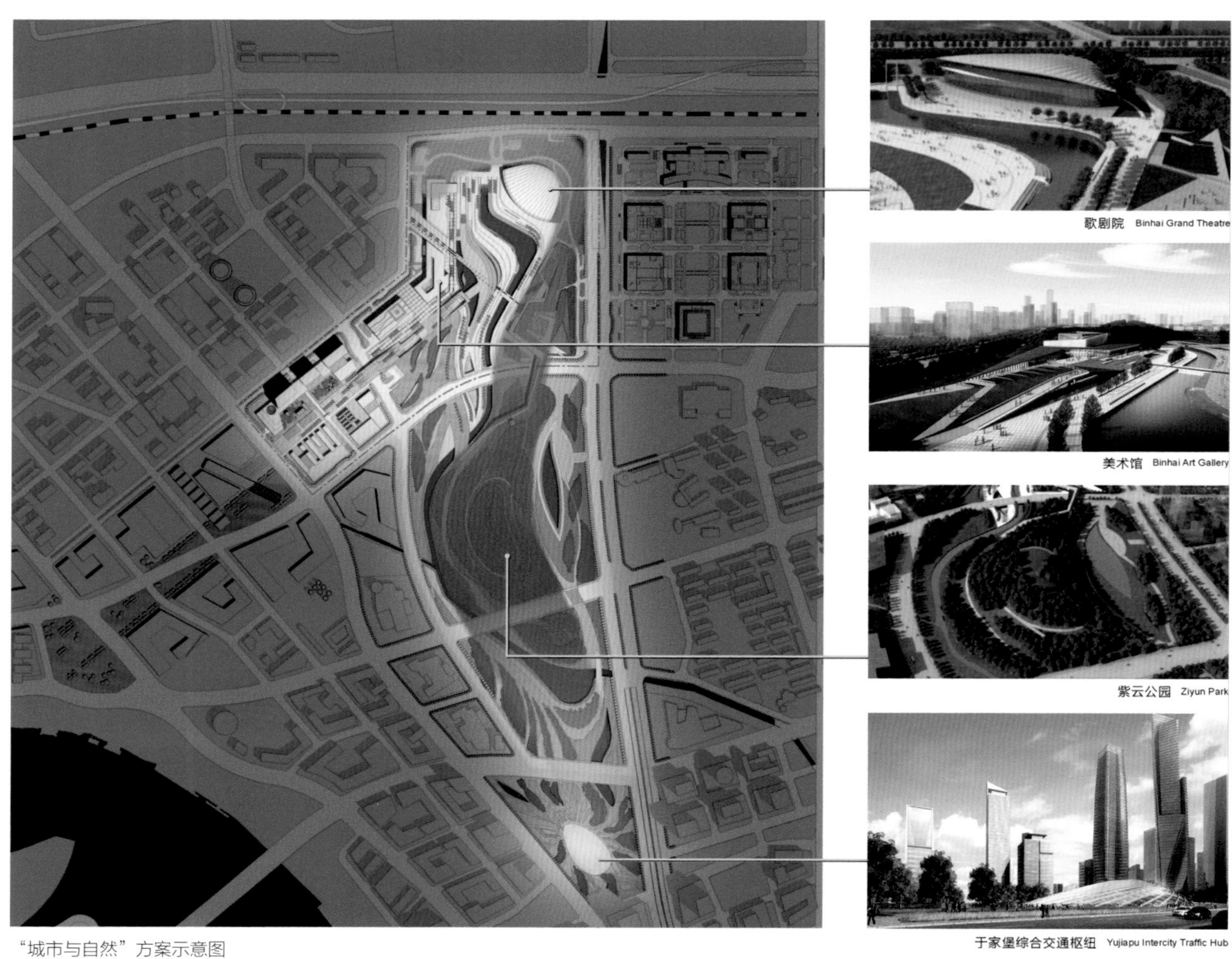

“城市与自然”方案示意图

歌剧院　Binhai Grand Theatre

美术馆　Binhai Art Gallery

紫云公园　Ziyun Park

于家堡综合交通枢纽　Yujiapu Intercity Traffic Hub

历史与未来

工业历史与未来发展延续联结。

基于天碱厂对滨海地区的重要意义，从场地上梳理出工业历史的痕迹，以此为基础形成工业景观记忆轴，把文化核心区与商务区脉络连接在一起，让历史记忆在未来的城市发展中再生。工业景观记忆轴从天碱厂区的传统工业区开始，连接现代工业博物馆，指向航空航天博物馆，共同构成文化核心区的理性形态空间，与东侧由歌剧院和滨海美术馆构成的浪漫形态空间形成风格鲜明、生动有趣的对话。

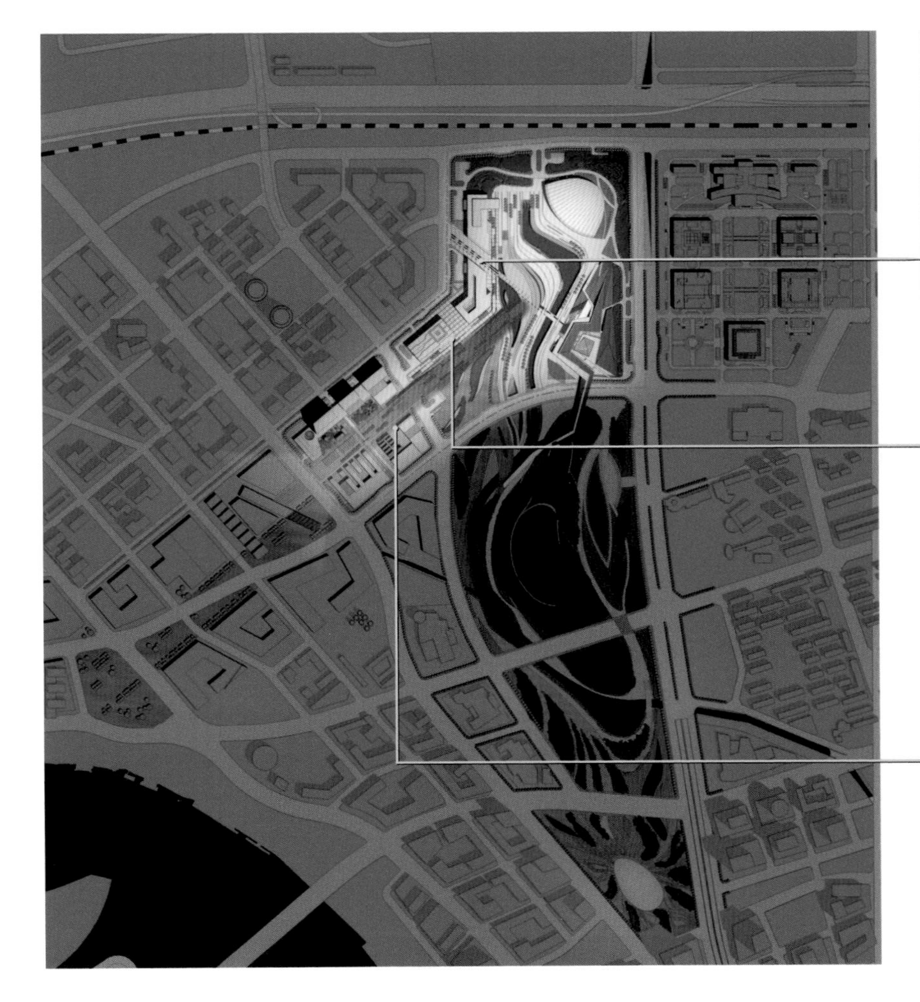

新兴工业 Landscape of Industrial Memory

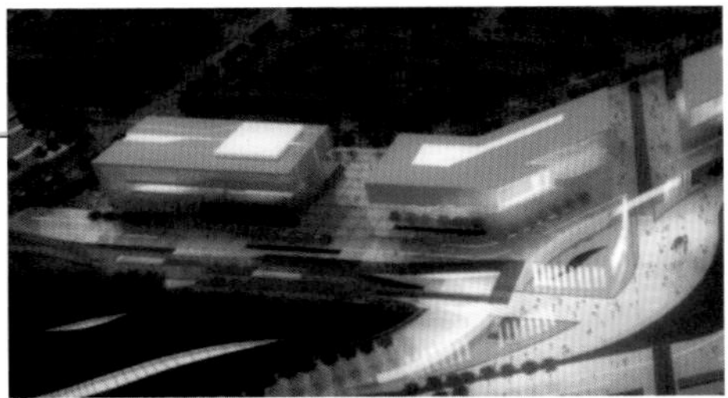

现代工业 Modern Industry Museum

传统工业 Aviation & Aerospace Museum

"历史与未来"方案示意图

文化与商业

多元文化与商业活动交汇融和。

商业空间直接与几大文化建筑相接：适当的商业接入，使各种只在限定时段发生的文化观演活动与持续发生的购物、休闲和餐饮活动在相邻空间内并置，能有效地维持场地的人气和活力。地下空间在文化中心区的心脏位置开放，与地面广场空间以柔和起伏的绿色草坡自然连接，合为一体，从而使地下一层的商业街、书城和地铁换乘空间获得阳光，获得更多交流的可能性。

“文化与商业”方案示意图

主湖面滨水景观 Main Lake Waterfront

中心广场草坡 Grass Slope

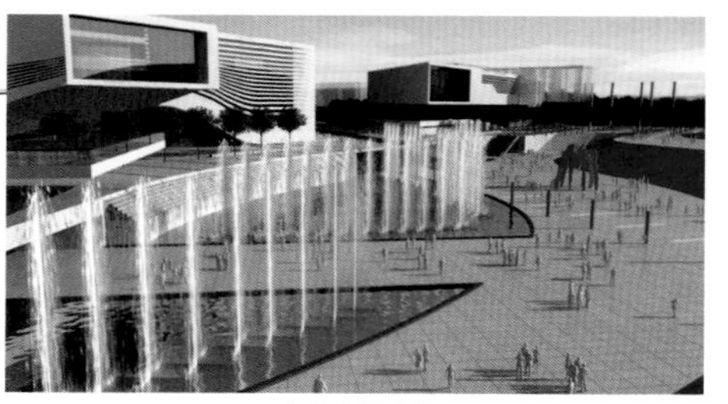

中心广场喷泉 Central Square & Fountain

华纳高尔夫球场
津滨轻轨
大连东路
规划路
少年宫
大剧院
Binhai Grand Theater
中心广场
Central Square
中央大道
解放路
紫云公园
于家堡综合交通枢纽

总平面图

夜景鸟瞰图

中心广场鸟瞰图

功能布局　Function Layout

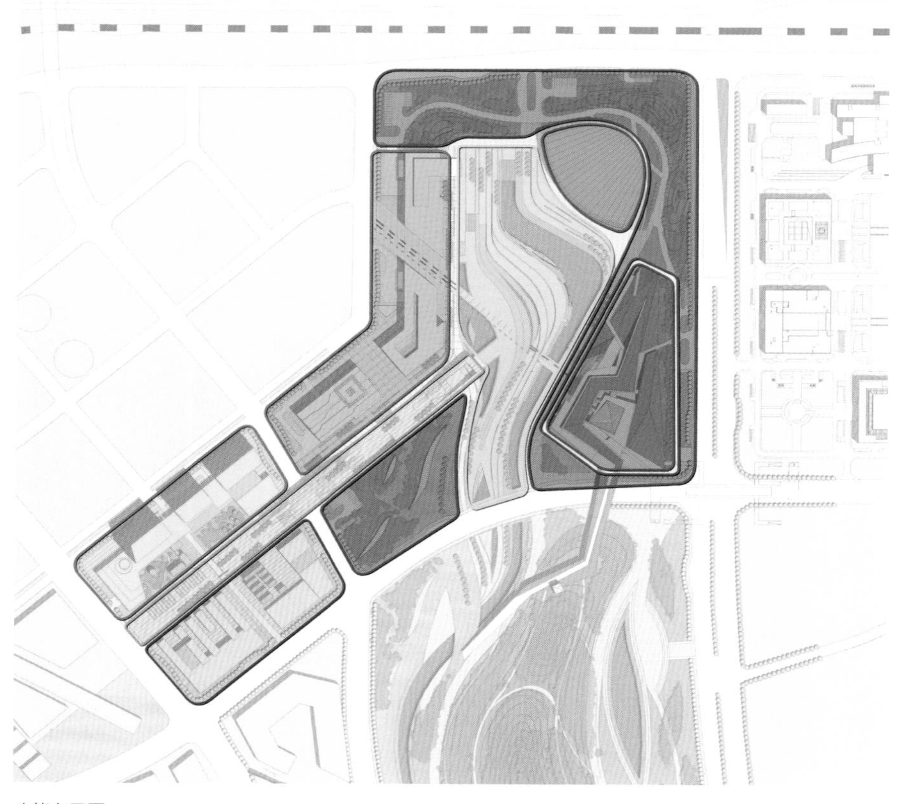

功能布局图

文化核心区和商务区分区和功能组织相对独立，主次分明。

文化核心区：理性与浪漫并置，核心开放空间结合彼此，充满人气，成为城市的客厅。

商务区：在现有天碱厂区的基地上转化而成。现存的厂区建筑和构件较多，我们保留了部分价值较高的原有工业区元素，将其转化成商务区里具有文化属性的新功能（公园的景观要素、艺术工作坊、商业街、咖啡廊……）。大型商业综合体与传媒大厦等大体量建筑围绕老建筑布置，形成新老相容、高低错落的街坊空间，体现文化价值与商务办公价值相互提升的设想。

- 工业景观步行带 Industrial Landscape Pedestrian Belt
- 商业综合体 Commercial Complex
- 商业艺术街区 Commercial Art Street
- 核心广场区 Core Plaza
- 生态绿带 Eco-green Belt
- 东区建筑群 Architectural Complex in Eastern Area
- 西区建筑群 Architectural Complex in Western Area

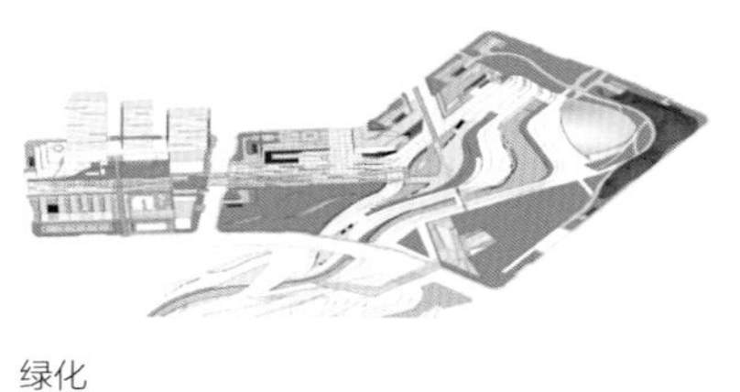

绿化

广场

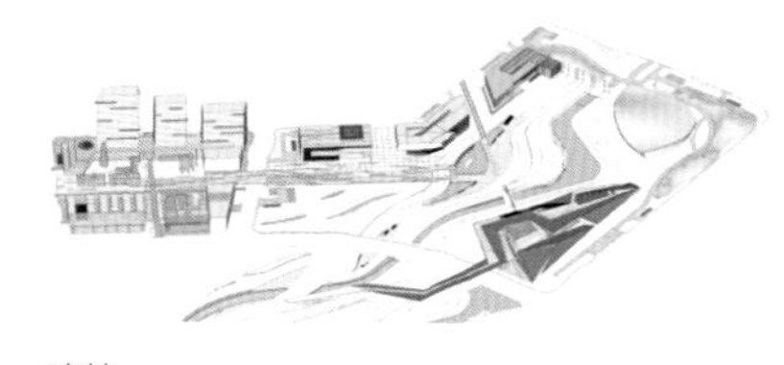

建筑

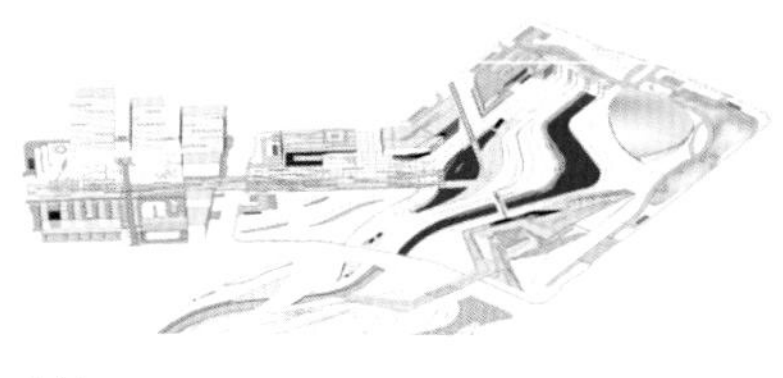

水体

交通系统　Transportation System

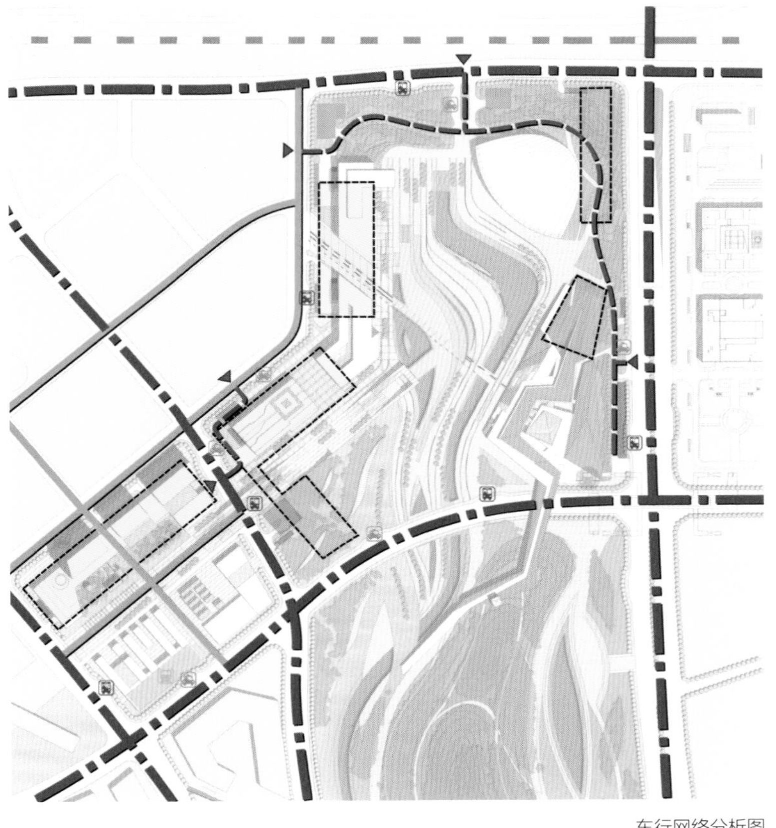

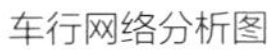

车行网络分析图

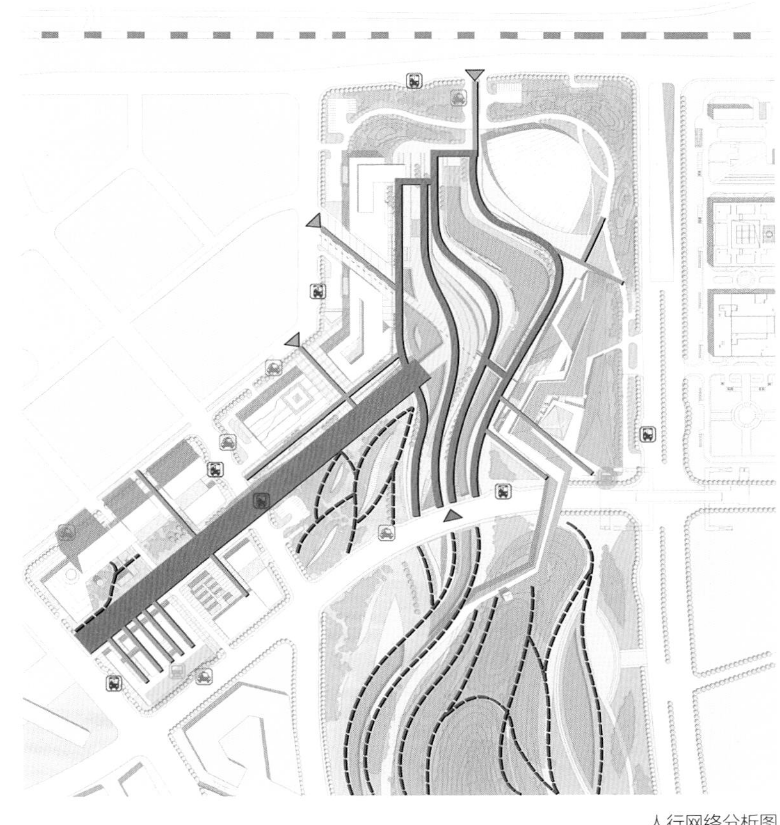

人行网络分析图

地块内辅助交通流线 Auxiliary Traffic Routes inside Regions
地下车库出入口 Entrance of Underground Parking Lot
地面停车场 Ground Parking Lot
地下停车场
的士站点 Bus Station
公交车站 Taxi Station
地铁站点 Subway Station
城市主干道 City Main Road
城市次干道 City Sub-trunk Road

地铁出入口 Subway Entrance
公交车站 Bus Station
的士站点 Taxi Station
主要漫游路径 Main Roaming Route
次要进入路径 Sub-roaming Route
园林小径 Park Road

开放空间系统　Open Space System

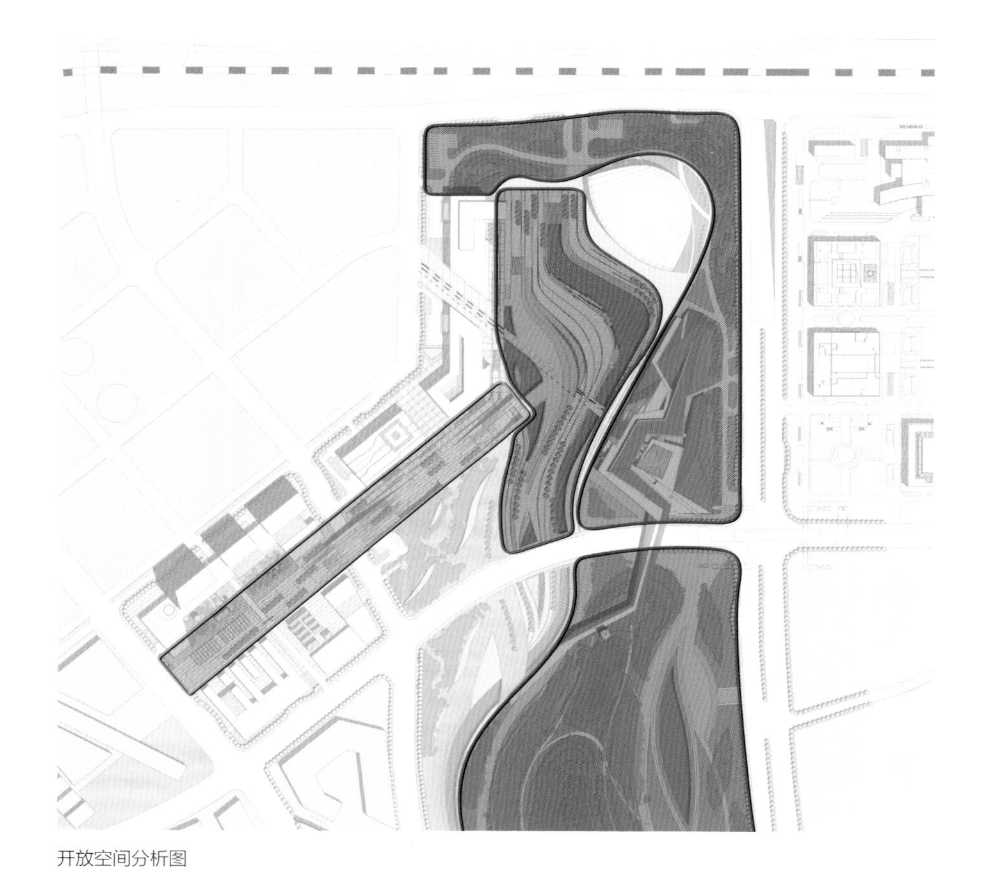

开放空间分析图

文化中心开放空间以核心开放空间、生态绿带、工业景观步行带组成体系主轴。

核心开放空间：位于基地的中心，多种室外环境带状并置。以开阔的下沉广场使地上与地下无缝交接，文化活动与商业活动结合，成为文化核心区公众参与度最高的场地。

生态绿带：以自然景观的连续性为指引，通过起伏缓和而连续的绿带，自北向南围绕歌剧院、滨海美术馆，并向南延续至紫云公园和塘沽火车站。生态绿带通过人行路网为周边社区的人群提供便捷可达的城市公园。

工业景观步行带：通过“工业轴”将天碱厂的历史记忆与现代工业、新兴工业依次布置，寓意一种尊重发展连续性的设计态度。步行带引导人流由地铁枢纽通往文化中心下沉广场，沿途布置工业遗迹、艺术作坊、地下商业等，最后以眺望文化中心的平台作为结点。

生态绿带　Eco-green Belt
核心开放空间　Core Open Space System
工业景观步行带　Industrial Landscape Pedestrian Belt

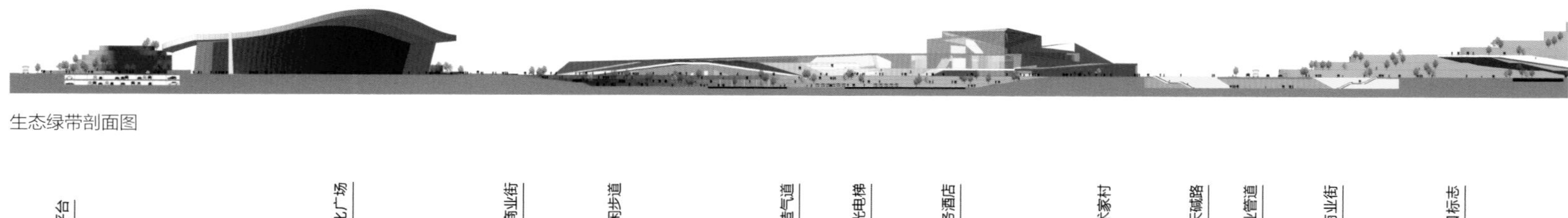

生态绿带剖面图

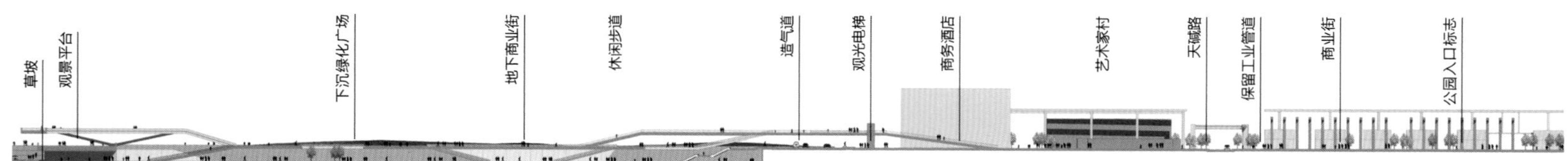

工业景观步行带剖面图

建筑形态控制　Building Form Control

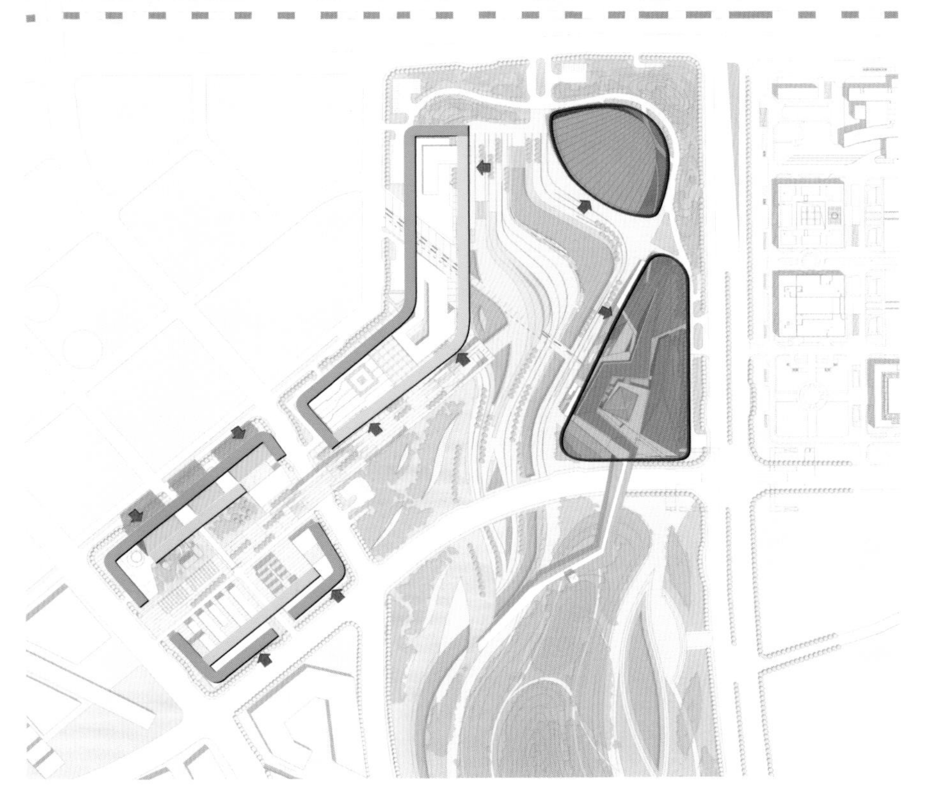

文化核心区

建筑包括：滨海大剧院、航空航天博物馆、现代工业博物馆、美术馆、少年宫。设计力求实现整体协调、重点突出、个性鲜明。核心区建筑整体平缓、舒展，控高 30 米，大剧院可局部突破限高，体现其标志性形象。

商务区

建筑包括：传媒大厦、商业综合体。结合天碱厂保留建筑，形成独特的文化商务区。根据现有肌理，细分为四个尺度适宜的街坊；整体北高南低，新建筑围绕老建筑。

高层建筑范围 High-rise Building Scope
建筑界面强制性控制线 Building Interface Imposed Control Line
建筑界面建议性控制线 Building Interface Suggestive Control Line
地景建筑 Landform Building
标志性建筑 Landmark Building
主入口 Main Entrance

建筑形态控制导则分析图

建筑形态图

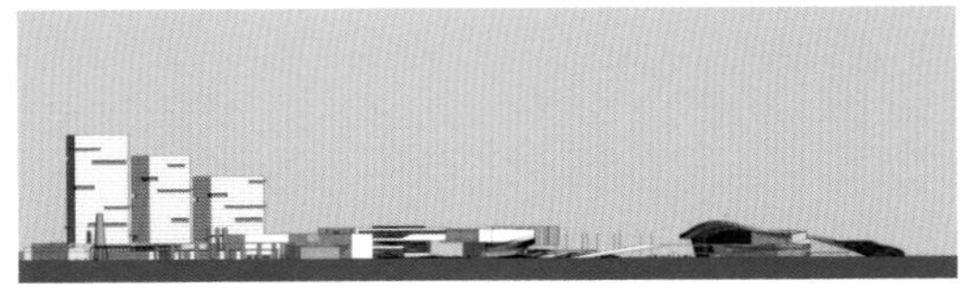

建筑形态图

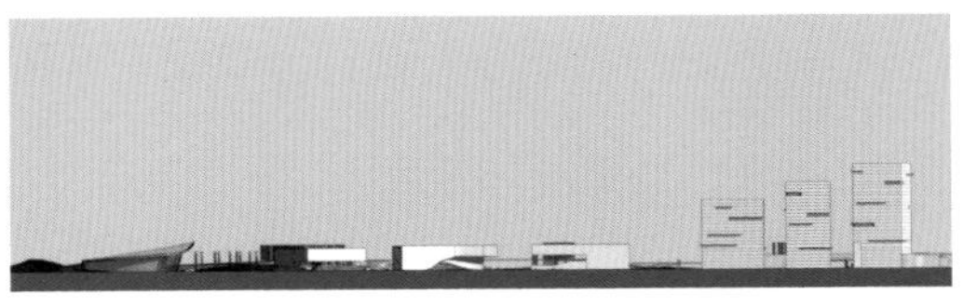

建筑形态图

地下空间规划　Underground Space Planning

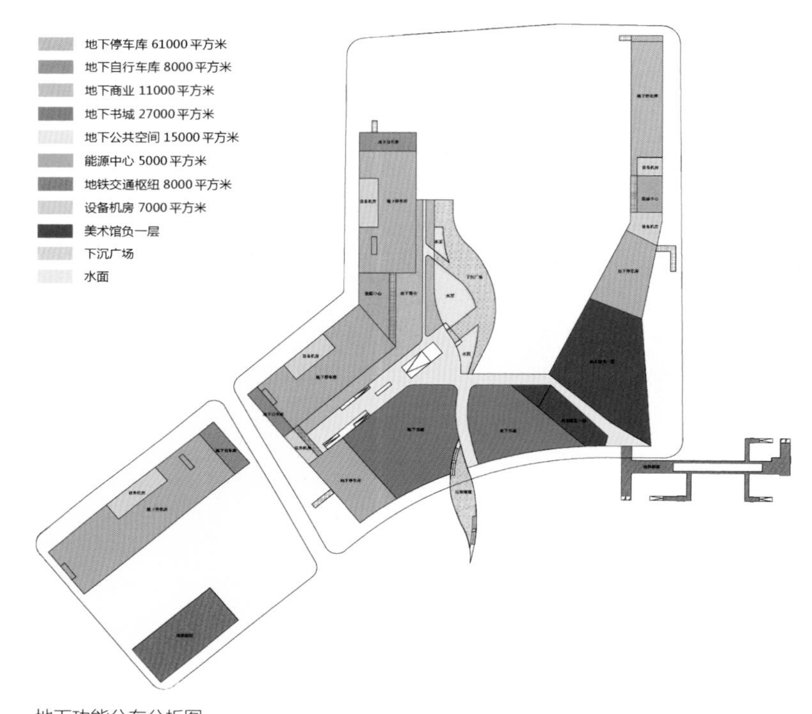

地下功能分布分析图

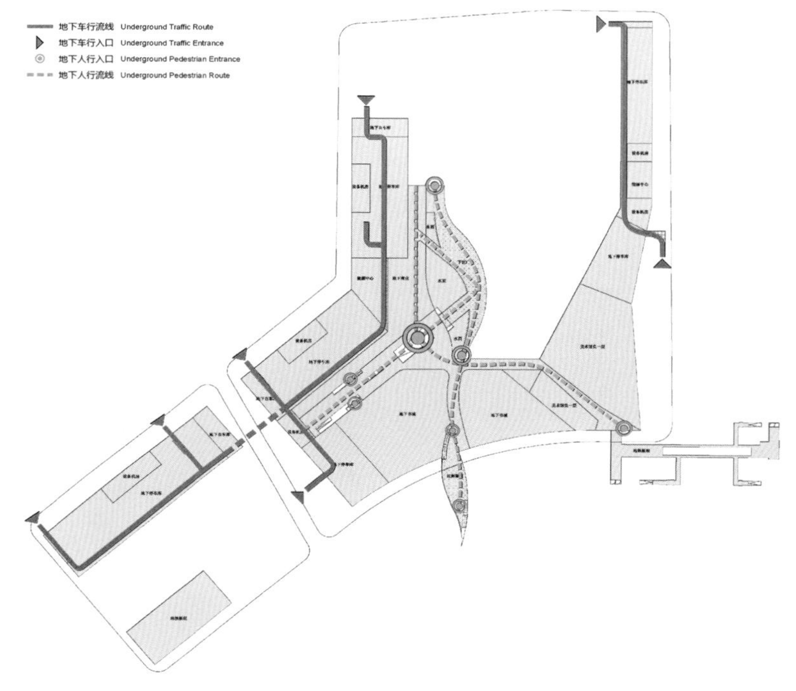

地下车行流线分析图

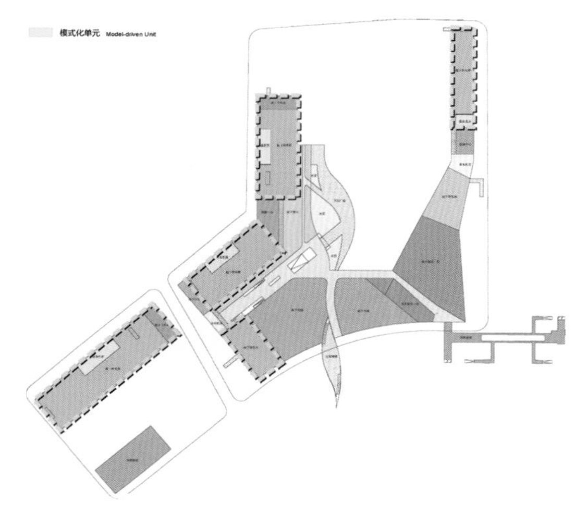

地下空间模式化弹性发展

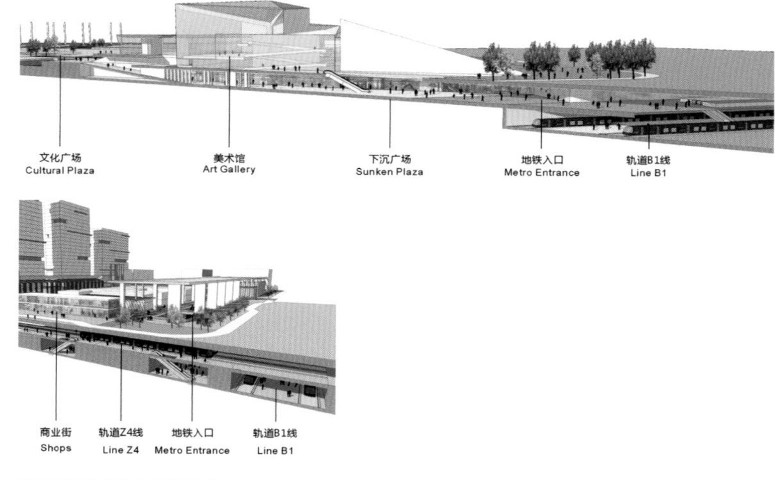

地下出口与商业街的结合

生态设计 Eco-design

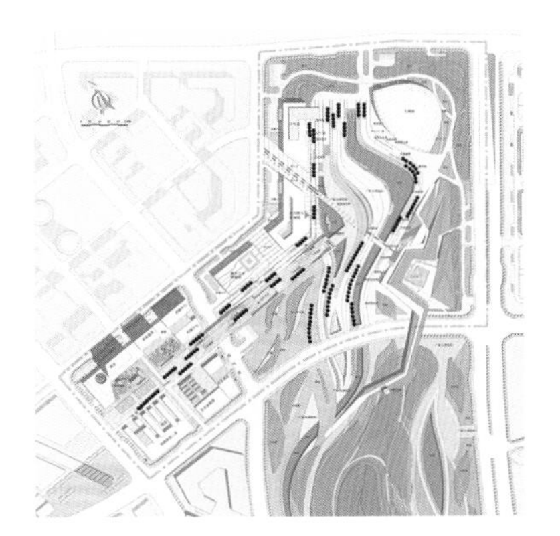

人造太阳能空气净化树

草地采用耐踩踏品种，人可在草地上进行户外活动。
少观赏草地，多种树，增加碳汇。选用耐旱的本地树种。

景观植被

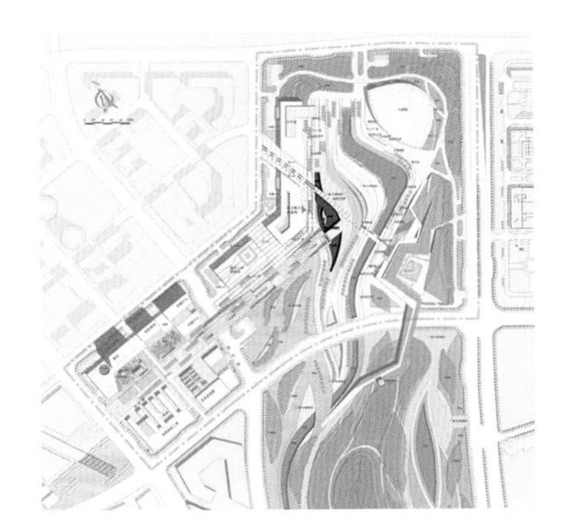

活水公园

生态水处理

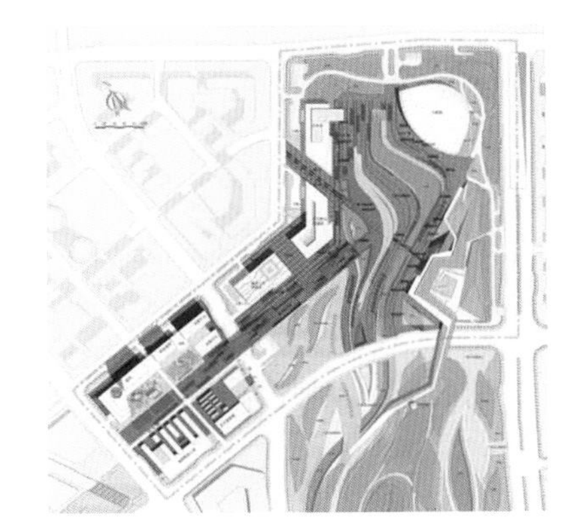

功能：透水，透气，减少热岛效应，补充地下水。

生态道路和铺装

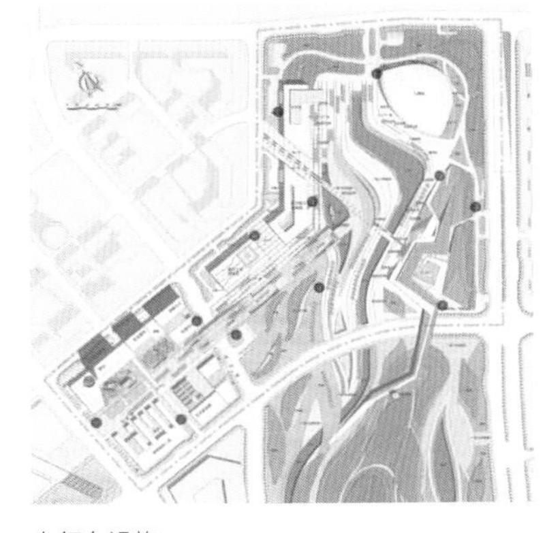

自行车设施

2. 滨海美术馆建筑设计　Architectural Design of Binhai Art Gallery

设计理念　Design Concept

绿脉相承，大地艺术

建筑位置图

美术馆黄昏鸟瞰图

设计构思　Design Concept

绿脉相承，因地造势

从整体规划出发，美术馆被设计成连续低伏的地景建筑，其间贴合建筑空间组织形成台地或绿坡的连续地貌，犹如沈括在《梦溪笔谈》中的描述：“其间折高、折远，自有妙理”。节奏化的自然肌理在此借建筑艺术呈现出来，传达绿脉相承的建筑意念。

整体建筑对应场地特点做出不同的地貌组织：对应于场地东侧，面对城市道路，组织成连续的绿坡；对应于场地西侧，面对核心开放空间，组织大型梯级、坡道、平台。美术馆因地造势，不同的地貌表情与周边场地形成积极的对话关系。

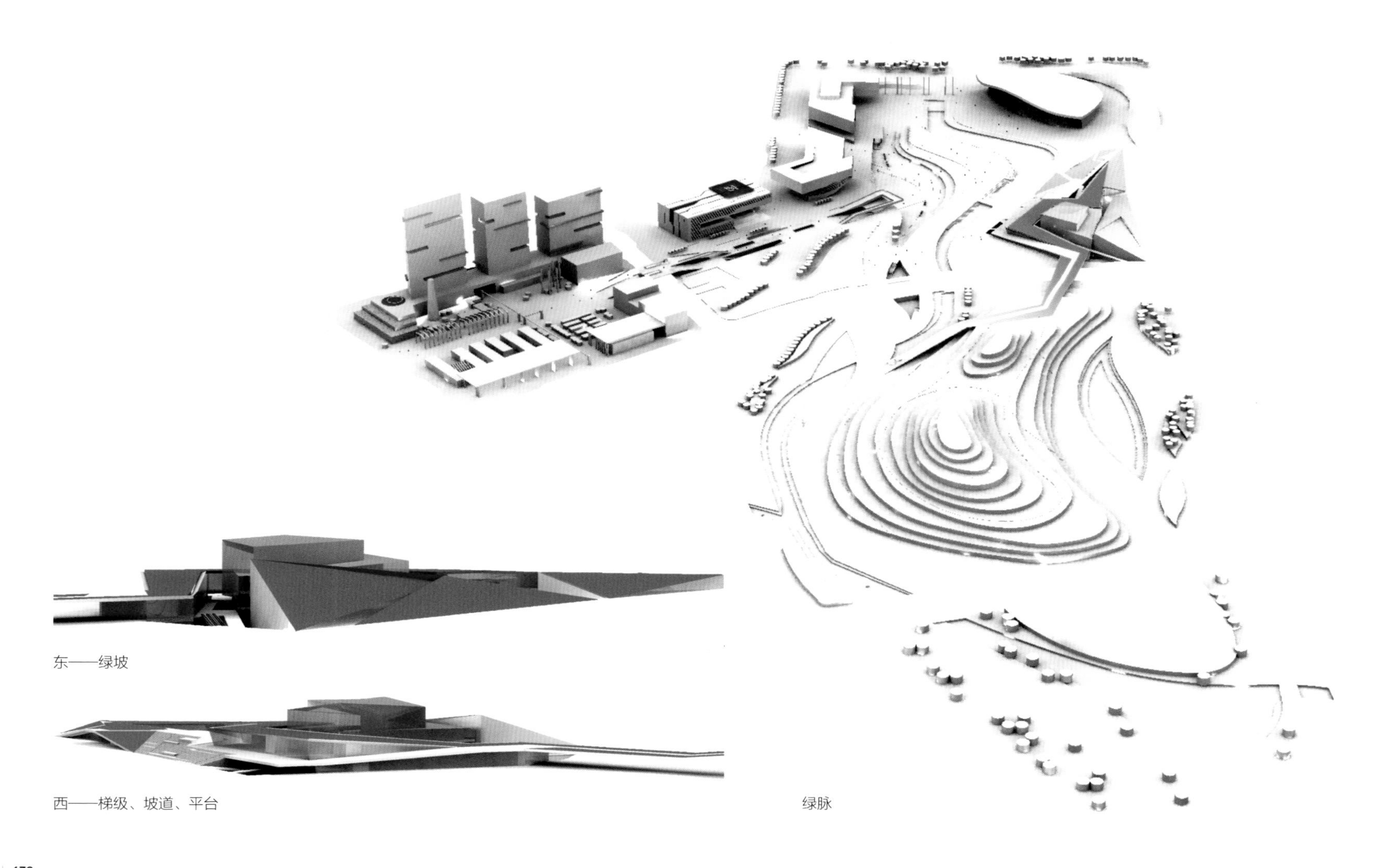

东——绿坡

西——梯级、坡道、平台

绿脉

大地刻痕，艺术土壤

模拟版画的刻画艺术特征，在隆起的地面上划下两笔，划开的地面掀起形成入口或玻璃采光面，切割的缝隙形成庭院或开放空间，玻璃块状的共享大厅嵌入形成视觉及空间的汇聚点。对场地的刻画力求刀法干净利落而有力，使美术馆呈现为独特的大地艺术。

从传统的杨柳青版画到现代的塘沽版画，版画艺术在此地有着悠久的文化传承脉络。版画美术馆以大地的“刻痕”为设计意向，展示滨海新区所特有的地景版画艺术。在这片文脉深厚的大地上，大地地景状的版画美术馆犹如生机勃勃的艺术土壤，文化交流与传承在此生生不息。

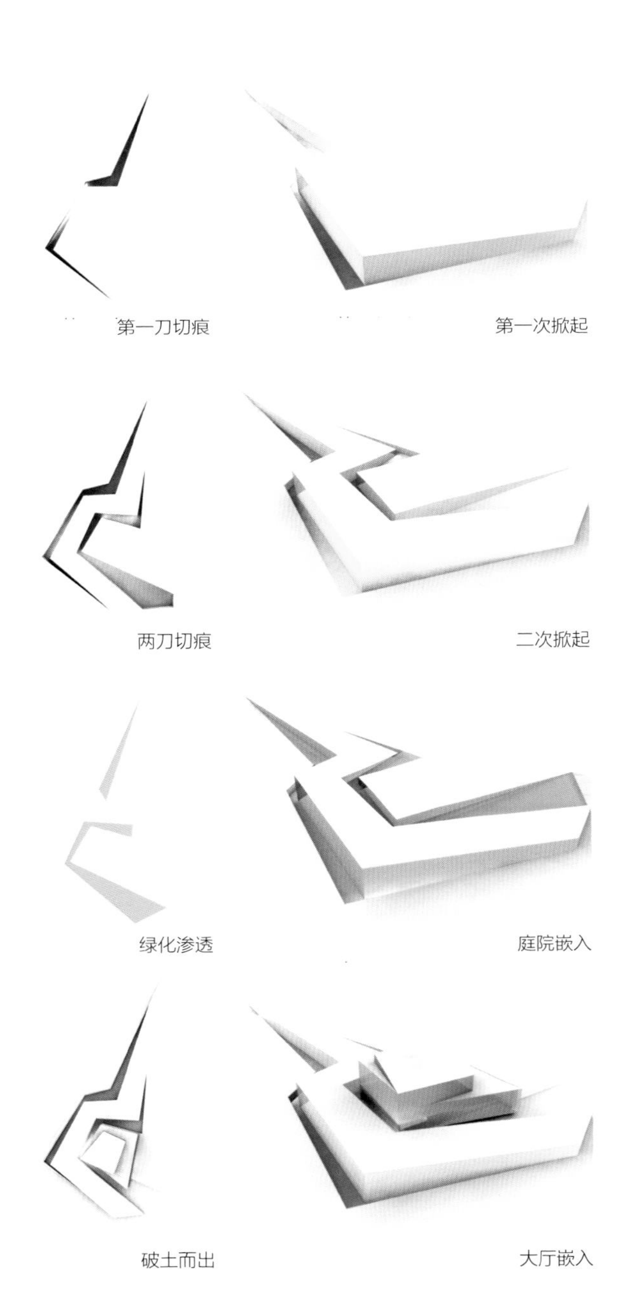

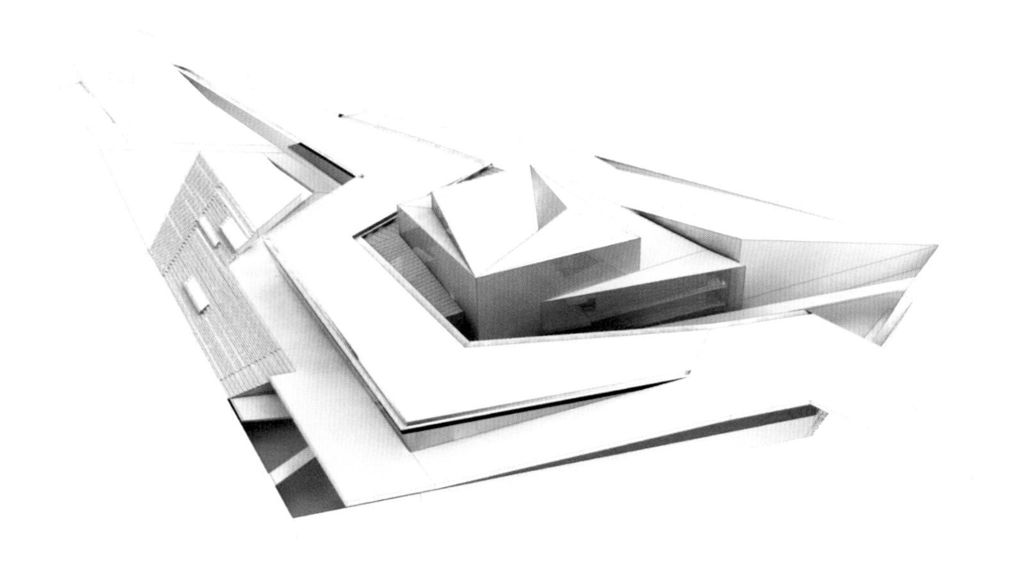

刻痕

破土而出，印画交融

构思源于天津版画“半印半画”的艺术特点，在美术馆设计中贯彻其文化脉络：以大地刻痕印画空间线条，其间组织平台、坡道，设置开放的空间场所，以简约的白描线条限定空间类型；在白描空间线图中，吸引公众进入，进行各种自创性活动，形成“印画”交融的场景。在美术馆的中心，一个晶体状的共享大厅破土而出，与艺术街的公共空间形成对话关系，强化美术馆的公共性。

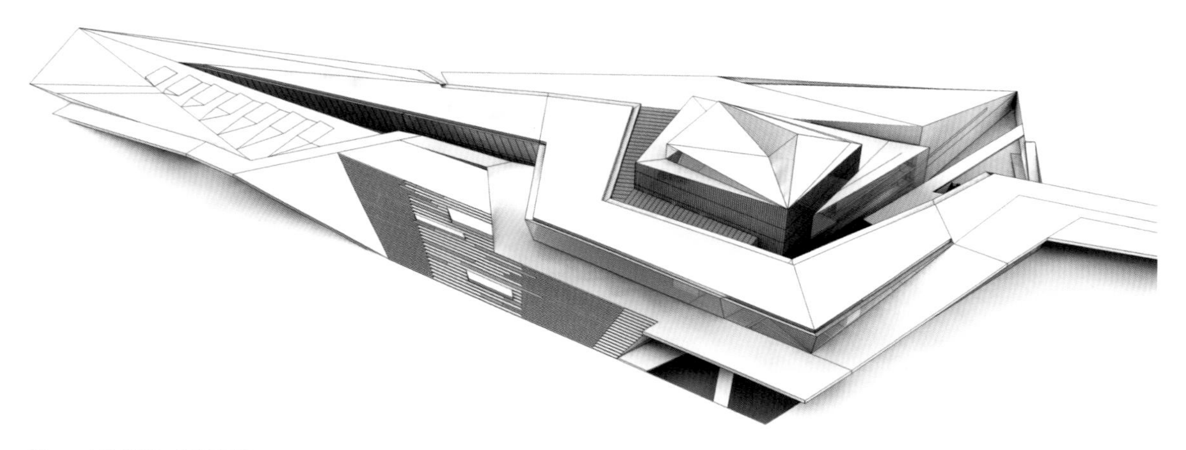

印——大地刻印，空间白描

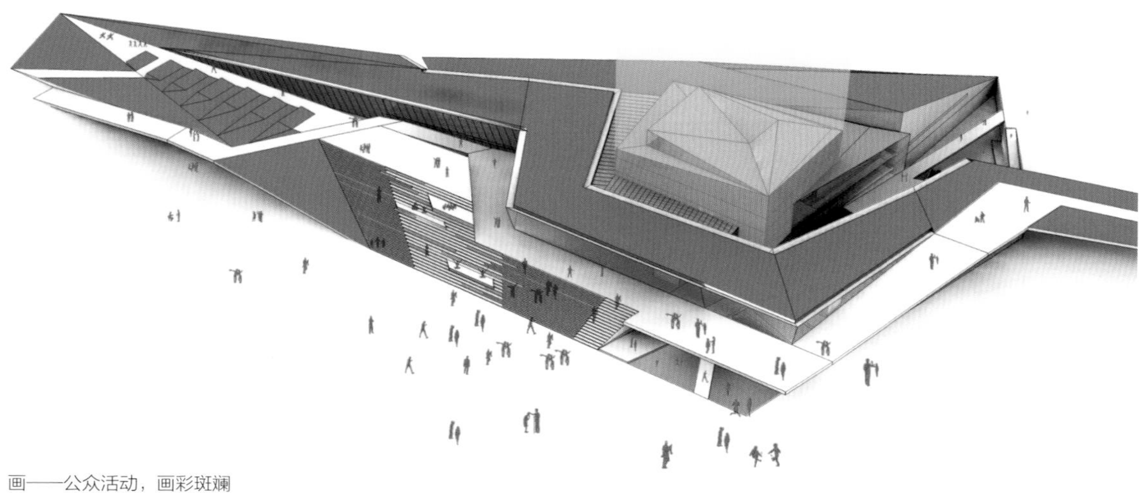

画——公众活动，画彩斑斓

刻

版

印

画

年画

张弛相宜，庭院穿插

在起伏的建筑地景中，切割开的大地形成各类庭院：南侧因地铁出口与中心广场的连通，切割形成艺术街；共享大厅与前厅、展厅的错动形成庭院，相互间通过桥廊相连，由此自然景观元素渗入美术馆内；北侧的切割形成下沉庭院，有效地改善办公区域的环境。整体建筑在高低起伏中张弛相宜，庭院穿插其中，形成丰富宜人的空间形态。

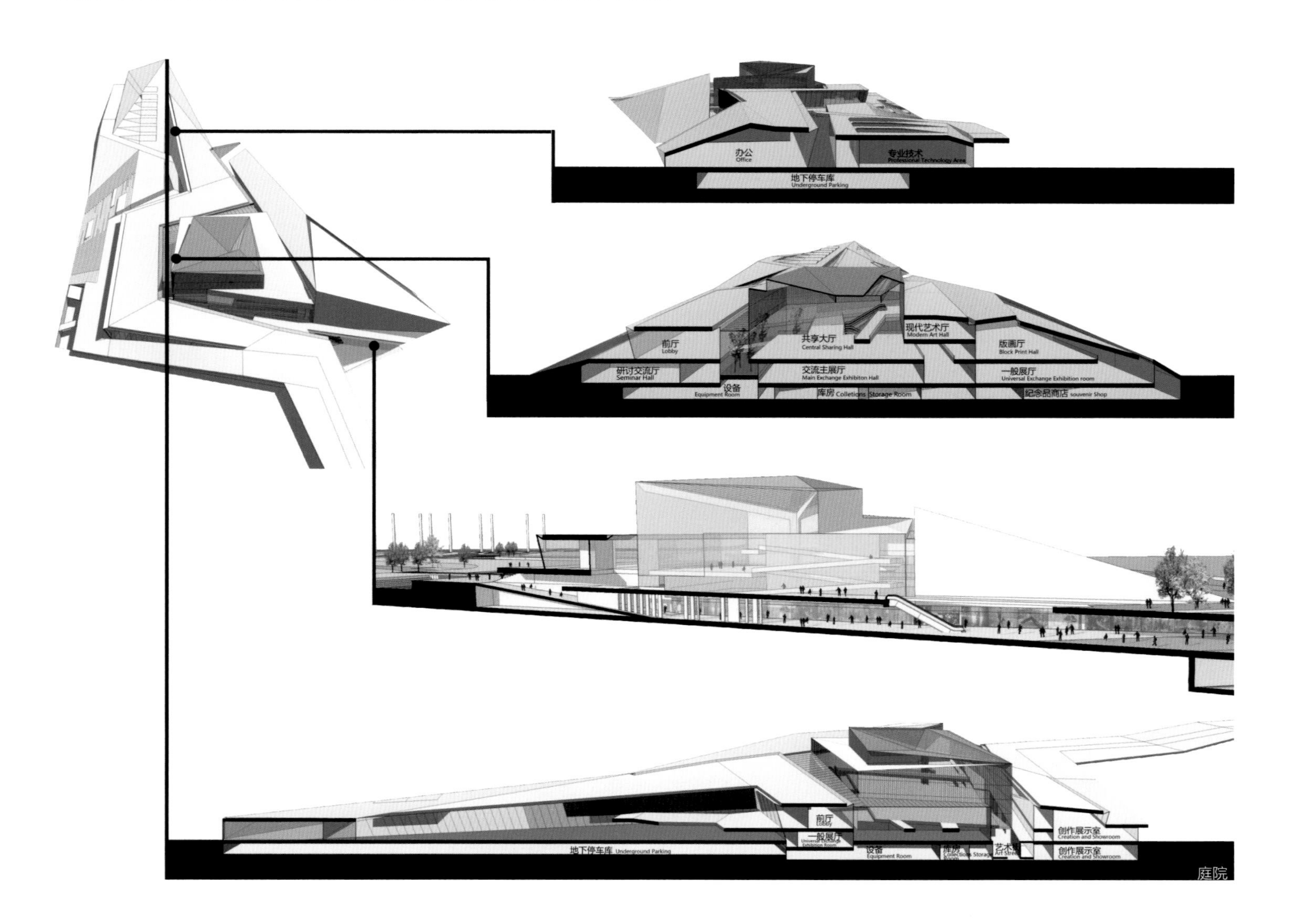

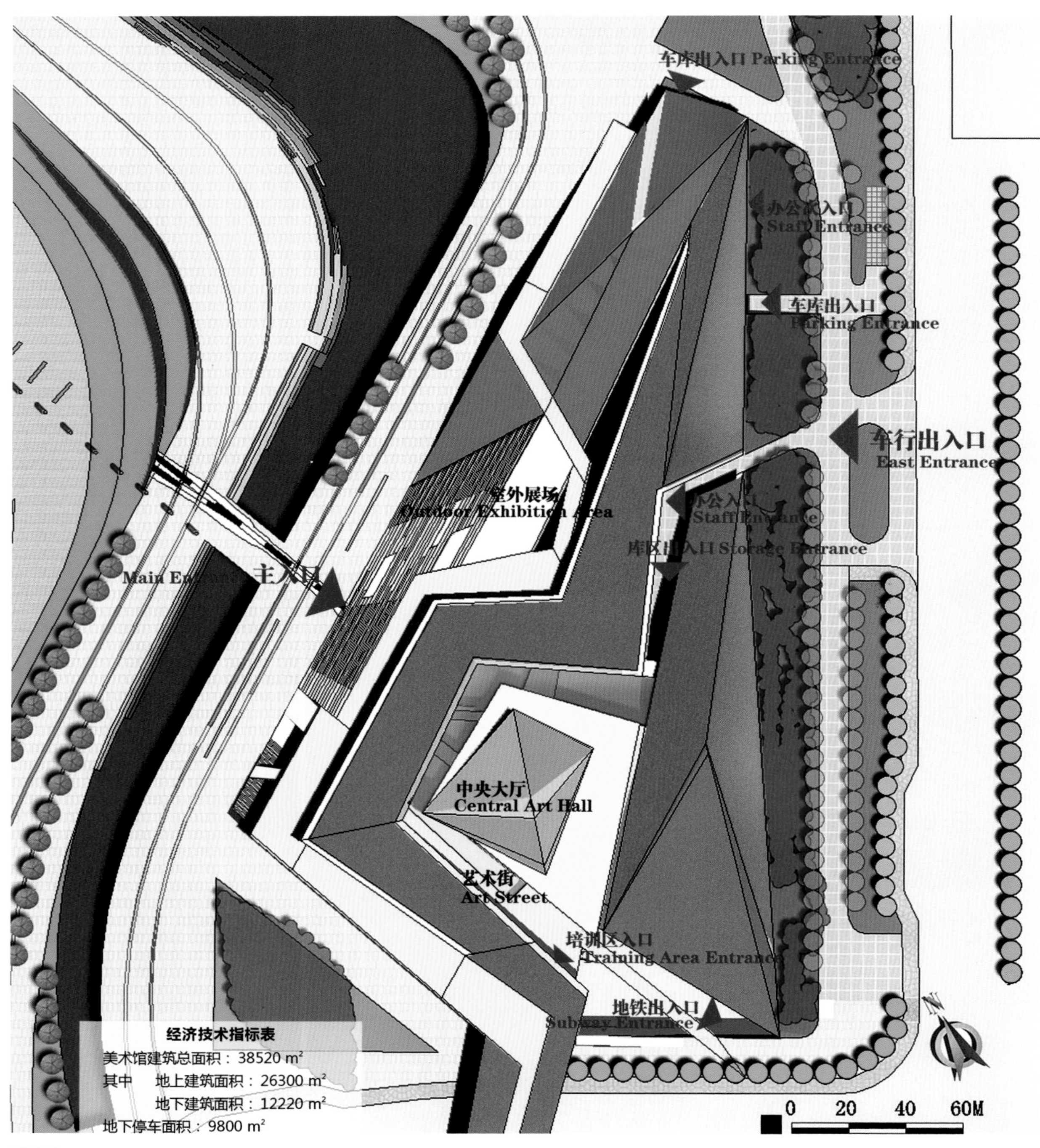
车库出入口 Parking Entrance
办公出入口
Staff Entrance
车库出入口
Parking Entrance
车行出入口
East Entrance
室外展场
Outdoor Exhibition Area
库区出入口 Storage Entrance
主入口
中央大厅
Central Art Hall
艺术街
Art Street
培训区入口
Training Area Entrance
地铁出入口
Subway Entrance
经济技术指标表
美术馆建筑总面积：38520 m²
其中　地上建筑面积：26300 m²
地下建筑面积：12220 m²
地下停车面积：9800 m²
0 20 40 60M

平面图

鸟瞰图

艺术街效果图

中央共享大厅效果图

功能分区及交通流线　Function and Circulation

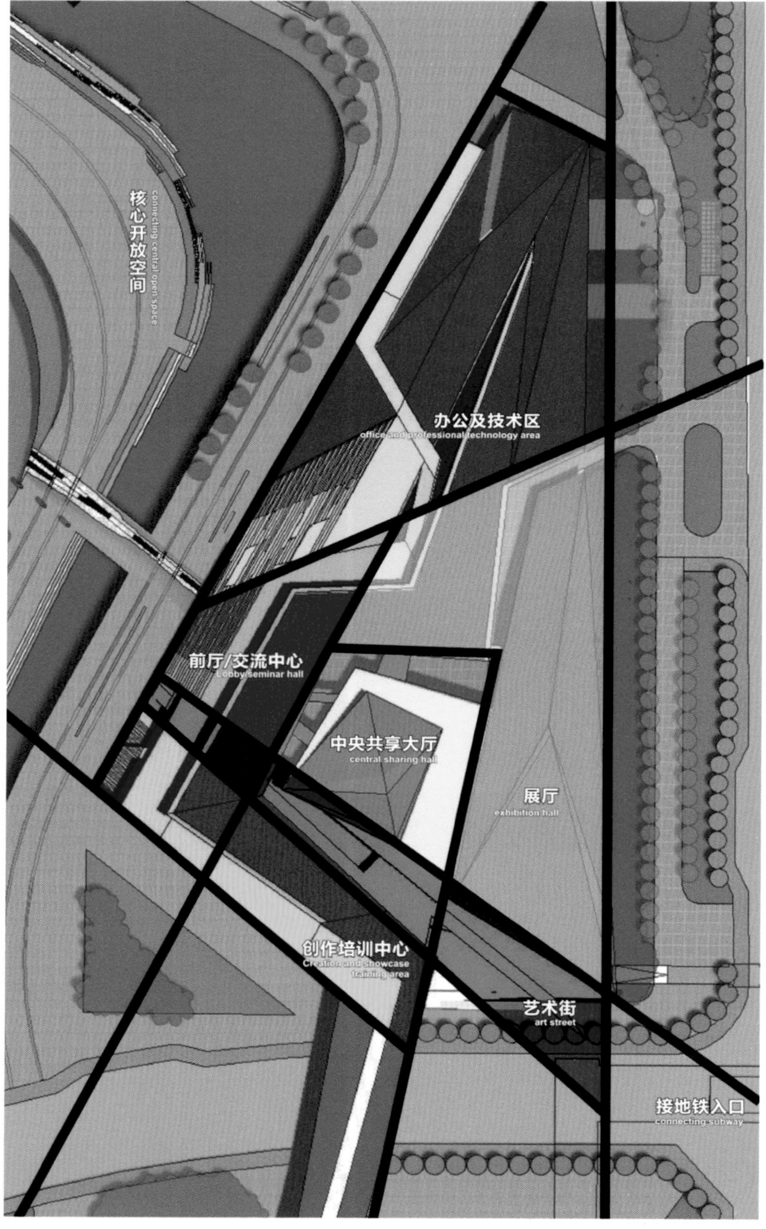
核心开放空间
connecting central open space
办公及技术区
office and professional technology area
前厅/交流中心
Lobby seminar hall
中央共享大厅
central sharing hall
展厅
exhibition hall
创作培训中心
Creation and showcase training area
艺术街
art street
接地铁入口
connecting subway

功能分区

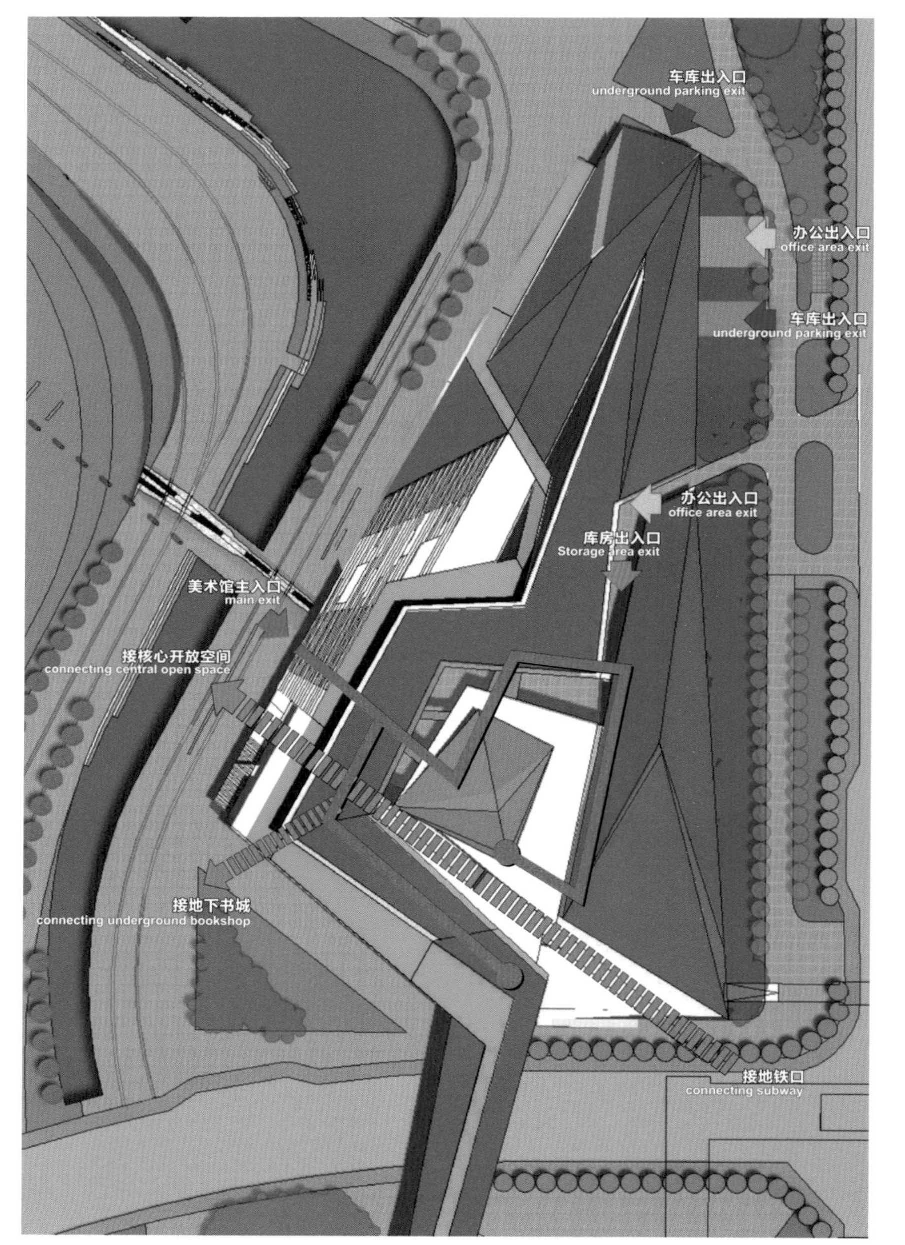
车库出入口
underground parking exit
办公出入口
office area exit
车库出入口
underground parking exit
办公出入口
office area exit
库房出入口
Storage area exit
美术馆主入口
main exit
接核心开放空间
connecting central open space
接地下书城
connecting underground bookshop
接地铁口
connecting subway

交通流线

室内布展 Indoor Exhibition

中央共享大厅堪称天津滨海美术馆一个最具特色和活力的展览空间，可以承接发布会、临时展览、艺术展示、公众参与等多种活动。

固定展厅和交流展厅均以静态展示为主，注重对自然光线和人工光线的控制，能够满足各种不同展览内容的需求。

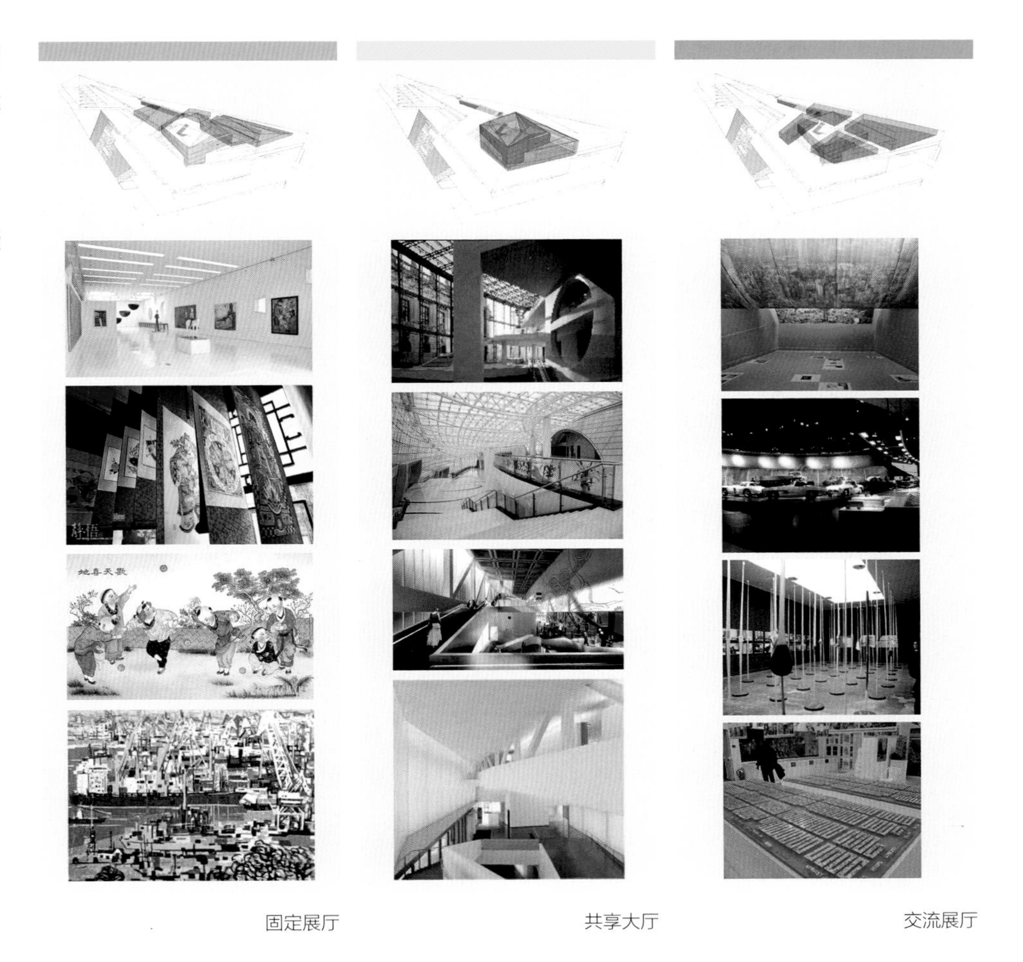

固定展厅　　共享大厅　　交流展厅

共享大厅
Shaning Hall
固定展厅
Fixed Hall
入口层
Entrance
交流展厅
Exchange Hall
库房
Collections storage room
设备
Equipment room

空间布局

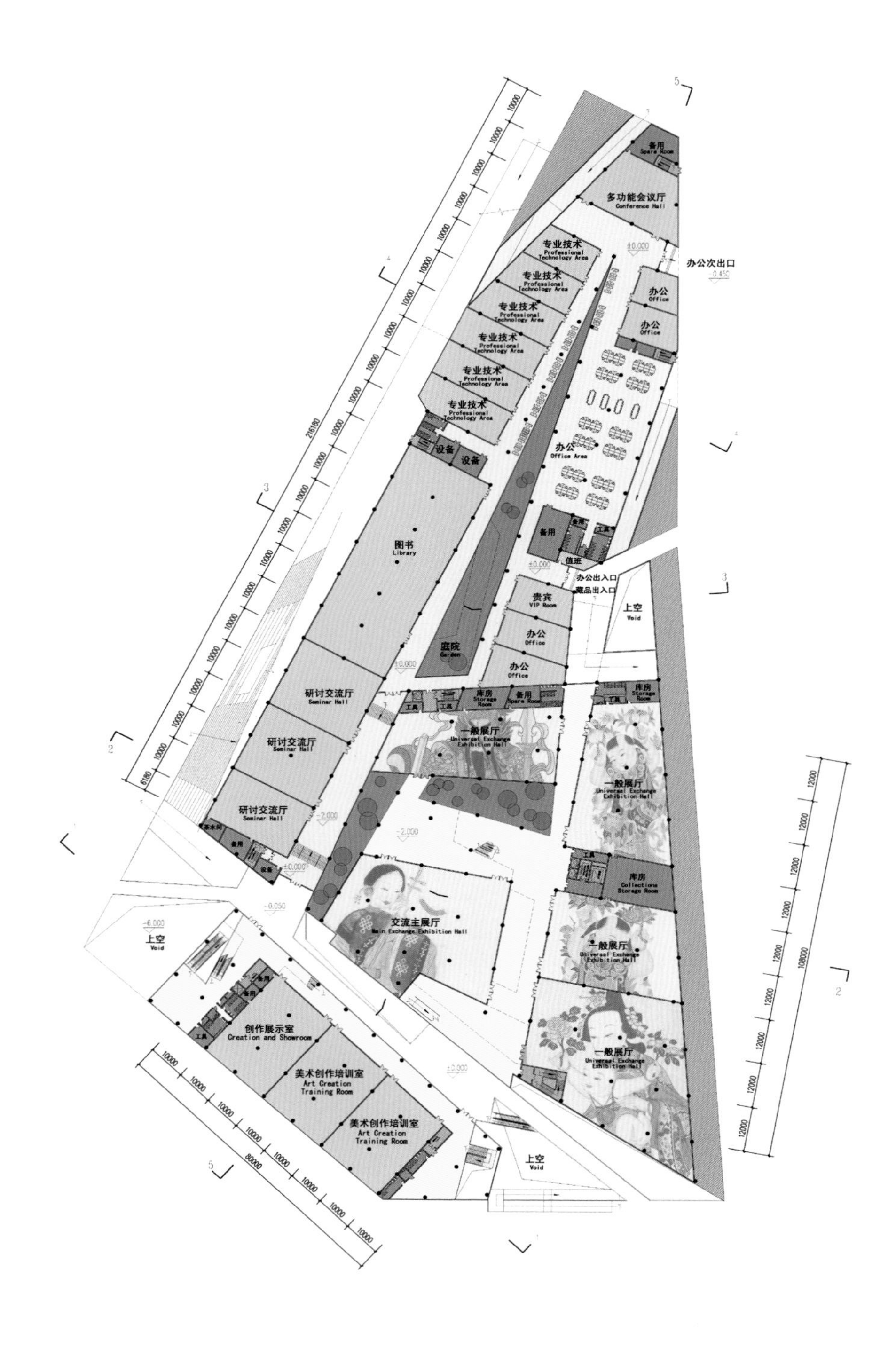
备用
Spare Room
多功能会议厅
Conference Hall
专业技术
Professional Technology Area
办公次出口
办公
Office
办公
Office Area
设备
图书
Library
庭院
Garden
值班
办公出入口
商品出入口
贵宾
VIP Room
上空
Void
研讨交流厅
Seminar Hall
库房
Storage Room
一般展厅
Universal Exchange Exhibition Hall
库房
Collections Storage Room
交流主展厅
Main Exchange Exhibition Hall
创作展示室
Creation and Showroom
美术创作培训室
Art Creation Training Room

首层平面图

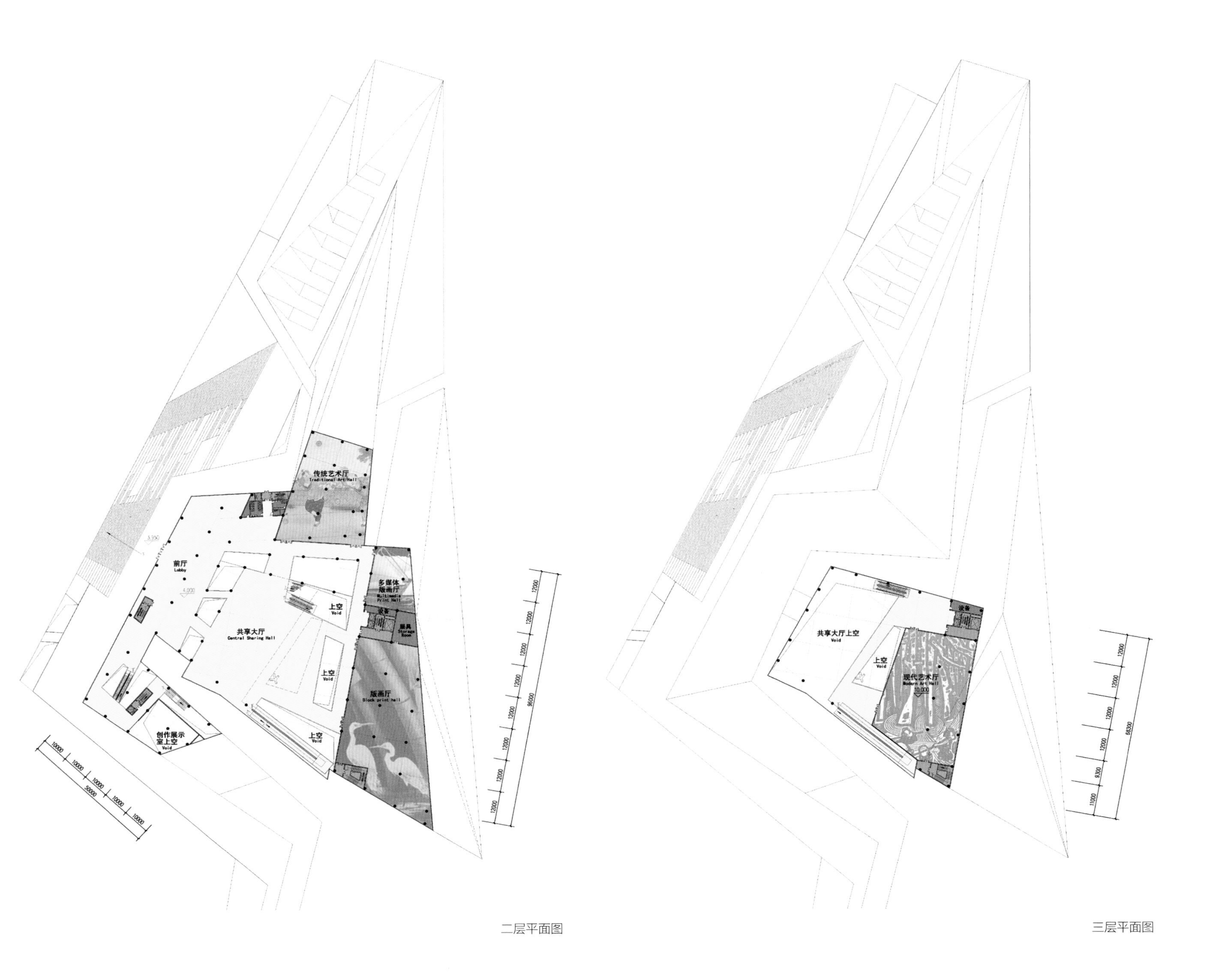
传统艺术厅
Traditional Art Hall
前厅
Lobby
3.950
4.000
共享大厅
Central Sharing Hall
上空
Void
多媒体
版画厅
Multimedia
Print Hall
设备
道具
Storage
Room
版画厅
Block print hall
创作展示
室上空
Void
10000
50000
12000
96000
共享大厅上空
Void
现代艺术厅
Modern Art Hall
10.000
9300
11000
68300

二层平面图

三层平面图

东立面图

南立面图

西立面图

北立面图

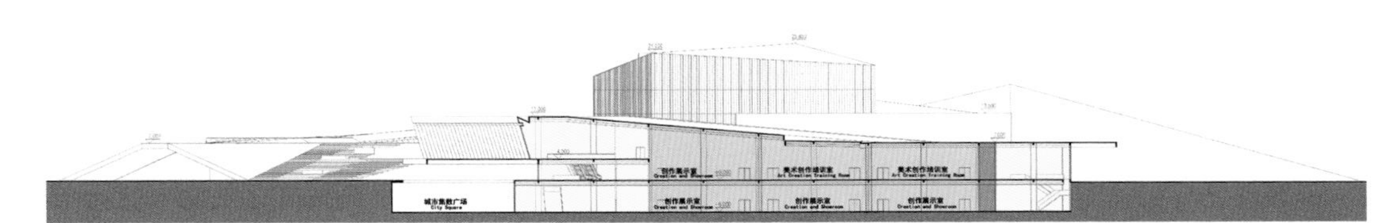

1-1 剖面图

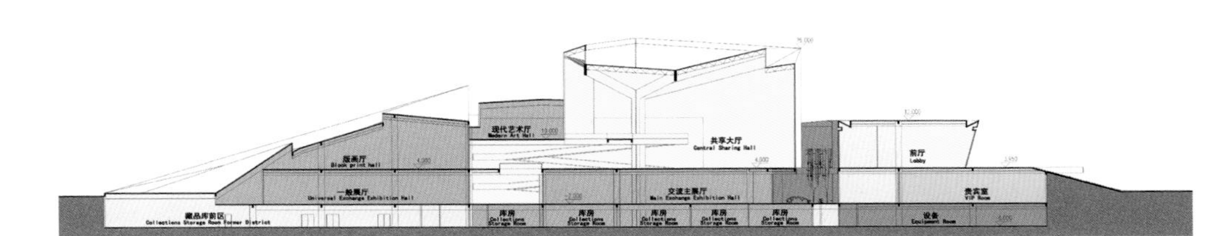

2-2 剖面图

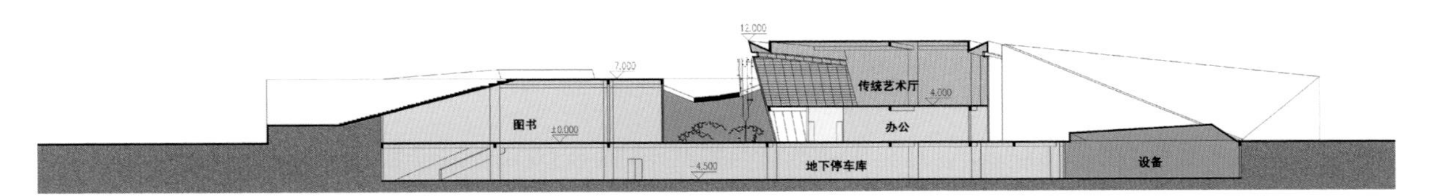

3-3 剖面图

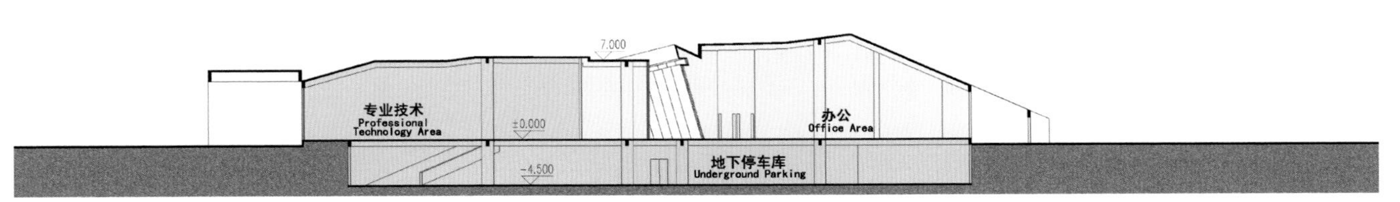

4-4 剖面图

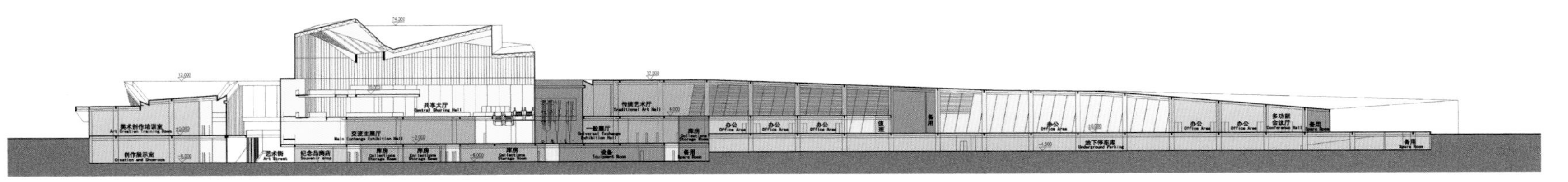

5-5 剖面图

建筑群概念设计国际咨询 ▷▷▷

方案汇总

- 文化中心汇总方案
- 天碱解放路地区城市设计

文化中心汇总方案

Collective Schemes of Cultural Center

征集工作结束后，新区规划和国土资源管理局指导天津市规划院对四位设计大师提交的方案进行分析研究和方案整合，并与新区文化广播电视局深入沟通，结合国家公共文化服务体系示范区创建标准及经营管理方面的要求和意见，在文化中心原有的建筑功能及规模基础上进行了补充和优化，成果纳入美国 SOM 设计公司主持的天碱解放路地区城市设计中。同时，明确下一步工作的重点内容：深化设计任务书，细化各场馆的规模和功能；确定深化设计单位，开展设计工作；确定投融资方式与运营管理方案。

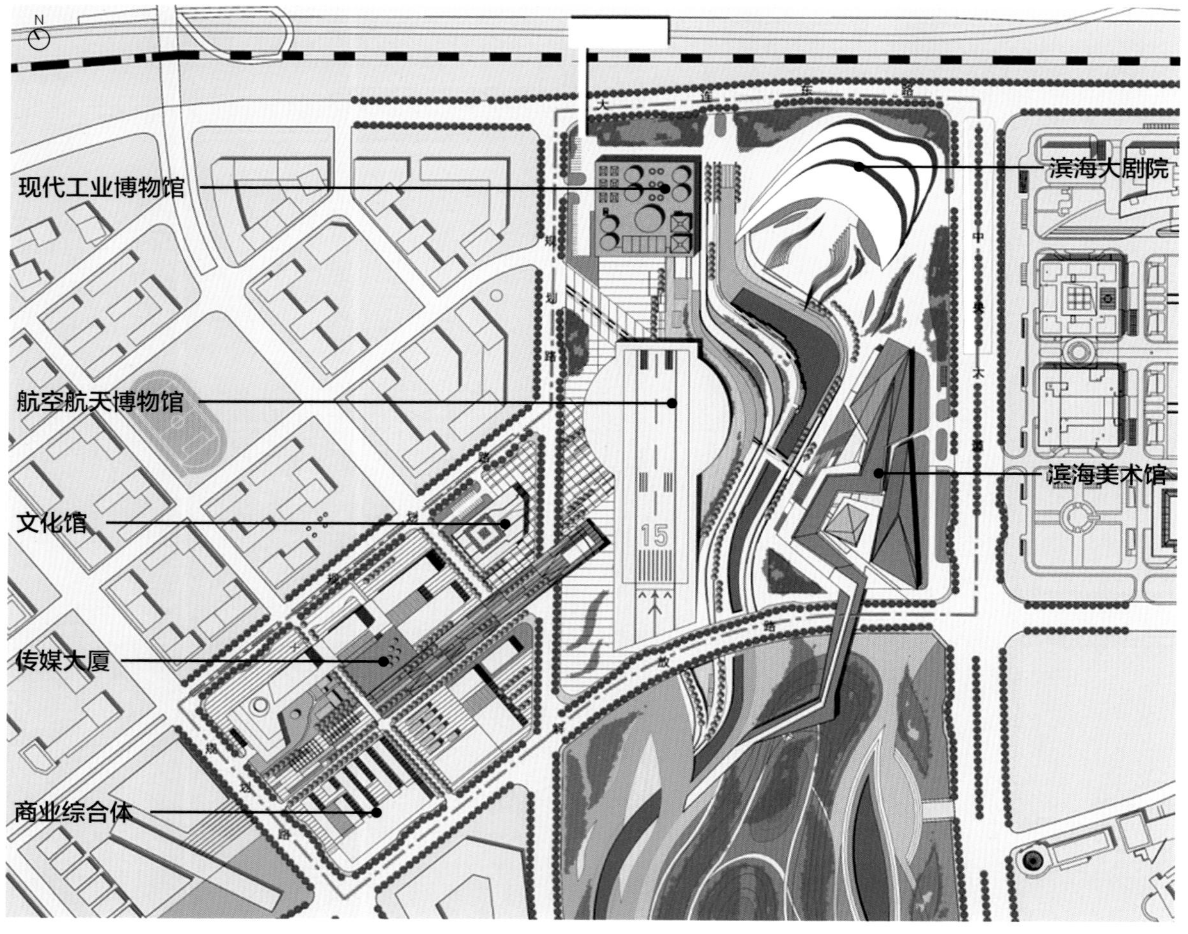

文化中心汇总方案总平面图

文化中心汇总方案鸟瞰图

天碱解放路地区城市设计
Tianjian Commercial Area Urban Design

美国 SOM 设计公司
天津市渤海城市规划设计研究院

规划原则　Planning Principles

（1）建立滨海新区最具活力的商业中心和文化中心；
（2）把天碱地区建设成一个独特的多功能区；
（3）扩展并连接绿色空间，建立大规模的公园系统；
（4）提供公共交通系统，打造易于步行的街道和公共空间；
（5）紧密联系周边各地区。

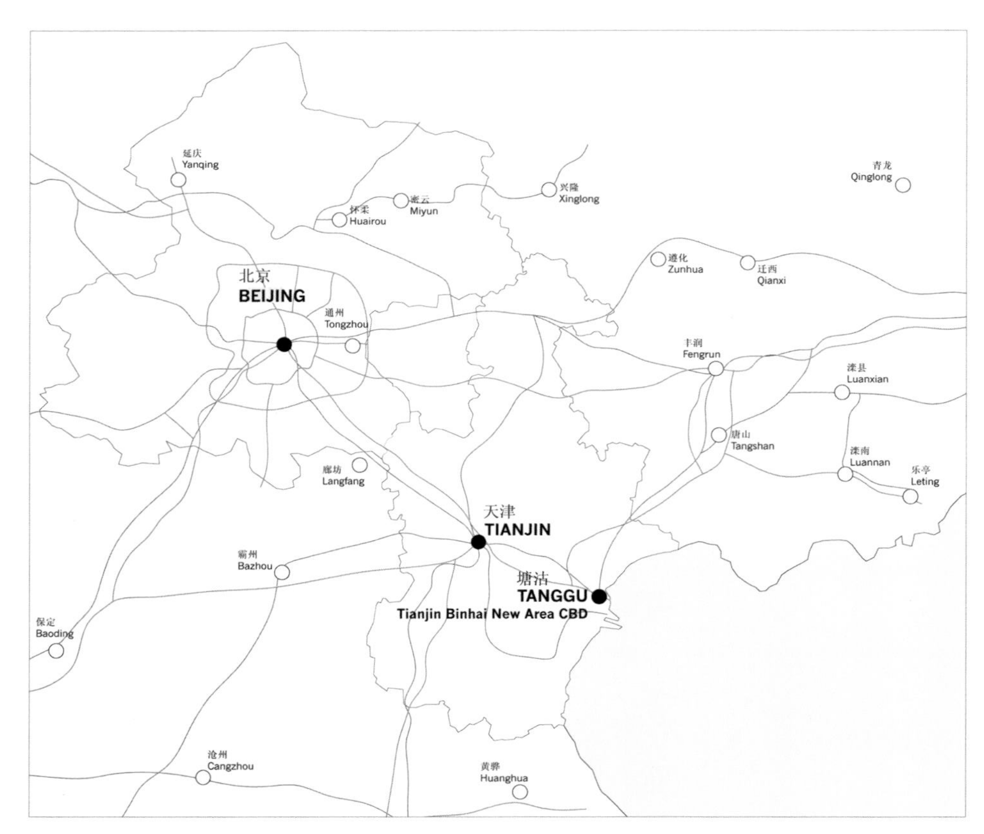

京津塘走廊

天碱地区区位优势明显，是周边地区功能的结合点，未来区域人流的转换枢纽。

天碱解放路地区城市设计鸟瞰图（2011 年 10 月）

周边环境与地块分析　Context and Site Analysis

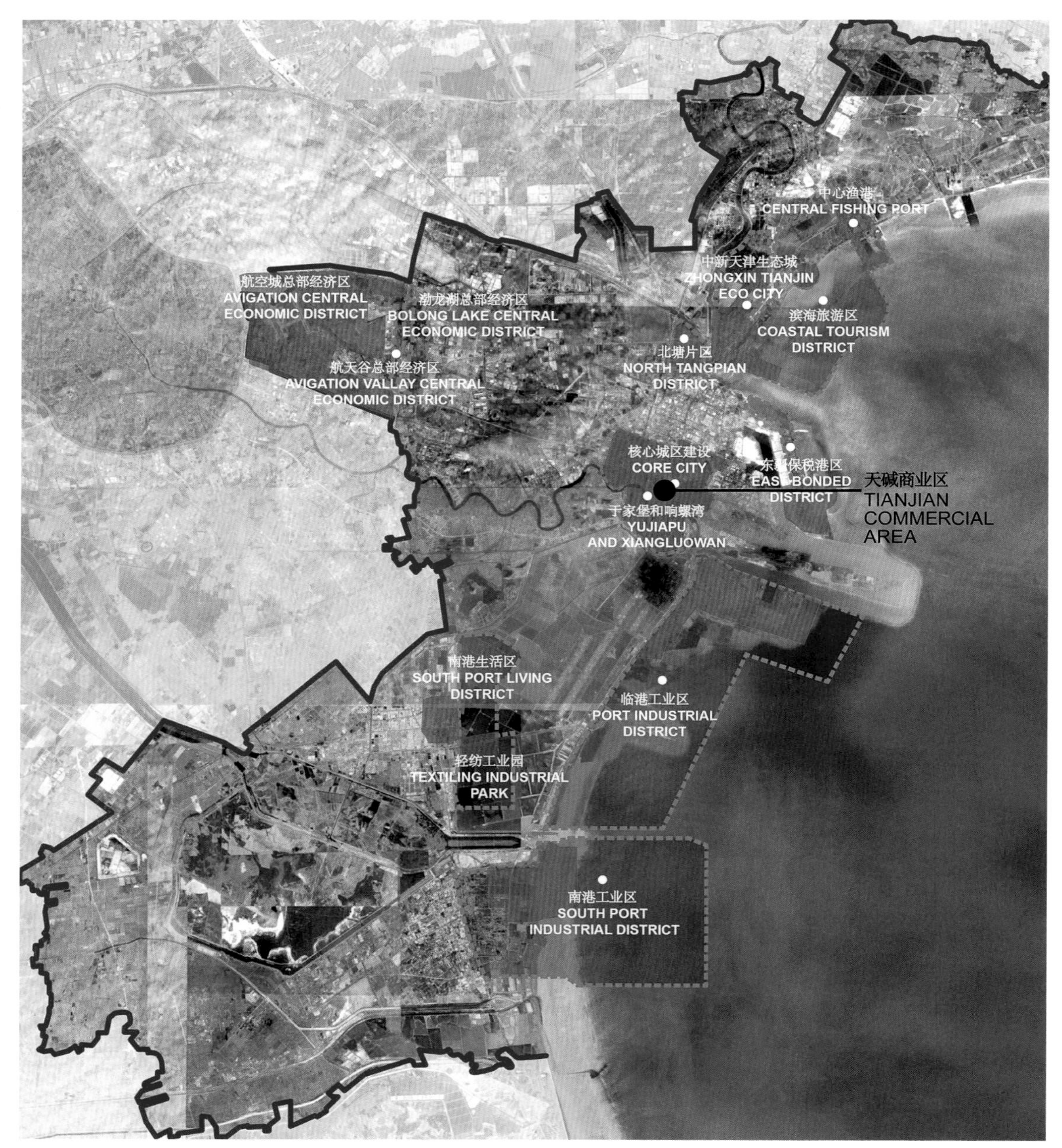

区域位置

周边地区

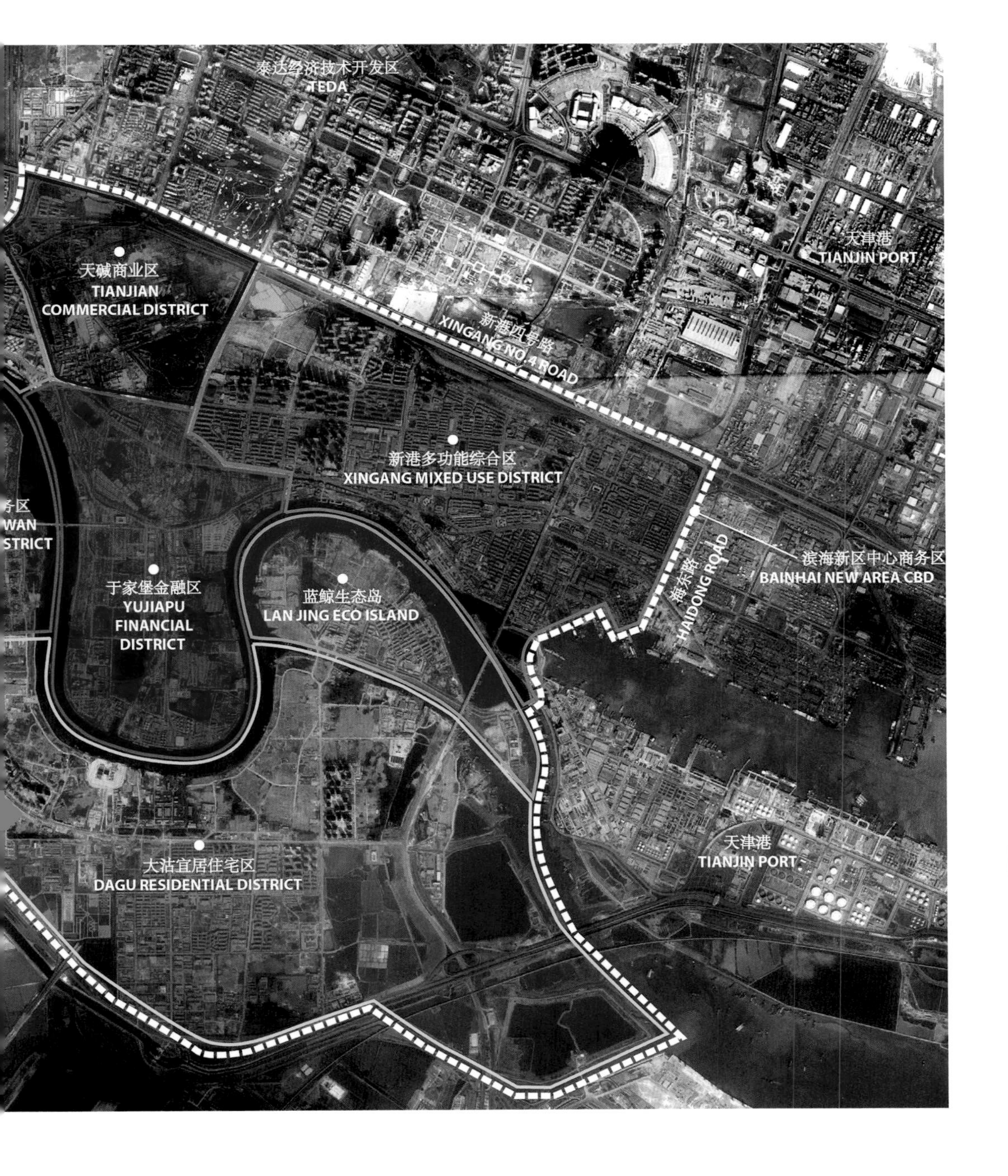
泰达经济技术开发区
TEDA
天津港
TIANJIN PORT
天碱商业区
TIANJIAN COMMERCIAL DISTRICT
新港四号路
XINGANG NO.4 ROAD
新港多功能综合区
XINGANG MIXED USE DISTRICT
海东路
HAIDONG ROAD
滨海新区中心商务区
BAINHAI NEW AREA CBD
于家堡金融区
YUJIAPU FINANCIAL DISTRICT
蓝鲸生态岛
LAN JING ECO ISLAND
天津港
TIANJIN PORT
大沽宜居住宅区
DAGU RESIDENTIAL DISTRICT

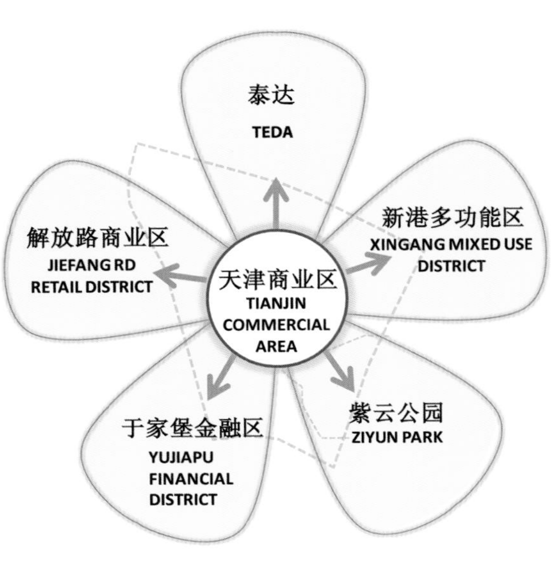
泰达
TEDA
解放路商业区
JIEFANG RD RETAIL DISTRICT
天津商业区
TIANJIN COMMERCIAL AREA
新港多功能区
XINGANG MIXED USE DISTRICT
于家堡金融区
YUJIAPU FINANCIAL DISTRICT
紫云公园
ZIYUN PARK

概念图示

开发框架 Development Framework

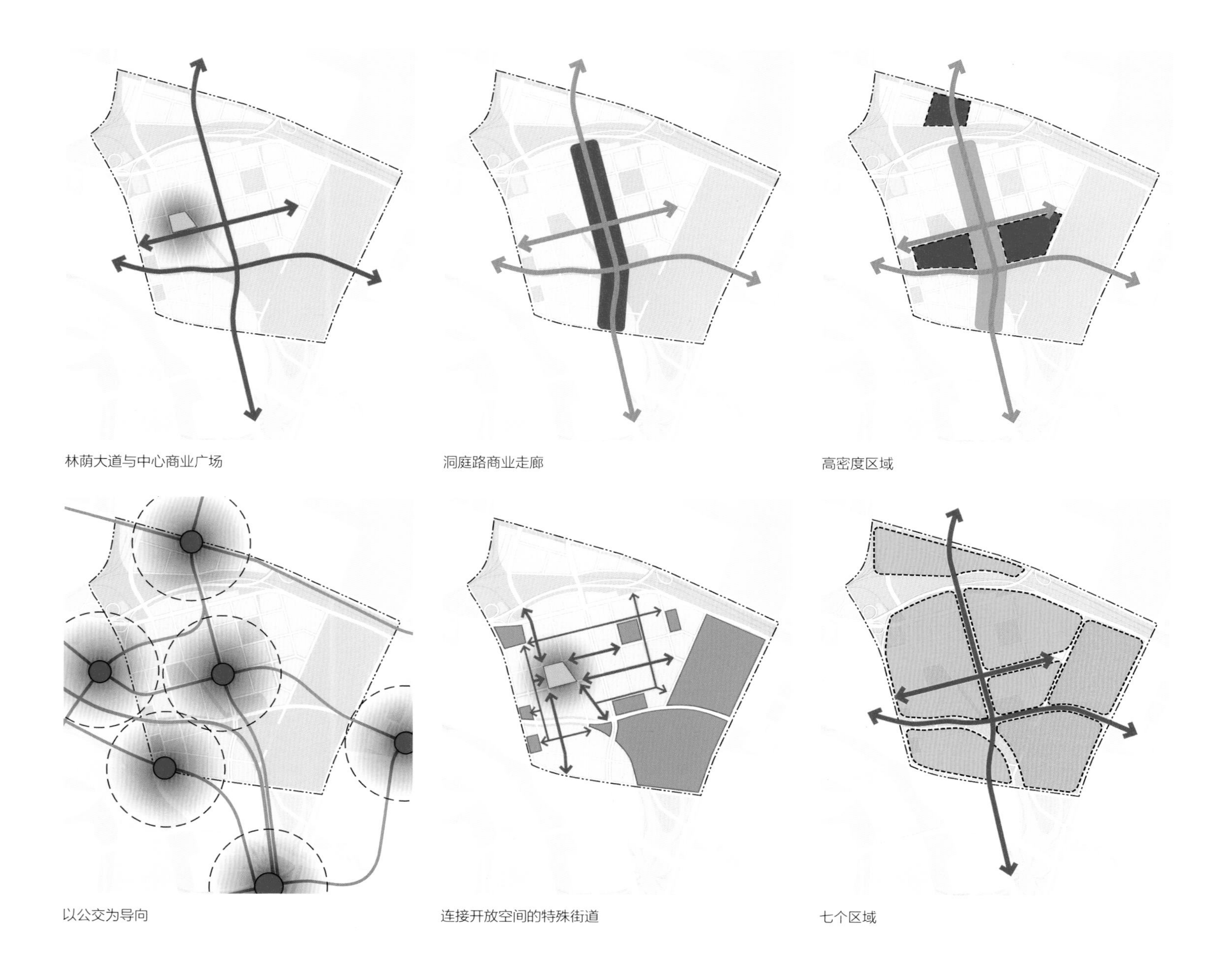

林荫大道与中心商业广场

洞庭路商业走廊

高密度区域

以公交为导向

连接开放空间的特殊街道

七个区域

规划历程 Planning Process

2010 年过程方案

2010 年过程方案平面图

2010 年过程方案鸟瞰图

2011 年 1 月过程方案

2011 年 1 月过程方案一鸟瞰图

2011 年 1 月过程方案二鸟瞰图

2011 年 7 月过程方案

2011 年 7 月过程方案平面图

2011 年 7 月过程方案鸟瞰图

规划框架 Framework

1. 步行商业区 Pedestrian Retail District
2. 混合功能 / 居住区 Mixed-use / Residential District
3. 市民中心区 Civic Center District
4. 文化公园区 Cultural Park District
5. 历史文化娱乐区 Heritage Cultural and Entertainment District
6. 居住区 Residential Neighborhood
7. 学校 School
8. 行政办公 Government Office
9. 行政中心 Government Center
10. 解放路商业街 Jiefang Road Retail Area
11. 于家堡金融区 Yujiapu Financial District

建筑功能和形态 Building Use and Form

12. 室内购物中心 Enclosed Retail Mall
13. 餐饮零售 Food and Beverage Retail
14. 户外零售中心 Lifestyle Retail Center
15. 街道零售 Street-level Retail
16. 市民 / 文化建筑 Civic / Cultural Building
17. 地标性建筑 Landmark Tower
18. 门户塔楼 Gateway Tower
19. SOHO / 居家办公 SOHO/Live-Work Units
20. 现有保留工业设施 Industrial Heritage to Remain
21. 现有公交设施 Existing Transit Facility

开放空间 Open Space

22. 中心商业广场 Central Retail Plaza
23. 门户广场 Gateway Plaza
24. 紫云公园 Ziyun Park
25. 水景步道 Canal Walk
26. 文化广场 Cultural Plaza
27. 下沉广场 Sunken Plaza
28. 邻里小区公园 Neighborhood Park
29. 社区花园 Residential Courtyard
30. 文化公园 Cultural Park
31. 雨水蓄留池 Storm Water Retention
32. 绿化屋顶 Green Roof

交通 Access

33. 公交站点 Transit Station
34. 铁路 Railway
35. 绿色大道 Green Boulevards
36. 步行街 Pedestrian Street
37. 步行桥 Pedestrian Bridge

天碱解放路地区城市设计总平面图（2011 年 10 月）

功能布局　Function Layout

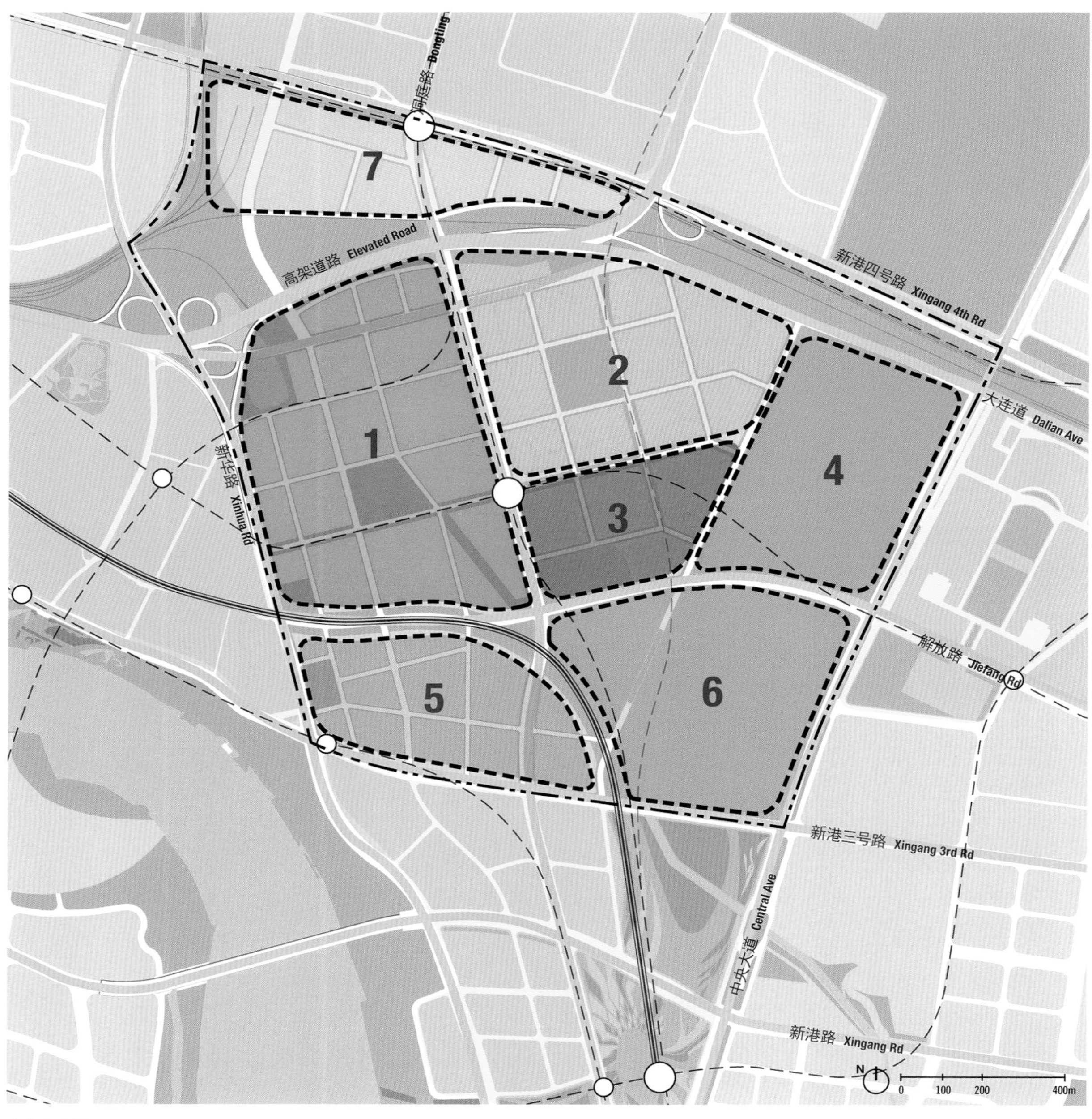

功能布局图

地块 1：行人购物区
Pedestrian Retail District
地块 2：混合功能 / 居住区
Mixed-use / Residential District
地块 3：文化中心区
Cultural Center
地块 4：文化公园区
Cultural Park
地块 5：遗址文化与娱乐区
Heritage Cultural and Entertainment District
地块 6：紫云公园
Ziyun Park
地块 7：居住区
Residential Neighborhood

洞庭路商业走廊

遗址文化与娱乐区

行人购物区中心商业广场

混合功能 / 居住区

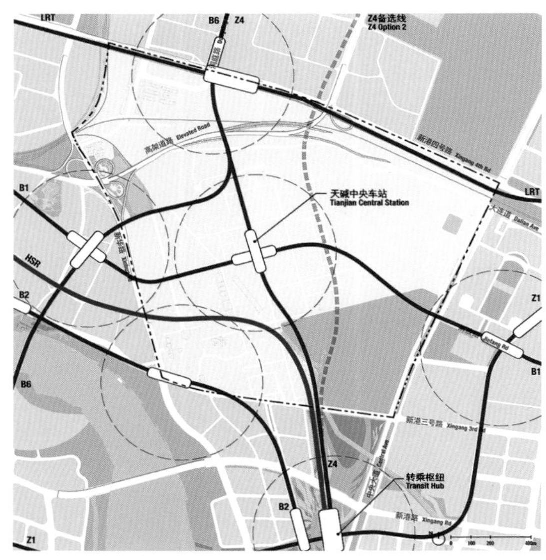

公共交通

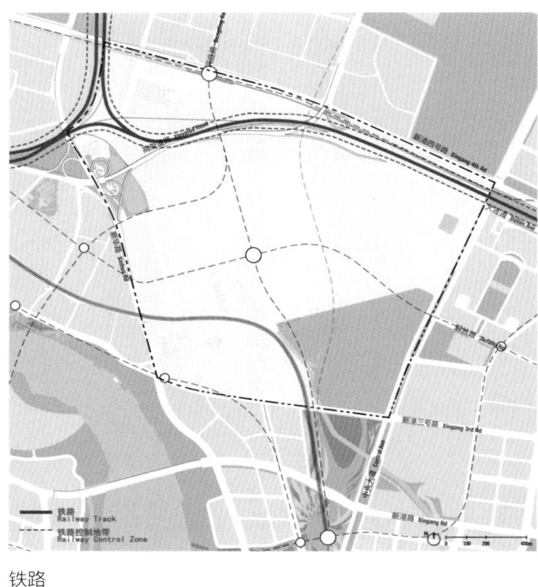

铁路

主要联系道路

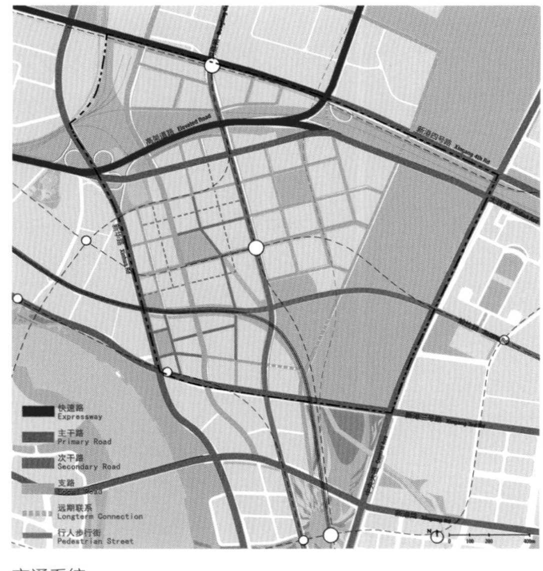

交通系统

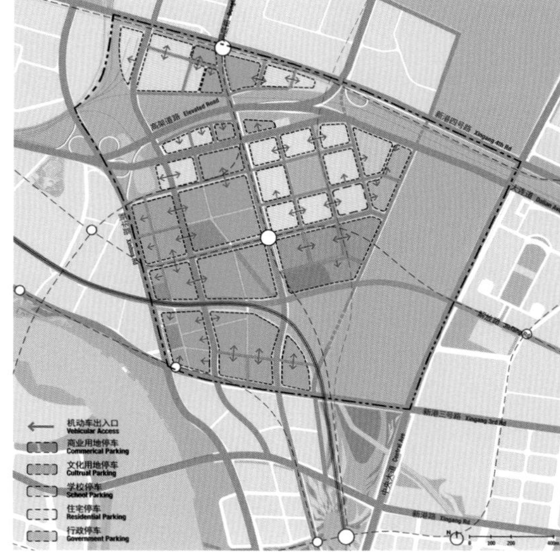

车辆出入口及停车

步行及自行车系统

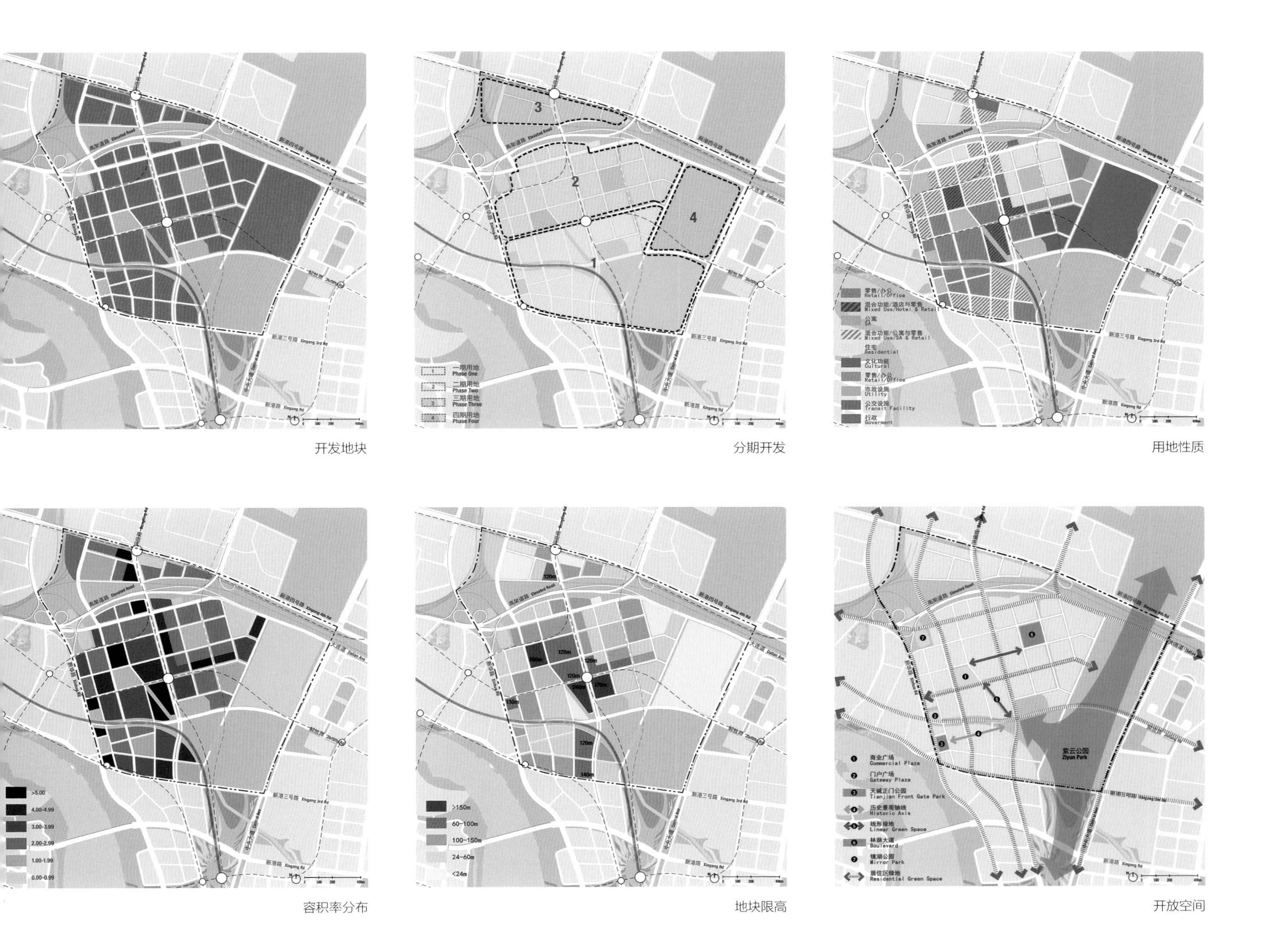

开发地块　分期开发　用地性质

容积率分布　地块限高　开放空间

天际线与体量策略　Skyline and Massing Strategy

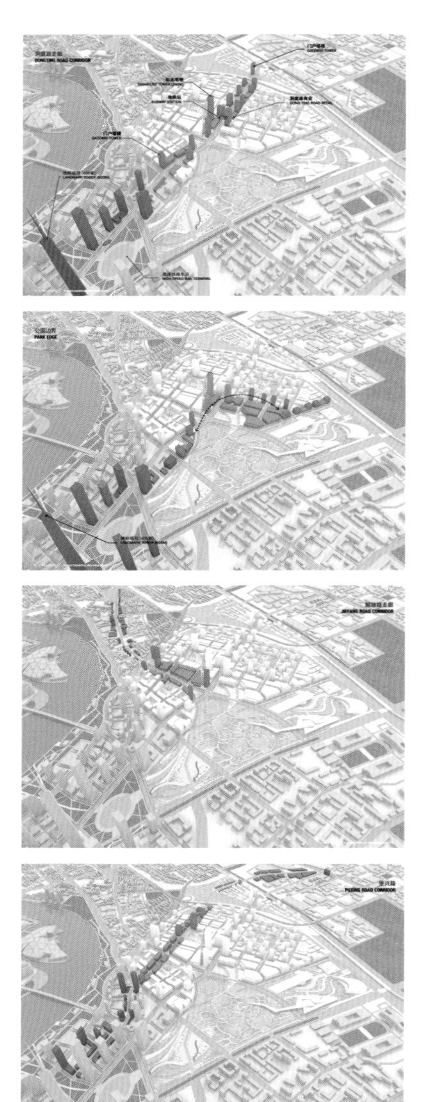

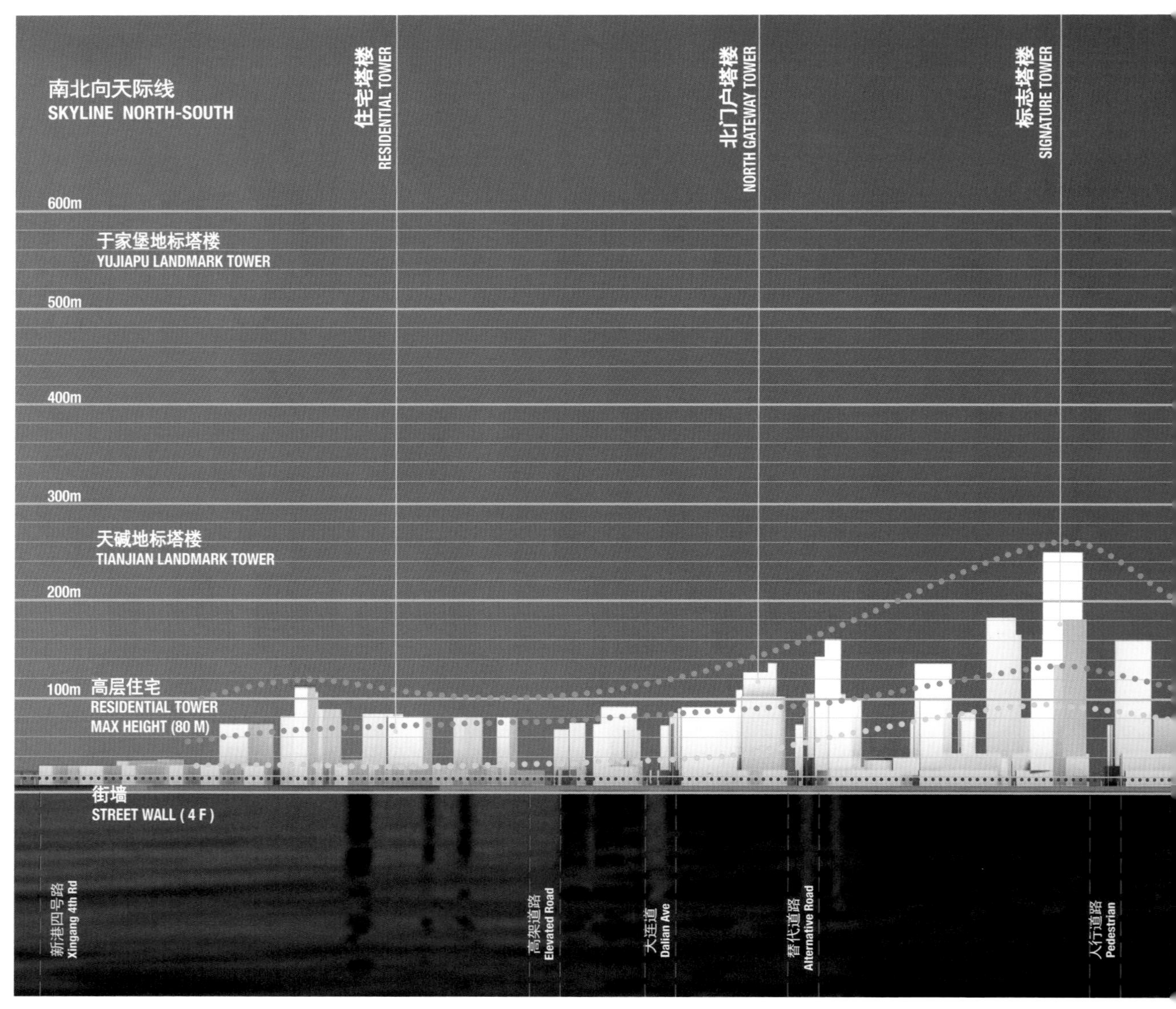

南北向天际线

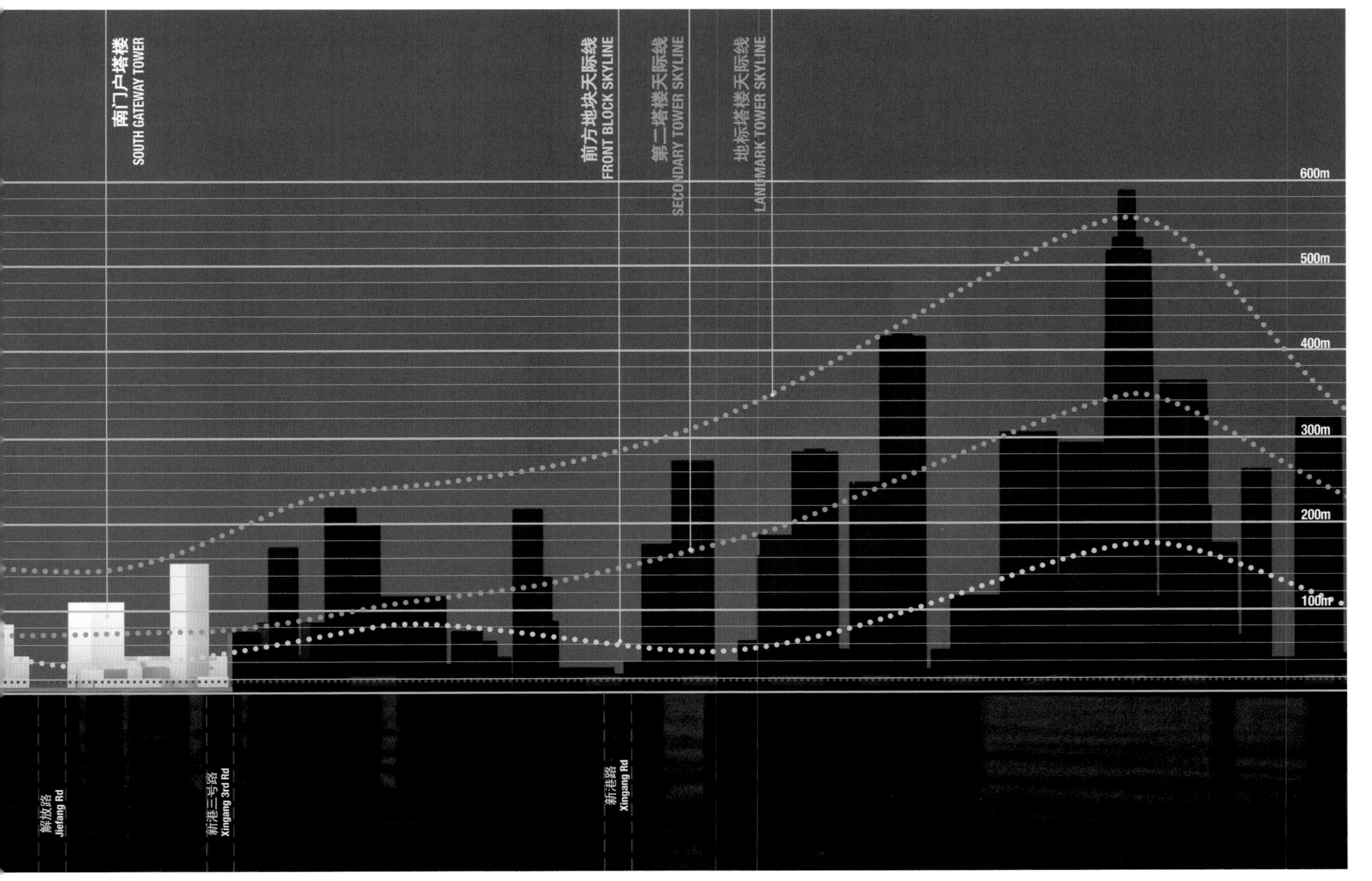
南门户塔楼
SOUTH GATEWAY TOWER
前方地块天际线
FRONT BLOCK SKYLINE
第二塔楼天际线
SECONDARY TOWER SKYLINE
地标塔楼天际线
LANDMARK TOWER SKYLINE
600m
500m
400m
300m
200m
100m
解放路
Jiefang Rd
新港三号路
Xingang 3rd Rd
新港路
Xingang Rd

南北向天际线

工业遗产保护 Heritage Building Preservation

基地分析

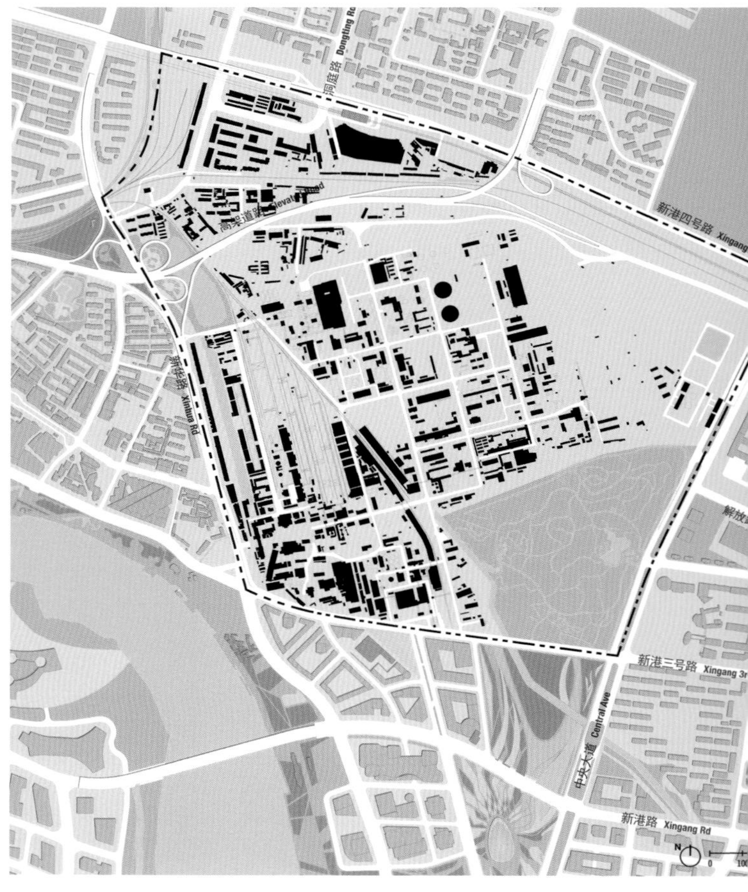

现有建筑

白灰窑

科学会馆

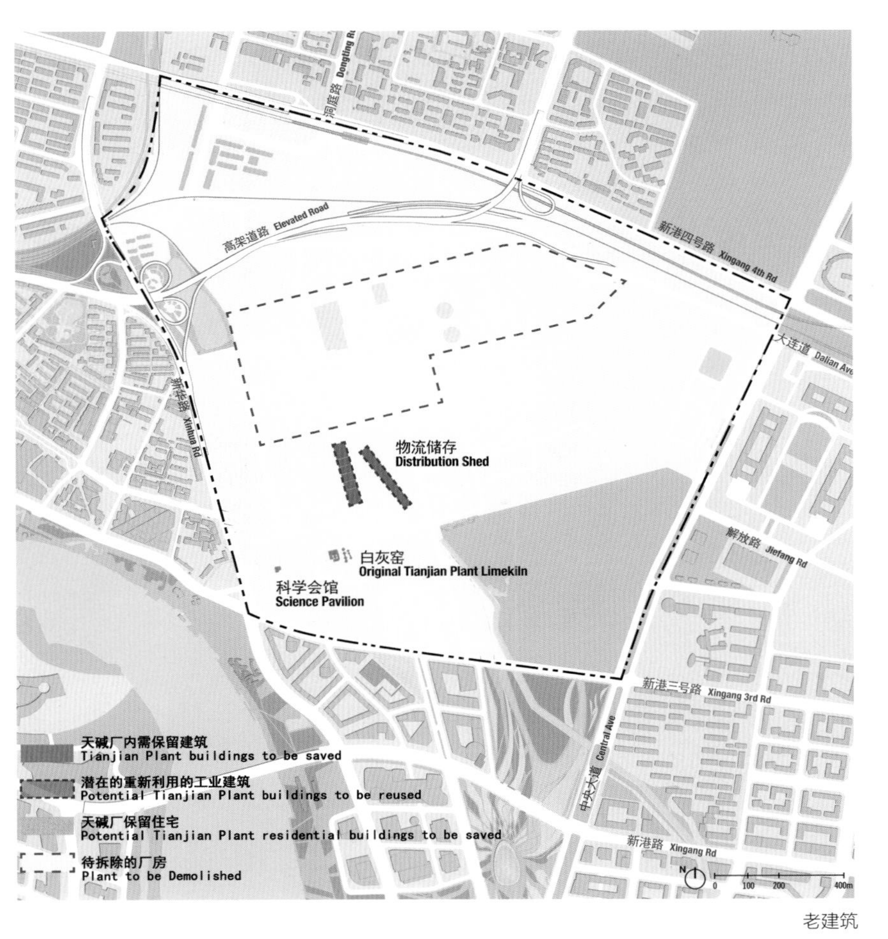
洞庭路 Dongting Rd
高架道路 Elevated Road
新港四号路 Xingang 4th Rd
大连道 Dalian Ave
新华路 Xinhua Rd
物流储存
Distribution Shed
白灰窑
Original Tianjian Plant Limekiln
科学会馆
Science Pavilion
解放路 Jiefang Rd
新港三号路 Xingang 3rd Rd
中央大道 Central Ave
新港路 Xingang Rd
天碱厂内需保留建筑
Tianjian Plant buildings to be saved
潜在的重新利用的工业建筑
Potential Tianjian Plant buildings to be reused
天碱厂保留住宅
Potential Tianjian Plant residential buildings to be saved
待拆除的厂房
Plant to be Demolished
N
0 100 200 400m

老建筑

现有居住建筑

物流储存室

天碱解放路地区城市设计鸟瞰图（2011 年 10 月）

2011—2013年

天津滨海新区文化中心
城市设计概念方案

2011—2013 Urban Design Concept Plan
for Cultural Center in Binhai New Area, Tianjin

城市设计概念方案 ▷

第一阶段：以近期建设为重点的方案深化

- 深化背景
- 深化方案
- 资金测算与实施建议

深化背景
Deepening Background

2011 年 5 月，天津中心城区文化中心建成并投入使用，它以高品质的文化建筑围合开放空间，打造成市民公共文化活动的城市客厅。这既是对滨海新区文化中心的巨大激励，也对它的建设提出了更高的要求。在此背景下，虽然滨海新区文化中心建筑群概念设计国际咨询方案（2010—2011 年）中大师们的设计构想极富吸引力，但决策者并没有草率落子，而是决定预留原设计方案中的四组核心场馆用地，近期先建设需求迫切的场馆。

在 2010—2011 年天津滨海新区文化中心建筑群概念设计国际咨询方案的基础上，结合滨海新区文化中心近期规划、天碱解放路地区规划设计、中央大道景观规划设计和于家堡招商引资等，我们对滨海新区文化中心进行重新审视和方案深化，从近、远期建设和空间形态布局两方面进行重点研究。

近、远期建设：

（1）解放路以北地块作为近期文化设施建设用地，对近期建设项目单体进行详细功能策划，并与天碱解放路地区规划设计初步结合；

（2）原东侧文化场馆用地进行预留，近期作为绿化停车使用，远期开发建设文化场馆，并对原场馆位置进行调整。

空间形态布局：

空间形态考虑南侧紫云公园，层次分明、高低错落。结合紫云公园绿化，将高层建筑向南集中布置在文化中心近期建设区。

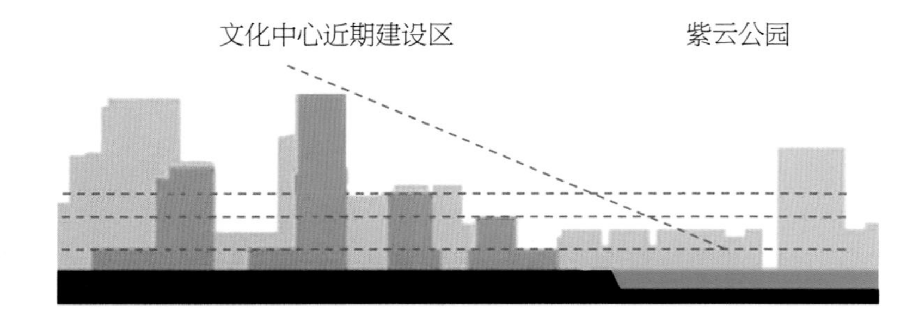

规划总用地：45 公顷

近期建设用地：13 公顷

近期建设场馆：传媒大厦、滨海群众艺术馆、滨海数字图书档案馆、滨海科普馆

文化中心近、远期建设分区图

深化方案（2011.05—2011.11）
Deepening Scheme（2011.05—2011.11）

天津市城市规划设计研究院

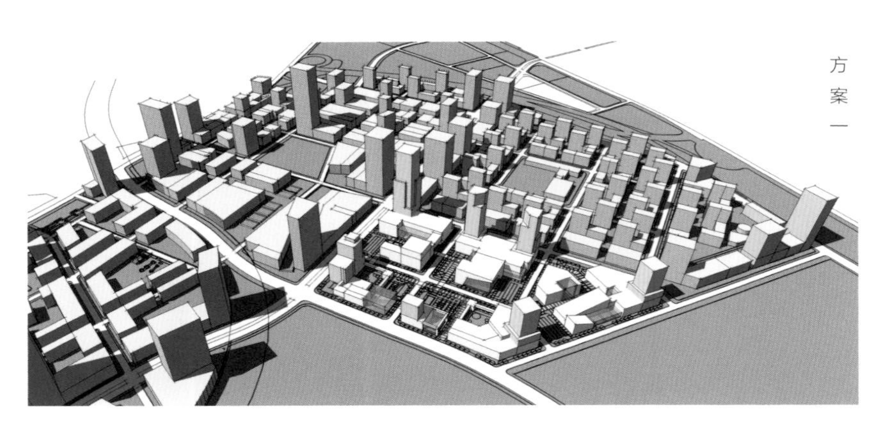

方案一

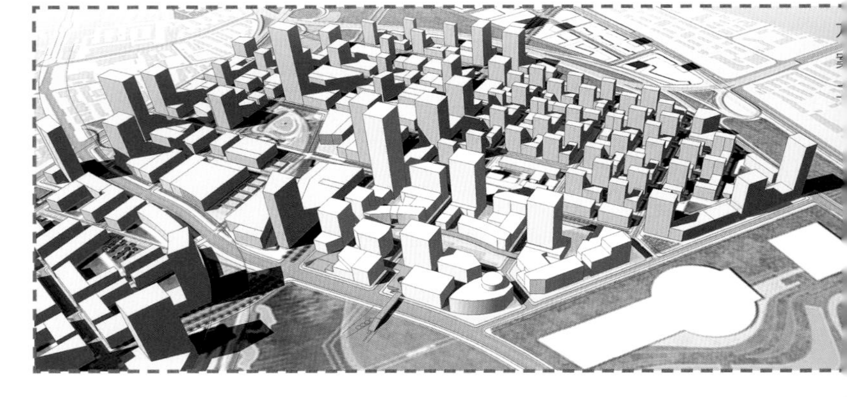

方案五

方案九

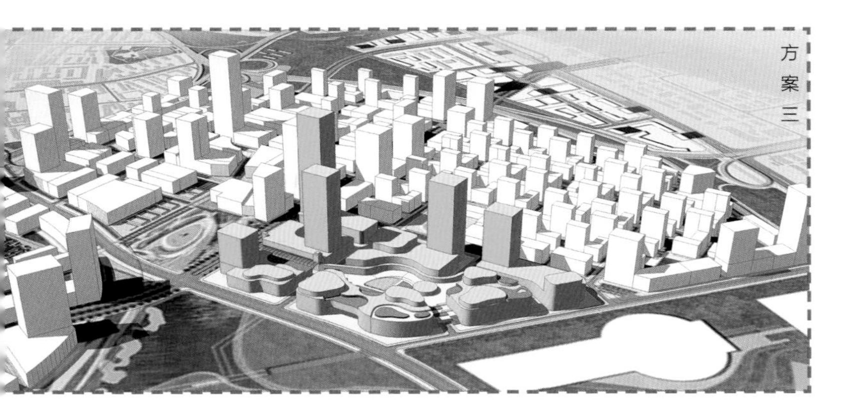

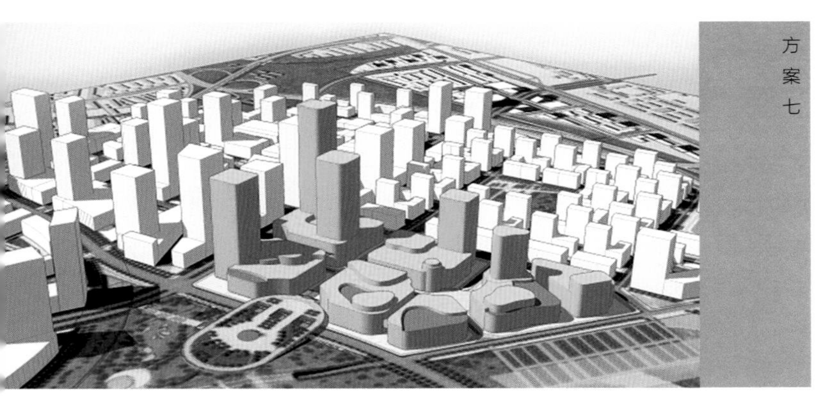

本阶段共规划 12 版方案进行比选，选取方案二、方案三、方案五和方案六，进行详细说明（ [虚线框] 内为选取方案）

方案二：街区布局，围合广场

空间布局

街区式布局延续天碱城市空间，内部围合广场，建筑之间通过连廊相连。

建设规模

总用地面积：13 公顷

总建筑面积：50 万平方米

功能构成

群众艺术馆，图书档案馆，科普馆，传媒大厦，商业中心。

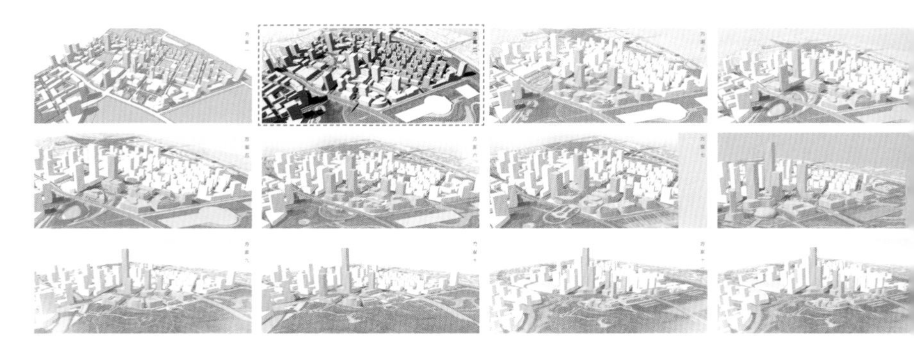
示意图

鸟瞰图

N
5
5
4
1
2
3
平面图

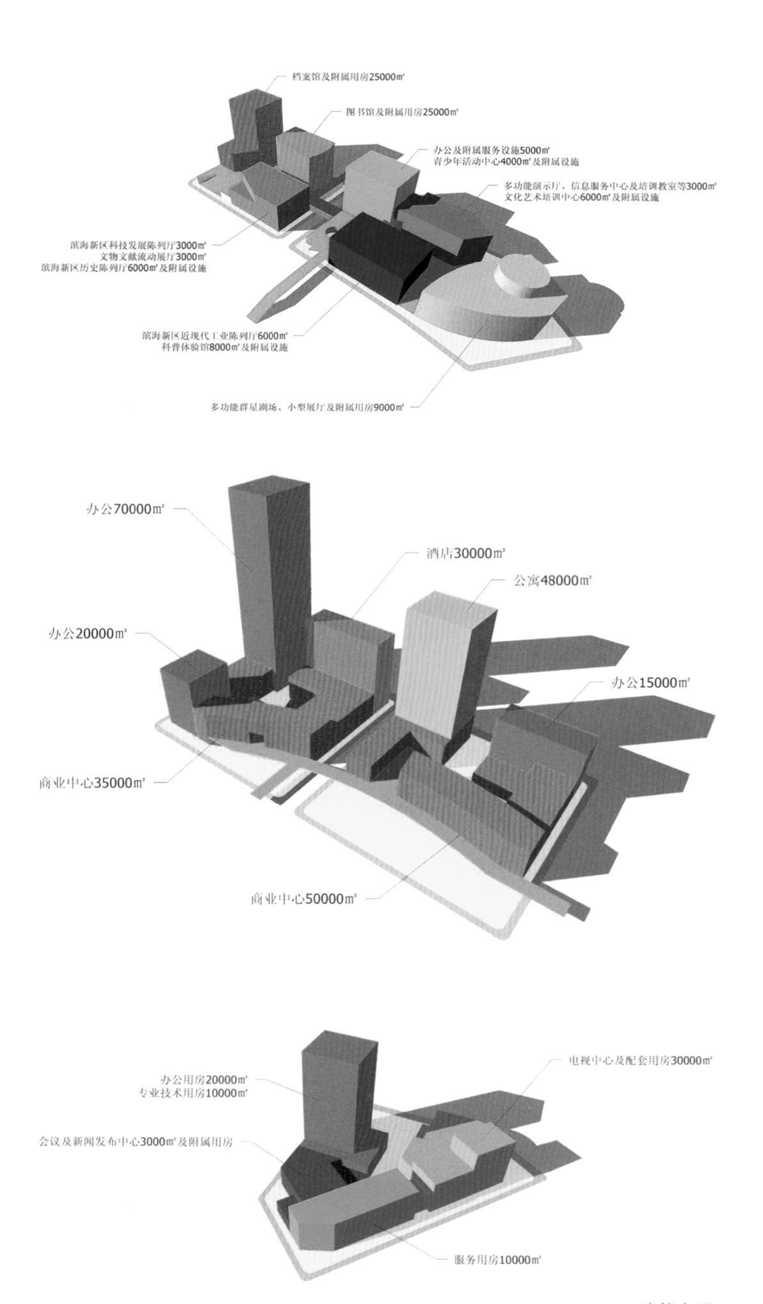
档案馆及附属用房25000㎡
图书馆及附属用房25000㎡
办公及附属服务设施5000㎡
青少年活动中心4000㎡及附属设施
多功能演示厅、信息服务中心及培训教室等3000㎡
文化艺术培训中心6000㎡及附属设施
滨海新区科技发展陈列厅3000㎡
文物文献流动展厅3000㎡
滨海新区历史陈列厅6000㎡及附属设施
滨海新区近现代工业陈列厅6000㎡
科普体验馆8000㎡及附属设施
多功能群星剧场、小型展厅及附属用房9000㎡
办公70000㎡
酒店30000㎡
公寓48000㎡
办公20000㎡
办公15000㎡
商业中心35000㎡
商业中心50000㎡
办公用房20000㎡
专业技术用房10000㎡
电视中心及配套用房30000㎡
会议及新闻发布中心3000㎡及附属用房
服务用房10000㎡
功能布局

方案三：曲线界面，柔和丰富

空间布局

曲线的使用增加建筑群的整体性和可识别性，朝向公园的界面变得更柔和、丰富。

建设规模

总用地面积：13 公顷

总建筑面积：50 万平方米

功能构成

群众艺术馆，传媒大厦，科普馆，图书档案馆，规划展览馆，商业综合体、酒店。

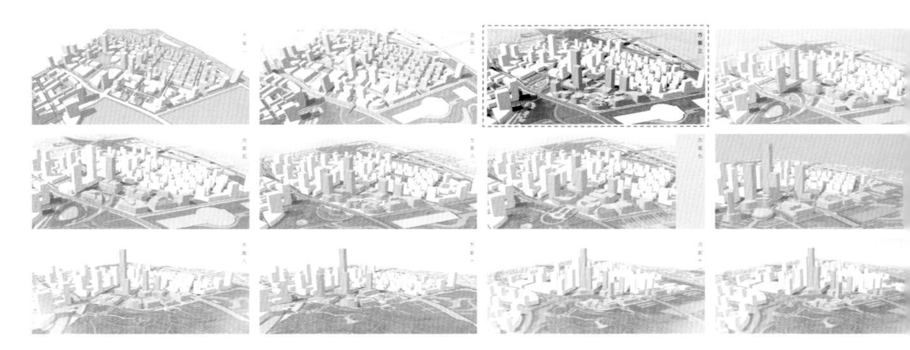

示意图

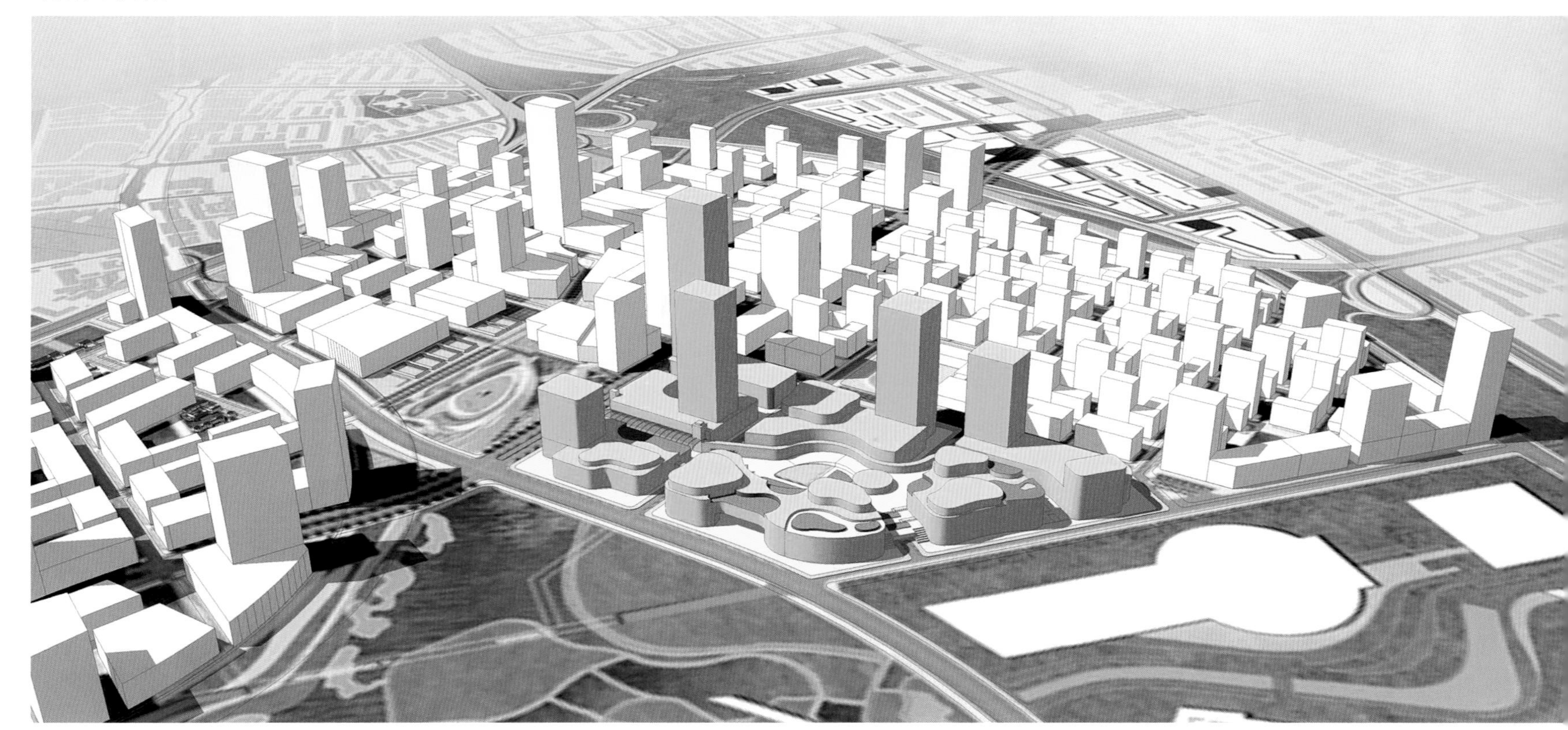

鸟瞰图

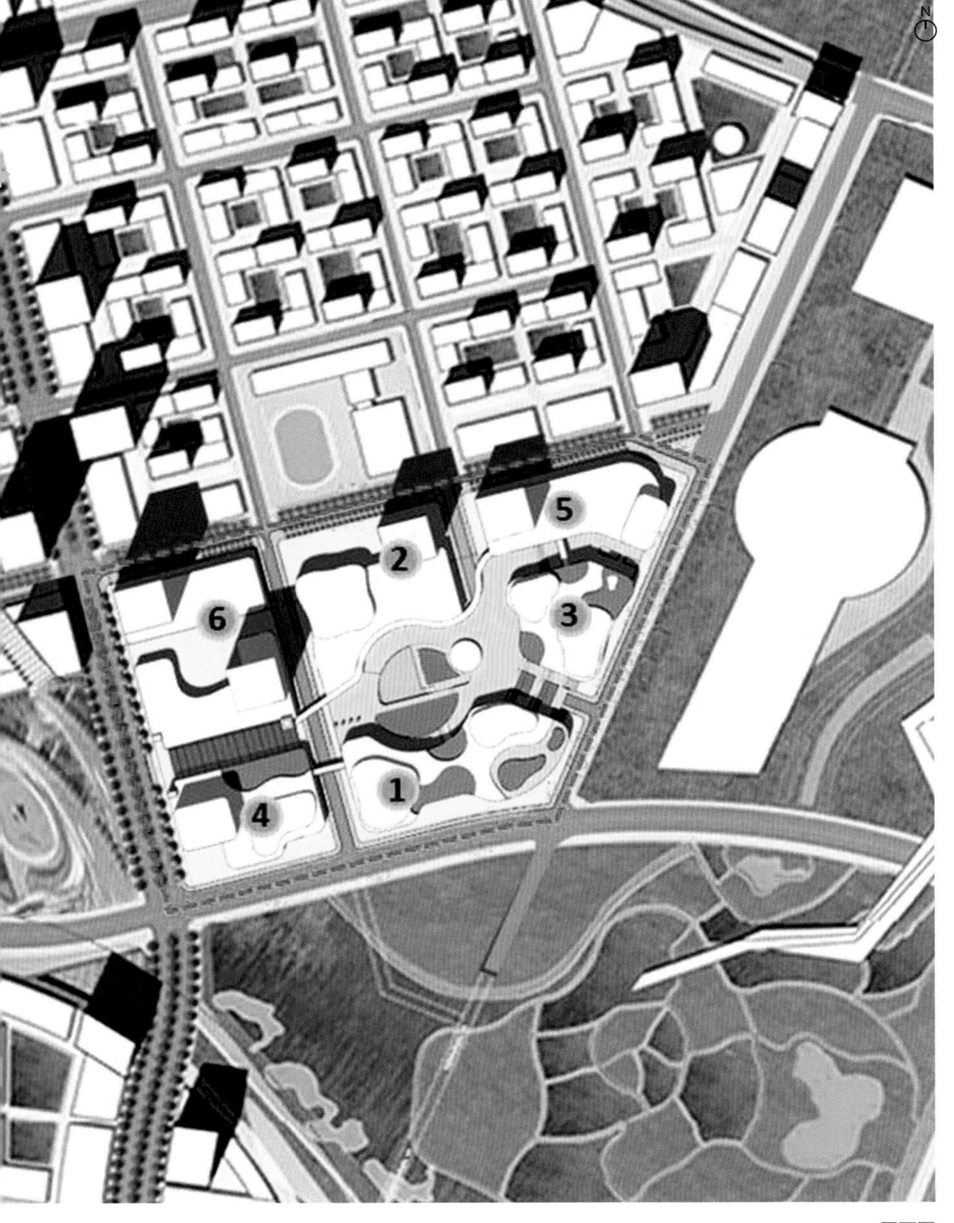

平面图

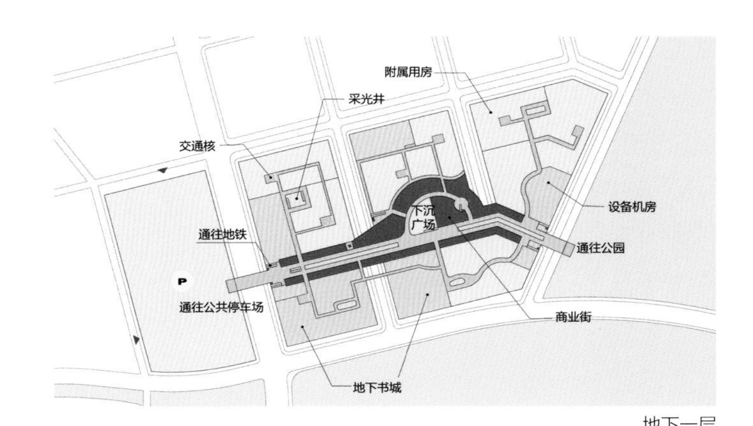

地下一层

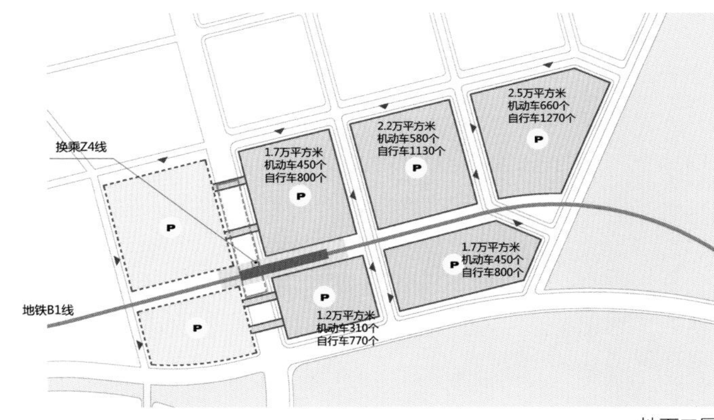

地下二层

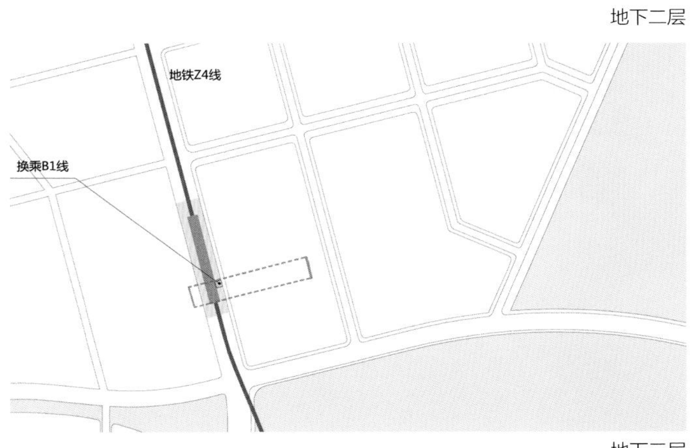

地下三层

方案五：引入公园，扩展功能（规划展览馆单独建设）

空间布局

规划展览馆单独占地，便于管理，但用地和资金无法平衡，实施难度较大。

建设规模

总用地面积：20 公顷

总建筑面积：25 万平方米

功能构成

群众艺术馆，传媒大厦，科普馆，图书档案馆，规划展览馆，文化广场。

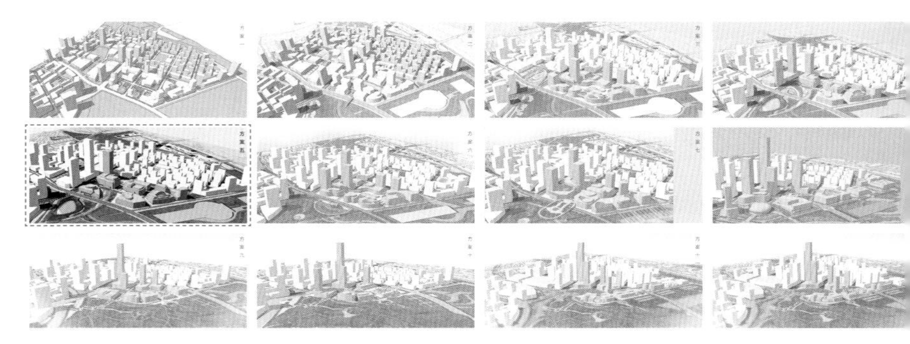

示意图

鸟瞰图

N
图书档案馆（含城建档案）
科普馆
传媒大厦
群众艺术馆
规划展览馆
文化广场

平面图

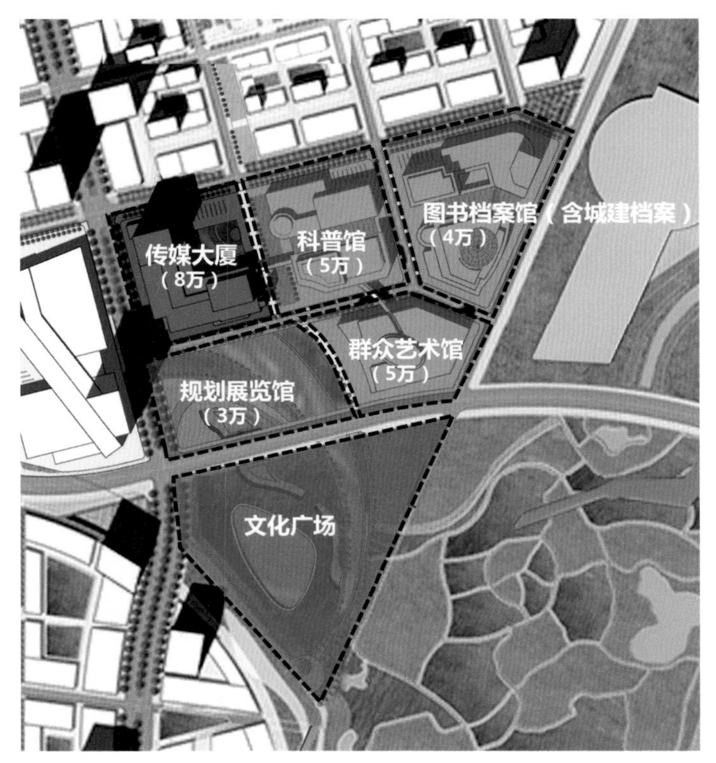
图书档案馆（含城建档案）
（4万）
科普馆
（5万）
传媒大厦
（8万）
群众艺术馆
（5万）
规划展览馆
（3万）
文化广场

场馆建筑面积

方案六：引入公园，扩展功能

空间布局

规划展览馆与科普馆合并，用地内增加经营性建筑规模。

建设规模

总用地面积：20 公顷

总建筑面积：40 万平方米

功能构成

群众艺术馆，传媒大厦，科普馆，规划展览馆，图书档案馆，商业综合体，文化广场。

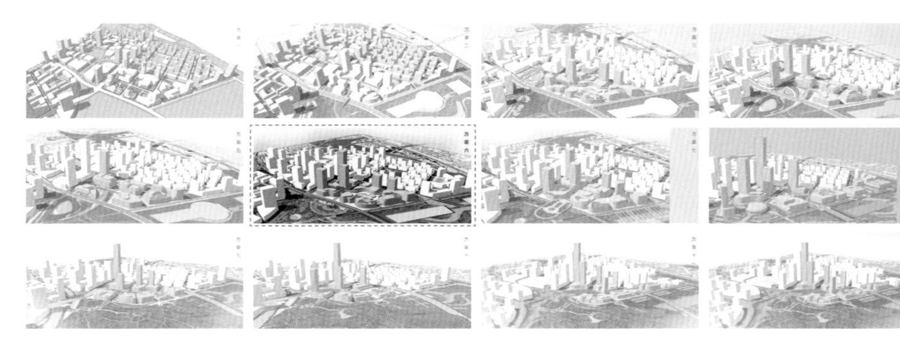

示意图

鸟瞰图

N
图书档案馆（含城建档案）
群众艺术馆
商业综合体
科普馆
规划馆
传媒大厦
文化广场
平面图

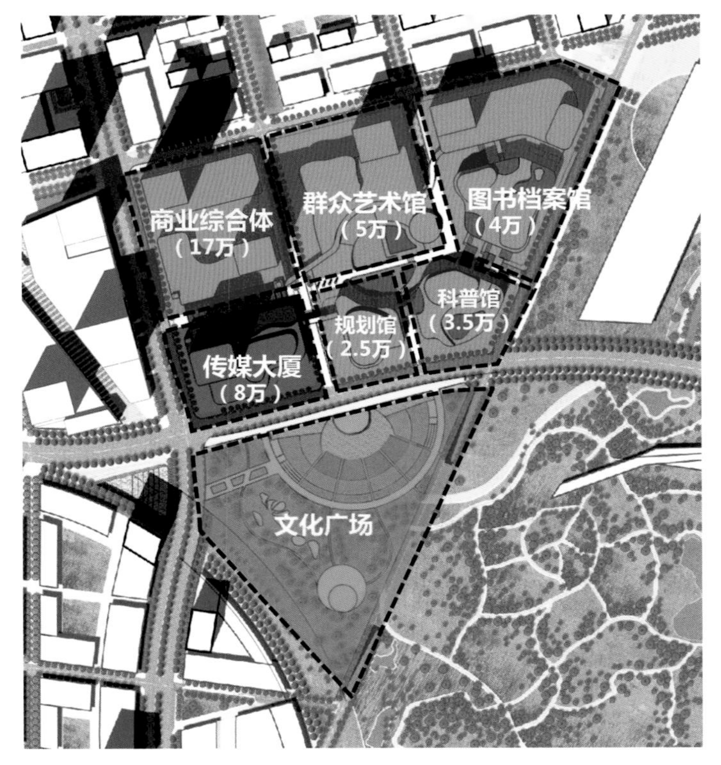
商业综合体
（17万）
群众艺术馆
（5万）
图书档案馆
（4万）
科普馆
（3.5万）
规划馆
（2.5万）
传媒大厦
（8万）
文化广场
场馆建筑面积

资金测算与实施建议
Fund Estimation and Implementation Recommendation

整体开发

一次性建设的必要性和可能性：
完善新区功能，促进文化产业，近期形成规模，带动天碱、中央大道及公园建设，统筹轨道地下空间建设，新区近期形成亮点。

建设模式比较

与城市文化设施的“传统建设模式”（政府一次性投资模式和 BT 模式）相比，“市场化运作模式”采取政府主导、市场化运作、社会化管理方式，充分利用政府的资源，减少启动资金的投入，合理利用资金流滚动开发，有利于一次性启动开发建设，规划建设水平高，且建成后政府的负担相对较小，因此应优先考虑。

市场化运作

融资渠道和资金运作（政府投入启动资金）：成立一家具有实力的公共文化设施投资建设公司，政府投入部分文化产业建设资金。公司自有资金或融资 13 亿元，先分期缴纳土地出让金。取得土地后，土地抵押贷款 10 亿元左右。公司利用土地抵押贷款资金投入土建工程，建设公司代建（BT）直到封顶。完成部分投资后，公寓、商业、写字楼可进行销售，销售收入可继续投入工程建设。项目资金可以运作，并有销售现金流收入。同时，建成后的文化设施建设可再抵押。投入使用后，不可销售部分有租金和经营收入。

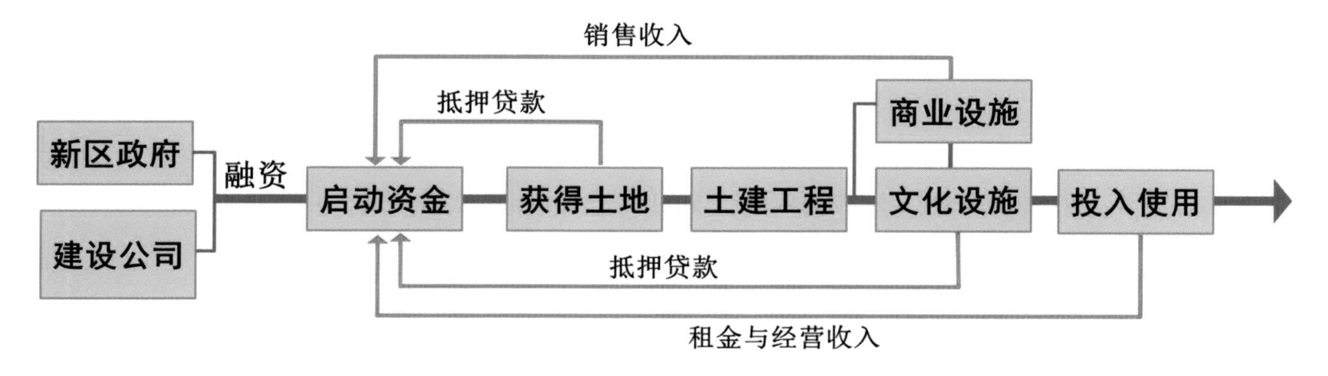

融资及资金运作流程示意图

N
洞庭路
文化艺术中心
临时绿化
新区文化产业
综合体
文化商务中心
解放路
文化广场
花园路
紫云公园
中央大道
新港三号路
金龙北绿地
近期建设绿化
近期建设地块
近期建设道路

近期建设内容

城市设计概念方案 ▷▷

第二阶段：结合天碱解放路地区城市设计的整合深化

- 整合背景
- 整合方案

整合背景
Integration Background

2011 年 12 月，市领导对美国 SOM 设计公司负责编制的天碱解放路地区城市设计提出了深化调整要求：天津碱厂地区的规划十分重要，它处于新区核心区，应明确功能定位，结合于家堡、紫云公园、外滩景观、天际线进行统筹考虑，此方案的天际线、建筑层高、形体变化等均需全面提升调整。按照市领导的要求，市规划局会同滨海新区政府，组织滨海新区规划和国土资源管理局、中心商务区管委会开展了天碱解放路地区城市设计调整工作，重点从功能定位、空间形态及交通组织等方面对方案进行了深化完善。同时，滨海新区文化中心结合天碱解放路地区城市设计，在规划结构、用地布局、交通组织以及空间形态等方面进行了深化设计。

天碱解放路地区城市设计提升（天津市渤海城市规划设计研究院）

原方案（美国 SOM 设计公司方案）存在的问题

（1）商业区区位靠近北部，距离海河较远，对外交通组织不畅，商业形态不明确；
（2）紫云公园绿轴与海河绿轴没有连通；
（3）区域空间形态上主体不突出，较为分散。

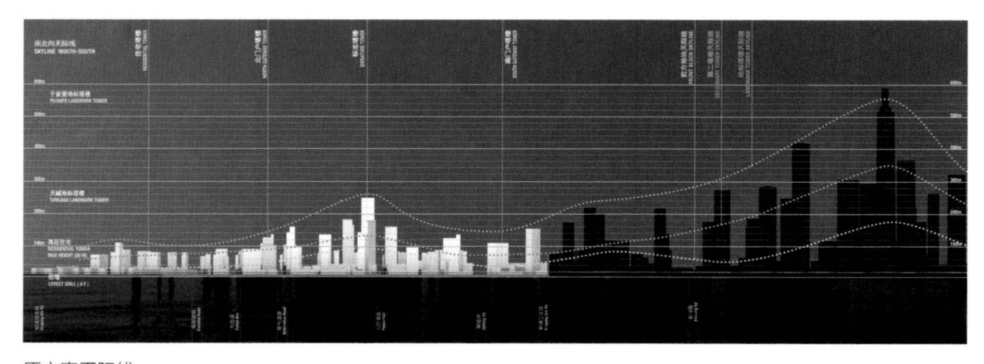

原方案天际线

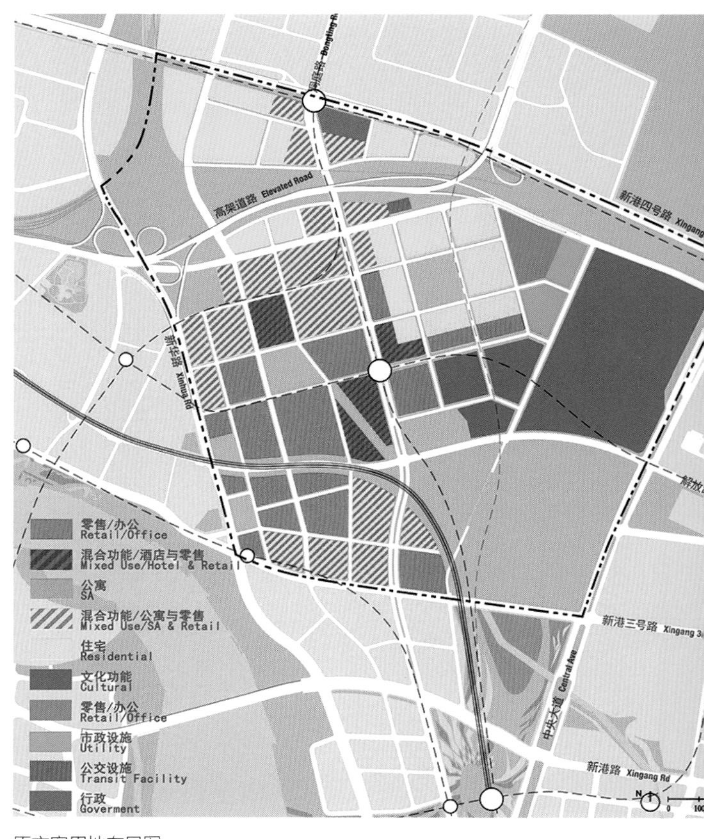

原方案用地布局图

延续原方案（美国 SOM 设计公司方案）的优点

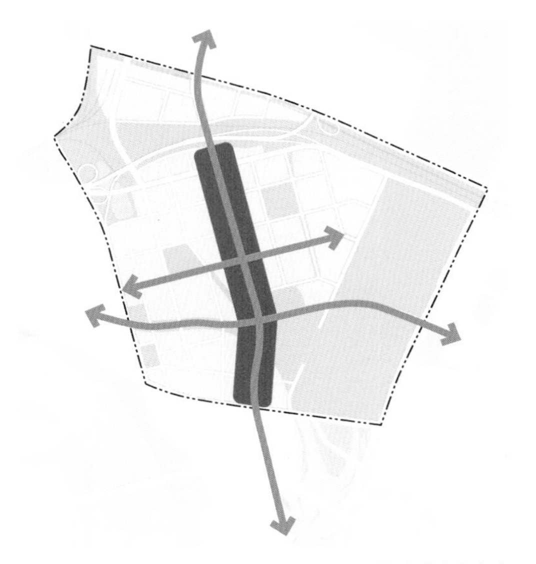
洞庭路商业走廊

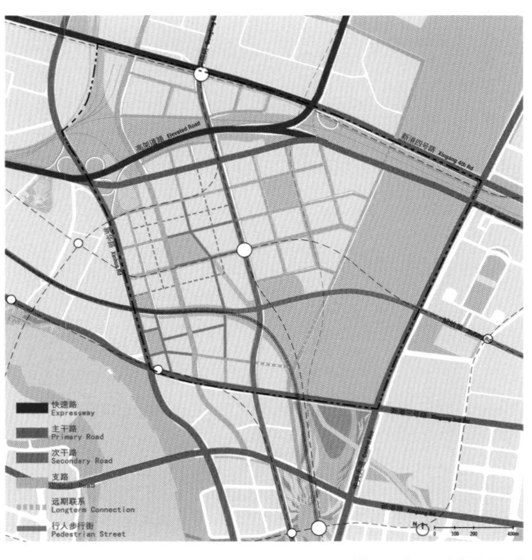

延续天碱厂区道路肌理

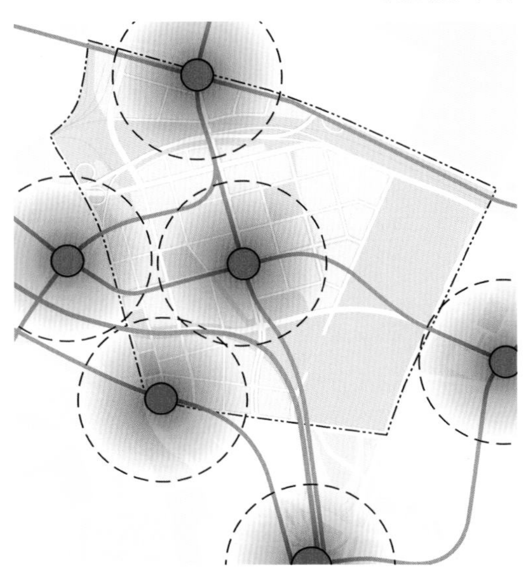
以公交为导向

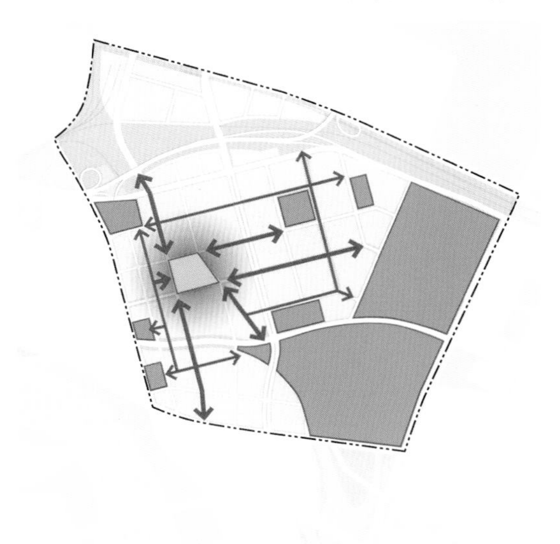
以步行系统联系开放空间

优化规划结构

两　心：天碱商业中心

　　　　滨海新区文化中心

两　轴：解放路商业轴

　　　　洞庭路商业轴

三廊道：海河外滩廊道

　　　　中央大道开放空间廊道

　　　　天碱记忆廊道

优化规划结构

优化绿化廊道

贯通中央大道绿色景观廊道，建立中央大道廊道与海河相连的“天碱记忆”景观绿轴，优化铁路生态廊道。

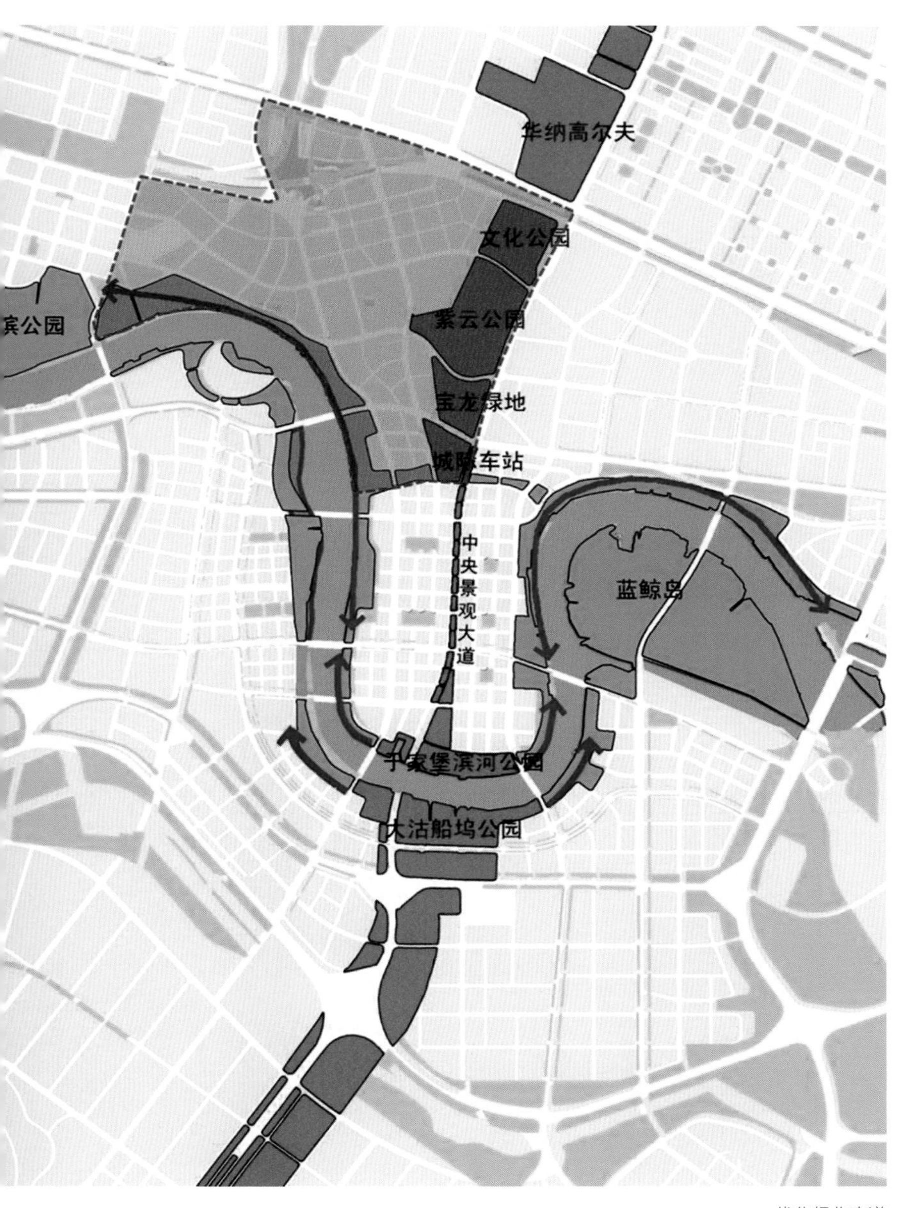

优化绿化廊道

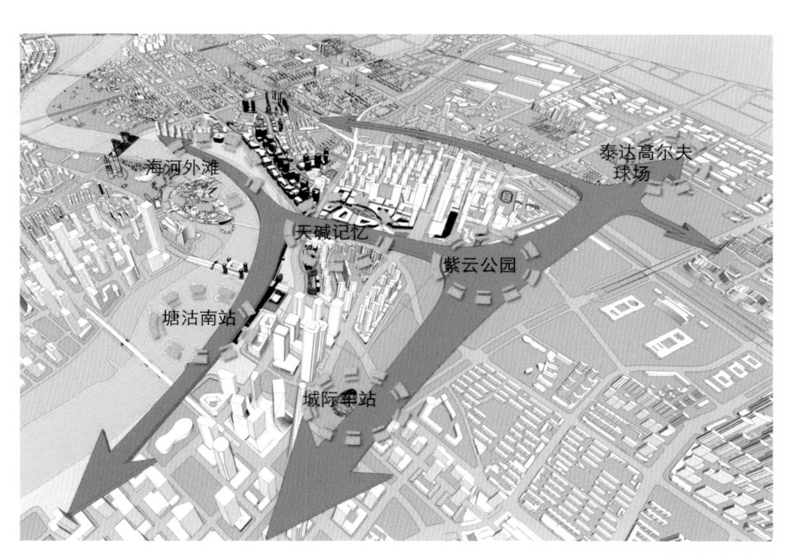

优化绿化廊道

优化绿化廊道

优化路网结构

（1）保持原规划交通干道走向，线位根据地形等因素进行微调；

（2）保留步行商业街区理念，结合公共空间设置，营造良好的休闲步行环境；

（3）优化解放路、旭升路和新港三号路与紫云公园现有地形的关系。

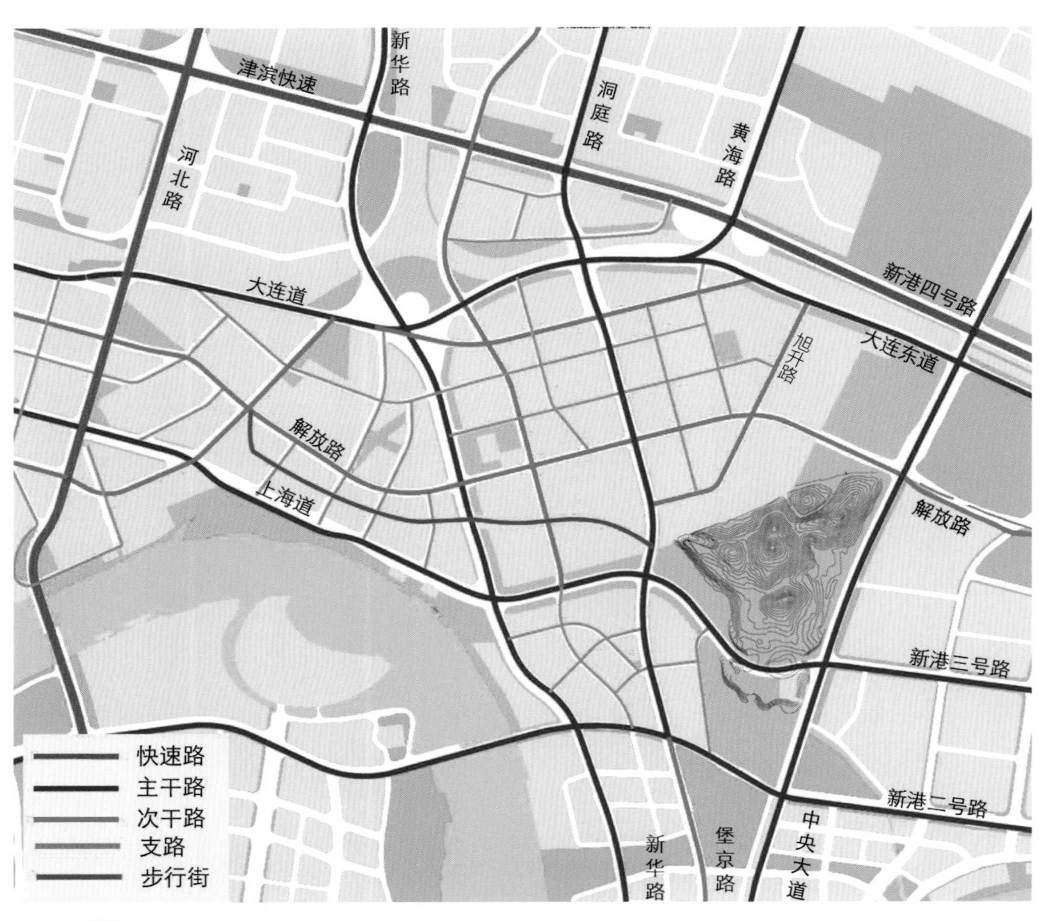

优化路网结构

原方案（SOM 方案）路网结构

优化用地布局

（1）保持紫云公园的完整性，减少挖方量；

（2）商业地块扩大，且临近城市道路和海河，商业界面与城市开放空间紧密结合；

（3）利用高铁控制线的地面空间，将解放路步行商业街延伸至大型商业综合体。

优化用地布局

原方案（SOM 方案）用地布局

优化轨道交通

（1）优化 B2 线，降低穿越铁路施工难度，并在天碱商业区内部增加一处轨道换乘车站；

（2）结合城市主干道，微调 B1 线位。

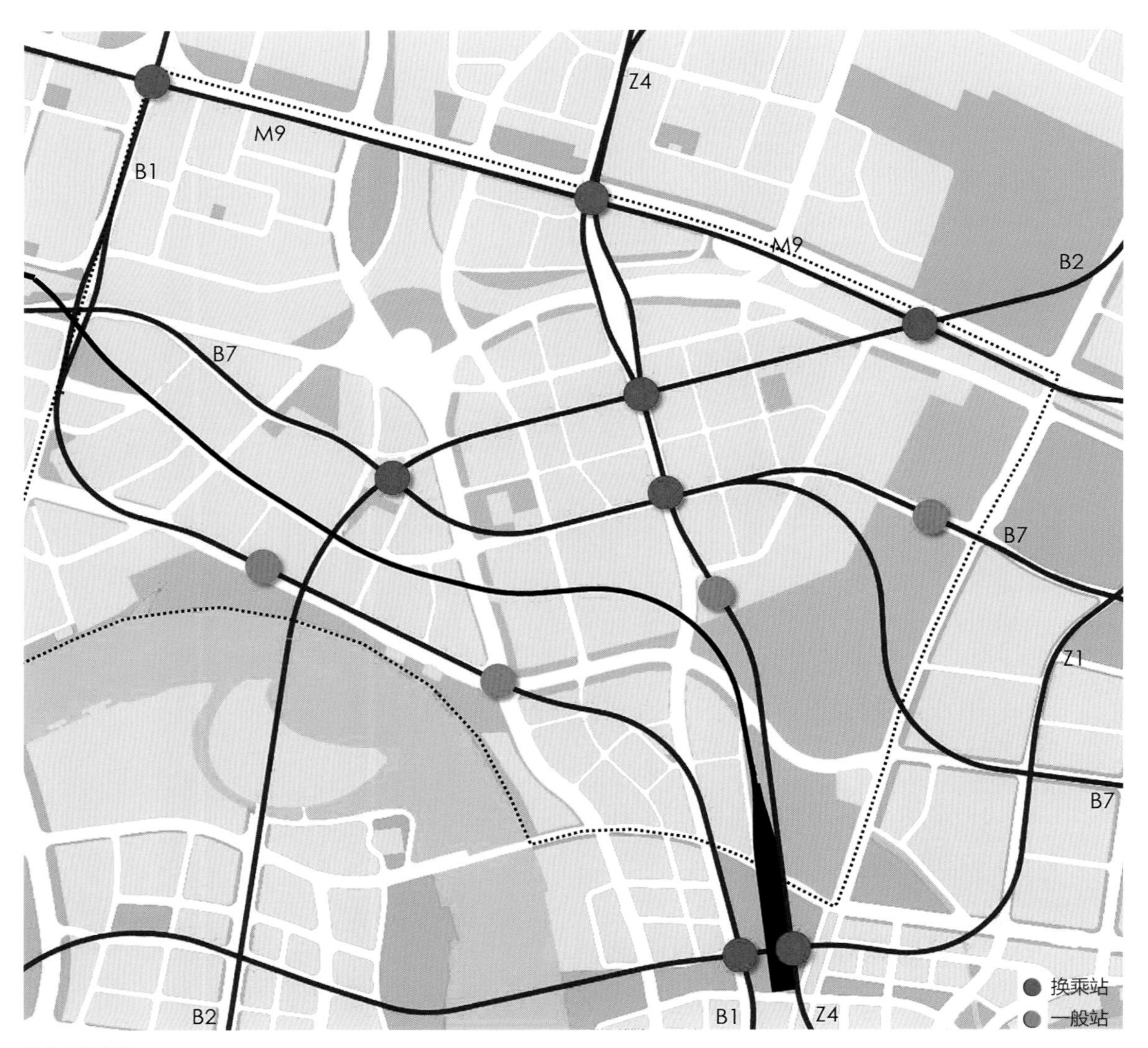

优化轨道交通

优化地下空间

（1）建立商业区与城际车站、轨道站点的地下交

（2）建立商业区与金融区、滨水空间的地下步行

优化地下空间

优化空间形态

规划形成以于家堡 588 米地标建筑为区域中心高度控制点，且响螺湾地标、于家堡南制高点和天碱制高点与之呼应的整体空间形态。

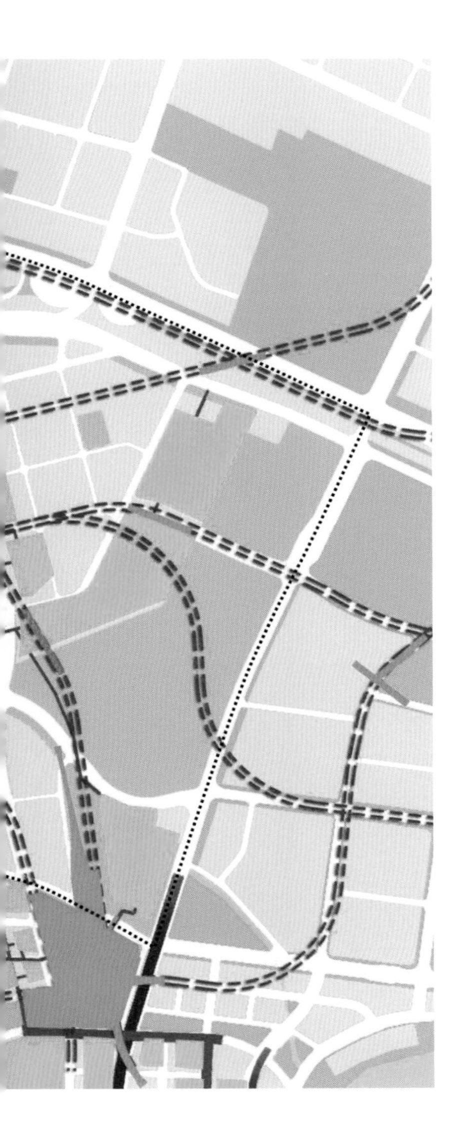

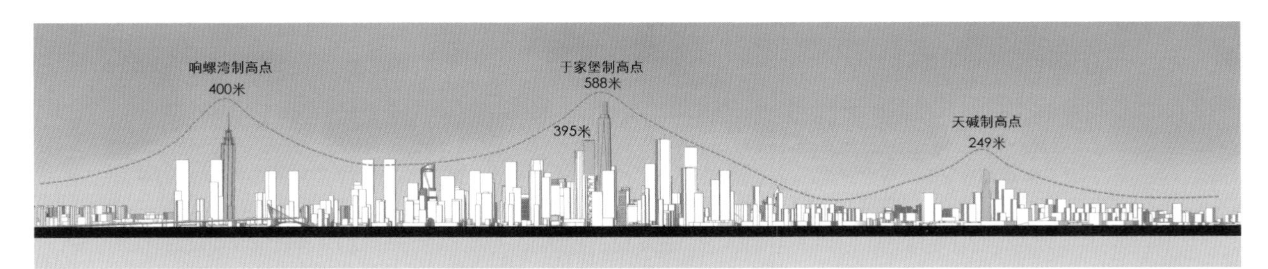

优化天际线

天碱空间模式仍然保持以结合轨道 TOD 开发的中投大厦标志建筑群为核心的基本形态，建筑高度沿滨水空间向中心和于家堡制高点逐层升高。

优化空间形态

天碱解放路地区综合商业中心（天津华汇工程建筑设计有限公司）

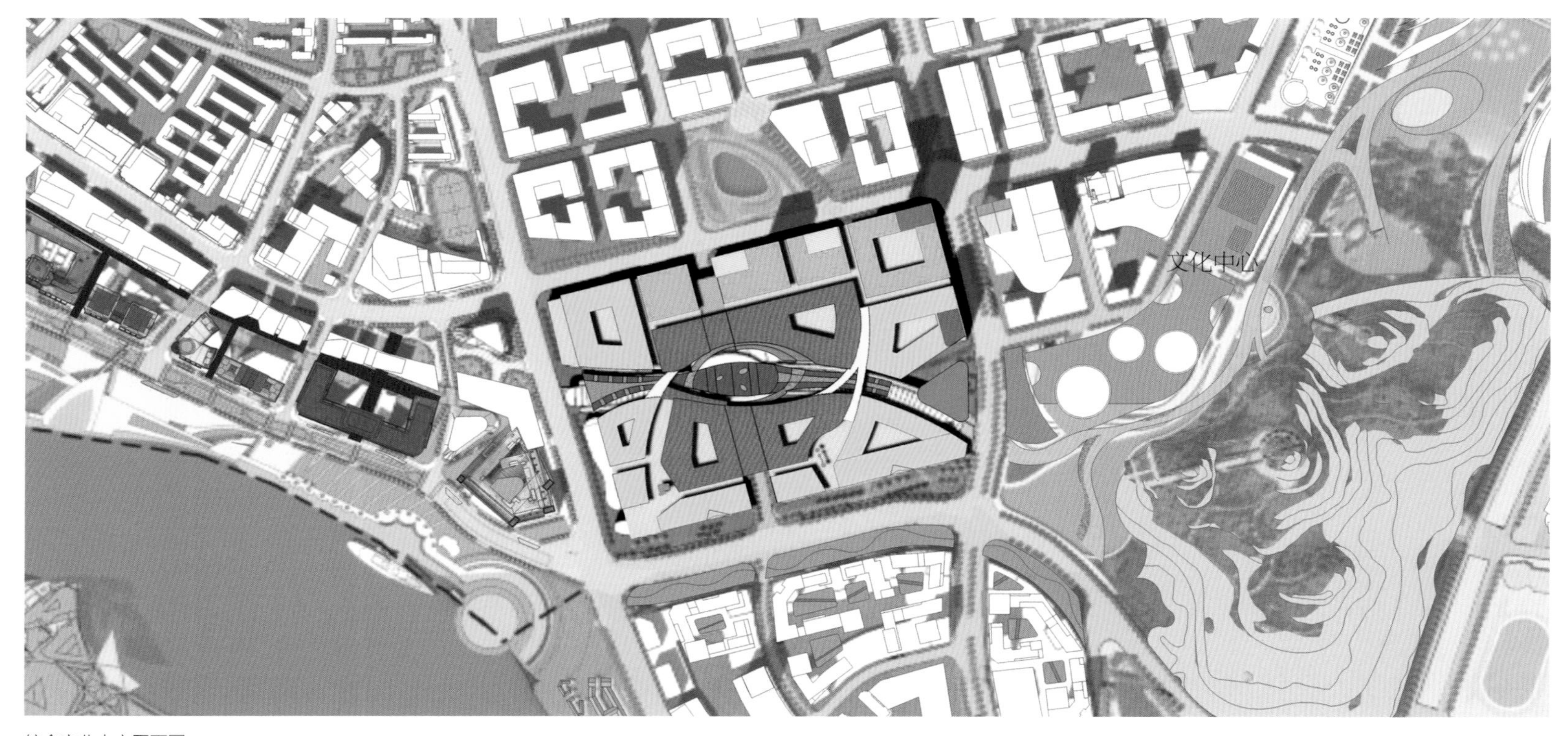

综合商业中心平面图

街景效果图

街景效果图

综合商业中心鸟瞰图

整合方案（2011.12—2013.06）
Integration Scheme（2011.12—2013.06）

天津市城市规划设计研究院

结合天碱解放路地区城市设计的提升，滨海新区文化中心进一步明确了规划范围、规划要求和功能定位，对文化中心的规划方案进行了整合深化，并开展了多方案比选的设计工作。

规划范围

四至范围：东至中央大道，南至新港三号路，西至洞庭路，北至大连道。
规划总用地：90 公顷（含文化设施用地面积 18.5 公顷）
近期规划用地：17 公顷

规划要求

在“双城双港”空间发展战略下，滨海新区文化中心应突出新区自身特色，与市区文化中心错位发展，共享共建；滨海新区力求与天津中心城区共同实现共建世界文化名城的目标。

功能定位

打造国际一流的综合性文化艺术区，形成独具滨海特色、充满活力的滨海新区市民文化活动中心。

共同思路

西侧建筑均积极界定中央绿轴完整界面，中央建筑均考虑对中央绿轴通透连续性的良好保持。

文化中心原规划范围平面图

文化中心优化规划范围平面图

滨海新区文化中心原规划范围内全部为建设用地，面积为 45 公顷（近期建设 13 公顷，远期预留 32 公顷）。用地界线优化后贯通了中央大道绿色景观廊道，规划总用地 90 公顷，其中建设用地面积为 17 公顷，为天碱解放路地区节约了 28 公顷的建设用地。

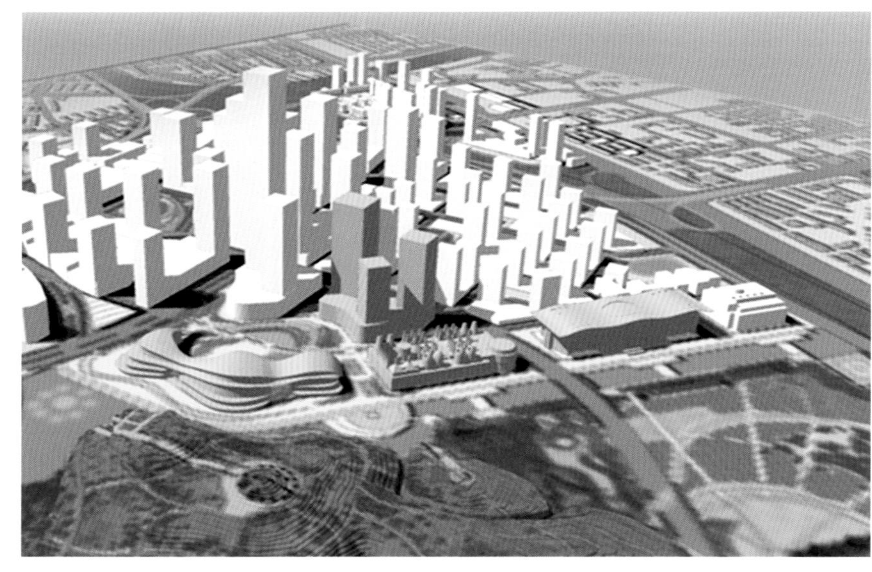

方案一

方案五

方案六

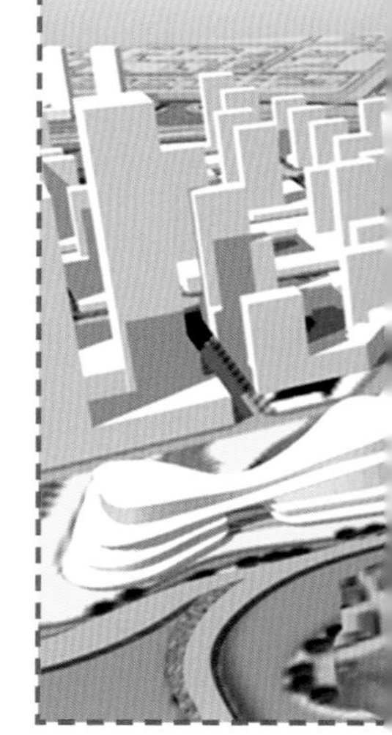

方案三

方案四

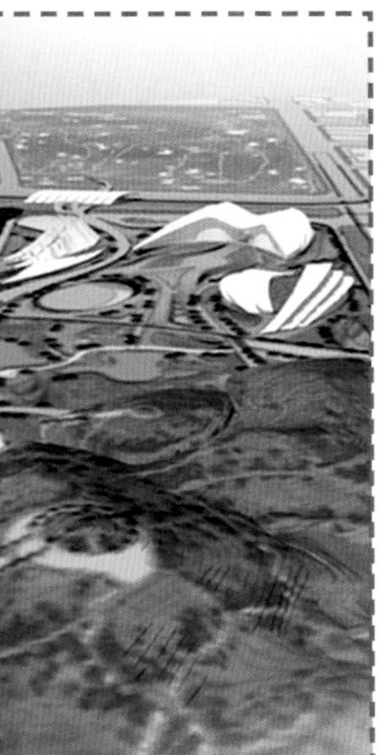
方案七

方案八

方案九

本阶段共规划 9 版方案进行比选，选取方案二、方案五、方案六、方案七和方案八，进行详细说明（【 】内为选取方案）

方案二：无围合空间

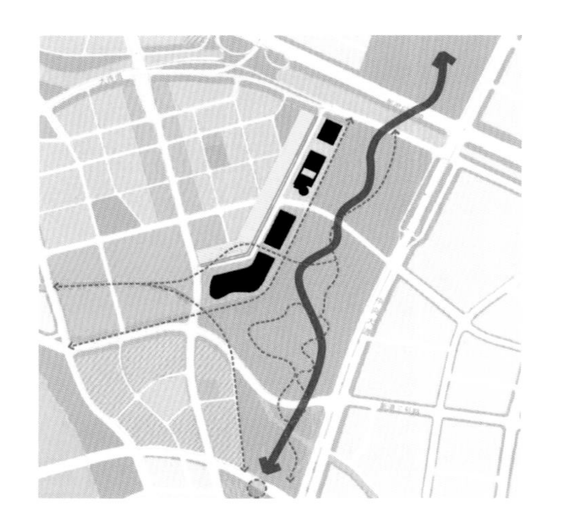

线性空间，多元界面

在保持公园完整通透的同时，利用文化建筑积极界定公园，通过不同建筑的丰富表情，塑造多元变化的界面。

平面图

效果图

效果图

方案五：中央围合空间

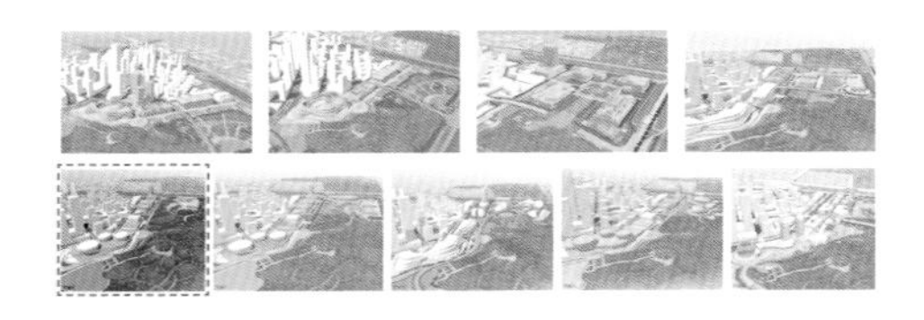

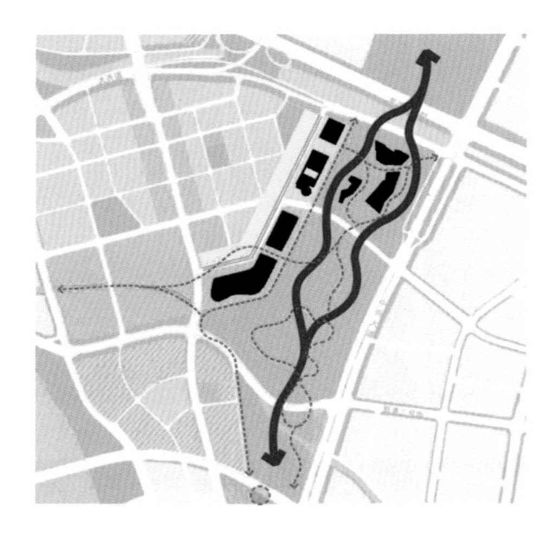

组群围合，绿轴通透

延伸海河商业界面，逐步向文化中心过渡。文化设施在北侧地块集中建设，建筑成组群紧凑布局，保持中央绿轴的完整、通透。

平面图

效果图

效果图

方案六：规整围合空间

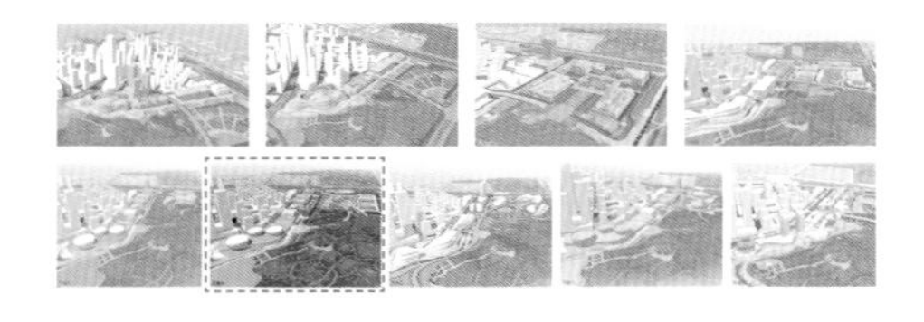

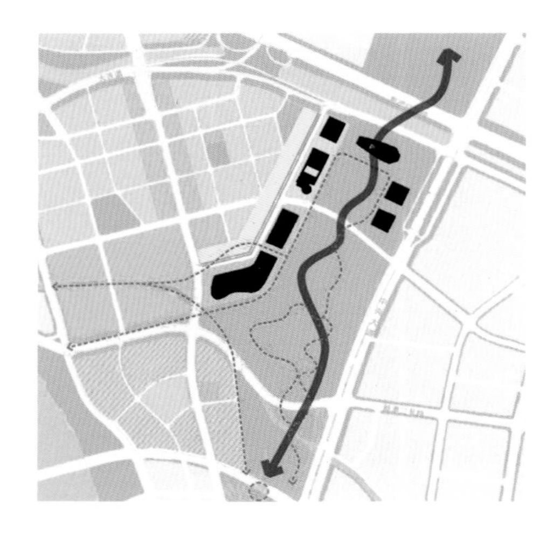

U 形布局，建筑雕塑

通过强调造型感，让文化建筑自身成为“雕塑”，同时提供未来眺望于家堡天际线最好的观景平台。

平面图

效果图

效果图

方案七：流线围合空间

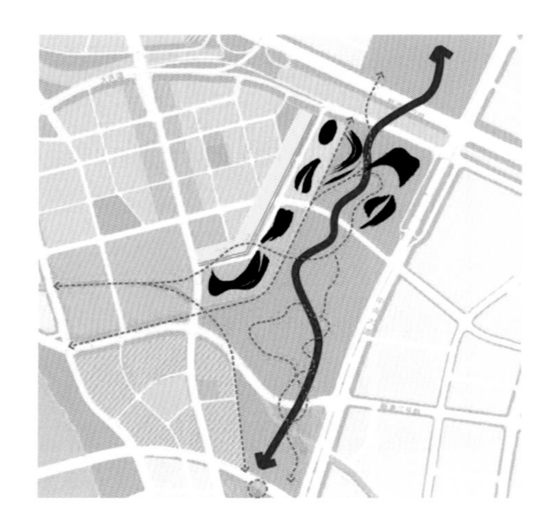

流线围合，亲人尺度

建筑造型以扎哈·哈迪德的设计为母题，形成流线围合空间；各组群之间保持绿化联系，视线通透。

以流畅的曲线实现公园的延续；在景观方面，通过标高的变化，塑造亲人尺度的小空间。

平面图

效果图

效果图

方案八：侧围合空间

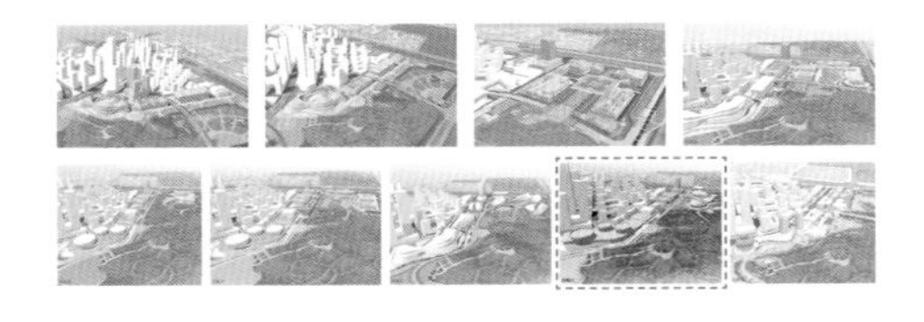

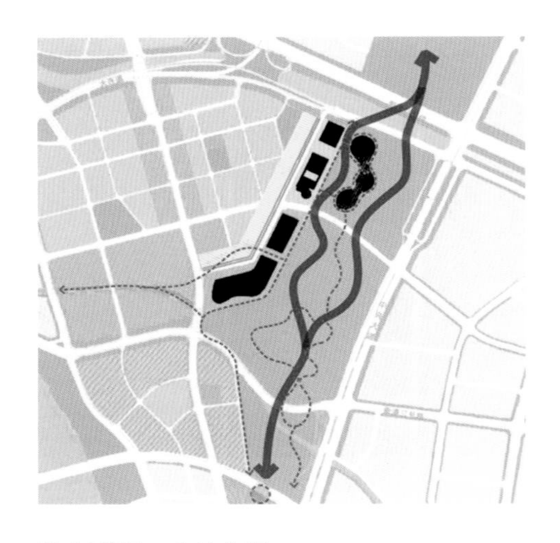

综合群组，公共空间

方案灵感源于“海中贝壳”。建筑造型完整统一，突出展示柔和曲线的设计元素与亲切宜人的绿化环境。建筑分为三部分，彼此分立，且保持联系，同时与西侧建筑曲线构成围合，便于市民在此进行各种文化娱乐活动。

平面图

效果图

效果图

城市设计概念方案 ▷▷▷

城市设计成果

- 规划定位
- 规划布局
- 总体结构
- 文化长廊
- 公园景观
- 交通组织
- 轨道与地下空间
- 竖向设计
- 建设内容
- 分期实施

滨海新区文化中心城市设计按照“统一规划、整体设计、近远期结合、分步实施”的原则，进行了以近期建设为重点的方案深化和结合天碱解放路地区城市设计的整合深化两个阶段的方案设计。在每个设计阶段均进行了诸多方案的比选，最终形成了以文化长廊为主轴、串联各文化建筑的城市设计概念方案，并基本确定了滨海新区文化中心的规划定位、总体结构、布局形式、道路交通系统、地下空间和竖向设计、实施的分期和一期建设等内容。文化中心概念城市设计工作为文化中心的建设提供了基本条件，为一期建筑设计方案国际咨询的启动奠定了基础。

规划定位

Planning Position

滨海新区文化中心毗邻中央公园大片绿地，依托天碱解放路地区的商业中心区，与文化商务中心相望。

规划定位：打造国际一流、彰显滨海特色、充满活力、功能复合、配套完善、尺度宜人的文化艺术综合体。

鸟瞰图

总平面图

占地面积：90 公顷

文化商业设施：22 公顷

文化艺术公园：68 公顷

南北长 1700 米，东西宽 500 米

1. 滨海新区工业与规划展览中心
2. 滨海新区美术中心
3. 滨海新区图书中心
4. 滨海新区市民公共文化服务中心
5. 滨海新区文化交流大厦
6. 滨海新区演艺中心
7. 滨海新区文博中心（含预留展馆）
8. 文化艺术公园

规整连续的城市界面

开放多元的公园界面

规划布局
Planning Layout

绿轴完整，与绿轴融合度高，与城市空间衔接性好，尺度宜人，开发灵活；融入公园，通过天碱记忆连通海河；西接商业中心，南连城际车站，与东侧文化商务中心相望；800 米文化艺术长廊与商业步行街相连，形成 3 千米步行系统。

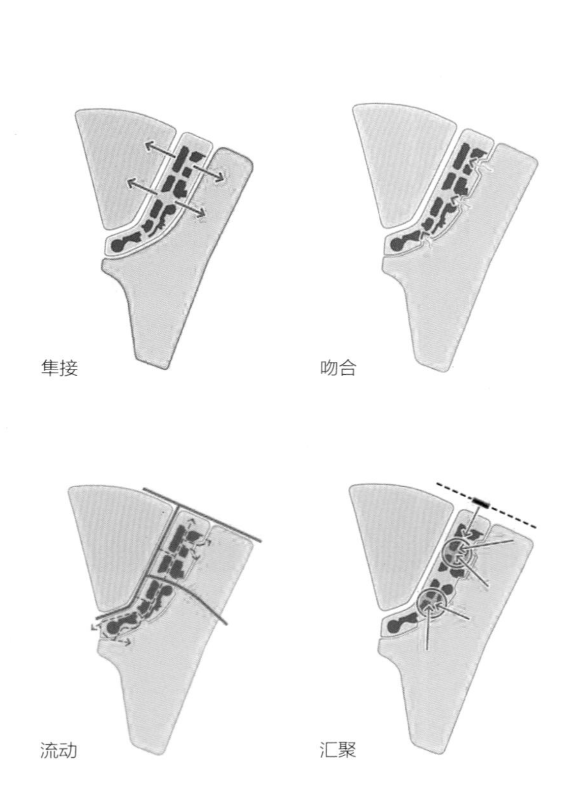

隼接　　　　吻合

流动　　　　汇聚

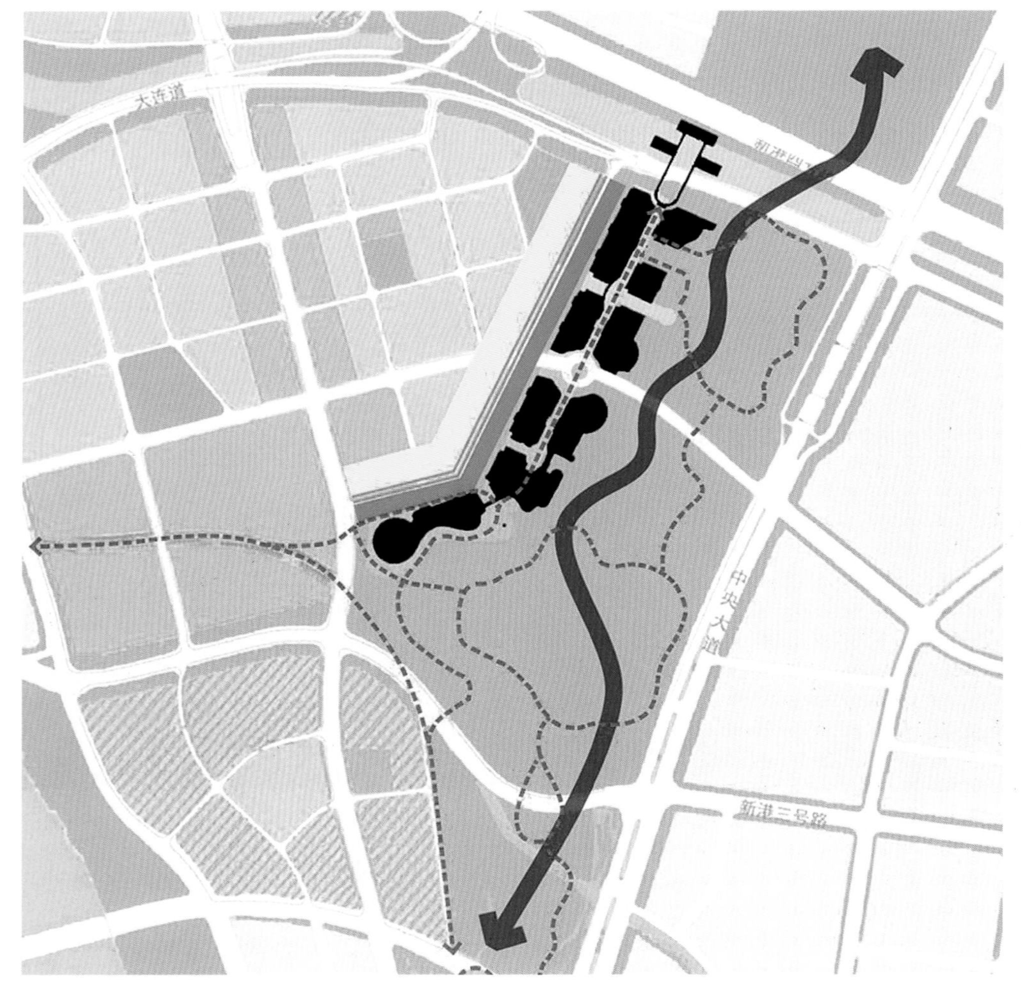

规划布局分析图

总体结构

Overall Framework

一条长廊：文化长廊
三个区域：文化核心区
　　　　　演艺中心区
　　　　　文博产业区
九个节点：五个广场
　　　　　四个通廊

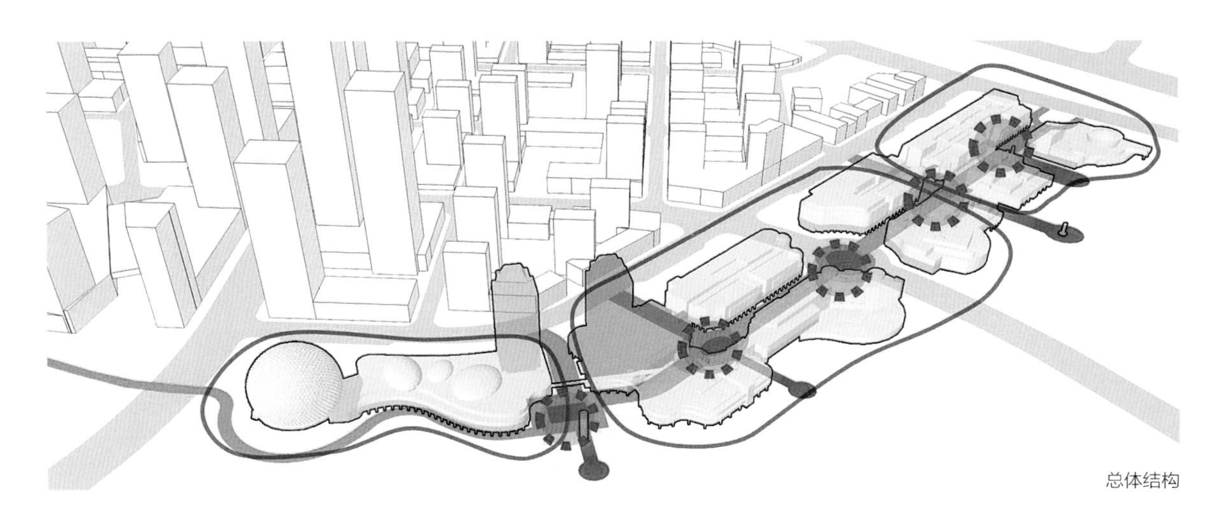

总体结构

总建筑规模：51 万平方米
地上建筑：33 万平方米
地下建筑：18 万平方米

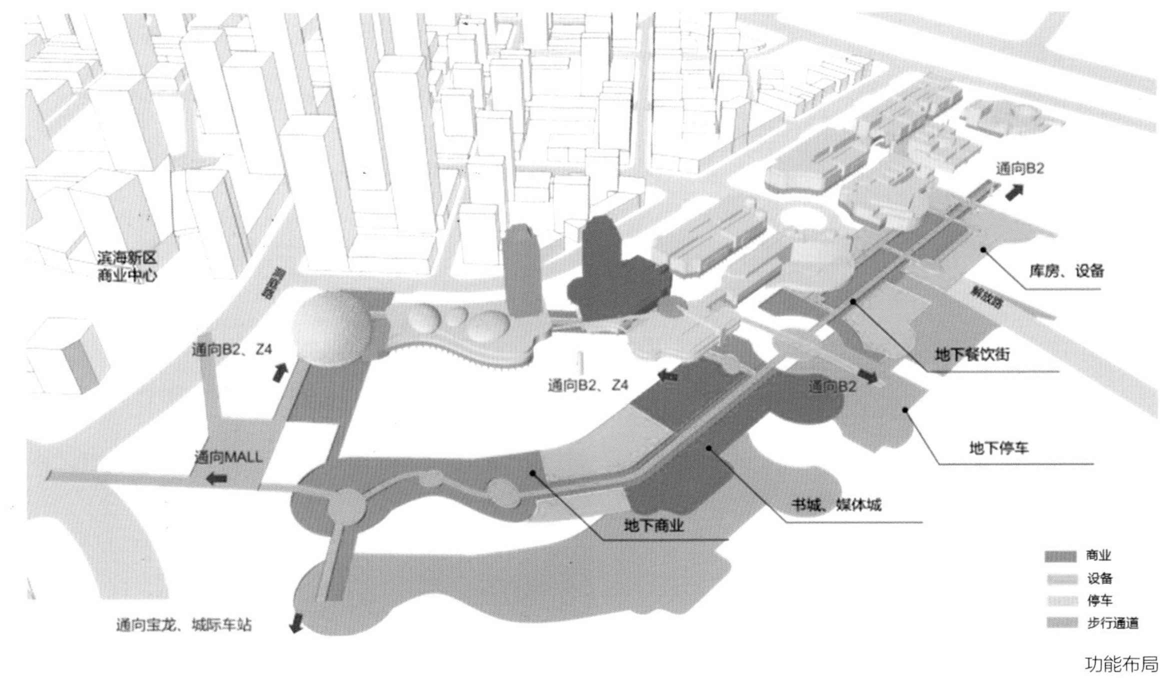

功能布局

文化长廊

Cultural Corridor

国内外文化场馆多以长廊空间引导人流，烘托艺术氛围。

为适应北方气候条件，打造四季温度适宜的半室外空间，通过柱廊烘托艺术氛围。

冬宫（圣彼得堡）

百乐宫（拉斯维加斯）

大都会艺术博物馆（纽约）

艾曼纽尔二世拱廊（米兰）

滨海新区文化中心艺术长廊总宽 25 米，其中柱廊部分开间 10 米，高度 20 米，高宽比 2 ：1。

（1）文化长廊设计为半室外空间，营造四季适宜的舒适环境；

（2）长廊内部组织丰富的文化活动，烘托艺术氛围；

（3）首层、二层和地下一层融入商业业态，通过垂直交通将地下停车与文化场馆串联在一起。

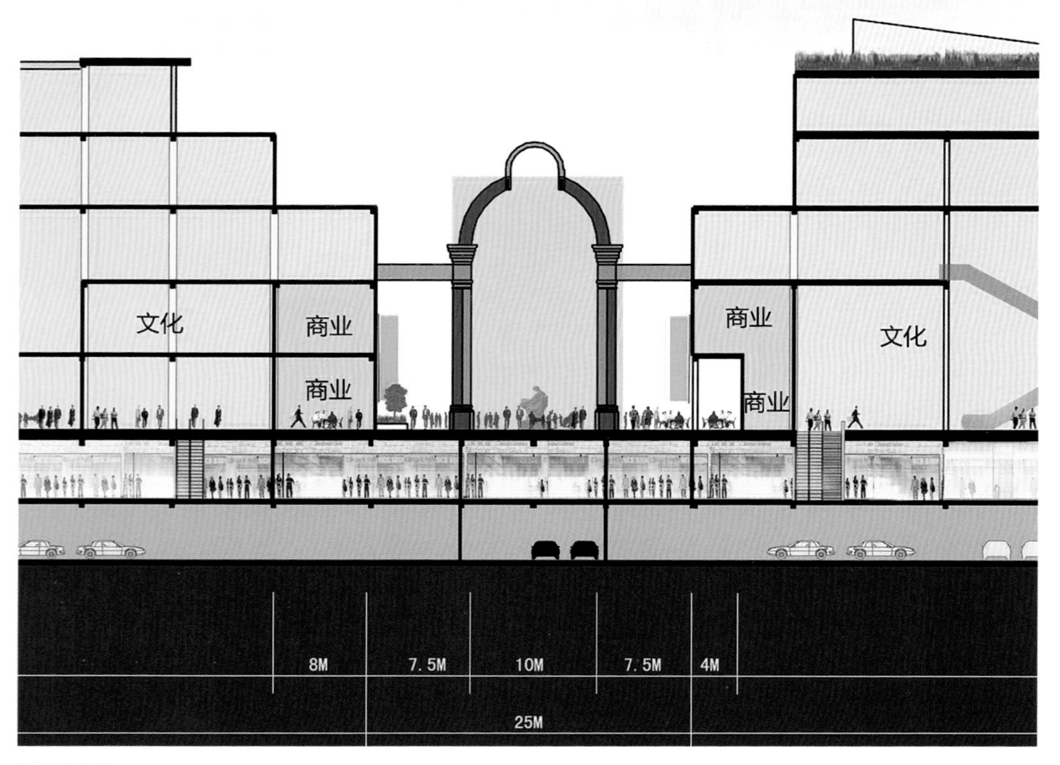

剖面分析图

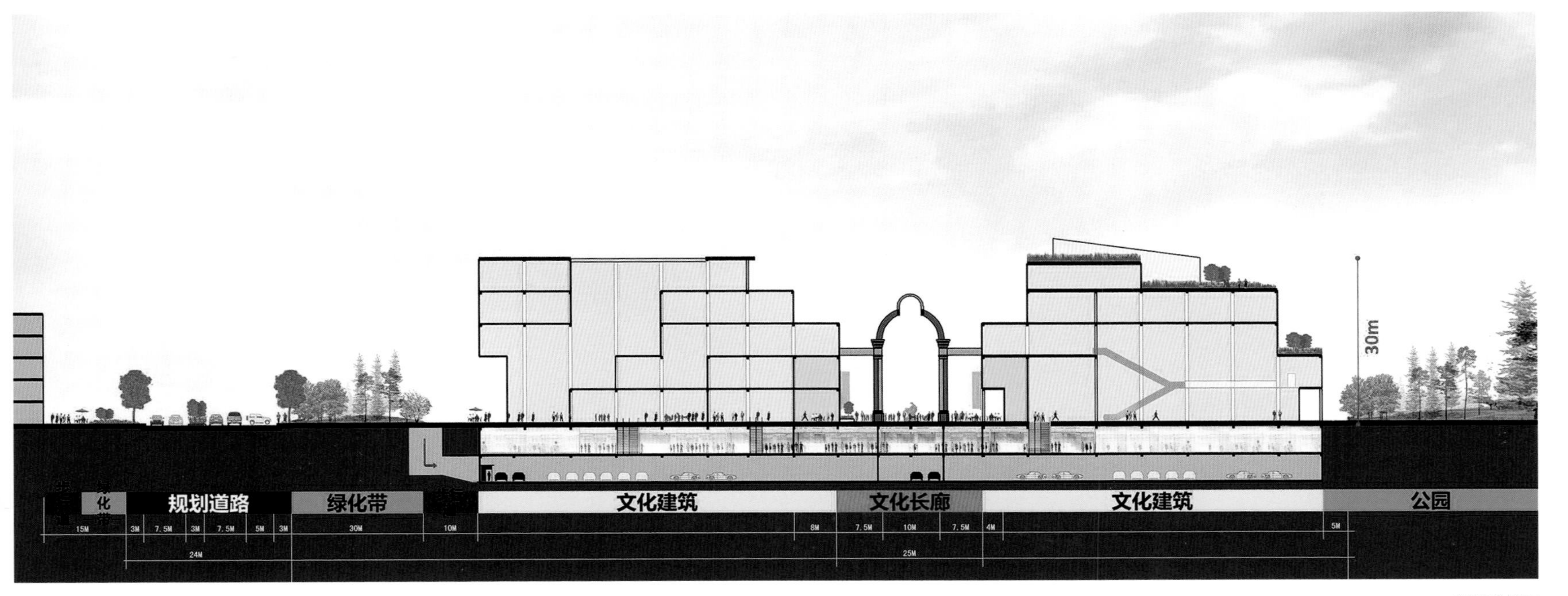

剖面分析图

意向图片

意向图片

公园景观
Park Landscape

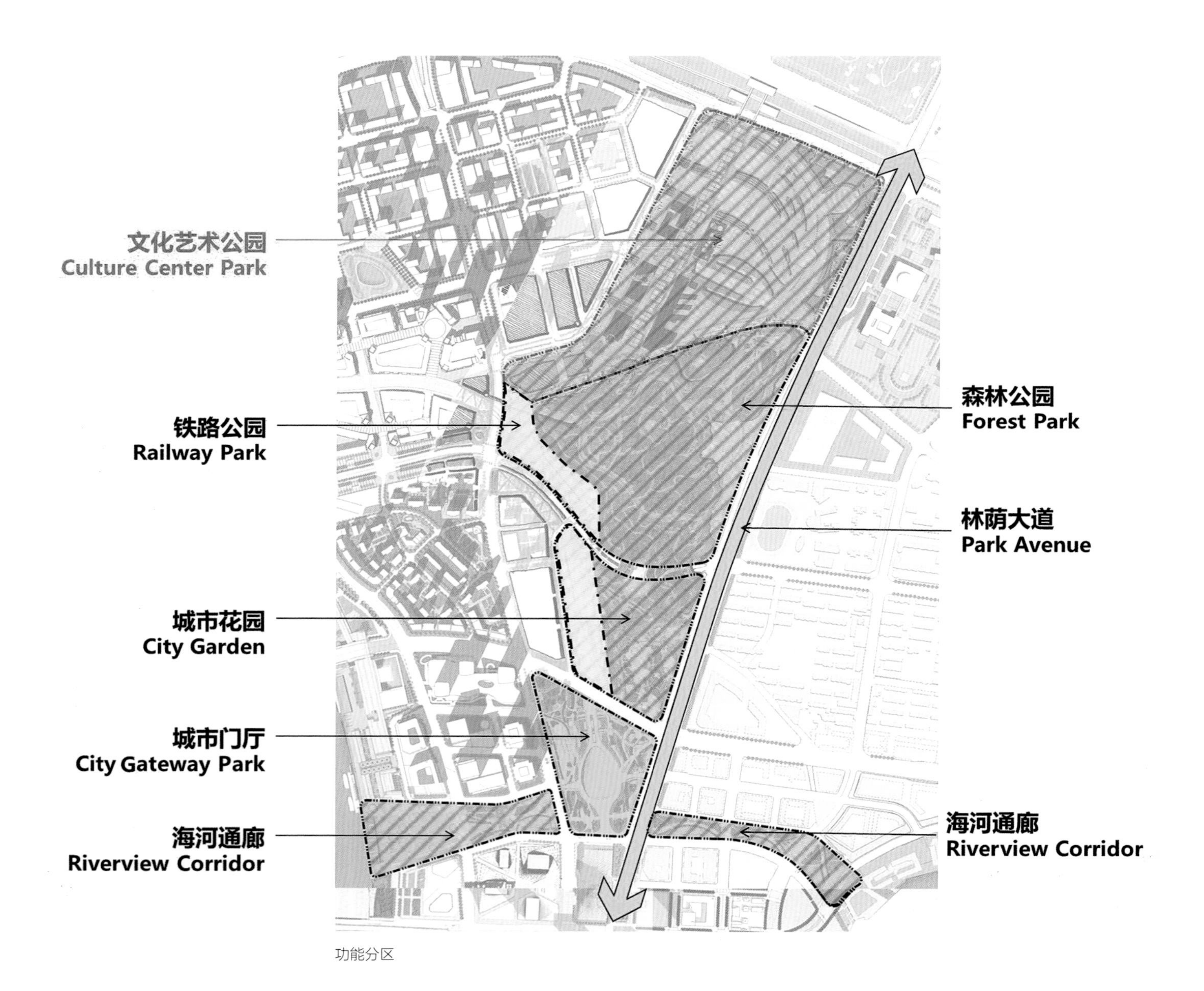

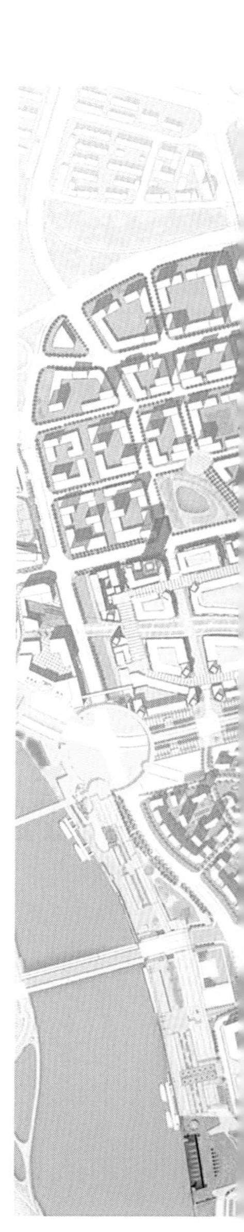

功能分区

方案一：自然公园

方案二： 城市公园

交通组织

Traffic Organization

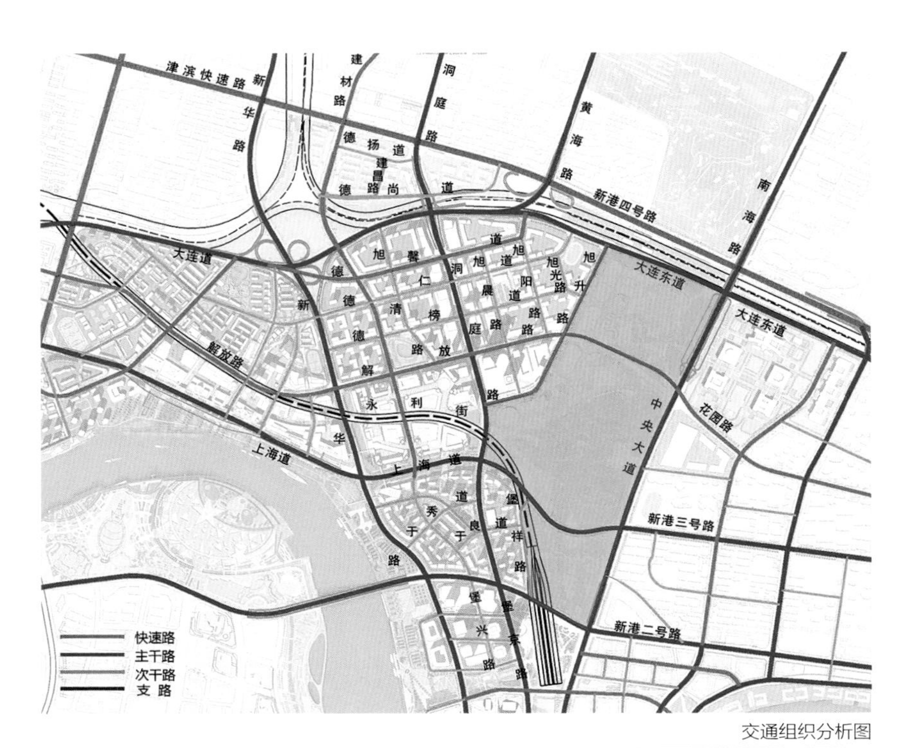

交通组织分析图

道路系统“四横三纵”；
外围主次干道环绕，对外出行便利；
新港四号路连接中心城区；
中央大道连接新区南北组团。

交通组织分析图

未来车流主要来自洞庭路、大连道和解放路；
利用解放路、旭升路，组织到达路线。

轨道与地下空间

Rail and Underground Space

城市轨道线共五条，包括已建的津滨轻轨（M9 线）和近期将实施的 Z4 线、B2 线等。

文化中心依托 B2、B7 线拥有便捷的轨道交通条件，同时通过轨道线建立连通天碱解放路地区和于家堡地区的地下空间网络。

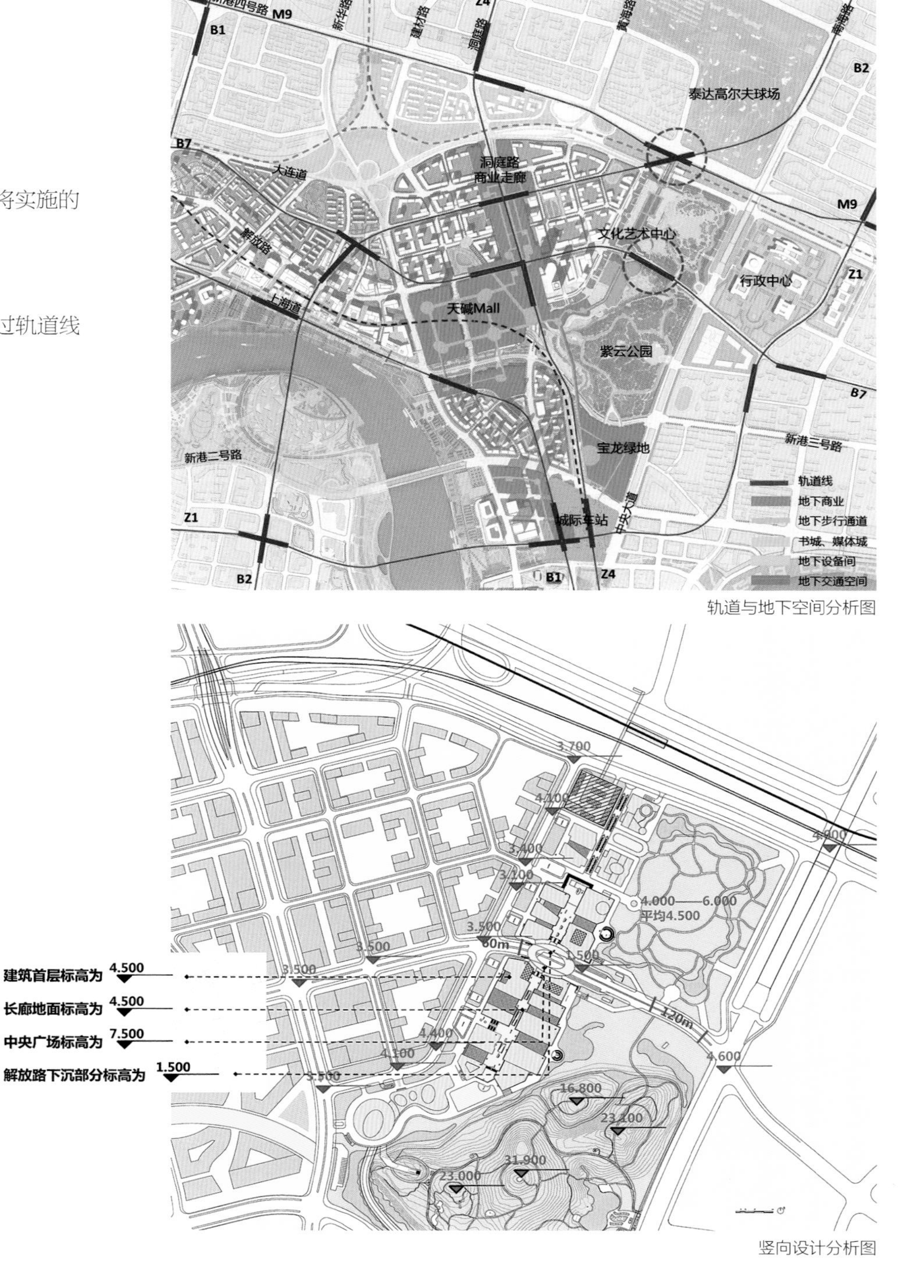

轨道与地下空间分析图

竖向设计分析图

竖向设计

Vertical Design

建设内容

Construction Content

借鉴国内外文化中心的成功案例，结合滨海新区文化中心的用地条件，规划建设具有滨海特色且独一无二、有影响力的文化中心。

传统文化设施建设内容的布局

呈圈层式布局：第一圈层为文化事业核心功能，包括博物馆、美术馆、图书馆和大剧院等；第二圈层为文化事业的功能完善；第三圈层向文化产业拓展。

存在的问题：功能组成相对单一、孤立，彼此缺乏联动。

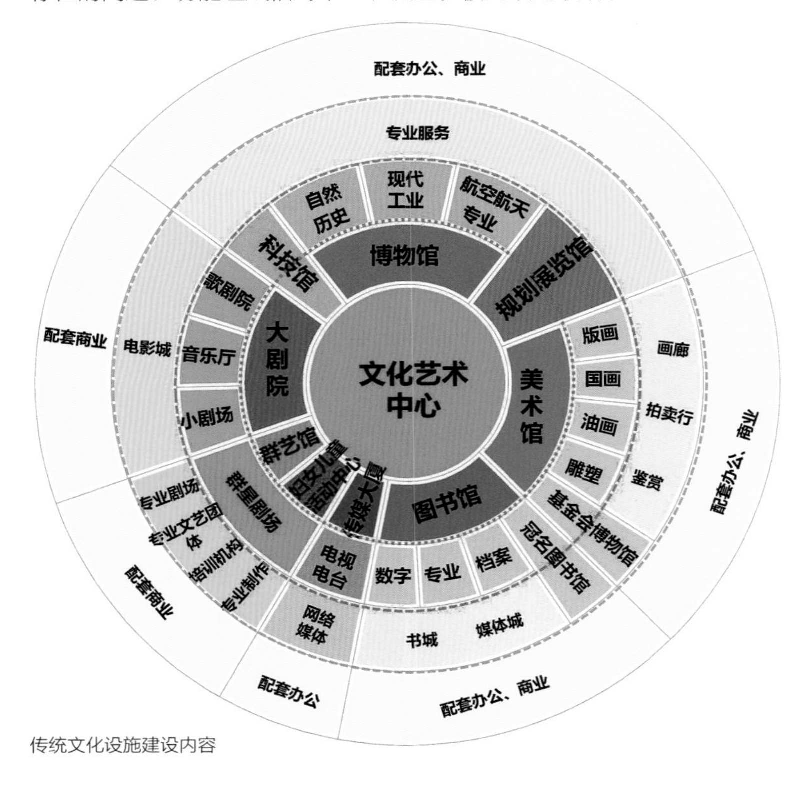

传统文化设施建设内容

建设内容以促进文化事业与文化产业的融合、功能整合、近远期建设相结合为原则。

滨海新区文化中心建设内容的布局

规划打破原来相对单一、孤立的圈层结构，实现相关功能有效联立，从而提升使用的便捷性，节约空间，运营顺畅，迅速汇集人气。同时，七组文化建筑均配置相关商业、酒店、办公等多元功能。

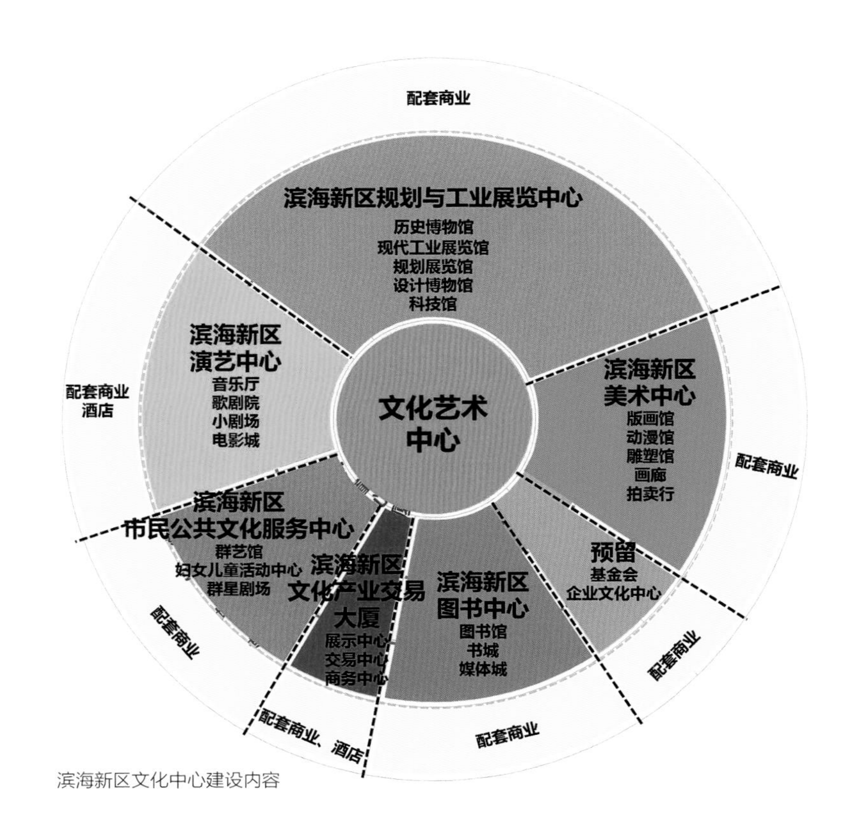

滨海新区文化中心建设内容

分期实施

Phased Implementation

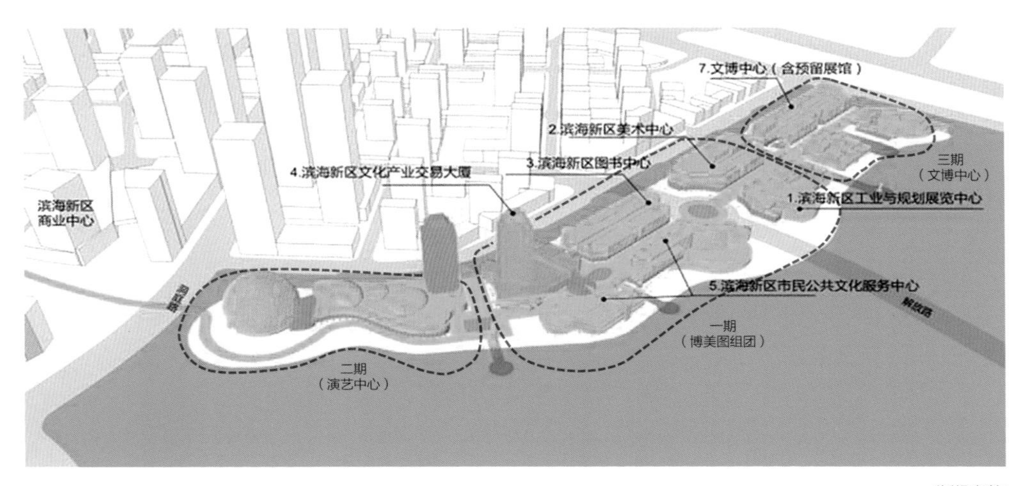

分期实施

公益性与经营性等多元业态相融合，近、远期分期实施建设。

一期建设

博美图组团：图书中心、工业与规划展览中心、美术中心、市民公共文化服务中心、文化产业交易大厦

公园：文化公园、车站公园

二期建设

演艺组团：演艺中心

三期建设

文博组团：博物馆（基金会）、预留场馆

一期建设内容

一期建设内容

滨海新区规划与工业展览中心（工业与规划展览中心）

滨海新区美术中心

滨海新区图书中心

滨海新区市民公共文化服务中心

滨海新区文化交流大厦（文化产业交易大厦）

文化中心城市设计效果图（2013 年）

2013年

天津滨海新区文化中心

（一期）建筑设计方案国际咨询

2013 Int´l Consultation for Architectural Design of First Phase of Cultural Center in Binhai New Area, Tianjin

（一期）建筑设计方案国际咨询 ▷

准备工作

- 波茨坦广场操作方式研究
- 任务书研究
- 工作机制
- 设计要求

为提升滨海新区城市服务功能，提高核心区城市吸引力，按照市委市政府的要求，新区启动了“十大民生工程”，文化中心是其中非常重要的项目。在初步确定的文化中心城市设计方案基础上，我们开展了文化中心(一期)建筑设计方案国际咨询工作，并邀请了国际建筑大师进行设计。一期建筑群规划为文化核心区，定位为填补新区级文化中心空白项目，满足“文、图、博、美”功能，与市文化中心错位发展，包括市民公共文化服务中心、规划与工业展览中心、美术中心、图书中心、文化交流大厦五个建筑。

为推动国际咨询工作顺利进行，在活动正式开始前，由新区规划和国土资源管理局牵头，分别开展了操作模式研究和设计任务书研究的前期准备工作。

波茨坦广场操作方式研究

Operation Research of Potsdamer Platz

为更好地开展本次国际咨询活动，我们对世界著名文化广场——德国波茨坦广场的规划建设模式进行了深入研究。波茨坦广场的设计工作分为三个阶段：总体城市规划、区块规划和建筑设计，每个阶段都邀请世界知名大师参与。

首先，举行波茨坦广场地区的总体城市设计竞赛，确定总体方案，制订城市发展规划的原则；之后，在上述原则的指导下，根据开发商的用地划分，进行各地块城市设计的方案招标或委托设计；确定各区块城市设计方案和导则之后，开展单体建筑方案设计。

在上述三个阶段，把控城市空间物质形象的城市设计贯穿整个过程，并且在每个阶段规划师、建筑师都有分工和合作。

任务书研究

Research of Design Requirement

在国际咨询活动开始前，由新区规划和国土资源管理局牵头，协调各委办局配合，由本地设计院成立工作组，进行一期建筑设计方案的先期研究工作。工作组针对各自的负责内容，对总图及建筑场馆进行设计，在功能定位、空间布局、布展策划、技术指标等方面进行研究，以此指导设计任务书的编制，并为国际设计大师的设计工作提供保障。

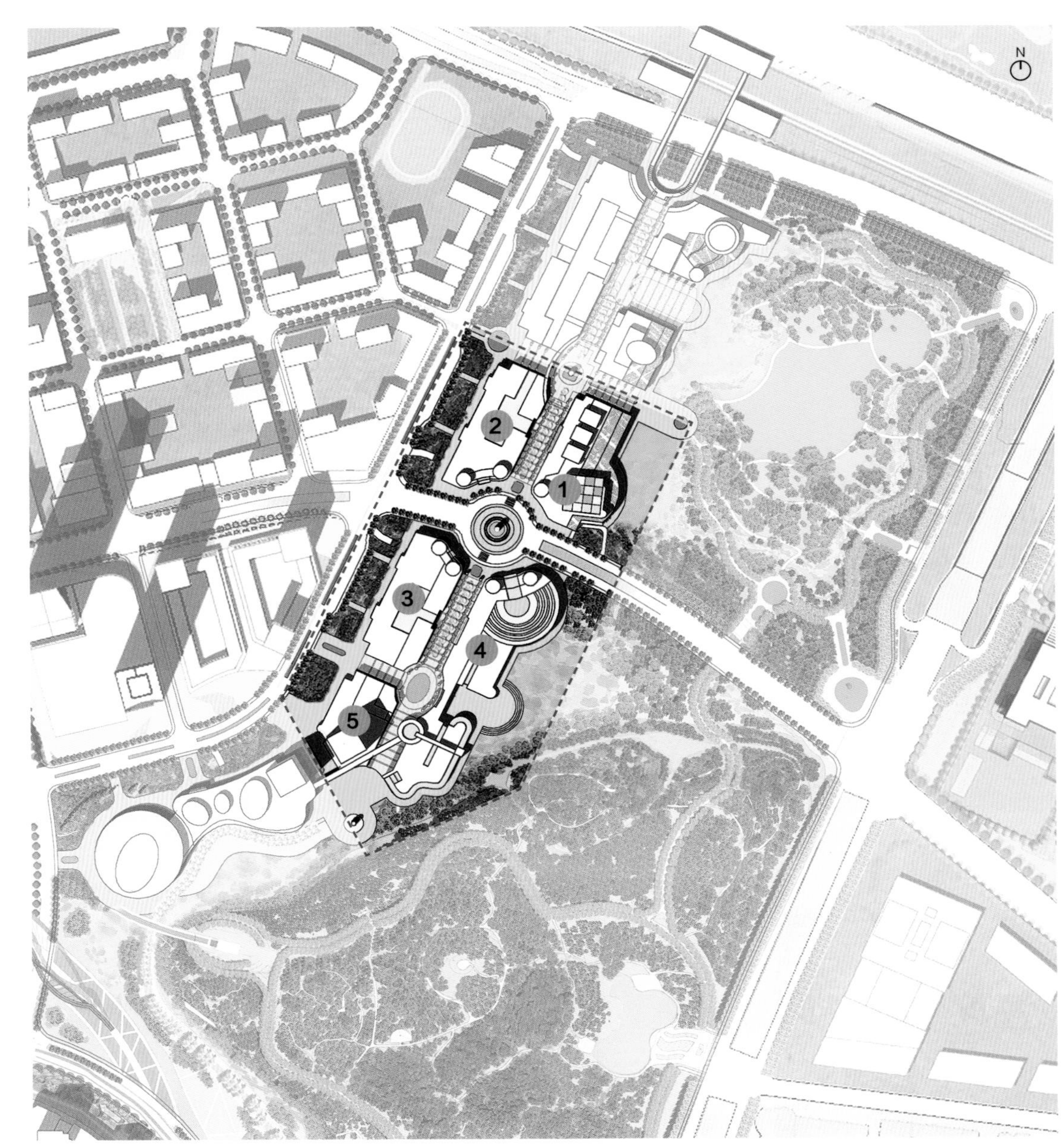

一期文化中心建筑布局

1. 规划与工业展览中心
2. 美术中心
3. 图书中心
4. 市民公共文化服务中心
5. 文化交流大厦

文化交流大厦	图书中心	美术中心
酒店 公寓 会议、宴会	图书馆 书城	美术馆 博物馆 画廊

文化长廊

市民服务中心、妇女儿童青少年活动中心、人力资源发展促进中心 群艺馆	规划展览馆 工业展览馆
市民公共文化服务中心	规划与工业展览中心

建筑功能

工作机制
Working Mechanism

借鉴德国波茨坦广场及市文化中心的操作模式，同时结合滨海新区的特点，滨海新区文化中心最终决定采用国际一流建筑设计大师和本地设计师合作的方式开展工作，邀请国际知名设计大师及其团队分别对五个单体建筑进行设计，由其中一位大师同时负责总体设计，并协调各单体建筑的设计工作。每个项目由一家本地设计院提供技术支撑和配合。设计时间为 12 周，期间召开三次工作营和一次专家研讨会，邀请国际设计大师来津参加方案的设计和讨论。在工作营进行过程中，负责总体设计的境外单位进行设计协调，新区规划和国土资源管理局和承办单位给予有力支持；在研讨评审会环节中，邀请国内文化建筑领域的权威专家与五位国际设计大师共同研讨评审，为项目实施提出建议。

设计大师　Design Masters

伯纳德 · 屈米

赫尔默特 · 扬

韦尼 · 马斯

伯纳德 · 屈米（Bernard Tschumi）

当代最有影响力的建筑师之一，美国建筑师协会会员，英国皇家建筑师学会会员

赫尔默特 · 扬（Helmut Jahn）

十大最具影响力的美国当代建筑大师，美国建筑师协会院士，获世界高层建筑与人居协会终身成就奖

韦尼 · 马斯（Winy Maas）

荷兰 MVRDV 事务所三个合伙人之一，创新型设计师

斯特凡 · 胥茨

周　恺

谭秉荣

斯特凡 · 胥茨（Stephan Schutz）

德国 gmp 公司合伙人之一，负责柏林、北京、深圳分部

周　恺

全国工程勘察设计大师，中国建筑学会理事

谭秉荣（Bing Thom）

加拿大著名华裔建筑大师，擅长观演建筑设计

评审专家 Jury Members

马国馨

任庆英

陈秉钊

马国馨 中国工程院院士，北京市建筑设计研究院顾问总建筑师

任庆英 全国工程勘察设计大师，中国建筑设计研究院总工程师

陈秉钊 中国城市规划学会顾问，同济大学建筑与城市规划学院教授

栗德祥

谭伟霖

沈 磊

栗德祥 清华大学教授、博士生导师，清华建筑设计院绿色建筑工程设计所设计总监

谭伟霖 香港许李严建筑师事务有限公司董事，香港知名建筑师

沈 磊 天津市规划局副局长，北京大学景观设计学研究院客座教授

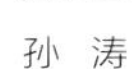
孙 涛

霍 兵

孙 涛 天津滨海新区副区长，原天津滨海新区建设投资集团有限公司总经理

霍 兵 天津市规划局副局长，滨海新区规划和国土资源管理局局长

设计要求
Design Requirement

四至范围：西侧为规划旭升路（规划城市次干路），北侧为规划中的滨海新区文化中心三期，东侧为紫云公园，南侧为规划中的滨海新区文化中心二期以及紫云公园碱渣山。

设计内容：本次咨询分两部分设计内容，具体包括：

1. **文化中心总体设计（含文化长廊设计）**

在滨海新区文化中心概念城市设计的基础上，在整体空间形态、文化长廊设计、景观设计、地下空间、交通组织设计等各方面对建筑群总图进行深化设计，从而有效地指导各单体建筑的设计及衔接。

2. **建筑方案设计**

（1）总体布局与周围环境协调，与文化长廊及相邻建筑有机结合。充分考虑文化长廊与公园之间的空间流通。

（2）合理组织功能与各类交通流线及交通接驳关系。建筑功能考虑与长廊有机结合，促进长廊形成功能多元、充满活力的城市空间。

（3）建筑风格体现文化、展览建筑的公共性与文化特色。

（4）功能与空间组织考虑可持续发展需要。

（5）充分考虑设计合理性与可实施性。满足节能环保生态要求，提出绿色建筑设计策略与措施，鼓励被动式节能。

项目规模：规划占地 11 公顷，建设规模 27 万平方米。

建筑包括：文化长廊 0.5 万平方米，规划与工业展览中心 3.6 万平方米，美术中心 2.4 万平方米，图书中心 3.1 万平方米，文化交流大厦 6.14 万平方米，市民公共文化服务中心 6 万平方米。

设计时间：2013 年 7 月 3 日至 9 月 11 日

应征单位：

总体规划及文化长廊设计——德国 gmp 国际建筑设计有限公司、天津市城市规划设计研究院

规划与工业展览中心——美国伯纳德 · 屈米建筑事务所、天津市城市规划设计研究院

美术中心——德国 gmp 国际建筑设计有限公司、天津市建筑设计院

图书中心——荷兰 MVRDV 事务所、天津市城市规划设计研究院

文化交流大厦——美国墨菲扬建筑师事务所、天津市建筑设计院

市民公共文化服务中心——天津华汇工程建筑设计有限公司、加拿大 Bing Thom 建筑事务所

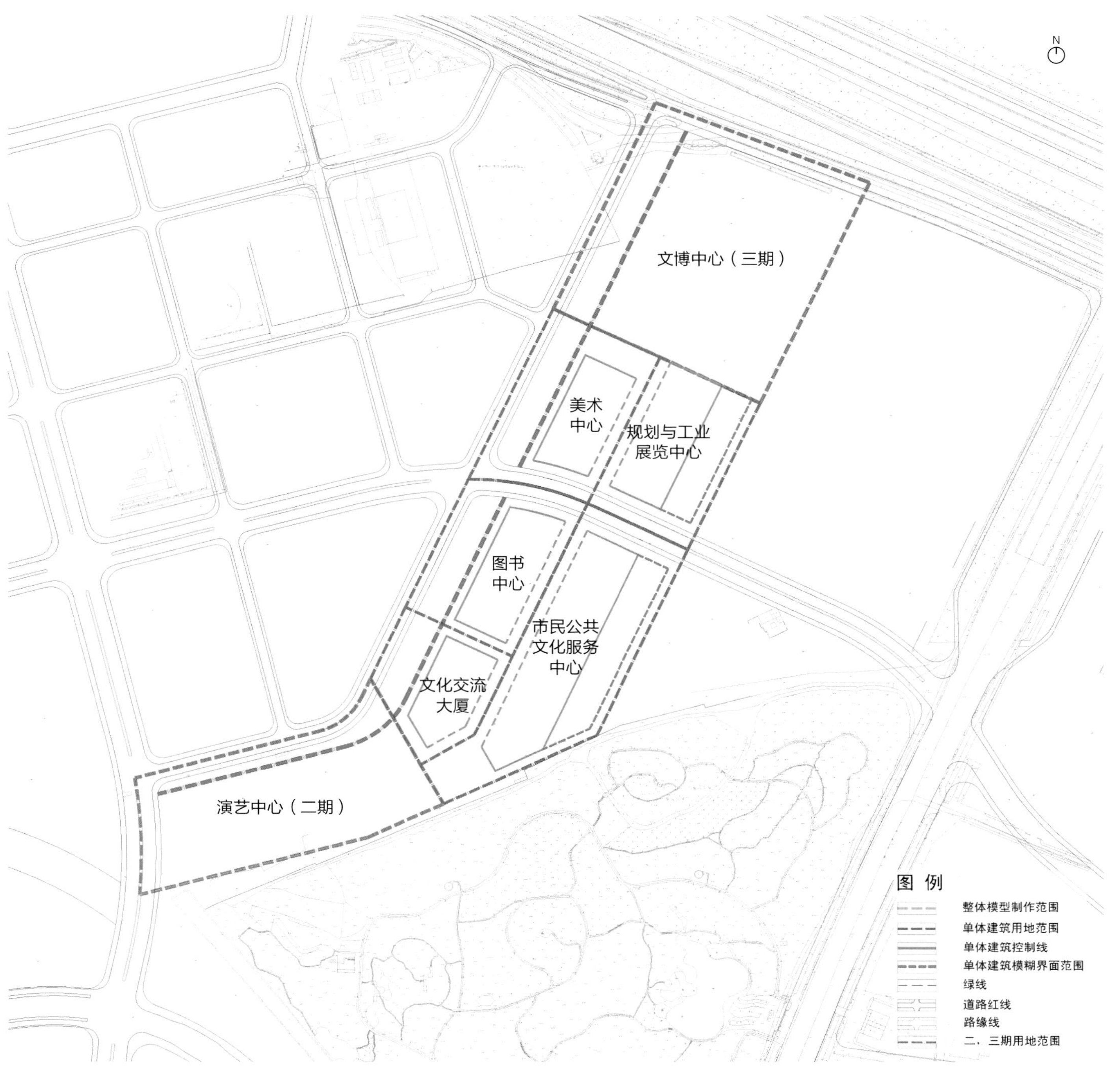
N
文博中心（三期）
美术
中心
规划与工业
展览中心
图书
中心
市民公共
文化服务
中心
文化交流
大厦
演艺中心（二期）
图 例
整体模型制作范围
单体建筑用地范围
单体建筑控制线
单体建筑模糊界面范围
绿线
道路红线
路缘线
二、三期用地范围

用地范围图

（一期）建筑设计方案国际咨询 ▷▷

工作营及研讨会

- 第一次工作营
- 第二次工作营
- 第三次工作营
- 研讨会

第一次工作营（2013.08.02）
The First Work Camp（2013.08.02）

在国际咨询活动开始后，要求五家设计单位利用第一次工作营之前的两周时间，针对各自建筑展开设计构思工作，德国 gmp 公司同时对总图方案进行设计。第一次工作营历时三天，五位大师及其团队来津，与本地设计院组成设计工作营，进行了方案汇报和现场设计，并和新区规划和国土资源管理局、相关委办局一起研究讨论。会上五家境外单位介绍了各自的初步概念方案，本地设计院及专项设计单位对滨海新区文化中心的建筑设计导则、地下空间、交通咨询、文化中心公园景观方案进行了汇报。会议第三天，五家境外团队参观了新区规划展览馆、市文化中心，并与各自的国内配合设计院对接、商洽配合工作事项。

会议确定了“伞”形的文化长廊方案，并对总图、长廊、交通、地下、广场、建筑设计提出了明确的要求。

工作营现场　Work Camp Discussion

工作营现场

工作营现场

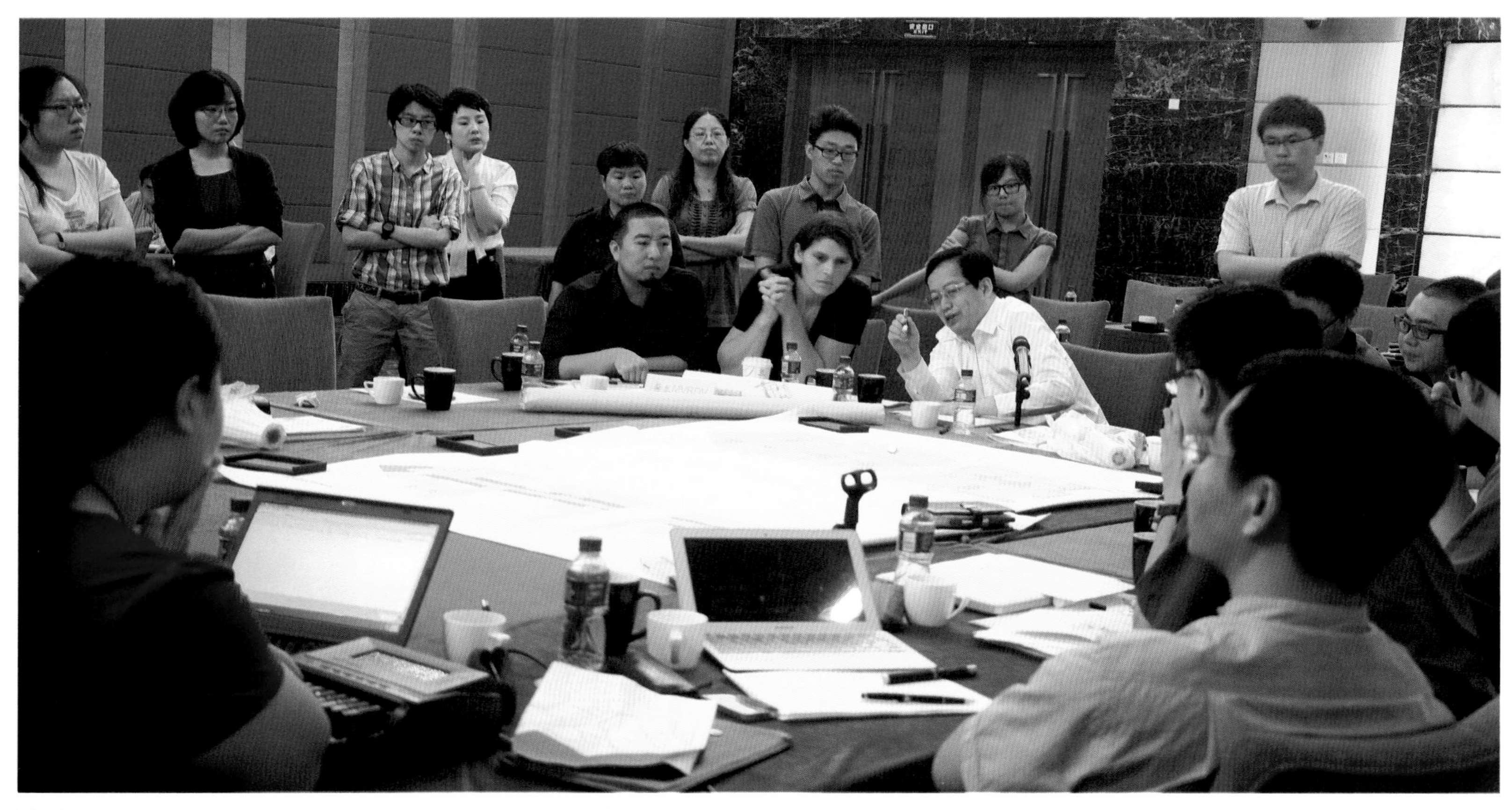

工作营现场

调研参观　Field Survey

调研参观

工作营成果 Work Camp Achievement

文化中心总体设计、美术中心 —— 德国 gmp 国际建筑设计有限公司

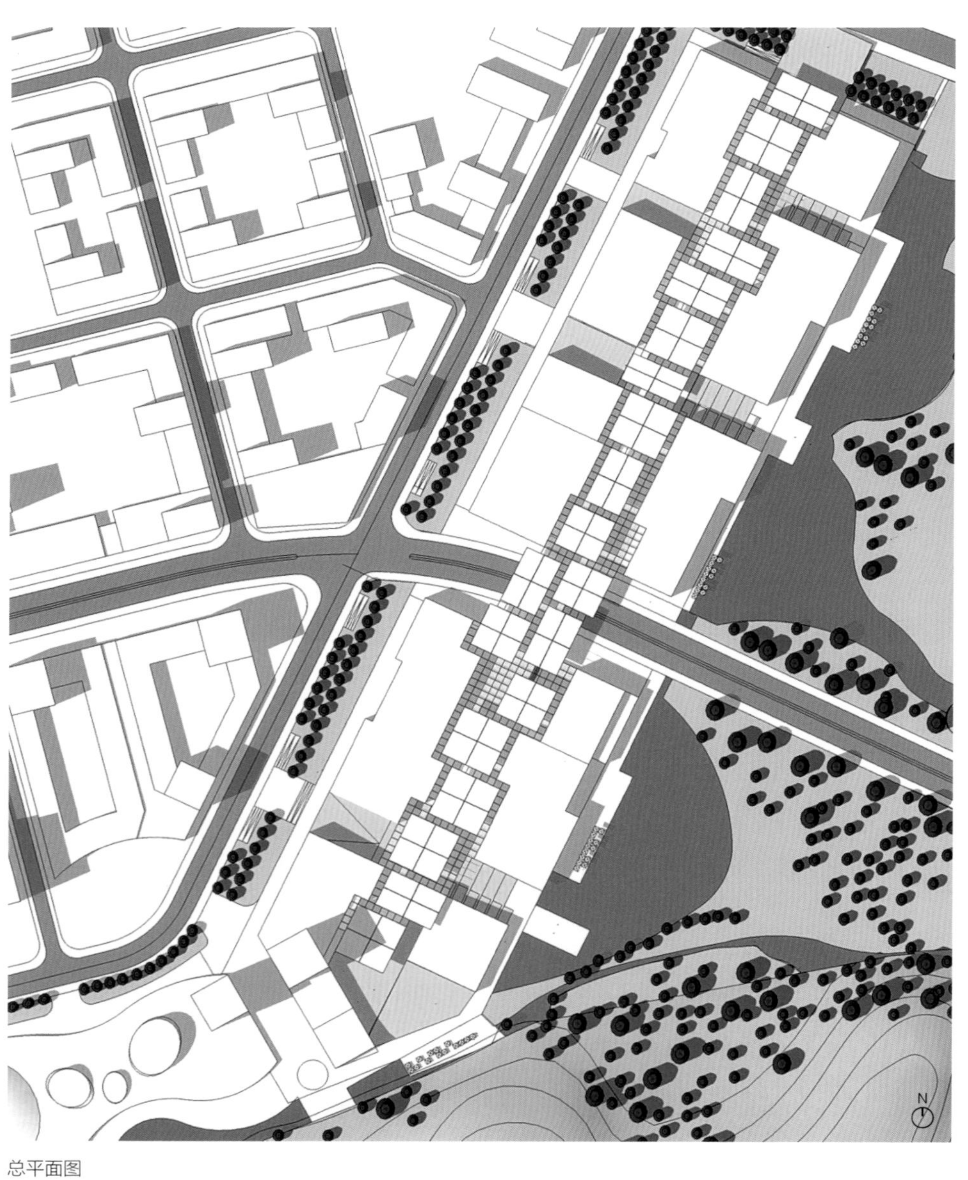

总平面图

文化长廊

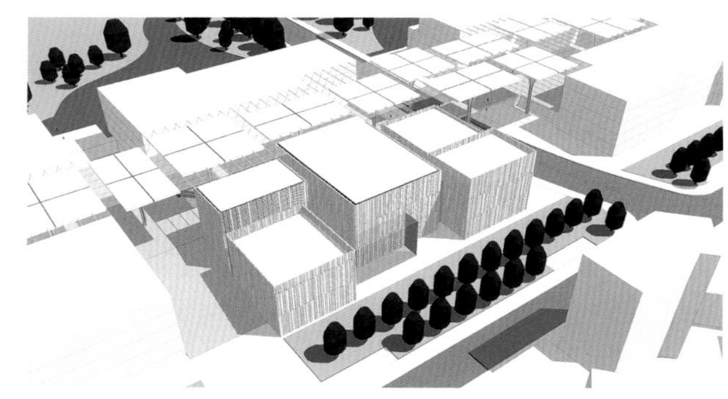
美术中心

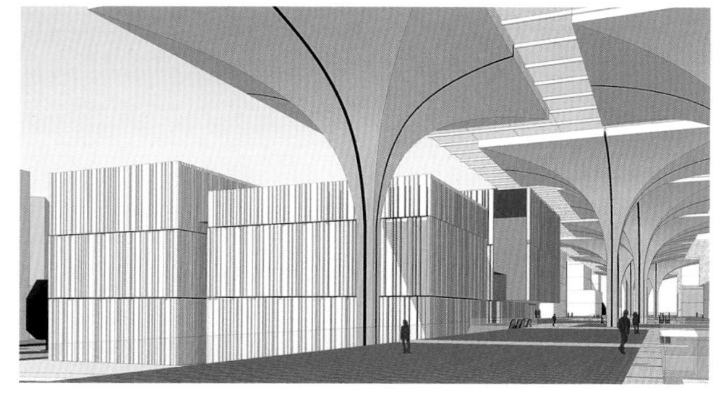
人视效果图

规划与工业展览中心 —— 美国伯纳德 · 屈米建筑事务所

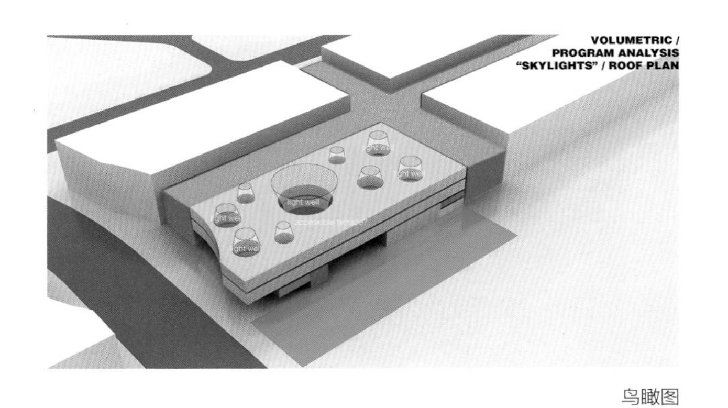

鸟瞰图

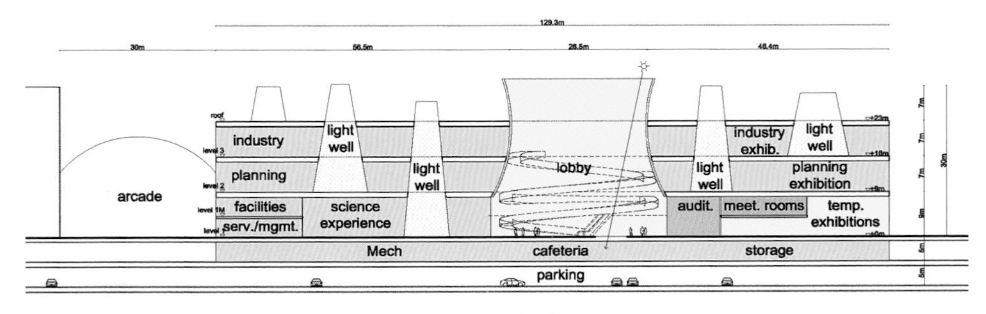

剖面图

图书中心 —— 荷兰 MVRDV 事务所

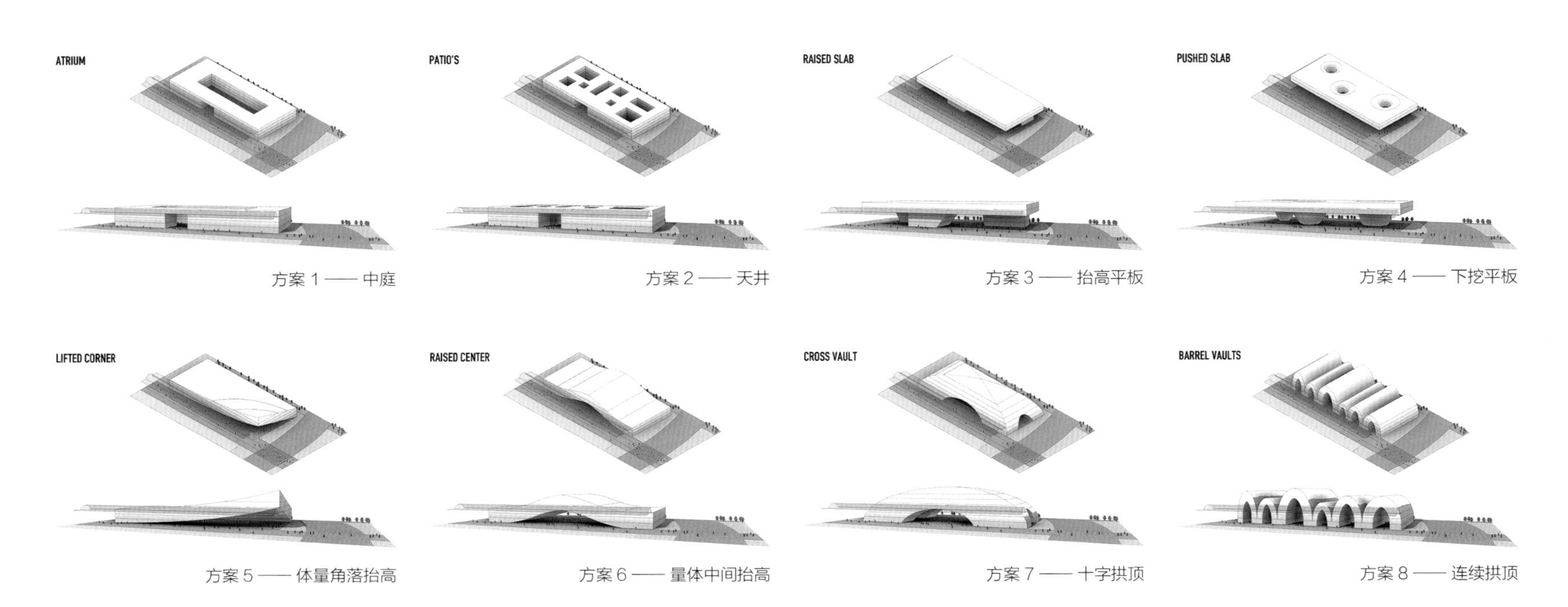

方案 1 —— 中庭

方案 2 —— 天井

方案 3 —— 抬高平板

方案 4 —— 下挖平板

方案 5 —— 体量角落抬高

方案 6 —— 量体中间抬高

方案 7 —— 十字拱顶

方案 8 —— 连续拱顶

文化交流大厦 —— 美国墨菲扬建筑师事务所

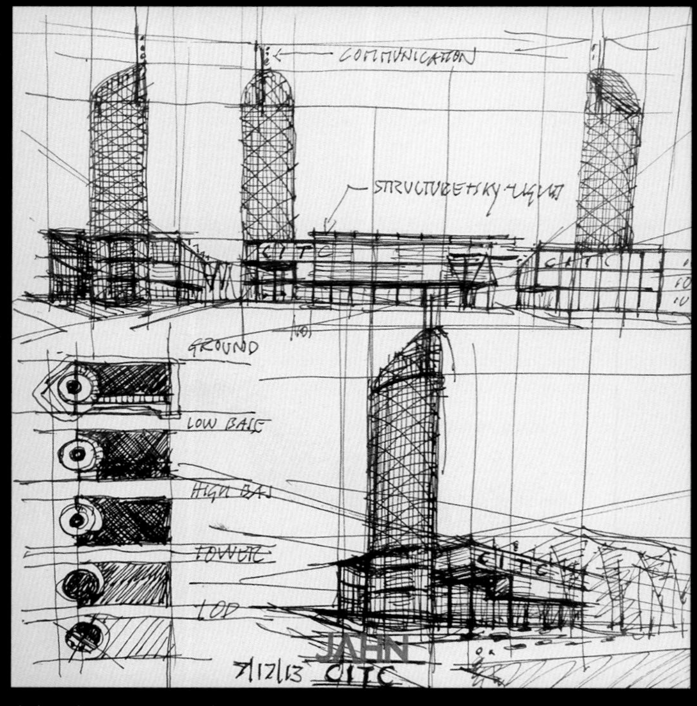

方案手绘图

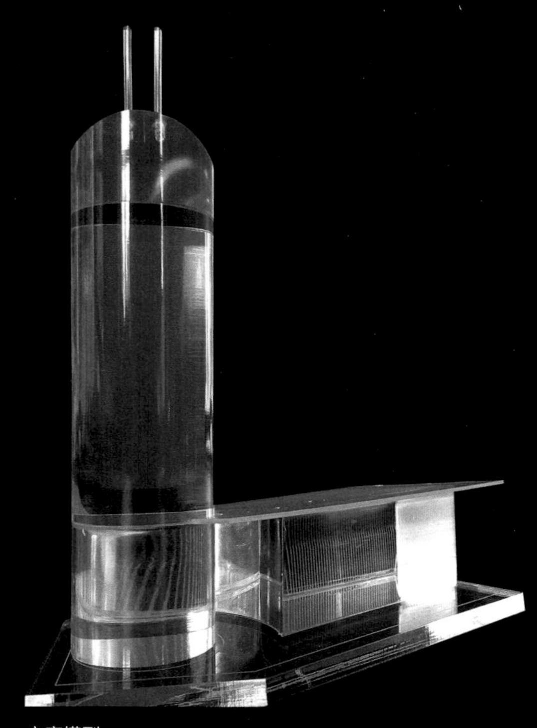
方案模型

市民公共文化服务中心 —— 天津华汇工程建筑设计有限公司、加拿大 Bing Thom 建筑事务所

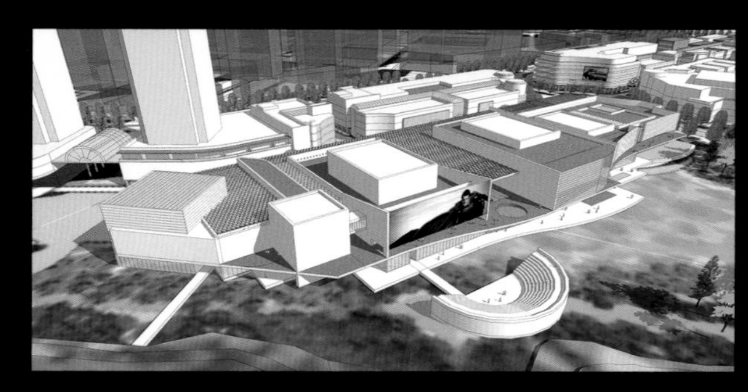
方案 A

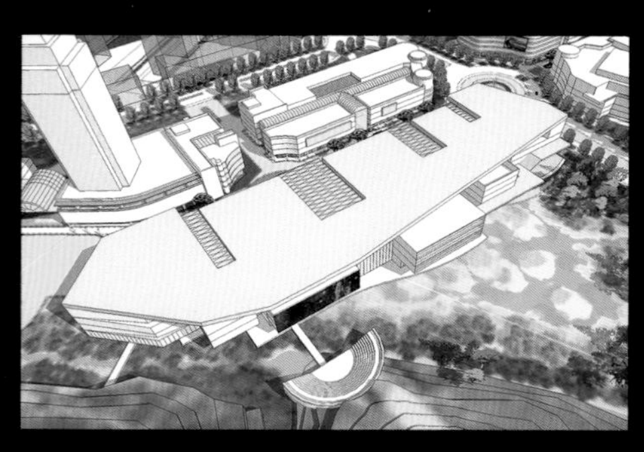
方案 B

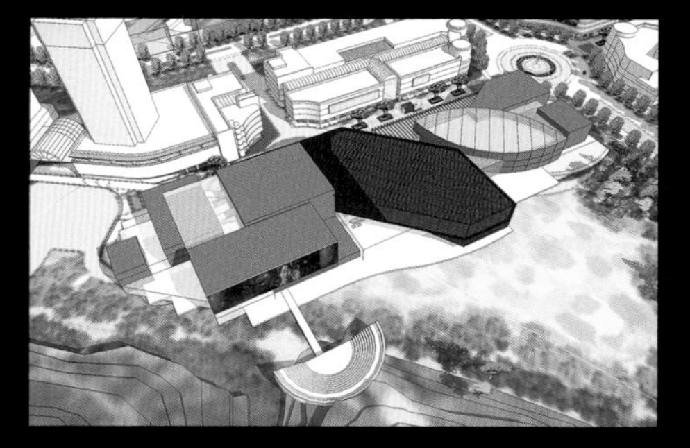
方案 C

建筑群地下空间设计 —— 日本株式会社日建设计

D/H	空间感觉
0.5　63°	距离太近，感觉狭窄，令人透不过气
1　45°	高度与宽度之间比较均衡
1.5　34°	
2　27°	距离比较分开，感觉开阔
3　18°	
4　14°	封闭感减少
6　9°	封闭感最少
8　8°	完全没有封闭感，宽阔无边的感觉

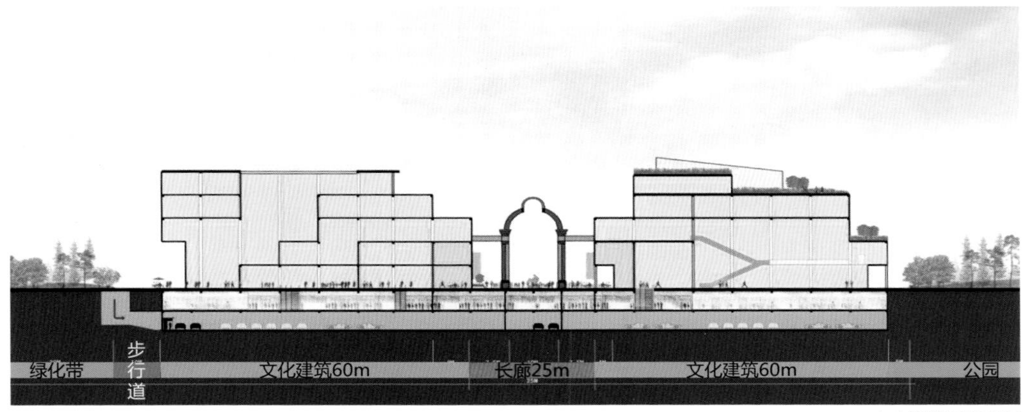

中央街道尺度分析

建议：文化长廊街道宽度为 25 米，根据分析确定两侧建筑墙面高度为 12.5 米左右时街道的空间感觉最为适宜。

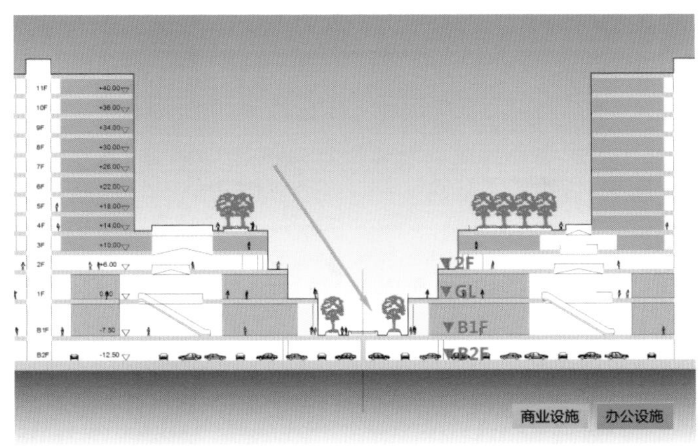

地下商业街（半地下）剖面图

（1）将地面光线引入地下，建成开放性空间；

（2）打造地上地下一体化的步行空间；

（3）充分利用地面的步行专用空间的特点，形成多层次的城市空间。

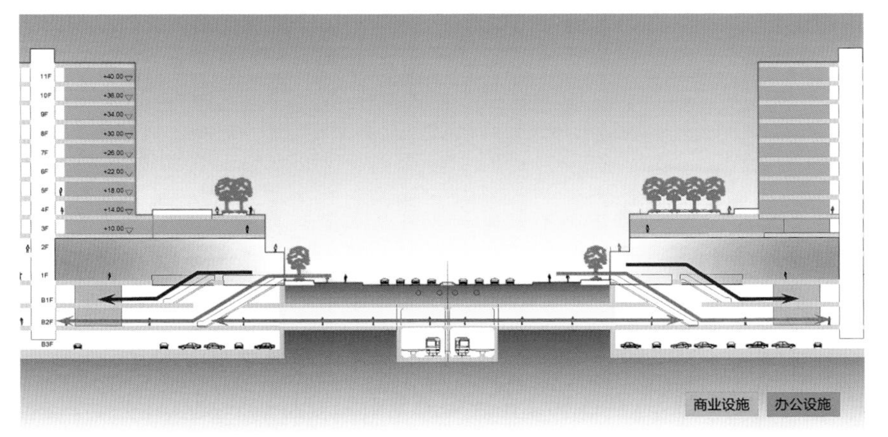

地下公共交通剖面图

（1）将地铁站位置移向滨海新区文化中心地块部分（向西）；

（2）在交叉口附近设下沉广场，以将地面人流引入地下。

环境景观设计 ——华汇（厦门）环境规划设计顾问有限公司天津分公司

平面图

外部交通规划设计 —— 香港弘达交通咨询有限公司（MVA）

对外交通走廊

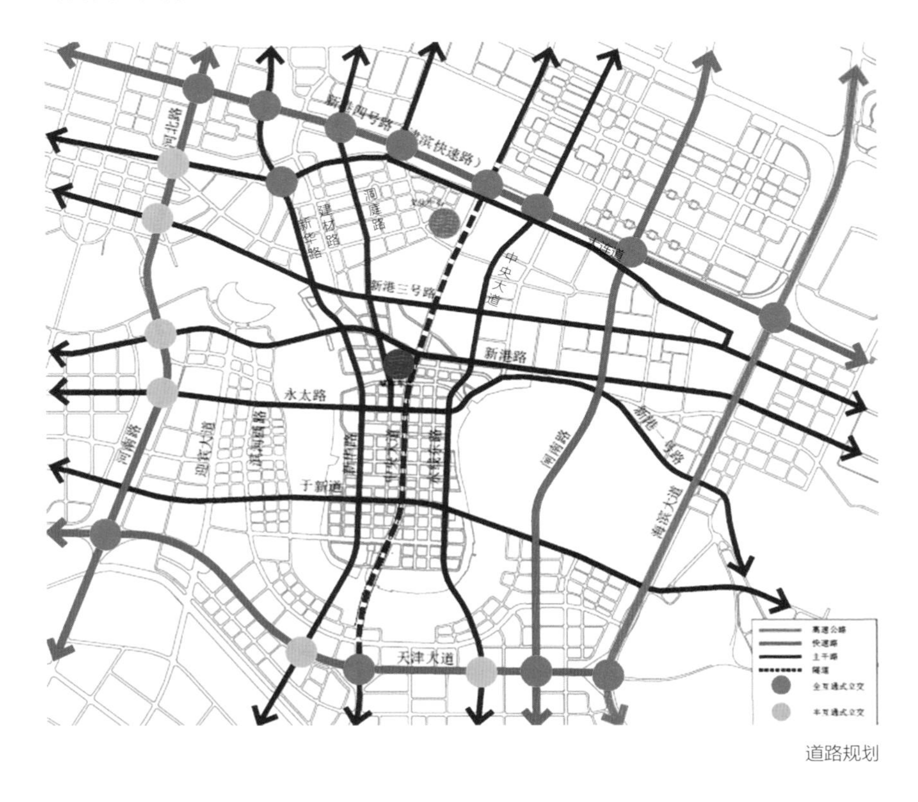

道路规划

建议方案

（1）建议将地块北侧的中央大道地道与南侧中央大道隧道连接起来，全部采用隧道形式；

（2）快速疏导过境交通分流，地面辅路服务于文化中心及行政中心进出交通。

交通组织

（1）南北向的通道（中央大道、洞庭路、建材路）设置隧道，以解决跨铁路交通的问题，无辅路连接；

（2）主干路 / 主干路、主干路 / 次干路、次干路 / 支路交叉口全转向；

（3）主干路 / 支路交叉口，右进右出。

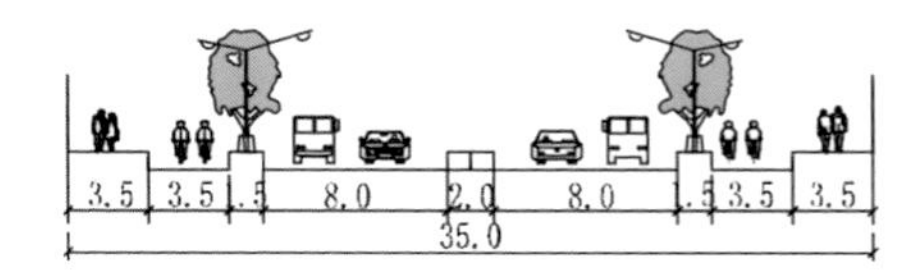

大连道

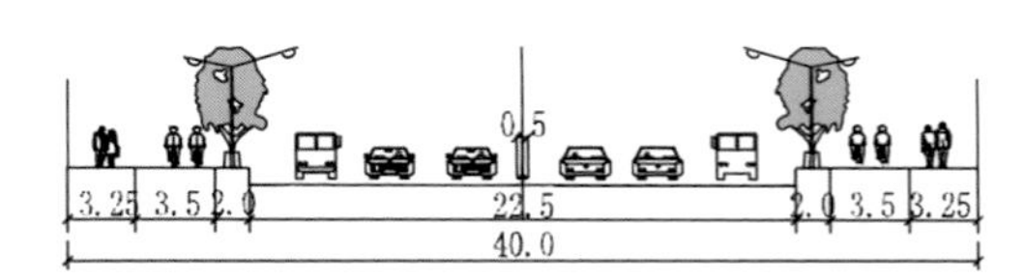

新港三号路

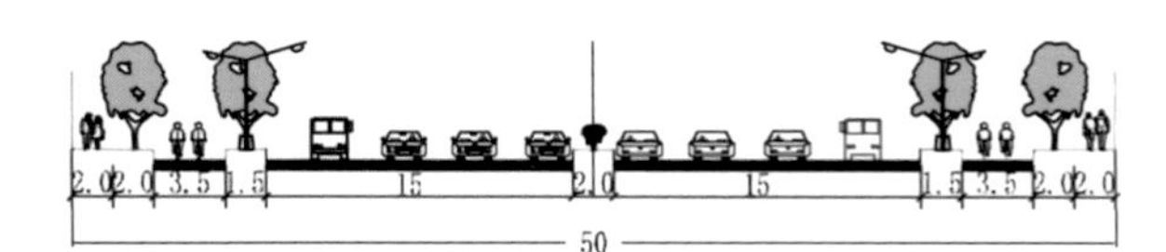

新港路

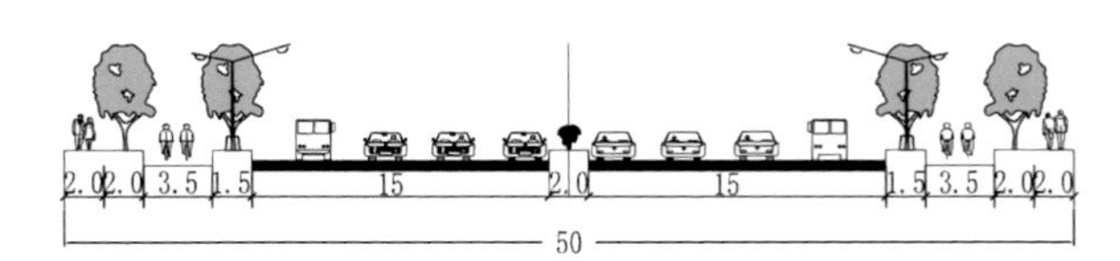

新华路

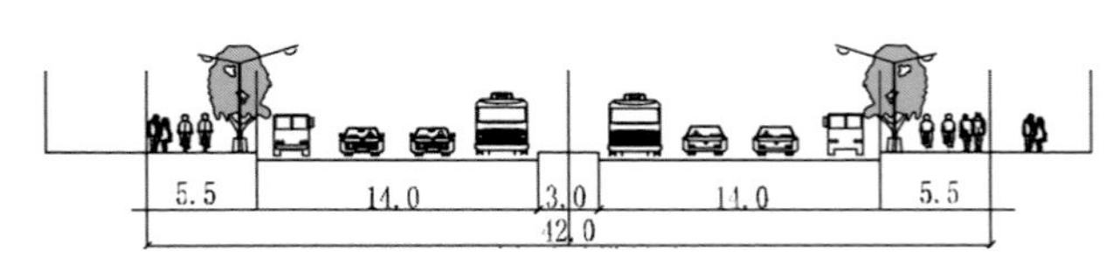

洞庭路

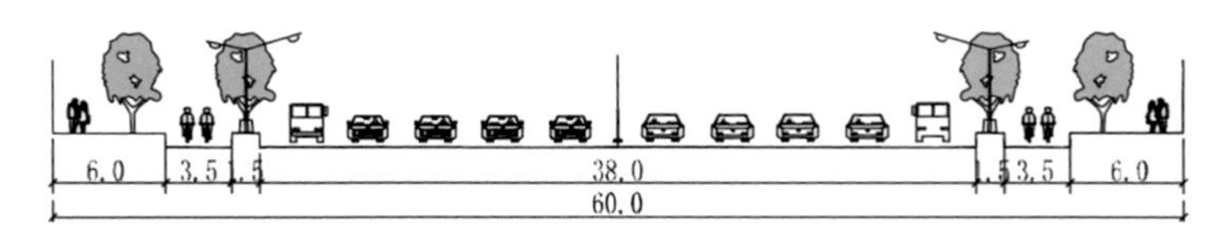

中央大道

对外交通走廊

路网建议：增加旭升路隧道

模型测试：基础路网

模型测试：旭升路隧道

公共交通系统规划

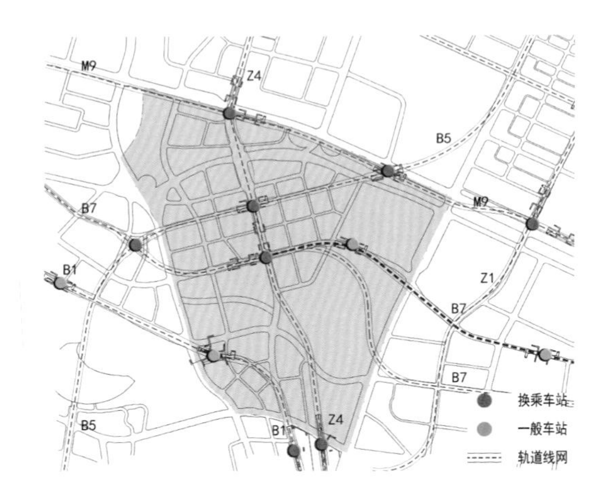

轨道线网规划

（1）天碱地区规划 5 条轨道线路：Z4 线、B1 线、B5 线、B7 线、M9 线（津滨轻轨）；

（2）天碱地区共规划预留 6 个轨道站点，4 个为两线换乘站点。

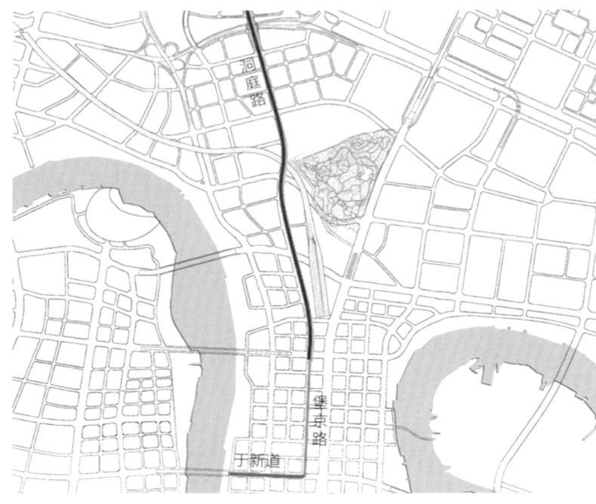

有轨电车规划

洞庭路有轨电车向南延伸至于家堡起步区，至于新道，长 3.8 千米。沿于新道向西转向海河岸边公园（0.6 千米），考虑并入环于家堡有轨电车线路或者在滨河公园设置首末站 。

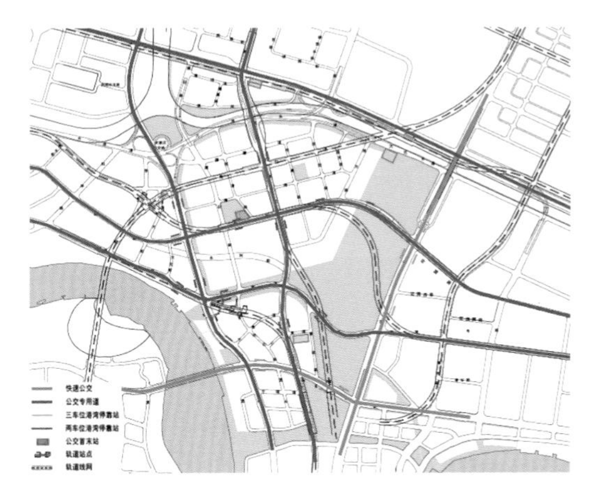

公交网络规划

（1）快速公交 —— 长距离对外公交服务；

（2）普通公交 —— 中、短距离对外交通服务；

（3）设置公交首末站 4 处，文化中心首末站总用地面积约 1 公顷。

公共停车规划

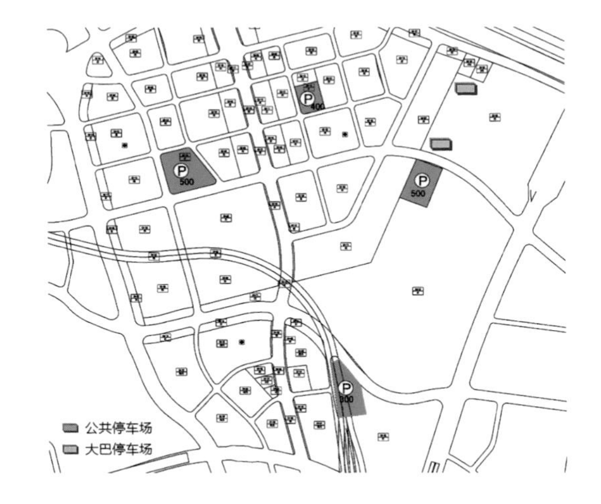

停车发展策略

（1）使天碱地区车位供应保持在一个合理的范围，以控制社会车辆的使用；

（2）不断完善停车管理体制，建立统一管理和分类管理有机结合的停车管理机制；

（3）采用规范化、智能化和信息化的停车场系统；

（4）实行区域停车共享政策，根据各地块土地开发强度，进行地下空间整体开发、整体运营管理；

（5）建立停车法规规范体系，为停车基础设施的规划、投资、建设及监督管理提供必要的法规依据。

公共停车场

（1）公共停车场 4 处：提供公共停车泊位 1500 ～ 2000 个；

（2）大巴停车场 2 处：提供大巴停车位约 40 个。

慢行交通规划

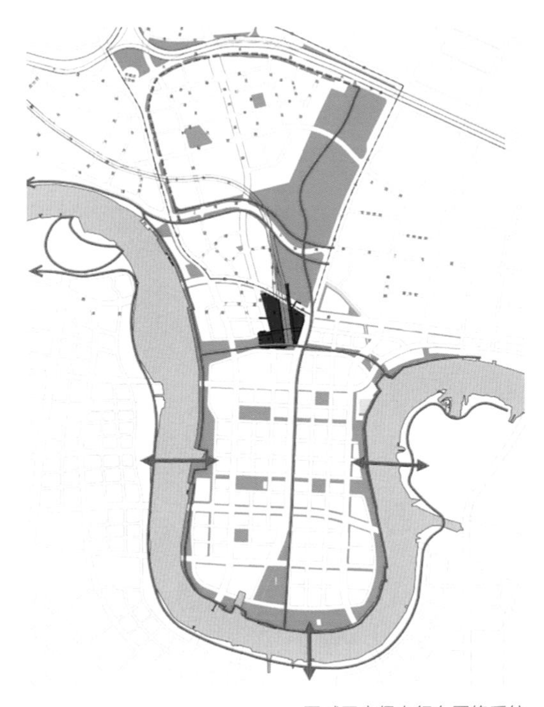

天碱于家堡自行车网络系统

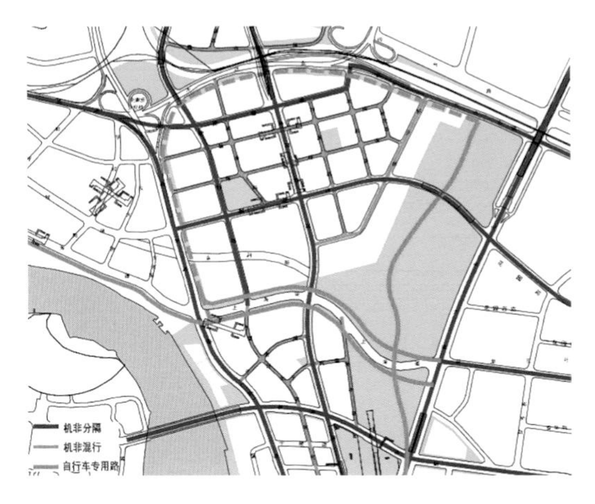

自行车网络系统

（1）机非分隔：次干路以上等级；

（2）机非混行：非交通性次干路和支路；

（3）自行车专用路：沿道路两侧绿带、河畔和游憩公园设置，推荐车道宽度 2.5 ～ 3.5 米。

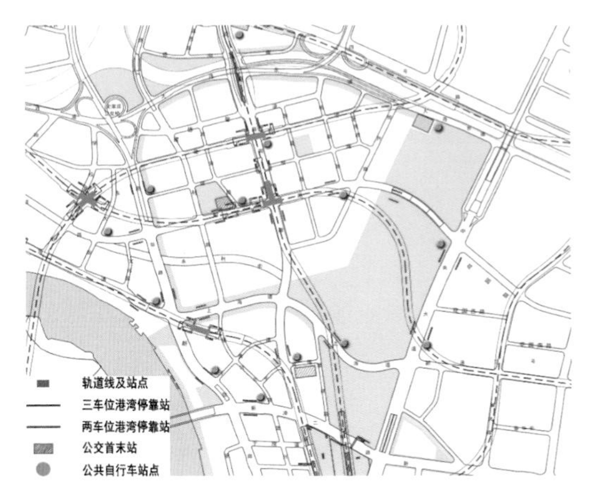

公共自行车租赁点

（1）轨道、公交车站；

（2）公园绿地、河畔；

（3）商业街、商业综合体。

第二次工作营（2013.08.20）
The Second Work Camp（2013.08.20）

第二次工作营会议现场，伯纳德·屈米先生通过视频与滨海新区规划和国土资源管理局的领导、国外设计大师和各家设计单位进行沟通和交流，其余设计团队悉数到场进行汇报，并围绕设计方案展开激烈的讨论。五家国外单位汇报各自建筑单体的概念设计初步方案，德国 gmp 公司与本地设计院从各自角度对总图的方案、总图与建筑的关系提出建议；日建设计、香港 MVA 公司从地下空间、交通咨询方面进行专业汇报；负责绿建咨询、商业策划的单位在该阶段开始介入，并汇报初步方案。

会议明确长廊设计是当前工作的重点，要求德国 gmp 公司尽快深化“伞”形方案；并对城市设计及修详规、总图、长廊、建筑单体设计提出具体的深化方向。同时，要求在 8 月底各自提交成熟的设计方案，并来津参加第三次工作营；两套风格差异较大的立面方案，届时再予以确定。

工作营现场　Work Camp Discussion

工作营现场

工作营现场

工作营成果　Work Camp Achievement

文化中心总体设计、美术中心 —— 德国 gmp 国际建筑设计有限公司

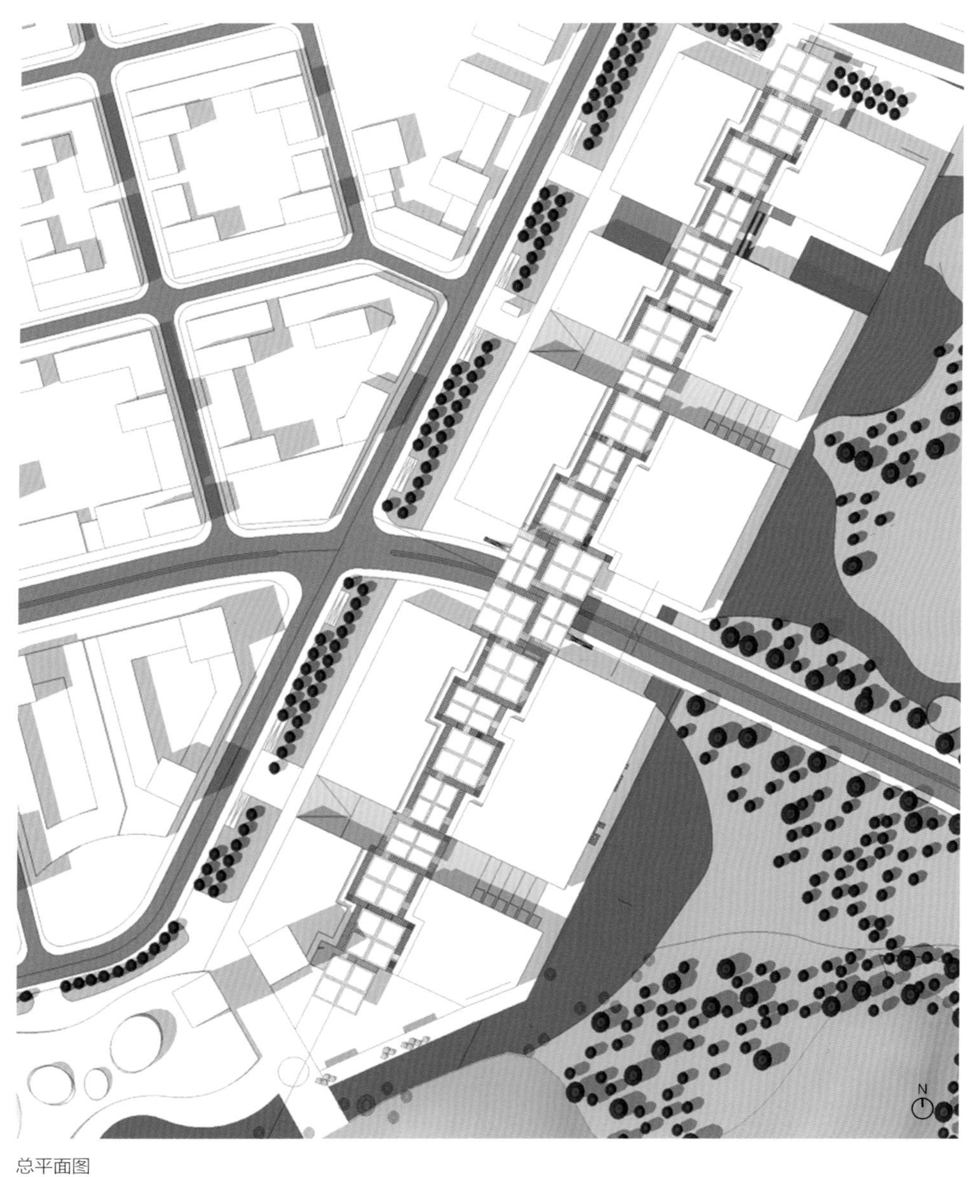

总平面图

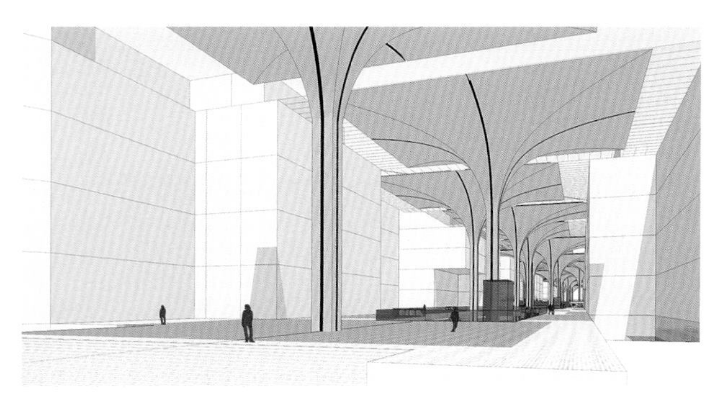
文化长廊

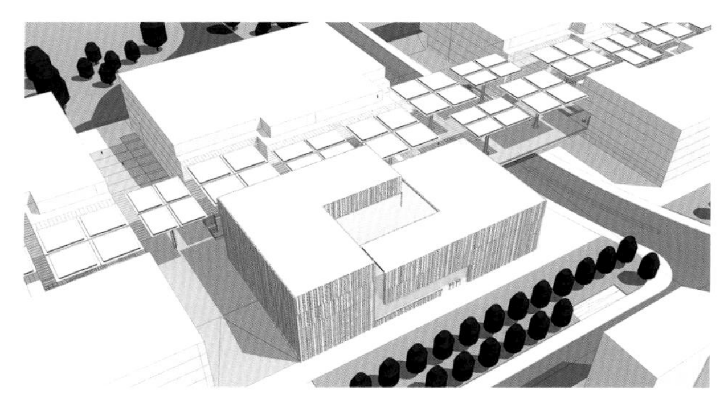
美术中心方案一

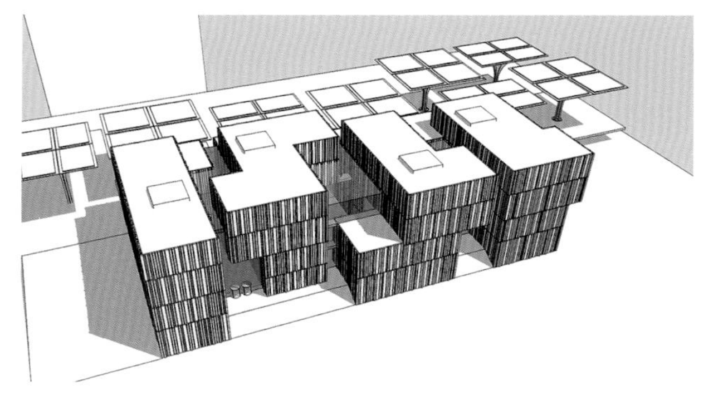
美术中心方案二

规划与工业展览中心 —— 美国伯纳德·屈米建筑事务所

方案一

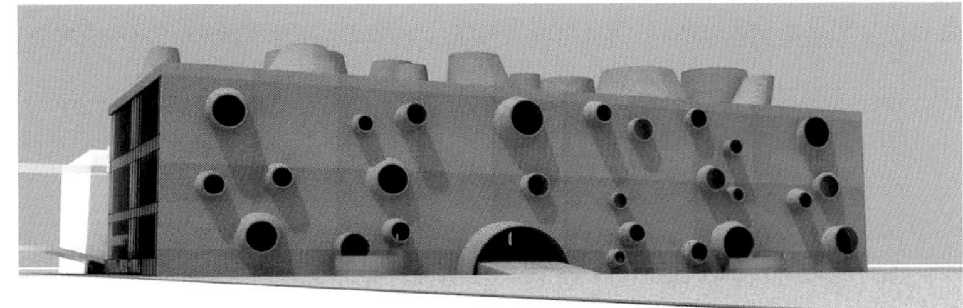

效果图

方案二

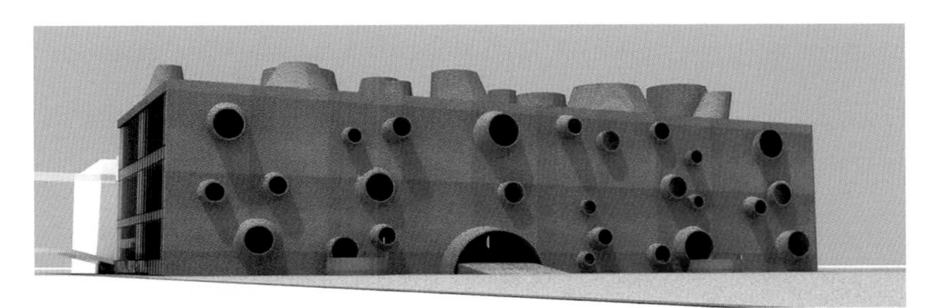

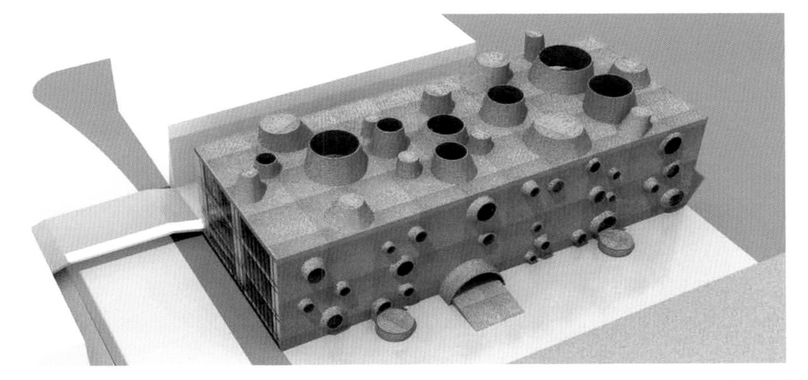

效果图

图书中心 —— 荷兰 MVRDV 事务所

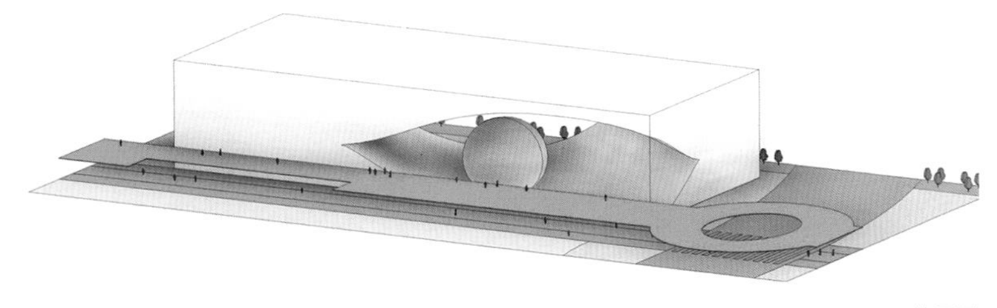

效果图

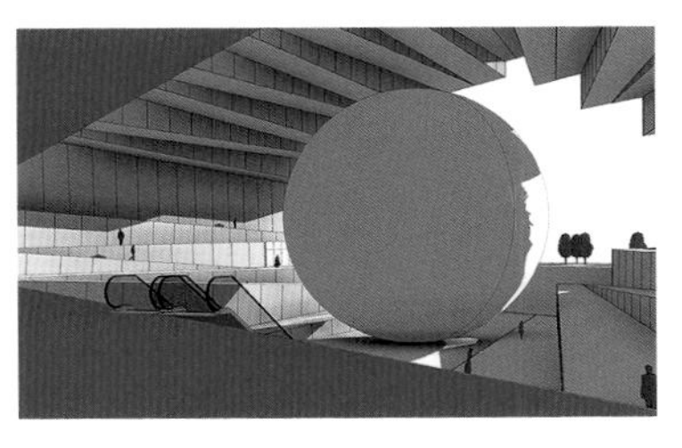

透视图

室内透视图

文化交流大厦 —— 美国墨菲扬建筑师事务所

效果图

模型

模型

市民公共文化服务中心 —— 天津华汇工程建筑设计有限公司、加拿大 Bing Thom 建筑事务所

方案一

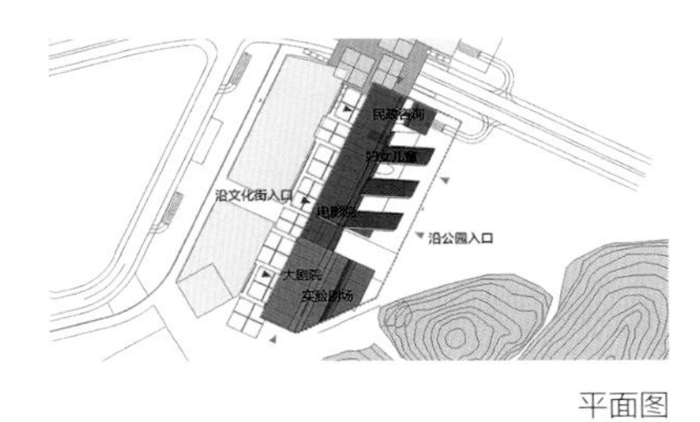

平面图

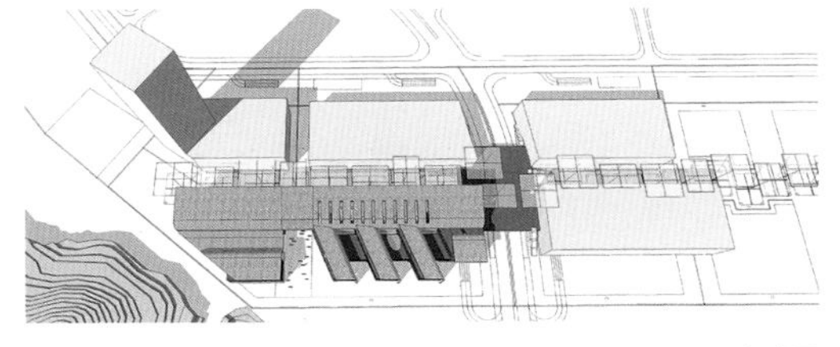

鸟瞰图

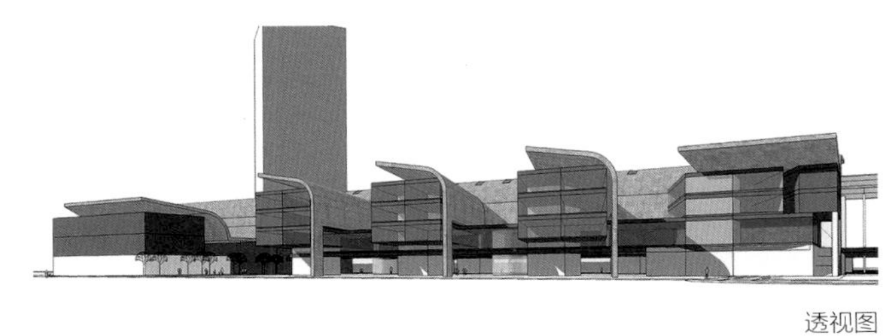

透视图

方案二

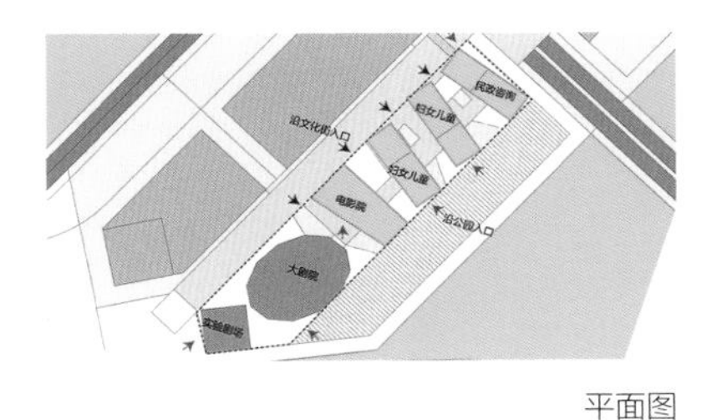

平面图

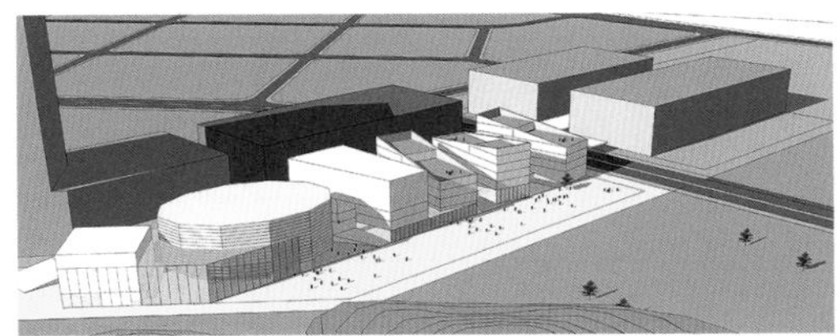

鸟瞰图

透视图

方案三

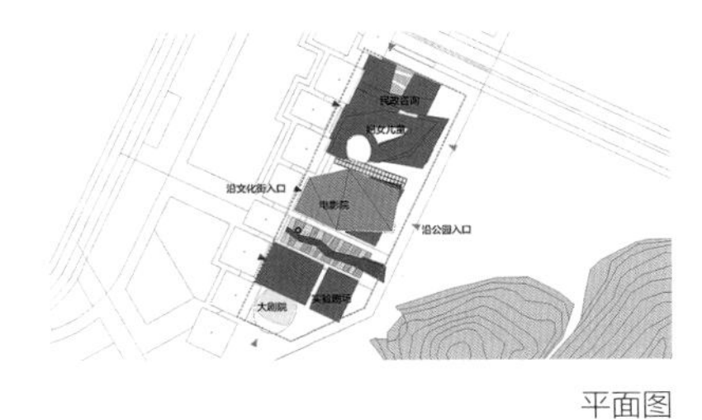

平面图

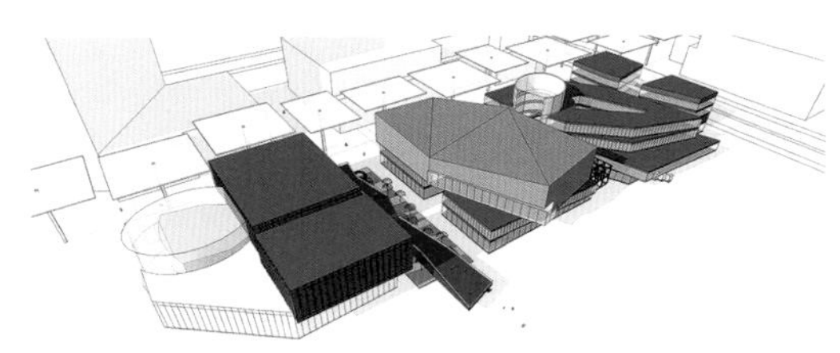

鸟瞰图

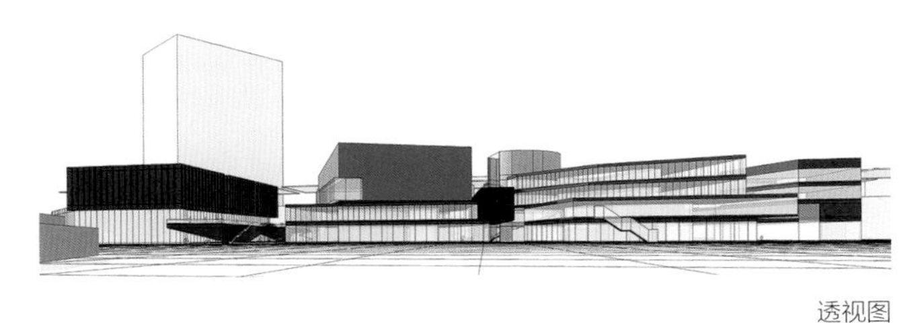

透视图

方案四

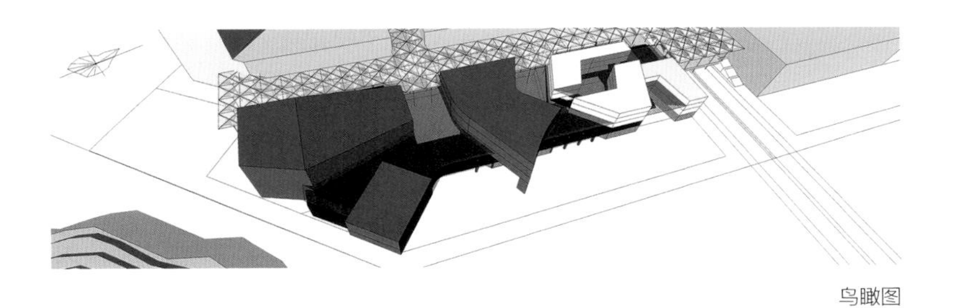

鸟瞰图

方案五

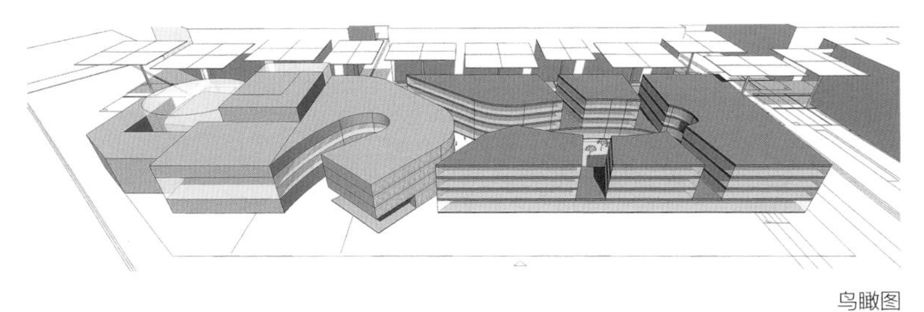

鸟瞰图

建筑群地下空间设计 —— 日本株式会社日建设计

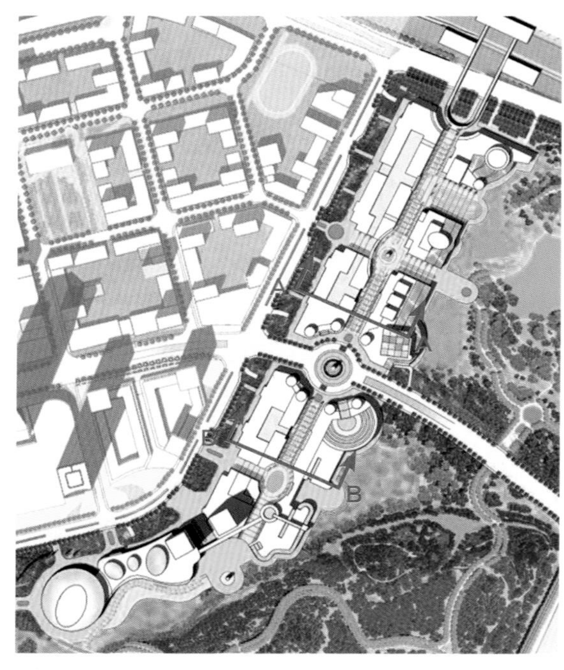

剖切位置示意图

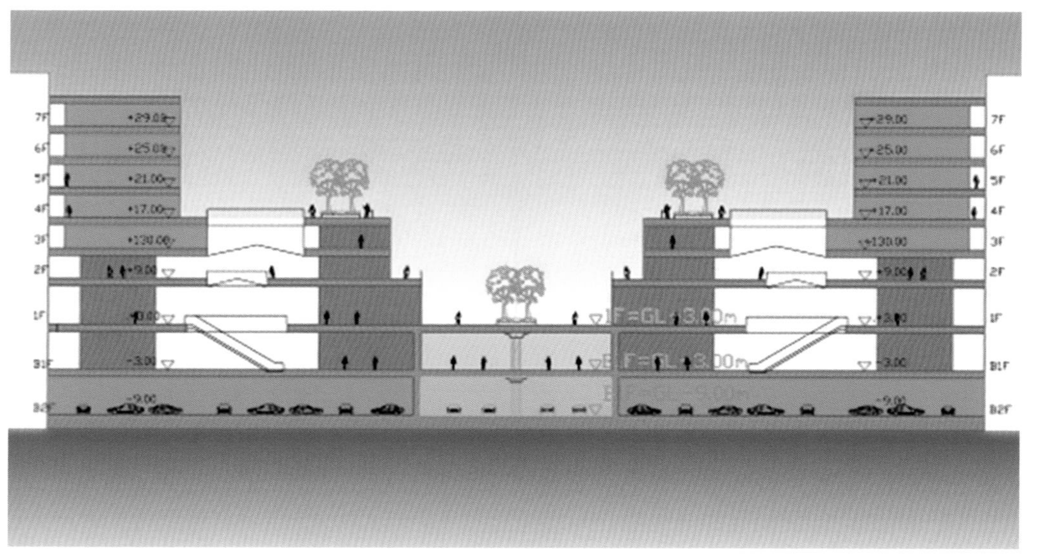

剖面 A-A

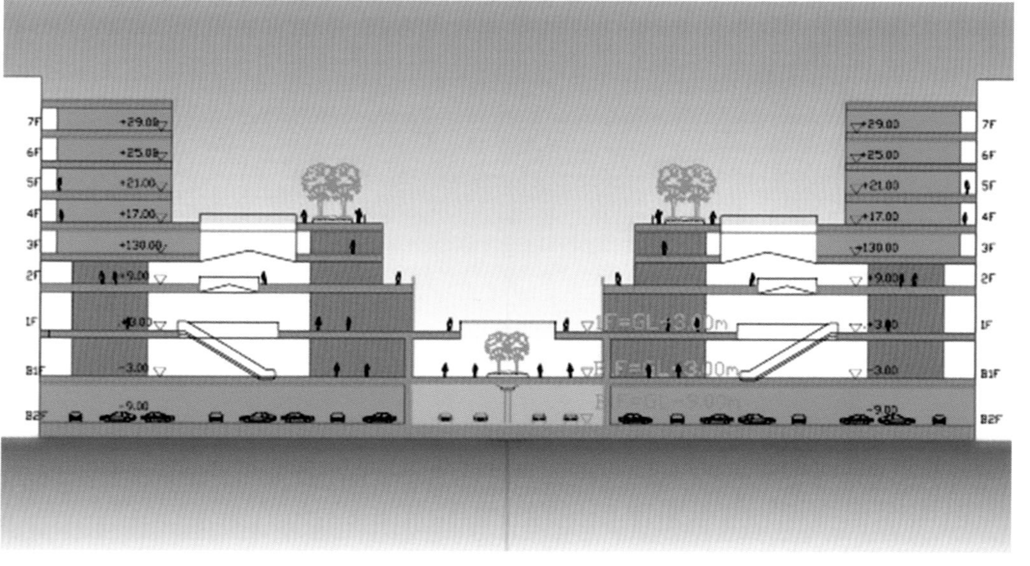

剖面 B-B

建设方针

（1）以中央街道为中心，打造地上地下一体化空间；

（2）地下空间宽度在中央街道宽度（24 米）的范围内设定。

（3）地上地下一体化空间打造区域以街道内的交叉口部分为中心。

（4）在与解放路的交叉口处，打造可将人们引入地下的空间。

（5）进入文化中心设施的主入口设在地面，同时打造地下空间，引导人流进入其中。

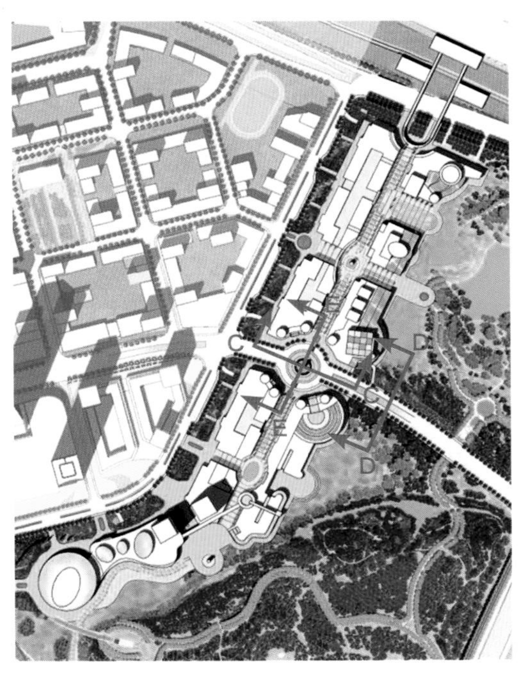

剖切位置示意图

建设方针

（1）将解放路地铁站点的位置向滨海新区文化中心靠近。

（2）因地铁的建设时期尚不明确，故不采取先行预留地铁车站空间的做法。

（3）地铁车站部分，结合地铁线路建设进行施工。

（4）对于文化中心区的解放路地下连接通道，规划中考虑与未来的地铁车站相连通。

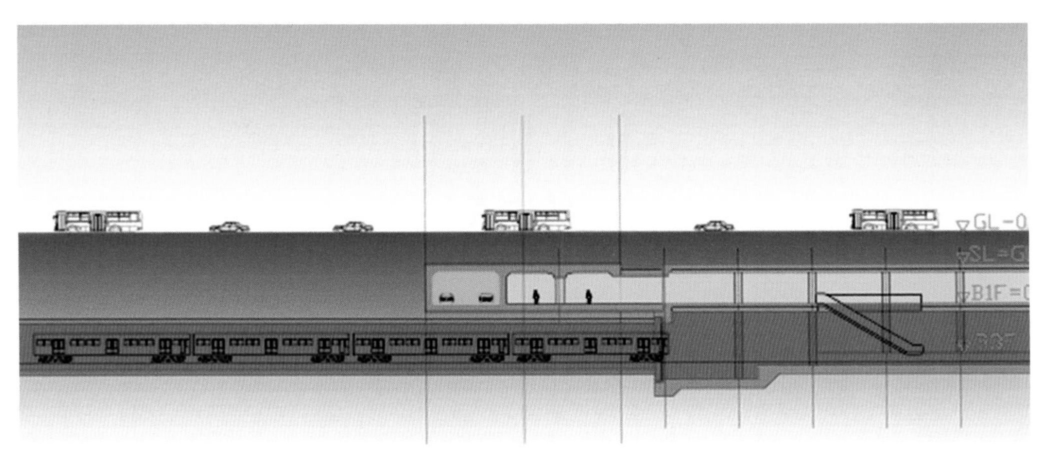

剖面 C-C

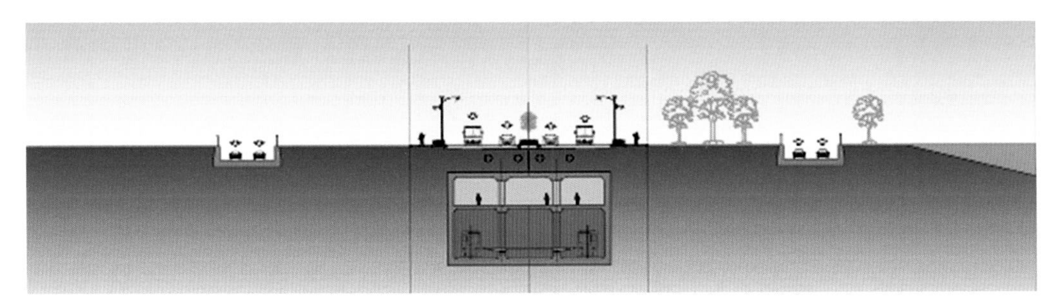

剖面 D-D

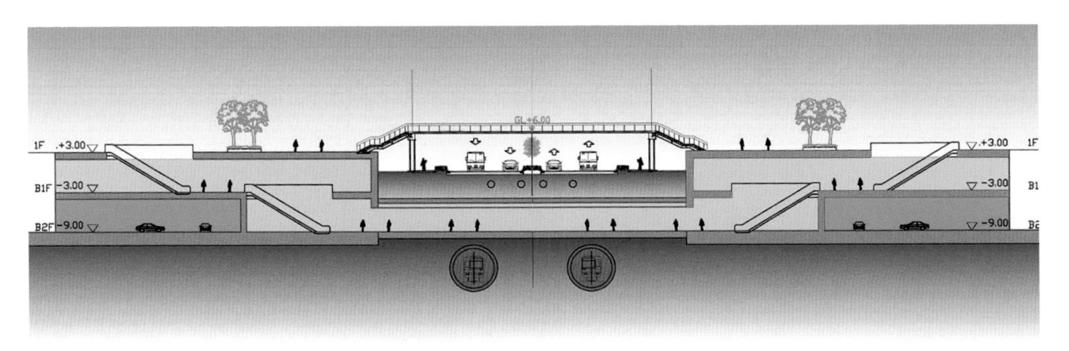

剖面 E-E

建筑群地下空间设计 —— 日本株式会社日建设计

停车场网络系统

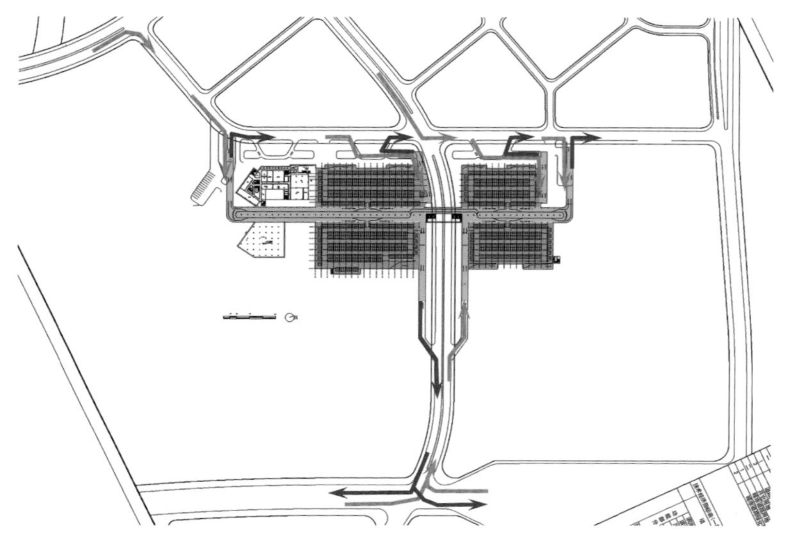
停车流线分析

建设方针

（1）5 个地块同时建设，对地下车库进行统一的运营管理；

（2）地下车库的出入口，尽可能设在解放路以外的道路上。在没有其他办法的情况下，接口形状采用对社会交通影响小的方式；

（3）为减少地下车库出入口的负荷，原则上采用从停车场网络车道进入车库的方式；

（4）本提案为与从地面可直接进入各地块车库的出入口的并行提案。

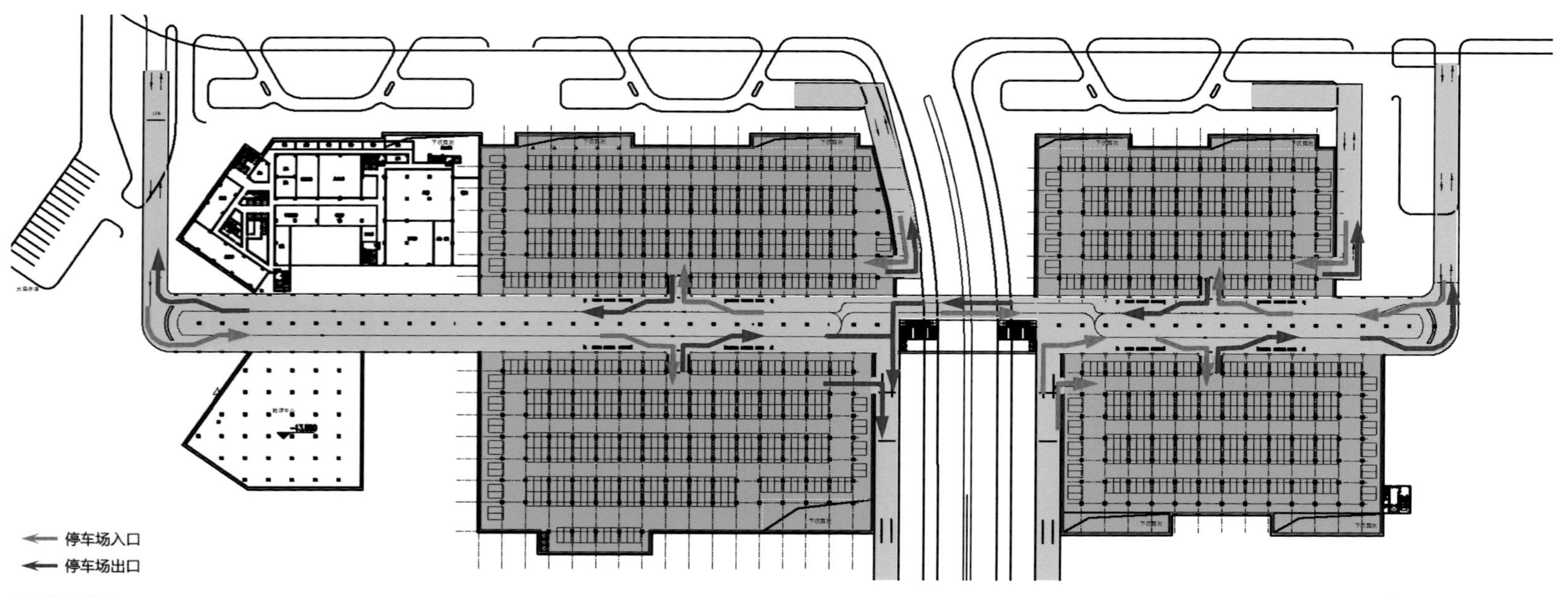

停车流线分析

外部交通规划设计 —— 香港弘达交通咨询有限公司（MVA）

方案一

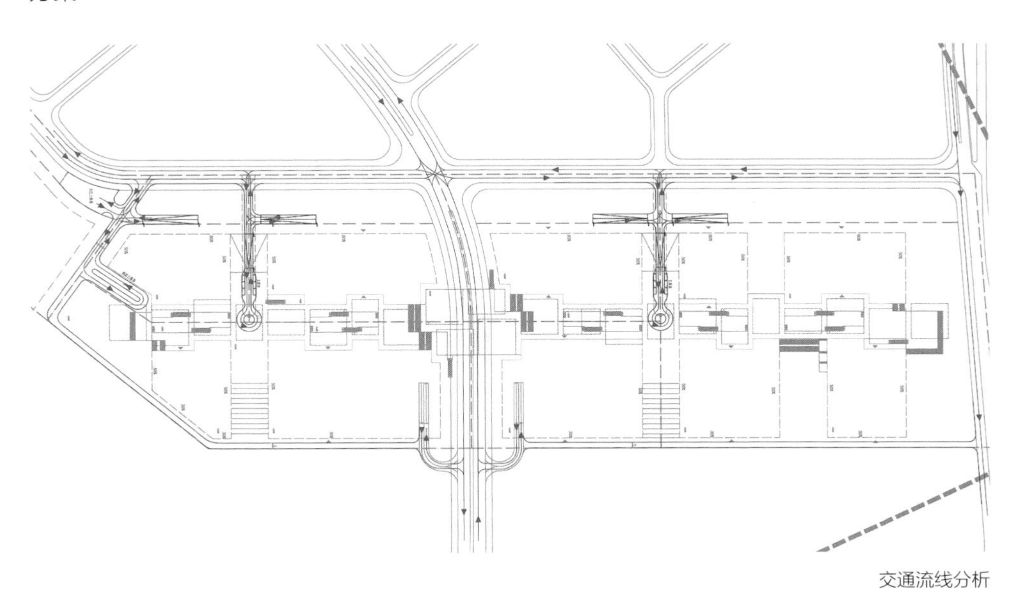

交通流线分析

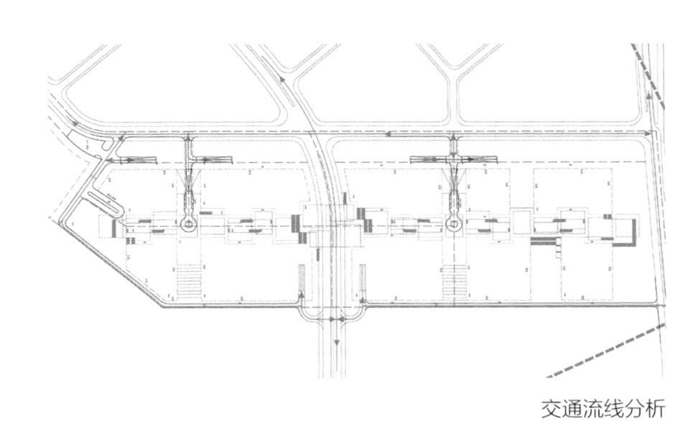

交通流线分析

方案二

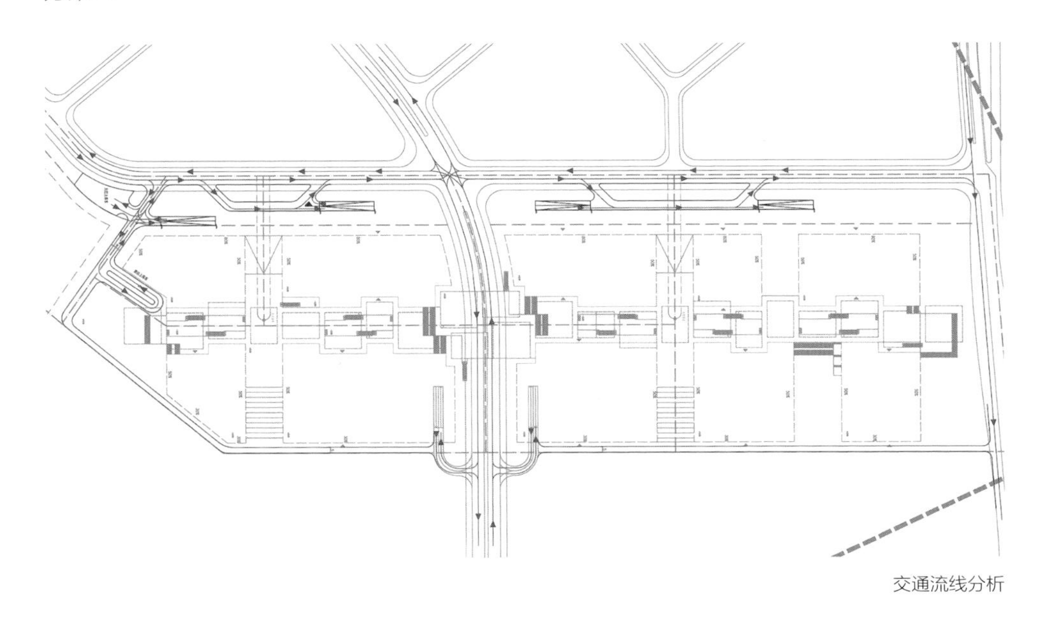

交通流线分析

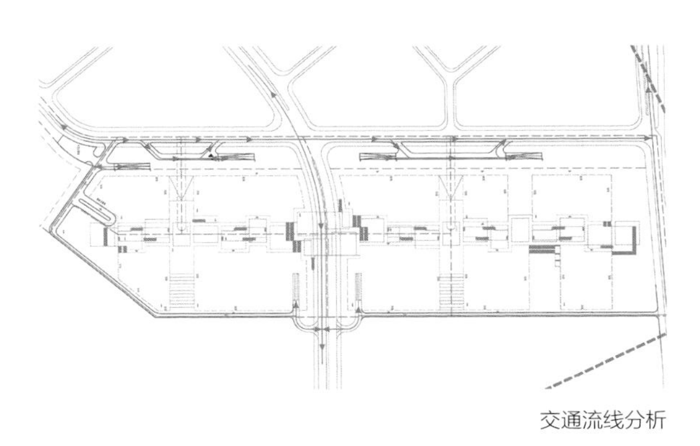

交通流线分析

第三次工作营（2013.08.26）
The Third Work Camp（2013.08.26）

第三次工作营以视频会议和现场汇报结合的方式开展，五家国外单位、本地设计院、五家专项设计单位汇报了各自负责的总图、建筑、专项设计方案，设计内容和深度基本达到研讨会时提交方案成果的要求；会议着重对总图和长廊设计进行深入研究，包括空间布局、建筑形态、结构设计、业态配备等方面。

工作营现场 Work Camp Discussion

工作营现场

DRAFT
PROJECT CONCEPTS:
THE LIGHT
URBAN PARK
URBAN CORRIDOR
5. THE LIGHT
PROJECT CONCEPTS
AT LA VILLETTE,

工作营现场

研讨会（2013.09.12—2013.09.13）
Seminar（2013.09.12—2013.09.13）

研讨会邀请以院士为首、涵盖不同专业的八位业内资深专家和业主方代表组成评审专家委员会，与五位大师共同针对滨海新区文化中心总图和单体建筑进行探讨，并邀请了新区主要领导莅临，听取方案汇报，并和与会人员进行了专题座谈。这是天津继市文化中心项目之后又一次非常难得的以文化建筑为主题且大师云集的盛会。

五位设计大师依次介绍了各自高水平的方案，汇报结束后，评委会专家、设计大师、专项设计单位各抒己见，针对设计方案和文化建筑经典案例和经验等发表了精彩的演讲；会后形成了书面的《专家评审报告》，专家从工作组织模式、规划布局、交通组织、文化长廊“伞”状构件、景观衔接、建筑设计等方面对咨询工作给予了高度评价，并提出了中肯的意见和建议，为深化设计工作的展开奠定了坚实的基础。

研讨会现场　Seminar Discussion

研讨会现场

研讨会现场

研讨会现场

规划与工业展览中心模型

研讨会现场

研讨会现场

文化交流大厦模型

研讨会现场

文化长廊模型

研讨会现场

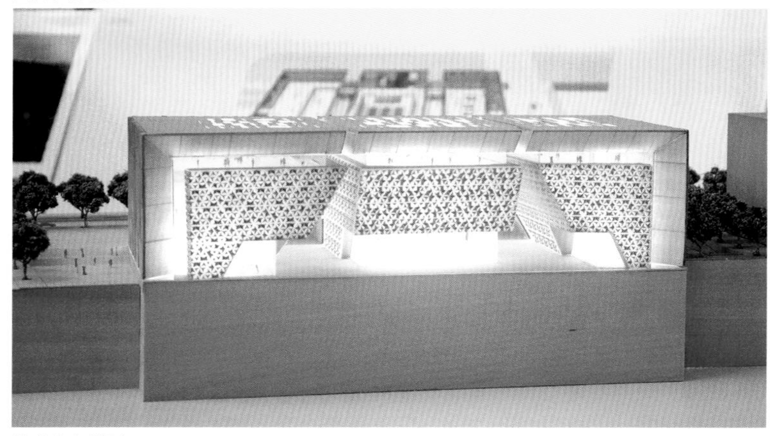
美术中心模型

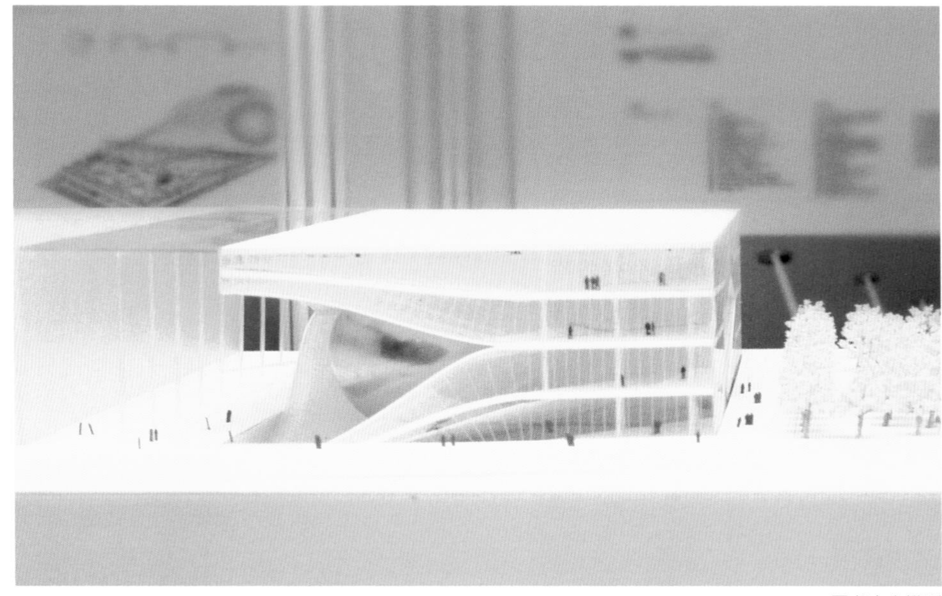
图书中心模型

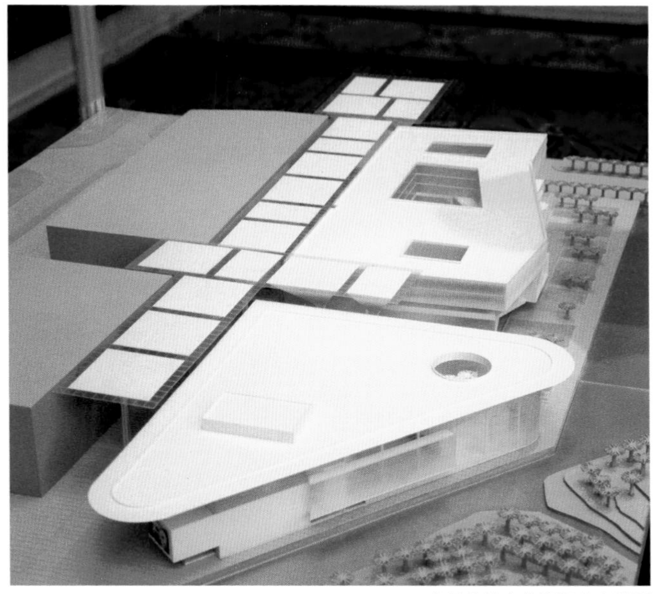
市民公共文化服务中心模型

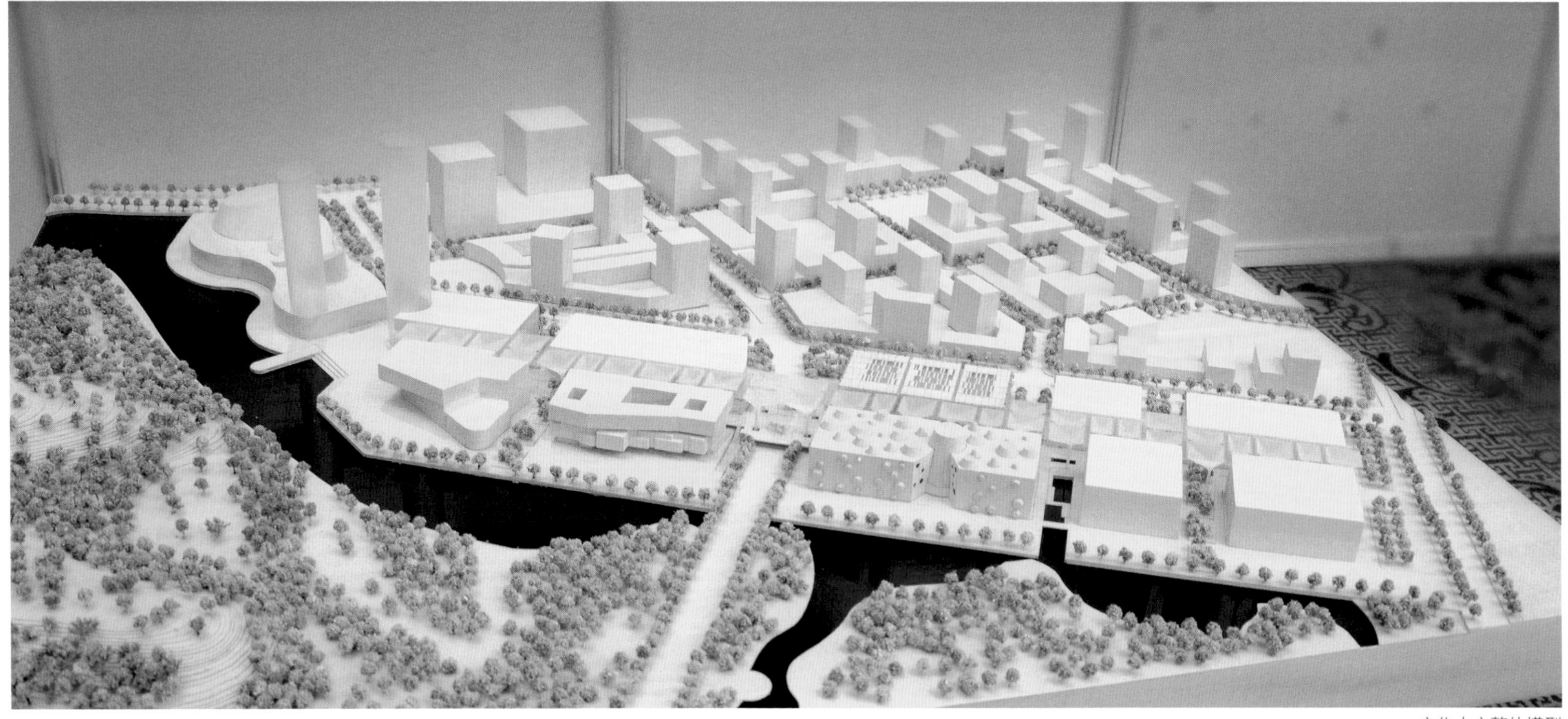
文化中心整体模型

领导会见 Interview

领导会见

专家调研　Expert Research

专家调研

（一期）建筑设计方案国际咨询 ▷▷▷

建筑群设计方案

- 文化中心总体设计
- 规划与工业展览中心
- 美术中心
- 图书中心
- 文化交流大厦
- 市民公共文化服务中心

文化中心总体设计
Master Plan of Cultural Center

德国 gmp 国际建筑设计有限公司
天津市城市规划设计研究院

设计理念　Design Concept

伞

为了平衡和联系五个独特的建筑单体，文化长廊将成为一个具有里程碑意义的标志性的开放公共空间，它由 30 米高的“太阳伞”状异形柱结构构成。伞状的柱列被设计为优雅的轻钢结构并由膜材料和金属穿孔板覆面。每个“太阳伞”柱子呈不对称的垂直形状，为来访者提供一个生动、有活力的体验空间，使其穿行文化长廊走廊时仿佛在巨树下漫步。

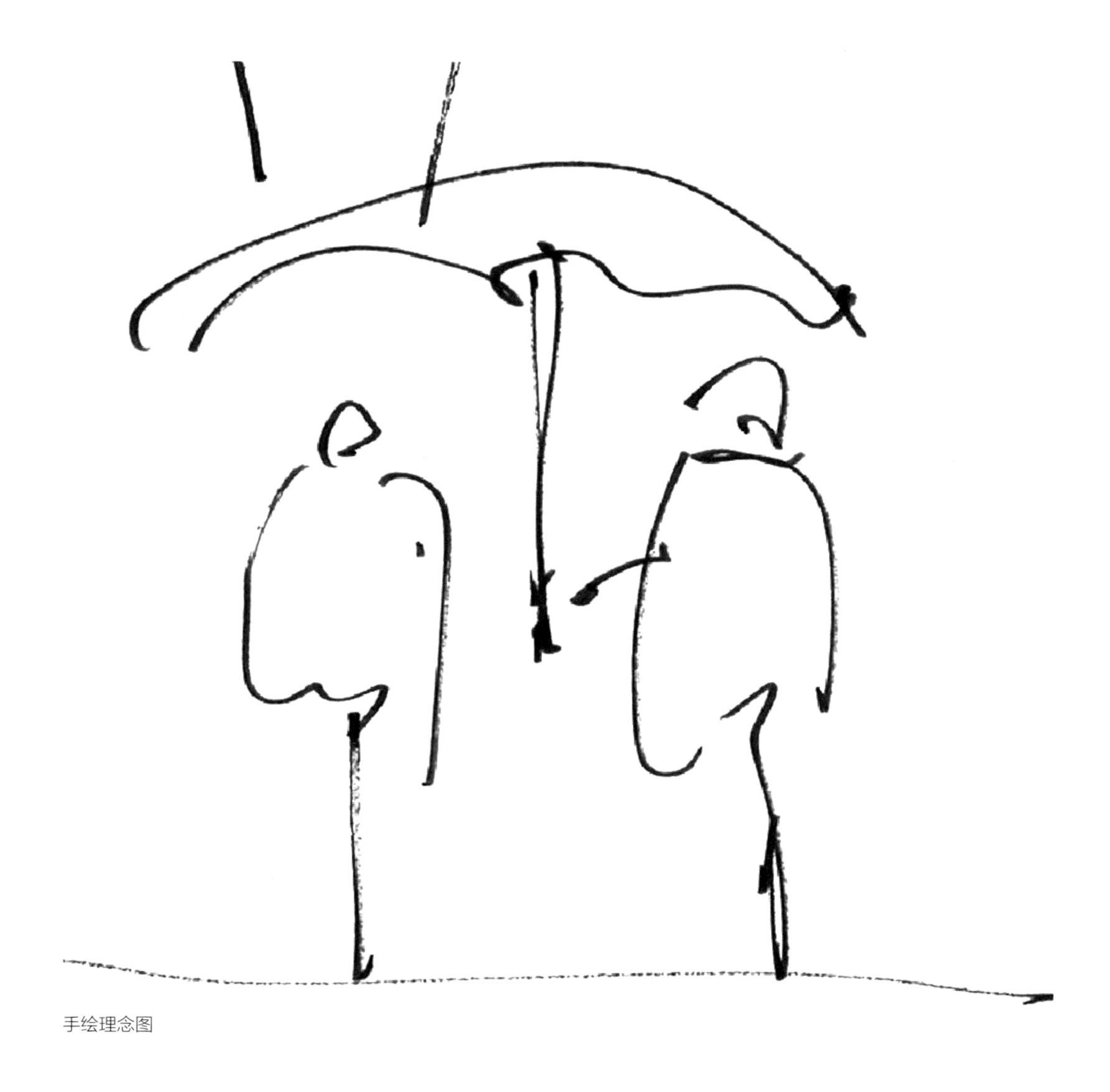

手绘理念图

文化长廊案例

文化长廊效果图

设计构思 Design Concept

项目总体规划力求设立一个中性的规划框架，尽量为各建筑师留出充足的自由发挥空间，同时确保整个综合体的整体一致性。

文化长廊这一项目的主轴线将被设计成一个带顶的室外空间，连接文化中心三期项目的所有主要出入口，形成一条商业步行街。各建筑的次入口均沿用地东西两侧边界向外设置。

为在总平面内形成建筑单体和文化长廊之间的最佳联系，在 30 米标高处打造一条连续的屋顶边界线，以便在形成长廊和各建筑之间联系的同时，避免对各建筑的立面标高产生影响。

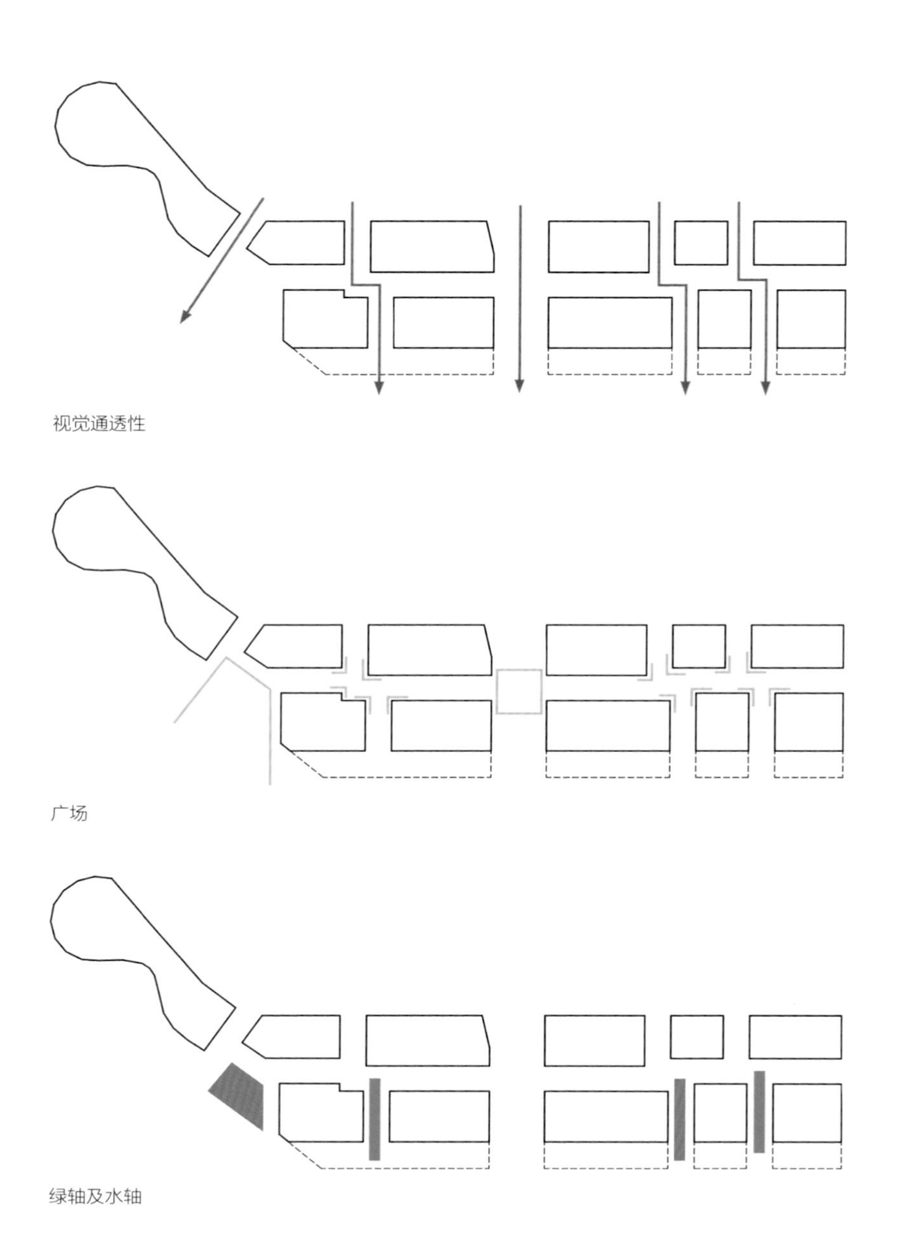

视觉通透性

广场

绿轴及水轴

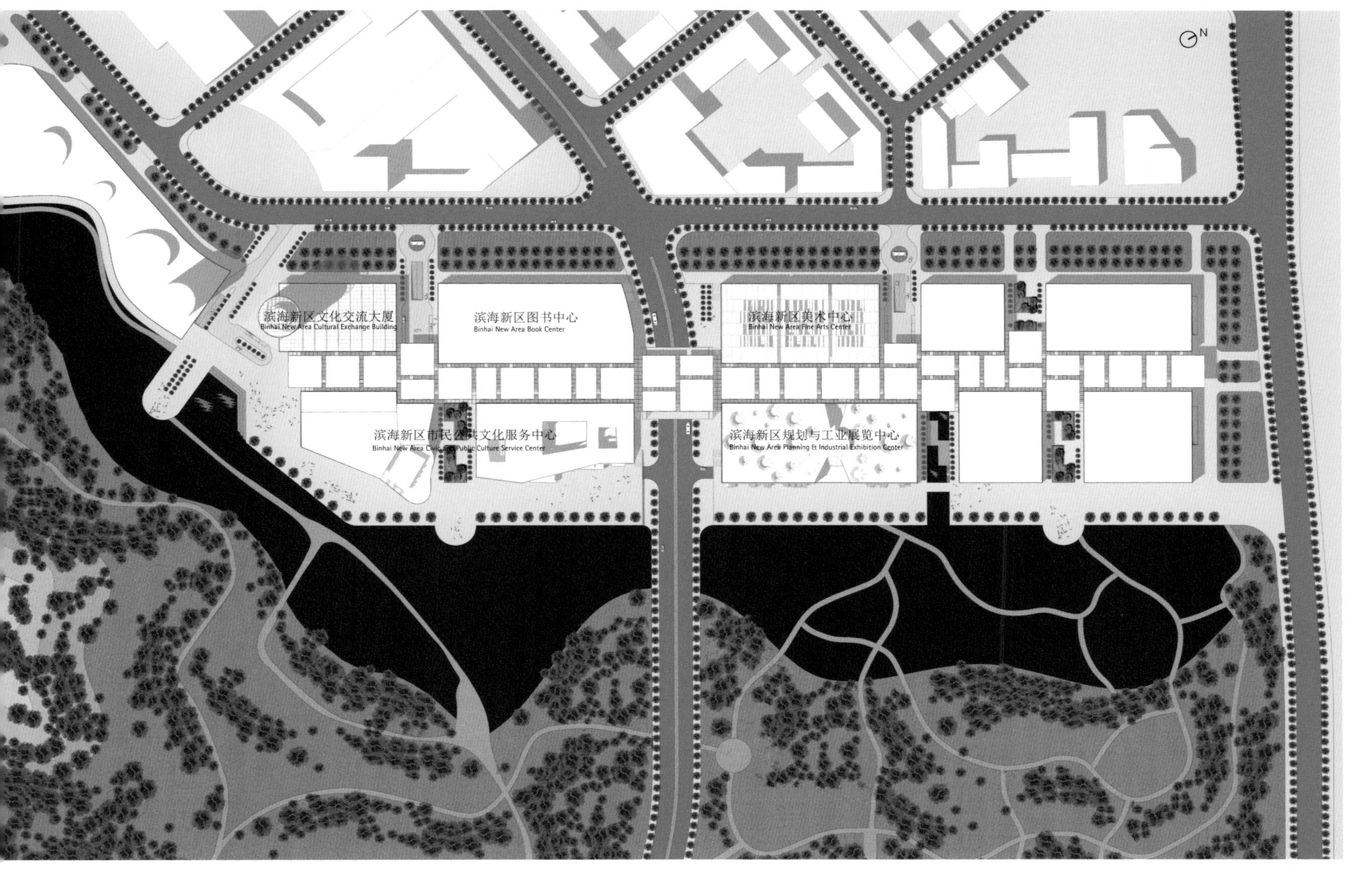
N
滨海新区文化交流大厦
Binhai New Area Cultural Exchange Building
滨海新区图书中心
Binhai New Area Book Center
滨海新区美术中心
Binhai New Area Fine Arts Center
滨海新区市民公共文化服务中心
Binhai New Area Civic and Public Culture Service Center
滨海新区规划与工业展览中心
Binhai New Area Planning & Industrial Exhibition Center

总平面图

文化长廊的走廊在两个位置点进行了适度的移位处理，以进一步丰富南北轴线处的空间外观。移位处理后形成了两个新的入口广场，供私家车和出租车停车下客使用，从而实现了中心广场周边的人车分流。中心广场位于解放路上方，设有地铁和公交线路入口。

项目的西侧边界采用笔直紧凑的立面外观，而东侧面向公园的边界立面则可以更为丰富且更具渗透力。经公园前方的步行道，可前往次入口、餐厅露台和亲水景观等设施。这些设施在用地中分两处设置，将文化长廊和紫云公园串联起来。

整体鸟瞰图

流线分析　Analysis of Circulation

项目一期的地块以及紫云公园被东西走向的解放路分割开来，为整个项目打造了一个标志性的重要位置——解放路广场。与此同时，在解放路广场处设置地铁站点和公交线路等公共主入口。

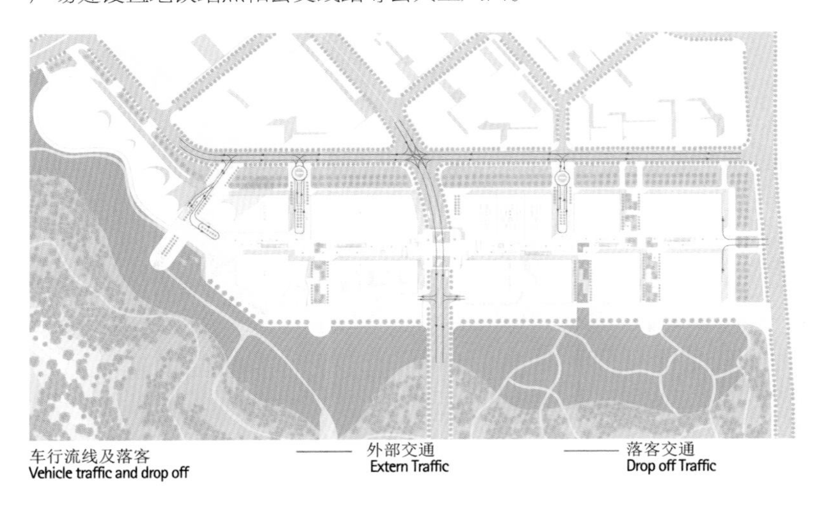

车行流线及落客
Vehicle traffic and drop off
外部交通
Extern Traffic
落客交通
Drop off Traffic

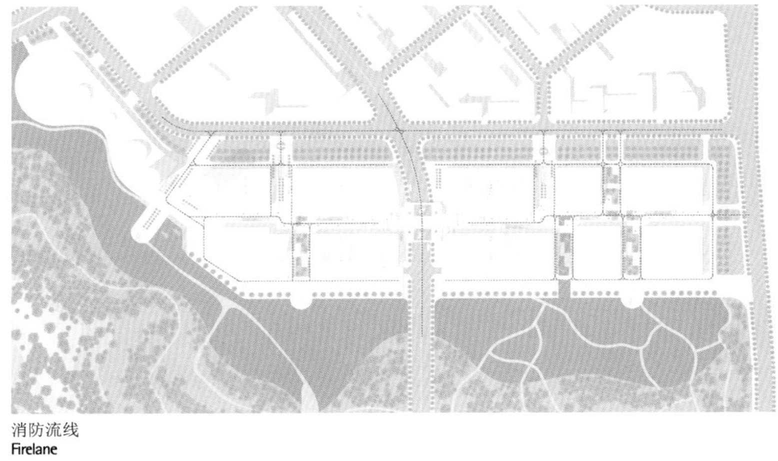

消防流线
Firelane

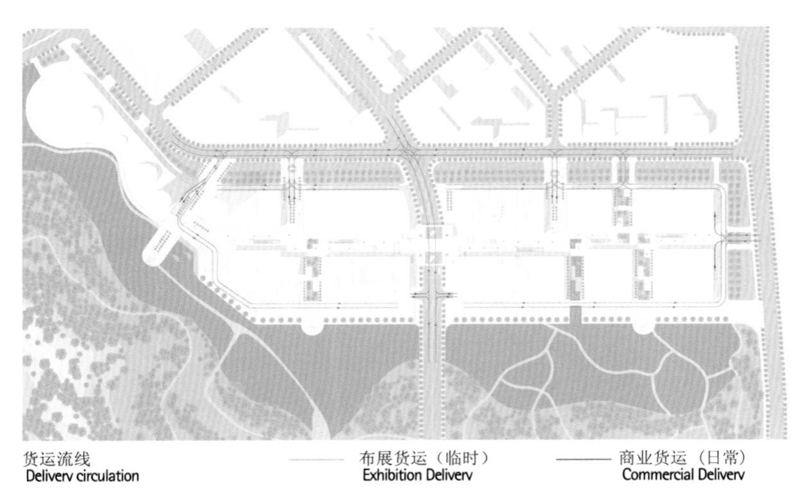

货运流线
Deliverv circulation
布展货运（临时）
Exhibition Deliverv
商业货运（日常）
Commercial Deliverv

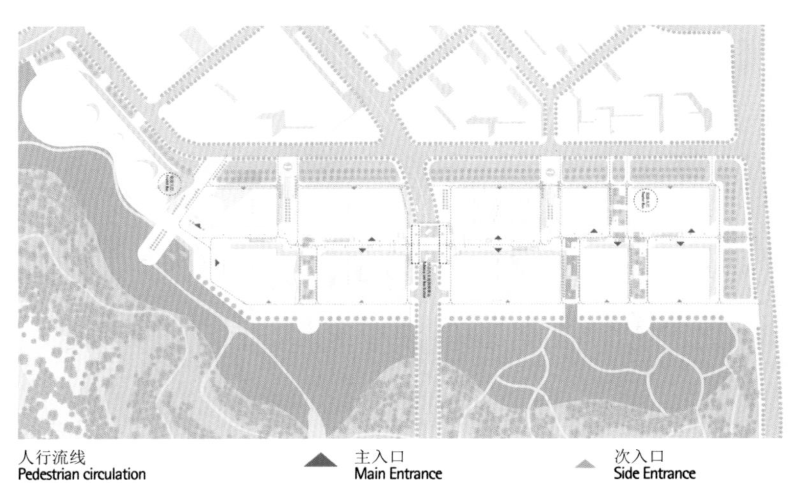

人行流线
Pedestrian circulation
主入口
Main Entrance
次入口
Side Entrance

流线分析图

平面设计　Floor Plan

项目设置多个下沉广场，以形成地下一层商业购物中心与上方文化长廊之间的视觉联系。各文化建筑靠近商场的一侧均设有店铺和餐厅等设施，以营造文化长廊内的商业氛围。人们从负二层大型停车场可便利地前往各功能设施，而汽车坡道设在用地外缘，避免对行人交通产生干扰。

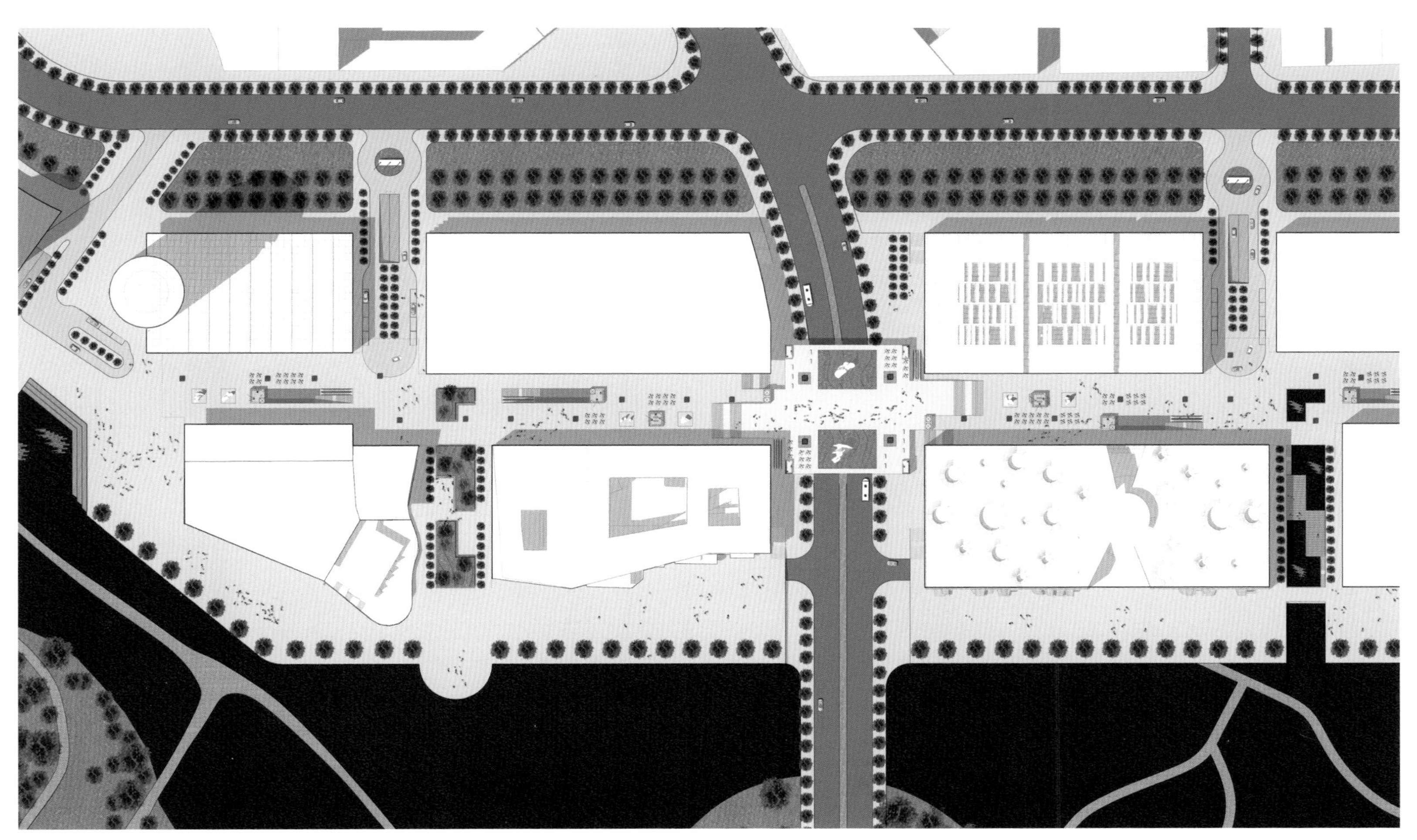

平面图

平面设计 Floor Plan

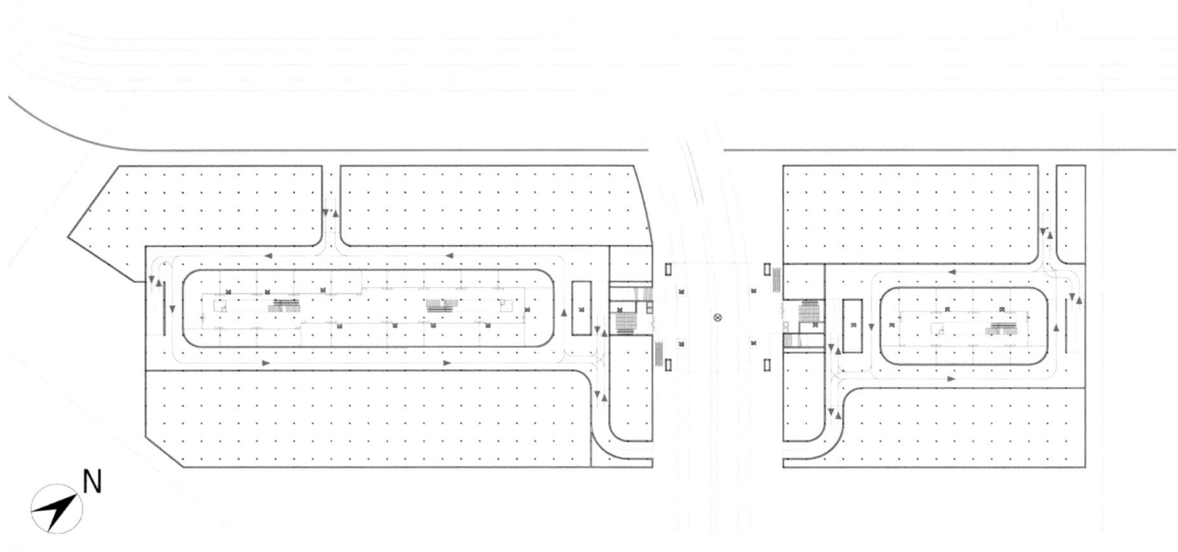

地下一层平面图

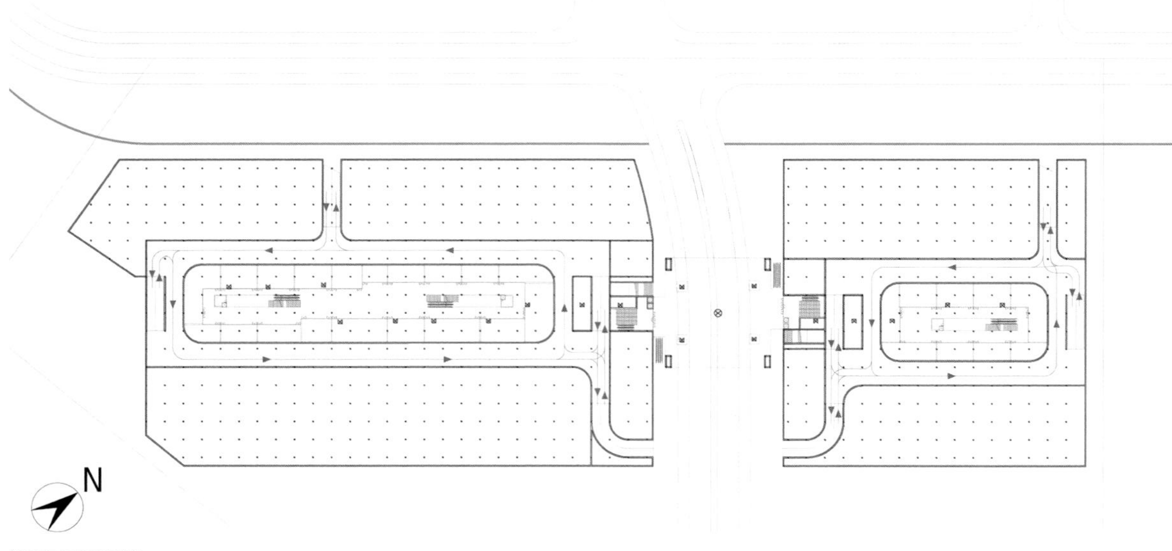

地下二层平面图

剖面设计　Section

中心广场从地面抬高 3 米，形成天桥平台结构，确保项目南北两侧人流的无阻通行。同时，解放路从地面降低 3 米，确保经过项目和紫云公园的东西向车辆顺畅通行。

纵剖面

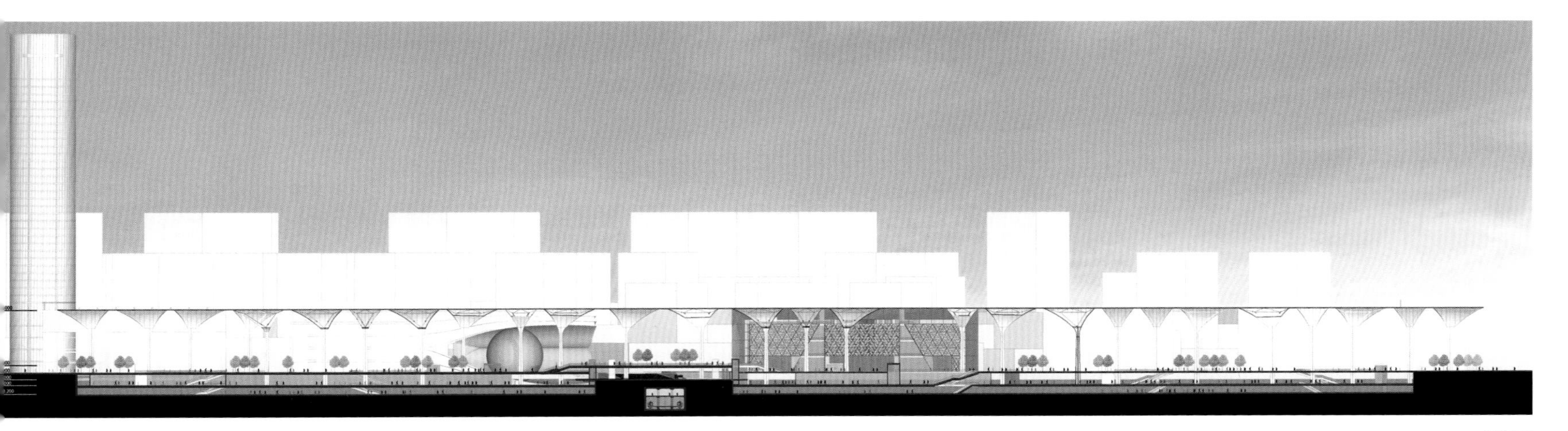

横剖面

长廊空间尺度 Corridor Scale

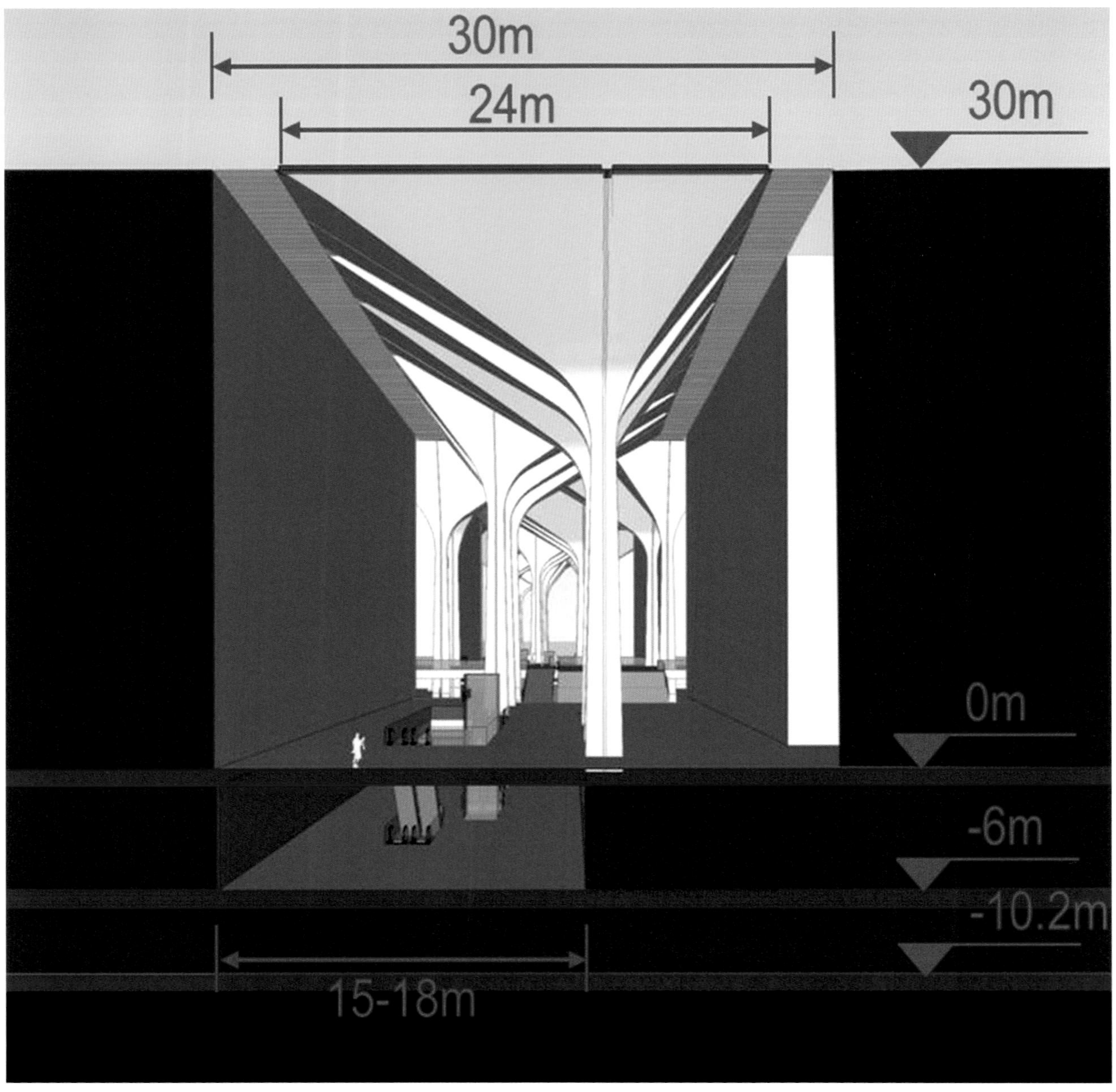

空间尺度

文化长廊效果图

“伞”结构　"Umbrella" Structure

方案1：钢骨架结构

效果图

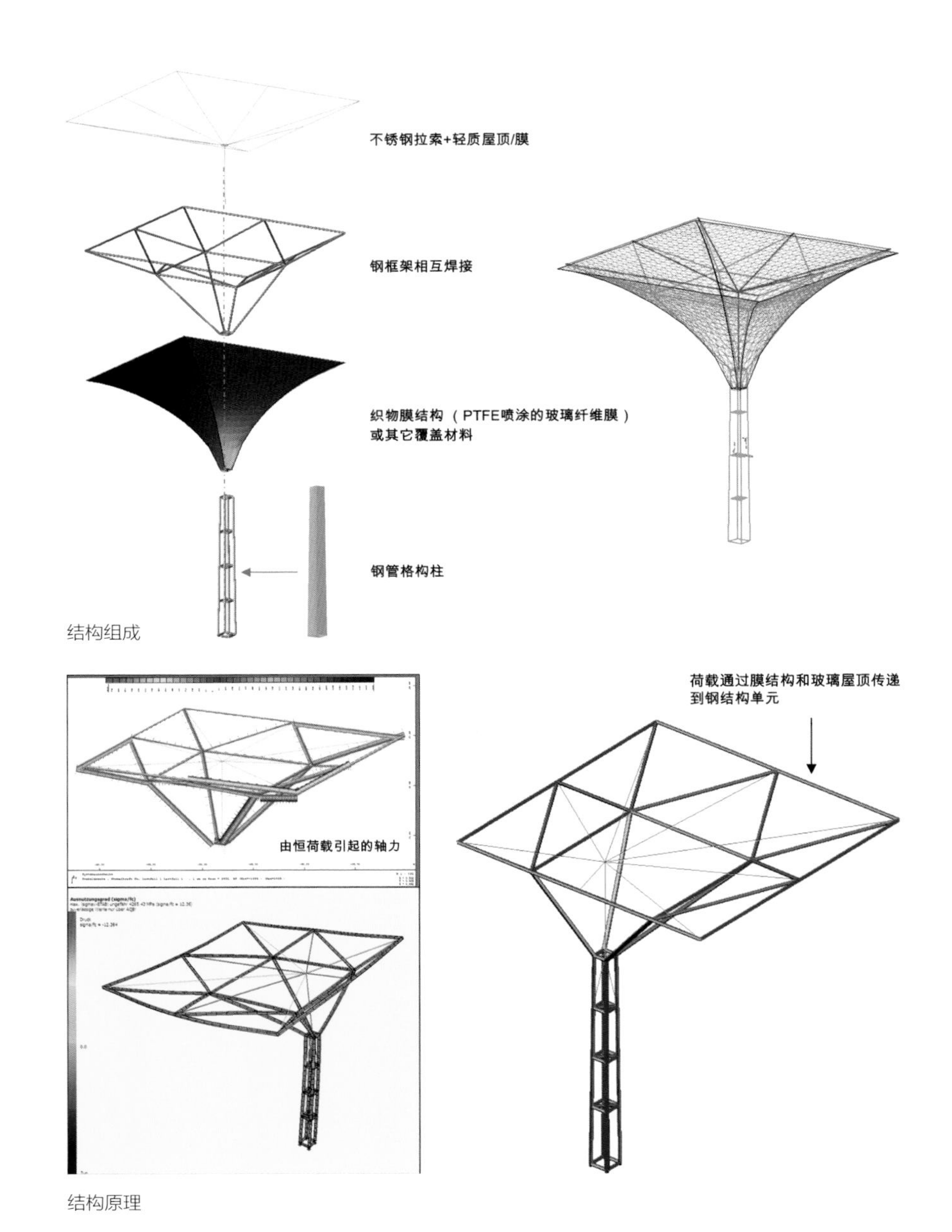

结构原理

方案 1：钢骨架结构——备选结构

效果图

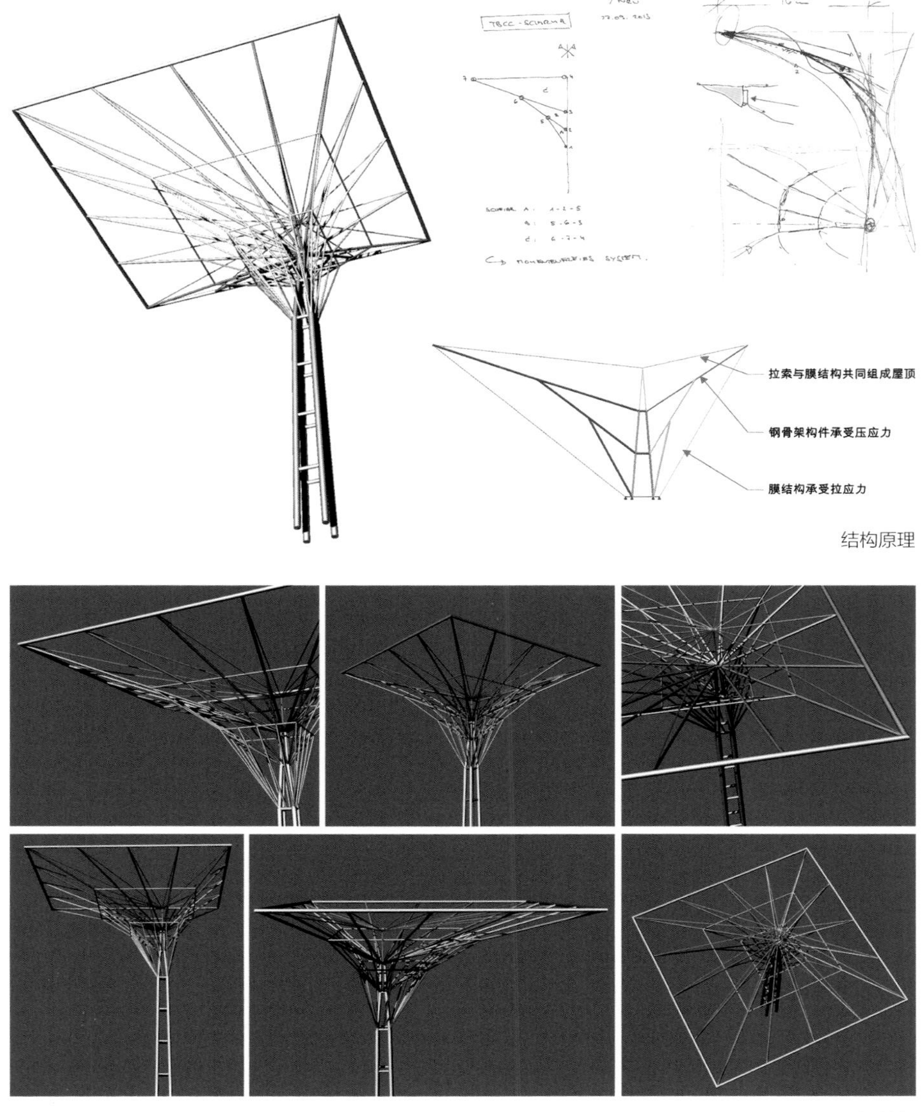

结构原理

钢骨架

方案 2：钢壳体结构

效果图

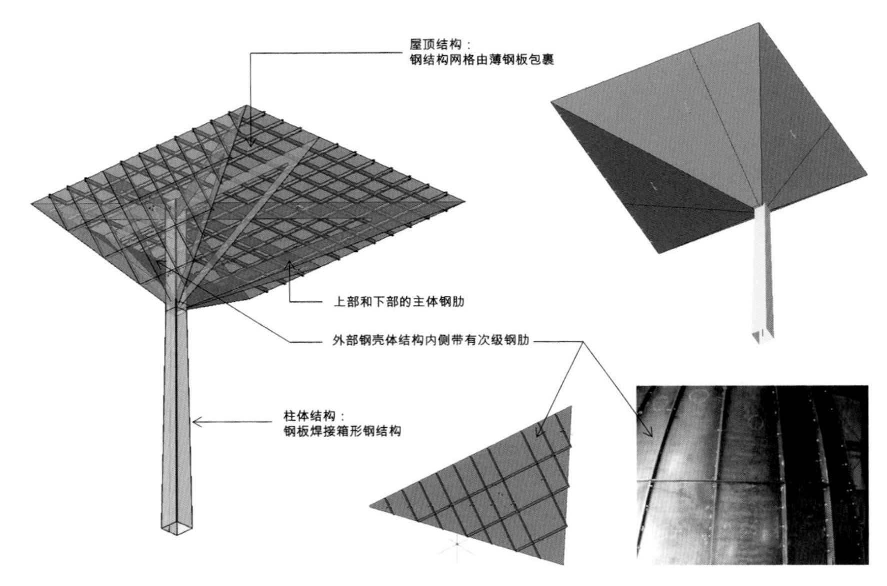
屋顶结构：
钢结构网格由薄钢板包裹
上部和下部的主体钢肋
外部钢壳体结构内侧带有次级钢肋
柱体结构：
钢板焊接箱形钢结构

结构组成

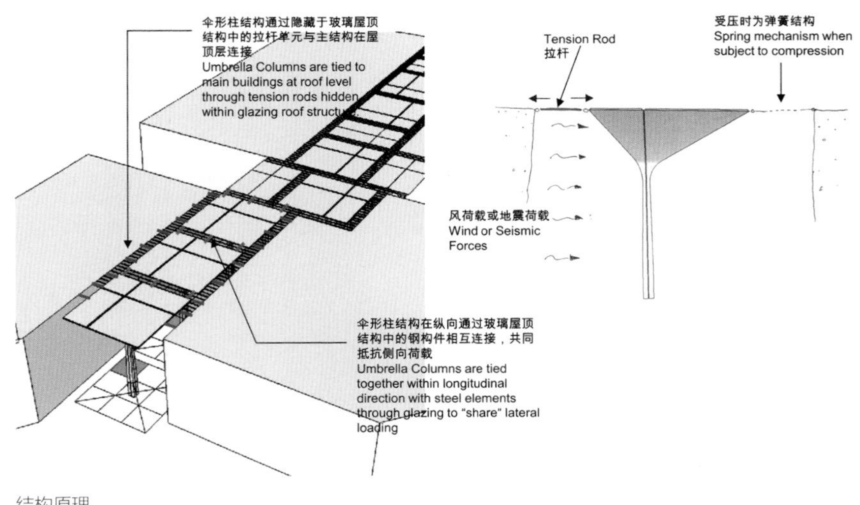
伞形柱结构通过隐藏于玻璃屋顶结构中的拉杆单元与主结构在屋顶层连接
Umbrella Columns are tied to main buildings at roof level through tension rods hidden within glazing roof structu
Tension Rod
拉杆
受压时为弹簧结构
Spring mechanism when subject to compression
风荷载或地震荷载
Wind or Seismic Forces
伞形柱结构在纵向通过玻璃屋顶结构中的钢构件相互连接，共同抵抗侧向荷载
Umbrella Columns are tied together within longitudinal direction with steel elements through glazing to "share" lateral loading

结构原理

方案 3：膜结构

效果图

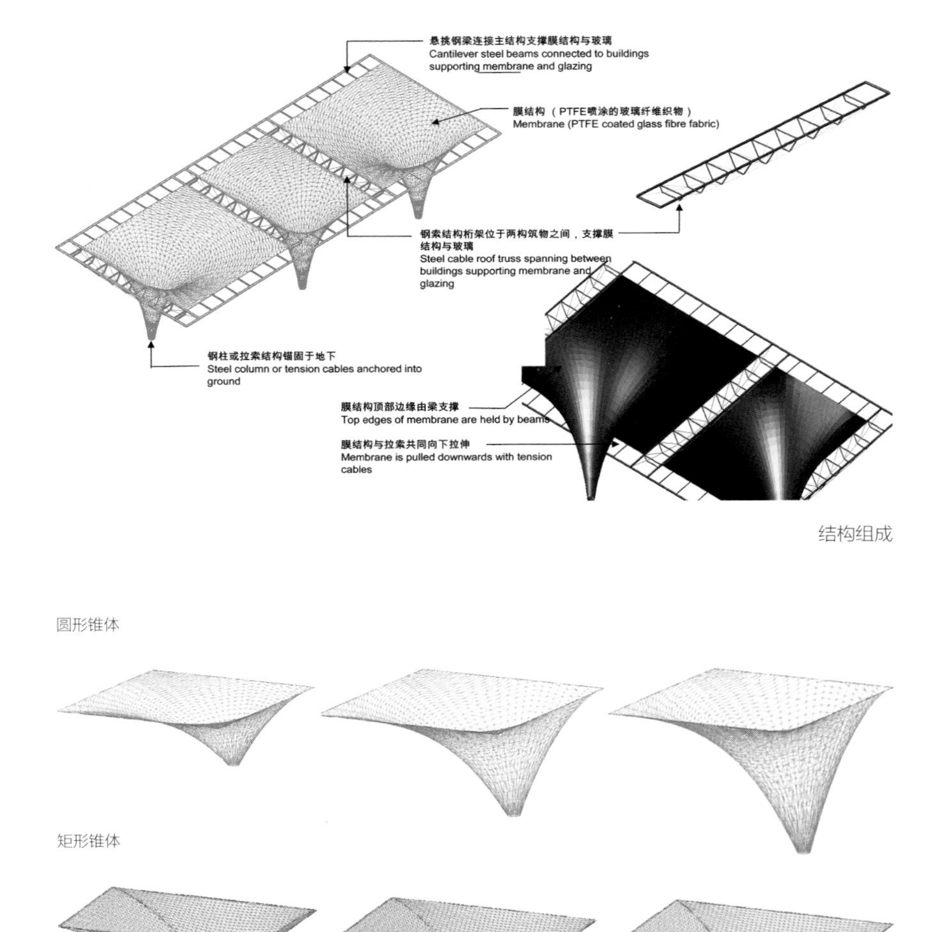
悬挑钢梁连接主结构支撑膜结构与玻璃
Cantilever steel beams connected to buildings supporting membrane and glazing
膜结构（PTFE喷涂的玻璃纤维织物）
Membrane (PTFE coated glass fibre fabric)
钢索结构桁架位于两构筑物之间，支撑膜结构与玻璃
Steel cable roof truss spanning between buildings supporting membrane and glazing
钢柱或拉索结构锚固于地下
Steel column or tension cables anchored into ground
膜结构顶部边缘由梁支撑
Top edges of membrane are held by beams
膜结构与拉索共同向下拉伸
Membrane is pulled downwards with tension cables

结构组成

圆形锥体
矩形锥体
H=10m
H=15m
H=20m

几何形体研究

规划与工业展览中心
Urban Planning and Industry Exhibition Center

美国伯纳德·屈米建筑事务所
天津市城市规划设计研究院

设计理念　Design Concept

城市发生器

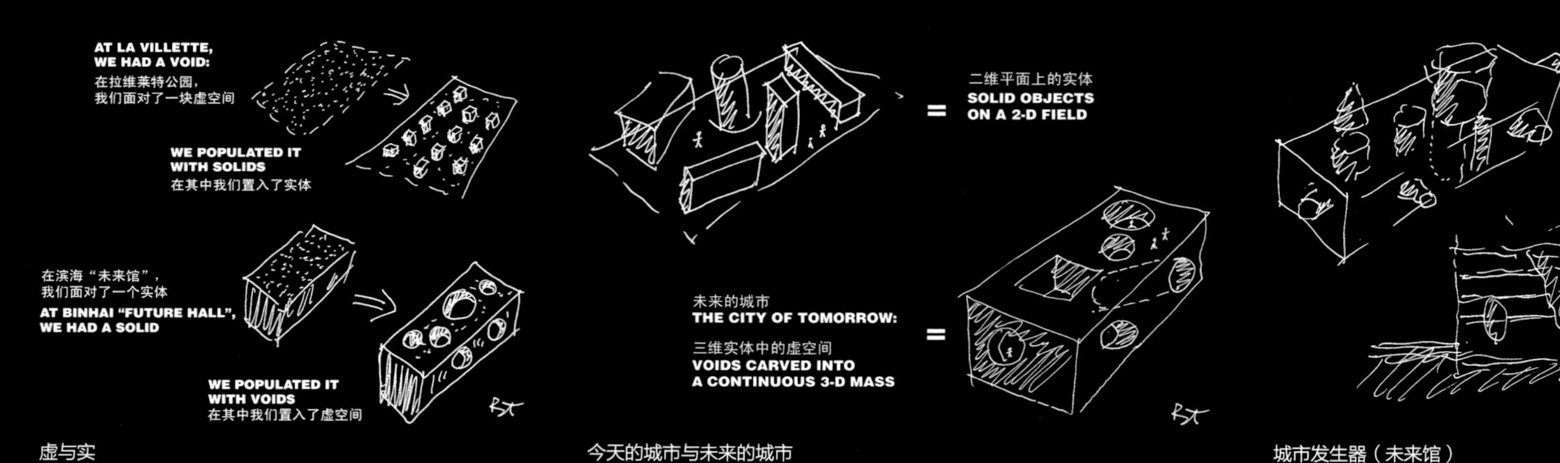
AT LA VILLETTE,
WE HAD A VOID:
在拉维莱特公园，
我们面对了一块虚空间
WE POPULATED IT
WITH SOLIDS
在其中我们置入了实体
在滨海"未来馆"，
我们面对了一个实体
AT BINHAI "FUTURE HALL",
WE HAD A SOLID
WE POPULATED IT
WITH VOIDS
在其中我们置入了虚空间
二维平面上的实体
SOLID OBJECTS
ON A 2-D FIELD
未来的城市
THE CITY OF TOMORROW:
三维实体中的虚空间
VOIDS CARVED INTO
A CONTINUOUS 3-D MASS
虚与实　　今天的城市与未来的城市　　城市发生器（未来馆）

概念：比喻的思维

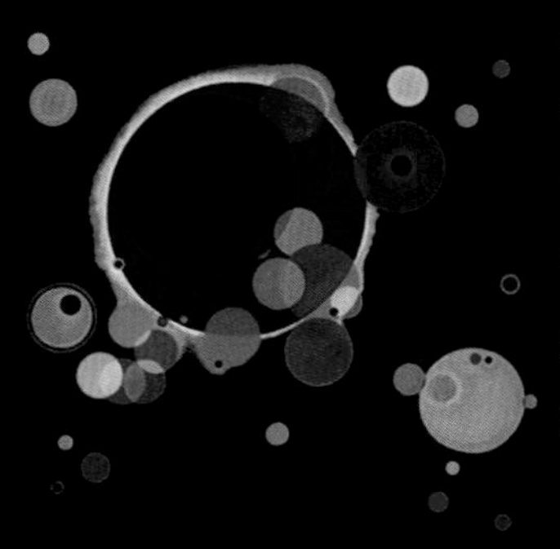
宇宙的回响

来自康定斯基描述宇宙的画作。建筑的目标通过展示具有全球视野的城市规划以及新的工业技术联系宇宙。

运动的序列

人群在展览中心里运动，通过各个展厅以及中心圆锥形的流线，来到可以远眺城市的屋顶庭院。由史雷梅尔创作的运动图解描述舞蹈的场景，成为设计的重要比喻。

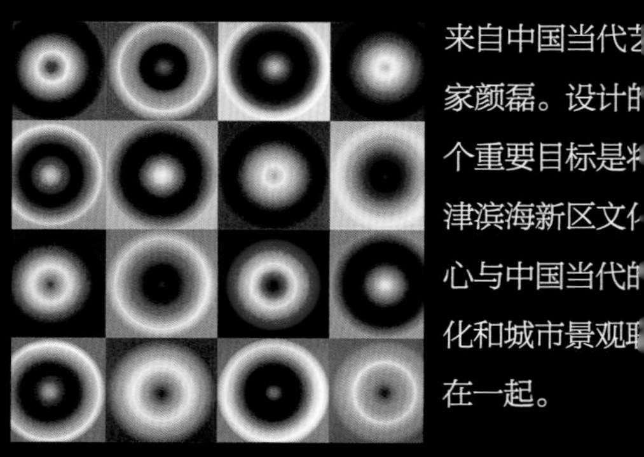
当代性

来自中国当代艺
家颜磊。设计的
个重要目标是将
津滨海新区文化
心与中国当代的
化和城市景观耳
在一起。

鸟瞰图

设计分析　Design Analysis

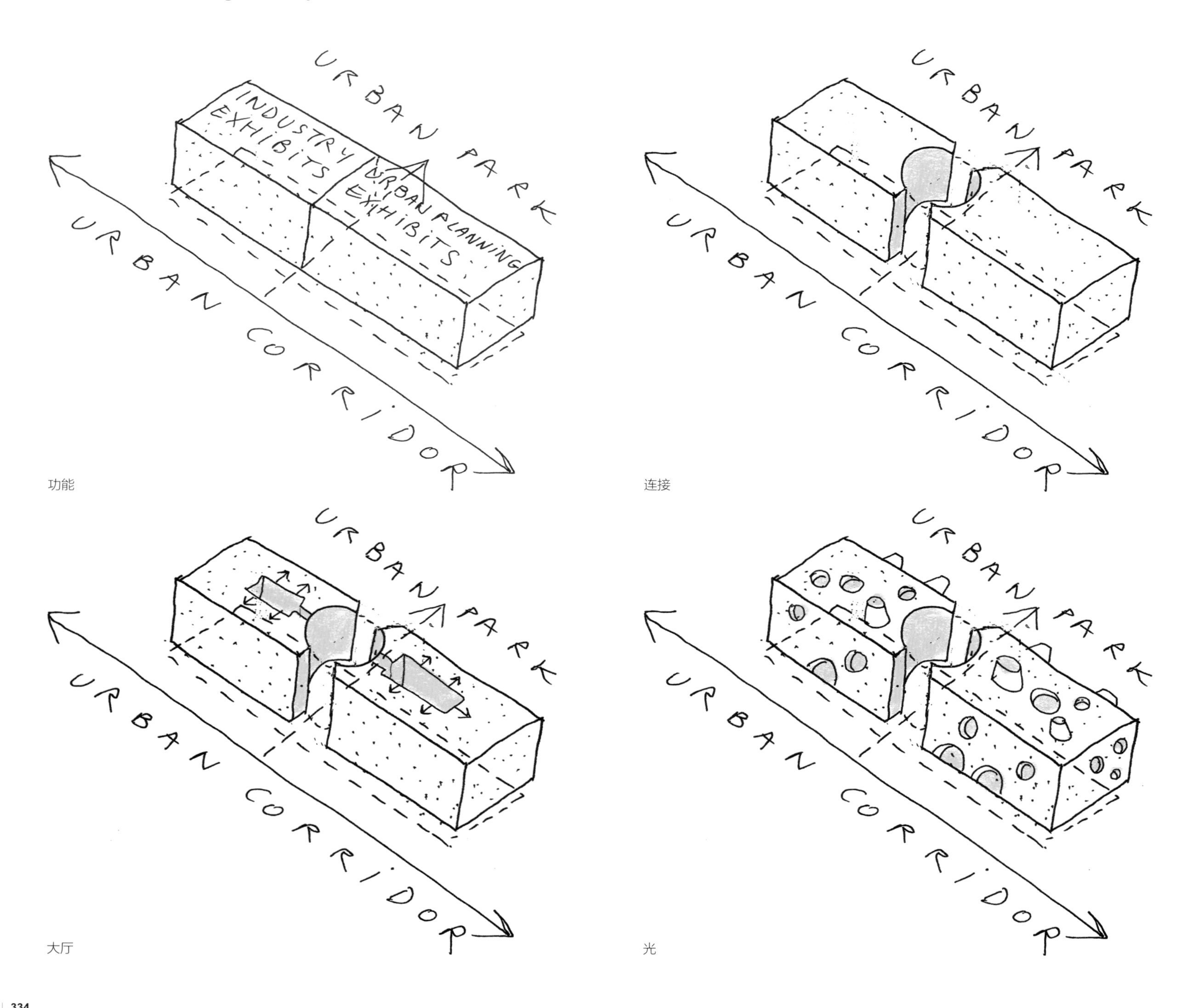

功能

连接

大厅

光

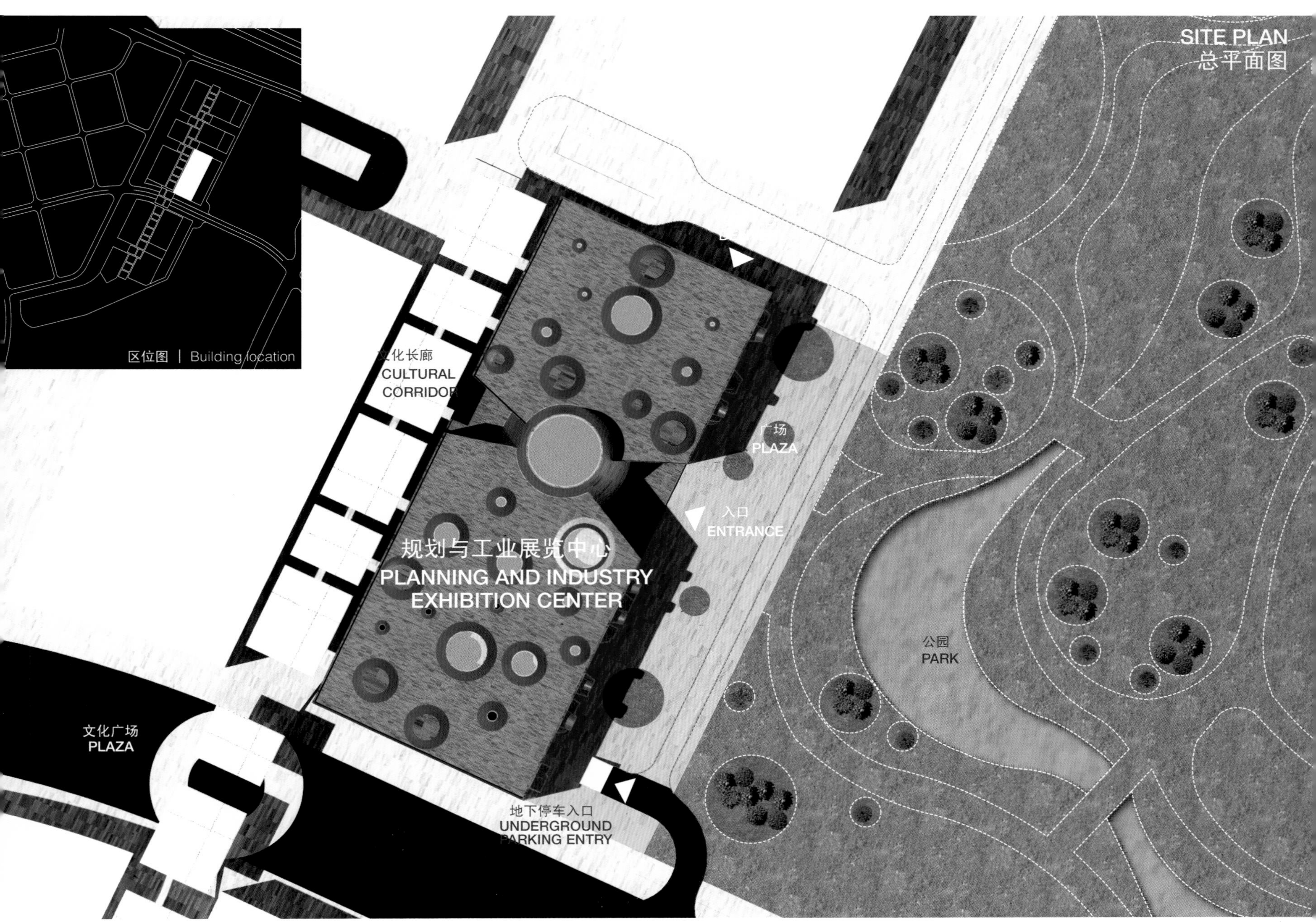
SITE PLAN
总平面图
区位图 | Building location
文化长廊
CULTURAL
CORRIDOR
广场
PLAZA
入口
ENTRANCE
规划与工业展览中心
PLANNING AND INDUSTRY
EXHIBITION CENTER
公园
PARK
文化广场
PLAZA
地下停车入口
UNDERGROUND
PARKING ENTRY

平面图

公园方向效果图

长廊方向效果图

中庭　Void

展览中心的核心是中央大厅，所有公共空间围绕大厅展开。中庭引导游客围绕中庭上升并进入建筑上方的展览空间。途经的视觉开口和采光天井赋予每个展厅独有的特征和布局模式。星系般的点状光和圆形的采光口赋予中庭别样的感受。

在展览中心内，有多种灵活的布局方式。城市规划和工业展览部分各自有通高的空间，游客可以从上方观看重要的模型和展览。

中庭效果图

总体规划展厅效果图

屋顶　Roof

环形阶梯将游客引入建筑上方的展厅以及屋顶庭院。置身于建筑独特的屋顶景观，游客可以穿梭于采光筒之间，在使用屋顶设施（如屋顶餐厅）的同时，观赏新滨海城市景观的全景。

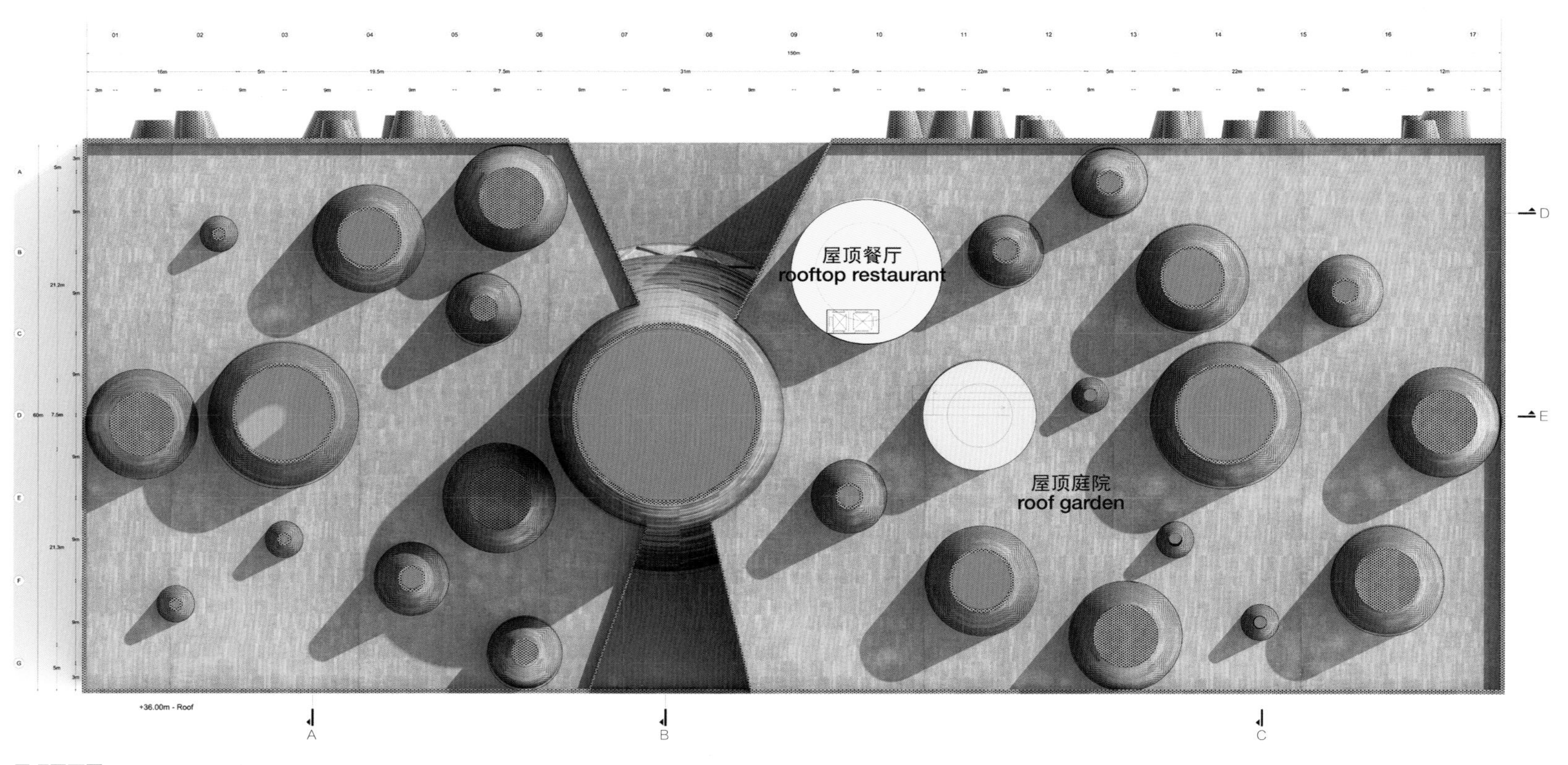

屋顶平面图

屋顶人视效果图

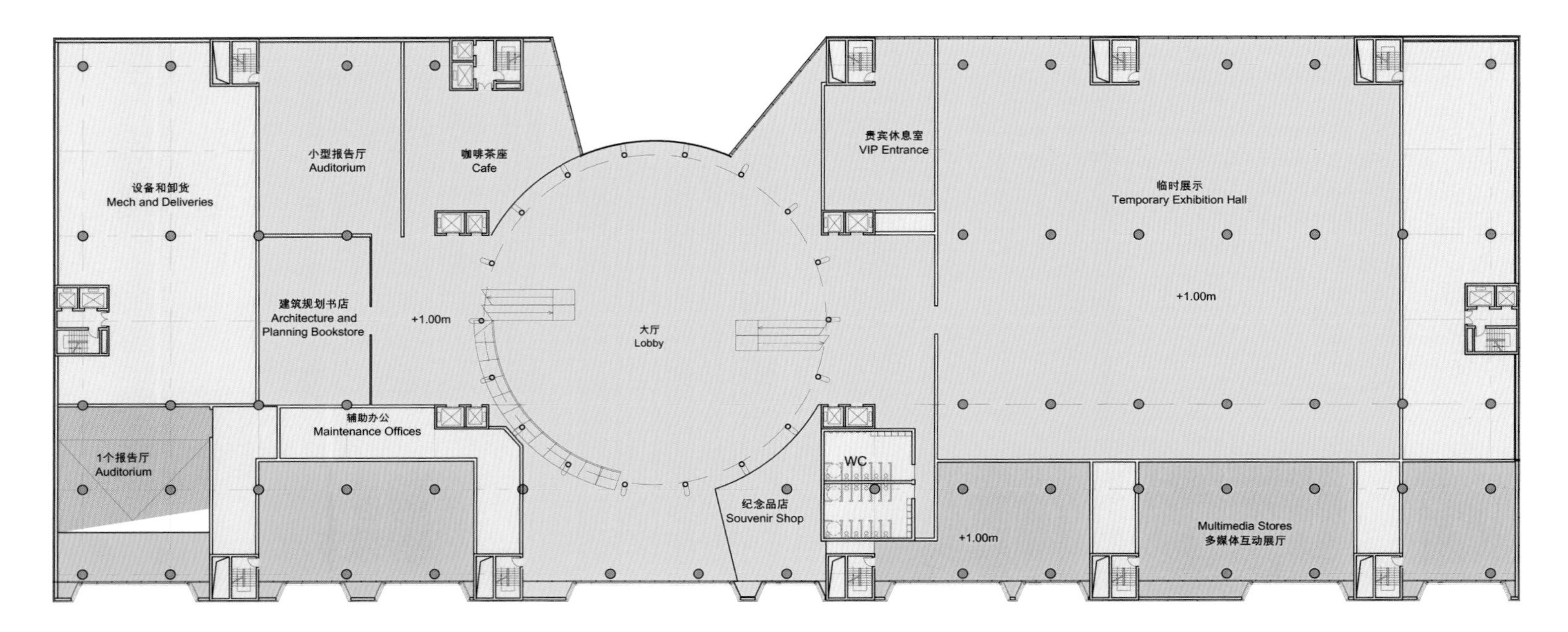
设备和卸货
Mech and Deliveries
小型报告厅
Auditorium
咖啡茶座
Cafe
贵宾休息室
VIP Entrance
临时展示
Temporary Exhibition Hall
建筑规划书店
Architecture and
Planning Bookstore
+1.00m
大厅
Lobby
+1.00m
辅助办公
Maintenance Offices
1个报告厅
Auditorium
WC
纪念品店
Souvenir Shop
+1.00m
Multimedia Stores
多媒体互动展厅

首层平面图

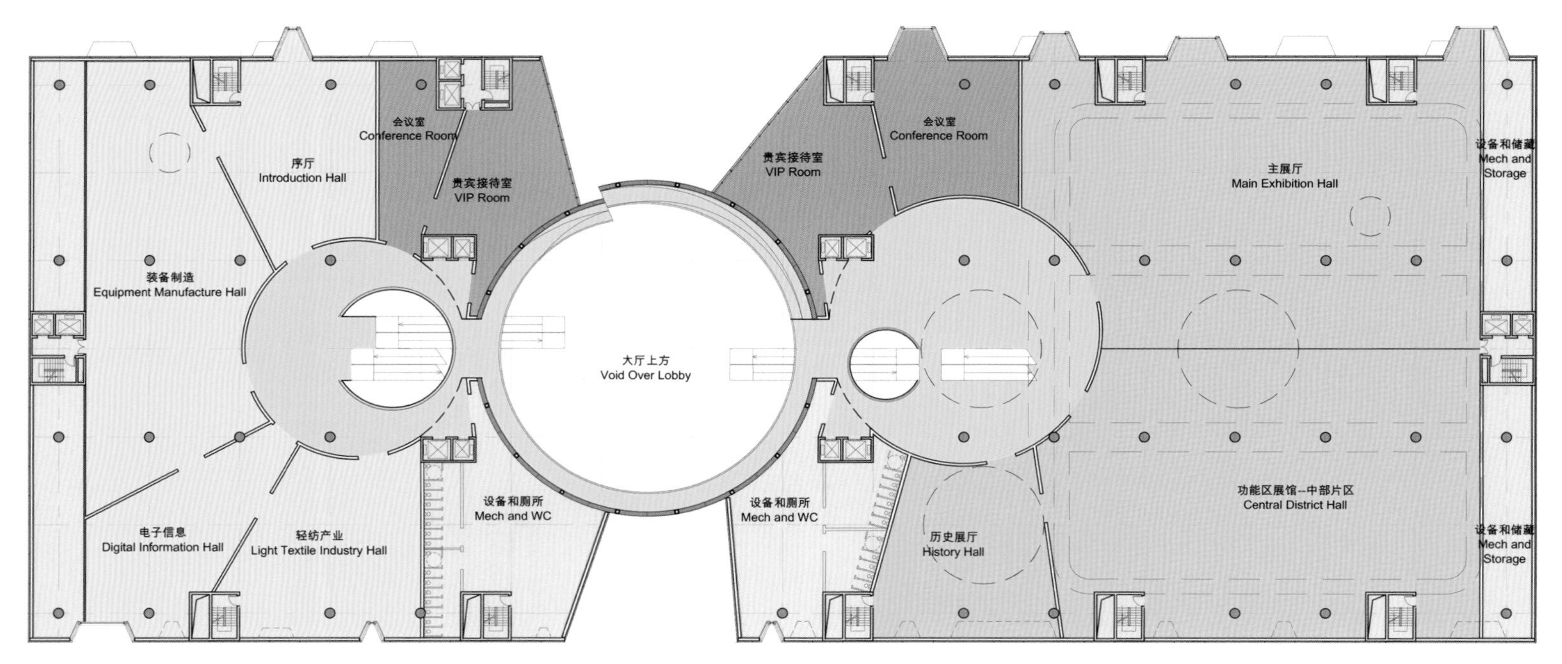
会议室
Conference Room
序厅
Introduction Hall
贵宾接待室
VIP Room
贵宾接待室
VIP Room
会议室
Conference Room
设备和储藏
Mech and
Storage
主展厅
Main Exhibition Hall
装备制造
Equipment Manufacture Hall
大厅上方
Void Over Lobby
设备和厕所
Mech and WC
设备和厕所
Mech and WC
功能区展馆--中部片区
Central District Hall
电子信息
Digital Information Hall
轻纺产业
Light Textile Industry Hall
历史展厅
History Hall
设备和储藏
Mech and
Storage

二层平面图

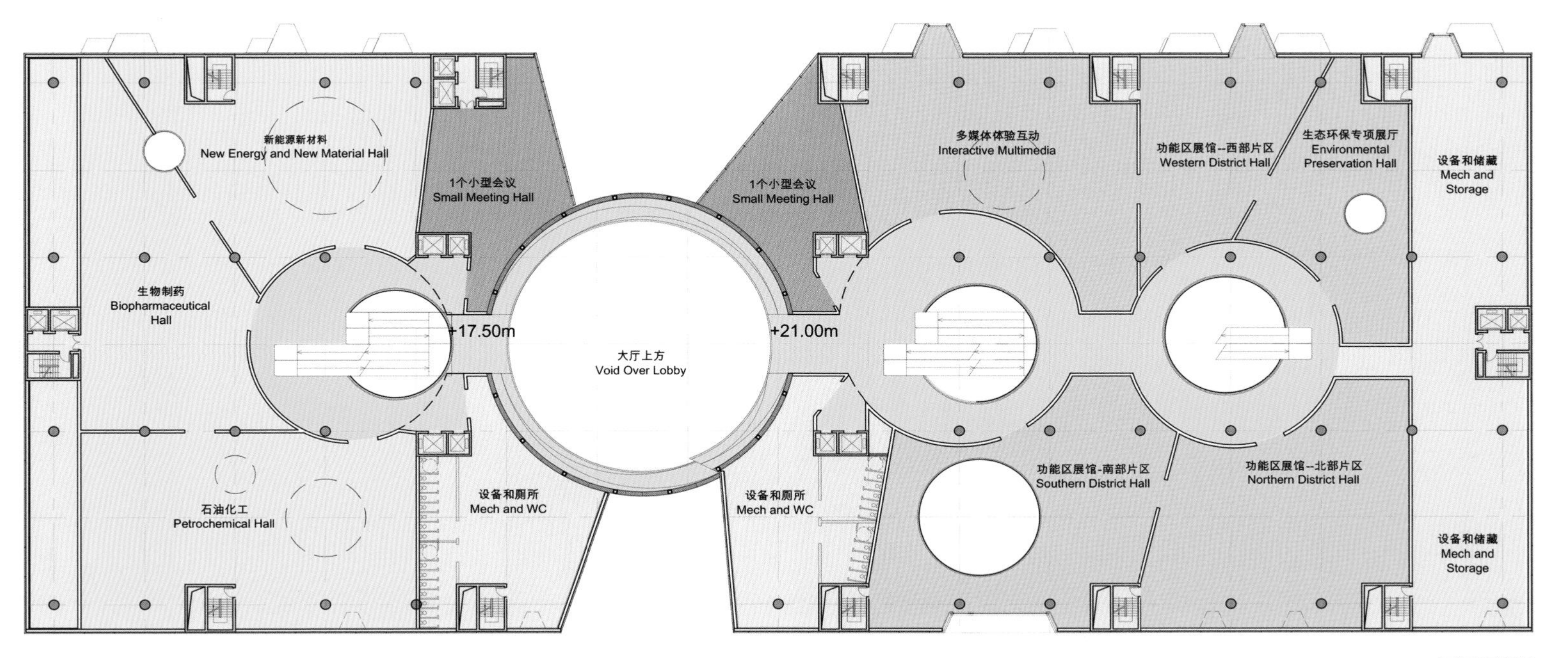
新能源新材料
New Energy and New Material Hall
1个小型会议
Small Meeting Hall
1个小型会议
Small Meeting Hall
多媒体体验互动
Interactive Multimedia
功能区展馆--西部片区
Western District Hall
生态环保专项展厅
Environmental Preservation Hall
设备和储藏
Mech and Storage
生物制药
Biopharmaceutical Hall
+17.50m
大厅上方
Void Over Lobby
+21.00m
石油化工
Petrochemical Hall
设备和厕所
Mech and WC
设备和厕所
Mech and WC
功能区展馆-南部片区
Southern District Hall
功能区展馆--北部片区
Northern District Hall
设备和储藏
Mech and Storage

三层平面图

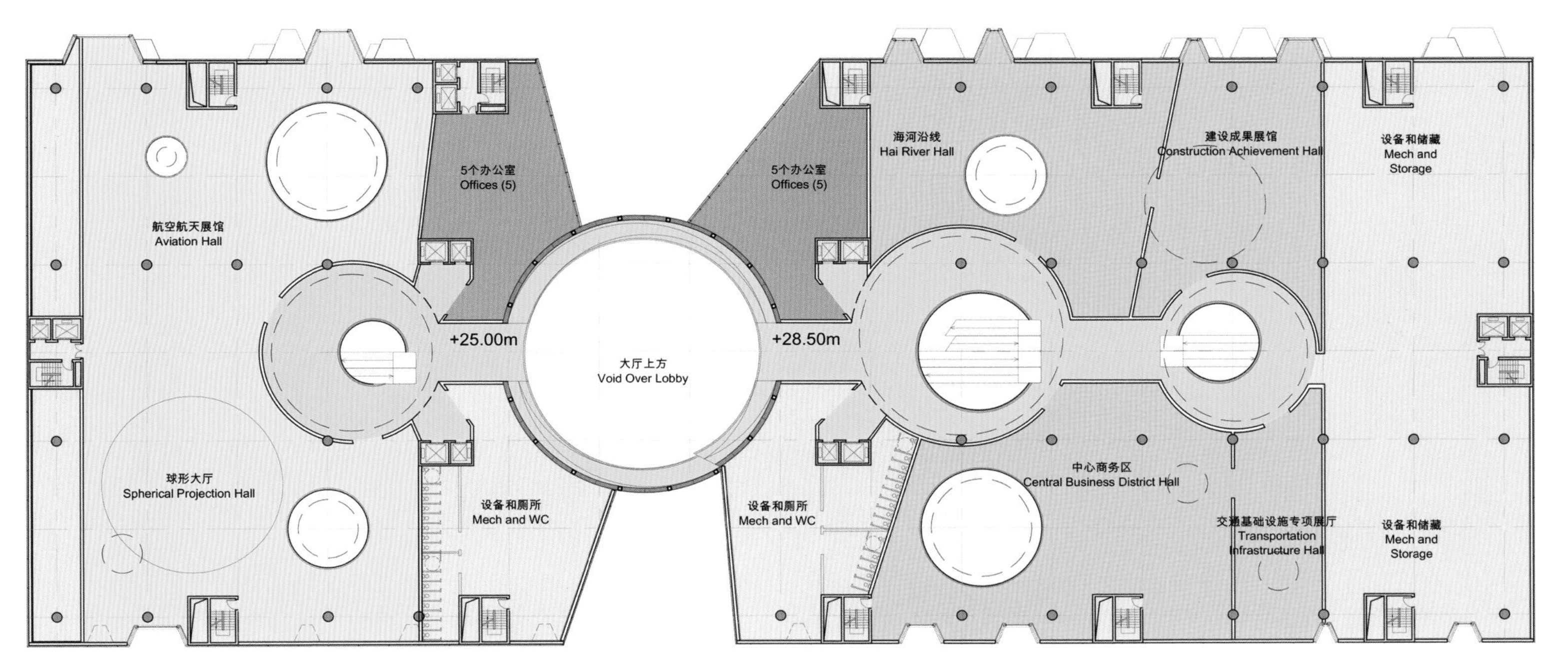
航空航天展馆
Aviation Hall
5个办公室
Offices (5)
5个办公室
Offices (5)
海河沿线
Hai River Hall
建设成果展馆
Construction Achievement Hall
设备和储藏
Mech and Storage
+25.00m
大厅上方
Void Over Lobby
+28.50m
球形大厅
Spherical Projection Hall
设备和厕所
Mech and WC
设备和厕所
Mech and WC
中心商务区
Central Business District Hall
交通基础设施专项展厅
Transportation Infrastructure Hall
设备和储藏
Mech and Storage

四层平面图

东立面图

西立面图

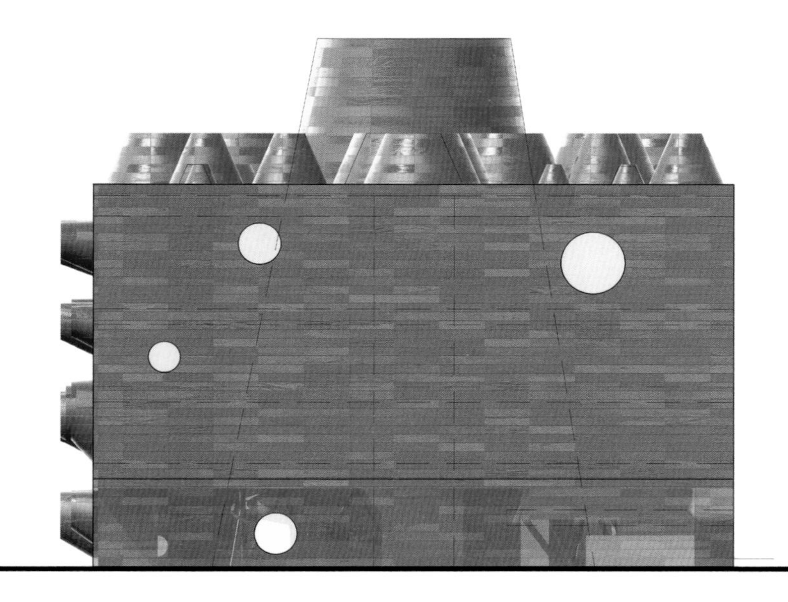

北立面图

建筑立面上三维的凸起和凹入以及中央的大厅赋予两个展示空间宏大的空间感和独有的特征。

建筑外墙可考虑采用以下两种做法：防水外墙或通透的外网。外立面全部采用相同的材质。可供选择的材质有棕色、暗橘色和近似于红色的耐候特种钢或铜。带孔耐候钢板所构成的建筑立面赋予这个功能多元的建筑统一的形象，是幕墙材料的首选。

南立面图

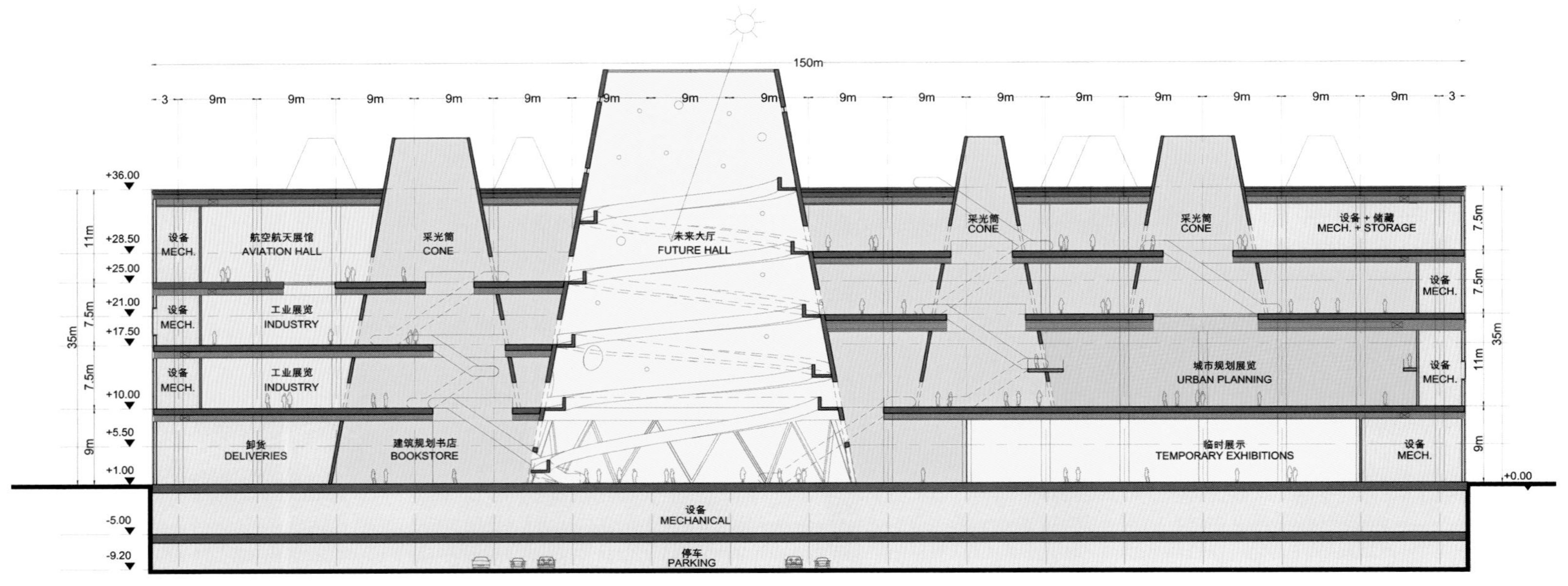
150m
3
9m
+36.00
+28.50
+25.00
+21.00
+17.50
+10.00
+5.50
+1.00
+0.00
-5.00
-9.20
11m
7.5m
35m
9m
设备
MECH.
航空航天展馆
AVIATION HALL
采光筒
CONE
未来大厅
FUTURE HALL
设备 + 储藏
MECH. + STORAGE
工业展览
INDUSTRY
城市规划展览
URBAN PLANNING
卸货
DELIVERIES
建筑规划书店
BOOKSTORE
临时展示
TEMPORARY EXHIBITIONS
设备
MECHANICAL
停车
PARKING

A-A 剖面图

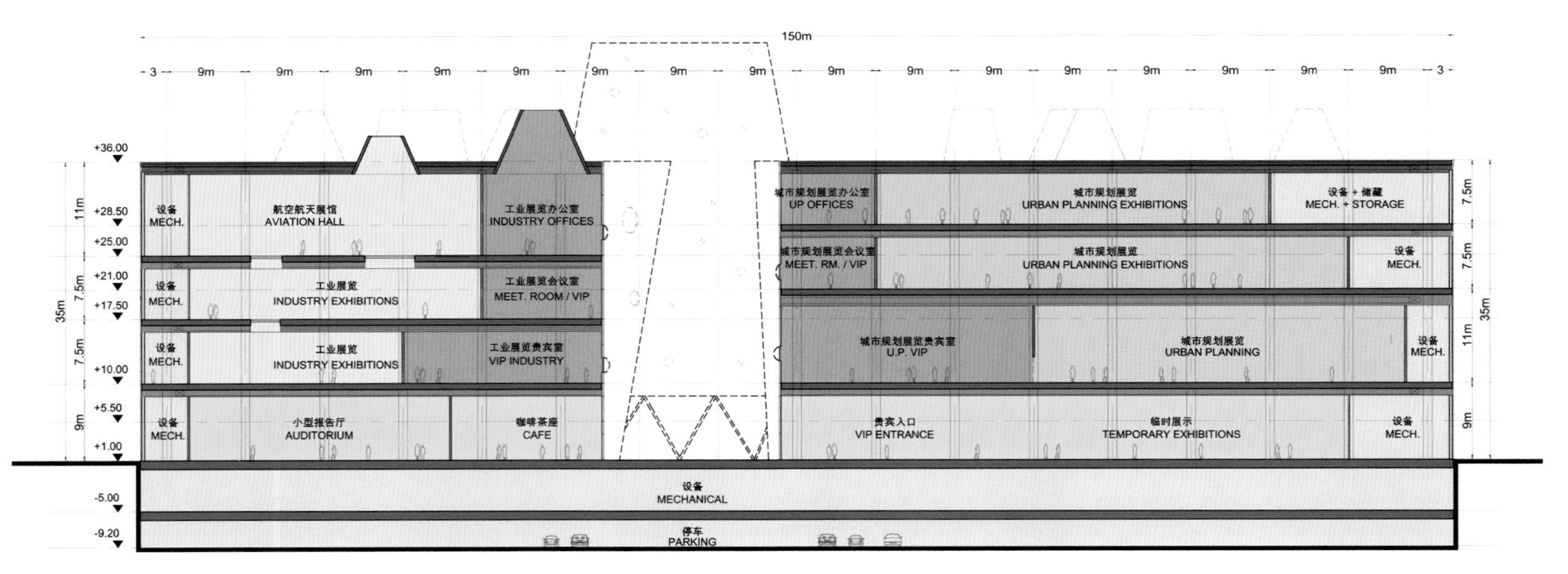
150m
3
9m
+36.00
+28.50
+25.00
+21.00
+17.50
+10.00
+5.50
+1.00
-5.00
-9.20
11m
7.5m
35m
9m
设备
MECH.
航空航天展馆
AVIATION HALL
工业展览办公室
INDUSTRY OFFICES
城市规划展览办公室
UP OFFICES
城市规划展览
URBAN PLANNING EXHIBITIONS
设备 + 储藏
MECH. + STORAGE
工业展览
INDUSTRY EXHIBITIONS
工业展览会议室
MEET. ROOM / VIP
城市规划展览会议室
MEET. RM. / VIP
工业展览贵宾室
VIP INDUSTRY
城市规划展览贵宾室
U.P. VIP
城市规划展览
URBAN PLANNING
小型报告厅
AUDITORIUM
咖啡茶座
CAFE
贵宾入口
VIP ENTRANCE
临时展示
TEMPORARY EXHIBITIONS
设备
MECHANICAL
停车
PARKING

B-B 剖面图

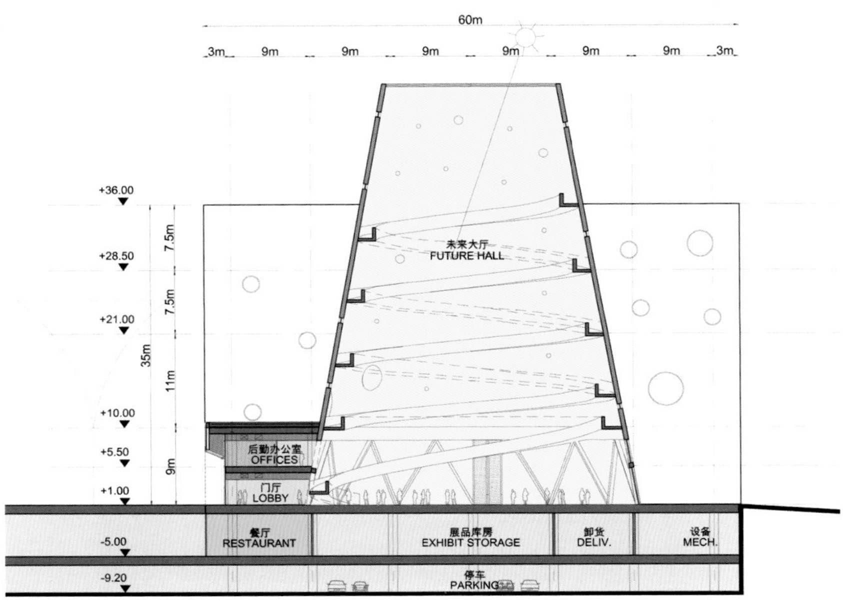

C-C 剖面图

地下二层层高 4.20 米

地下一层层高 6.00 米

地上一层层高 9.00 米

地上夹层层高 4.50 米

地上二层层高 7.50 米（工业部分）或 11.00 米（城市规划部分）

地上三层层高 7.50 米

地上四层层高 11 米（工业部分）或 7.50 米（城市规划部分）

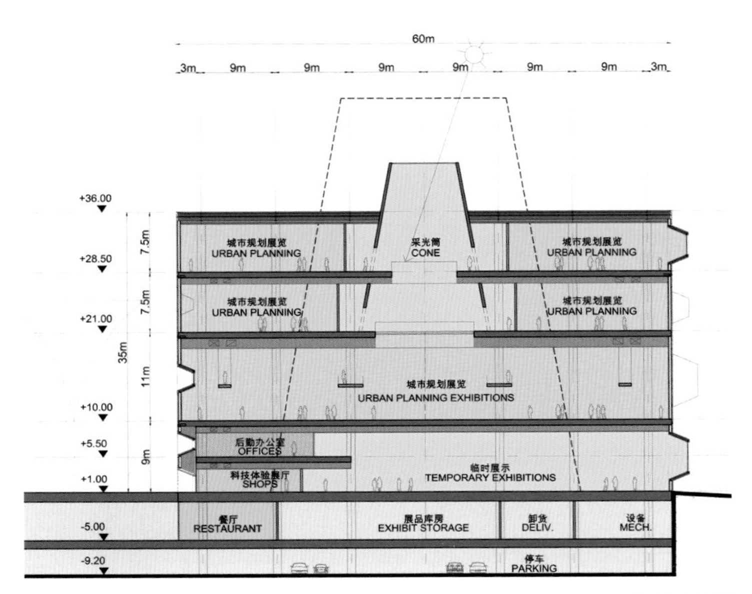

D-D 剖面图

功能和流线 Function and Circulation

异常紧凑的功能要求在基地中被叠加到 +36 米的高度。带孔耐候钢板所构成的建筑立面赋予这个功能多元的建筑统一的形象。功能要求两种不同的展示空间，我们将城市规划展览部分布置在建筑南侧，而将工业展览布置在建筑北侧。

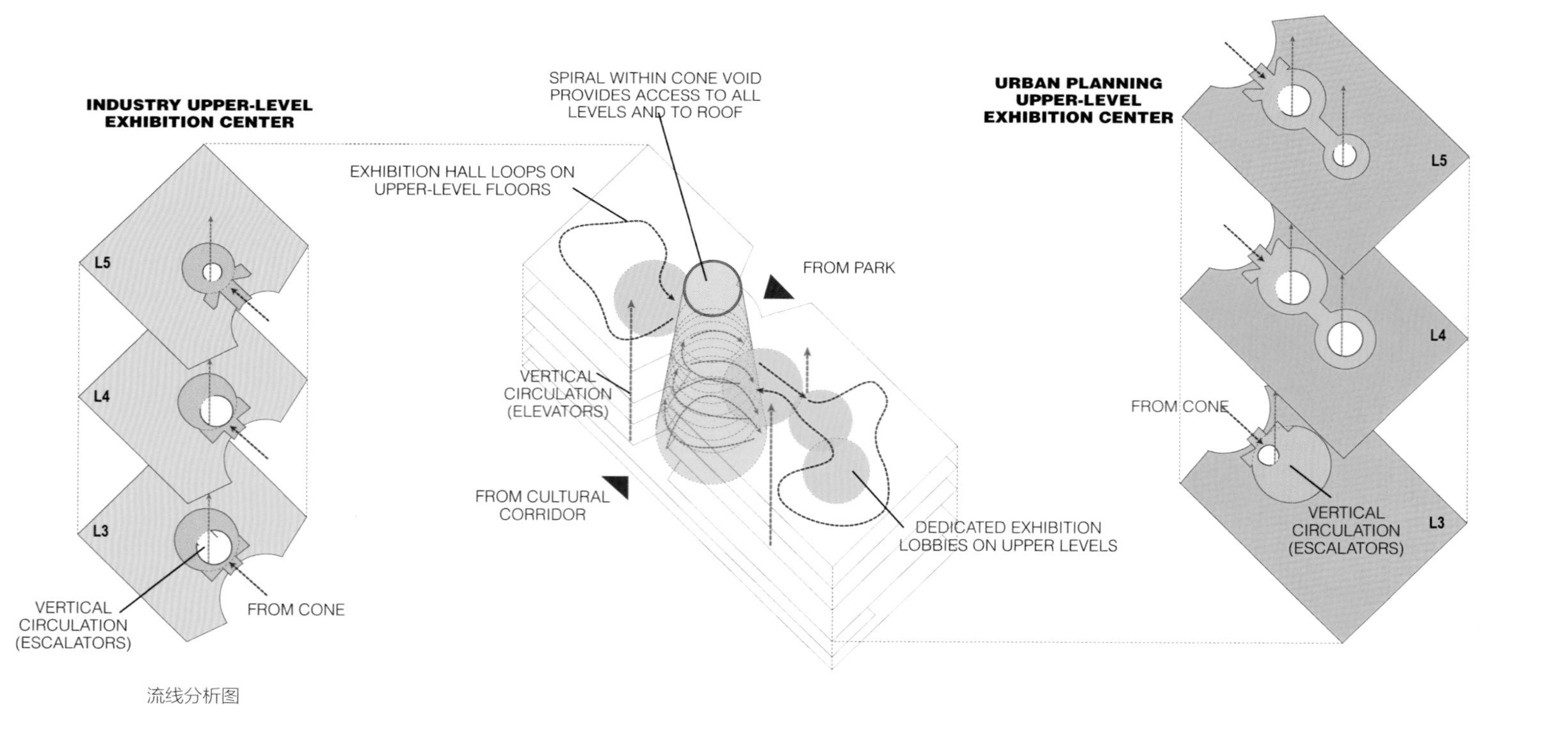

流线分析图

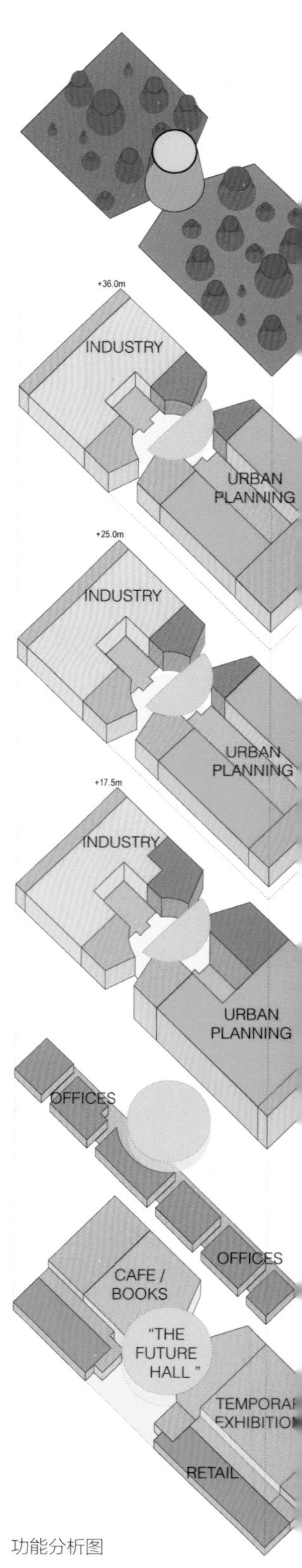

功能分析图

生态设计　Eco-design

展览中心顶部的采光筒给予展示空间均匀、自然的光源，以减少对电源的依赖。其倾斜的外形可以聚集热空气，夏季将其导出建筑，冬季可以进行回收。如经费允许可在采光筒南向部位设置太阳能电板，节约能源的同时，赋予建筑现代、生态的形象。除了功能需要的情况下，玻璃表面被最小化。表面带孔耐候钢板同样可以帮助减少热累积。

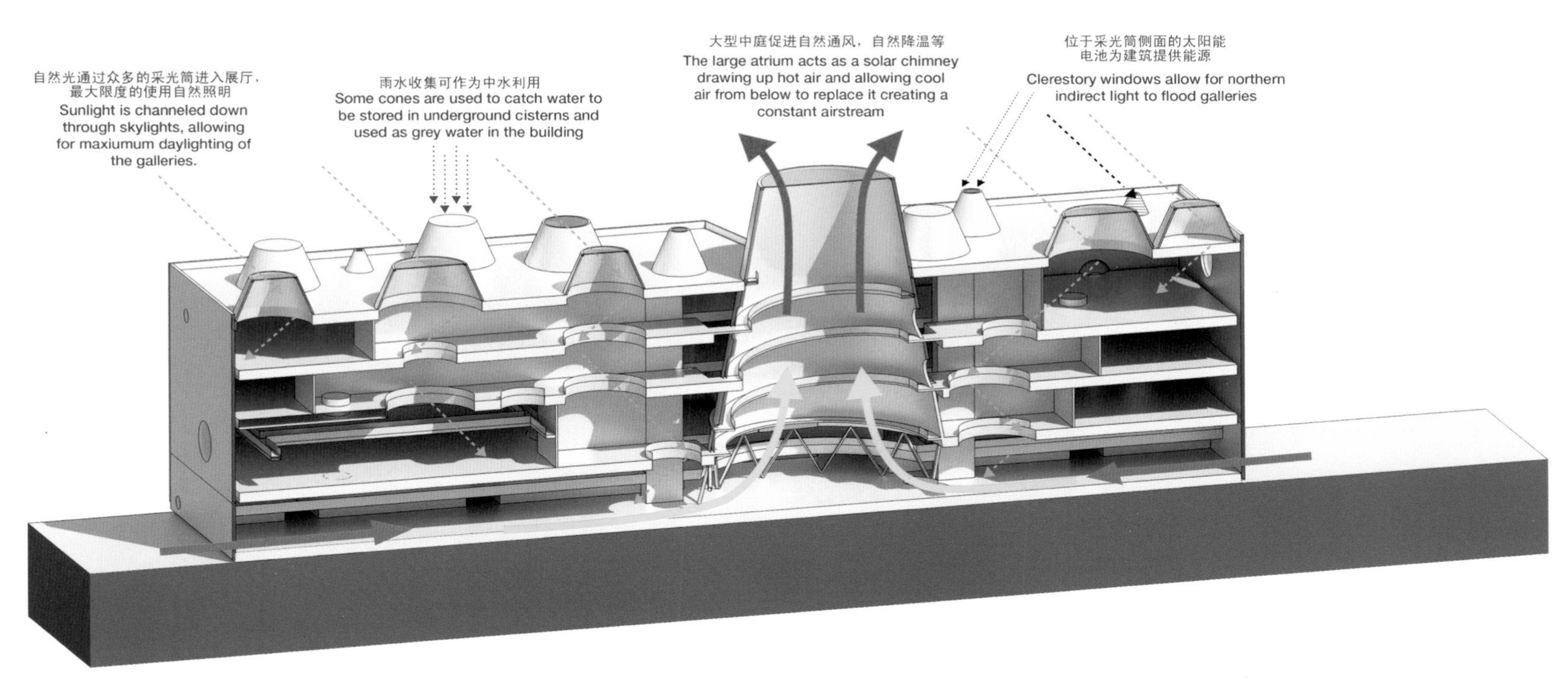
自然光通过众多的采光筒进入展厅，
最大限度的使用自然照明
Sunlight is channeled down
through skylights, allowing
for maxiumum daylighting of
the galleries.
雨水收集可作为中水利用
Some cones are used to catch water to
be stored in underground cisterns and
used as grey water in the building
大型中庭促进自然通风，自然降温等
The large atrium acts as a solar chimney
drawing up hot air and allowing cool
air from below to replace it creating a
constant airstream
位于采光筒侧面的太阳能
电池为建筑提供能源
Clerestory windows allow for northern
indirect light to flood galleries

自然光与生态建筑

美术中心
Fine Art Center

德国 gmp 国际建筑设计有限公司
天津市建筑设计院

设计理念　Design Concept

立意：外表粗粝、内在精致夺目的水晶

密闭的石质外立面在西侧设有三角形的开窗，清晰地标明文化长廊的入口，建筑内部水晶般的外观与外立面之间的强烈对比体现了都市肌理与景观空间的互动。虽然幕墙遮挡了直接的阳光照射，但无眩光的自然光线依然可以恰如其分地进入室内。

手绘图

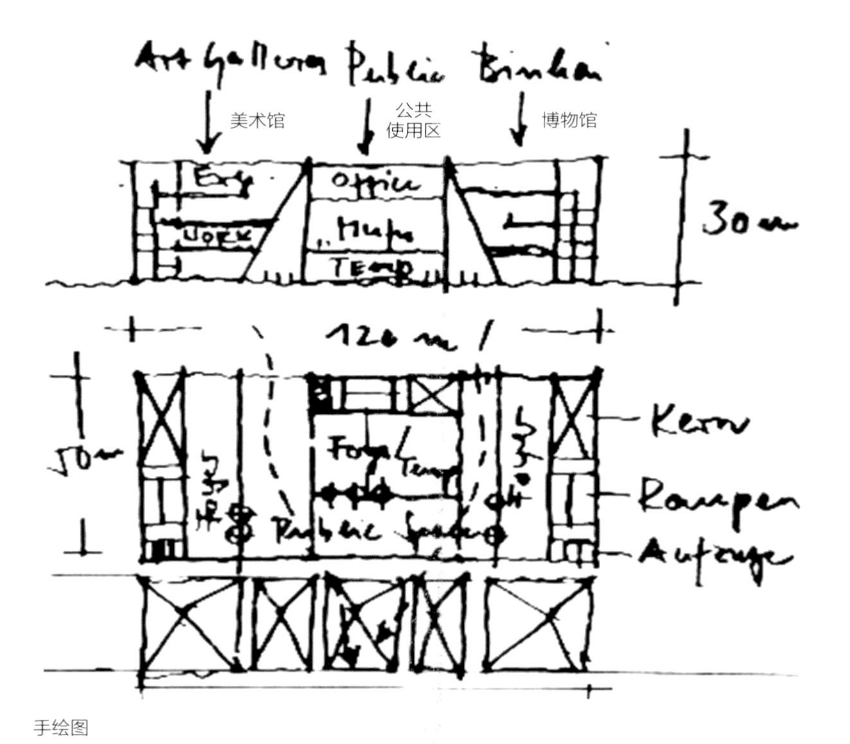

手绘图

效果图

设计分析 Design Analysis

美术中心分为三个部分：美术馆、博物馆和公共使用区，三个部分将独立使用。

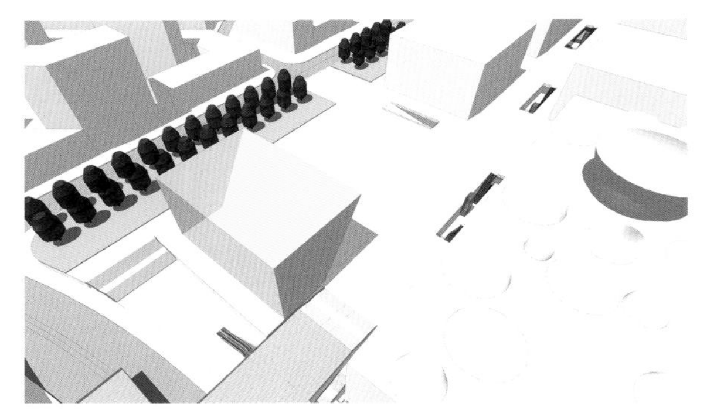

美术馆，位于综合体南部。

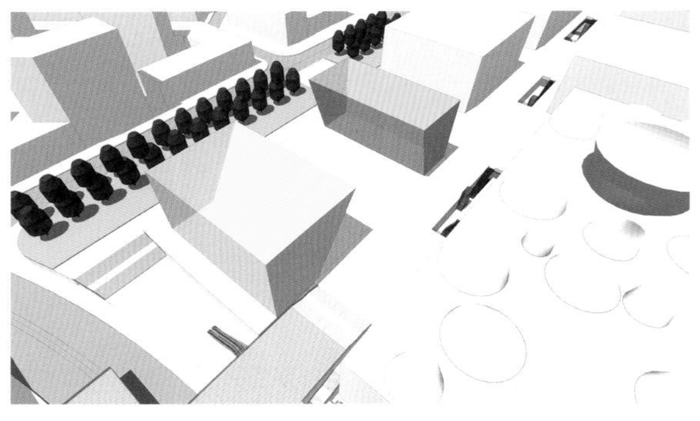

博物馆，位于综合体北部。

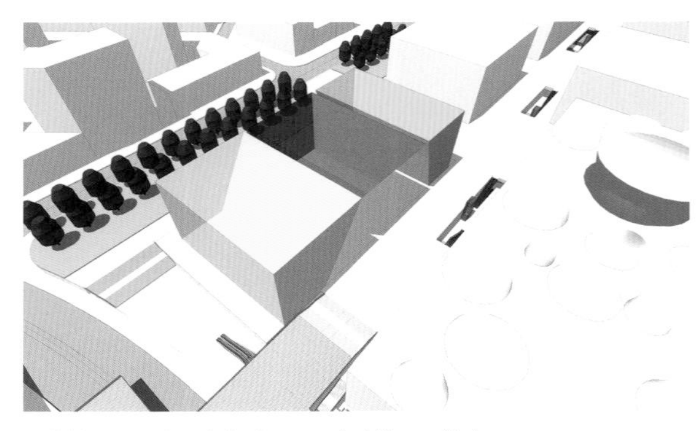

公共使用区，主要为临时展区、多功能厅和拍卖厅。

美术馆、博物馆的主入口面向文化广场。建筑综合体的各面设有各具特色的入口，位于上层的多功能厅和拍卖厅为两馆共用。

内部公共空间的北侧为玻璃幕墙，形成一个半封闭空间，为博物馆区北侧的正式入口，并起到调节室内温度的作用。

核心筒及电梯、楼梯、洗手间、井道等沿建筑南侧、西侧、北侧边缘设置，因此这些四层高的建筑内部空间开阔，功能布局灵活。

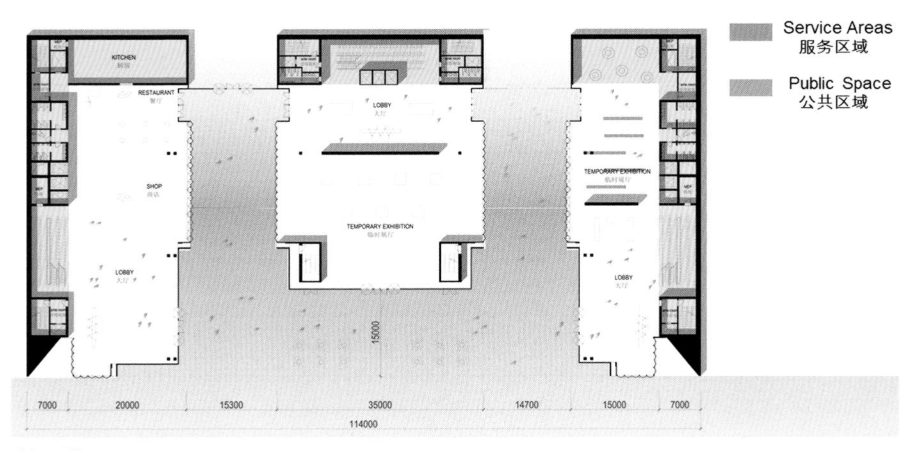

空间系统

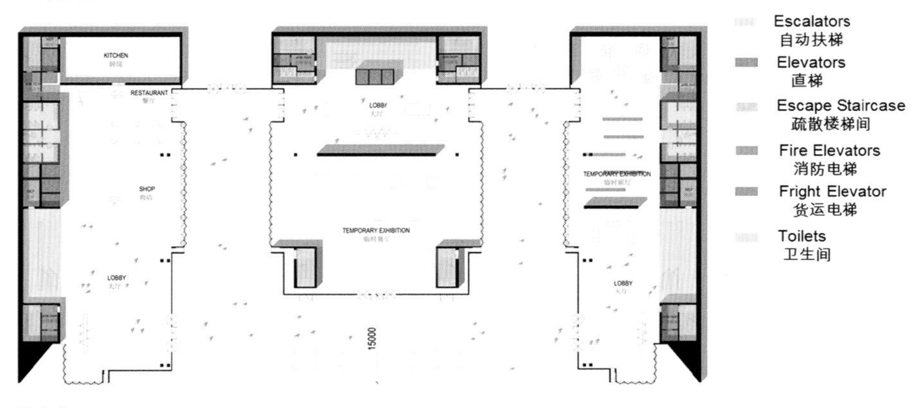

核心筒

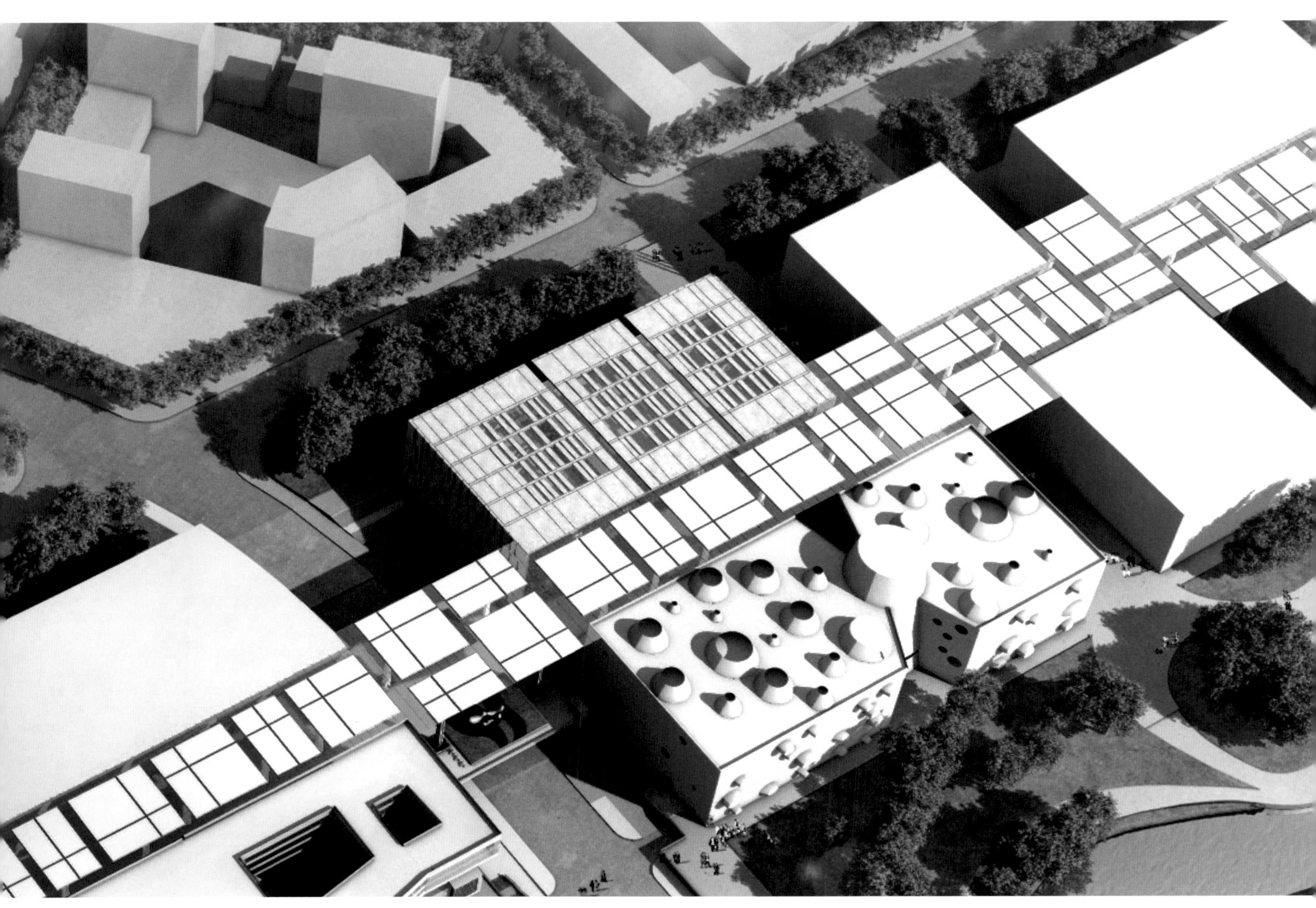

鸟瞰图

沿长廊效果图

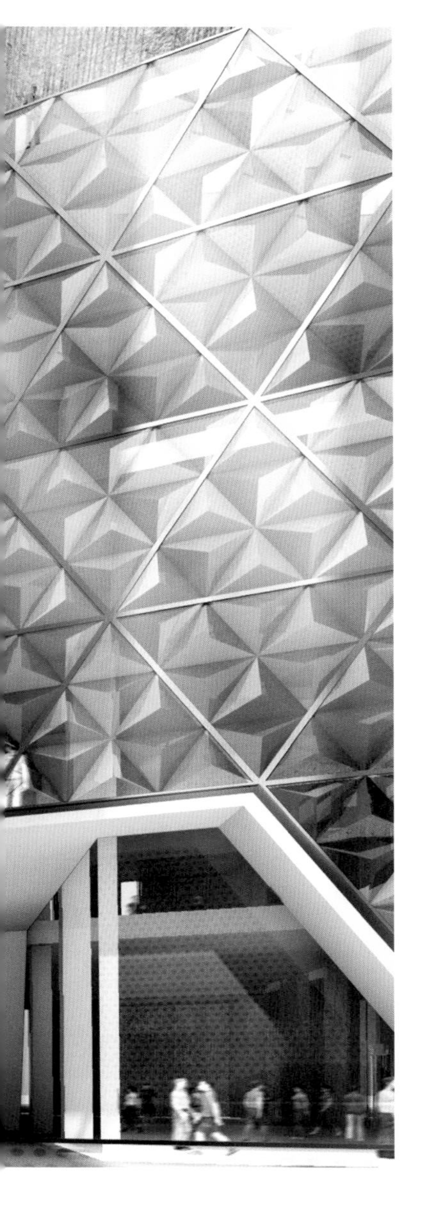

美术中心与中央广场人视效果图

入口大厅效果图

入口大厅与临时展厅效果图

展览空间　Exhibition Space

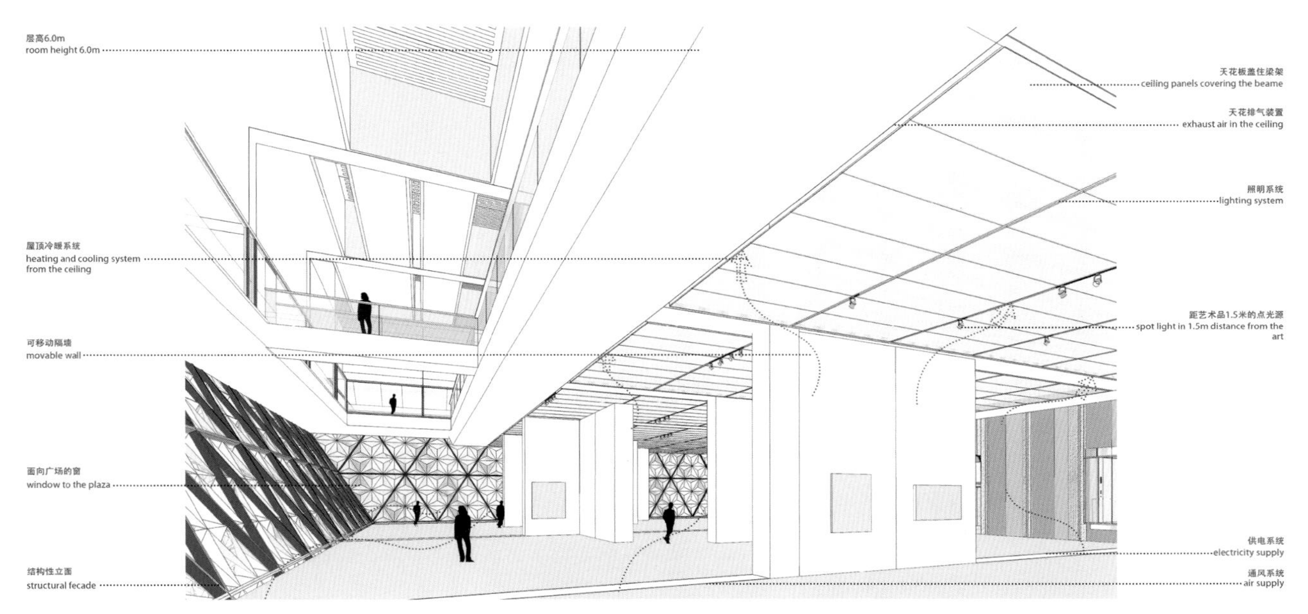

展览空间分析

展览空间效果图

展览空间效果图

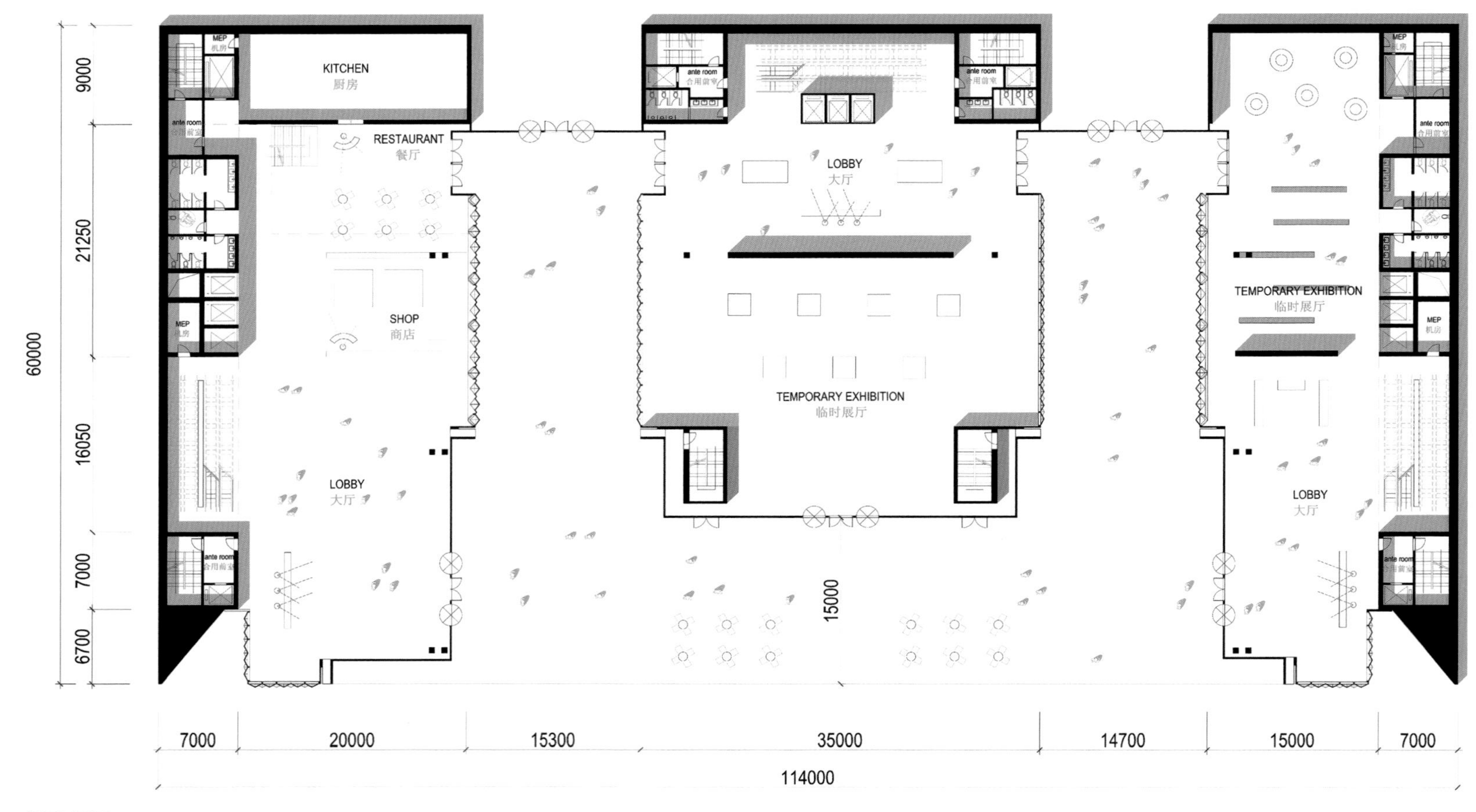
KITCHEN
厨房
RESTAURANT
餐厅
SHOP
商店
LOBBY
大厅
TEMPORARY EXHIBITION
临时展厅
9000
21250
60000
16050
7000
6700
15000
7000
20000
15300
35000
14700
15000
7000
114000

首层平面图

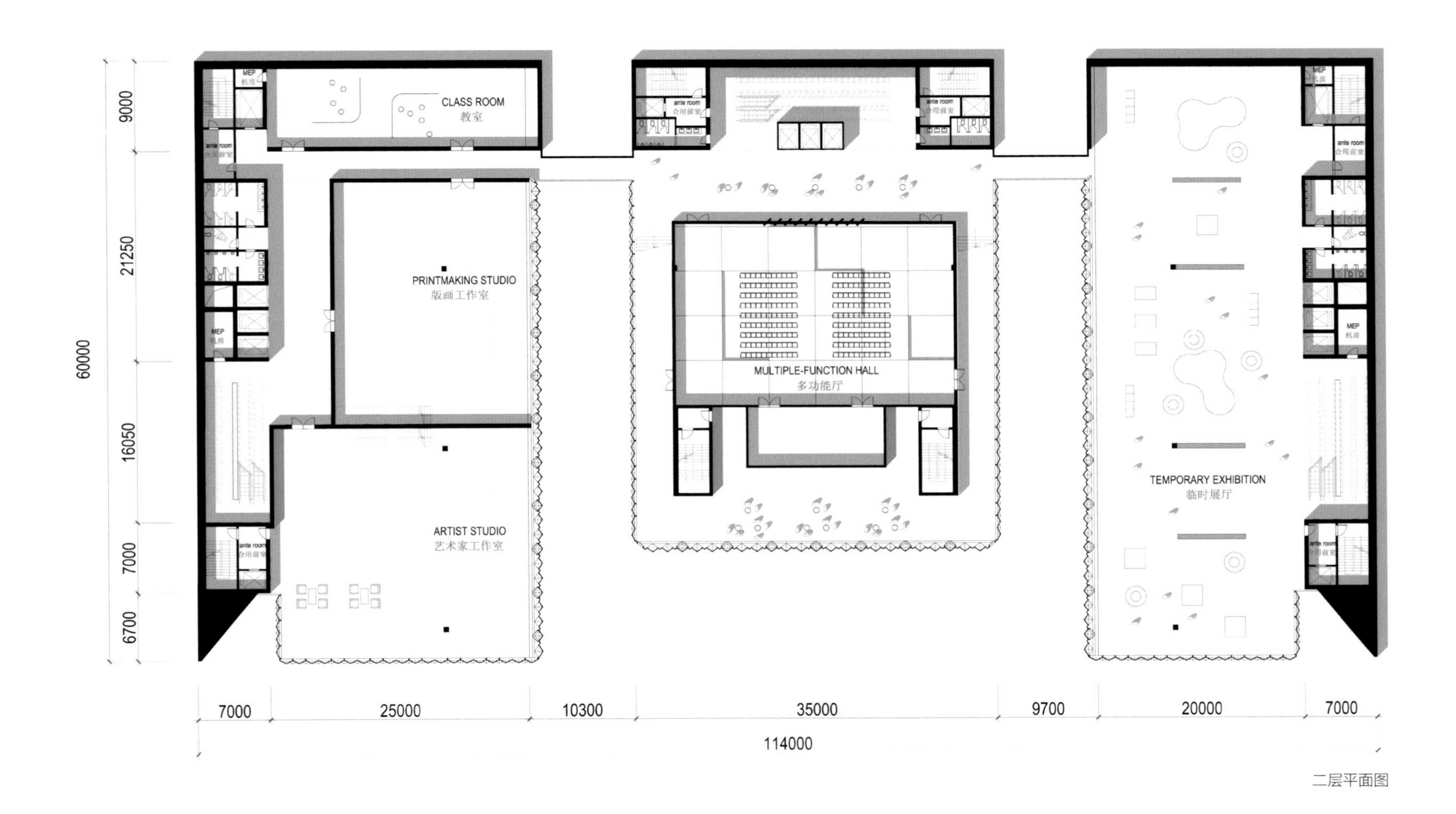
CLASS ROOM
教室
PRINTMAKING STUDIO
版画工作室
ARTIST STUDIO
艺术家工作室
MULTIPLE-FUNCTION HALL
多功能厅
TEMPORARY EXHIBITION
临时展厅
MEP
ante room
9000
21250
16050
7000
6700
60000
7000
25000
10300
35000
9700
20000
7000
114000

二层平面图

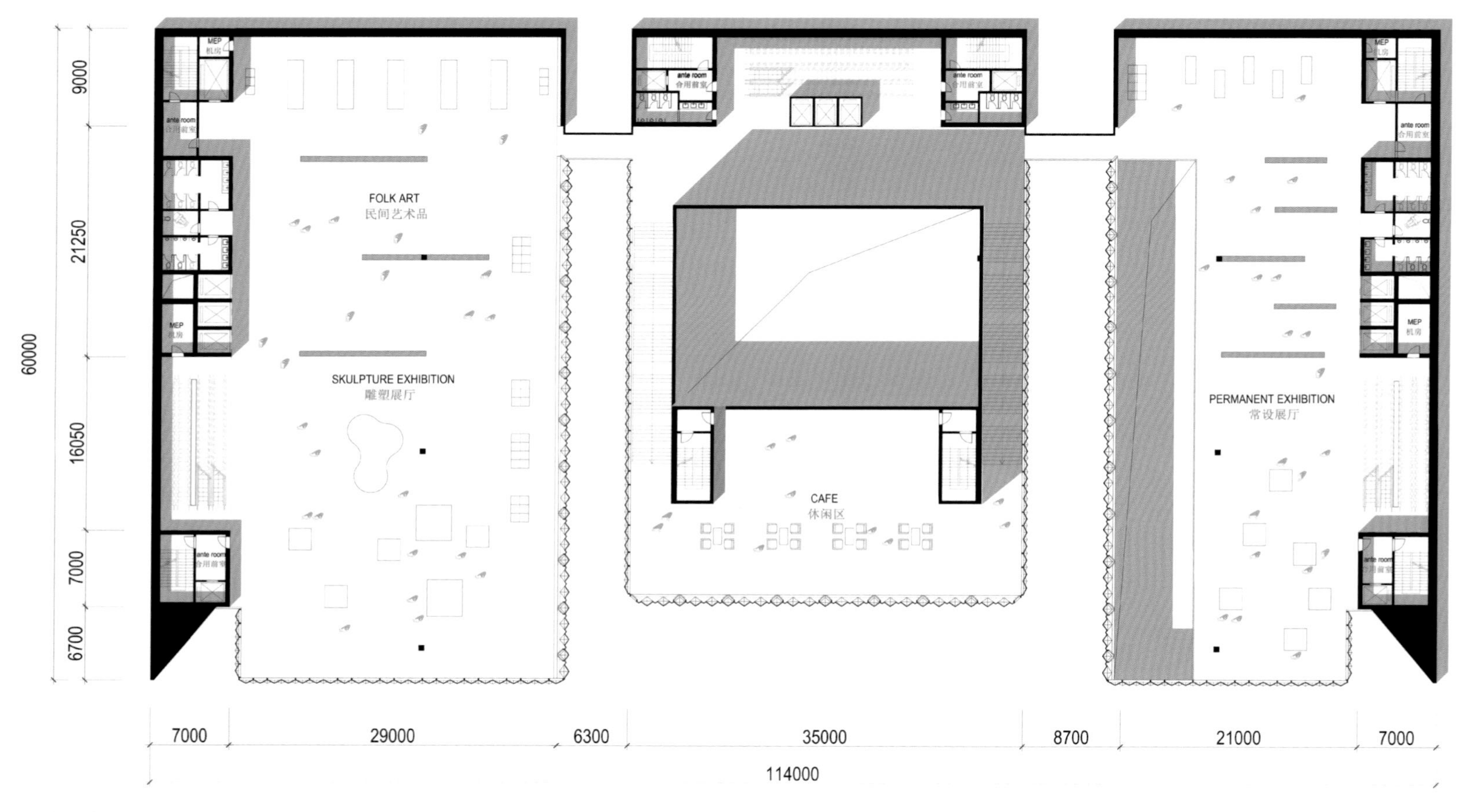
FOLK ART
民间艺术品
SKULPTURE EXHIBITION
雕塑展厅
CAFE
休闲区
PERMANENT EXHIBITION
常设展厅
MEP
机房
ante room
合用前室
9000
21250
16050
7000
6700
60000
7000
29000
6300
35000
8700
21000
7000
114000

三层平面图

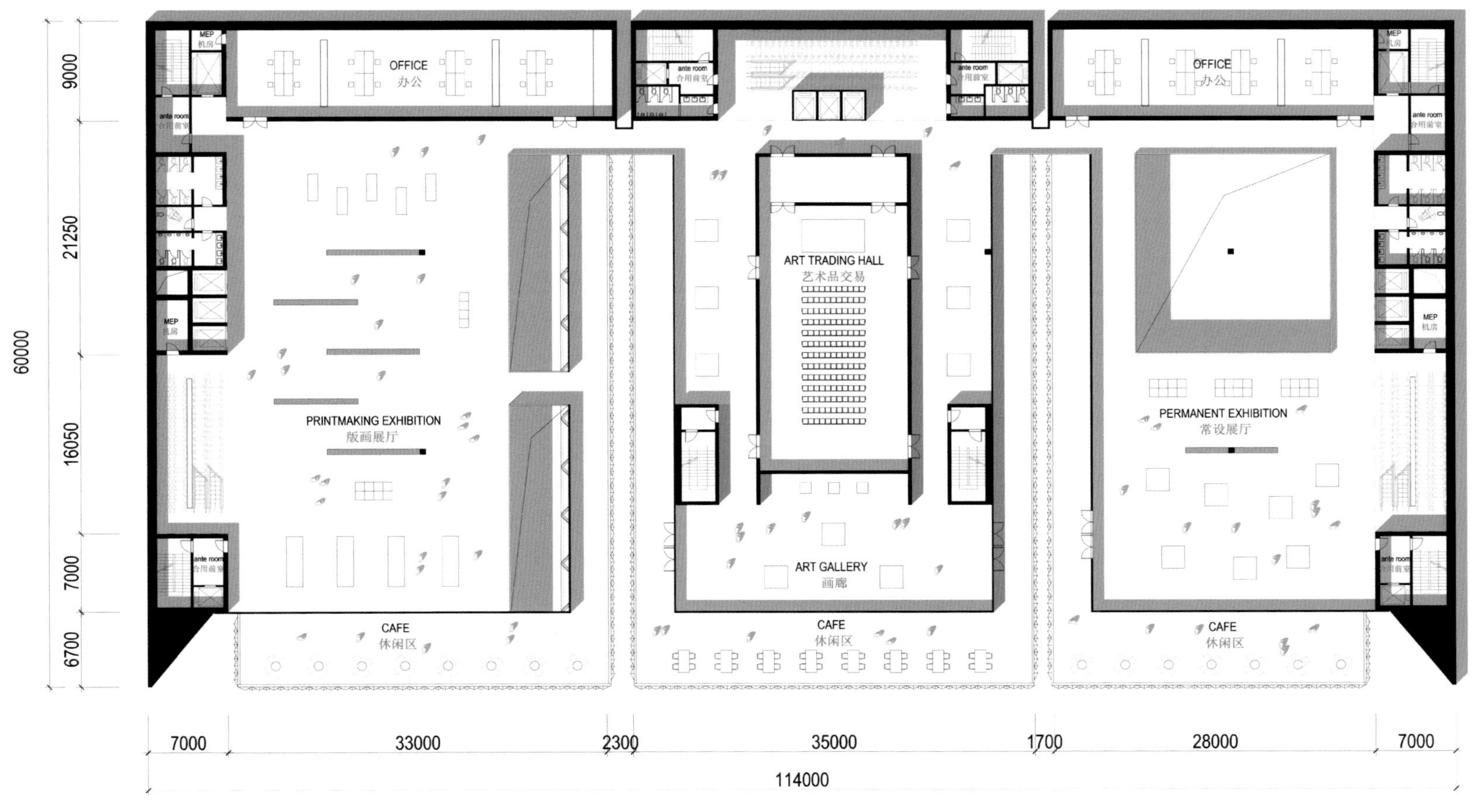
OFFICE
办公
OFFICE
办公
MEP
机房
ante room
合用前室
ART TRADING HALL
艺术品交易
PRINTMAKING EXHIBITION
版画展厅
PERMANENT EXHIBITION
常设展厅
ART GALLERY
画廊
CAFE
休闲区
CAFE
休闲区
CAFE
休闲区
9000
21250
16050
7000
6700
60000
7000
33000
2300
35000
1700
28000
7000
114000

四层平面图

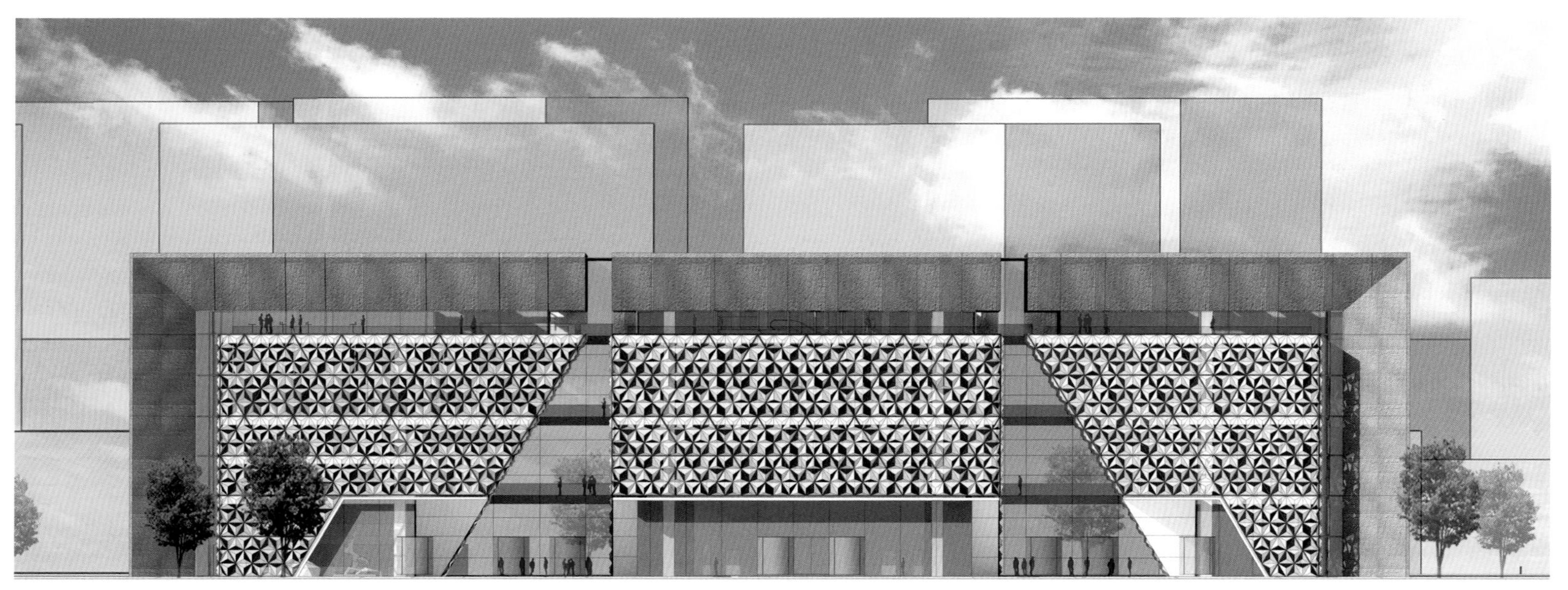

沿长廊立面图

沿旭升路立面图

外立面系统　Facade System

外立面效果图

幕墙系统包含标准的三角形网格结构，每个网格大小为层高的一半。每个三角形网格结构被分为 9 个小型三角构件，每个构件的边长为 1.5 米。这一结构不仅定义了幕墙外观，还起到了承重作用，可承受较宽的跨度，保证了展区空间的宽敞灵活。

某些区域采用棱镜玻璃，具有过滤光线的作用，使室内氛围柔和宁静。不受阳光直射的某些幕墙部分使用玻璃，让访客体验内外视野的变换。

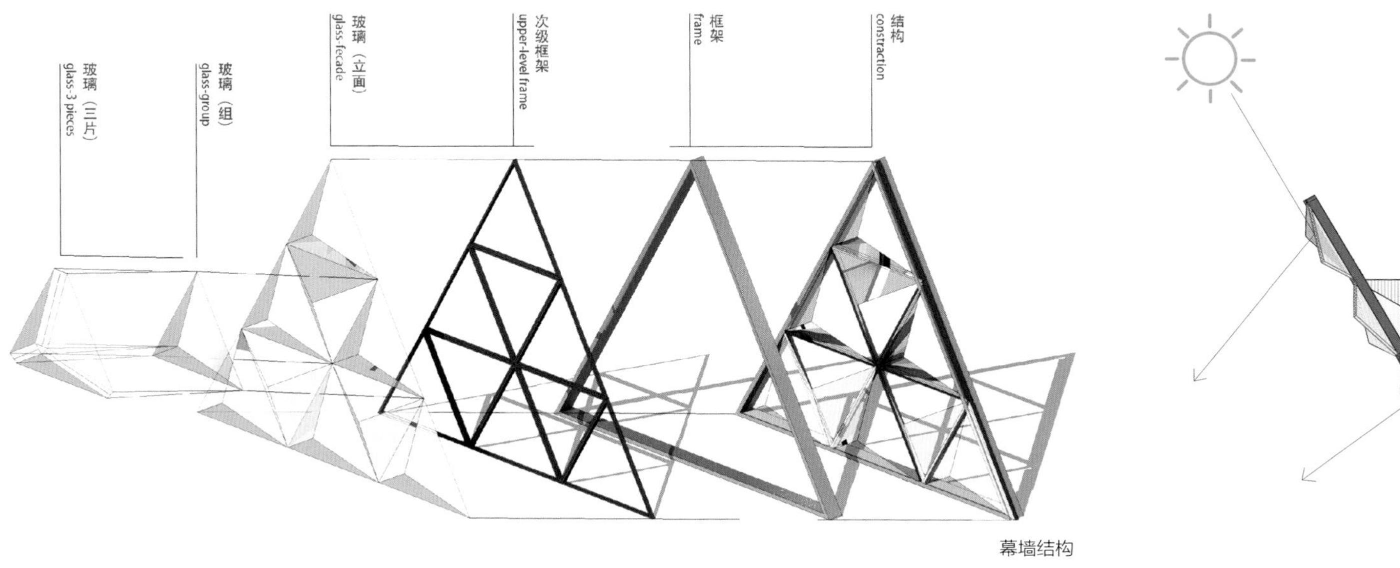

幕墙结构

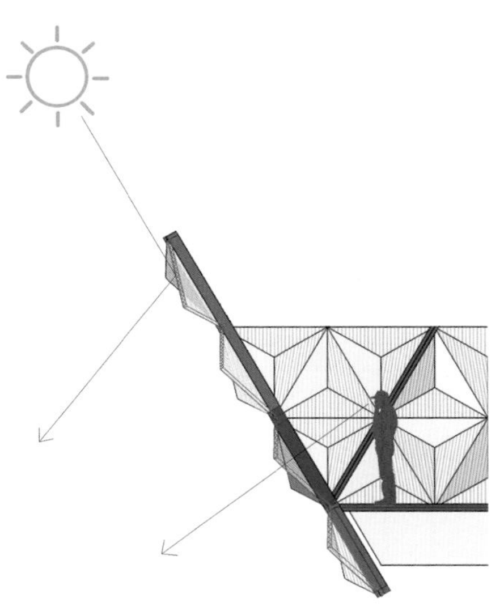

幕墙分析

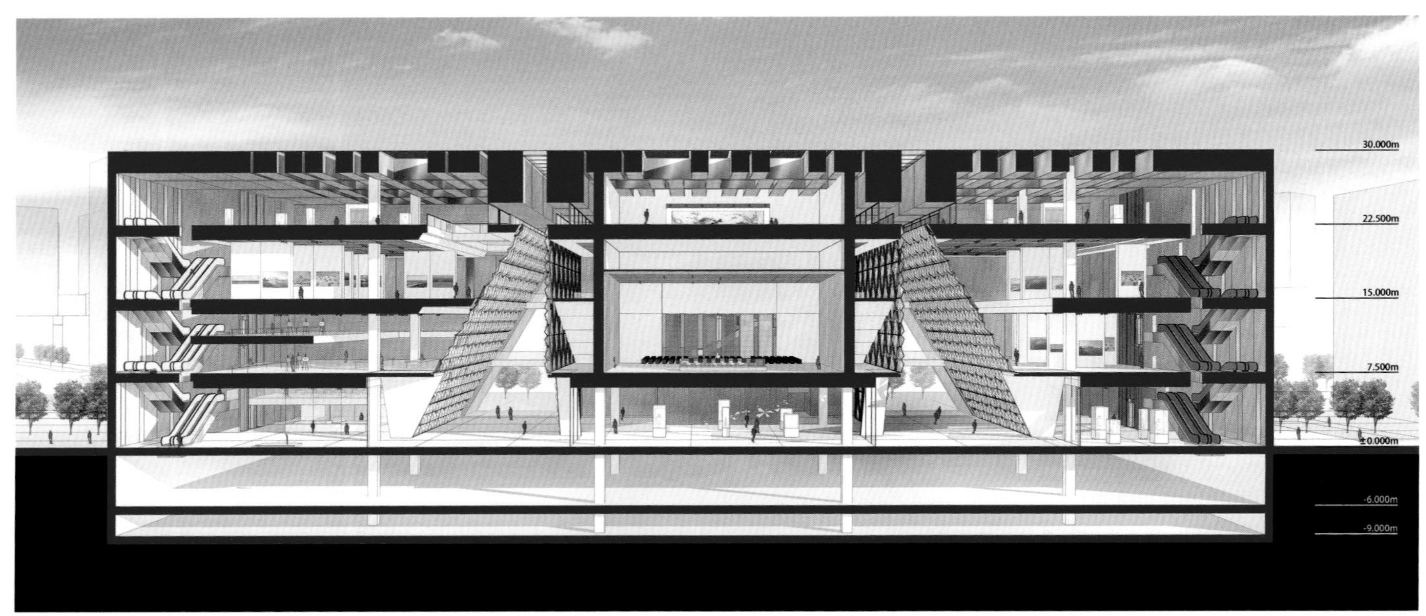
30.000m
22.500m
15.000m
7.500m
±0.000m
-6.000m
-9.000m

横剖面

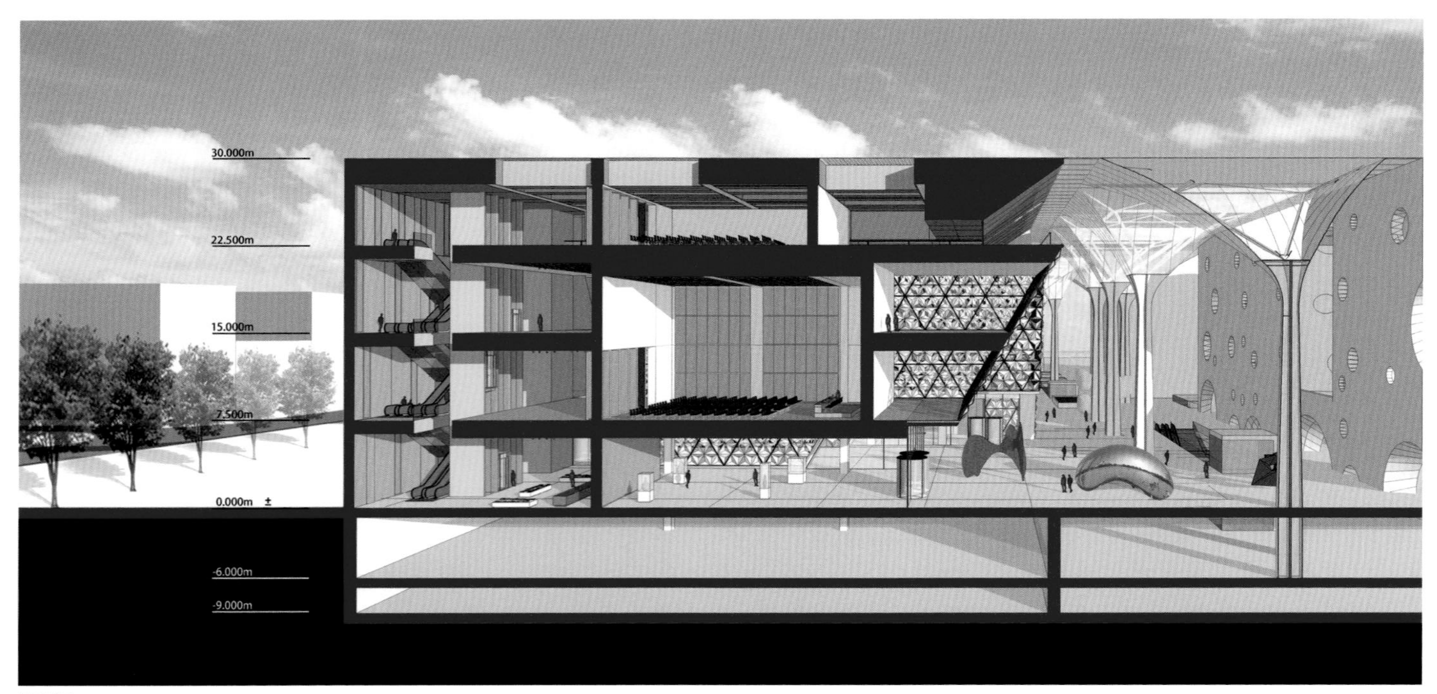
30.000m
22.500m
15.000m
7.500m
0.000m ±
-6.000m
-9.000m

纵剖面

结构系统　Structure System

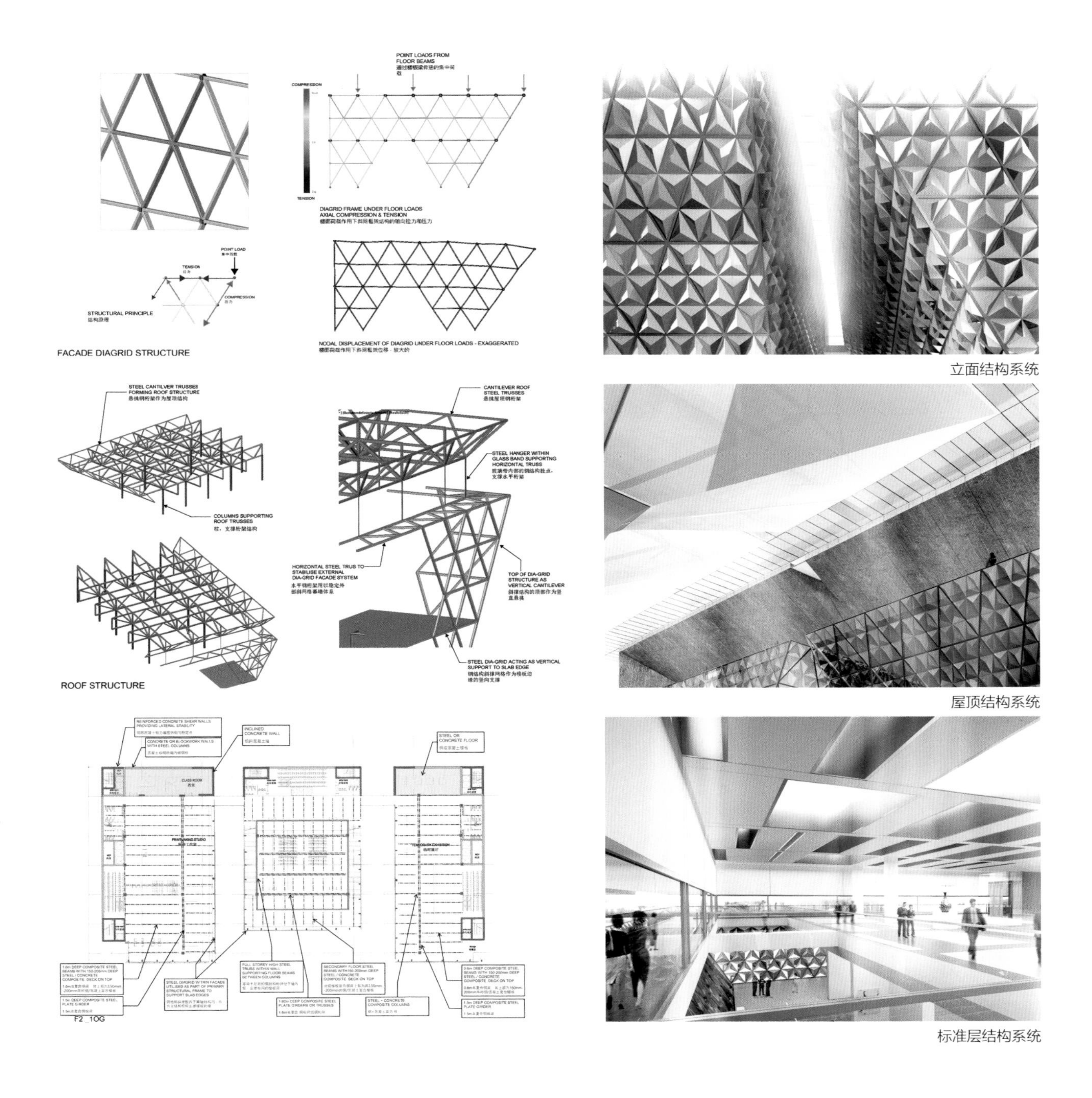

立面结构系统

屋顶结构系统

标准层结构系统

图书中心 Book Center

荷兰 MVRDV 事务所
天津市城市规划设计研究院

设计理念 Design Concept

滨海之“眼”，“书山”有路勤为径。

图书馆和书城分别布置在基地的南北两侧，中间以“眼球”相连；
“眼”空间将长廊面和城市道路面打通，形成互动；
利用“眼球”空间上下的曲面、高度变化，创造 “书山”空间，营造富有特色且宁静亲和的阅读氛围。

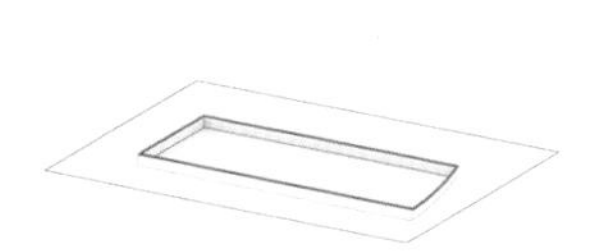

从基地开始，两侧是解放路和文化长廊。

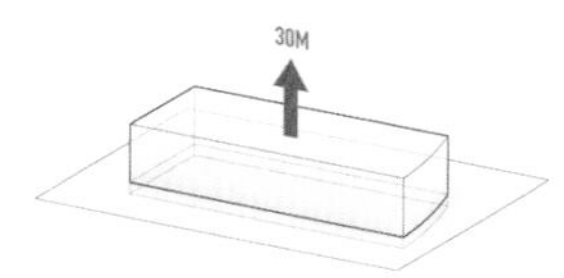

基地的足迹被拉高30米，形成主要的建筑体量。

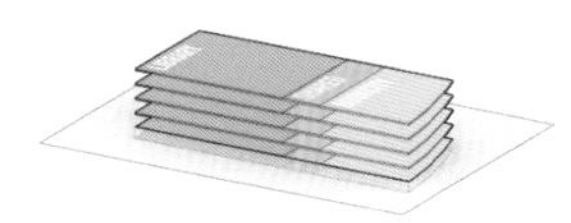

体积里的两项功能（图书馆和书城）被中间的公用空间分隔开来。

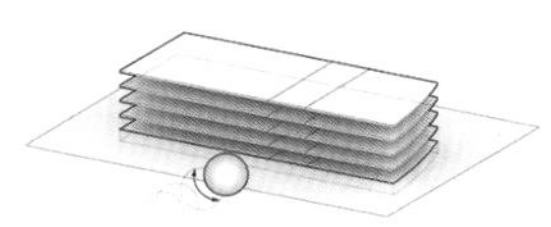

当集体性的剧场球遇上这栋建筑时。

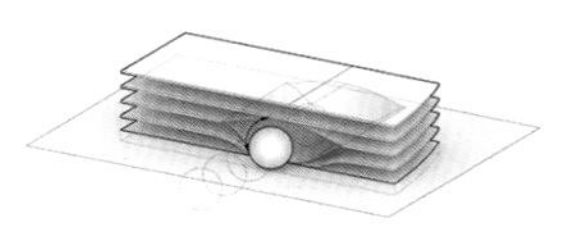

将球推进建筑并把中间的楼板分成两半，把一半的楼板往上推，另一半往下推。

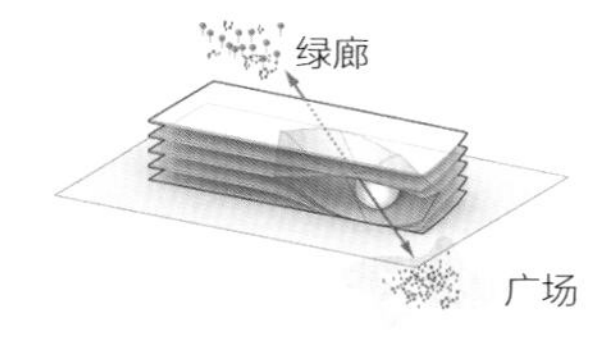

把球移到十字路口，形成一个连接都市和公园的空间。

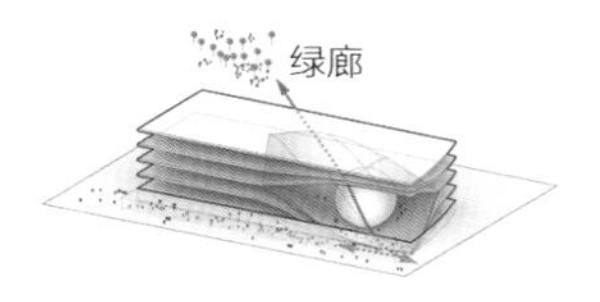

再把球向下推，以便其和地下一层连接在一起。

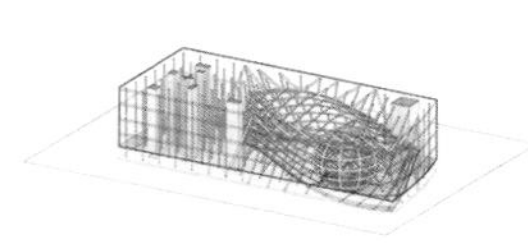

结构使楼板变形，而球成为上层楼板的支撑。

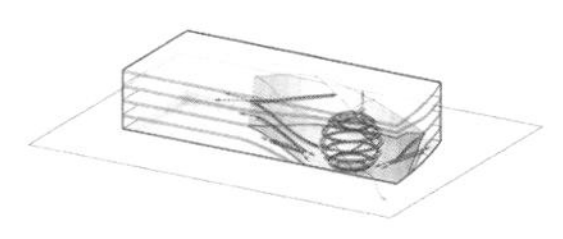

球里和球外的流动空间赋予公共广场强烈的动感。

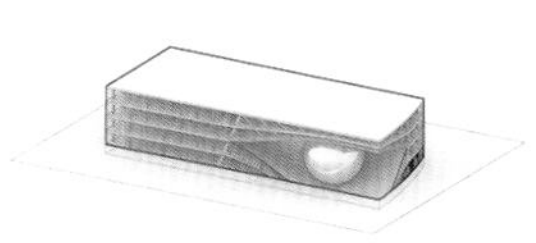

在玻璃中打造一个通透的图书中心。

东北角鸟瞰图

空间组织　Organization

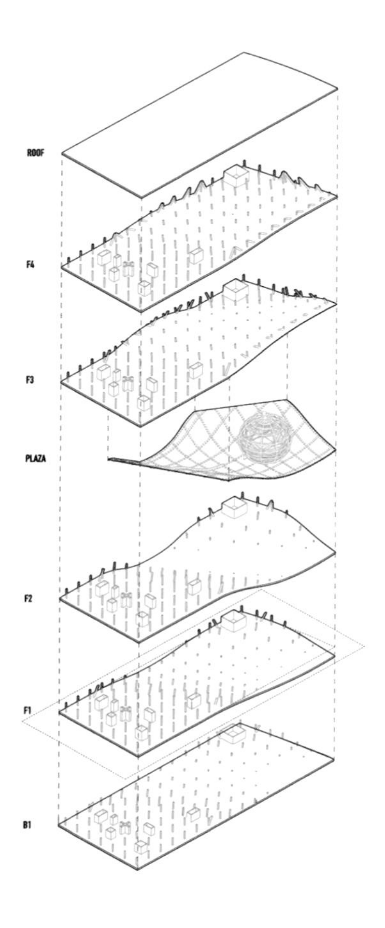

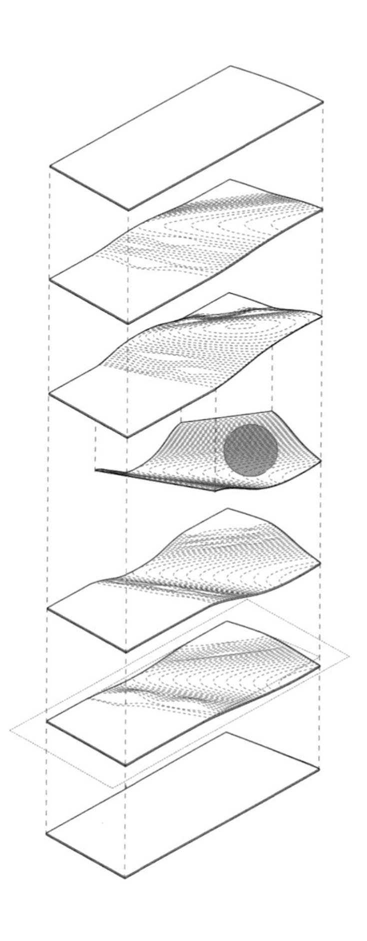

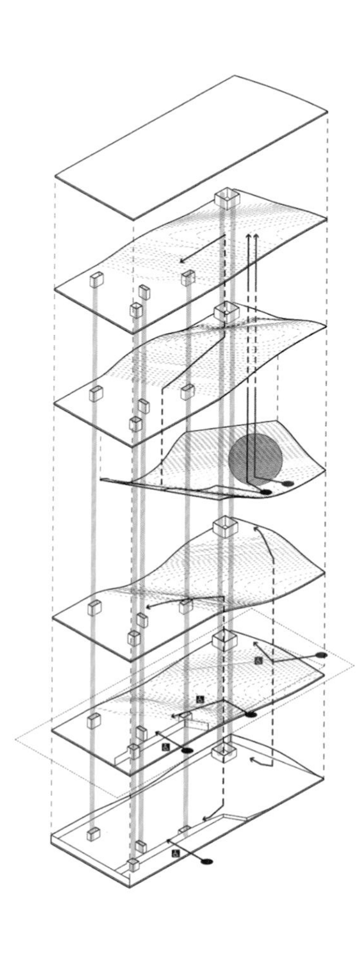

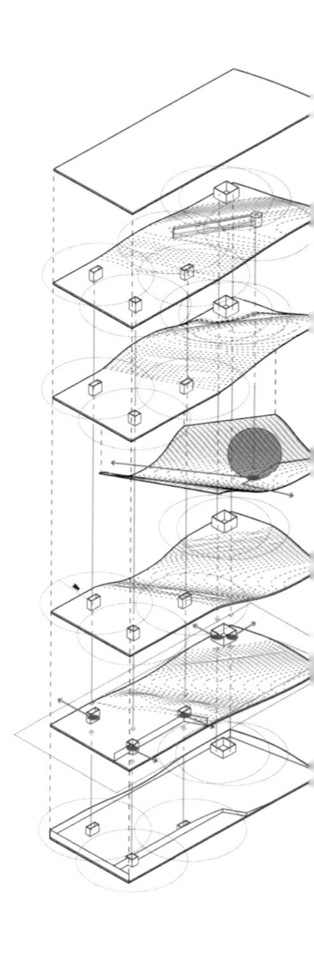

结构

建筑结构是由梁和柱构成的网络，网络随球的中心而变形。球本身是柱子支撑高层的悬挑楼板。有些更大的柱子用于电梯、楼梯和厕所空间，这些是结构的一部分。球体里有两层结构，中间的流动空间连接下层和上层。

轮廓线

当建筑的楼板变形时，轮廓线通过楼板形成一个室内地形。这些轮廓线和9×9结构网格形成建筑内的组织逻辑。调整这些轮廓线能判定出地板（如梯田、坡道和看台）的布局。

流动空间

建筑的流动空间主要有室内的电梯和楼梯，以及室内与室外的扶手电梯。广场的多个入口包括球体入口可增强公共空间的活动性。在地下一层、书城和图书馆一层都设有专属伤残人士的入口。

防火出口

建筑设计符合防火条例，每
间和防火走道之间留有最大
米的距离。其中，以防火楼
为建筑主要的防火出口。球
也设有防火通道，由此四层
内都设有消防楼梯。

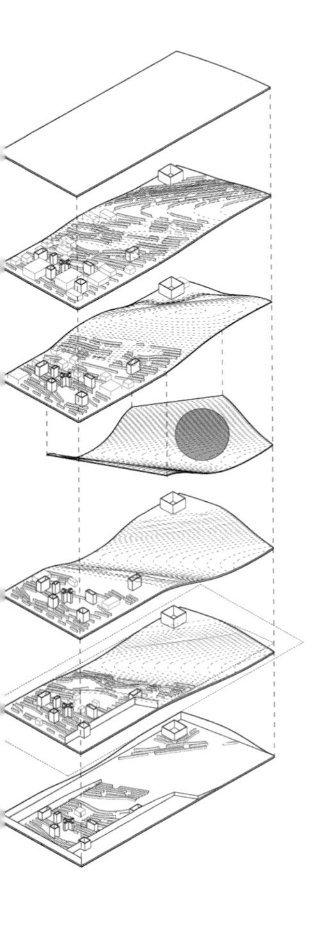

子和书架

廓线的逻辑决定了图书馆书柜
局，营造了图书馆内葡萄园
的景观。这些书架被环绕轮廓
的盒子打断，盒子包括结构柱
、结构核心、玻璃房间等。玻
房间拥有不同的活动功能，如
习、阅读和办公。

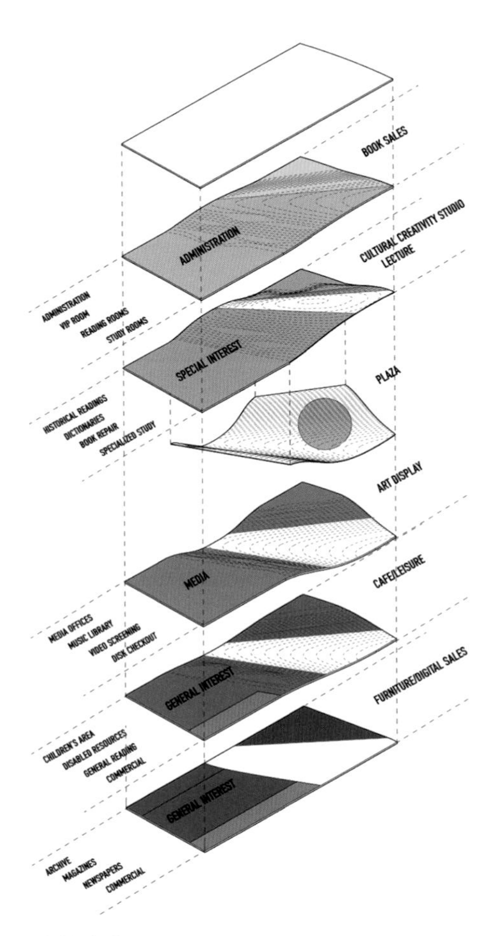

功能方案

空间中的功能区由轮廓线网络和结构网络重叠而成。书架被不同的功能房间分隔开来。一般的材料库在地下一层和一层，其次是媒体区、阅读区和行政办公区所在的楼层。书城中上层与下层较大的空间主要用于售书，其次是家具和电子用品空间等，中间的楼层主要是文化和休闲空间。

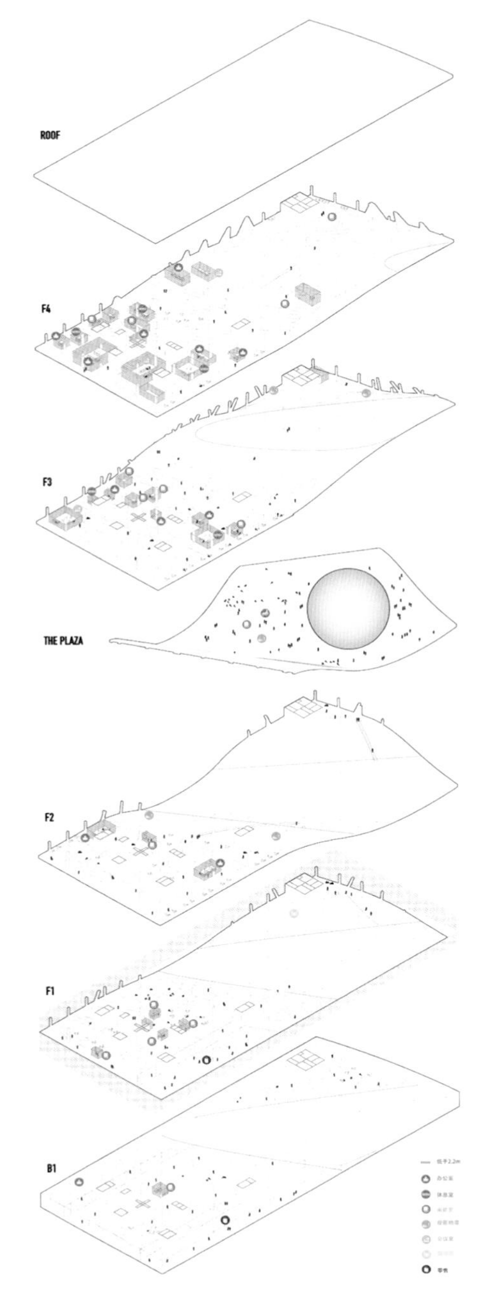

空间组织概念图

眼球 The Ball

眼球：构件

内部壳体

在能源系统的有效调节下，眼球外部皮肤产生的微气候改善了密闭的室内环境。内部可以作为 IMAX 电影或其他设备的屏幕。

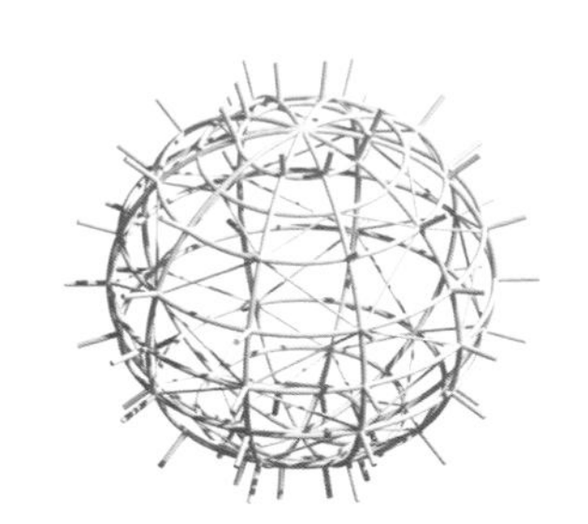

内部结构

构成眼球内球行剧院的结构，连接所有内部结构节点和外部结构，并支撑内部的壳体和剧场的机电设备。

流线

位于两个球形壳体之间，人行流线漩涡从最底层上升到最高层漩涡，只在两个点的位置连通主建筑，使球体内每 5 米都有一个通向各层的连接。

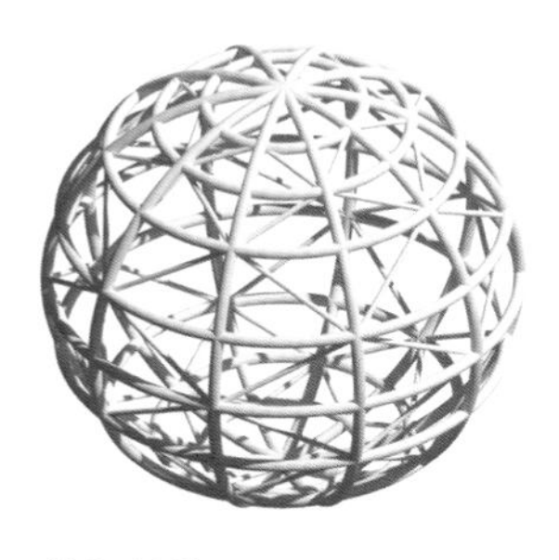

外部结构

眼球外部结构的主要功能是承载建筑的悬挑，由球形柱连接至顶层楼板；次要功能是支撑外层皮肤，使剧场成为独立的结构，在两个球体之间形成循环流线的空间。

外壳

眼球的外表面像一种表皮，一种有生命的皮肤，自动调节所包裹的球体内部和周边的微气候。这种皮肤还可以投影视听，促进与天津城市生活之间全面且更具活力的互动。

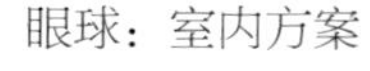

眼球：室内方案

空置

空白的空间可作为临时的活动场所和艺术品装置场所，以丰富个人体验。每次允许一部分访客进入。

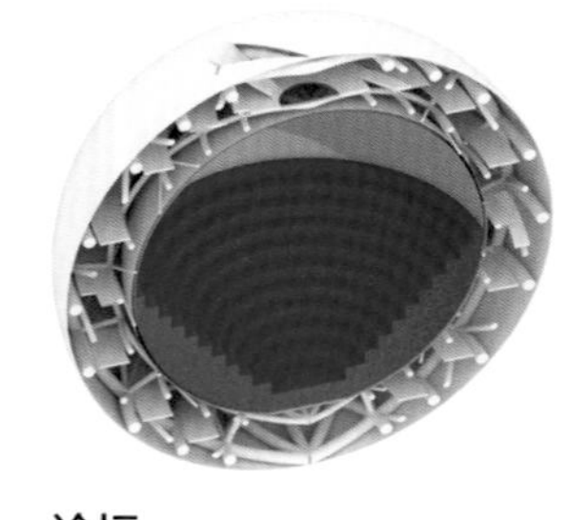

论坛

向心的空间布置像报告厅一样，将观众的注意力集中在发言者的身上，每个环都有一排连续的座位。

螺旋

一个沿球体周边布置的连续的缓坡，让人从各个不同的角度体验整个空间。

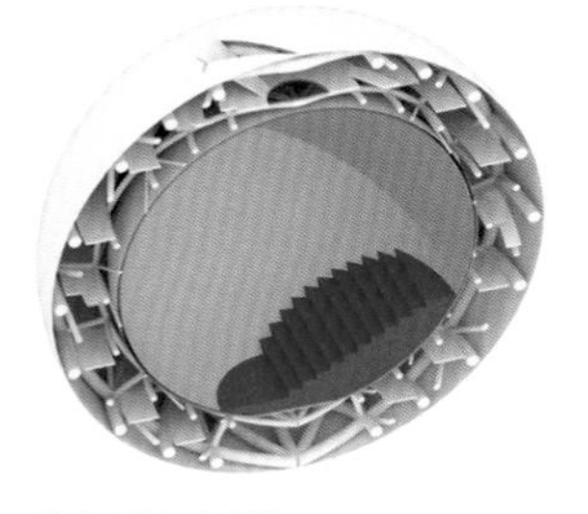

IMAX 电影

单向剧场的布置是放置 IMAX 电影球形屏幕最有效的结构，同时也可供报告厅使用。

天文馆

一个空的空腔可以使外部的空间变成教育和试验的场所。

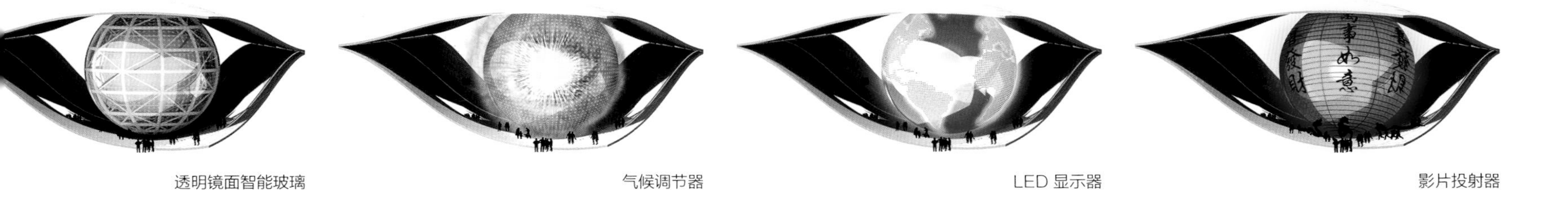
透明镜面智能玻璃
气候调节器
LED 显示器
影片投射器

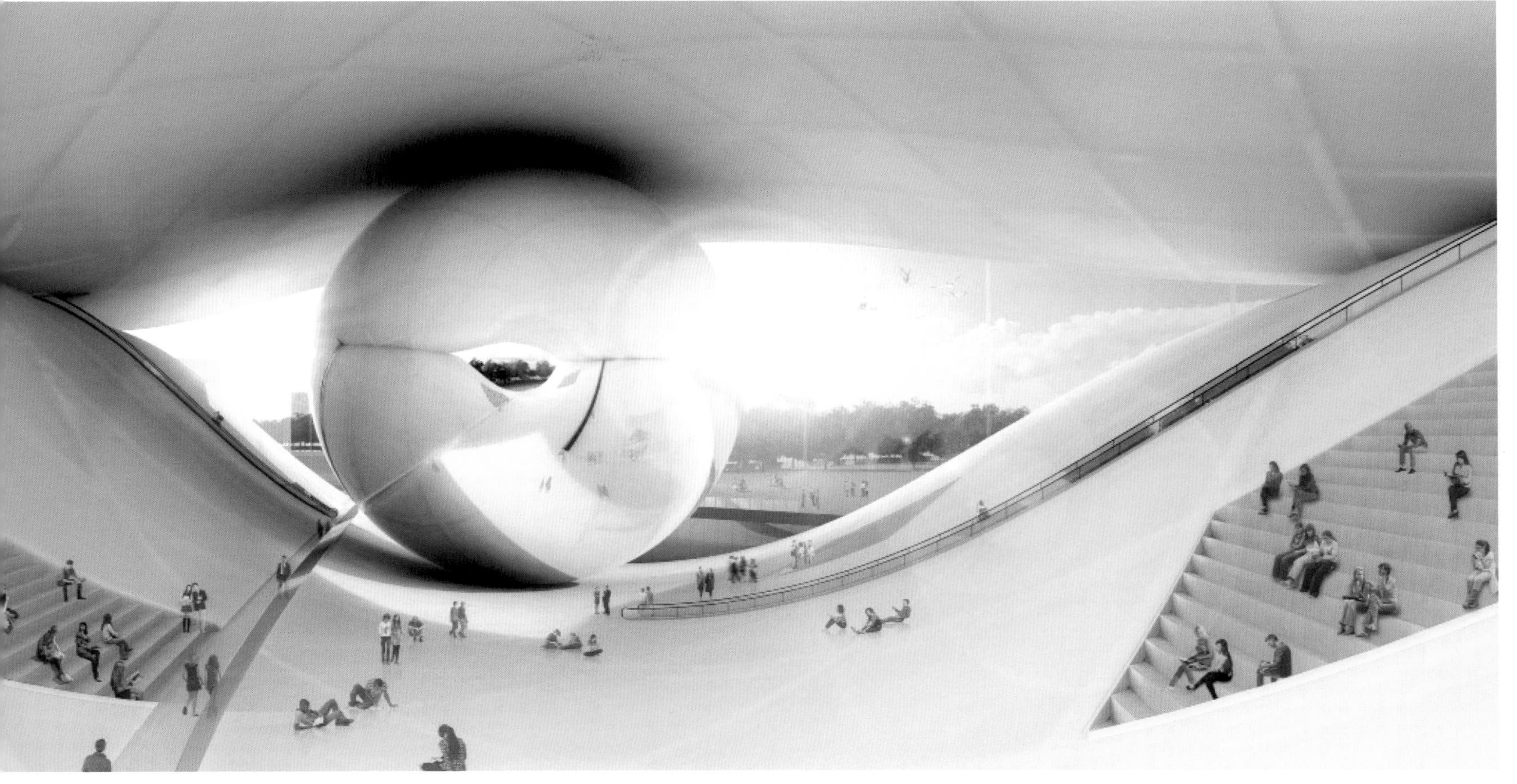

中庭公共空间效果图

沿文化长廊方向效果图

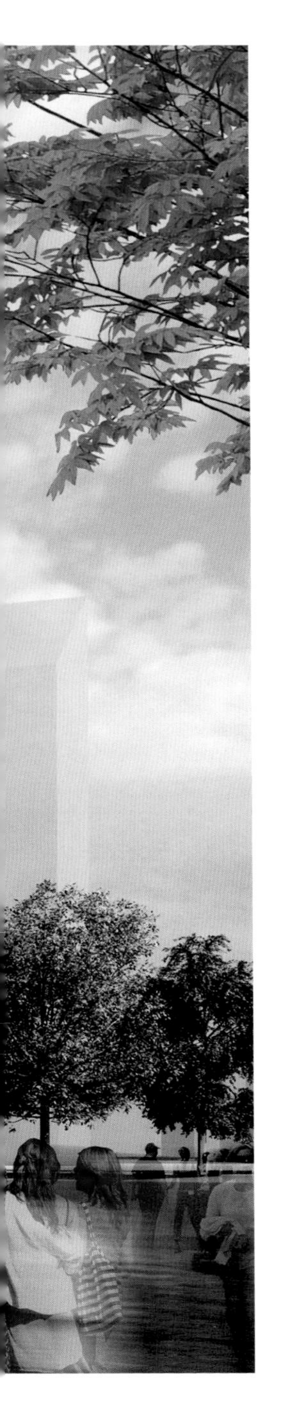

沿旭升路方向效果图

“书山”空间效果图

室内空间效果图

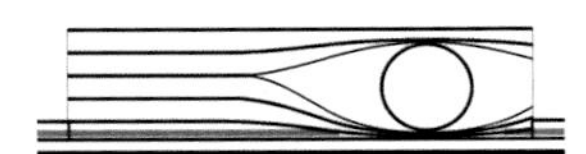

地下一层平面图

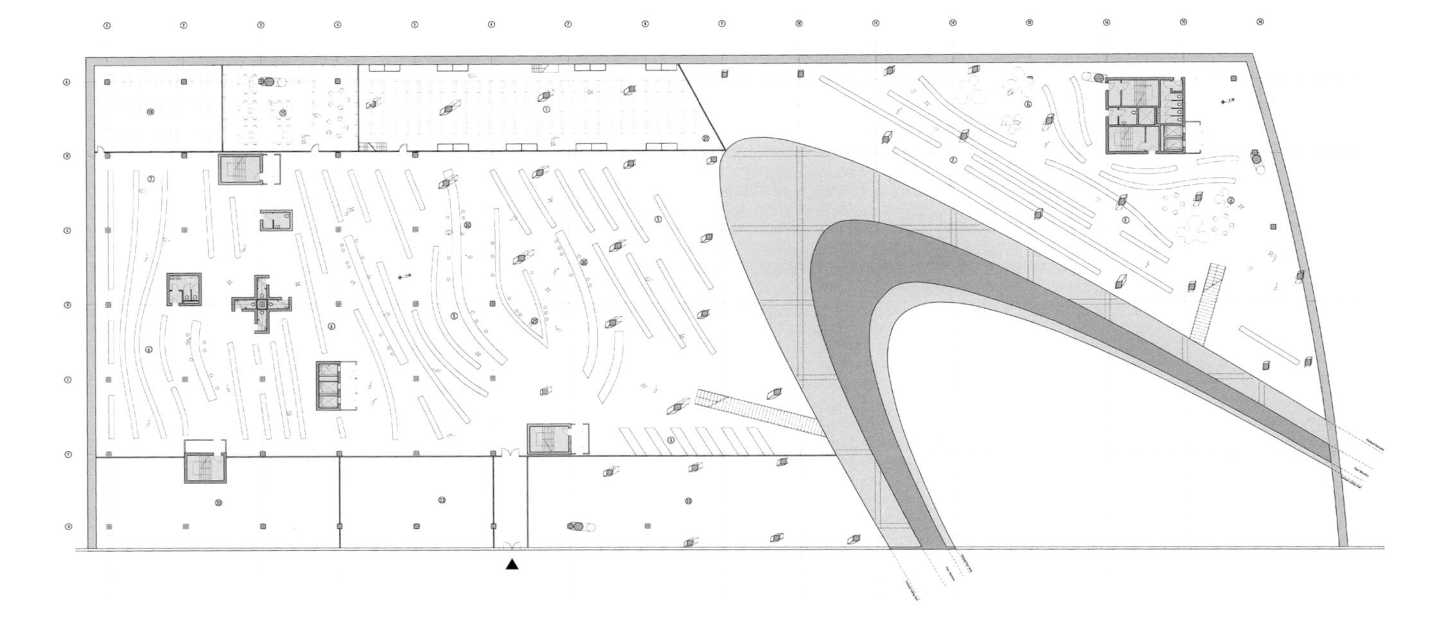

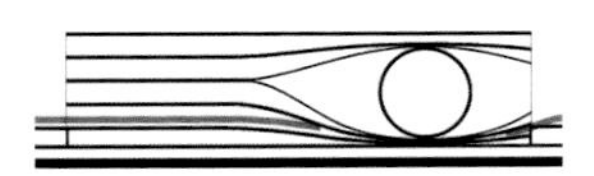

首层平面图

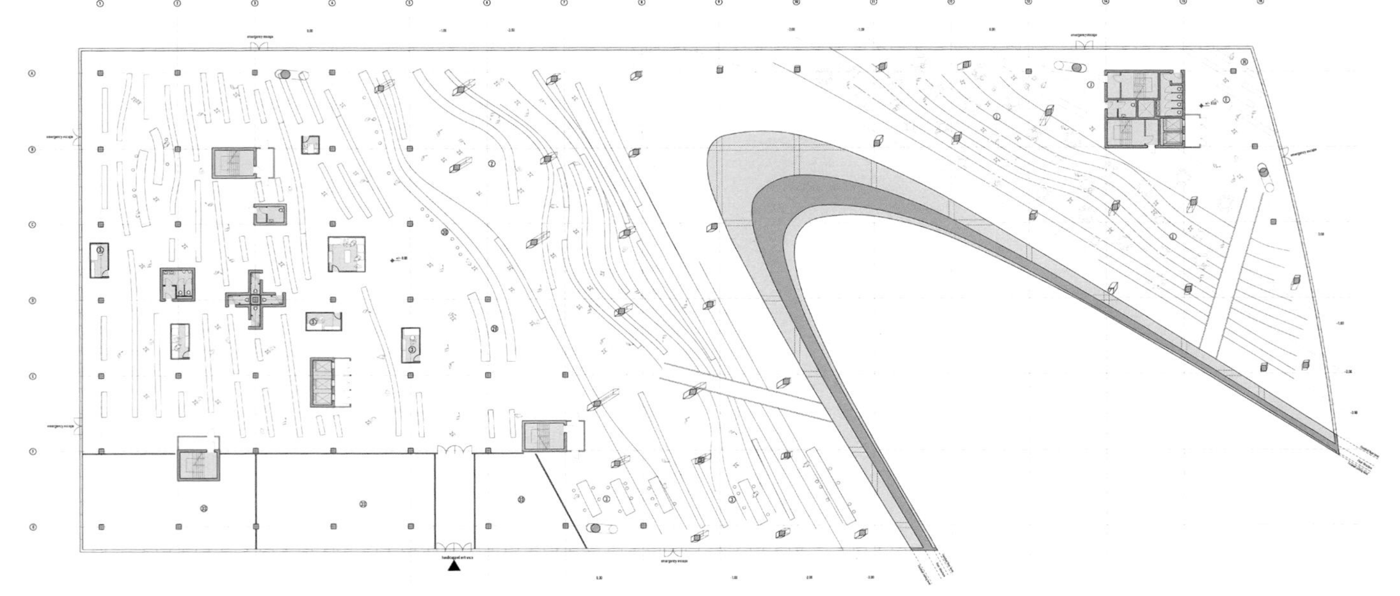

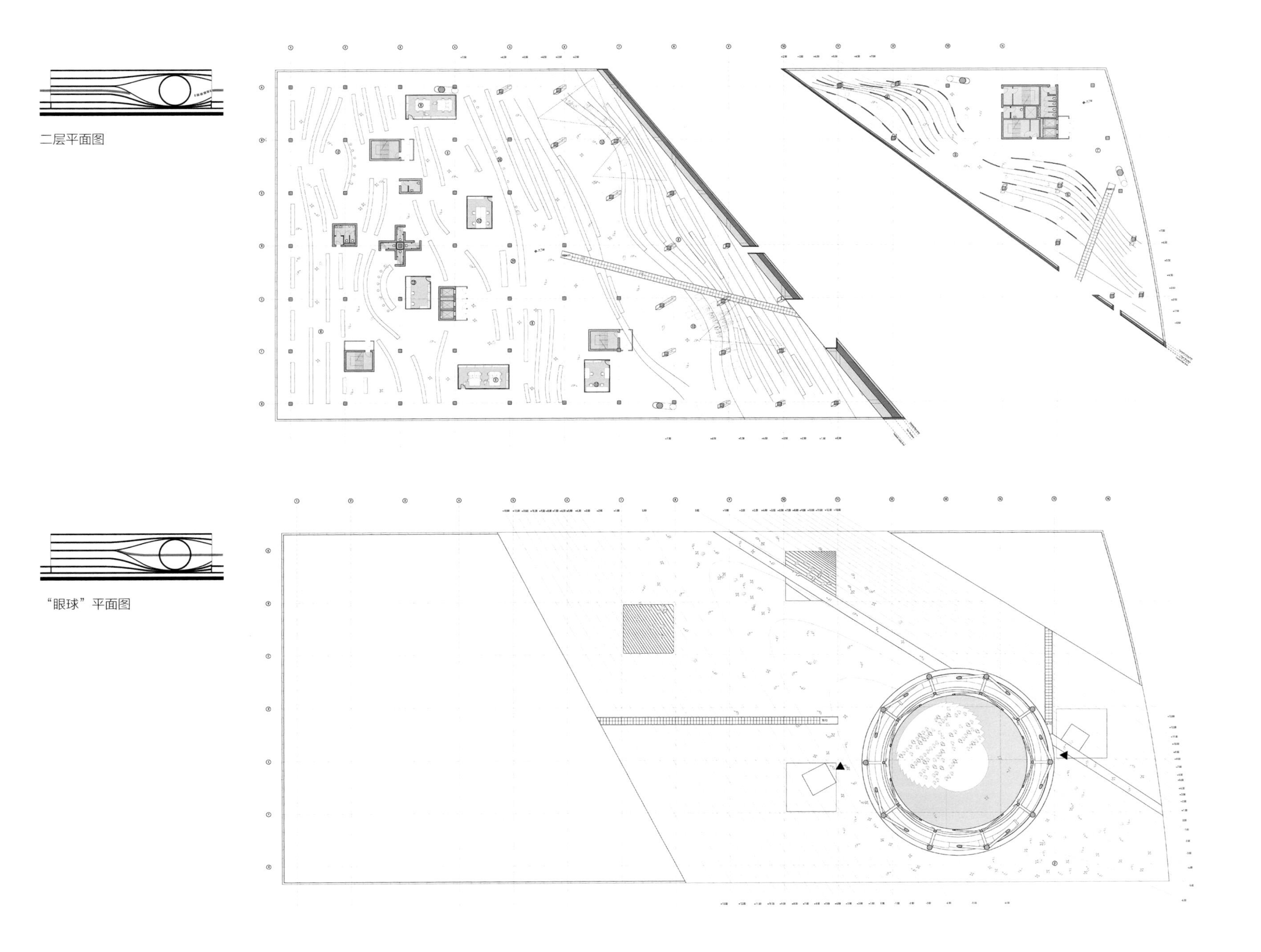

二层平面图

“眼球”平面图

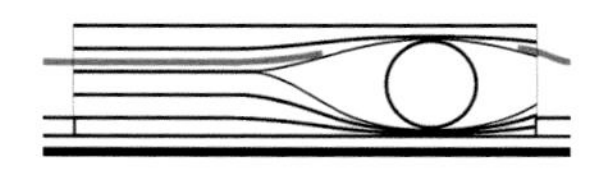

三层平面图

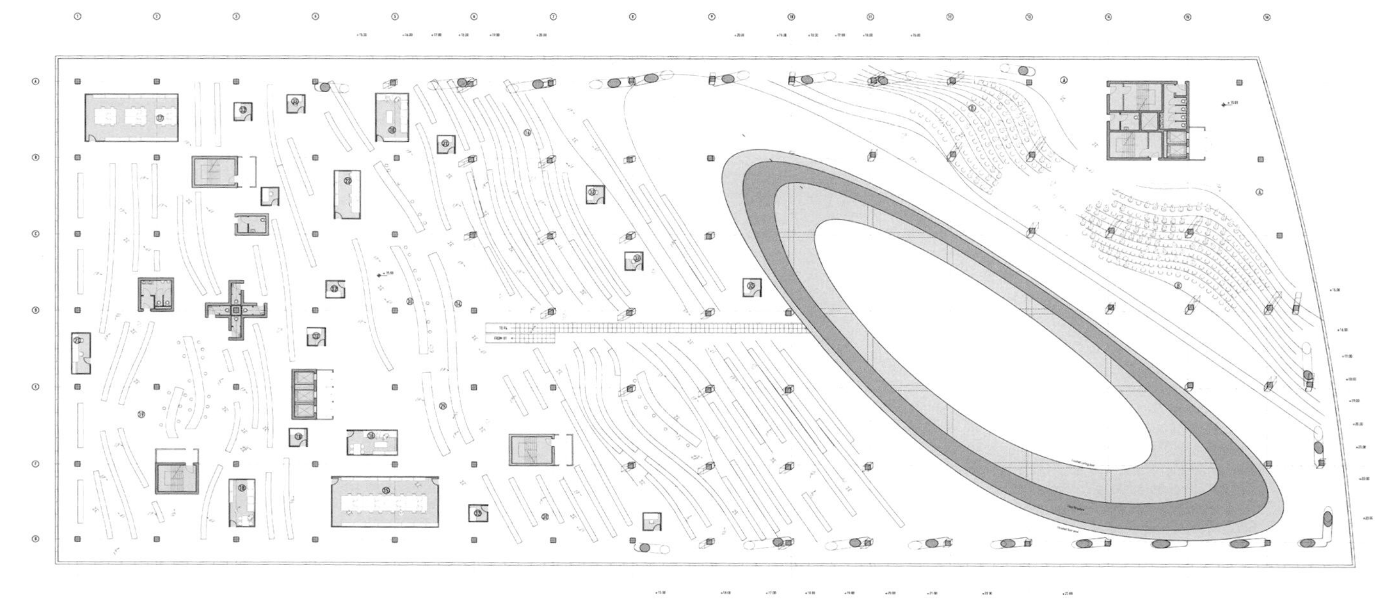

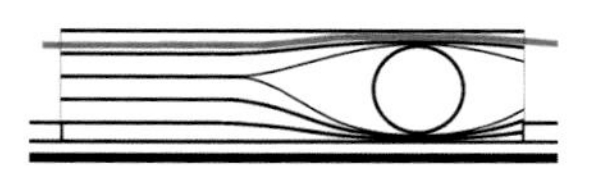

四层平面图

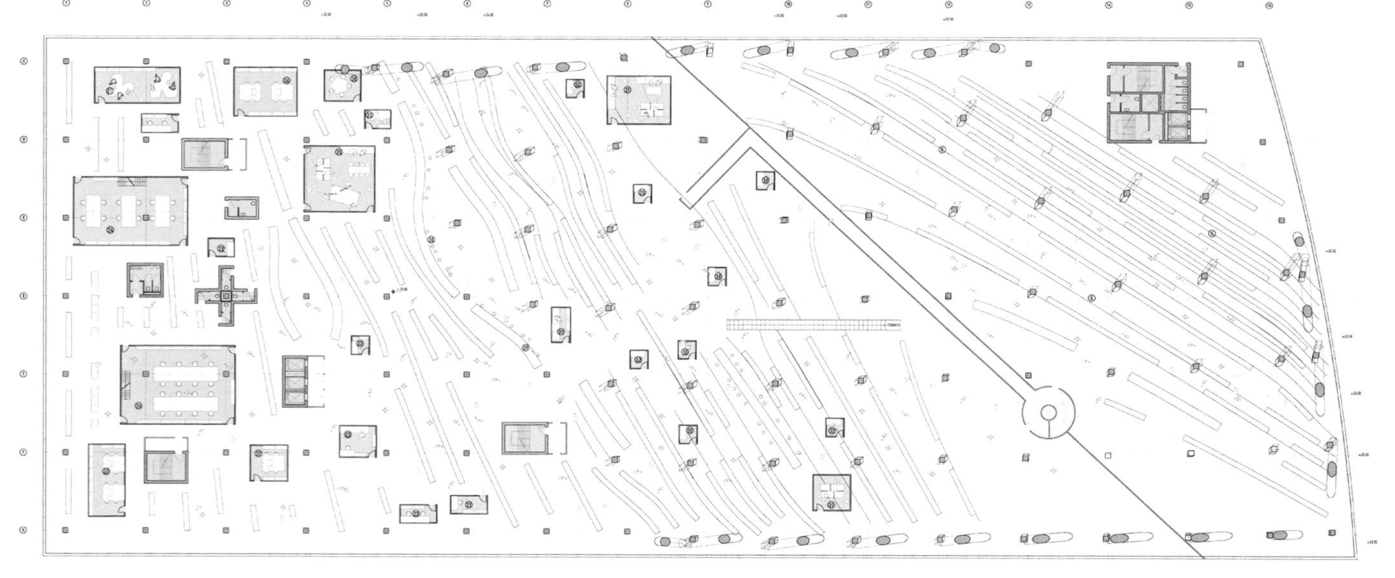

东立面图

西立面图

北立面图

南立面图

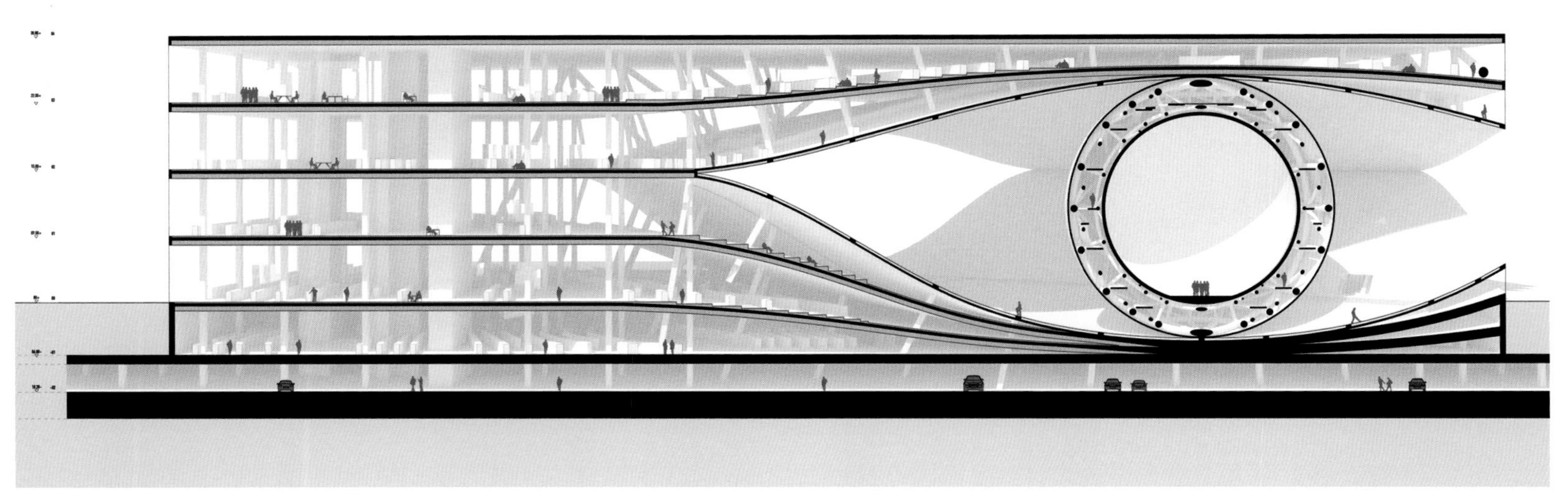

长剖面图

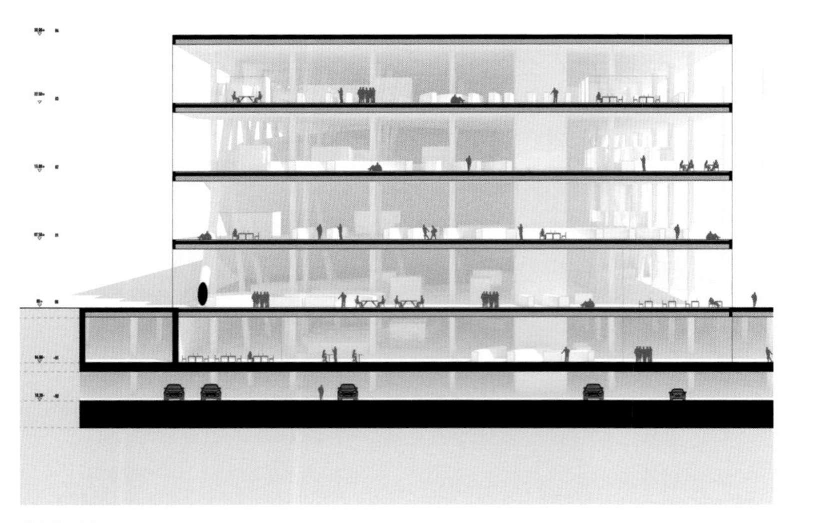

北侧短剖面图

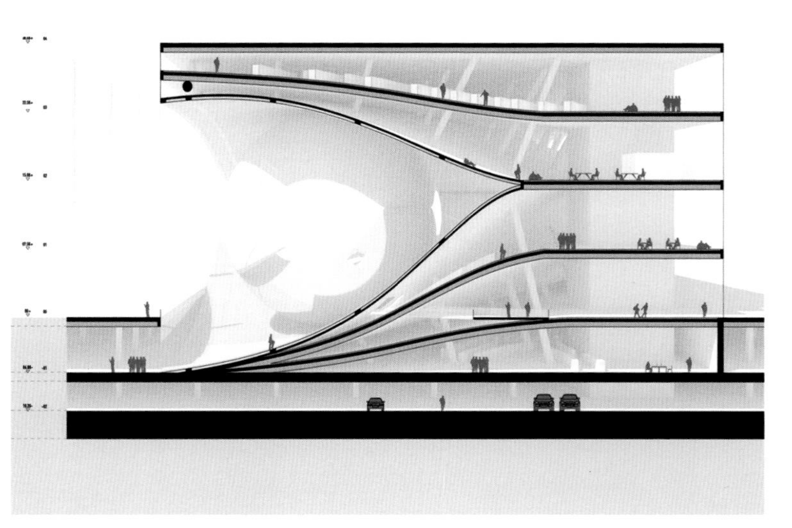

南侧短剖面图

可持续发展理念　Sustainability Concept

水冷器＋冷却塔系统

采用冷水降温空调系统，以降低室内空气温度，营造舒适宜人的环境。在超过 50 吨时，水冷比空气制冷更经济。水冷器以每吨更低的预算创造更大的制冷量，更有利于节能。冷水系统将水温降至 4.4℃ ~ 7.2℃后，将冷水运至建筑各处并通向空气处理器。在充分绝缘隔热的情况下，冷水管道没有任何距离限制。冷却塔产生一股冷水，以冷却在冷水器热交换过程中产生的热水。同时，将空气注入水流中，使其蒸发一部分，蒸发带走的热量使水流温度降低。

地热采暖系统

在约 18 米的地下，土壤温度为 7.2℃ ~ 23.8℃。地热制冷系统的基本理念是将这种恒温作为替代电力的冷源和热源，以达到制冷或采暖的效果。在冬季，利用液体从土壤中收集热量，然后通过系统运送到建筑中。在夏季，系统可以反过来将热量从管道中送回地下，从而降低建筑温度。

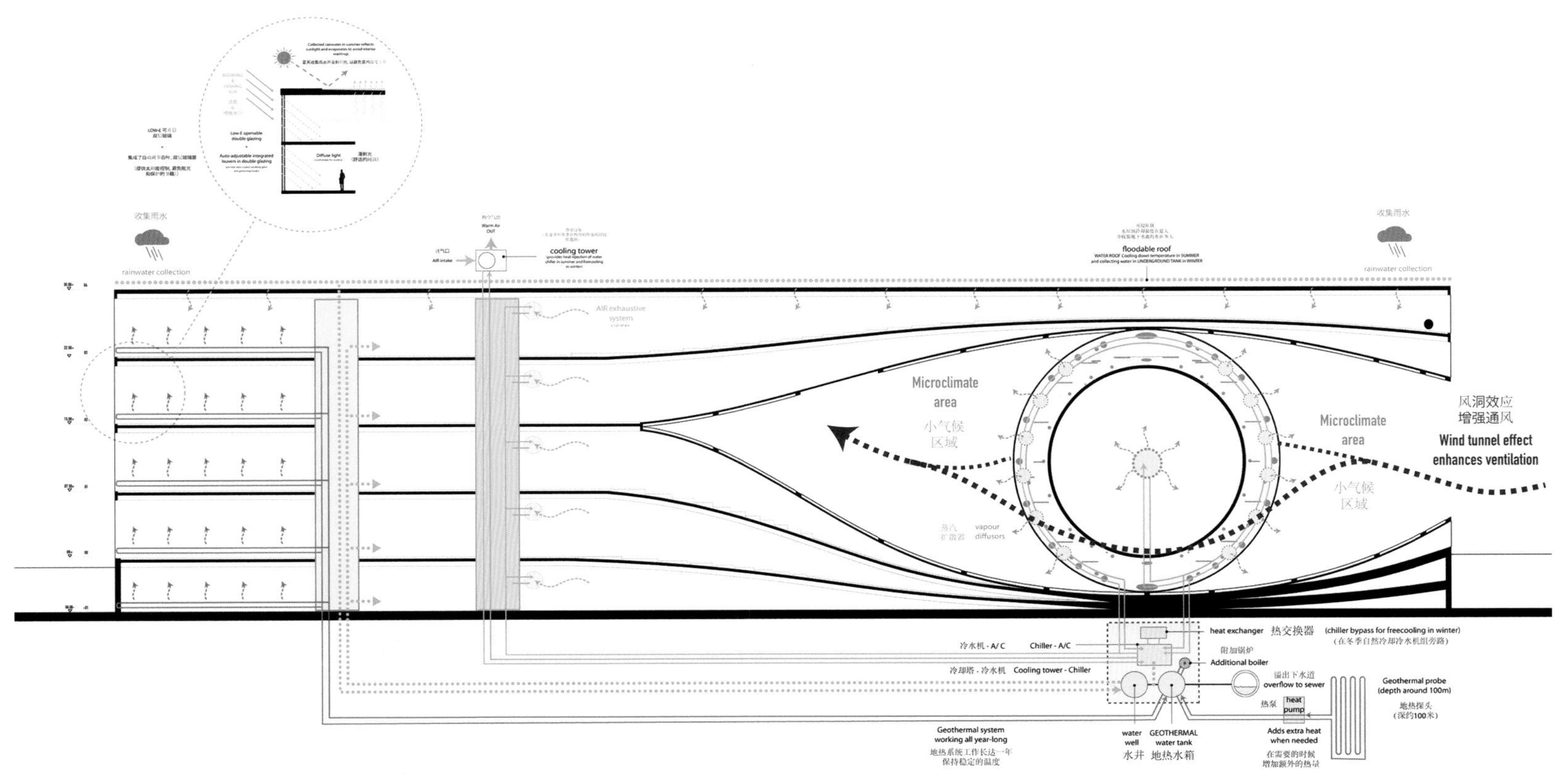

可持续发展分析

文化交流大厦
Cultural Exchange Center

美国墨菲扬建筑师事务所
天津市建筑设计院

设计理念　Design Concept

艺术文化灯塔

文化交流大厦是天津滨海新区文化中心的门户建筑，设计方案中的塔楼是一座高大通透的圆形生态塔楼，具有强烈的可识别性，并为用户提供较高的使用舒适度。由于采用圆形平面形式，无论从哪个方向接近或观看塔楼，都能看到相似、浑然一体的外观。建筑顶部的空中露台将作为眺望滨海新区的瞭望台和所在区域的灯塔。设计旨在打造一个明亮通透、反射天光云影的建筑，随着天气变化时而隐入雨雾，时而熠熠生辉。同时，对建筑进行夜间照明，使之成为城市中一个引人注目、令人惊叹的组成部分。

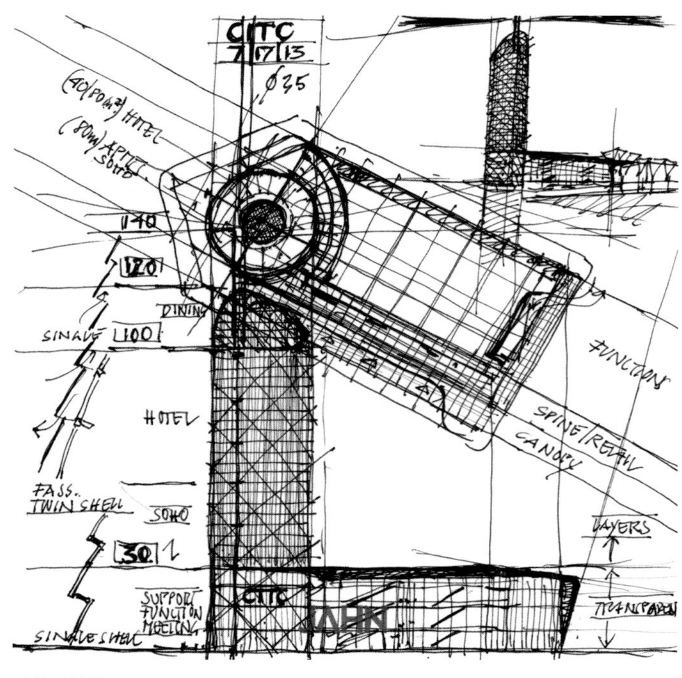

建筑手绘图

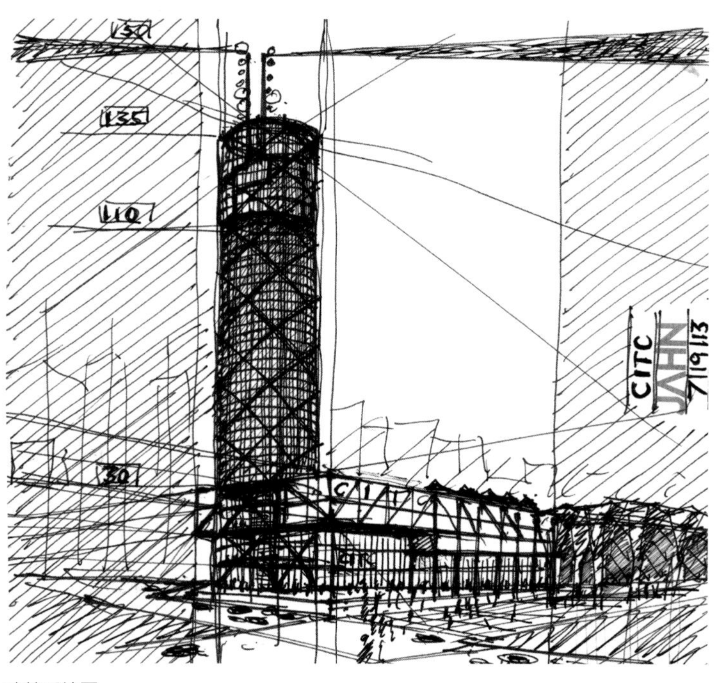

建筑手绘图

效果图

夜景效

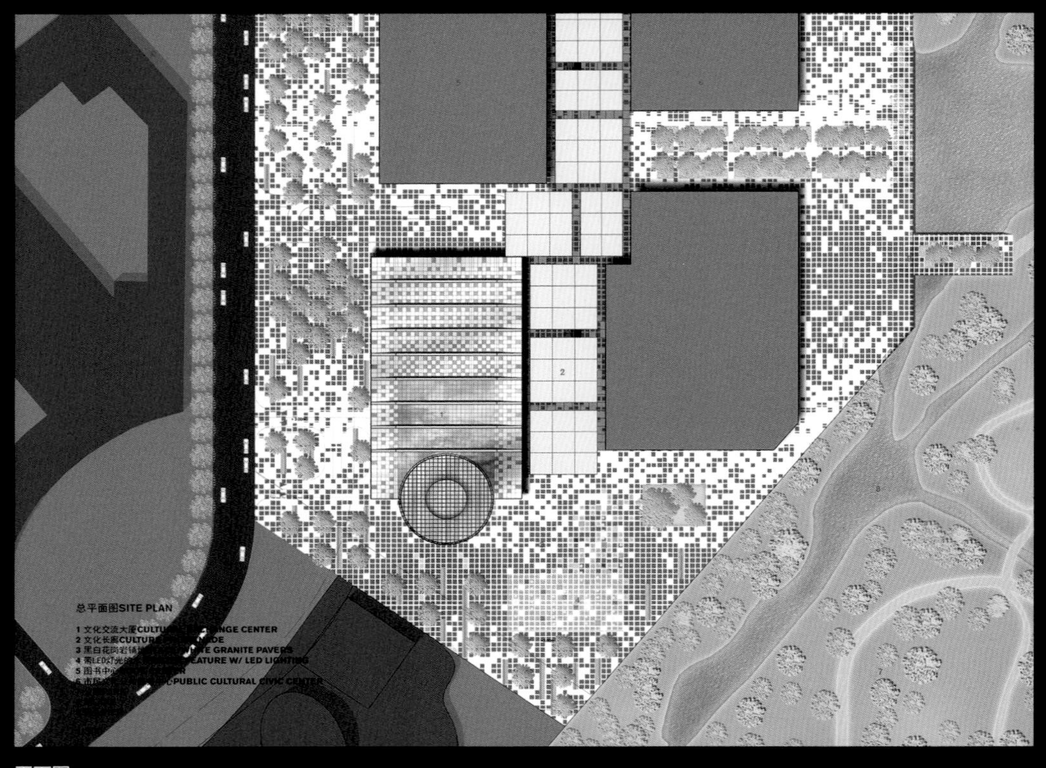

平面图

建筑综合体由具有高识别度的建筑部件构成，包括塔楼、裙楼和门户构架。在172米的塔楼内主要为酒店和公寓两大功能单元。建筑顶部的空中平台则设置餐厅和观景台，可由此俯瞰滨海新区的壮丽景观。裙楼规划有多功能厅和商业、酒店餐饮设施、健身房、宴会厅、会议室等大型空间。6层通高的中庭作为塔楼和裙楼的公共入口，可从西侧的下客区和东侧的步行长廊到达。门户构架作为文化中心步行长廊的入口标志，可由此通往规划于地面层和地下一层的商业设施。员工设施和酒店后勤等辅助功能位于地下一层和地下二层。

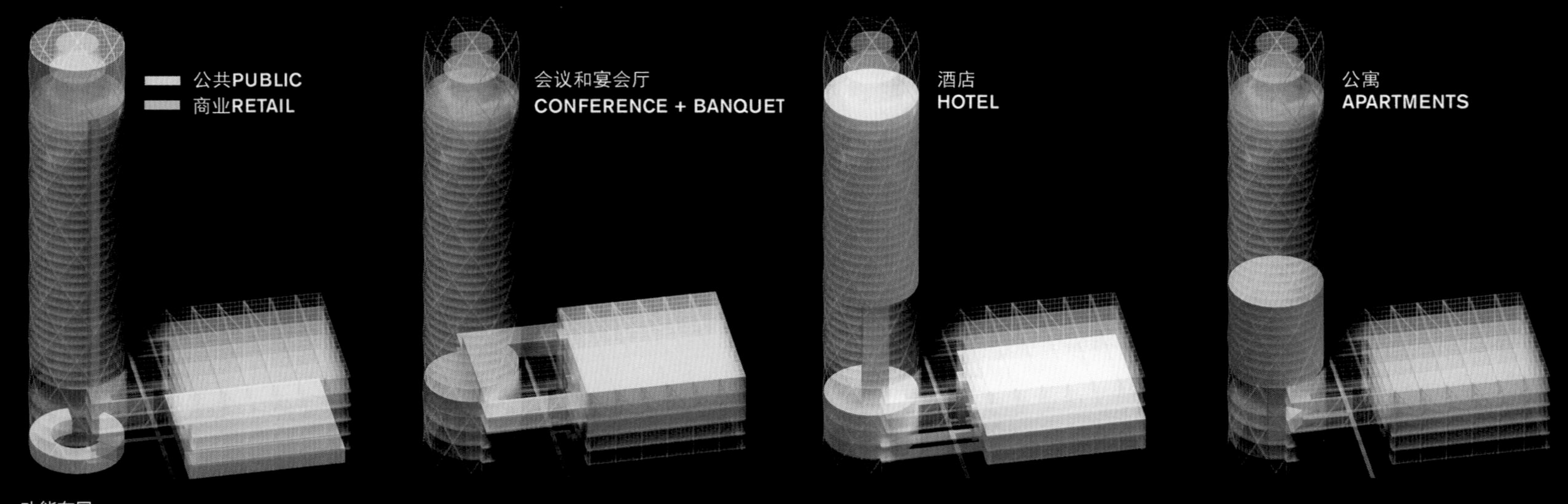

功能布局

鸟瞰图

效果图

效果图

效果图

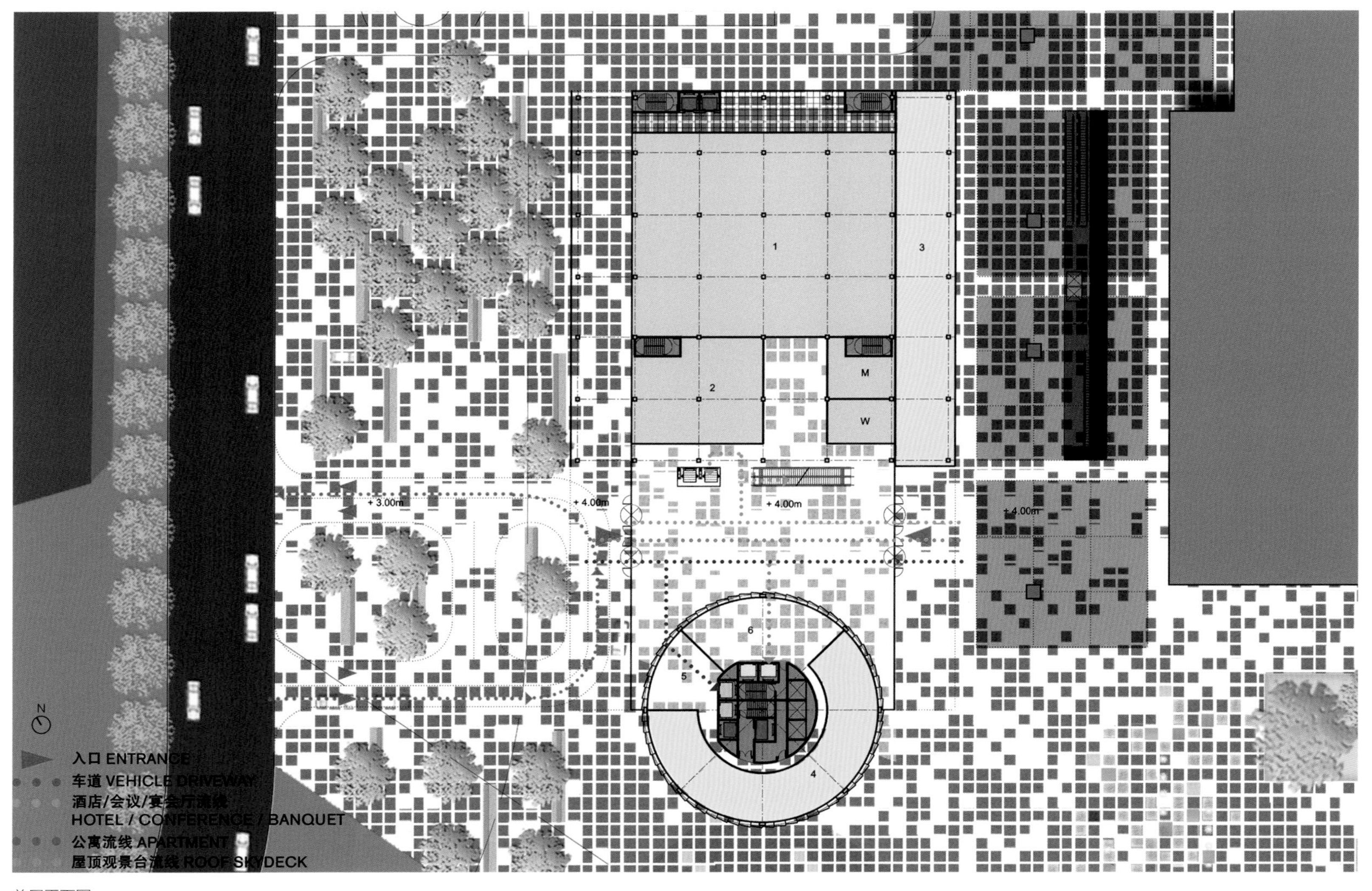
1
2
3
M
W
4
5
6
+ 3.00m
+ 4.00m
+ 4.00m
+ 4.00m
N
入口 ENTRANCE
车道 VEHICLE DRIVEWAY
酒店/会议/宴会厅流线
HOTEL / CONFERENCE / BANQUET
公寓流线 APARTMENT
屋顶观景台流线 ROOF SKYDECK

首层平面图

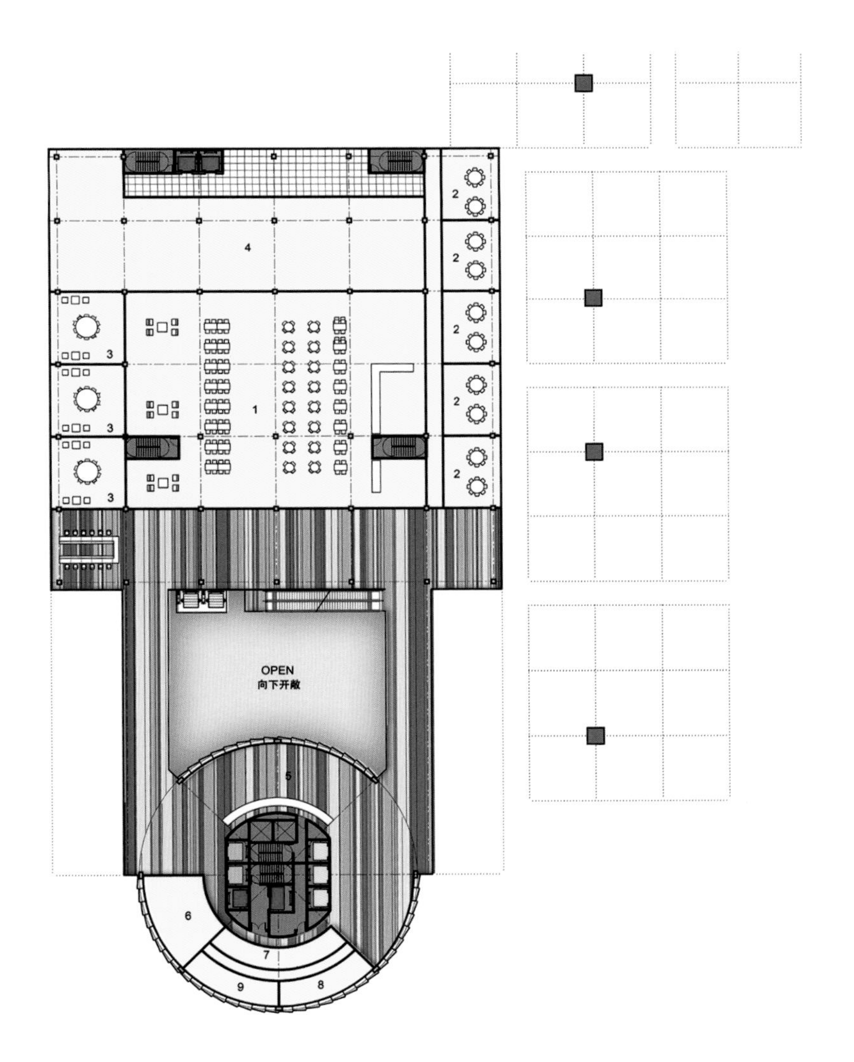

二层平面图

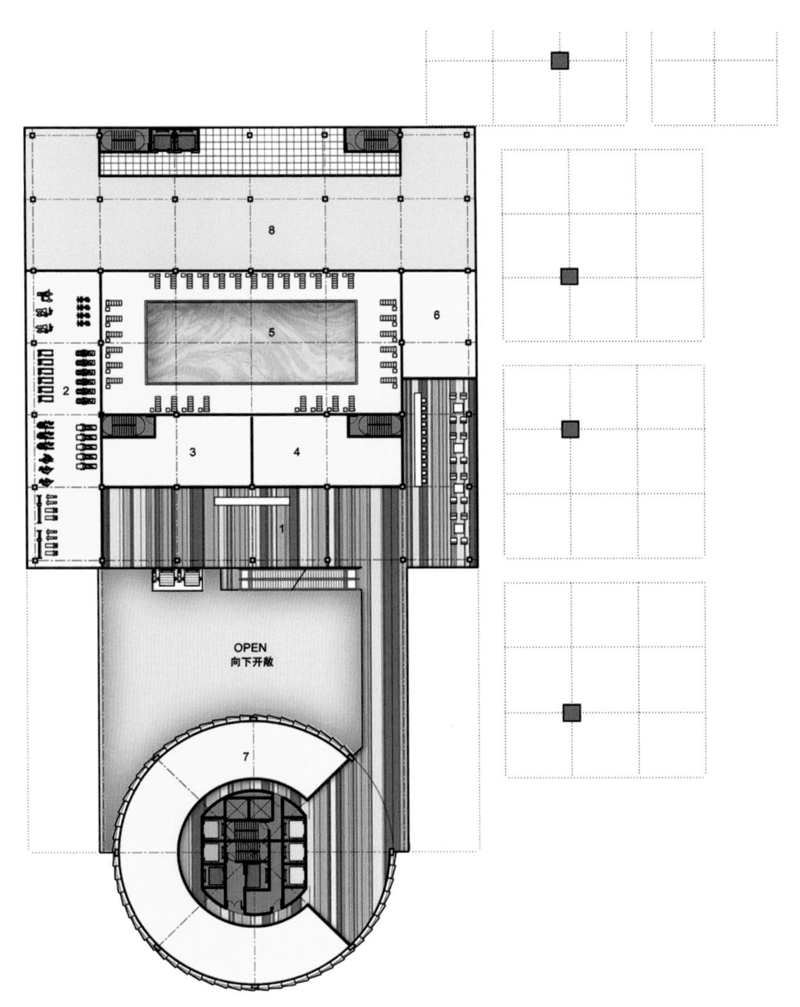

三层平面图

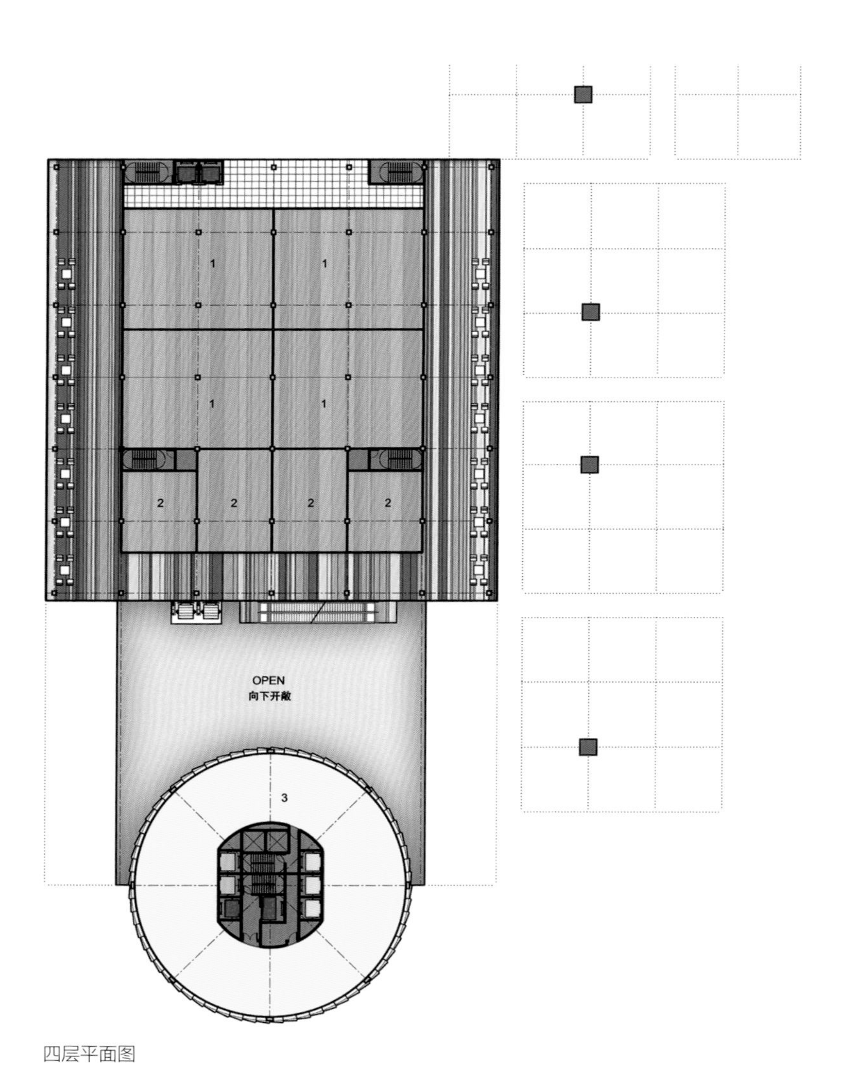

四层平面图

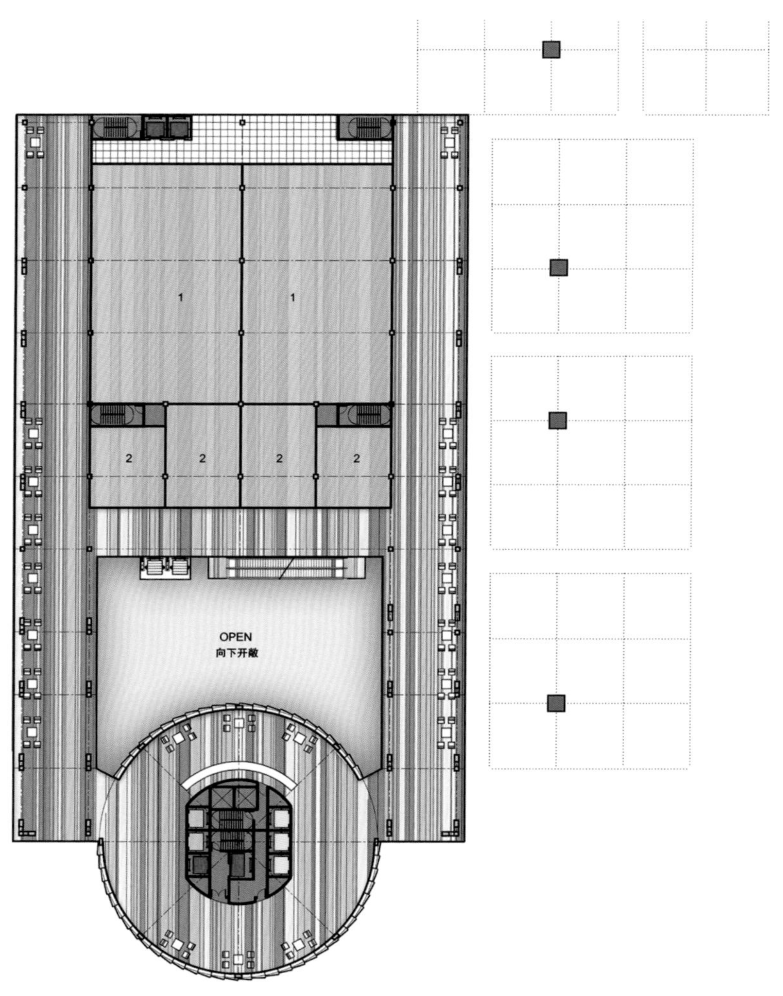

五层平面图

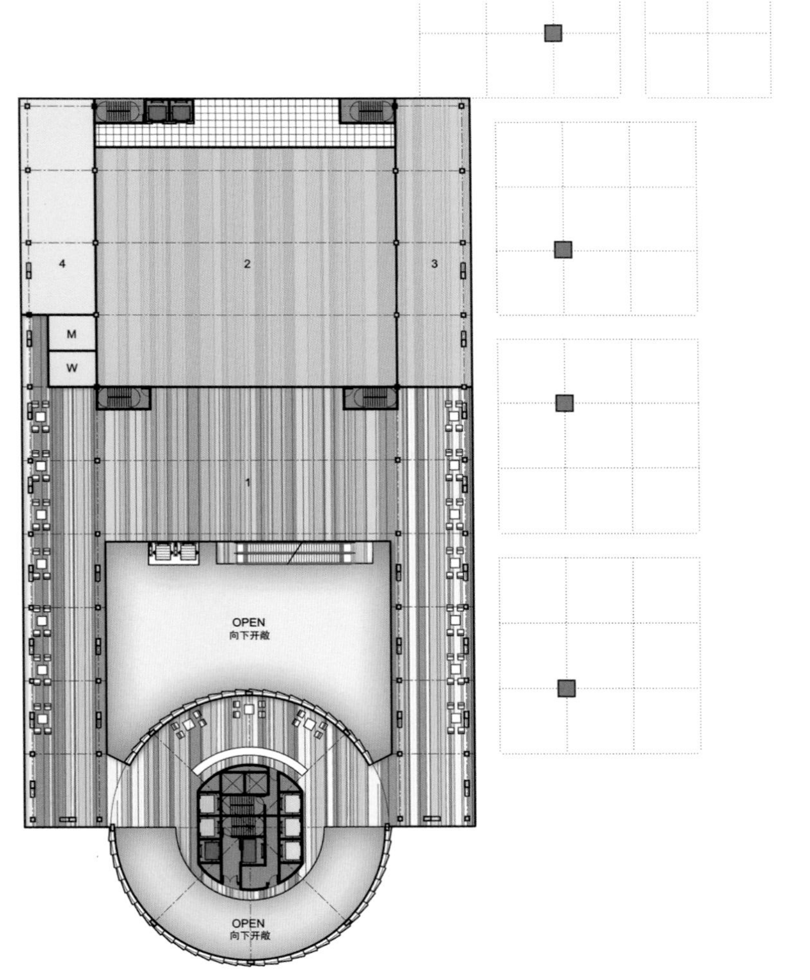

六层平面图

室内效果图

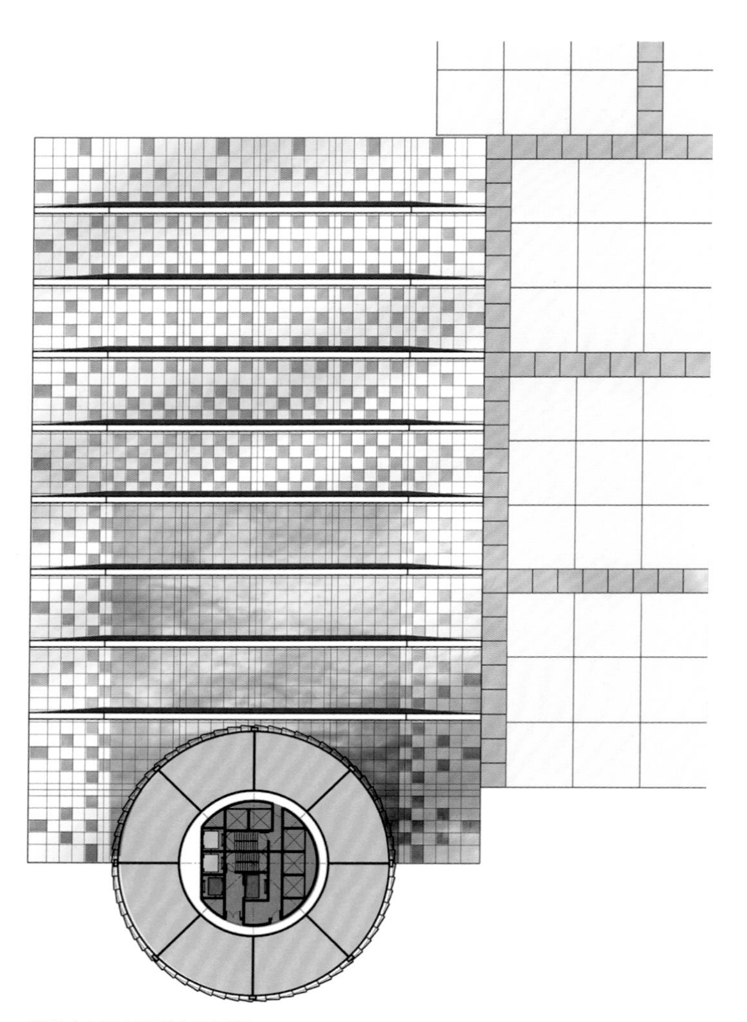

公寓（七至十五层）平面图

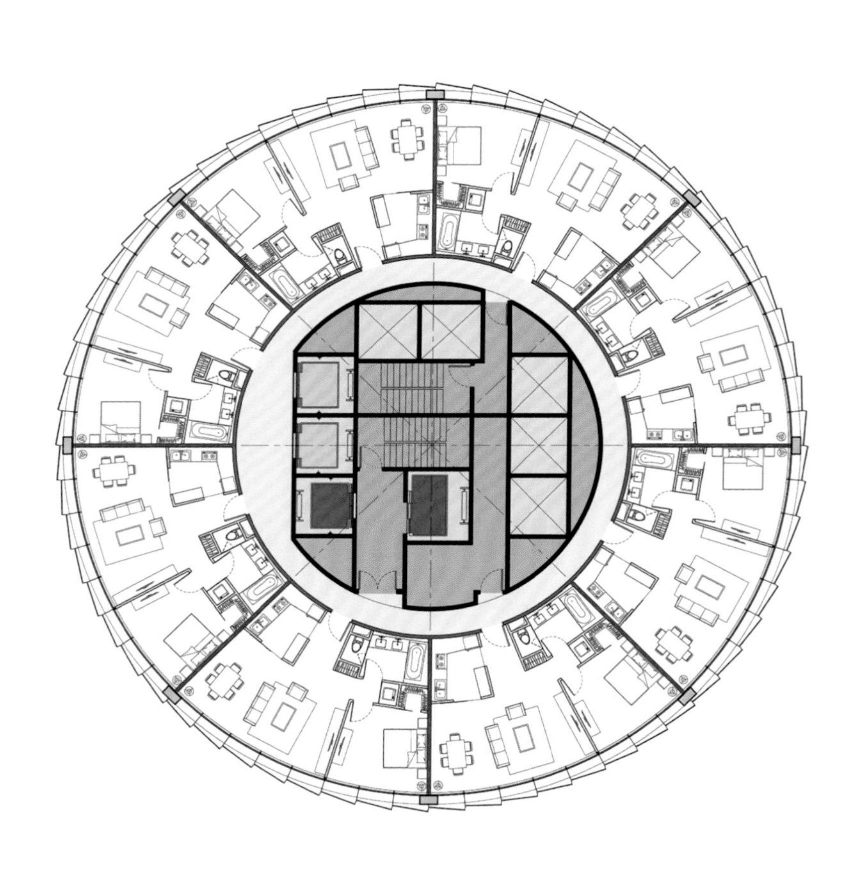

公寓室内布置

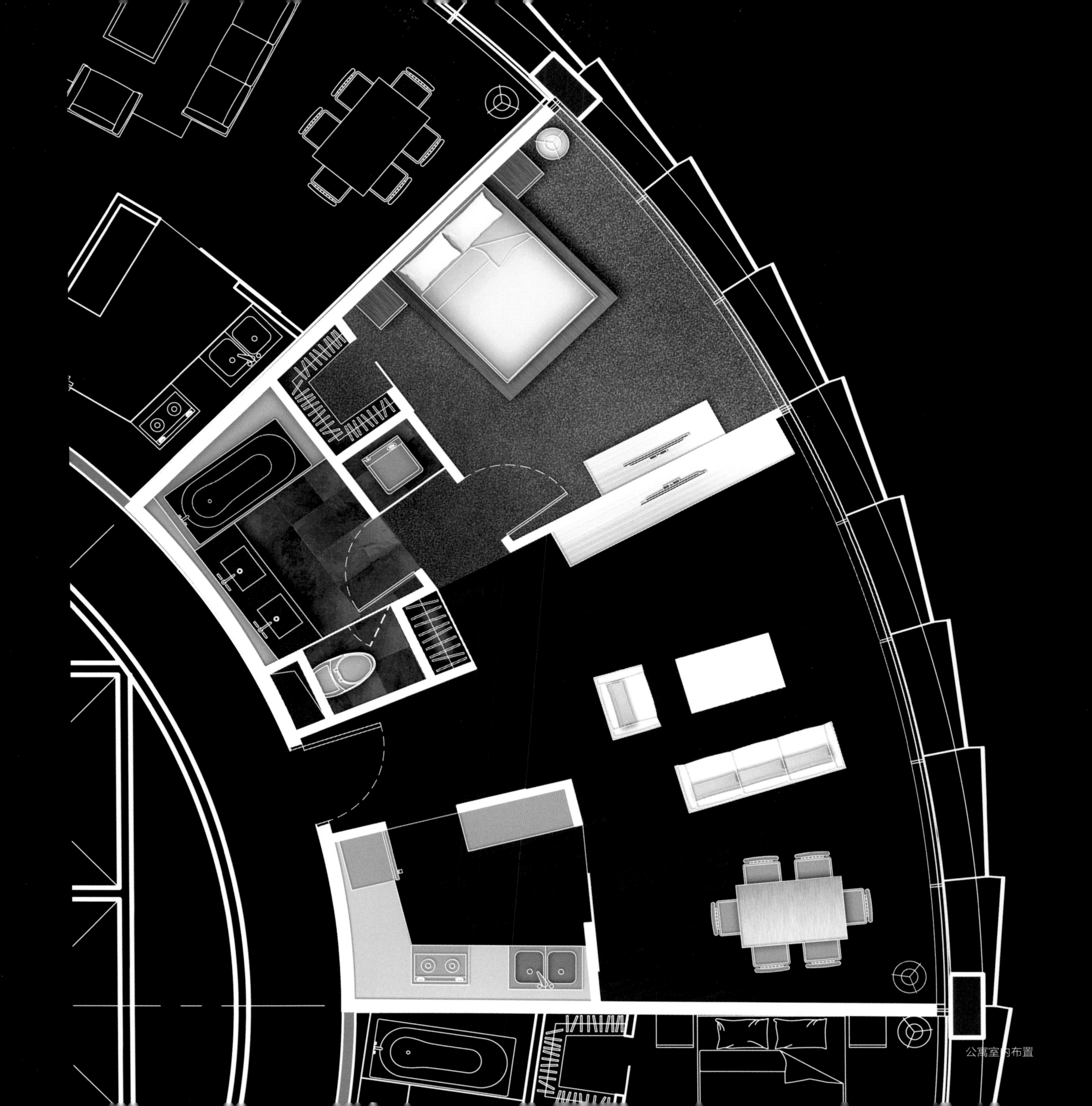

公寓室内布置

酒店标准层（十六至二十九层）平面图

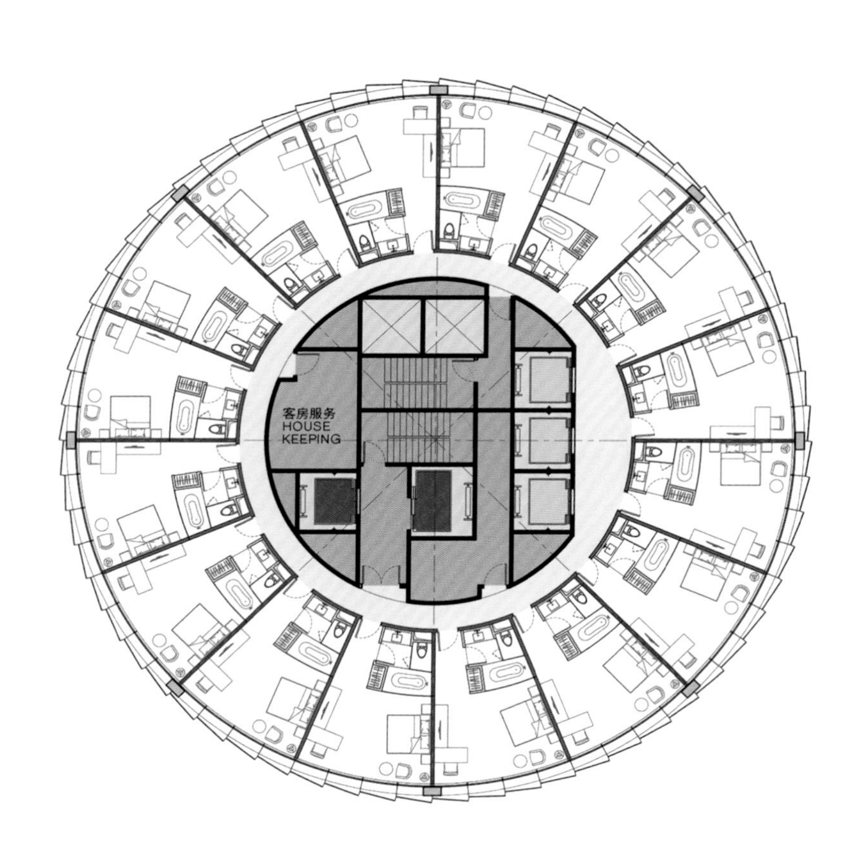

酒店标准层室内布置

酒店标准层室内布置

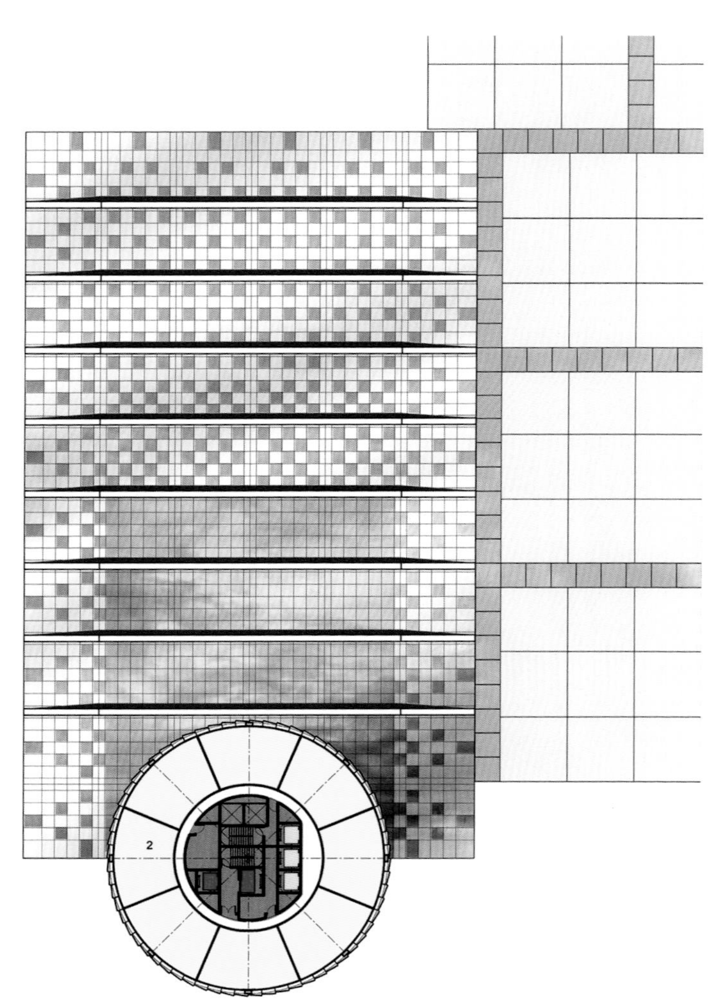

酒店套房层（三十至三十六层）平面图

观景台

观景台景观研究 Landscape Study for Viewing Platform

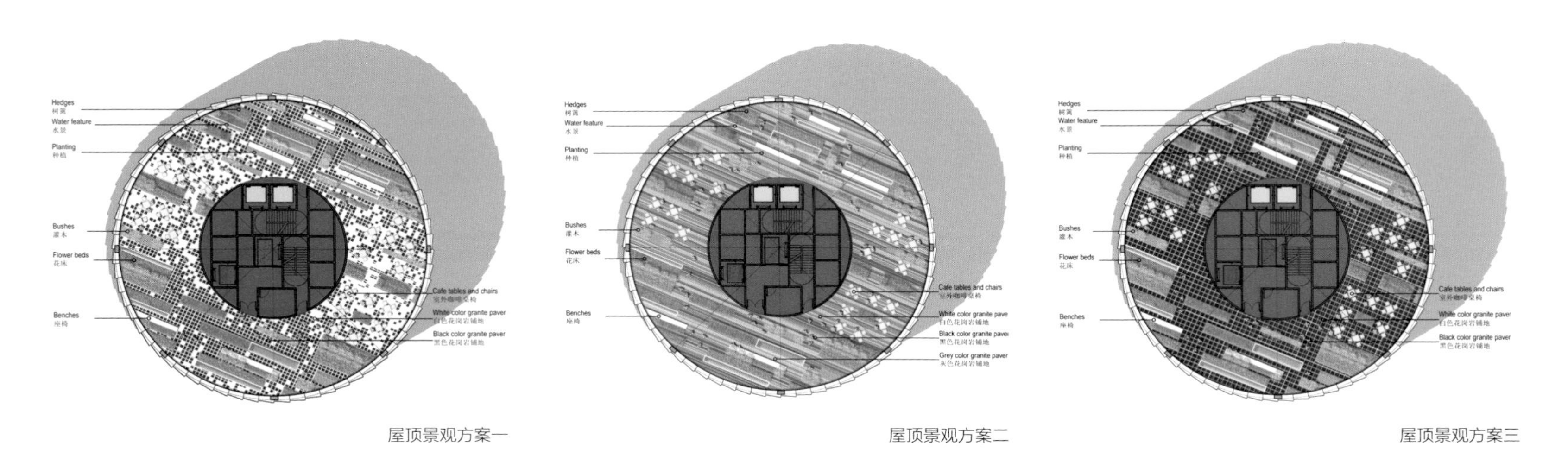

屋顶景观方案一　屋顶景观方案二　屋顶景观方案三

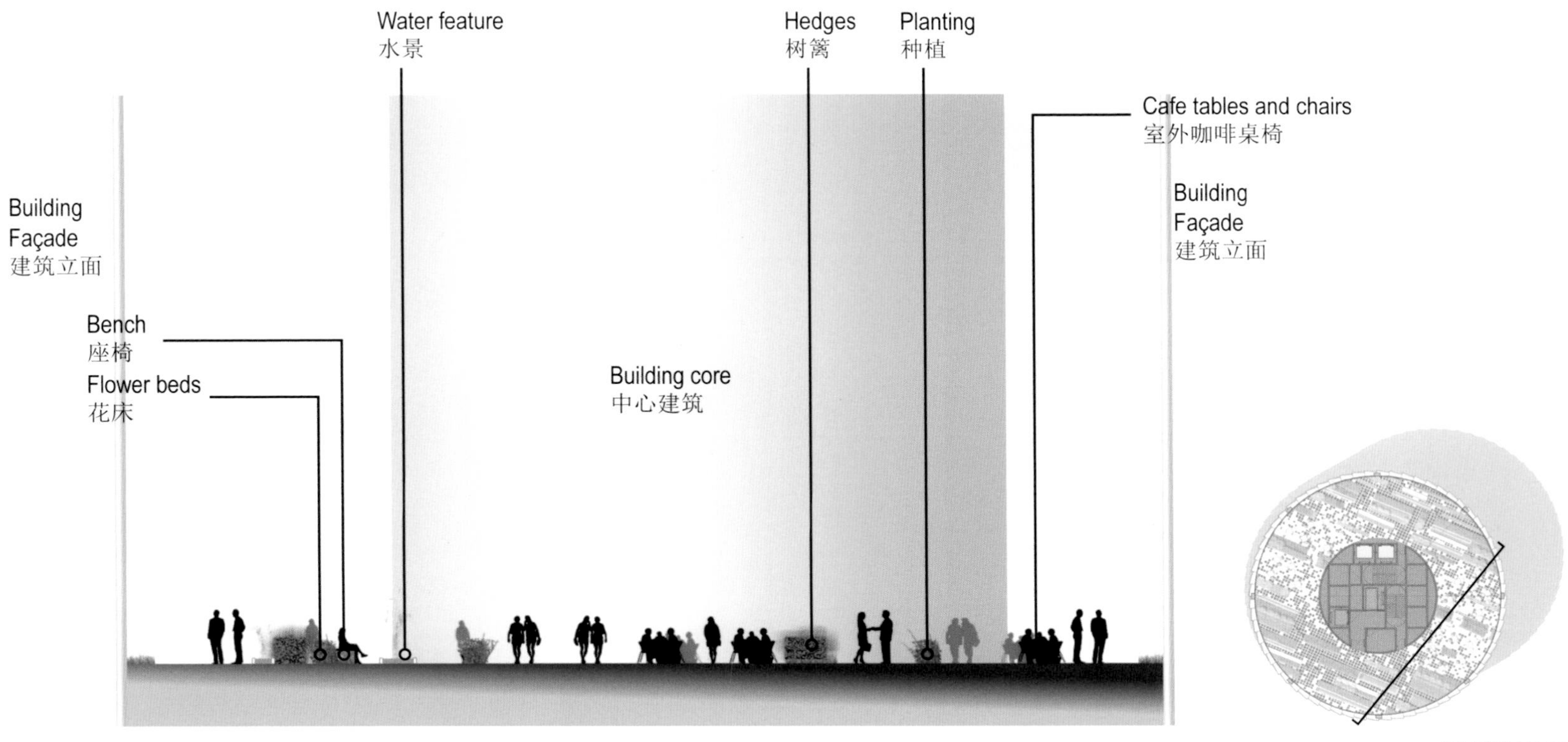

屋顶景观剖面图

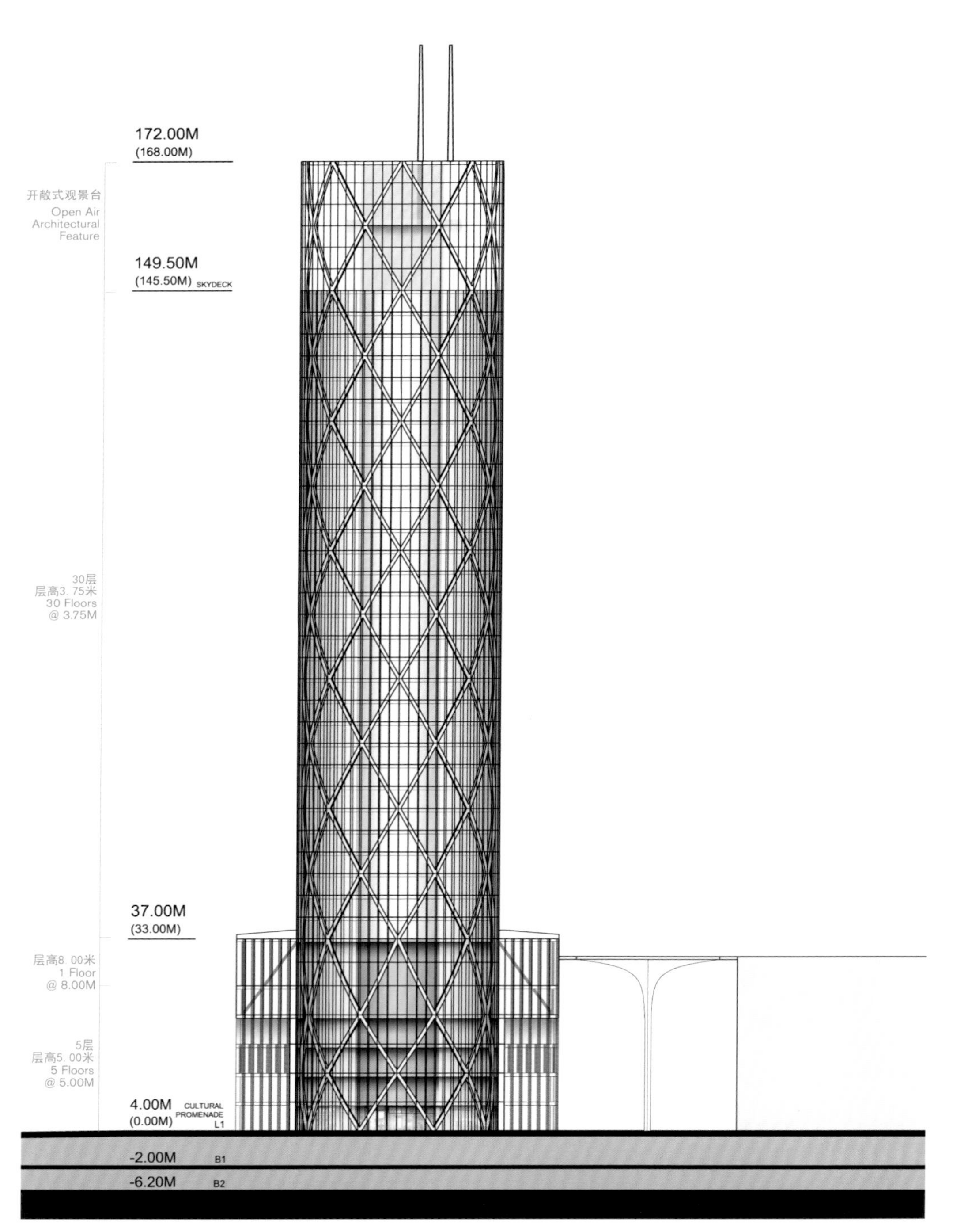
172.00M
(168.00M)
开敞式观景台
Open Air Architectural Feature
149.50M
(145.50M) SKYDECK
30层
层高3.75米
30 Floors
@ 3.75M
37.00M
(33.00M)
层高8.00米
1 Floor
@ 8.00M
5层
层高5.00米
5 Floors
@ 5.00M
4.00M
(0.00M)
CULTURAL PROMENADE
L1
-2.00M
B1
-6.20M
B2
南立面图

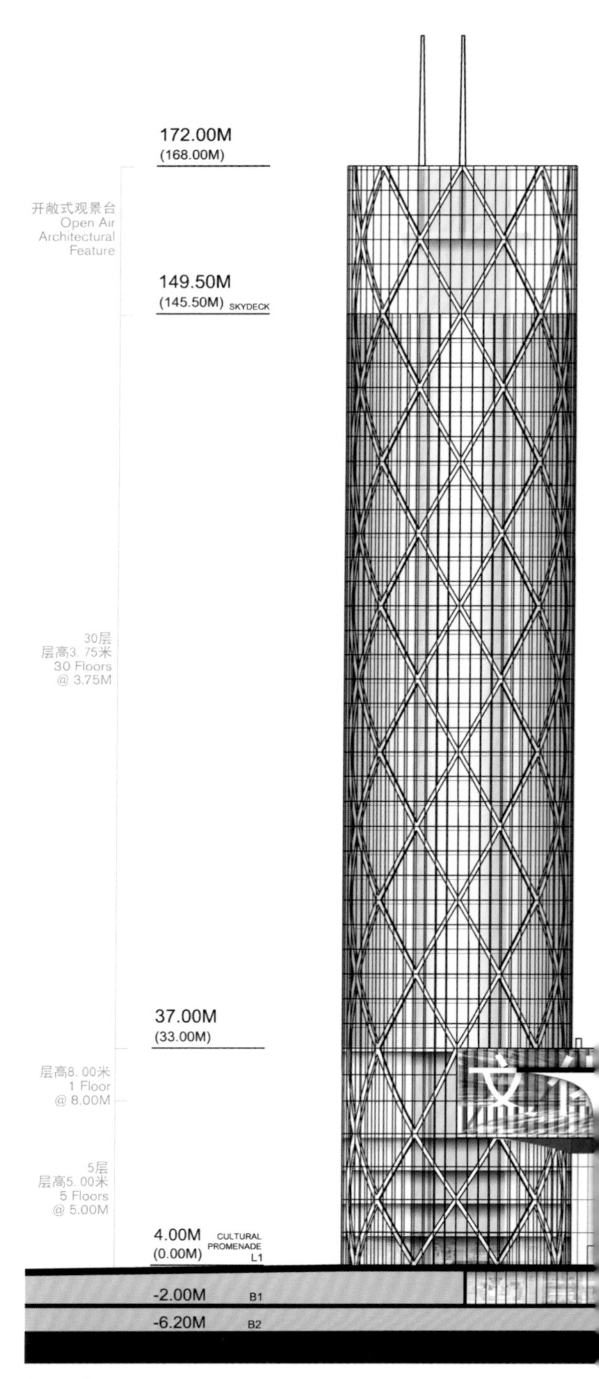
172.00M
(168.00M)
开敞式观景台
Open Air Architectural Feature
149.50M
(145.50M) SKYDECK
30层
层高3.75米
30 Floors
@ 3.75M
37.00M
(33.00M)
层高8.00米
1 Floor
@ 8.00M
5层
层高5.00米
5 Floors
@ 5.00M
4.00M
(0.00M)
CULTURAL PROMENADE
L1
-2.00M
B1
-6.20M
B2
东立面图

幕墙系统　Facade System

建筑外墙为双层幕墙系统。内层沿外龙骨后方延伸，从而使室内成为无结构空间。窗户均为可开启式玻璃，方便清洗。外层玻璃面板挂于龙骨外部，以挡风遮雨，同时形成热量缓冲区，居住在高层的用户亦可打开窗户。外层玻璃根据天津本地区的主导风向进行适度旋转，对自然风加以利用。外层窗玻璃采用镀膜手法，可吸收 80% 的阳光。外挂玻璃板确保幕墙能够永久性通风，并且避免热量积聚。

塔楼底部和顶部为单层幕墙系统。玻璃面板下方封闭，上方开敞，即使不通过空调等技术设备，也能使活动空间保持自然通风。

幕墙内层可适用于各种不同的功能空间。在酒店层与公寓层，采用可调节式拉幕来控制视野、光线和阳光，通过设于吊顶边缘的周边式风机来控制调节拉幕。这些设备耗能很低，可实现冬暖夏凉的效果，并在春秋两季的过渡期为室内提供新鲜空气。

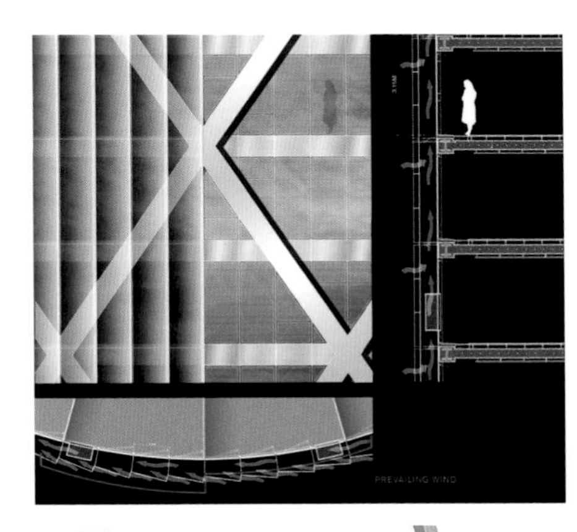

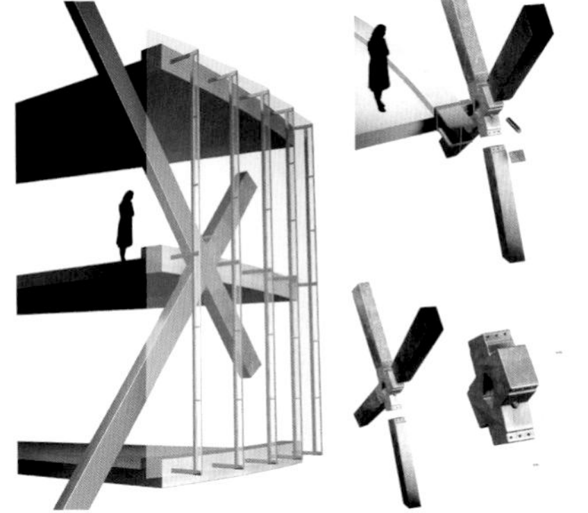

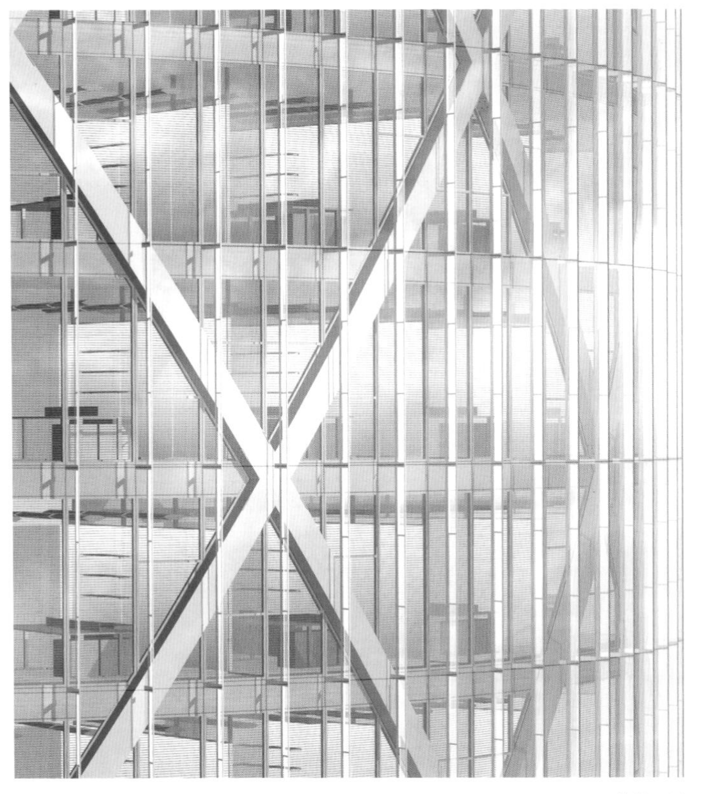

幕墙系统

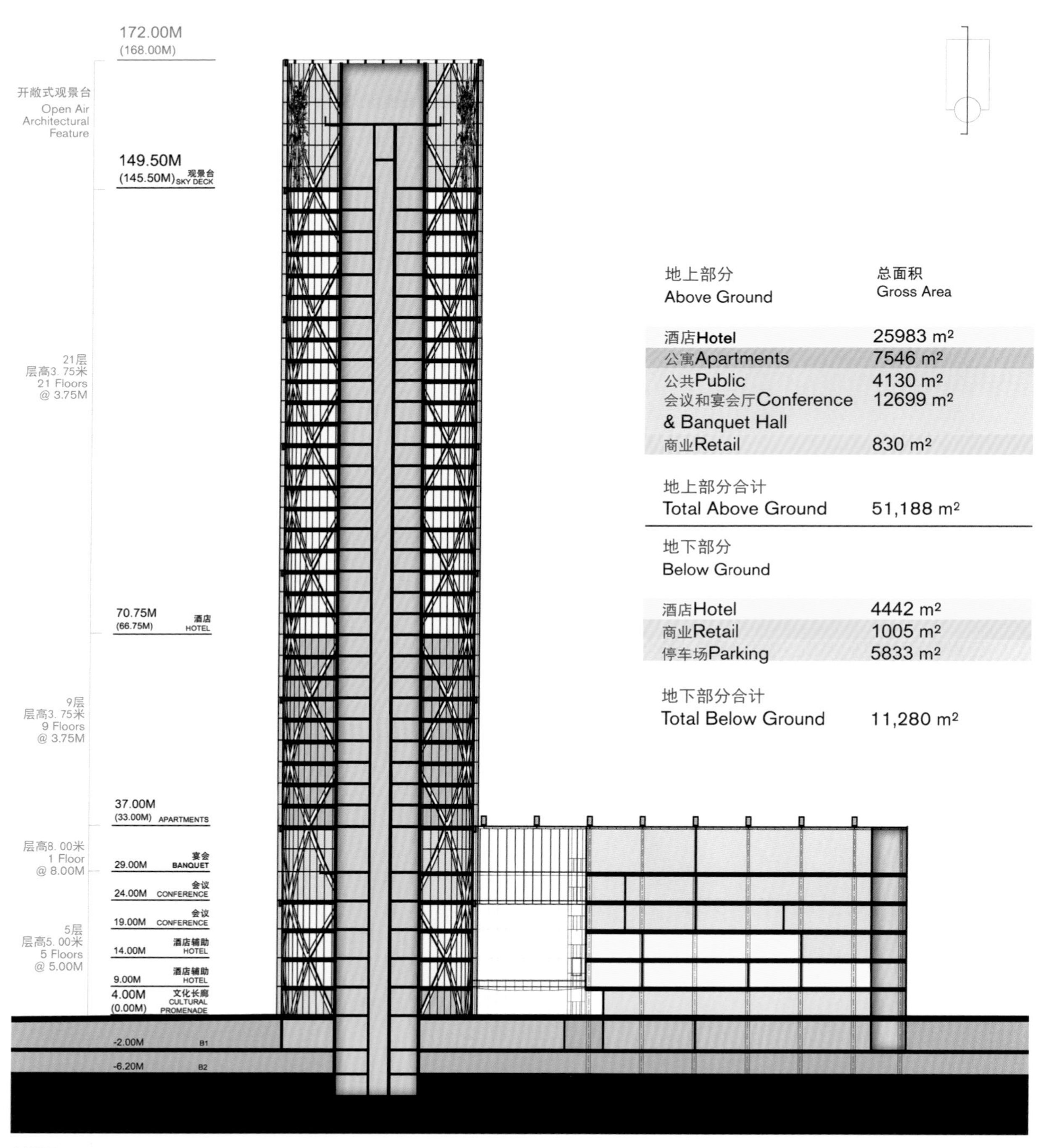

地上部分 Above Ground	总面积 Gross Area
酒店Hotel	25983 m²
公寓Apartments	7546 m²
公共Public	4130 m²
会议和宴会厅Conference & Banquet Hall	12699 m²
商业Retail	830 m²
地上部分合计 Total Above Ground	51,188 m²

地下部分 Below Ground	
酒店Hotel	4442 m²
商业Retail	1005 m²
停车场Parking	5833 m²
地下部分合计 Total Below Ground	11,280 m²

剖面图

结构概念　Structural Concept

文化艺术灯塔凭借令人难忘的塔楼结构，打造了一座地标性建筑，形成了天津滨海新区文化中心的门户，灯塔造型主要由两部分组成，即 172 米高的圆形塔楼和 6 层高的裙楼，两者之间的连接部位是一个无柱式、挑高设计的中庭，与裙楼等高。

塔楼：

塔楼的结构是通过一个斜撑造型的外框架，将垂直荷载转移至建筑外部边缘。这种钢结构被称为外框筒，由环绕在建筑周边的斜柱构成。斜柱呈两个相反的角度，相互“依靠”，从而形成异常稳固的筒状网格外壳。采用外框筒这种结构，可缩小容纳电梯和楼梯的核心筒的尺寸，并减少核心筒的墙体厚度，进而留出更多的内部空间，打造更加经济的结构系统。

裙楼和中庭：

中庭各边从裙楼首四层上方的外立面线条处嵌入，通过从上方结构垂下的玻璃幕墙塑造其造型。除承载垂直负荷之外，外立面的支护结构还需抵抗横向风压。因此，将在外立面系统中加上带拉索的细长钢桁架，桁架垂直连接地面和相邻楼层的楼承板。

裙楼的最高两层空间变宽，向塔楼方向延伸，从下方中庭空间跨越而过。宽阔的人行天桥形成悬挑，在第五层和第六层将裙楼和塔楼连接起来。天桥两侧各有两层高的钢桁架支撑桥面板。

在中庭低层位置，将在塔楼和裙楼之间架设较小的连接天桥。这些连接天桥一端靠上方的主钢桁架悬挂固定，一端由裙楼和塔楼结构之间跨度约为 22 米的钢梁支撑。

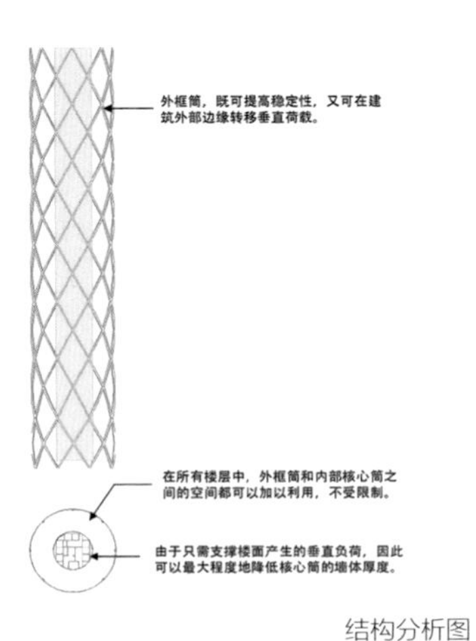

外框筒，既可提高稳定性，又可在建筑外部边缘转移垂直荷载。
在所有楼层中，外框筒和内部核心筒之间的空间都可以加以利用，不受限制。
由于只需支撑楼面产生的垂直负荷，因此可以最大程度地降低核心筒的墙体厚度。

结构分析图

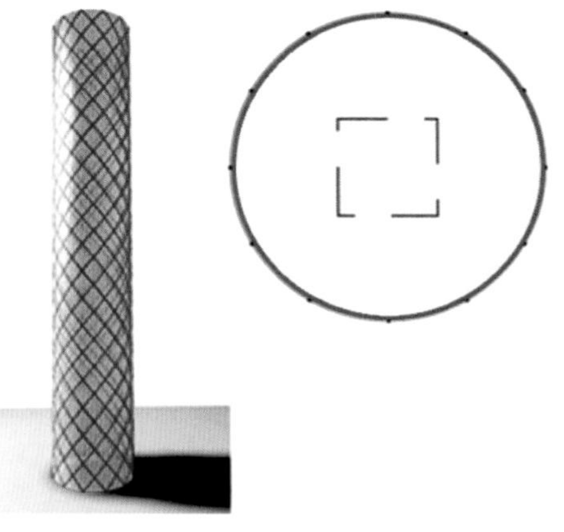

结构分析图

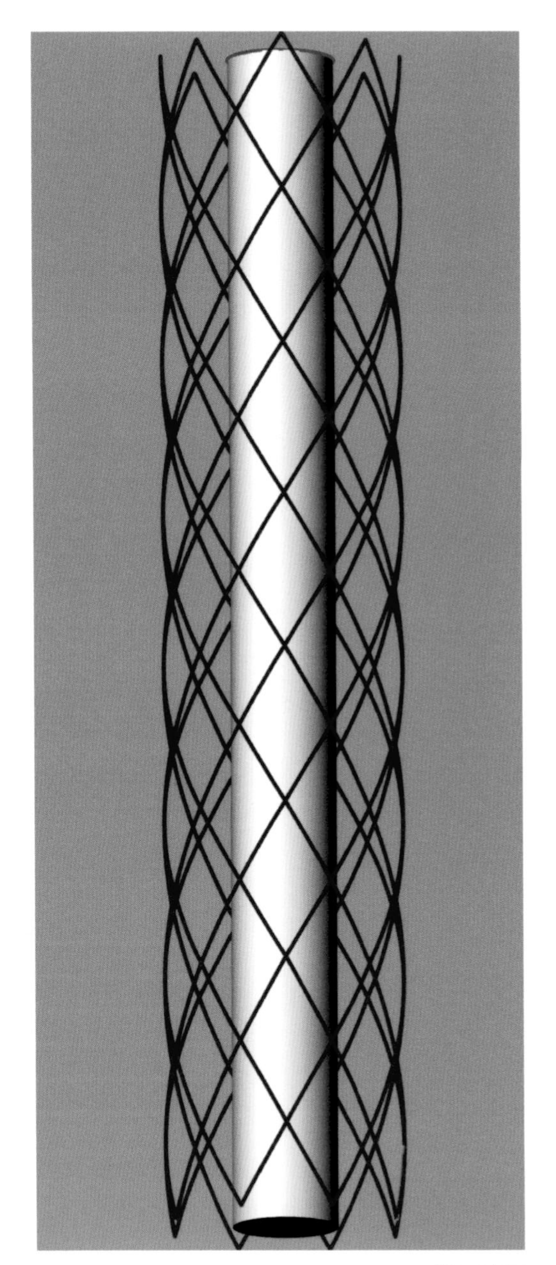

结构分析图

市民公共文化服务中心
Civic Public Cultural Service Center

天津华汇工程建筑设计有限公司
加拿大 Bing Thom 建筑事务所

设计理念 Design Concept

公众参与型 + 交互式 + 多功能

欢快的……HAPPY & JOYFUL

对自然开放的 ……OPEN TO NATURE

公众参与型的.....PUBLIC PARTICIPANTED

交互式的.....INTERACTIVE

多功能的...... MULTI-FUNCTION

...场所 PLACE

鸟瞰图

基地分析 Site Analysis

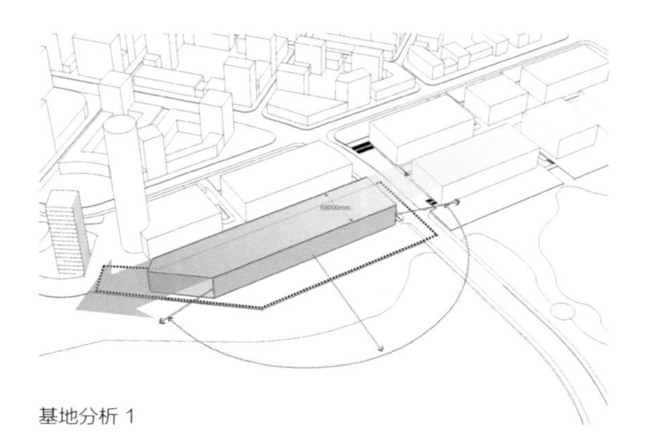

基地分析 1

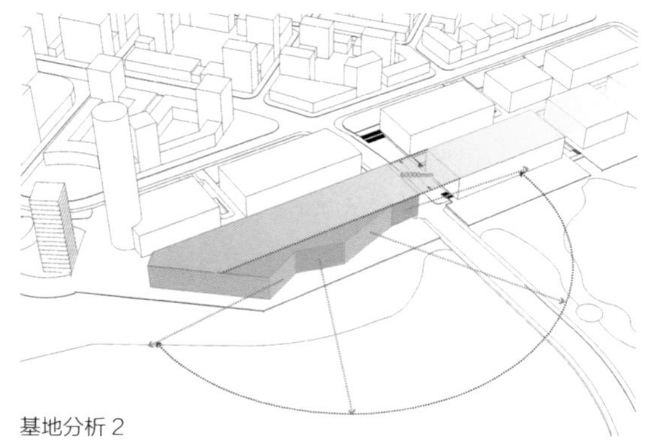

基地分析 2

折动后增加视线景观延展面，促进建筑和基地的互动。

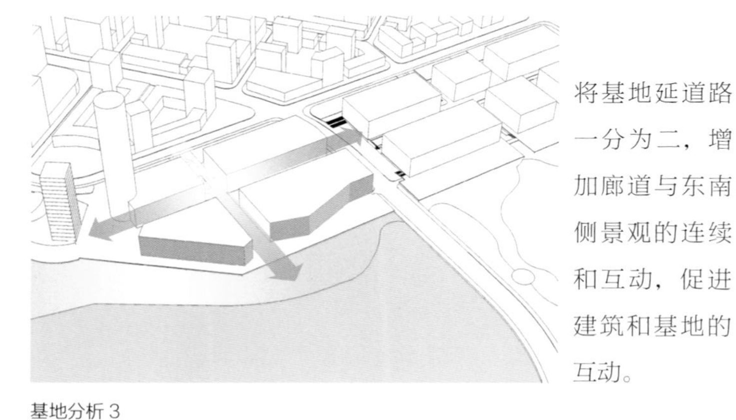

基地分析 3

将基地延道路一分为二，增加廊道与东南侧景观的连续和互动，促进建筑和基地的互动。

功能研究 Function Study

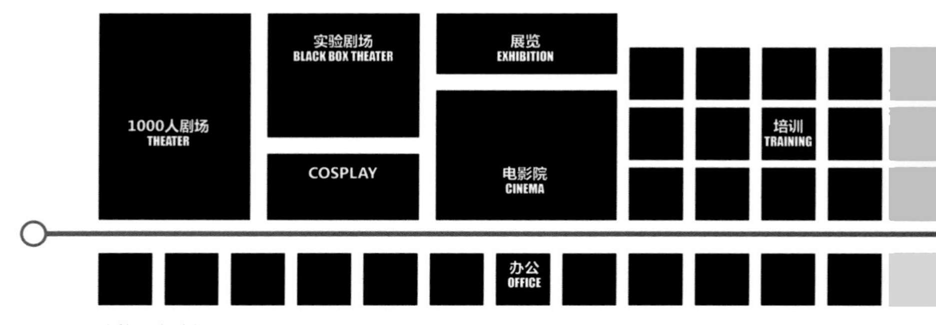

功能研究分析 1

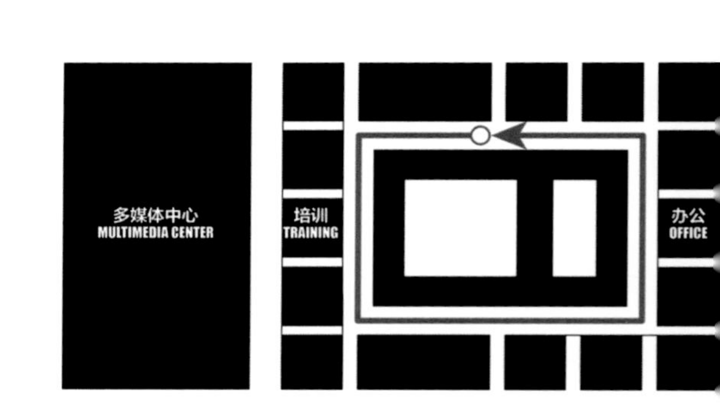

功能研究分析 2

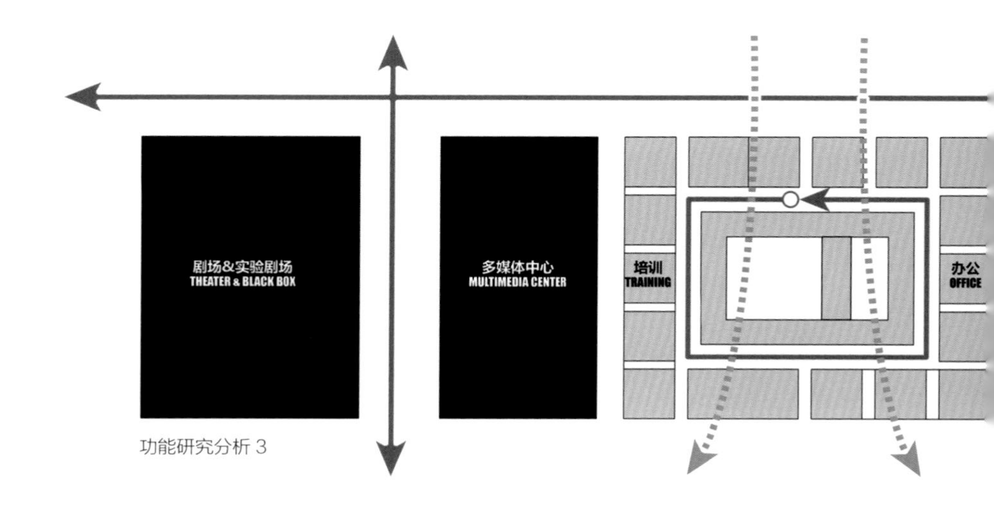

功能研究分析 3

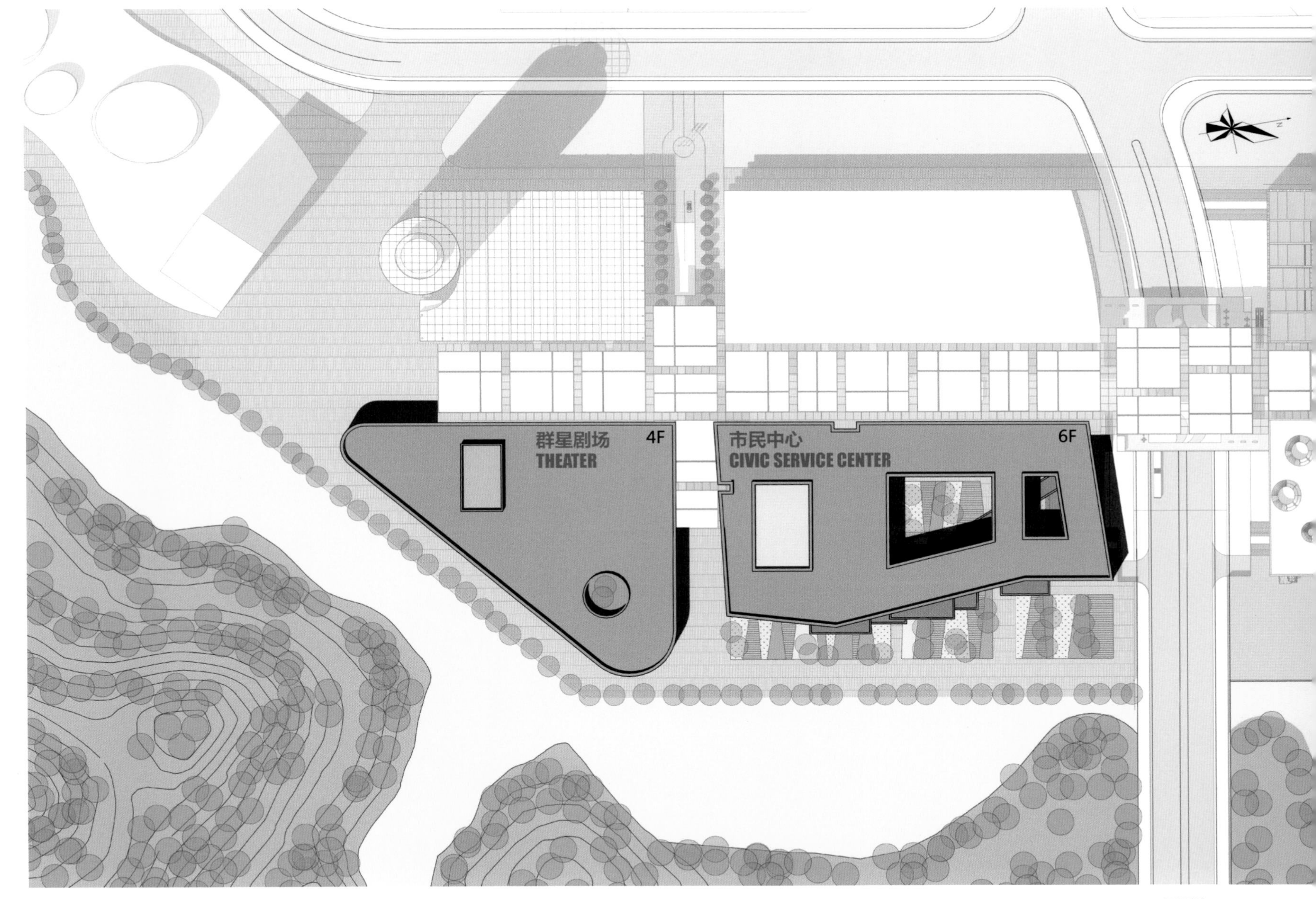

平面图

群星剧场　4F
THEATER

市民中心　6F
CIVIC SERVICE CENTER

长廊方向效果图

公园方向效果图

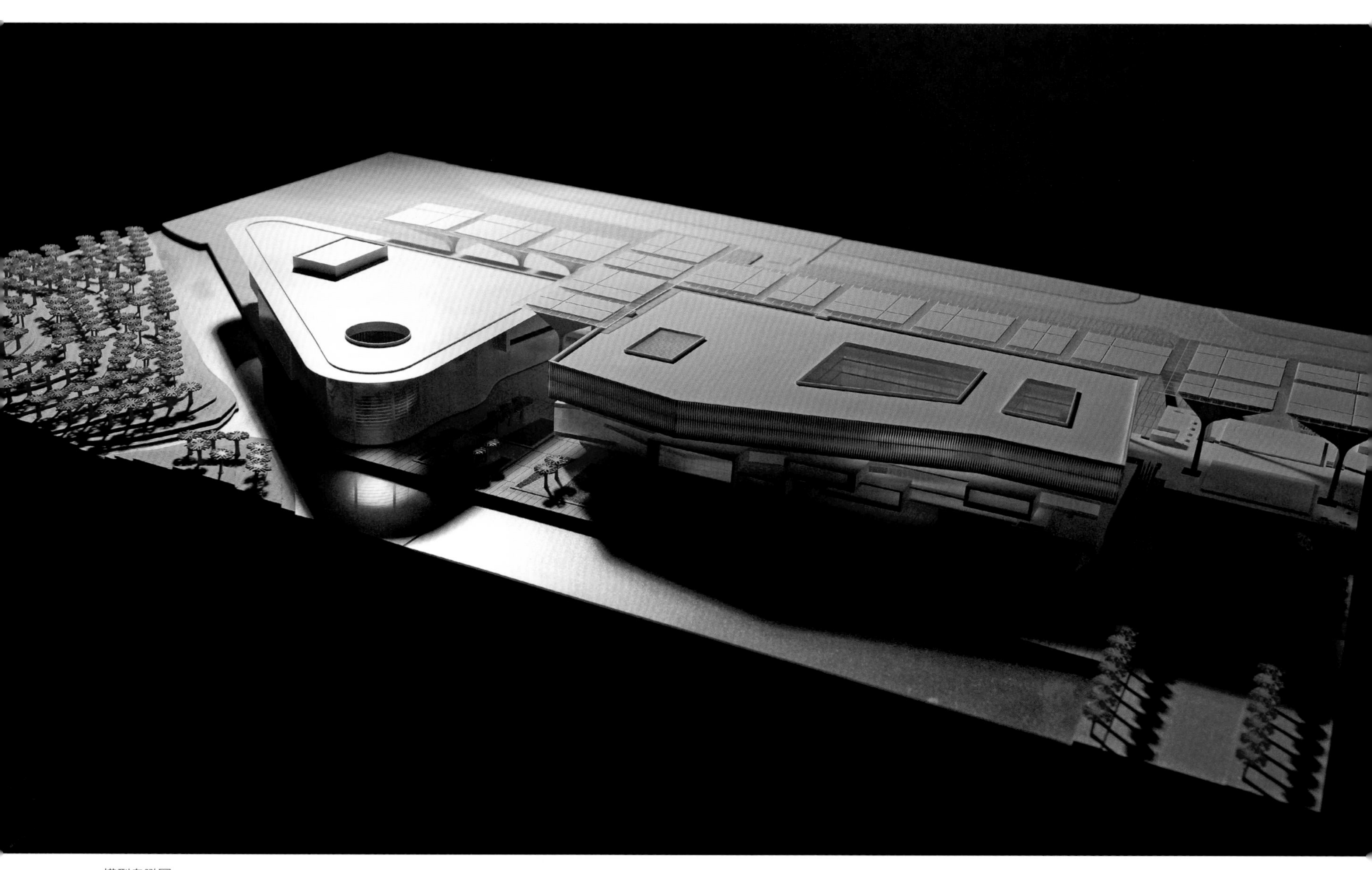

模型鸟瞰图

公园方向模型图

长廊方向模型图

公园方向效果图

市民服务中心 Civic Service Center

设计理念 Design Concept

热闹开放、亲近自然的文化市集

设计灵感主要来源于芝加哥千禧公园的“云门”雕塑，雕塑通过一种架空的形式，使两侧空间形成视觉上的连续性，人置身其中，心情舒畅。这个架空的形式将长廊与公园景观串联在一起。

云门雕塑

效果图

形体分析 Massing Analysis

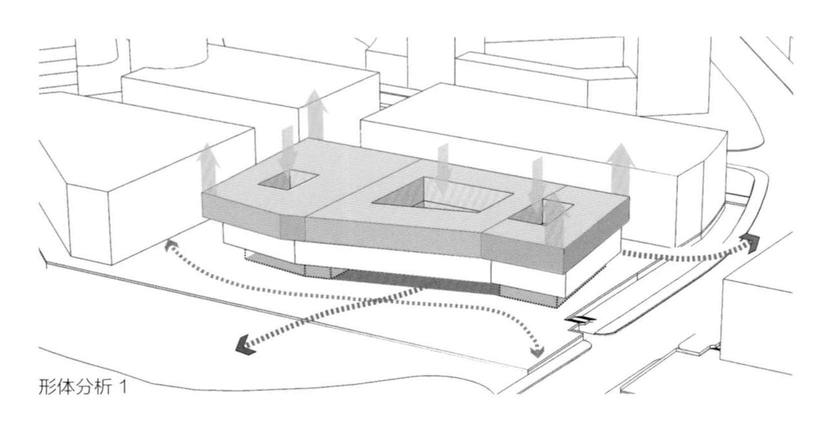
形体分析 1

市民服务中心是一个复合功能的综合体。局部抬升的主体建筑为长廊提供了一个与自然公园直接接触的界面；开放的庭院创造了一个富有活力的公众活动场所。

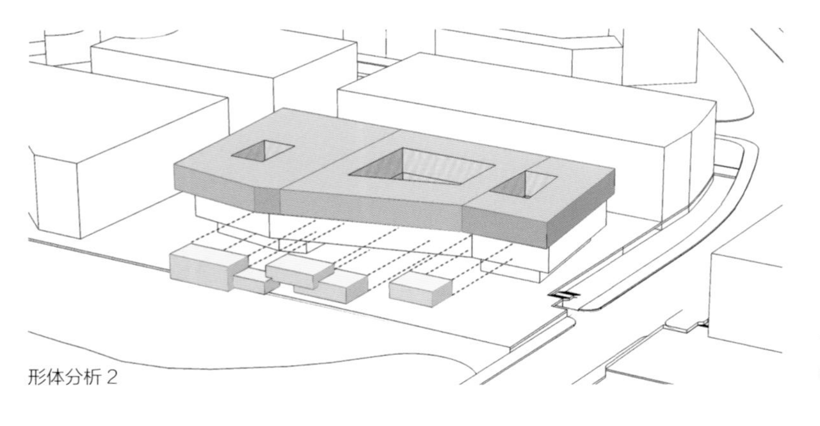
形体分析 2

人流集中的功能单元布置于建筑底层，犹如一个个演出舞台，装配在建筑结构系统内；教室、培训、办公空间布置于较高的楼层，形成了各自独立的系统。

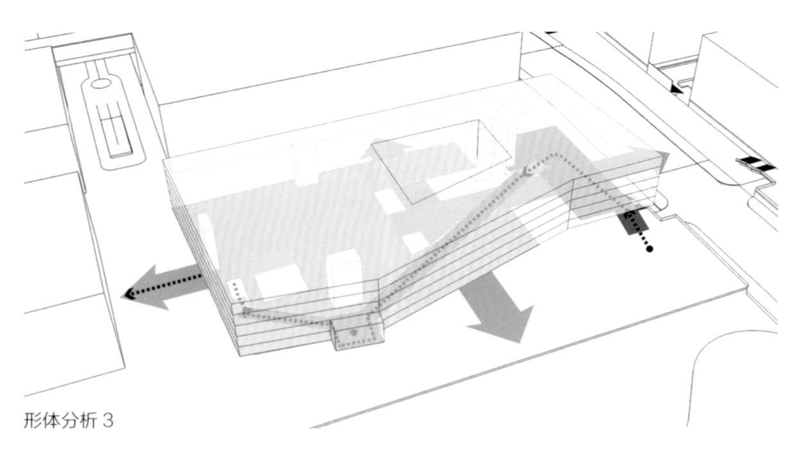
形体分析 3

中心的多样性决定了公众进入和使用建筑的多种形式，立体多元的公共空间构成了内部交通骨架，将不同的功能单元有机地组合在一起。

功能分区 Function Arrangement

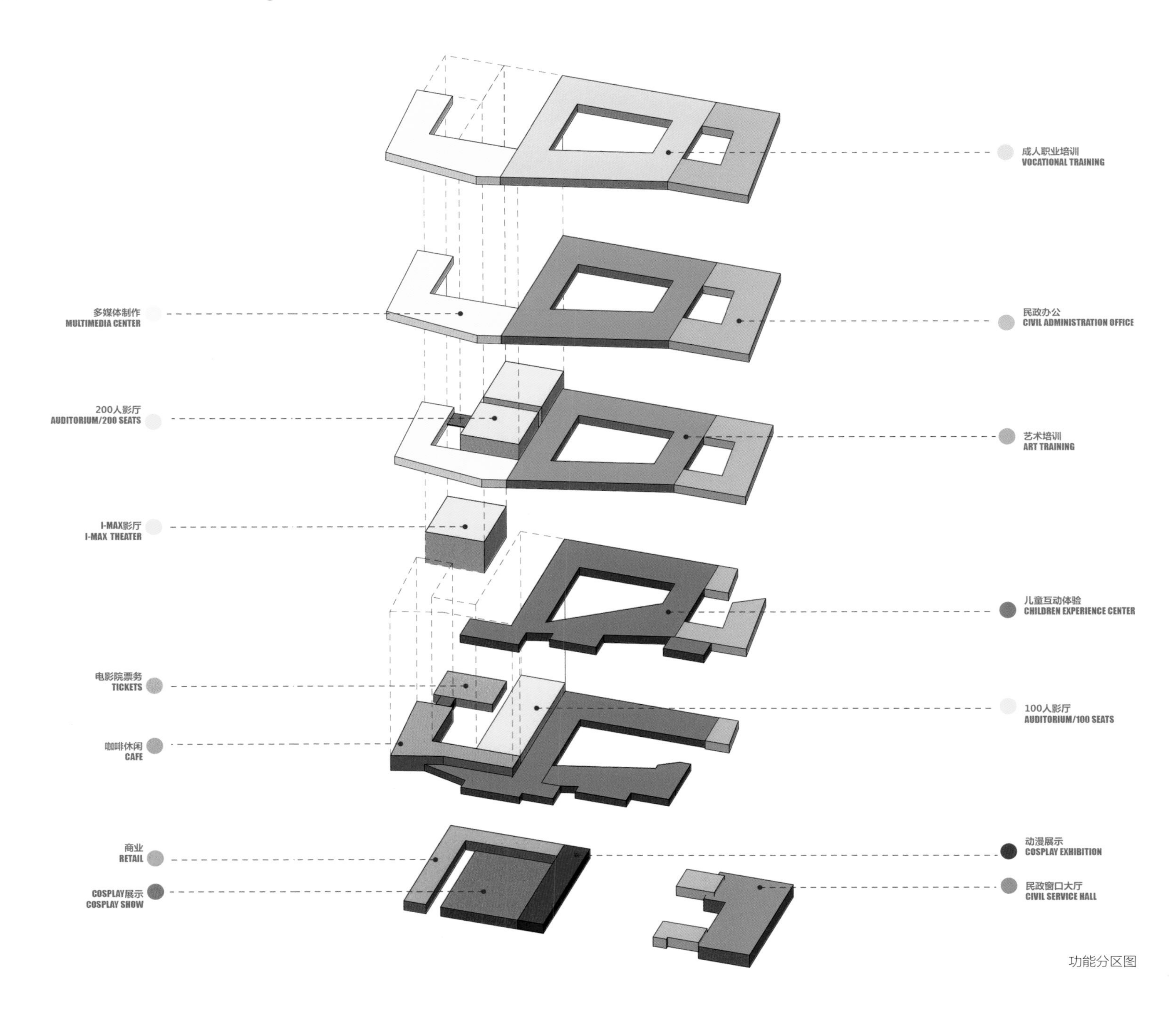
成人职业培训
VOCATIONAL TRAINING
多媒体制作
MULTIMEDIA CENTER
民政办公
CIVIL ADMINISTRATION OFFICE
200人影厅
AUDITORIUM/200 SEATS
艺术培训
ART TRAINING
I-MAX影厅
I-MAX THEATER
儿童互动体验
CHILDREN EXPERIENCE CENTER
电影院票务
TICKETS
100人影厅
AUDITORIUM/100 SEATS
咖啡休闲
CAFE
商业
RETAIL
动漫展示
COSPLAY EXHIBITION
COSPLAY展示
COSPLAY SHOW
民政窗口大厅
CIVIL SERVICE HALL

功能分区图

北立面效果图

东立面效果图

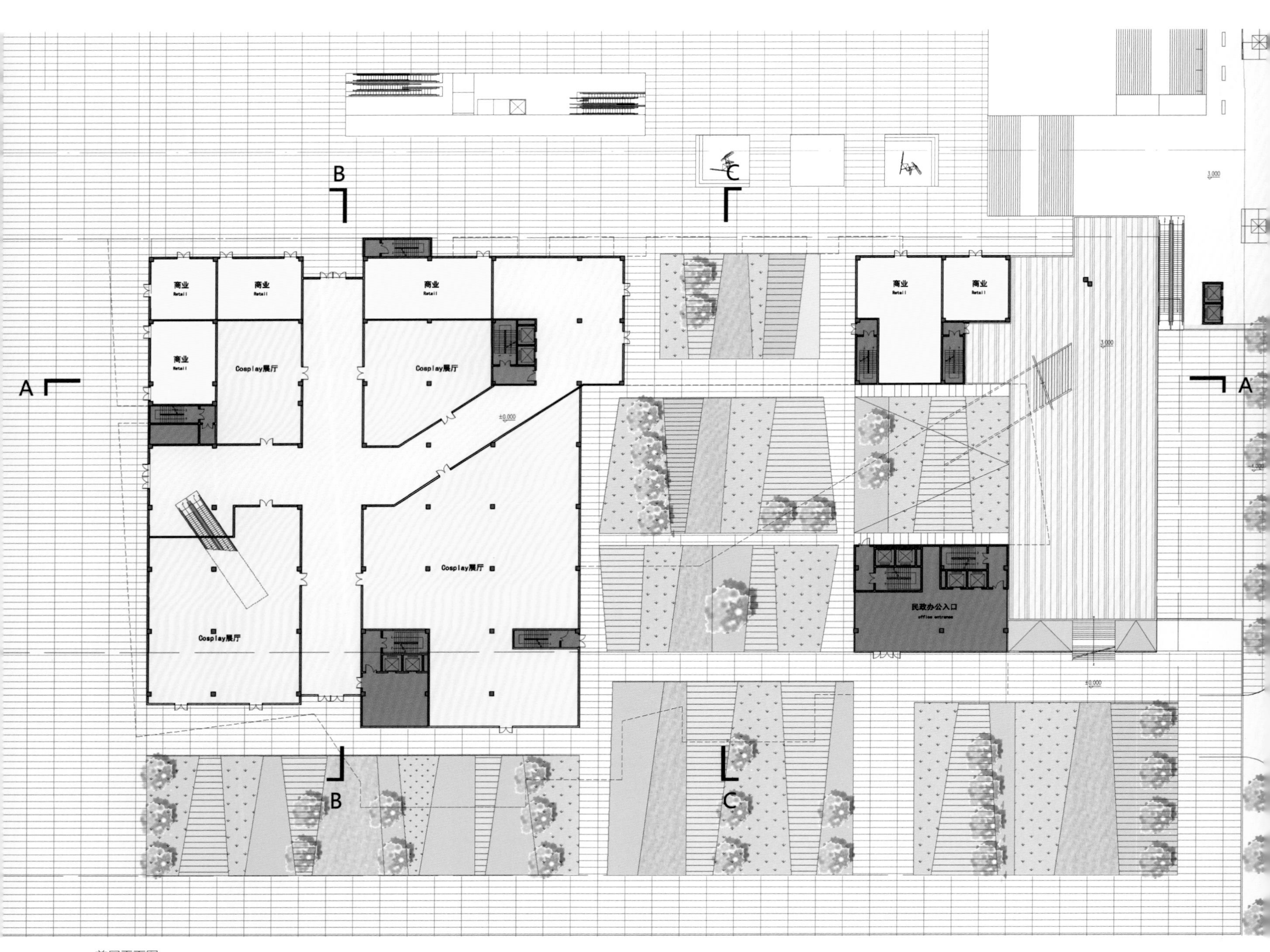
B
C
A
A
B
C
商业
Retail
Cosplay展厅
±0.000
民政办公入口
office entrance
3.000

首层平面图

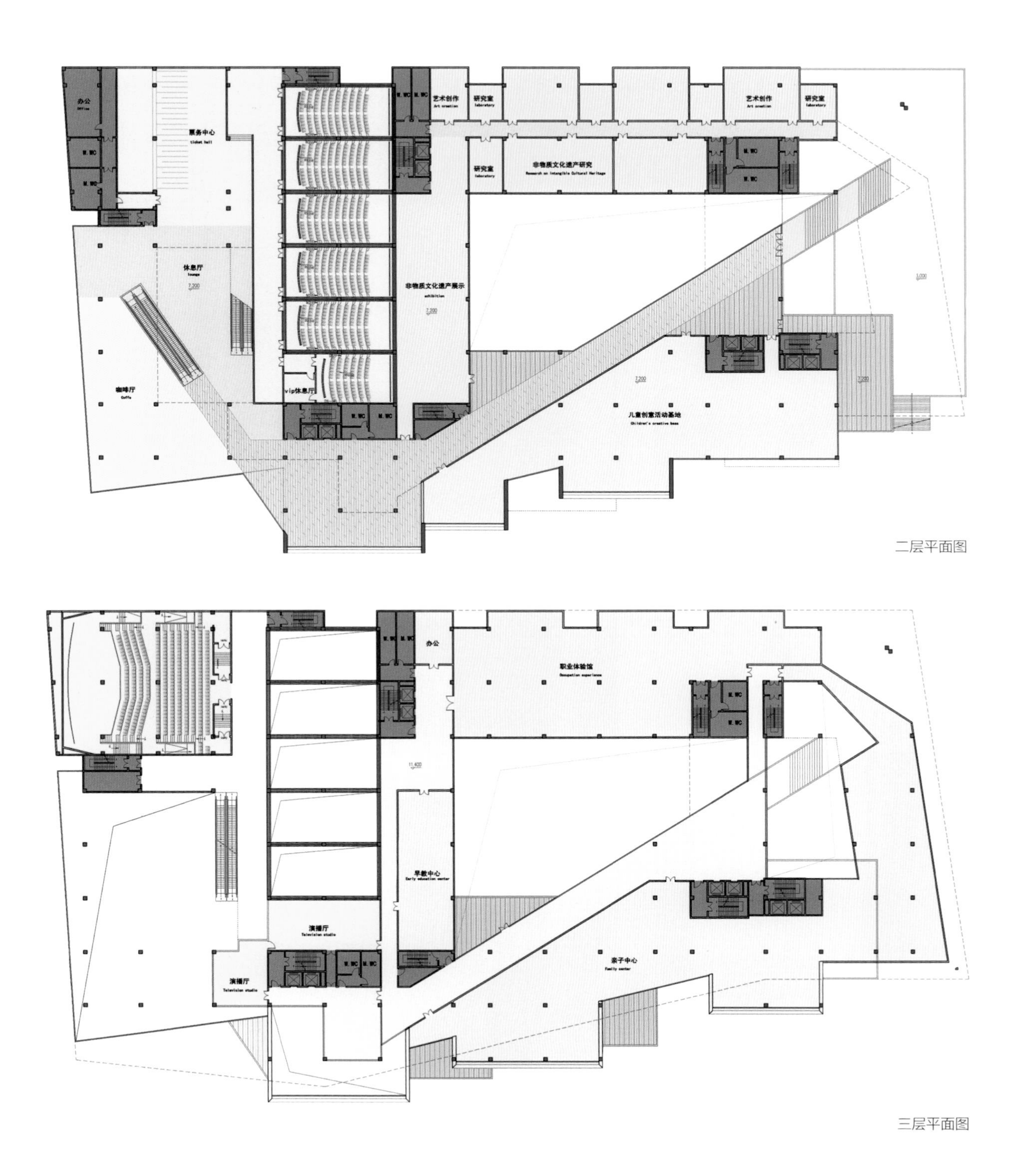
办公
票务中心
艺术创作
研究室
非物质文化遗产研究
休息厅
非物质文化遗产展示
咖啡厅
vip休息厅
儿童创意活动基地
职业体验馆
早教中心
演播厅
亲子中心

二层平面图

三层平面图

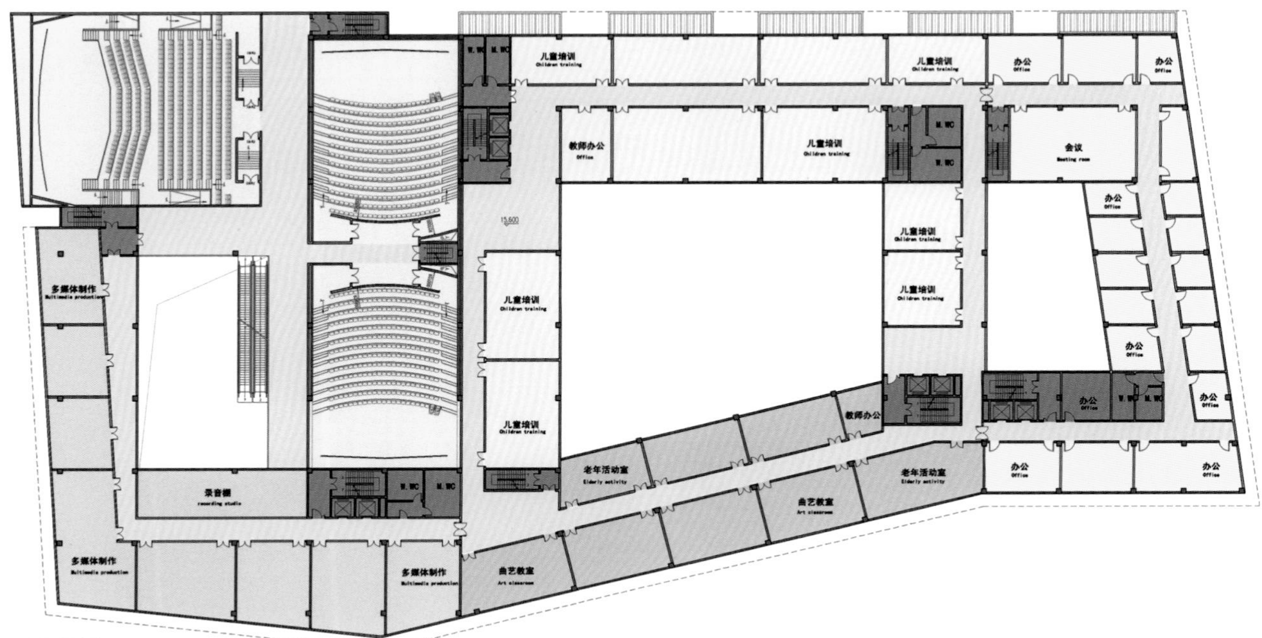
儿童培训
教师办公
会议
办公
多媒体制作
录音棚
老年活动室
曲艺教室

四层平面图

美术教室
教师办公
会议
办公
放映室
音乐制作
音乐教室
琴房
舞蹈教室
录音棚
动画工作室

五层平面图

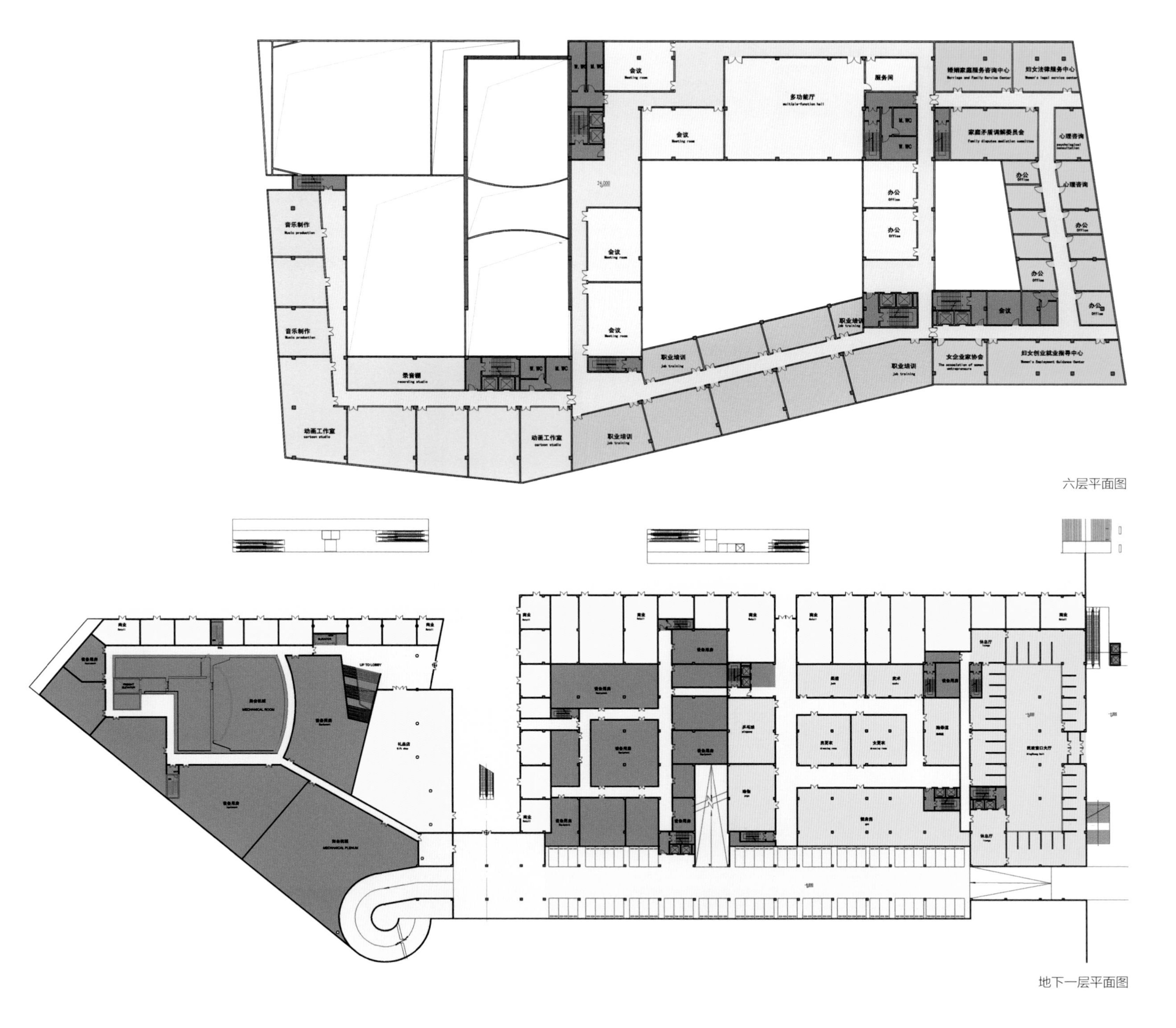

六层平面图

地下一层平面图

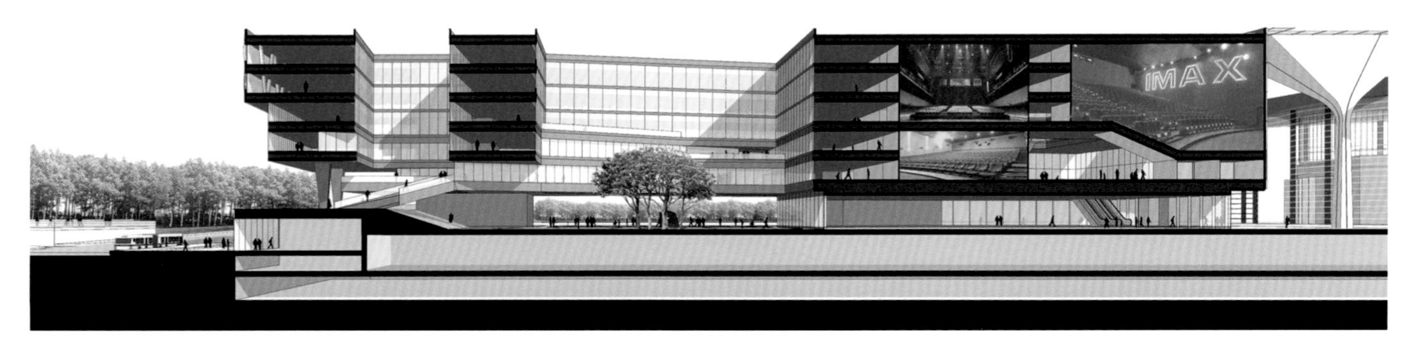

A-A 剖面图

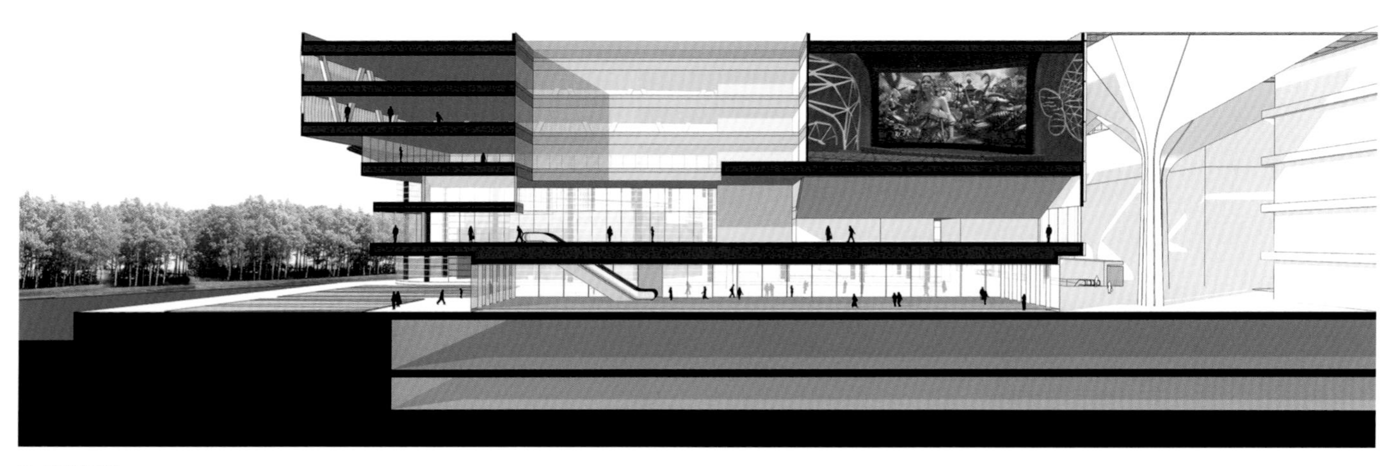

B-B 剖面图

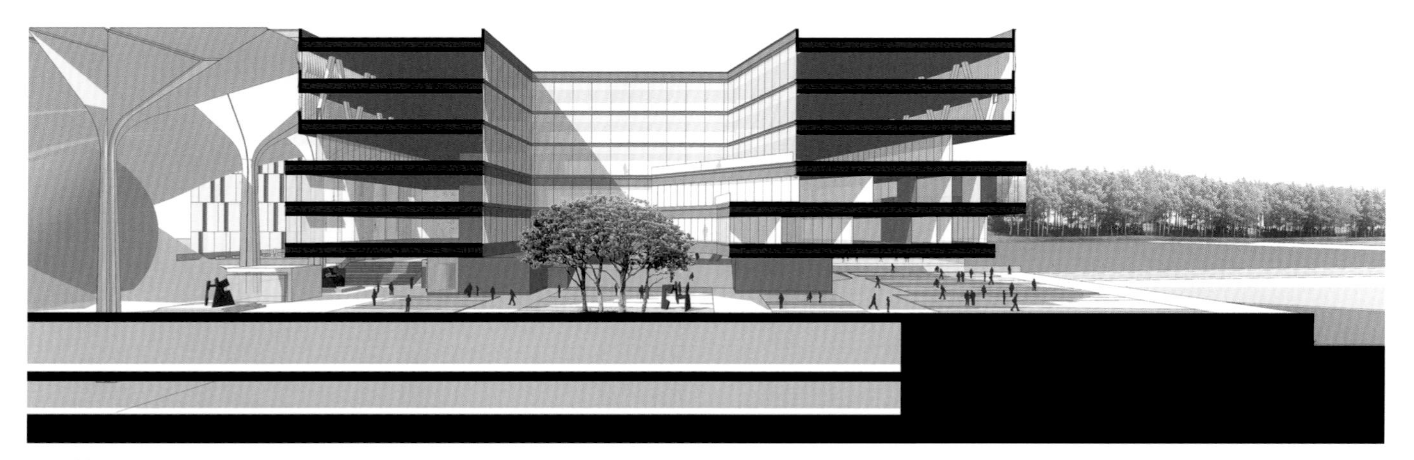

C-C 剖面图

外墙设计　External Wall Design

运用垂直扭动的竖向百叶，形成波动的纹理效果，再通过幕墙与内部的空间连接到一起，在上部形成一个类似云的表皮，以此减小空间体量的压迫感。

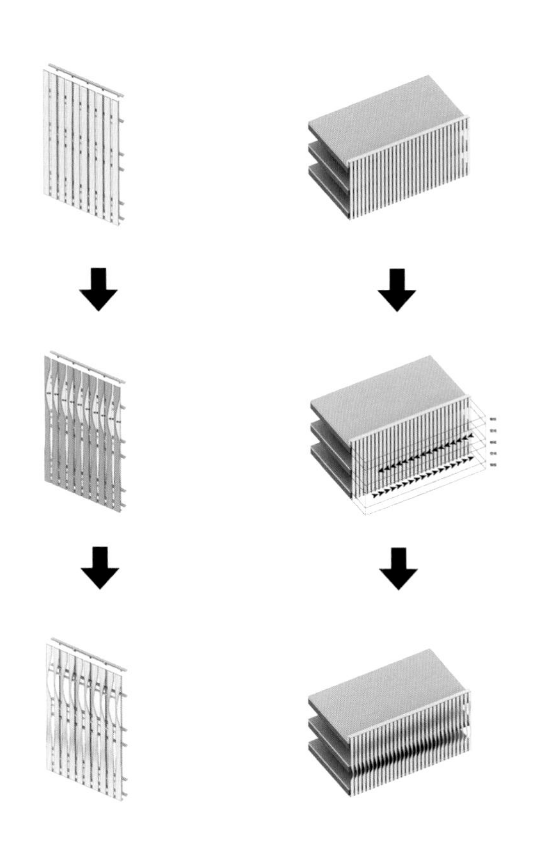

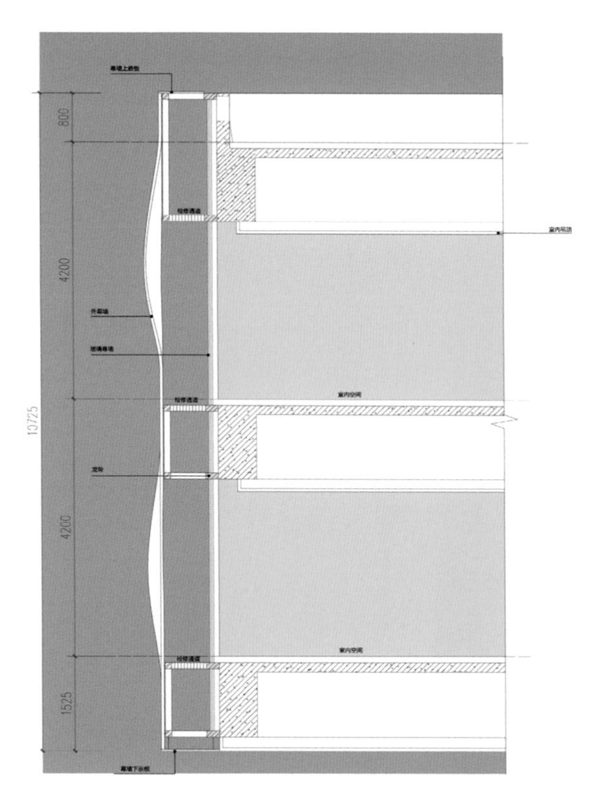

外墙分析

金属云

群星剧场　Star Theatre

设计理念　Design Concept

剧场、音乐厅不是琴盒，而是乐器。

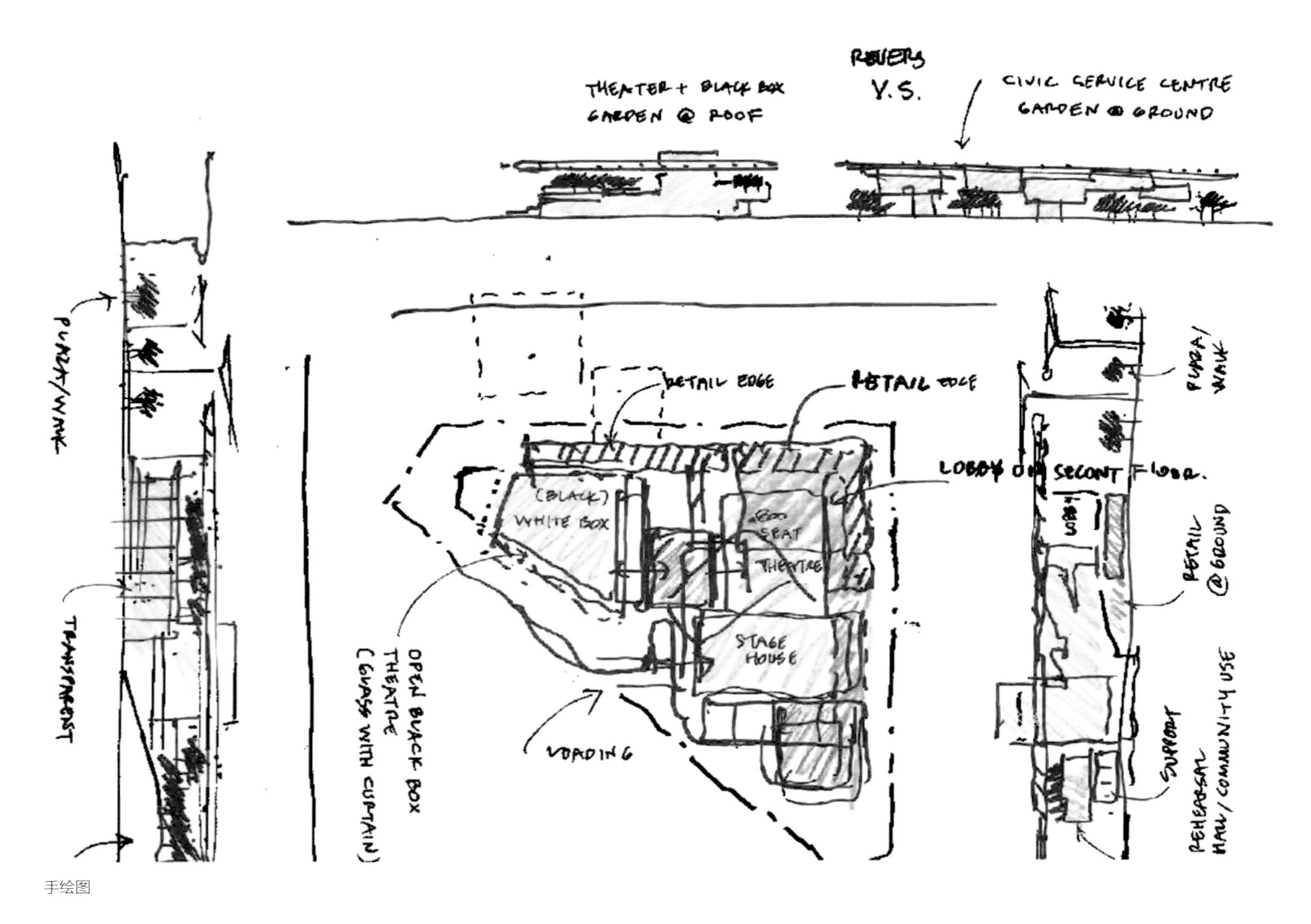

手绘图

建筑效果图

场地分析　Site Analysis

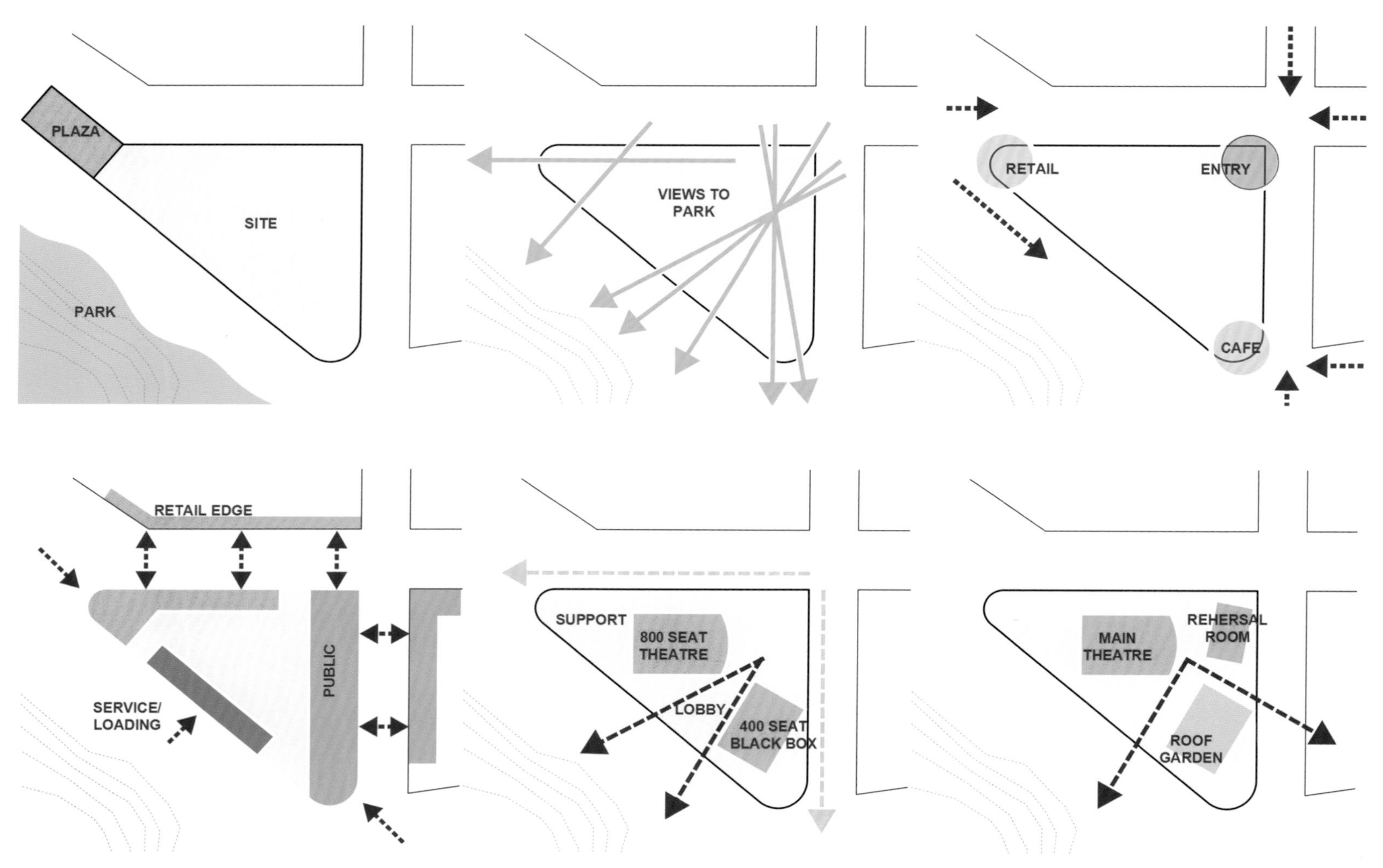

场地分析图

功能生成　Function Arrangement

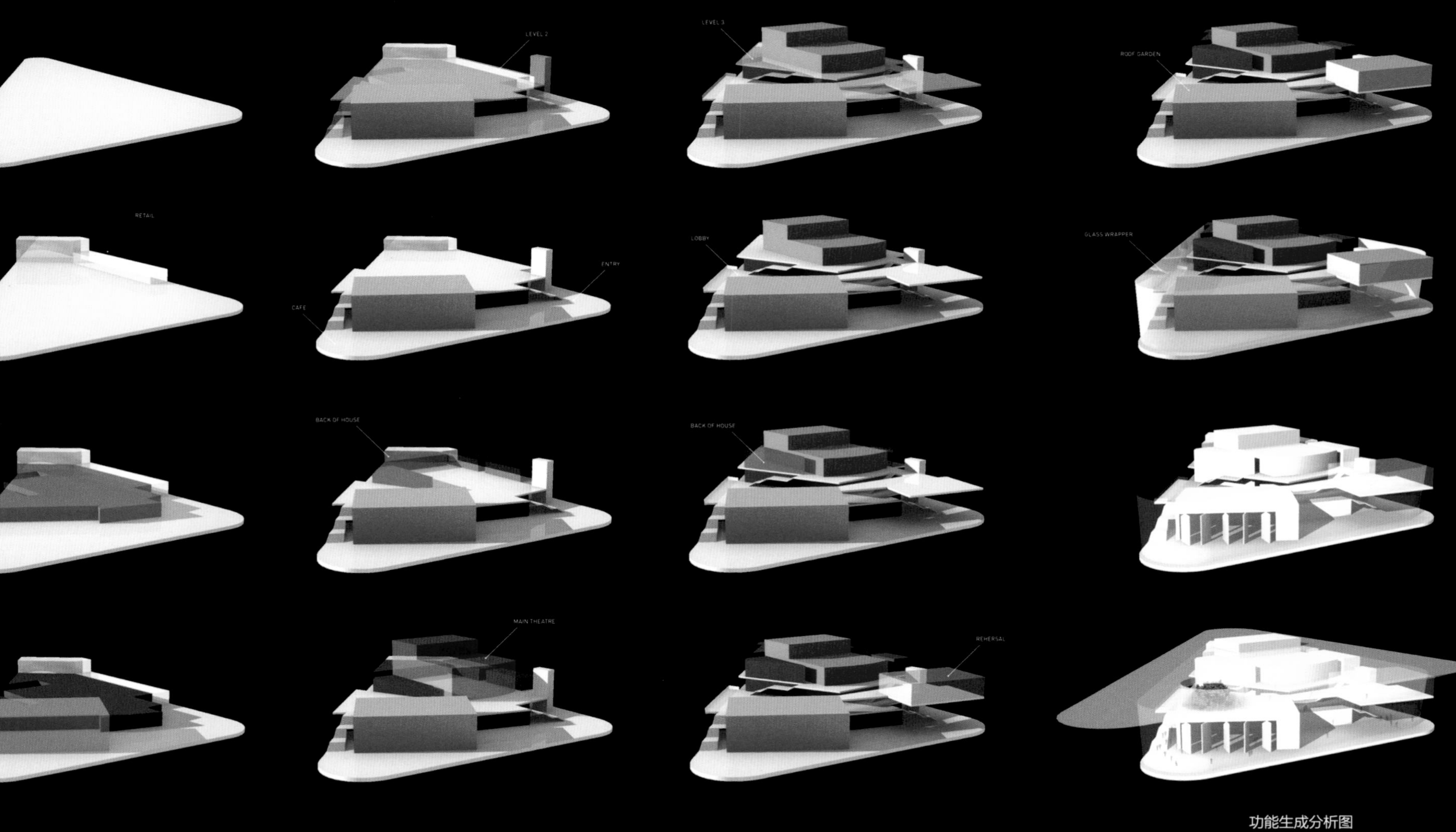

功能生成分析图

公园方向效果图

公园方向效果图

室内效果图

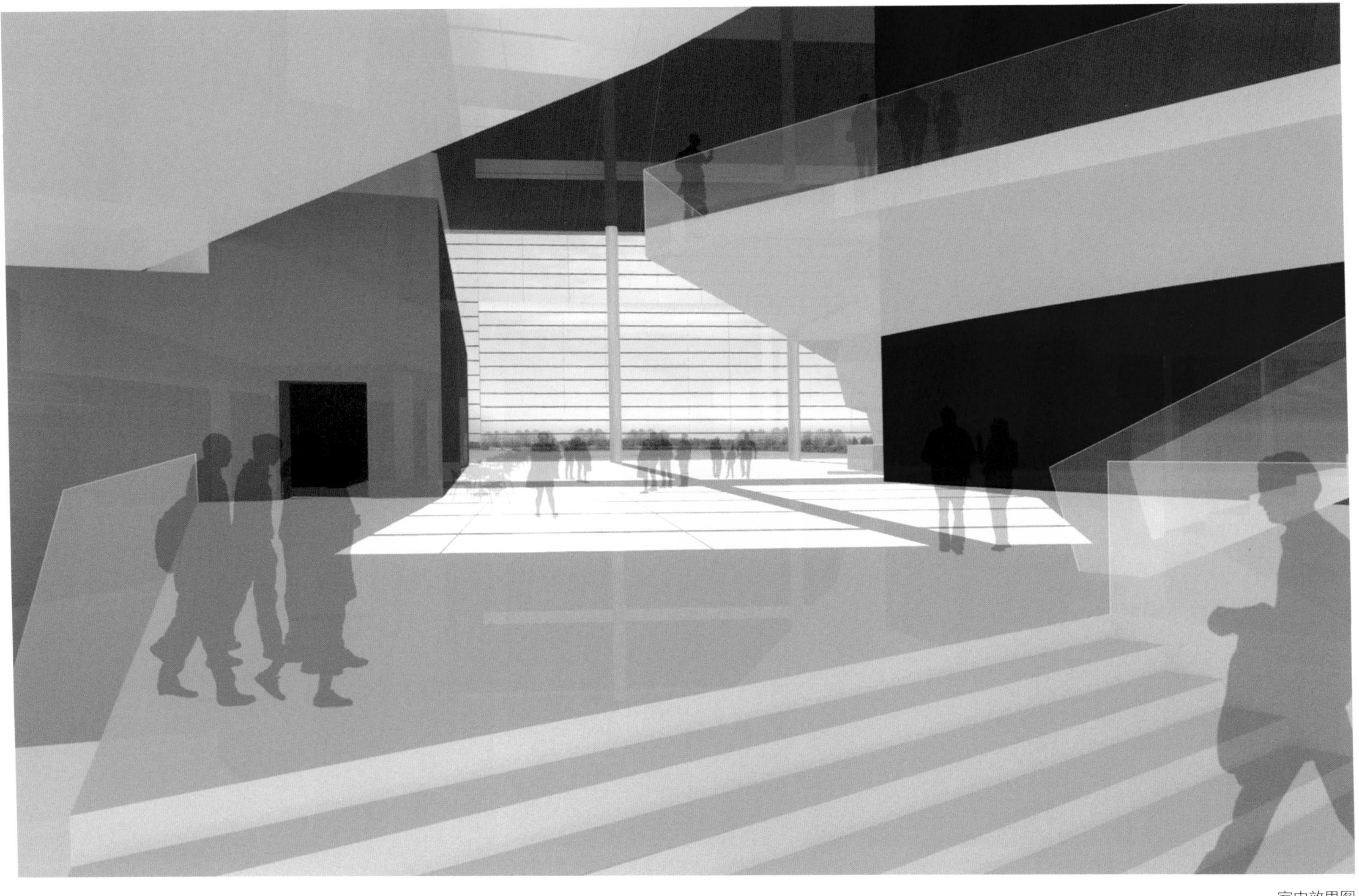

室内效果图

实验剧场座位示意 Seating Layout of Black Box Theatre

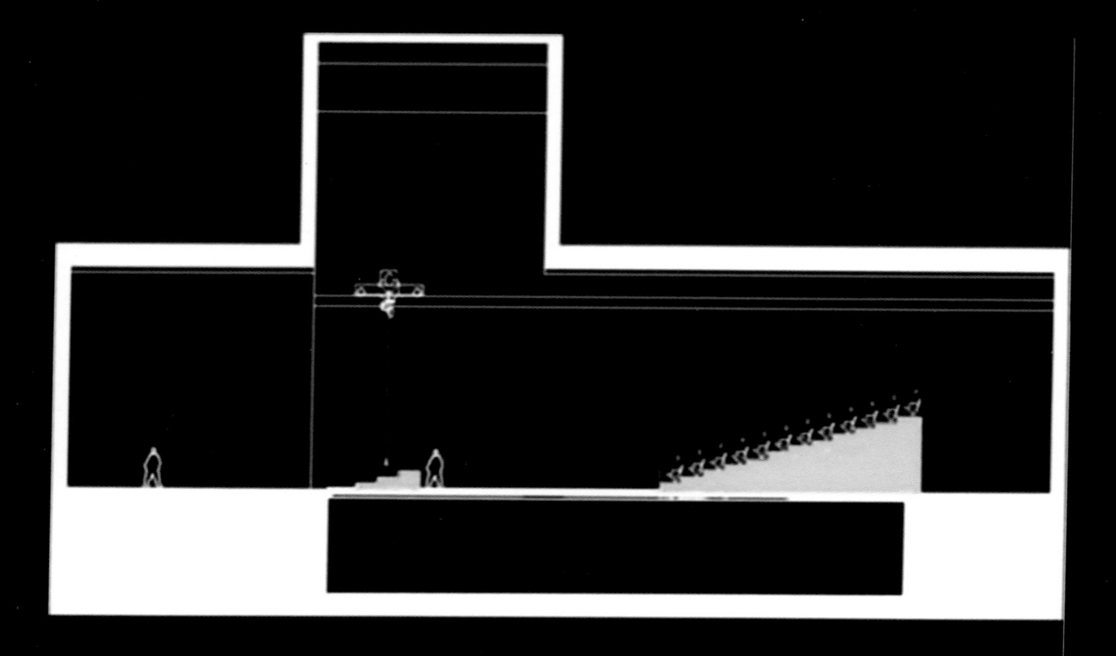

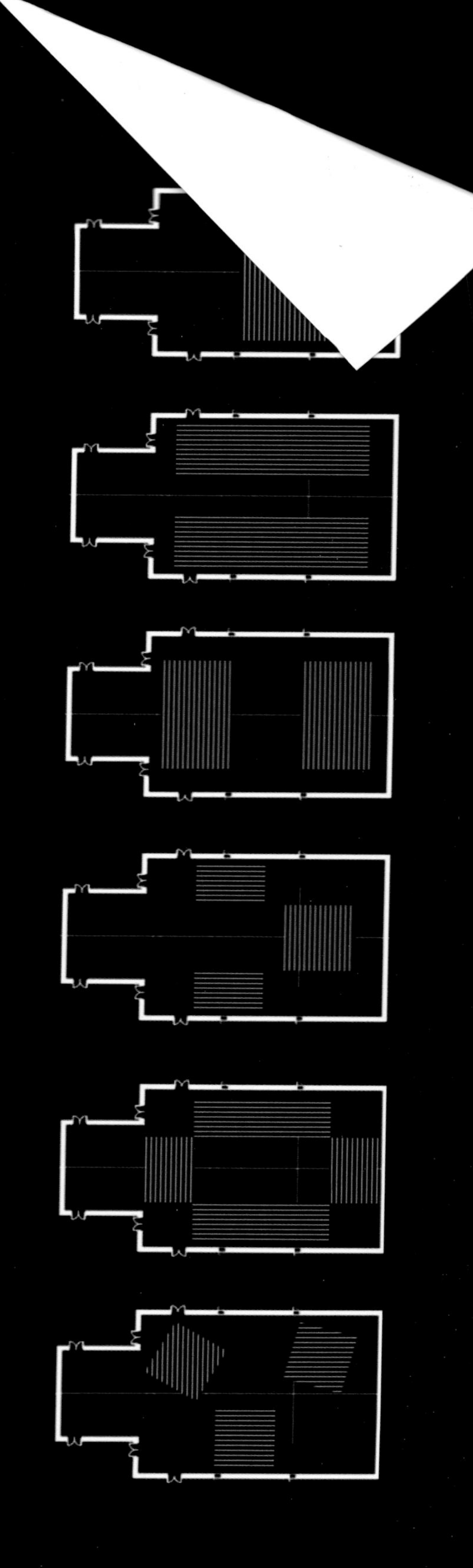

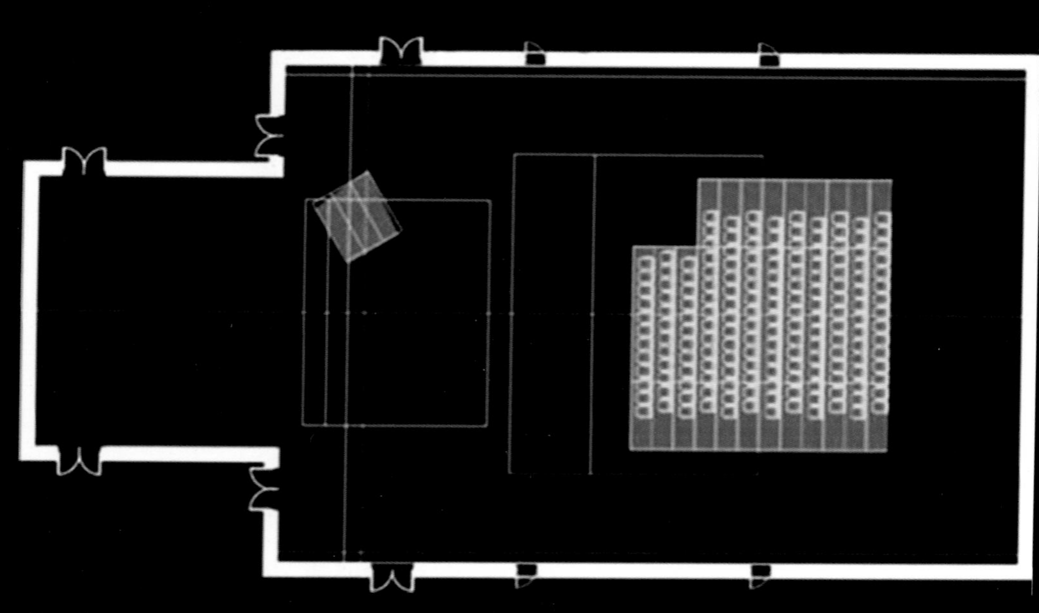

座位示意图

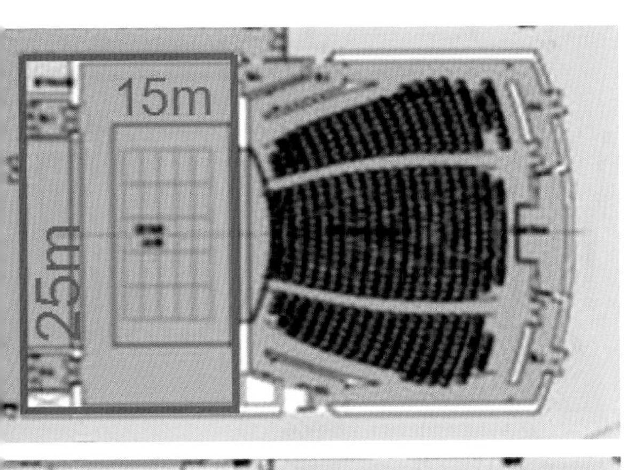

ORCHESTRA LEVEL
550 SEATS

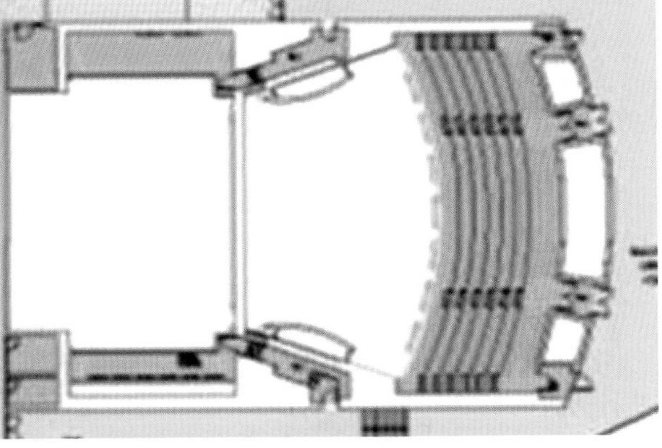

BALCONY LEVEL
280 SEATS

CURRUT DESIGN TOTAL
830 SEATS

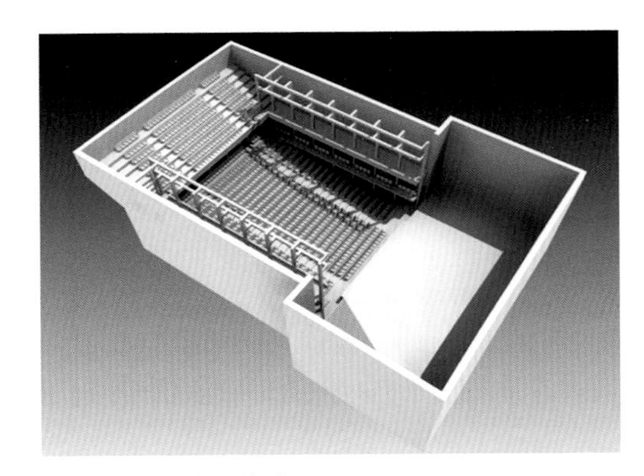

台阶式观众席
TIERED SEATING

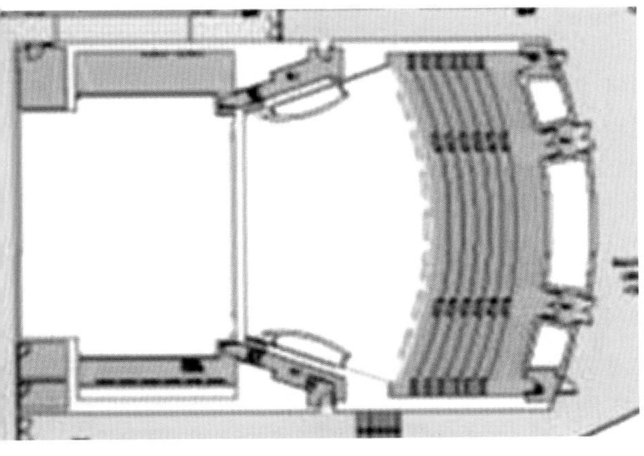

ADDITIONAL
170 SEATS
ON SECOND BALCONY

ADDITIONAL TOTAL
1000 SEATS

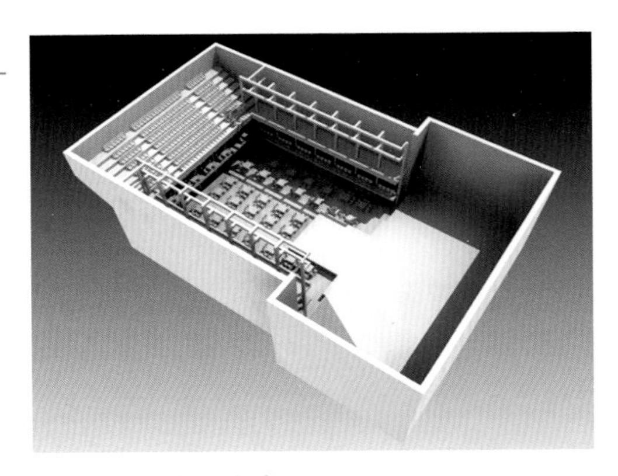

餐厅式观众席
DINNER THEATER

座位示意图

隔声设计　Sound Isolation Design

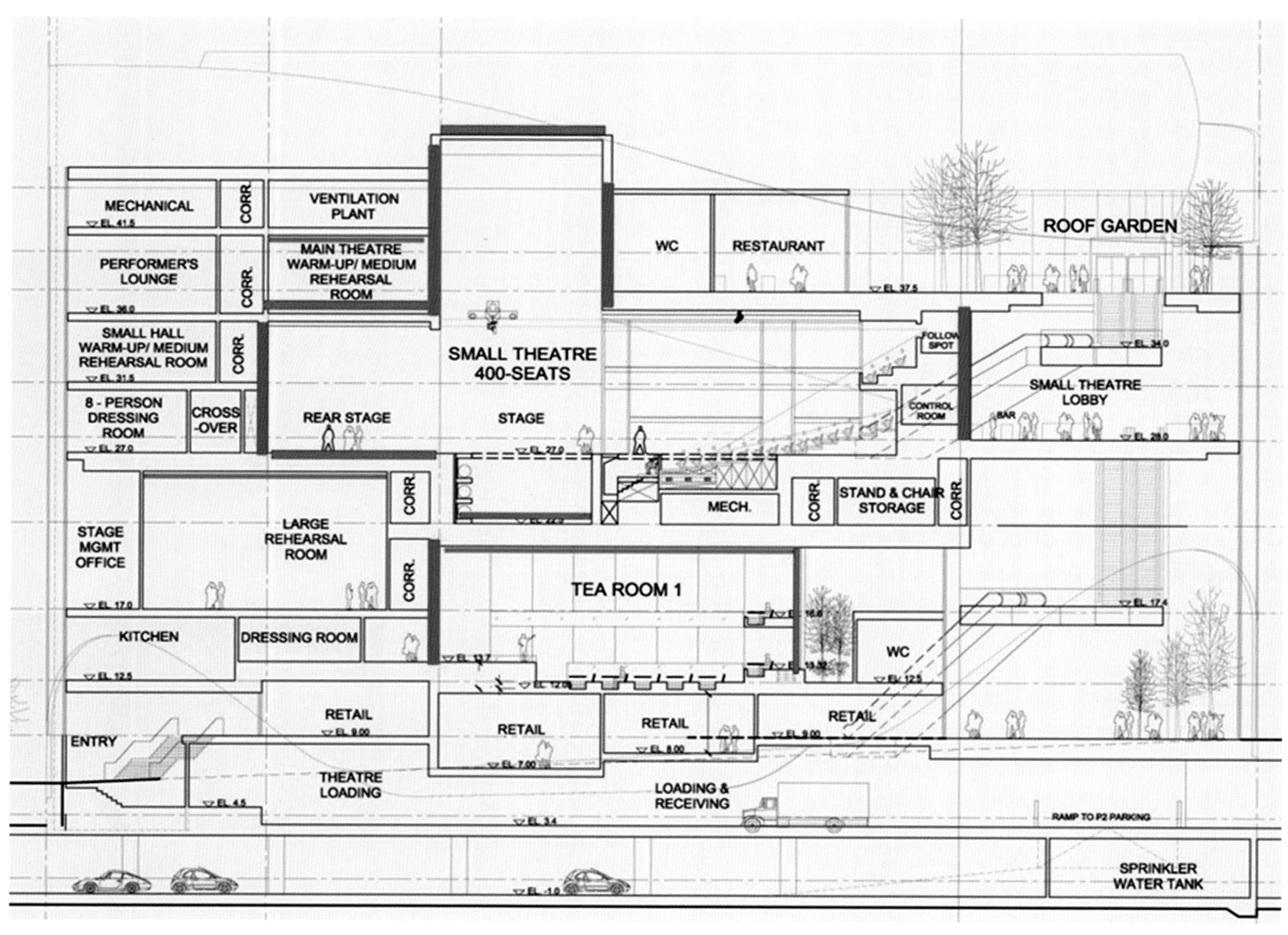

MECHANICAL
EL. 41.5

CORR.

VENTILATION
PLANT

WC

RESTAURANT

ROOF GARDEN

PERFORMER'S
LOUNGE
EL. 36.0

CORR.

MAIN THEATRE
WARM-UP/ MEDIUM
REHEARSAL
ROOM

EL. 37.5

EL. 34.0

SMALL HALL
WARM-UP/ MEDIUM
REHEARSAL ROOM
EL. 31.5

CORR.

SMALL THEATRE
400-SEATS

FOLLOW
SPOT

SMALL THEATRE
LOBBY

8 - PERSON
DRESSING
ROOM
EL. 27.0

CROSS-
OVER

REAR STAGE

STAGE

CONTROL
ROOM

BAR

EL. 28.0

EL. 27.0

CORR.

MECH.

CORR.

STAND & CHAIR
STORAGE

CORR.

STAGE
MGMT
OFFICE
EL. 17.0

CORR.

LARGE
REHEARSAL
ROOM

TEA ROOM 1

EL. 17.4

EL. 16.8

KITCHEN
EL. 12.5

DRESSING ROOM

EL. 13.7

EL. 13.32

WC

EL. 12.5

EL. 12.0

RETAIL
EL. 9.00

RETAIL

RETAIL

RETAIL

ENTRY

EL. 8.00

EL. 9.00

EL. 7.00

THEATRE
LOADING
EL. 4.5

EL. 3.4

LOADING &
RECEIVING

RAMP TO P2 PARKING

EL. -1.0

SPRINKLER
WATER TANK

隔声设计分析图

乐池 Orchestra Pit

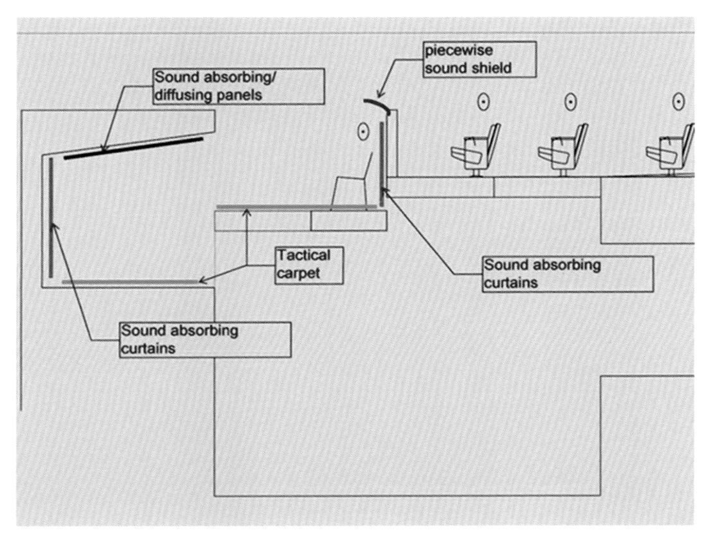

乐池分析图

声学几何 Acoustical Geometry

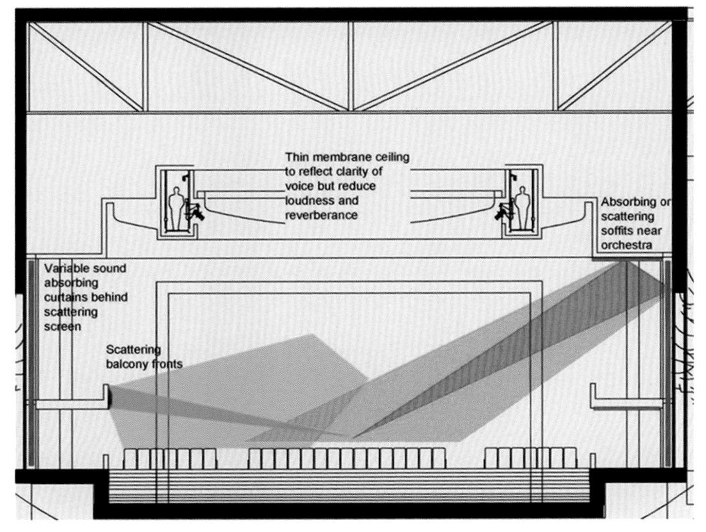

声学分析图

柔性吸声 Flexible Sound Absorption

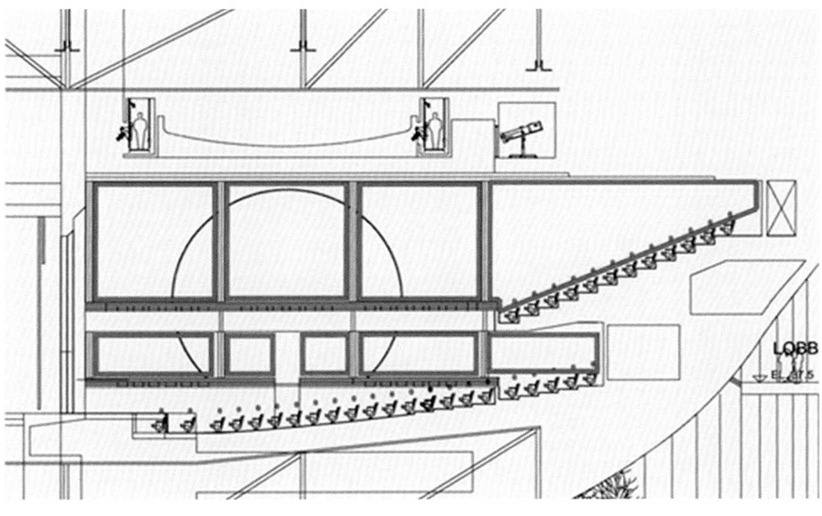

吸声分析图

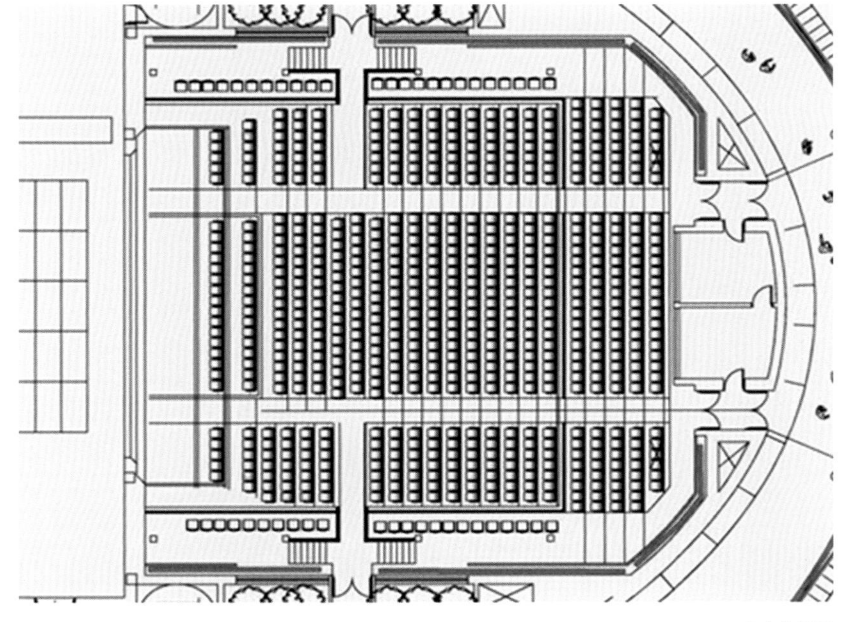

吸声分析图

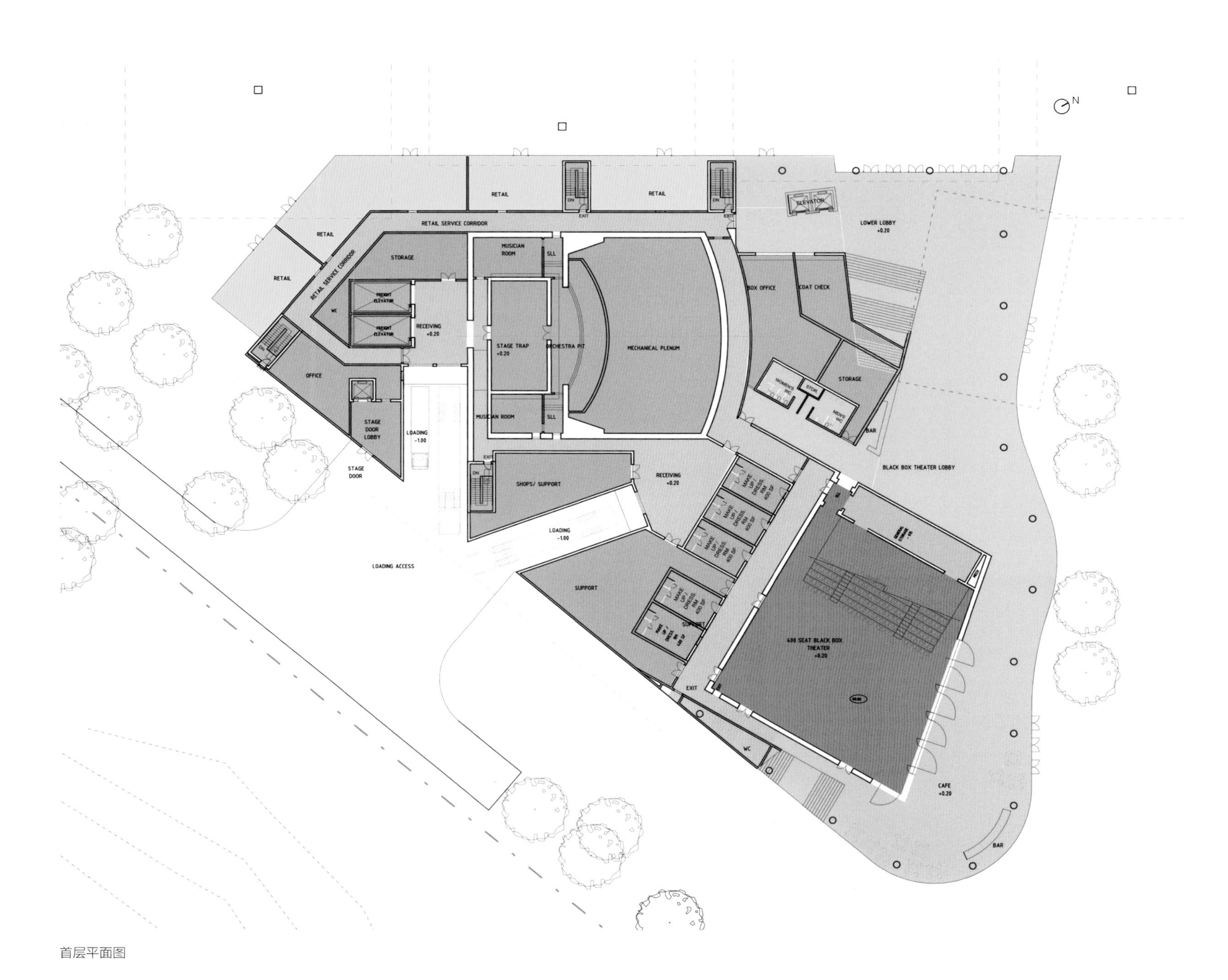
RETAIL
RETAIL
RETAIL
RETAIL
RETAIL SERVICE CORRIDOR
RETAIL SERVICE CORRIDOR
ELEVATOR
LOWER LOBBY
+0.20
STORAGE
MUSICIAN ROOM
SLL
WC
RECEIVING
+0.20
STAGE TRAP
+0.20
ORCHESTRA PIT
MECHANICAL PLENUM
BOX OFFICE
COAT CHECK
OFFICE
STORAGE
STAGE DOOR LOBBY
LOADING
-1.00
MUSICIAN ROOM
SLL
BAR
STAGE DOOR
BLACK BOX THEATER LOBBY
SHOPS/ SUPPORT
RECEIVING
+0.20
LOADING
-1.00
LOADING ACCESS
SUPPORT
400 SEAT BLACK BOX THEATER
+0.20
EXIT
WC
CAFE
+0.20
BAR

首层平面图

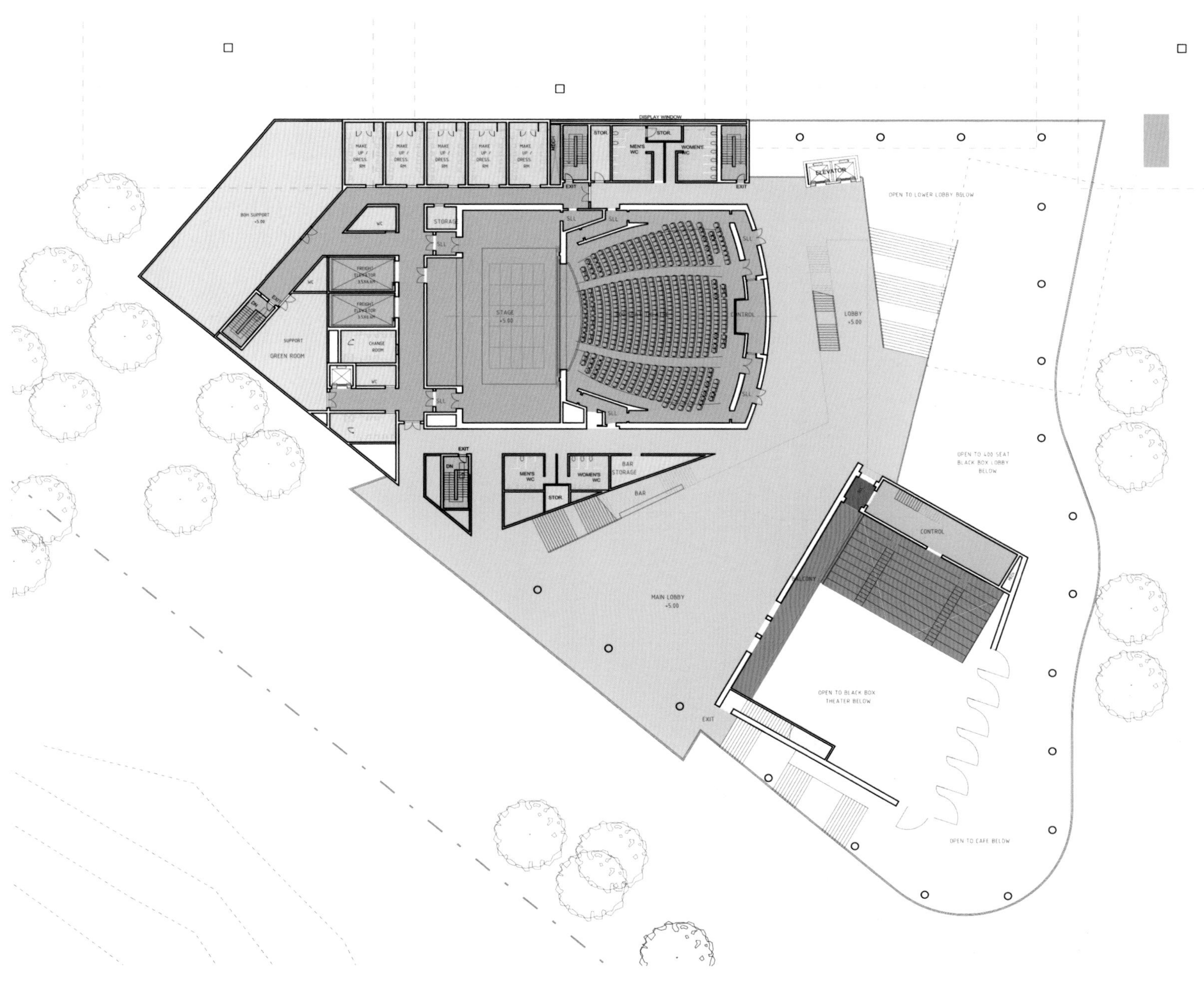
DISPLAY WINDOW
MAKE UP / DRESS RM
MECH
STOR.
MEN'S WC
WOMEN'S WC
EXIT
BOH SUPPORT +5.00
WC
STORAGE
SLL
FREIGHT ELEVATOR 3.5X6.6M
STAGE +5.00
CONTROL
SUPPORT
GREEN ROOM
CHANGE ROOM
DN
BAR STORAGE
BAR
ELEVATOR
OPEN TO LOWER LOBBY BELOW
LOBBY +5.00
OPEN TO 400 SEAT BLACK BOX LOBBY BELOW
BALCONY
MAIN LOBBY +5.00
OPEN TO BLACK BOX THEATER BELOW
OPEN TO CAFE BELOW

二层平面图

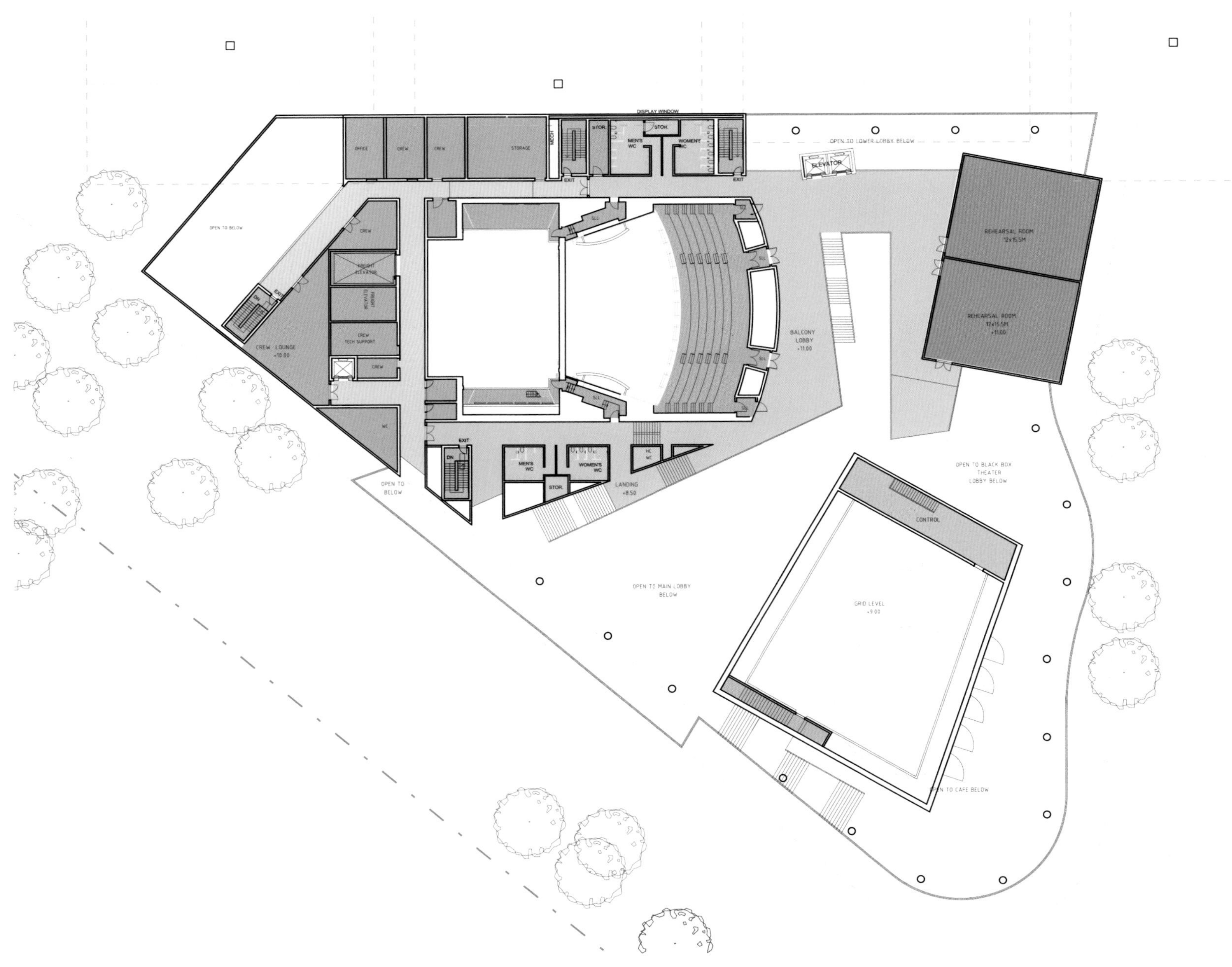
DISPLAY WINDOW
OFFICE
CREW
CREW
STORAGE
MECH
STOR.
MEN'S WC
STOR.
WOMEN'S WC
EXIT
EXIT
OPEN TO LOWER LOBBY BELOW
ELEVATOR
REHEARSAL ROOM
12x15.5M
REHEARSAL ROOM
12x15.5M
+11.00
BALCONY
LOBBY
+11.00
OPEN TO BELOW
CREW
FREIGHT ELEVATOR
CREW
TECH SUPPORT
CREW
CREW LOUNGE
+10.00
WC
EXIT
DN
MEN'S WC
WOMEN'S WC
STOR.
LANDING
+8.50
OPEN TO
BELOW
OPEN TO BLACK BOX
THEATER
LOBBY BELOW
CONTROL
OPEN TO MAIN LOBBY
BELOW
GRID LEVEL
+9.00
OPEN TO CAFE BELOW

三层平面图

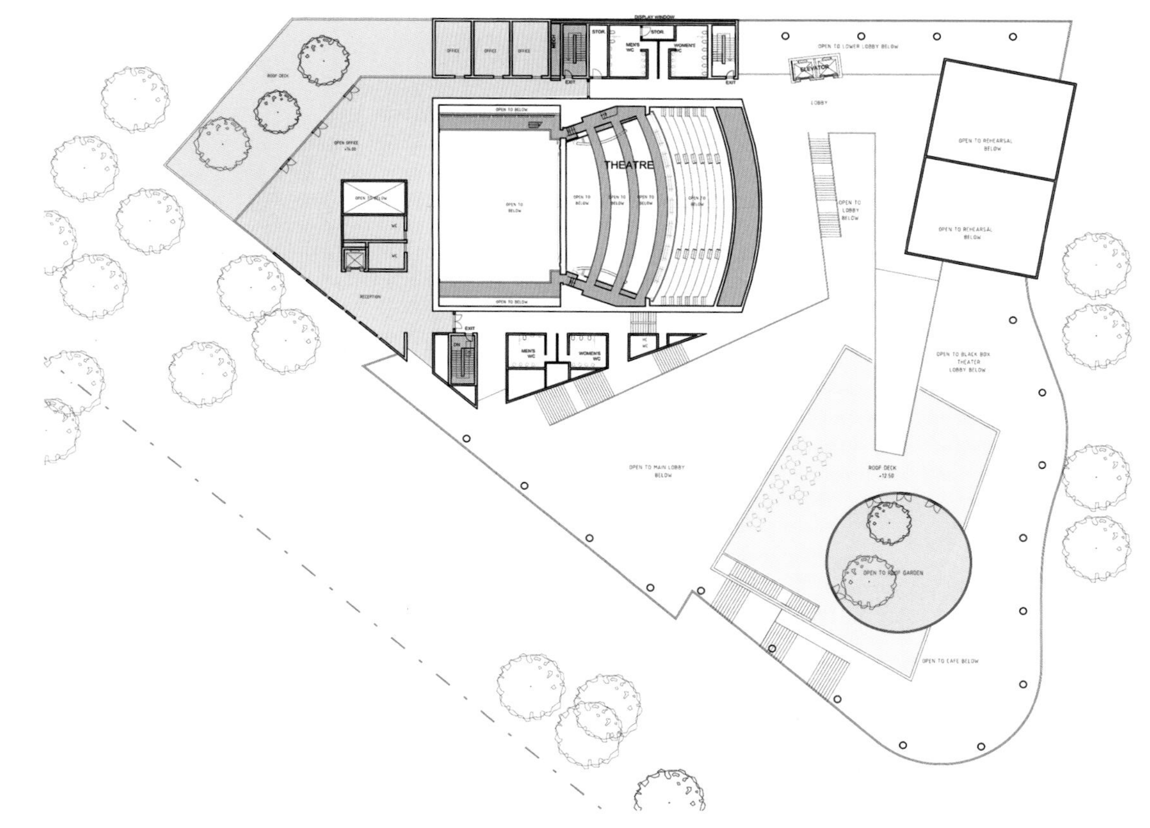
THEATRE

四层平面图

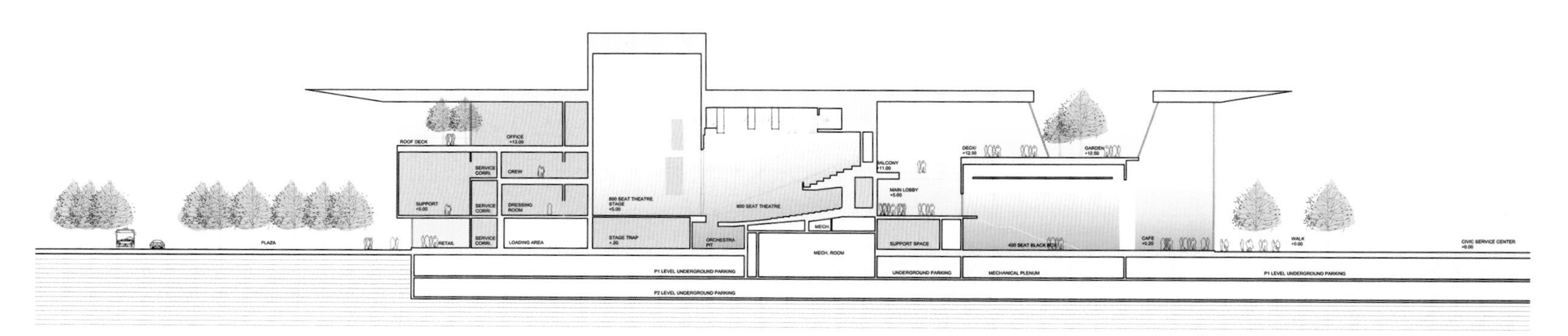
ROOF DECK
OFFICE
+13.00
SERVICE CORRI.
CREW
SUPPORT
+5.00
DRESSING ROOM
RETAIL
LOADING AREA
PLAZA
800 SEAT THEATRE STAGE
+5.00
STAGE TRAP
+.20
800 SEAT THEATRE
ORCHESTRA PIT
MECH.
MECH. ROOM
BALCONY
+11.00
MAIN LOBBY
+5.00
SUPPORT SPACE
DECK
+12.50
GARDEN
+12.50
400 SEAT BLACK BOX
CAFE
+0.20
WALK
+0.00
CIVIC SERVICE CENTER
+0.00
P1 LEVEL UNDERGROUND PARKING
UNDERGROUND PARKING
MECHANICAL PLENUM
P1 LEVEL UNDERGROUND PARKING
P2 LEVEL UNDERGROUND PARKING

剖面图

（一期）建筑设计方案国际咨询 ▷▷▷▷

专项设计方案

- 景观设计
- 绿色建筑咨询

景观设计
Landscape Design

华汇（厦门）环境规划设计顾问有限公司天津分公司

方案一：自然公园　Scheme 1: Natural Park

特点：自然的公园形态柔化了文化中心建筑体量并为这些建筑提供了一个浪漫的绿色背景。

挑战：植栽在建园初期较难形成可与建筑体量匹配的意向；
出于解放路下沉的原因，南北向的沟通需要架设步行桥。

总平面图

中央公园脊柱通廊

功能园
ultifunctional Area
花岛
eachblossom Island
“视窗”湖面
uilding View Lake
蜜花园
ove Garden
化广场
ultural Plaza
地
Vet Land
行桥
edestrian Bridge
路花园
ailway Garden
密林
Forest
大草坪
Building View Lawn
峡谷式道路
Canyon Sunken Road
步行桥
Pedestrian Bridge
地震记忆花园
Earthquake Memory Garden

功能布局

“视窗”湖面

大草坪

峡谷式道路

方案二：城市公园　Scheme 2: Urban Park

特点：建园初期采用几何式种植方式能很快匹配建筑的体量；
设计上改变了解放路下坡段的位置，便于公园南北的连接。

挑战：为了改变解放路下坡段的位置，需要对原规划进行修改。

总平面图

中央公园脊柱通廊

多功能园
Multifunctional Area
杨树阵
Poplars Array
“视窗”湖面
Building View Lake
甜蜜花园
Love Garden
文化广场
Cultural Plaza
湿地
Wet Land
步行桥
Pedestrian Bridge
铁路花园
Railway Garden
露天剧场
Earthen Amphitheatre
大草坪
Building View Lawn
溜冰场
Skating Rink
环形广场
Plaza Ring
地震记忆花园
Earthquake Memory Garden

功能布局

环形广场

露天剧场

大草坪

水资源利用与策略 Water Resource Use and Strategy

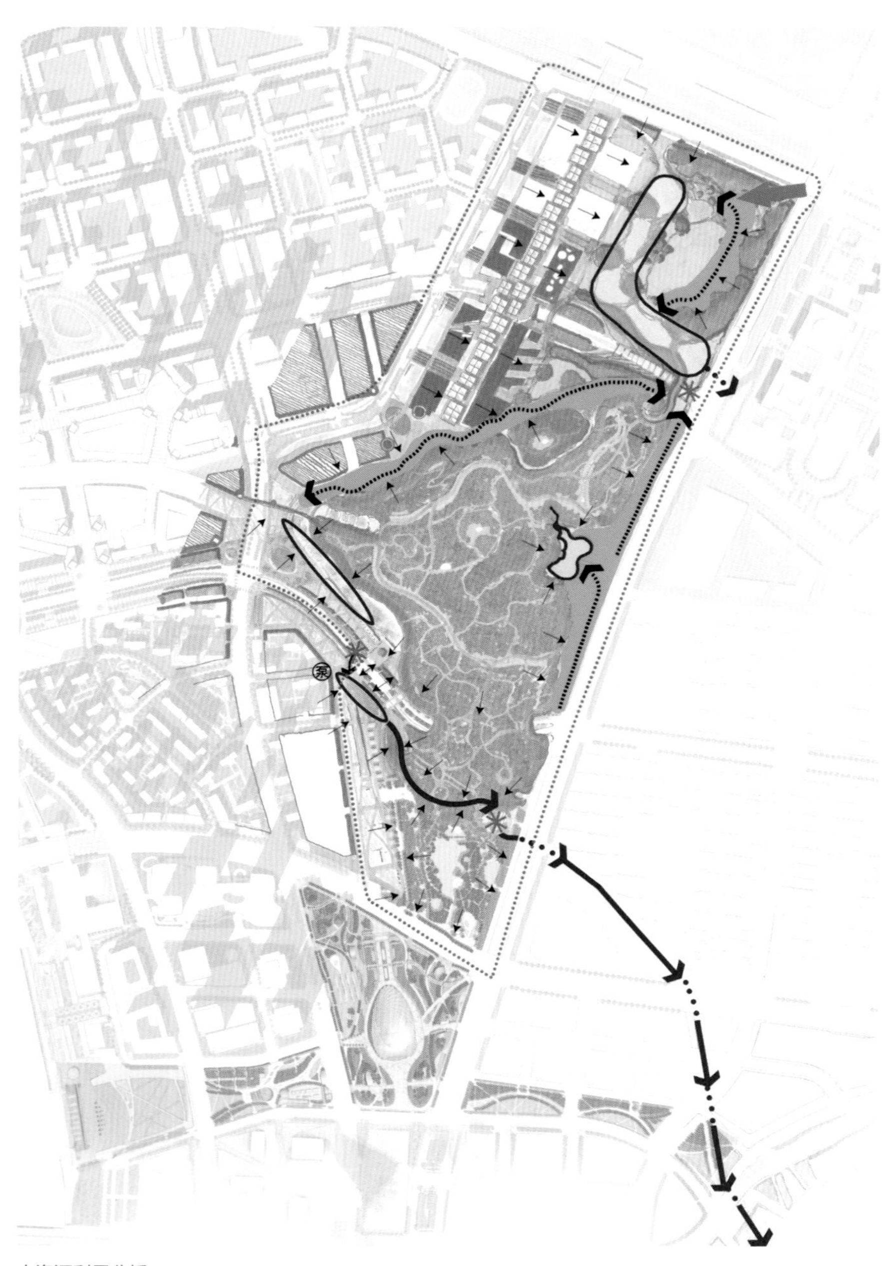

水资源利用分析

原则

（1）100% 收集周边屋顶与地表雨水，并通过生态净化作为优质的景观用水；

（2）公园每个独立地块可布置湖体，用于储存雨水、暴雨削峰和丰富景观效果；

（3）保留现有的沟渠，作为城市排洪体系的一部分；

（4）地面铺装尽量采用透水材料。

水体管理

（1）按照地表与建筑屋顶雨水 100% 收集的原则，文化中心公园与紫云公园的水体进行大循环，文化中心湖体采用西南出、东南进的方式；

（2）西南出水沿紫云山脚的湿地进行净化，到达紫云南侧及东侧，形成景观水体，并回流至文化中心湖体；

（3）溢水口与宝龙地块水体连通，最终通过现有水渠排入海河；

（4）补水采用市政中水，补水口位于北侧，与中水管就近连接。

西侧山体与湿地典型断面　Western Hill and Wetland Typical Section

为满足文化建筑与紫云公园山体间的开放空间达到至少 35 米的要求，对现有山体高程进行改造。

改造以区域土方平衡为大原则，改造后的山体优美自然、疏密得当。

改造后的开放空间包括至少 20 米的景观步道、10 米的建筑门前空地以及不少于 10 米的景观湿地。

剖切位置示意图

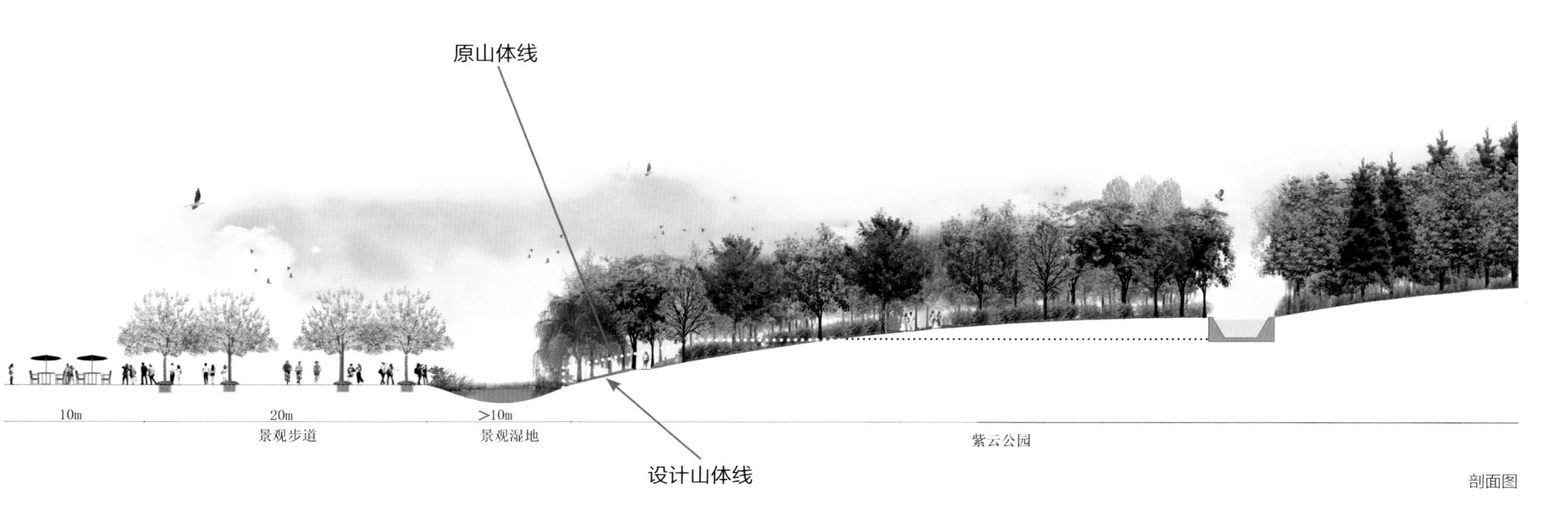

剖面图

绿色建筑咨询
Green Building Consultation

天津市建筑设计院

文化长廊可持续设计　Sustainable Design of Cultural Corridor

自然采光模拟分析

在阴沉的天气情况下，即室外照度为 5000 勒克斯，遮阳棚下距地面高度为 1 米的平面照度在 1000 勒克斯以上，自然采光较好。

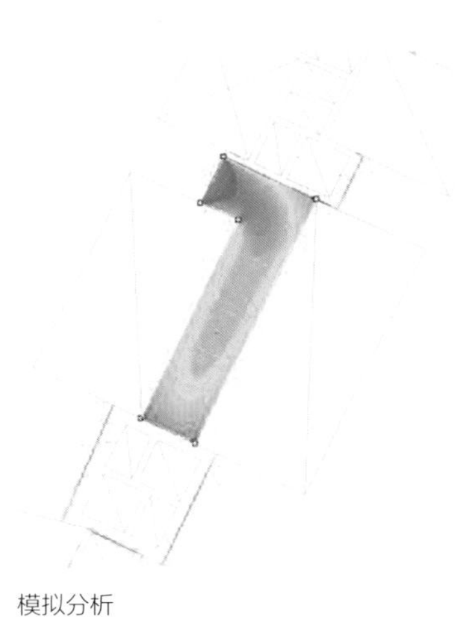

模拟分析

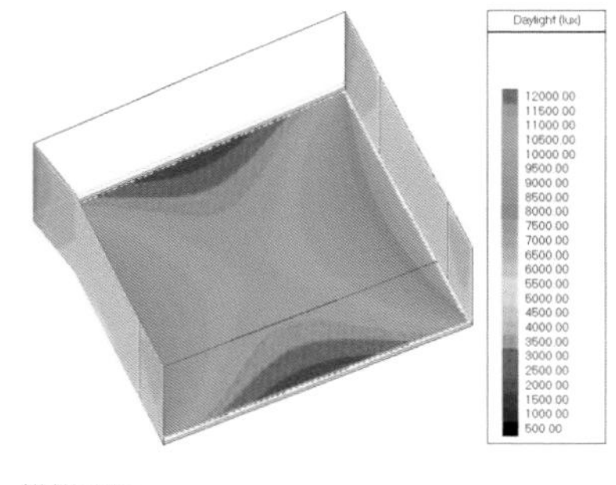

模拟分析

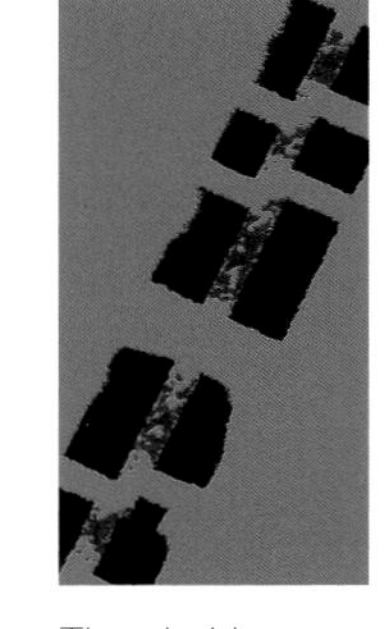

Threshold：2000lux

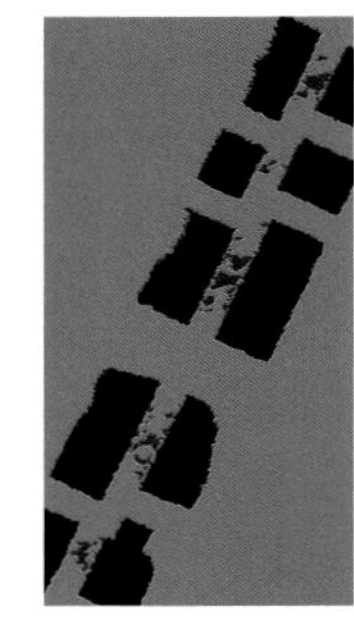

Threshold：1500lux

Threshold：1000lux

风环境模拟分析

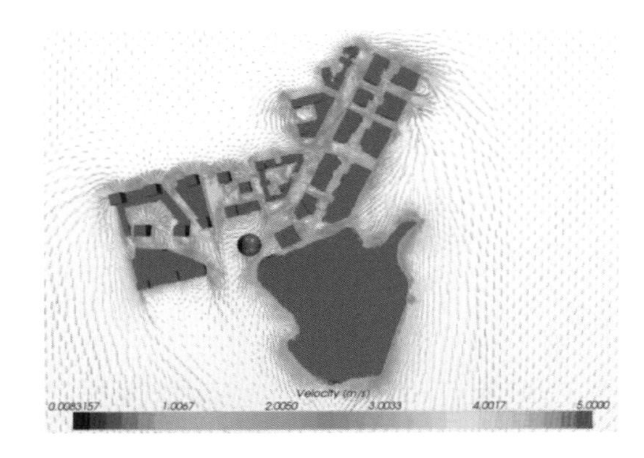

冬季敞开式

长廊内局部多处风速过大，超过 2.5 米 / 秒。

冬季半封闭

平均风速 0.5 ~ 1 米 / 秒，局部超过 2 米 / 秒。

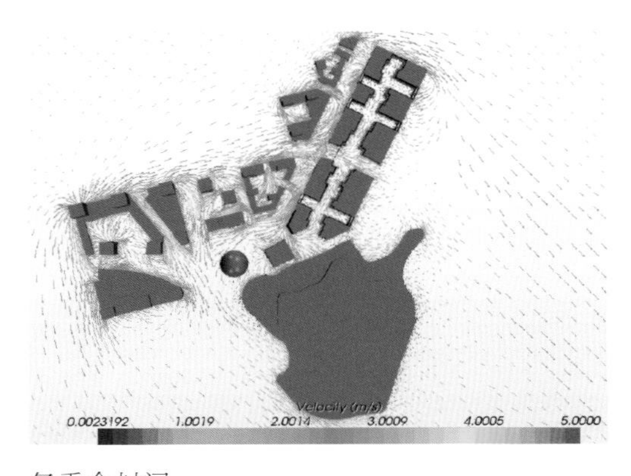

冬季全封闭

平均风速 0.1 ~ 1 米 / 秒，无局部风速过大。

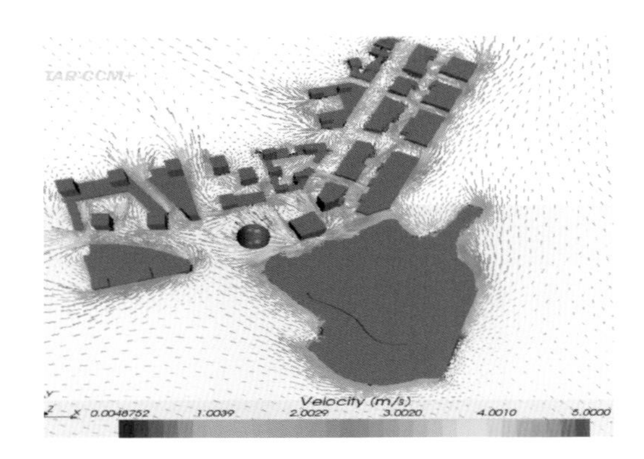

夏季敞开式

长廊内通风整体较好，风速在 1.5 ~ 2.5 米 / 秒。

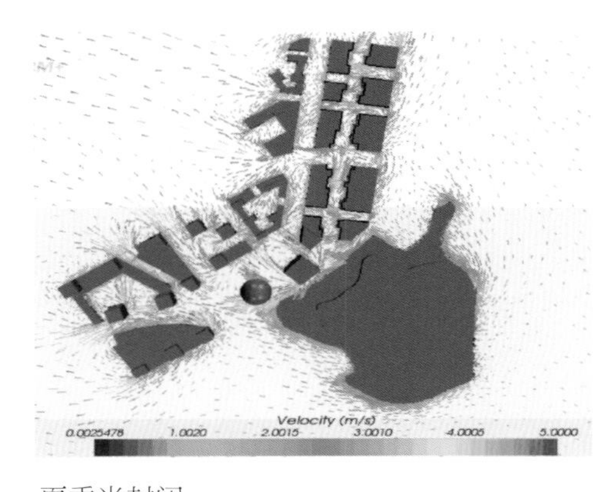

夏季半封闭

平均风速 1.2 ~ 3.5 米 / 秒，无局部涡流。

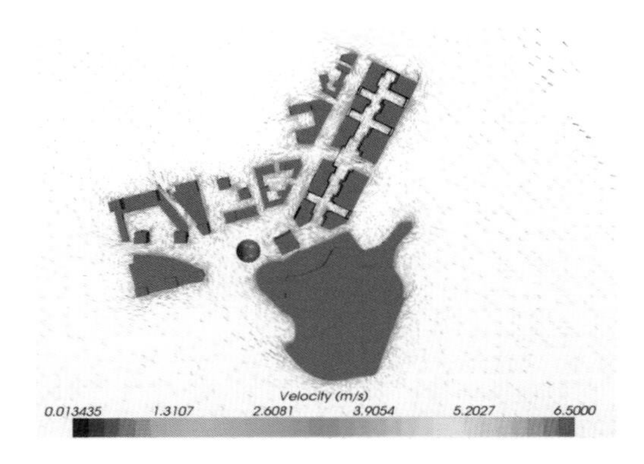

夏季全封闭

平均风速 0.05 ~ 1.5 米 / 秒，大部分区域风速过低。

文化长廊可持续设计 Sustainable Design of Cultural Corridor

温度场模拟分析

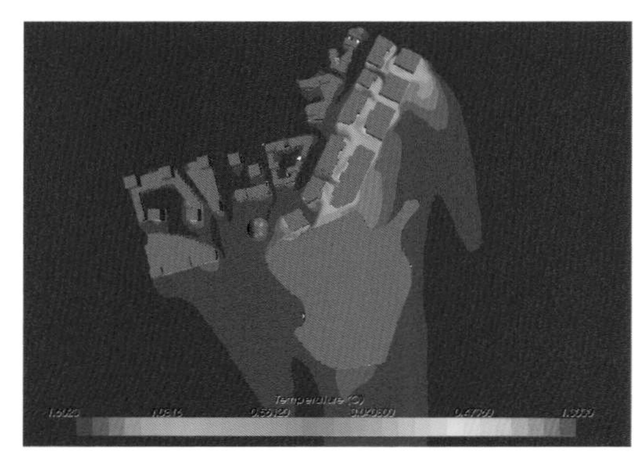

冬季敞开式

在室外 -1.6℃的情况下，长廊内平均温度在 0.3℃左右，相对室外温升 0.5℃ ~ 1.5℃。

冬季半封闭

长廊内平均温度在 1℃左右，相对室外温升 1.5℃ ~ 2.5℃。

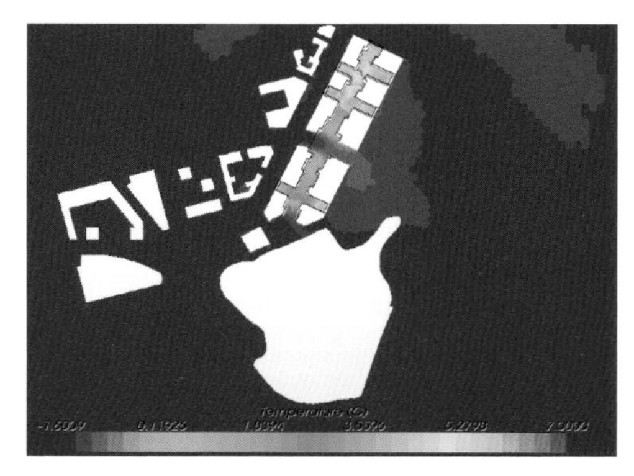

冬季全封闭

长廊内平均温度在 3.5℃左右，相对室外温升 4℃ ~ 5℃。

夏季敞开式

长廊内平均温度接近 34℃，温升很高。

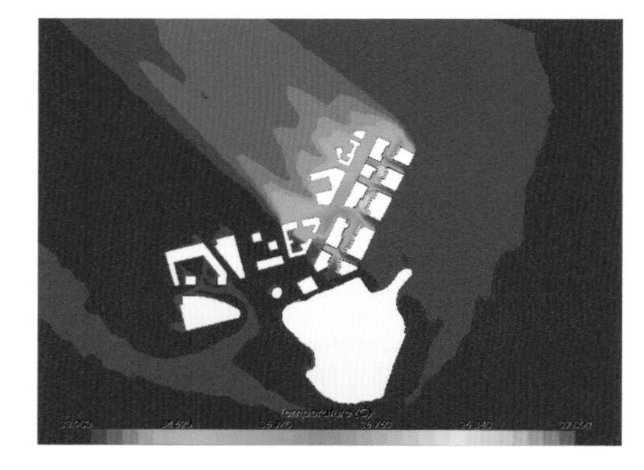

夏季半封闭

长廊内平均温度在 34.9℃左右，相对室外温升 0.5℃ ~ 1.5℃。

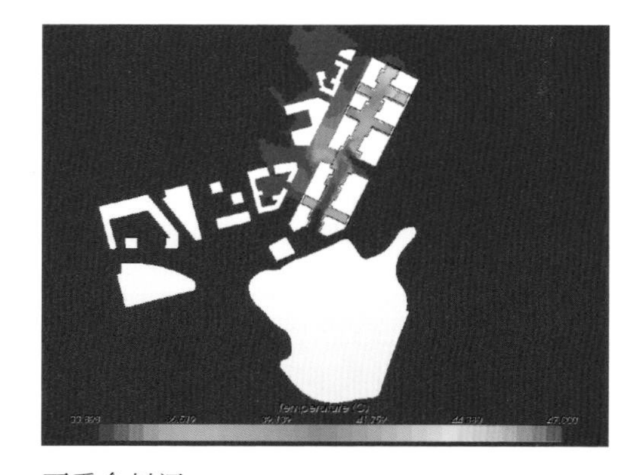

夏季全封闭

长廊内平均温度在 35.9℃左右，相对室外 33.9℃温升 1.5℃ ~ 2℃。

文化长廊的微气候

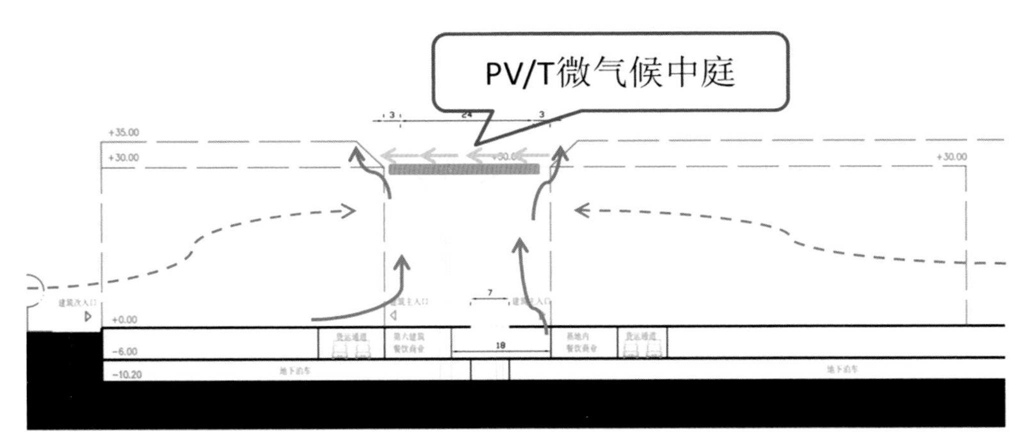

夏季

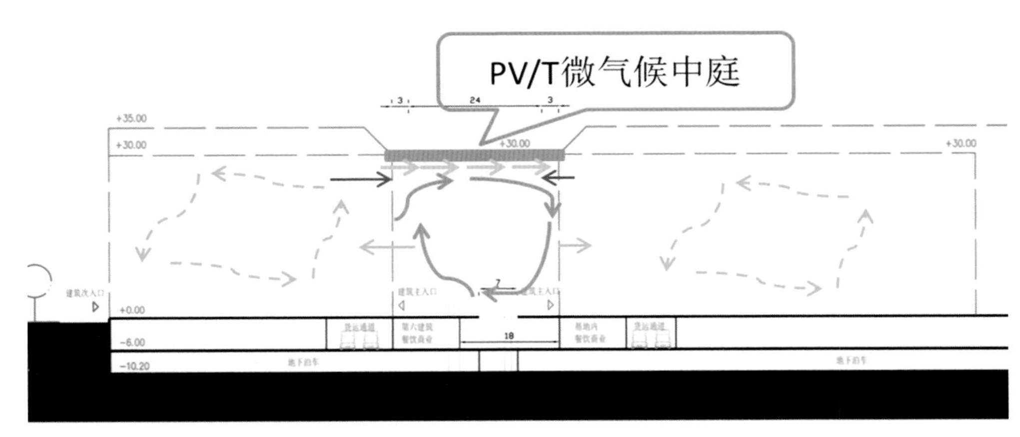

冬季

综上分析，建议文化长廊根据不同季节的需求，进行可灵活调节的设计。

遮阳屋顶配置可开启的天窗，夏季打开，进行自然通风，且有丰富的光影变化。冬季闭合，达到良好的保温效果。

建筑与建筑之间形成的通道通过建筑设计进行封闭；地上一至三层设置玻璃门（窗），确保冬季封闭、夏季开启的灵活性。

光伏电热联用可提高太阳能综合利用效率（80%），且强化太阳房功能。

通过回收利用建筑余热、良好的保温、被动式太阳房，确保室内空间良好的舒适性。

通过以上的设计，在冬季形成被动式太阳房，在夏季利用自然通风来满足不同季节的舒适性要求，即被动式设计所追求的舒适性。

区域绿色建筑　Regional Green Building

原则： 遵循可持续设计理念，满足生态开发要求；
绿色生态 —— 建筑、环境；
资源集约 —— 土地、能源、水、材料；
经济适用 —— 经济性、舒适性、易于管理。

措施： 地源热泵系统为建筑提供冷热源；
相对传统空调系统节能；
属于可再生能源利用，提高建筑可再生能源利用率；
全生命周期内经济性更好。

集中能源站，统一计量，利于区域能源总体的控制及优化

逐栋建筑设能耗监控系统，利于建筑的运营管理

绿色建筑智能管理平台

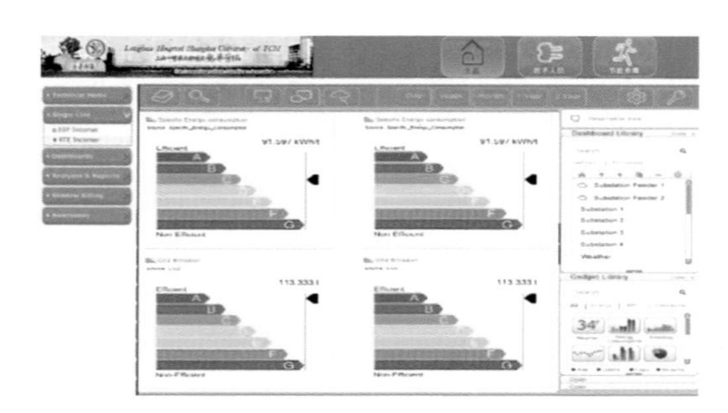

能耗对标界面

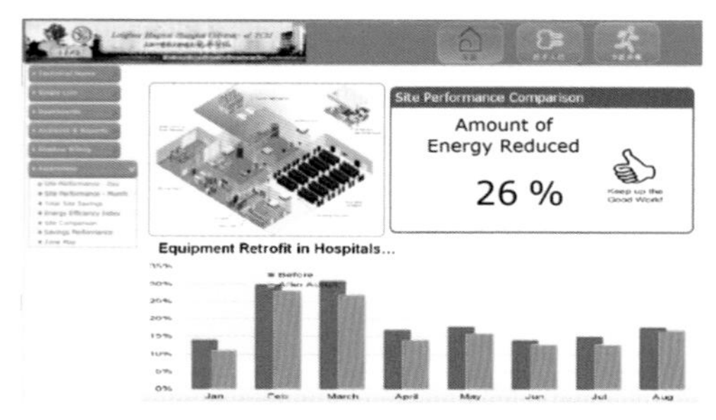

验证节能优化措施界面

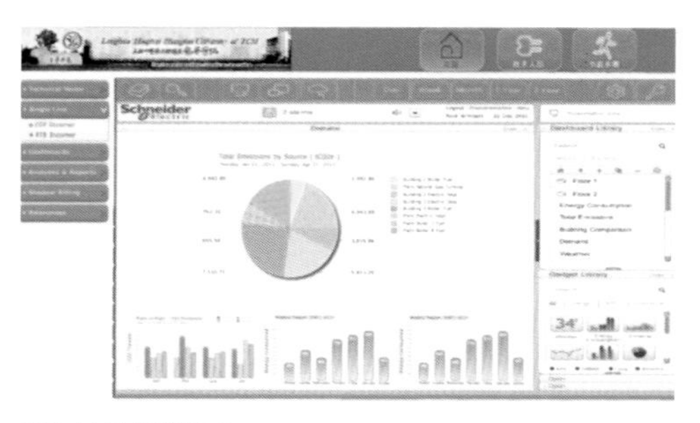

CO_2 排放折算界面

区域能源规划　Regional Energy Planning

区域能源规划的必要性

（1）业态丰富，可形成集约效应，降低用能需求；

（2）综合利用可再生能源，提高可再生能源利用率；

（3）与景观、绿色建筑等统筹考虑，减少投资。

资源条件

（1）场地位于浅层地热适宜区，有公园、景观河道等埋管区域；

（2）长廊伞顶部、屋顶有较大的可装 PV 面积；

（3）太阳能资源较丰富。

区域能源规划要点

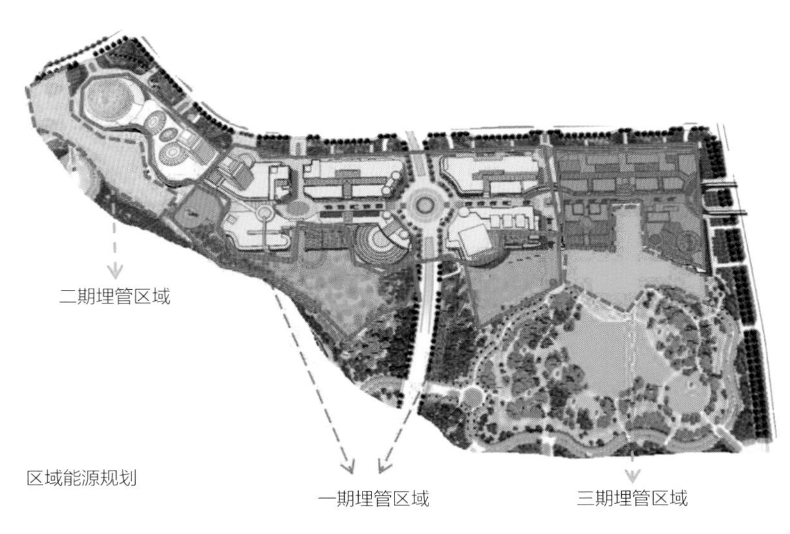

区域能源规划

负荷估算：一期供冷 / 热建筑群建筑面积 22.34 万平方米，热负荷 15 665 千瓦，冷负荷为 20 380 千瓦。

能源形式：建议采用垂直地埋管土壤源热泵系统，井深 120 米，共需埋管 2600 口，需埋管面积近 6 万平方米。

伞意向图

伞顶面积 2 万平方米，可装光伏 2MWp（晶硅），年均发电 195.6 万度；25 年总计可发电 4889 万度；投资约 1600 万元；25 年内，可盈利 3960 万元；伞需透光区域、采光顶等可做薄膜和透明背板的晶硅电池，可装机 1MWp。

（一期）建筑设计方案国际咨询 ▷▷▷▷▷

方案深化

- 总图设计
- 建筑造型
- 建筑功能
- 文化长廊

国际咨询工作结束后，新区规划和国土资源管理局联合相关委、办、局等使用单位共同审查方案，深化布展设计，完善建筑使用功能，同时指导天津市城市规划设计研究院对滨海新区文化中心（一期）建筑方案进行深化和功能设计。

总图设计

Mater Plan

深化方案　Deepening Plan

（1）突出滨海新区文化中心的核心空间，增加中央大道和东入口主广场；
（2）协调解放路与公交落客站点的关系；
（3）加强文化建筑与公园的联系；
（4）强化长廊的连贯性和建筑的整体性。

深化方案效果图

分期建设　Phased Construction

建设周期

一期博美图组团；二期演艺中心组团；三期文博组团。

文化长廊

全长 1000 米，一期 470 米，二期 300 米，三期 230 米。

一期博美图组团

占地面积：11.7 万平方米

建筑面积：31 万平方米（地上 20 万平方米，地下 11 万平方米）

组团南北向长：470 米

组团东西向宽：150 米

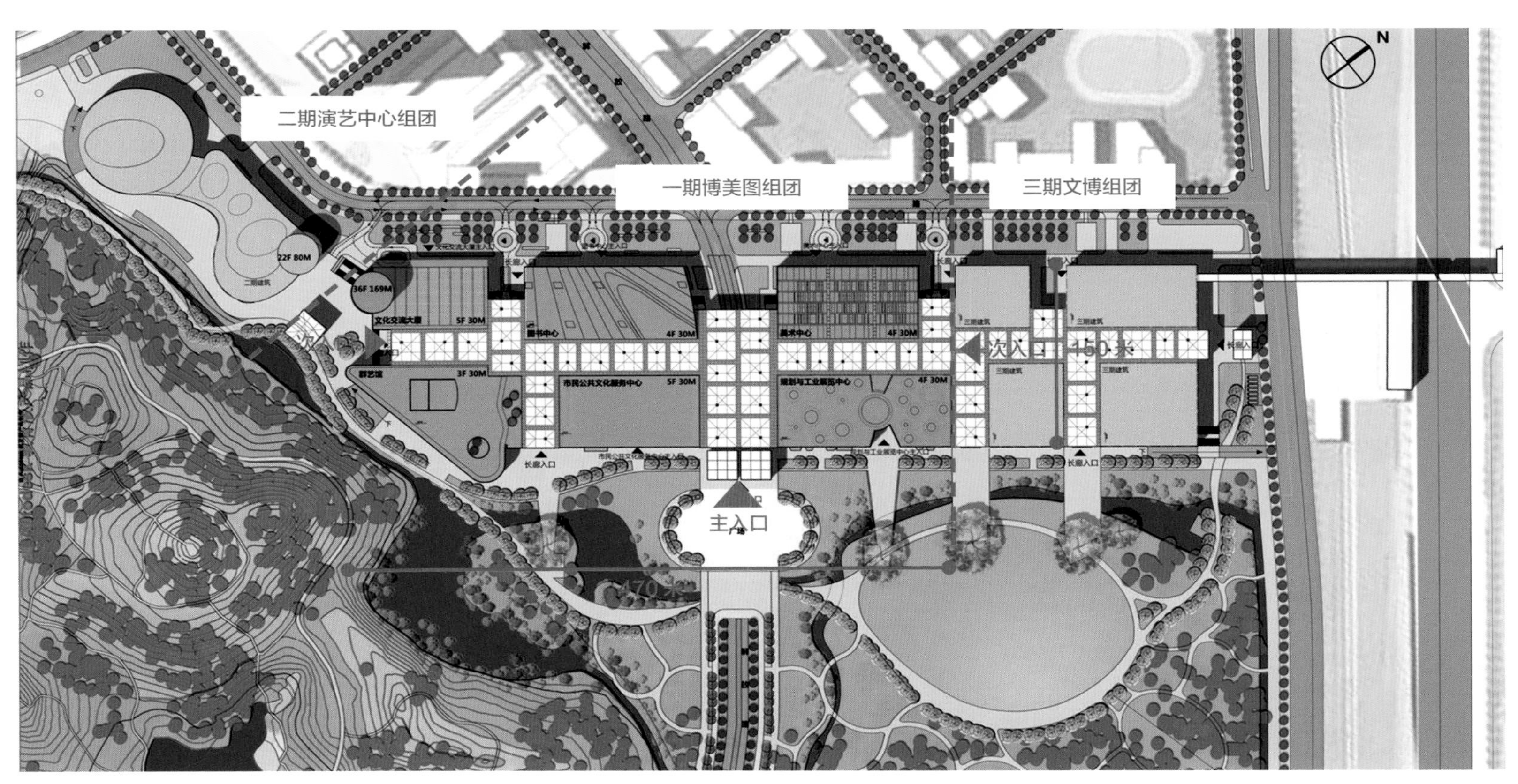

深化方案总平面图

竖向设计　Vertical Design

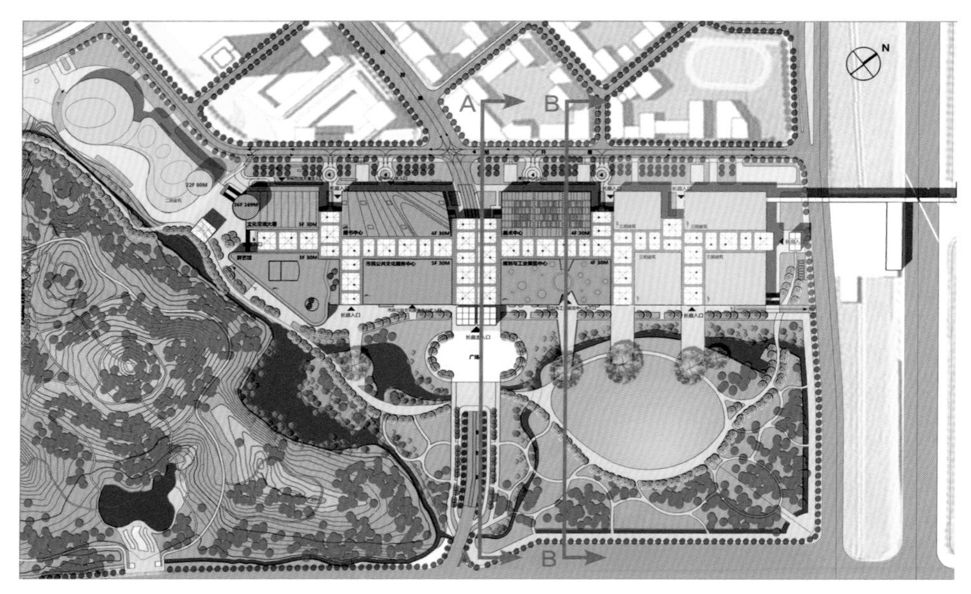

剖切位置示意图

设计说明

（1）解放路下穿到0米标高；

（2）建筑首层标高为7米，与东侧文化公园对接；

（3）建筑地下一层标高为0米，与西侧旭升路、解放路隧道对接。

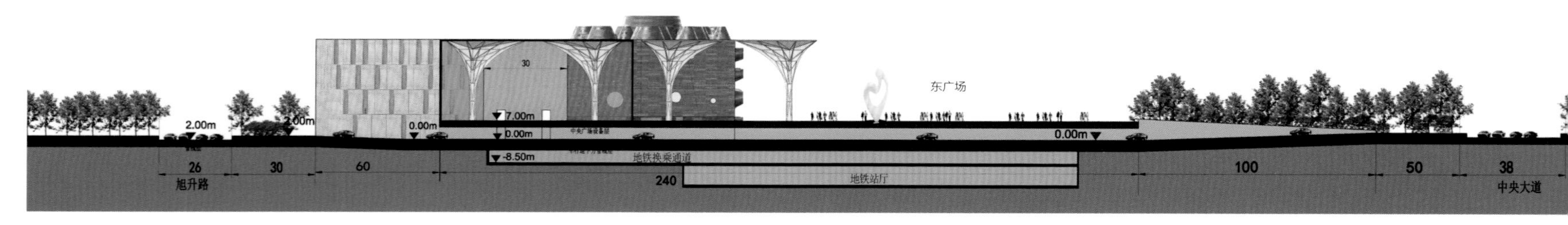

A-A 剖面：解放路下穿

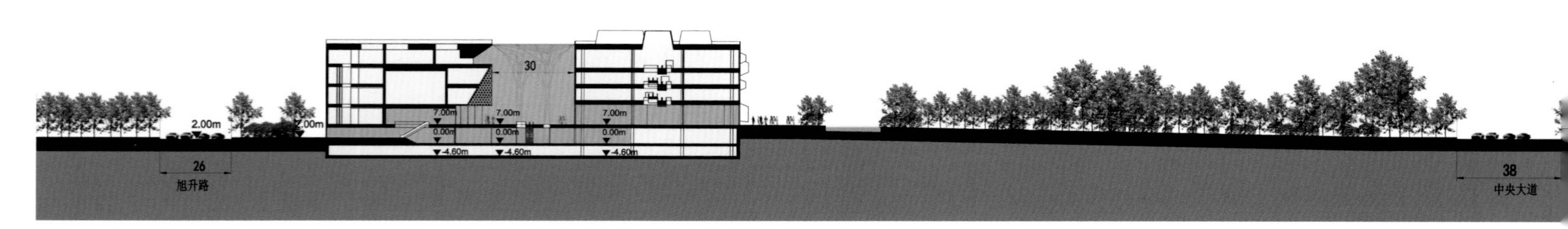

B-B 剖面：由旭升路进入建筑

交通组织　Traffic Organization

设计说明

（1）借助解放路下穿，实现人车分流；

（2）沿公园一侧主要组织人行入口；

（3）沿旭升路一侧组织机动车、自行车及出租车落客；

（4）公交落客设于解放路下穿隧道，对接长廊地下一层。

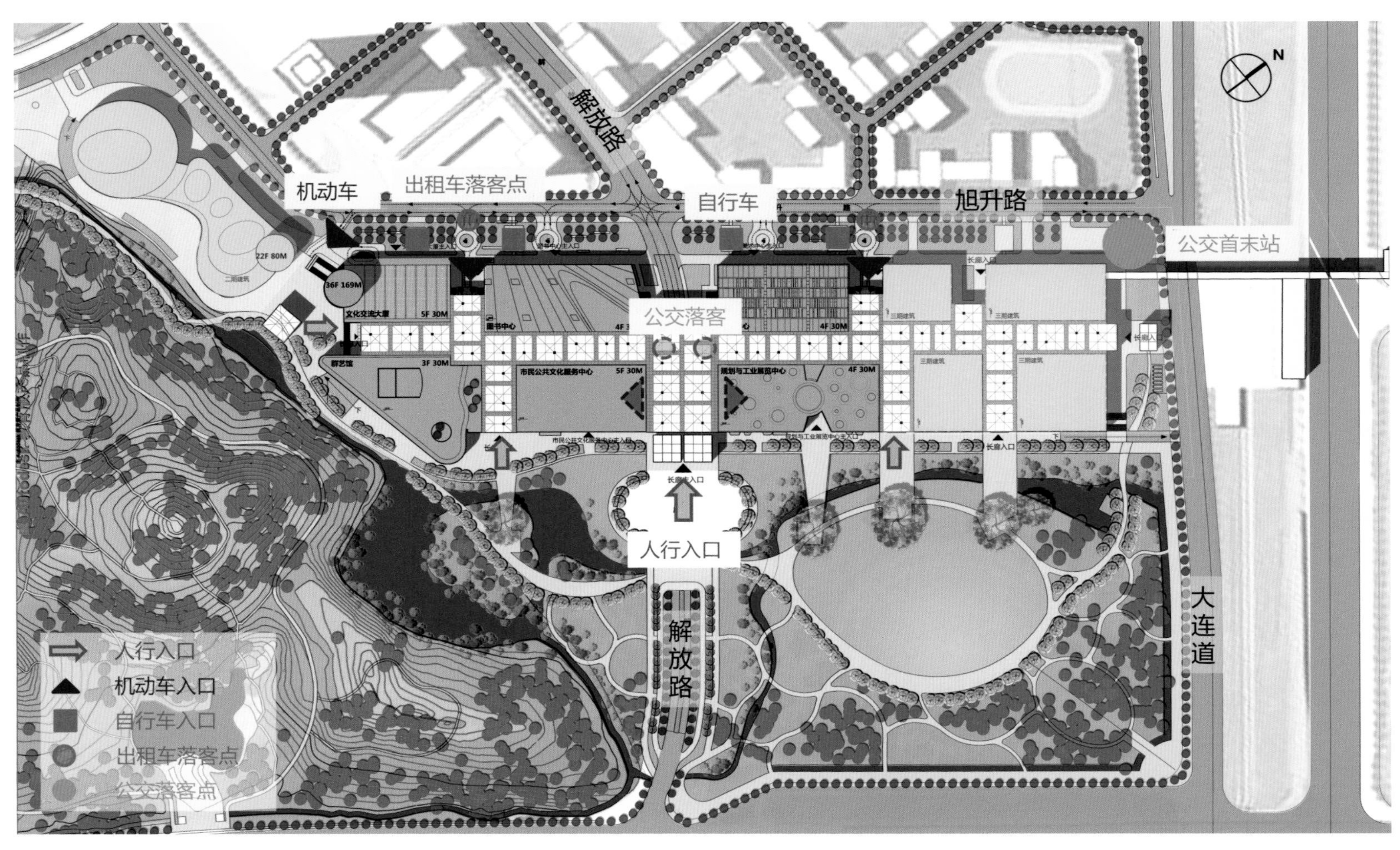

交通组织分析图

建筑造型

Architectural Image

（1）建筑高度：30 米（高层塔楼除外）；

（2）建筑色彩、材质：规划中心、市民中心统一采用浅暖色调，衬托白色长廊构件；

（3）立面划分：横向划分；

（4）第五立面：东侧建筑采用绿化屋面；

（5）强化长廊：延伸长廊构件，强化统筹作用。

图书中心效果图

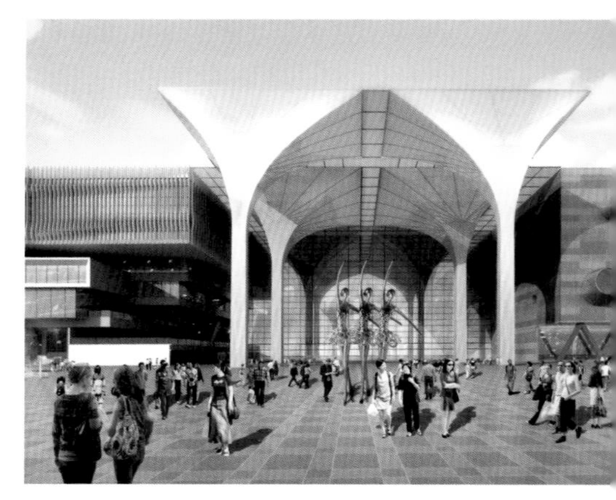

东广场：深化方案一

东广场：深化方案二

沿公园方向效果图

沿旭升路方向效果图

建筑功能

Architectural Function

设计说明

文化事业与文化产业相结合，文化氛围与城市活力相结合，规划建设与运营管理相结合，统一规划商业和配套设施，以长廊为核心，紧凑布局，打造现代时尚的文化综合体和 24 小时活力街区。

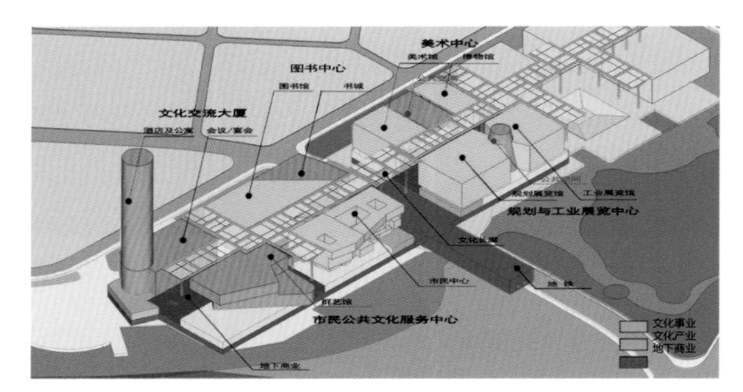

文化事业与文化产业相结合

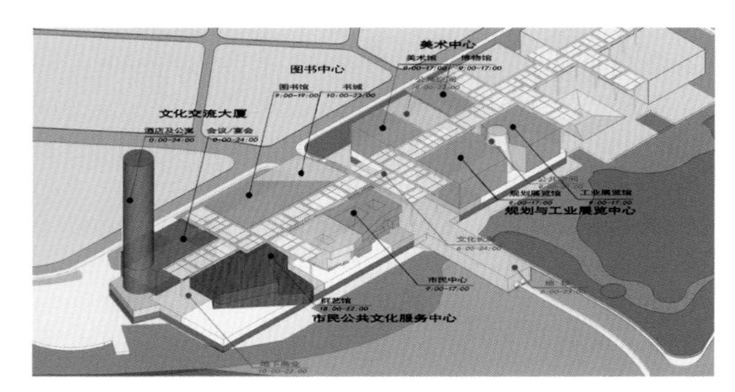

文化氛围与城市活力相结合

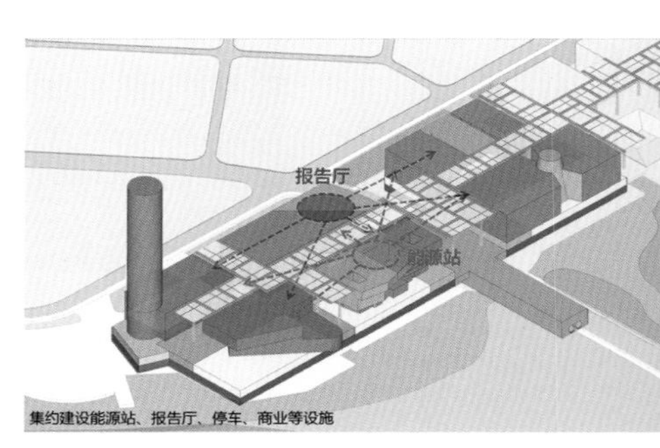

规划建设与运营管理相结合

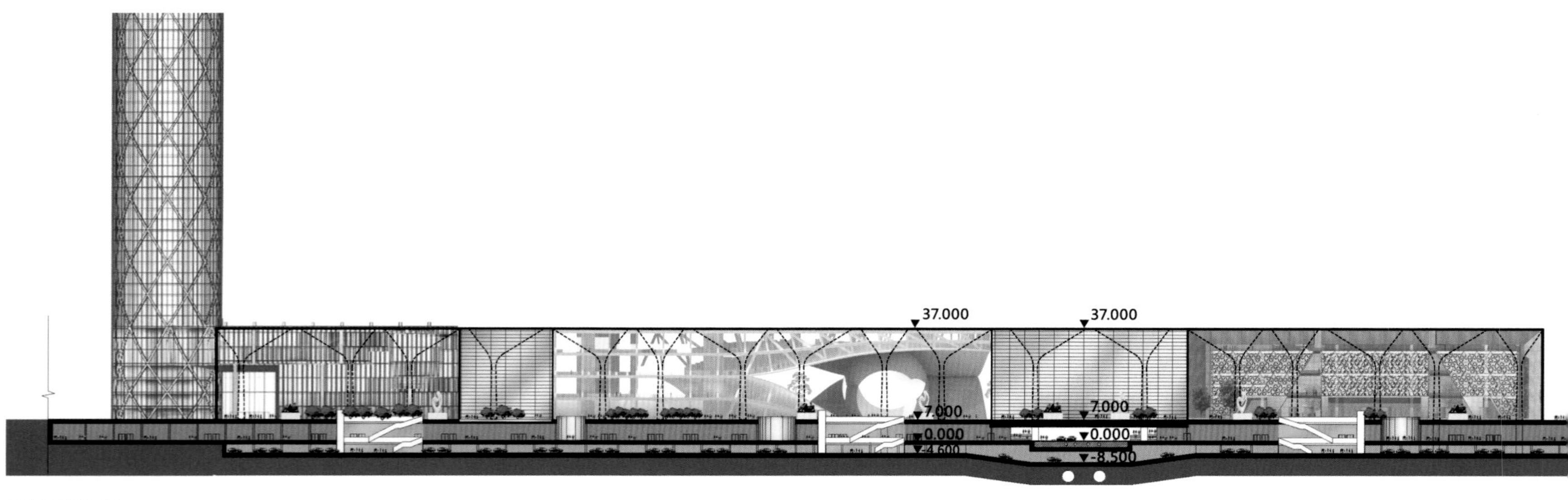

长廊纵向剖面图

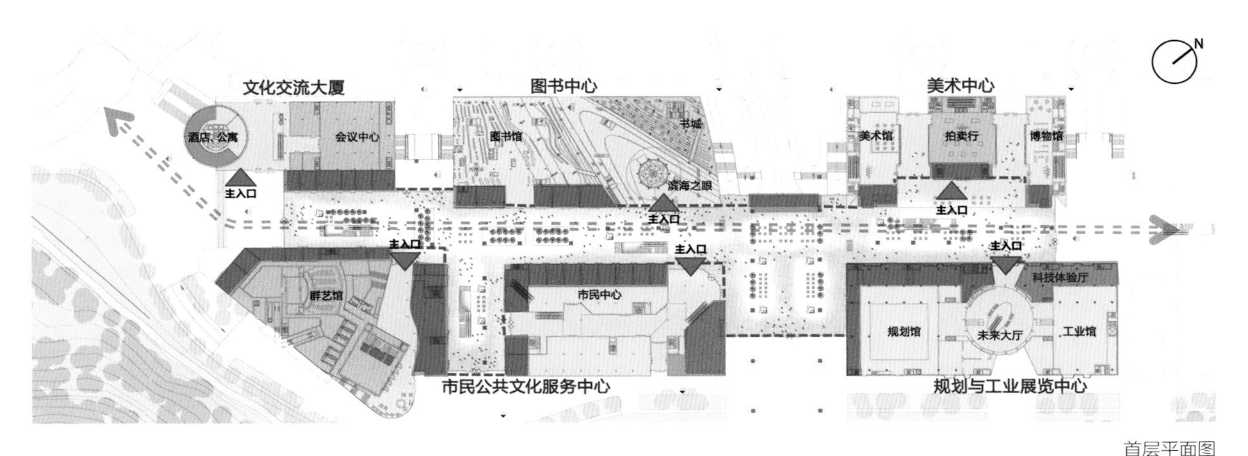

首层平面图

（1）以长廊为核心，紧凑布局；
（2）建筑的主入口和共享中庭朝向长廊；
（3）沿长廊形成连续的商业界面；
（4）长廊紧密连接各类交通流线，方便公众使用。

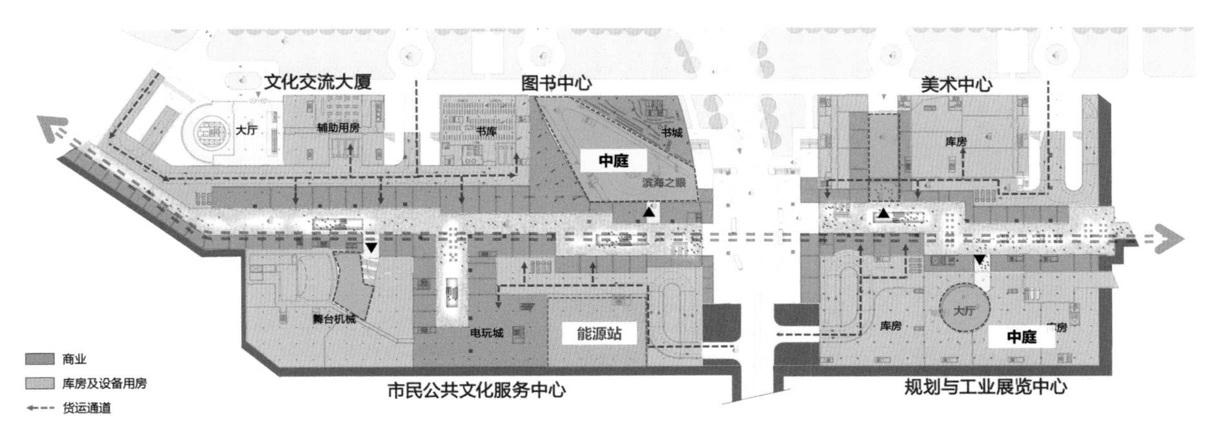

地下一层平面图

（1）沿长廊形成地下步行商业街；
（2）游客可从地下一层直通建筑共享中庭；
（3）整合货运通道，服务地下商业和库房；
（4）集中设置能源站。

地下二层平面图

（1）机动车停车场设于地下二层，停车位共 1100 个，错峰共享使用；
（2）游客可从地下二层的停车场直达文化长廊。

文化长廊
Cultural Corridor

造型推敲 Image Study

滨海新区文化中心

文化味、艺术感

轻盈

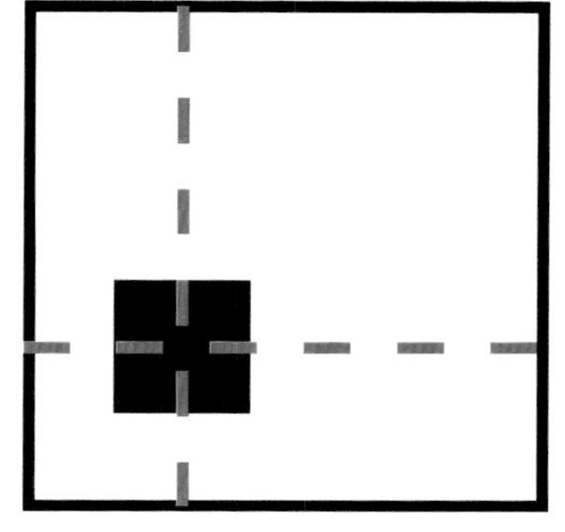
偏心柱

国家会展中心

工业味、技术感

厚实

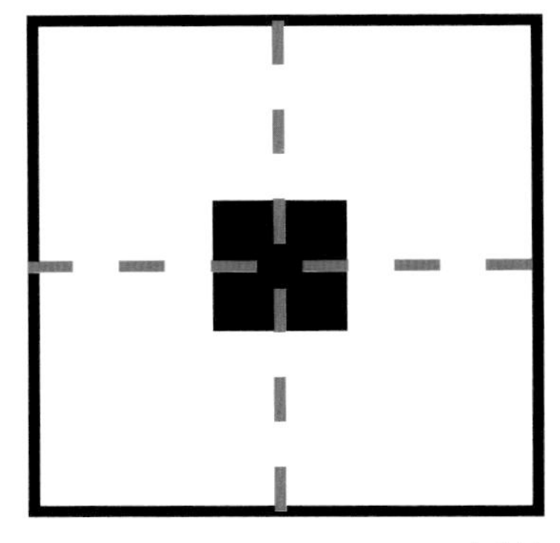
中心柱

造型推敲 Image Study

方案一 —— 蒲公英（推荐方案）

简洁纯净的柱廊，独特的城市空间

材质

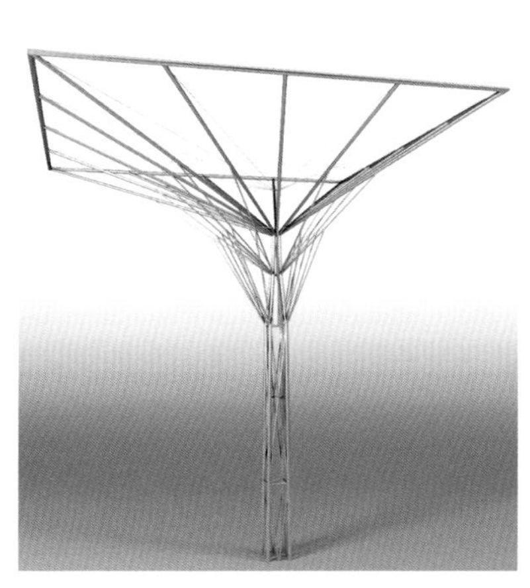

结构

方案二 —— 伞

效果图

方案三 —— 树

效果图

空间推敲 Space Study

方案一 —— 单柱空间（推荐方案）

彰显长廊的文化个性，错位排布具有平衡作用

方案二 —— 双柱空间

效果图

方案三 —— 无柱空间

效果图

尺度推敲　Scale Study

方案一（推荐方案）

构件高 30 米，廊宽 30 米。建筑立面完整可见，构件与建筑关系均衡，为设计深化与文化活动的组织提供了充足的想象空间。

效果图

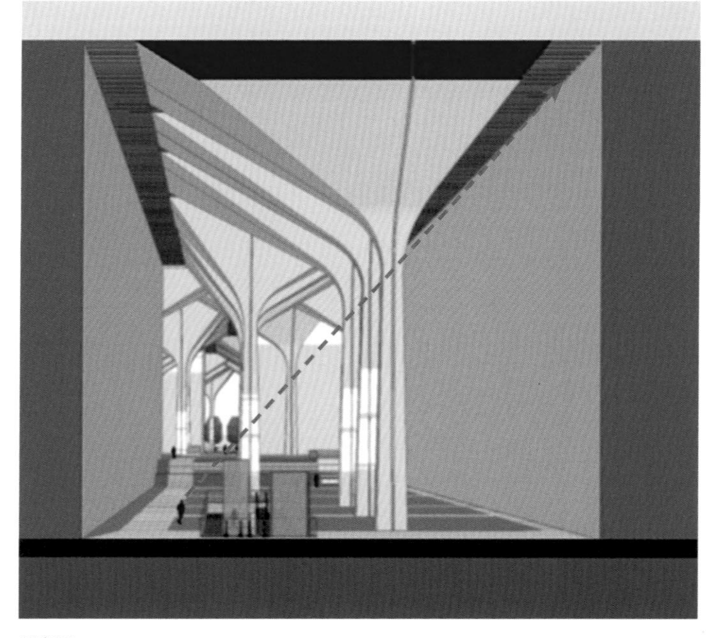

示意图

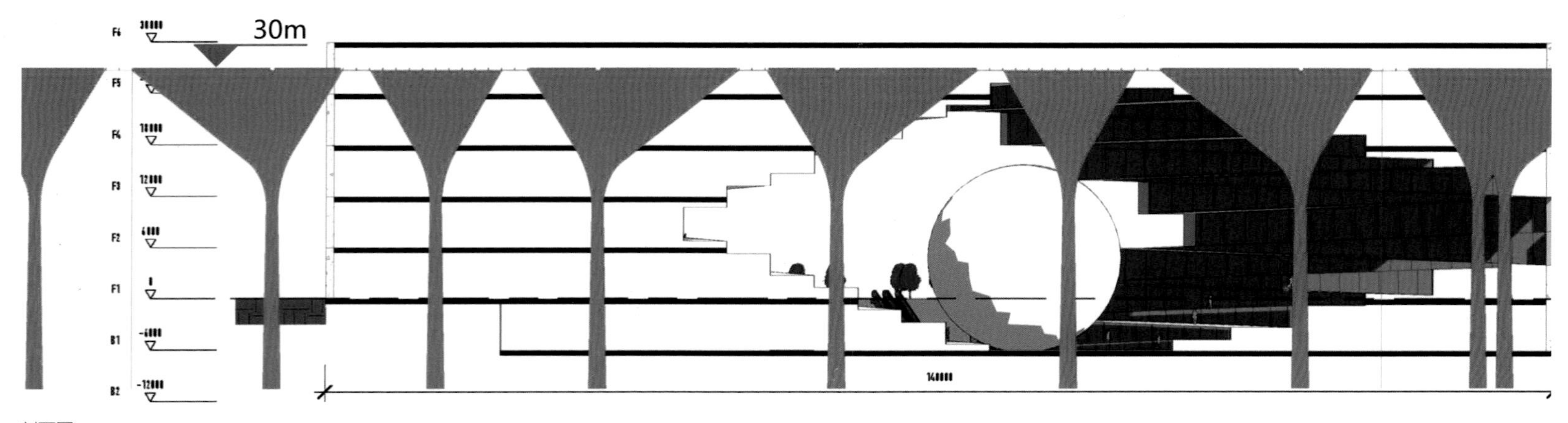

剖面图

方案二

构件高 18 米，廊宽 20 米。建筑立面被构件遮挡，不能见全貌，弱化了长廊的艺术性与标志性。

效果图

示意图

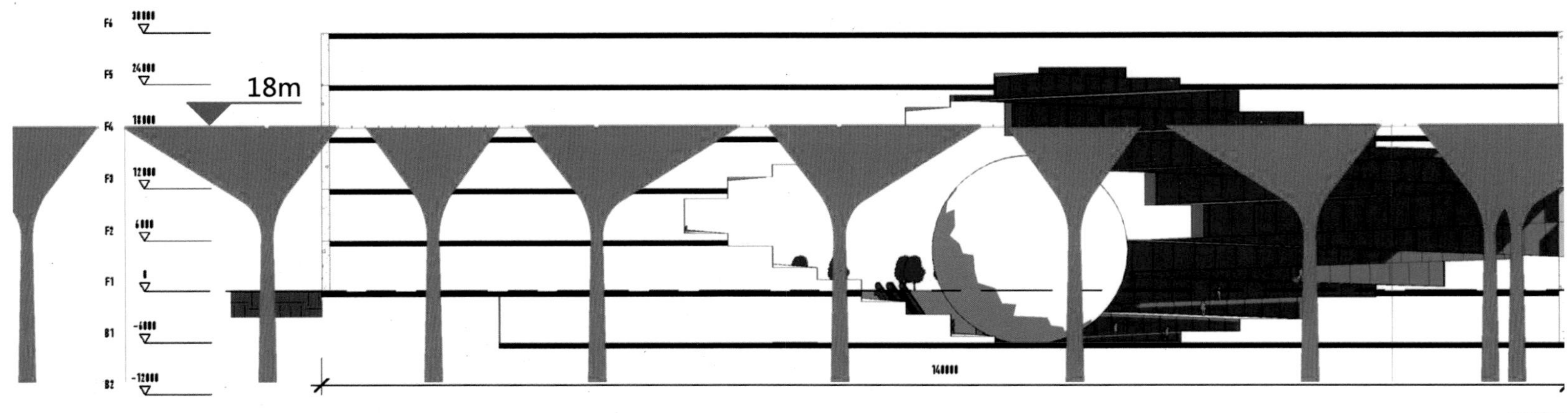

剖面图

深化效果图

2013–2014年

天津滨海新区文化中心（一期）建筑设计方案国际咨询汇总深化和城市设计

2013—2014 Comprehensive Deepening and Urban Design of Int´l Consultation for Architectural Design of First Phase for Cultural Center in Binhai New Area, Tianjin

（一期）建筑设计方案
国际咨询汇总深化和城市设计 ▷

建筑功能整合，立面深化

- 建筑功能整合
- 建筑立面深化

2013年11月，市领导听取滨海新区文化中心规划和建筑方案汇报后，充分肯定了文化长廊的设计思路，原则上同意城市设计方案，并对建筑设计方案提出了三点修改要求：一是文化建筑过于零碎，功能应整合完善，形成具有一定规模和世界一流水平的文化建筑；二是文化长廊应合理划分段落，在统一的主题下形成各自的特色；三是中央公园的设计应以大绿为主，减少硬质铺装。

按照市领导的要求，结合国际咨询提出的新问题，新区规划和国土资源管理局组织开展了国际咨询方案的汇总和深化工作。建筑方案的设计深化，主要由天津市规划院建筑分院负责，天津建筑设计院、天津华汇建筑设计公司参与。城市设计和修建性详细规划由天津市规划院城市设计所负责，渤海规划院、天津市政设计院、天津华汇环境规划设计公司参与。

建筑功能整合

Building Functional Integration

“一廊六馆”结构：文化长廊和文化建筑

文化建筑包括城市与工业博物馆、美术馆、图书馆、市民活动中心（青少年妇女老年活动中心）、群艺馆（文化馆）和文化交流大厦。

规划任务：突出“博、美、图、文”的基础功能，满足国家对城市文化设施的达标要求。原市民公共文化活动中心拆分为群艺馆和市民活动中心两个建筑。群艺馆位置不动，图书馆与市民活动中心位置对调。同时，转变思路，强调通过统一的运营管理，实现文化事业与文化产业的协同发展。

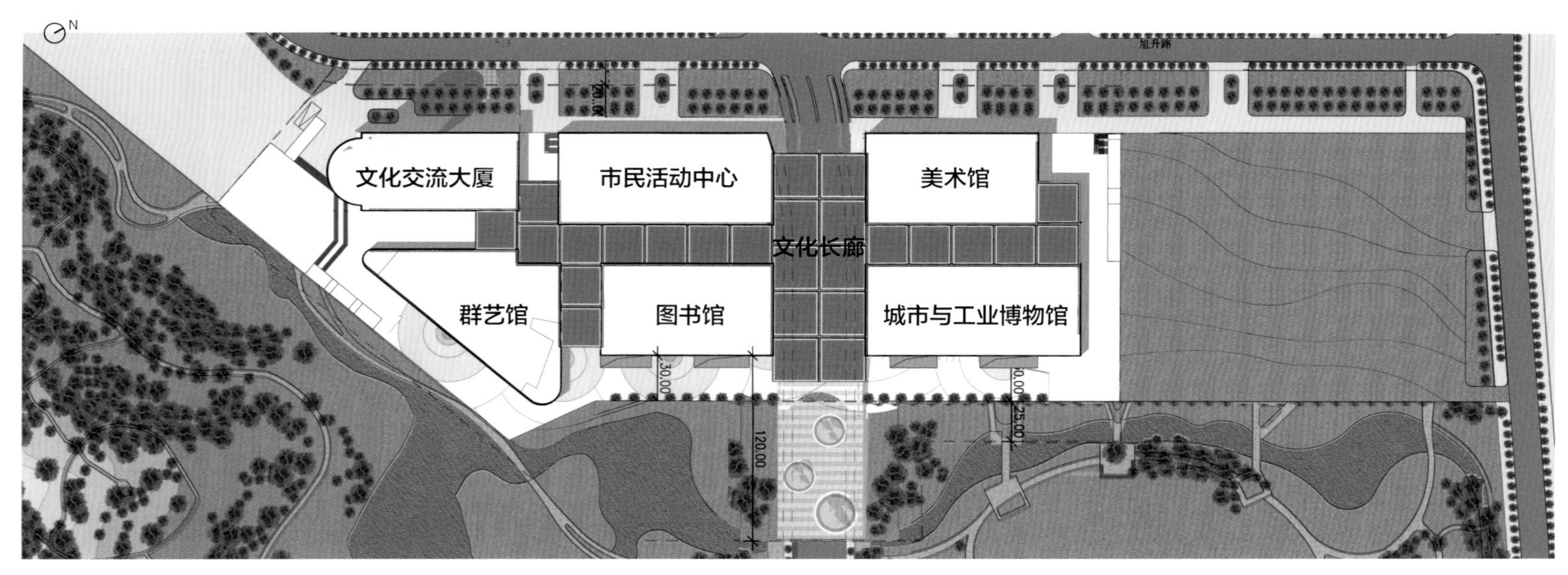

“一廊六馆”平面图

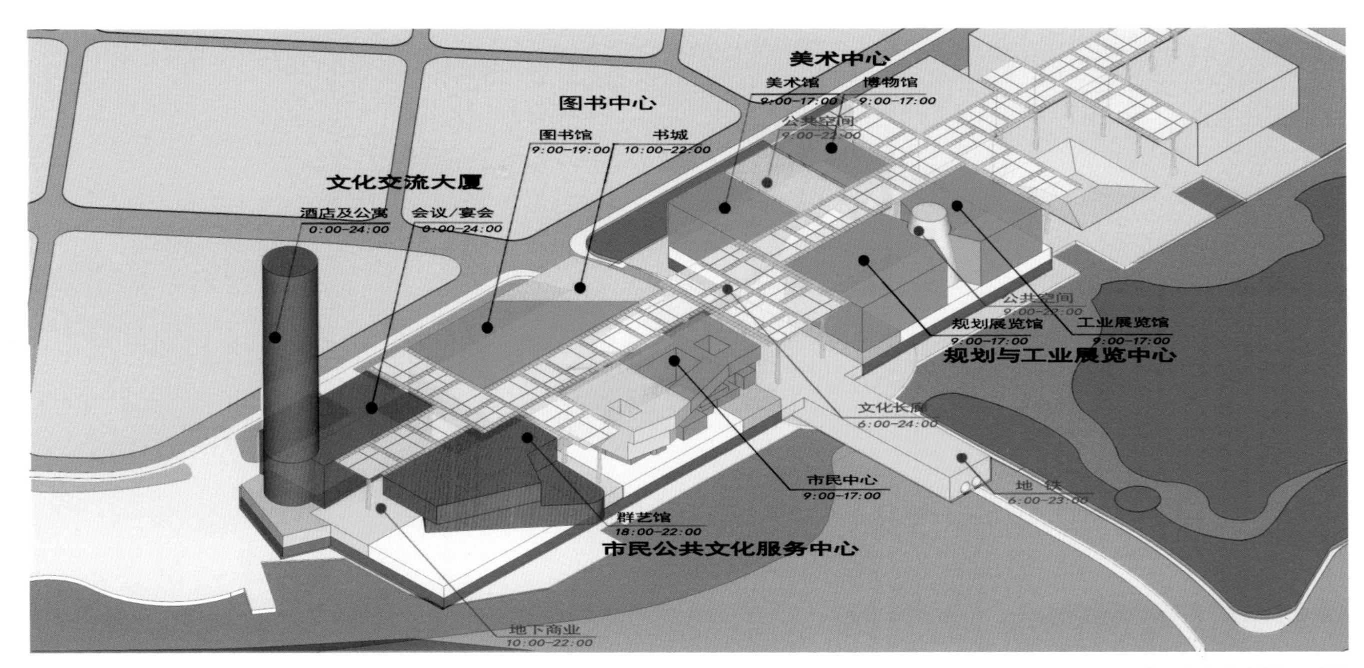

原方案

共 11 个文化建筑，虽然组合成 5 组建筑，但每组建筑缺乏整体性，功能零碎。

“11 个文化建筑”示意图

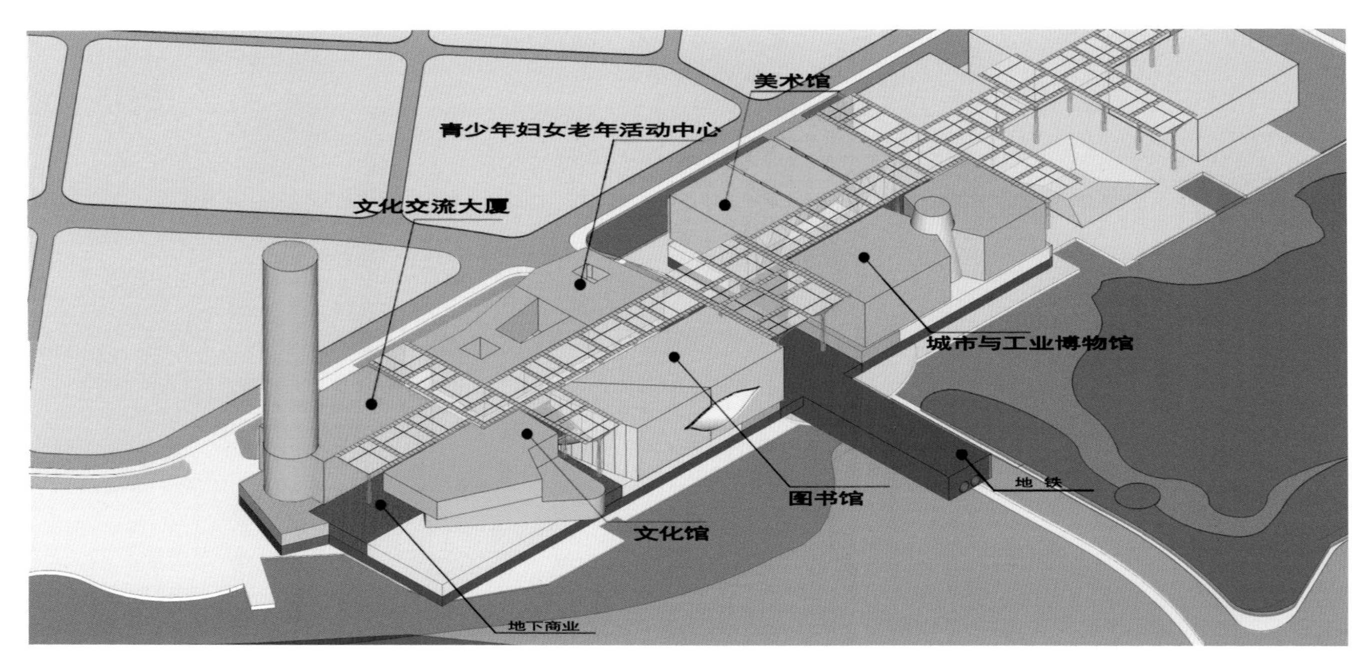

新方案

整合调整为“博、美、图、文、活动中心和交流大厦”6 大文化建筑。

建设规模达标，功能设施先进，突出新区特色。

“一廊六馆”示意图

城市与工业博物馆　Urban and Industrial Museum

目标案例： 芝加哥科学与工业博物馆

功能特色： 注重互动性、趣味性，激发创造性

拟合作机构： 芝加哥科学与工业博物馆、旧金山探索馆

发展定位： 突出新区八大产业和城市发展特色；
与天津市博物馆、塘沽博物馆错位发展；
原新区规划展览馆调整为滨海绿化博物馆。

规模达标： 总建筑面积 3.5 万平方米

运营管理： 管理社会化，运作市场化，兼具对外招商与宣传功能；
提倡参与体验与互动，以及展示方式多样性。

芝加哥科学与工业博物馆

城市与工业博物馆

美术馆　Art Gallery

目标案例： 美国现代艺术博物馆 MOMA、北京 798 艺术区

功能特色： 现代艺术展示新思维、多样文化体验

拟合作机构： 美国现代艺术博物馆 MOMA 团队、北京 798 艺术区团队

发展定位： 国家版画基地，国际一流的现代美术馆；
充分体现塘沽、汉沽版画传统；
结合新区在动漫产业方面的优势特点，与市美术馆错位发展。

规模达标： 总建筑面积 2.8 万平方米

运营管理： 管理社会化，运作市场化；
参照美国现代艺术博物馆 MOMA 和北京 798 艺术区策展模式。

美国现代艺术博物馆 MOMA

美术馆

图书馆　Library

目标案例： 西雅图中央图书馆、国家图书馆、天津图书馆

功能特色： 应用新兴媒体，强调公共性、灵活性、流通性

拟合作机构： 中国国家图书馆、天津滨海新区泰达图书馆

发展定位： 具有一流数字和实体书籍借阅条件的国际图书馆

规模达标： 总建筑面积 3.8 万平方米（与泰达图书馆合并计算，藏书量达 400 万册，满足要求）

运营管理： 借鉴西雅图中央图书馆、国家图书馆、天津图书馆等项目，突出打造休闲轻松的阅读空间；增加数字电影馆等新型设施，适应网络时代发展潮流。

西雅图中央图书馆

图书馆

市民活动中心　Civic Activity Center

目标案例： 芝加哥加里科默青年中心、天津阳光乐园

功能特色： 与电影、商业结合，突出互动性、参与性、灵活性

拟合作机构： 天津华夏未来教育集团、天津彩悦城

发展定位： 国内第一个全生命周期的文化活动中心，祖孙三代设施共享；教育、培训以及新区动漫产业相结合，更好地服务市民。

规模达标： 总建筑面积 4 万平方米

运营管理： 借鉴芝加哥加里科默青年中心、天津阳光乐园等项目；采用商业运营模式，进行经营管理。

芝加哥加里科默青年中心屋顶花园

市民活动中心

群艺馆　Civic Art Center

目标案例： 林肯艺术中心（茱莉亚音乐学院音乐厅）

功能特色： 通过 LED 等新技术应用，缩小后台空间，更加灵活

拟合作机构： 茱莉亚音乐学院、东方歌舞厅

发展定位： 国内一流的创新型文化馆；
与天津大剧院、塘沽剧场等形成三个层级，互补发展。

规模达标： 总建筑面积 2.7 万平方米（群星剧场从原 1000 座增加到 1400 座，满足茱莉亚音乐学院和东方歌舞团驻场演出的要求）

运营管理： 借鉴林肯艺术中心等国际一流项目，采用市场化运营模式。

林肯艺术中心

群艺馆

文化交流大厦　Cultural Exchange Center

目标案例： 北京芳草地（侨福）怡亨酒店

功能特色： 小型、艺术化精品酒店

拟合作机构： 香港侨福集团、世界小型豪华酒店组织、台湾诚品书店

发展定位： 原方案以酒店和公寓为主，现调整为以办公为主，包括小型精品艺术酒店、公寓和人才交流中心。

规模达标： 总建筑面积 10 万平方米，高度 180 米

运营管理： 办公部分为文化企业进驻提供高端办公的运营场地；

酒店部分借鉴北京芳草地（侨福）怡亨酒店，计划设置客房 100 套，由世界小型豪华酒店组织管理。

北京芳草地（侨福）怡亨酒店

文化交流大厦

建筑立面深化
Building Facade Deepening

城市与工业博物馆 Urban and Industrial Museum

原版方案

新版方案一

美术馆 Art Gallery

原版方案

新版方案一

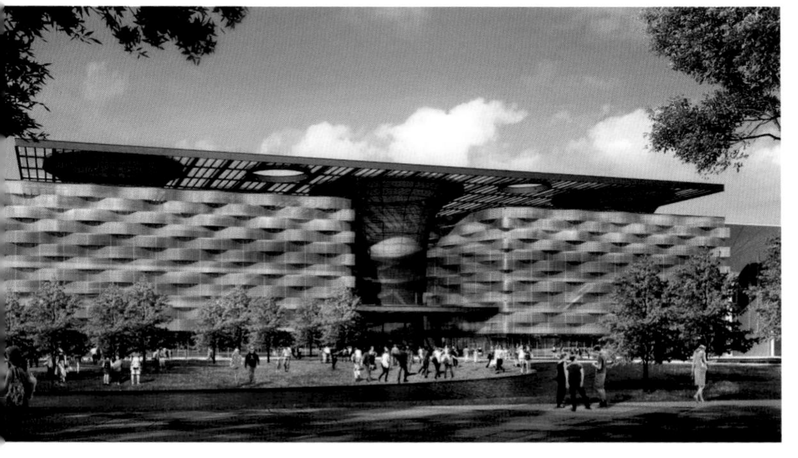

新版方案二

新版方案三

新版方案二

新版方案三

图书馆 Library

Exterior View of the West Entrance 西面主入口

原版方案

新版方案一

市民活动中心 Civic Activity Center

原版方案

新版方案一

新版方案二

新版方案三

新版方案二

新版方案三

（一期）建筑设计方案
国际咨询汇总深化和城市设计 ▷▷

建筑群整合设计

- 总图调整
- 文化与商业功能协调发展
- 轨道站方案
- 景观深化设计

总图调整

Master Plan Adjustment

（1）原市民公共文化活动中心拆分为群艺馆（文化馆）和市民活动中心（青少年妇女老年活动中心）两栋建筑。群艺馆位置不动，综合考虑交通和景观等因素，图书馆与市民活动中心位置对调；

（2）东西向文化长廊的宽度从 30 米压缩到 16 米，突出中央长廊的气势。

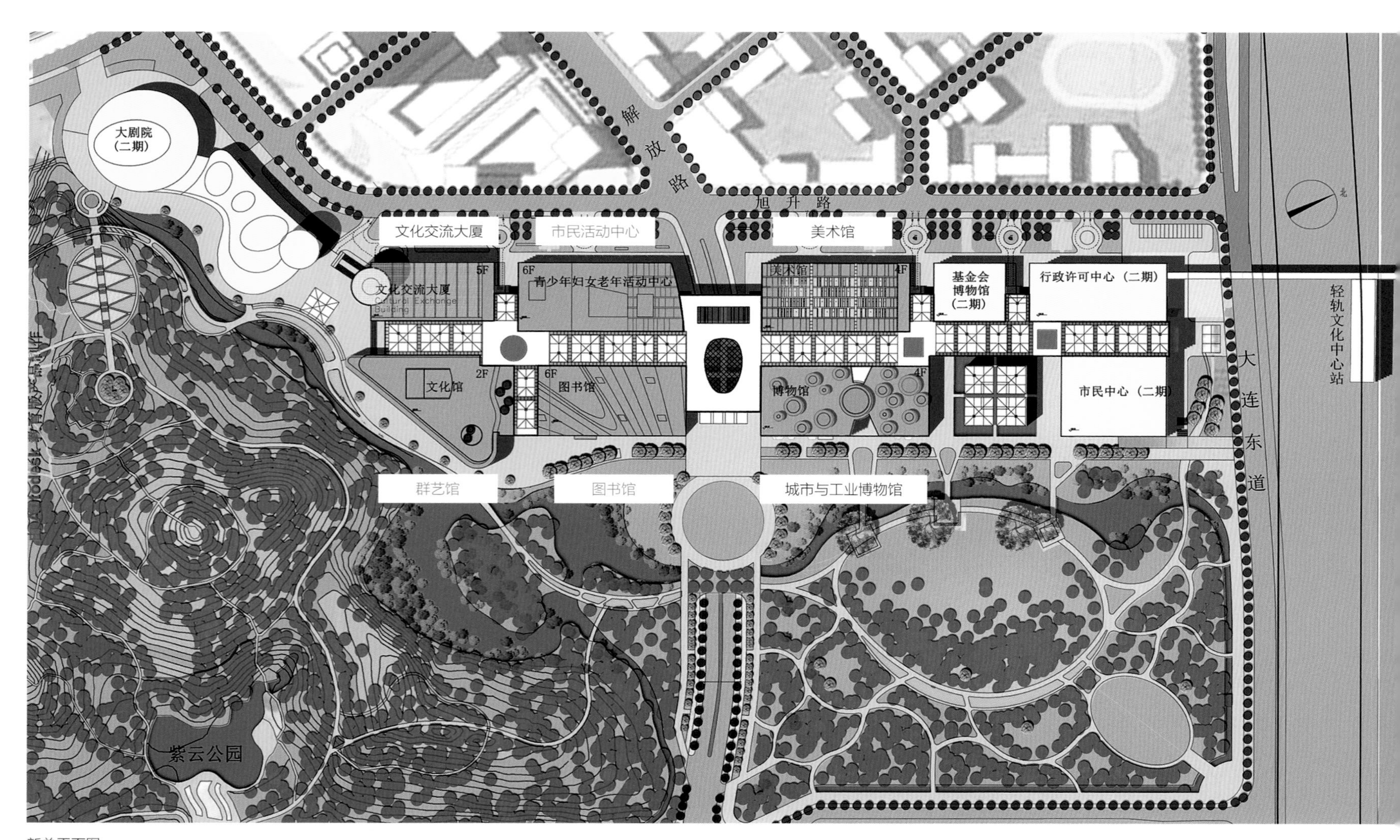

新总平面图

N
文化交流大厦
图书中心
美术中心
22F 80M
36F 169M
文化交流大厦 5F 30M
图书中心 4F 30M
美术中心 4F 30M
群艺馆 3F 30M
市民公共文化服务中心 5F 30M
规划与工业展览中心 4F 30M
长廊入口
长廊入口
市民文化活动中心
长廊主入口
规划与工业展览中心
广场

原总平面图

文化与商业功能协调发展

Coordination Development of Cultural and Commercial Function

沿文化长廊设置可经营的文化类商业店面，为市民的休闲活动提供场所，聚集人气；增加商业空间和公寓面积 4 万平方米。

文化中心（一期）占地 10.7 万平方米，总建筑面积 42 万平方米，其中：

（1）文化场馆规模总计 16.8 万平方米；

（2）商业设施总计 15.2 万平方米；

（3）地下停车 8.5 万平方米，停车 1600 辆；

（4）市政设施 1.5 万平方米。

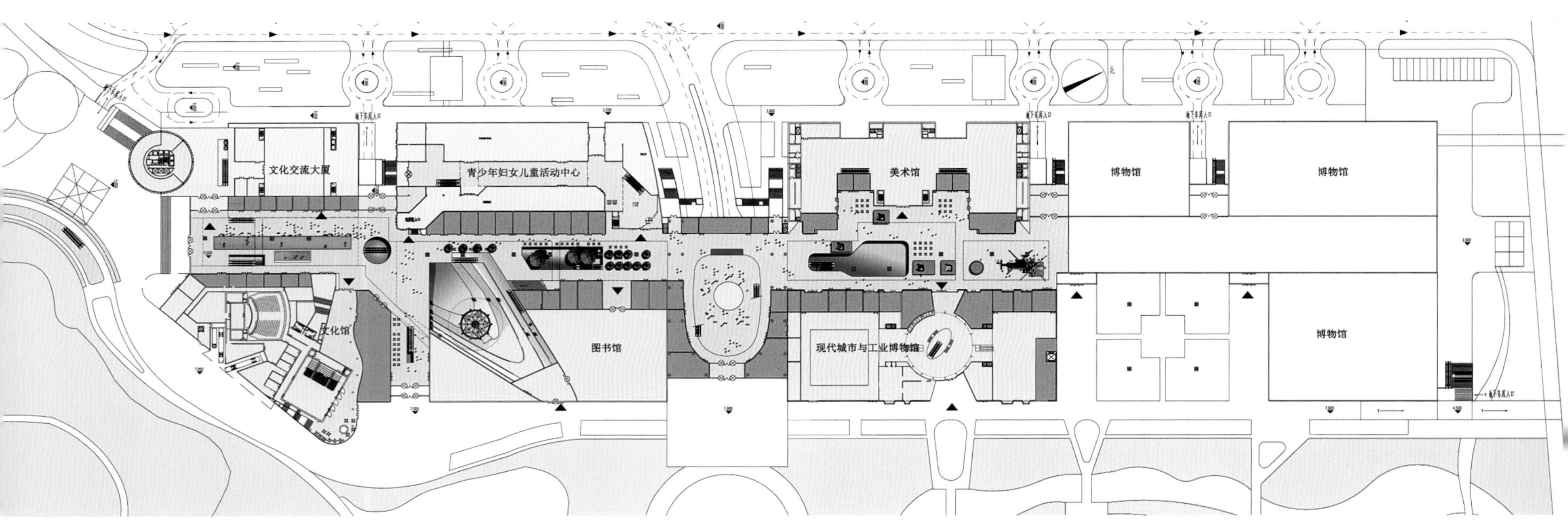

首层平面图

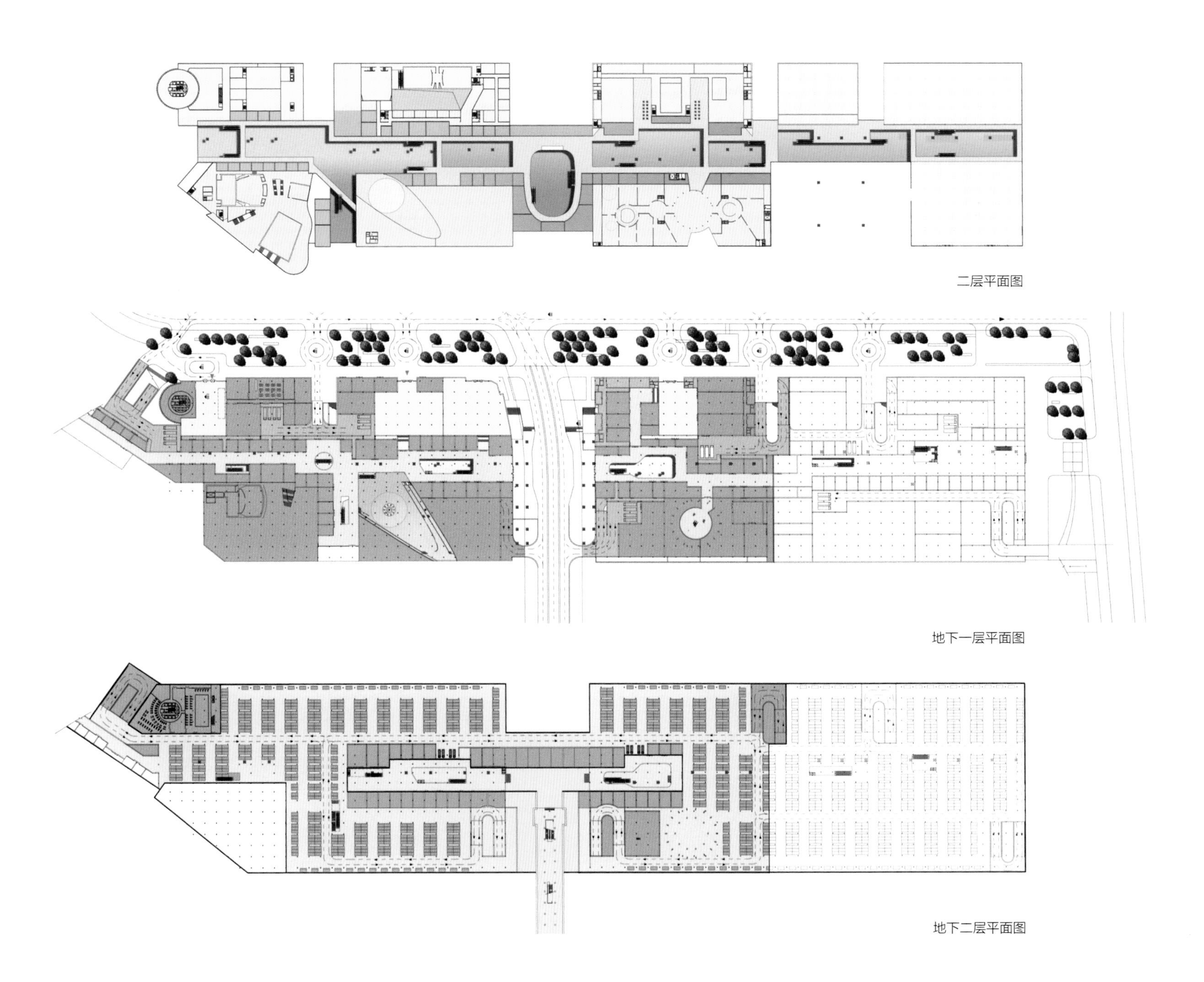

二层平面图

地下一层平面图

地下二层平面图

轨道站方案
Orbital Station Program

B7 线文化中心地区三站方案

（1）B7 线文化中心站与文化中心（一期）贴建衔接，实现与 B7 线无缝衔接，进一步激发文化中心的活力；

（2）B7 线天碱站经旭升路通过地下通道连接文化中心（一期），使文化中心与 Z4 线无缝衔接；

（3）三站方案在 B7 线文化中心站做预留，但解放路下穿隧道不做盖挖工程预留。

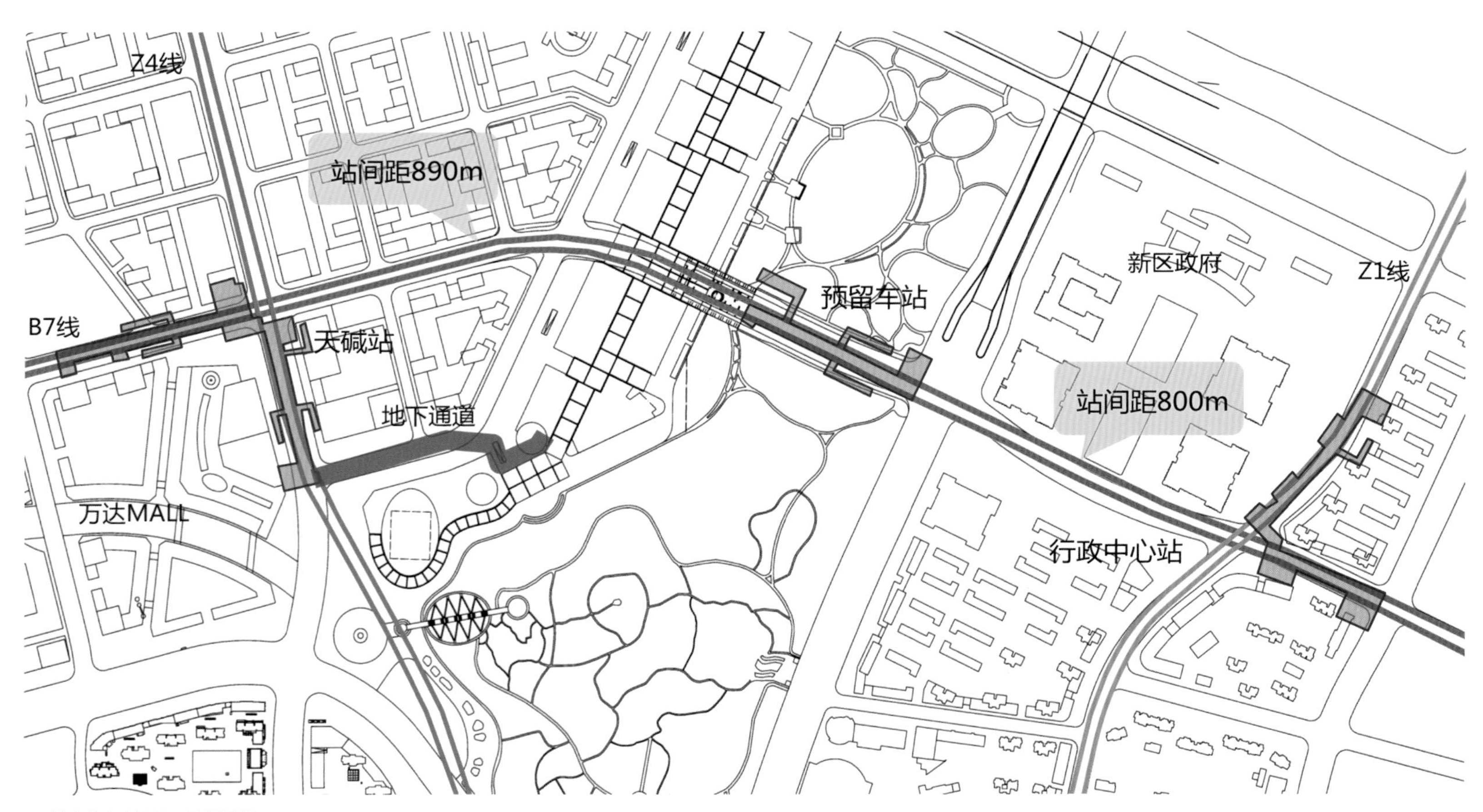

B7 线文化中心地区三站分析图

B7 线文化中心地区两站方案

（1）B7 线在天碱站经旭升路通过地下通道连接文化中心（一期），使文化中心与 Z4 线无缝衔接；

（2）两站方案在 B7 线天碱站与行政中心站区间段，保留预留车站的可能性，但解放路下穿隧道不做盖挖工程预留。

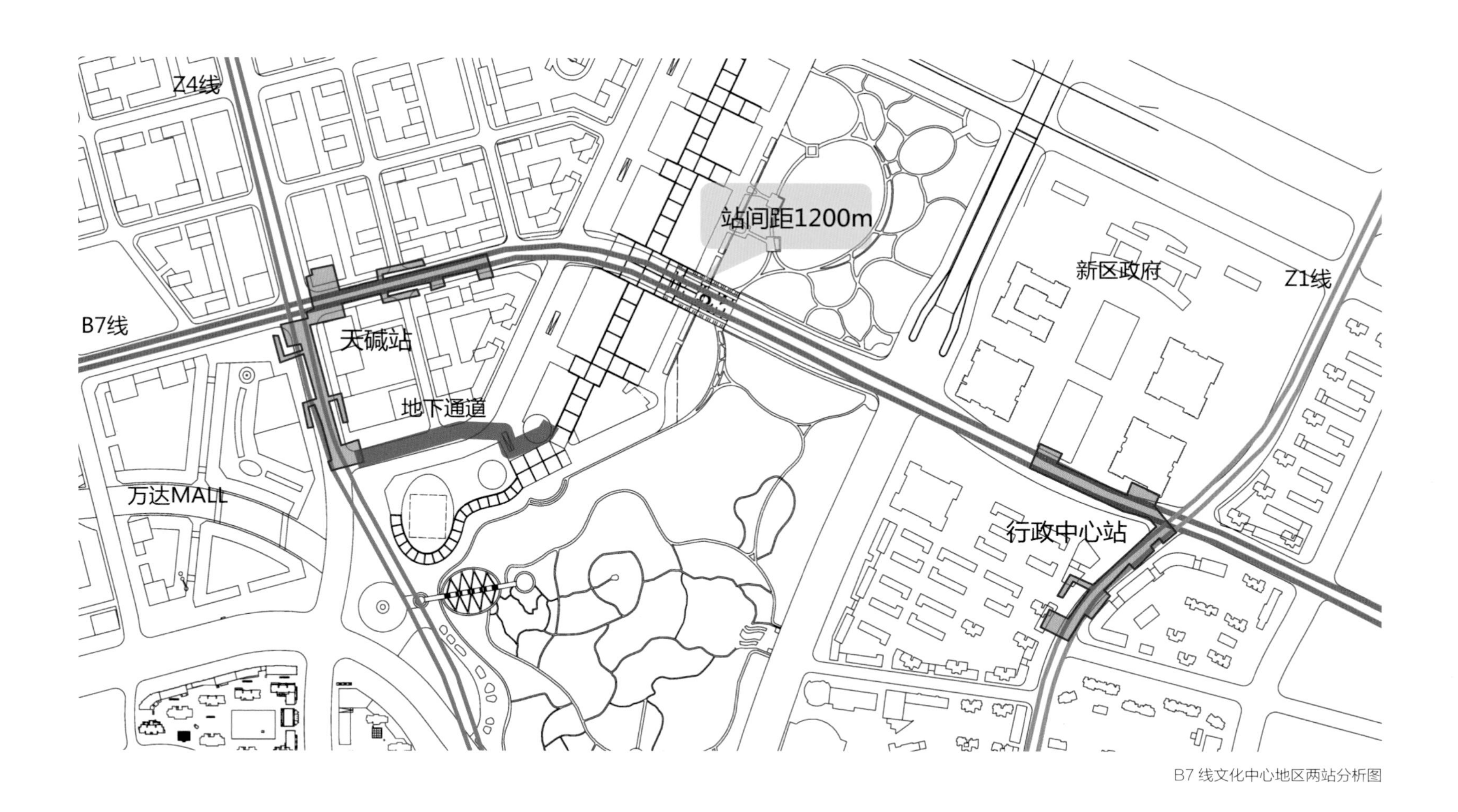

B7 线文化中心地区两站分析图

景观深化设计

Landscape Deepening Design

减少硬铺装的比例，强调以树木大绿为主的景观设计。

景观效果图

景观效果图

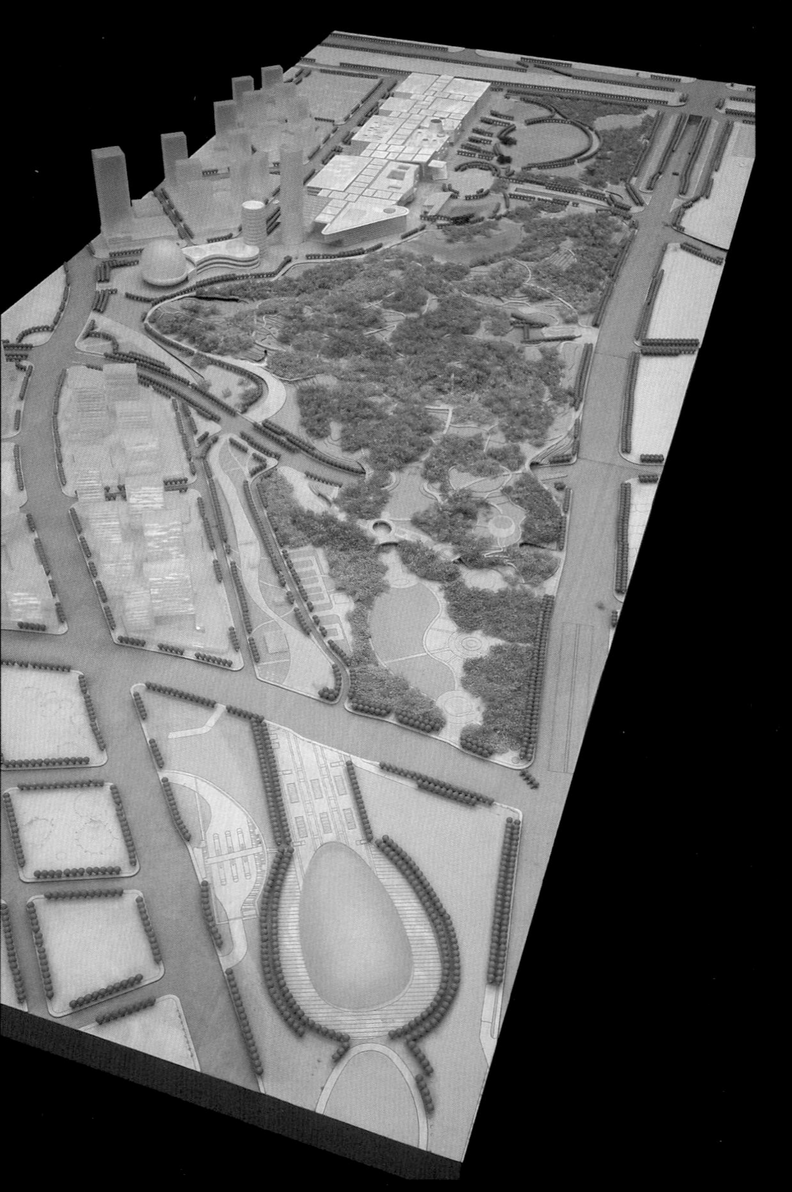
从于家堡车站方向看文化中心模型照片

从中央大道向西看文化中心模型照片

从东北方向看文化中心模型照片

从东南方向看文化中心模型照片

从中央大道向西北方向看文化中心模型照片

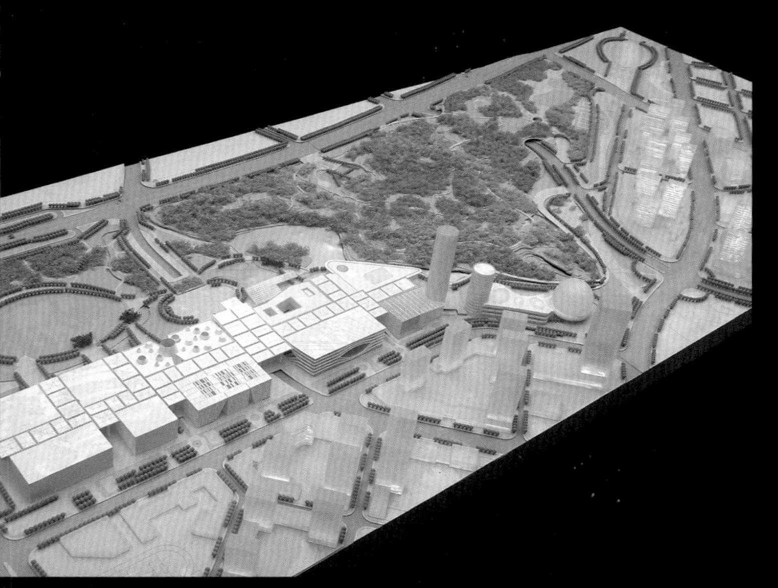

从西北方向看文化中心模型照片

从西南方向看文化中心模型照片

（一期）建筑设计方案
国际咨询汇总深化和城市设计 ▷▷▷

文化长廊深化设计

- 金色大厅
- 魅力秀场
- 人文生态
- 科技与艺术

文化长廊原方案在功能、造型和气氛上比较单一，缺乏与各文化建筑之间的呼应。本次优化结合两侧建筑特点分段设计，形成“一个主题、一个节点、三大段落”的格局：

“一个主题”——“未来”，展示世界科学、艺术、生态的未来发展；

“一个节点”——“金色大厅”；

“三大段落”——“魅力秀场”“人文生态”“科技与艺术”。

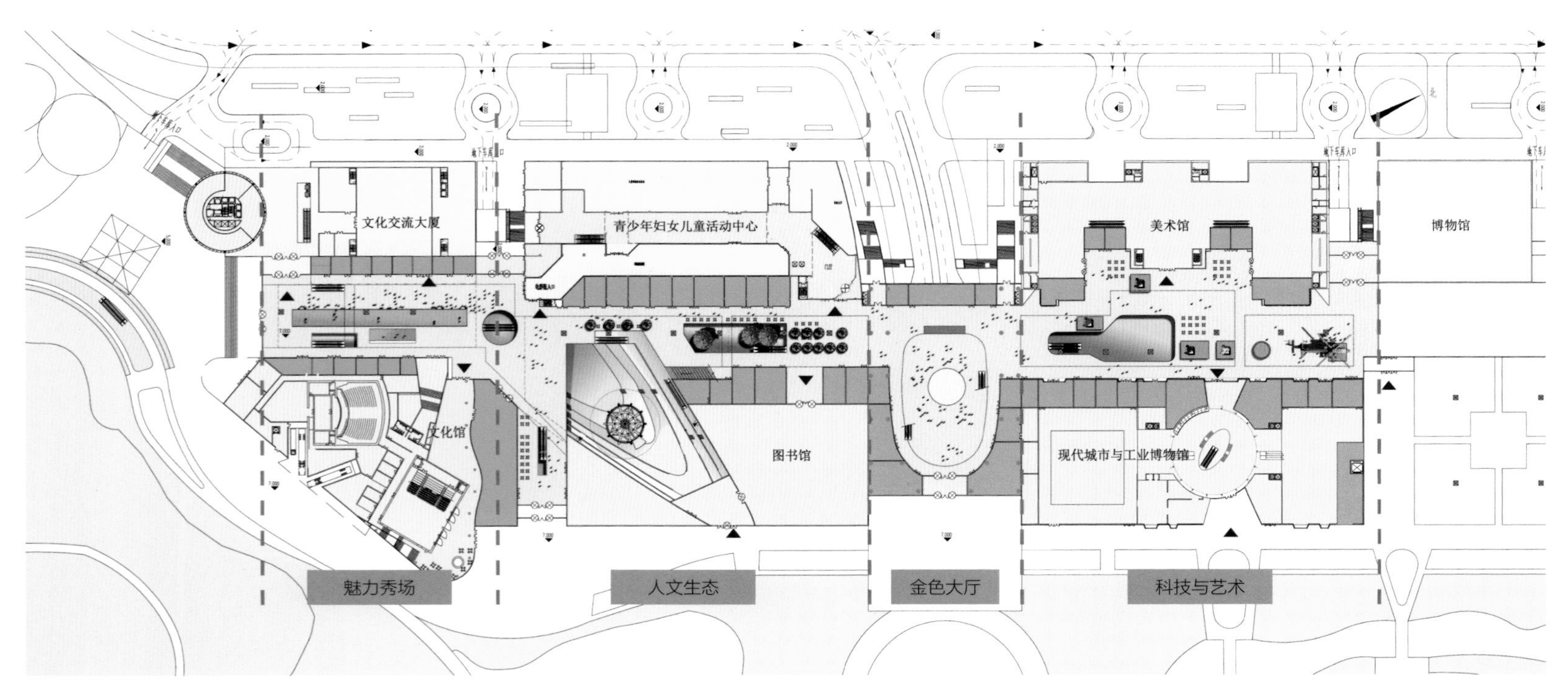

文化长廊分段平面图

金色大厅

Golden Hall

（1）位于人文生态段落和科技与艺术段落之间，对接主入口；

（2）宽 60 米、长 80 米，中庭直径 30 米；

（3）是文化中心的节日庆典活动中心，可举办新区城市活动、重大庆典仪式。

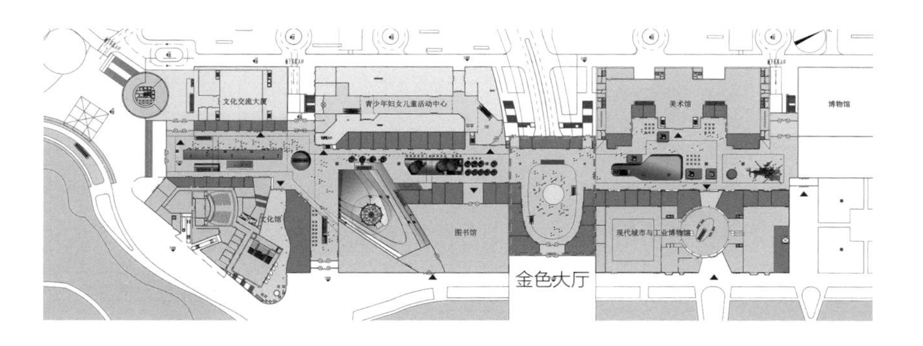

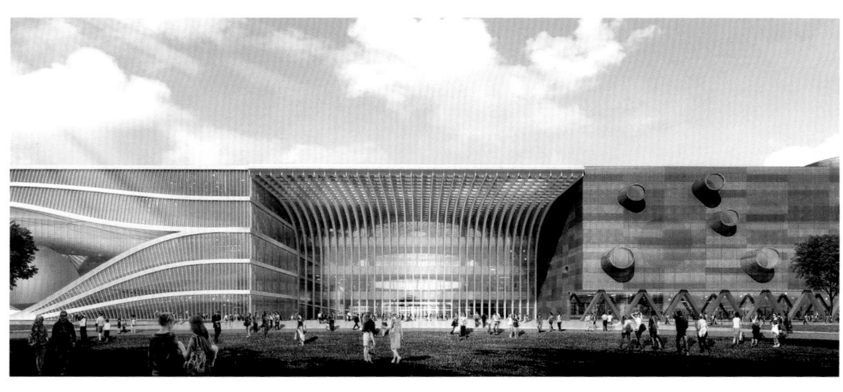

金色大厅主入口效果图

金色大厅效果图

魅力秀场

Charm Show

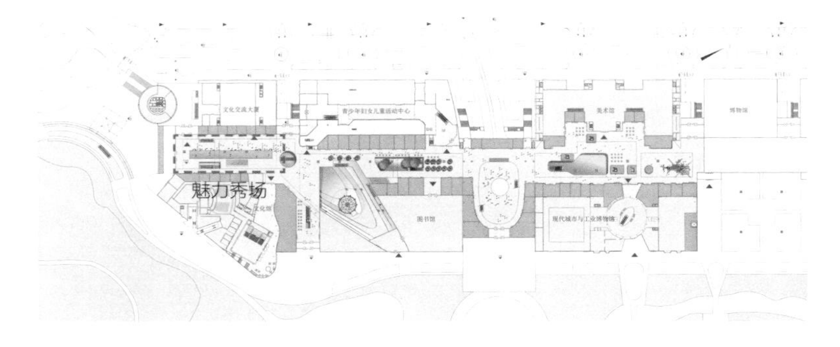

（1）两侧为群艺馆和文化交流大厦，长约 120 米；

（2）用于首映式、梯台秀、发布会等演艺、媒体活动；

（3）设置群星大道等仪式纪念场地。

魅力秀场效果图

人文生态

Human Ecology

（1）两侧为图书馆和市民活动中心，长约 140 米；
（2）可举行文学作品签售、国学讲堂宣传、休闲阅览等活动；
（3）突出绿化景观、低碳科技风格。

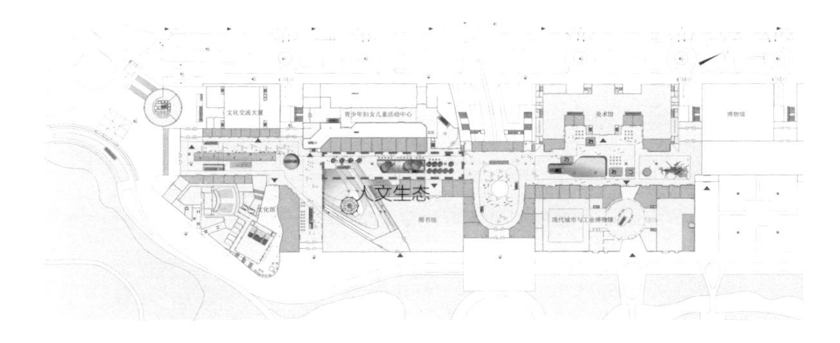

人文生态区效果图

科技与艺术

Technology and Art

（1）两侧为城市与工业博物馆和美术馆，长约 140 米；

（2）南侧展示现代艺术、艺术雕塑；

（3）北侧展示新区工业传统与科技产品（如天碱白灰窑、直升机）。

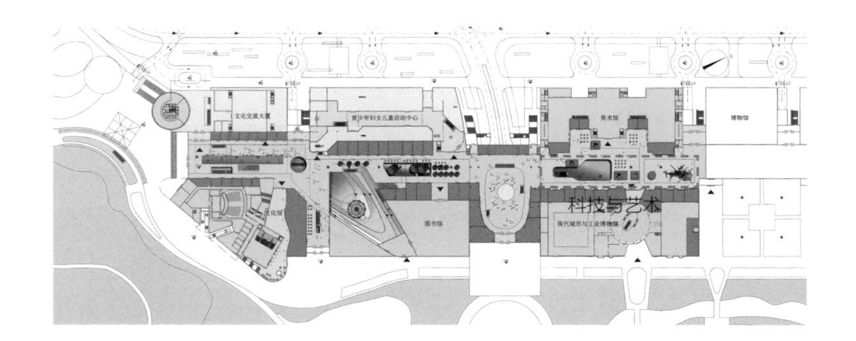

科技与艺术区南侧效果图

科技与艺术区北侧果图

（一期）建筑设计方案
国际咨询汇总深化和城市设计 ▷▷▷▷

文化中心周边城市设计

- 开放空间系统
- 道路系统
- 轨道系统
- 步行系统
- 空间形态

开放空间系统

Open Space System

创造连续、开放的公共空间系统

（1）形成贯穿南北的中央公园（长 2700 米，宽 300 米，面积 143 公顷，8000 米景观展示面）；

（2）构建连通于家堡交通枢纽和海河的绿色景观网络，彰显开放、创新的规划布局理念。

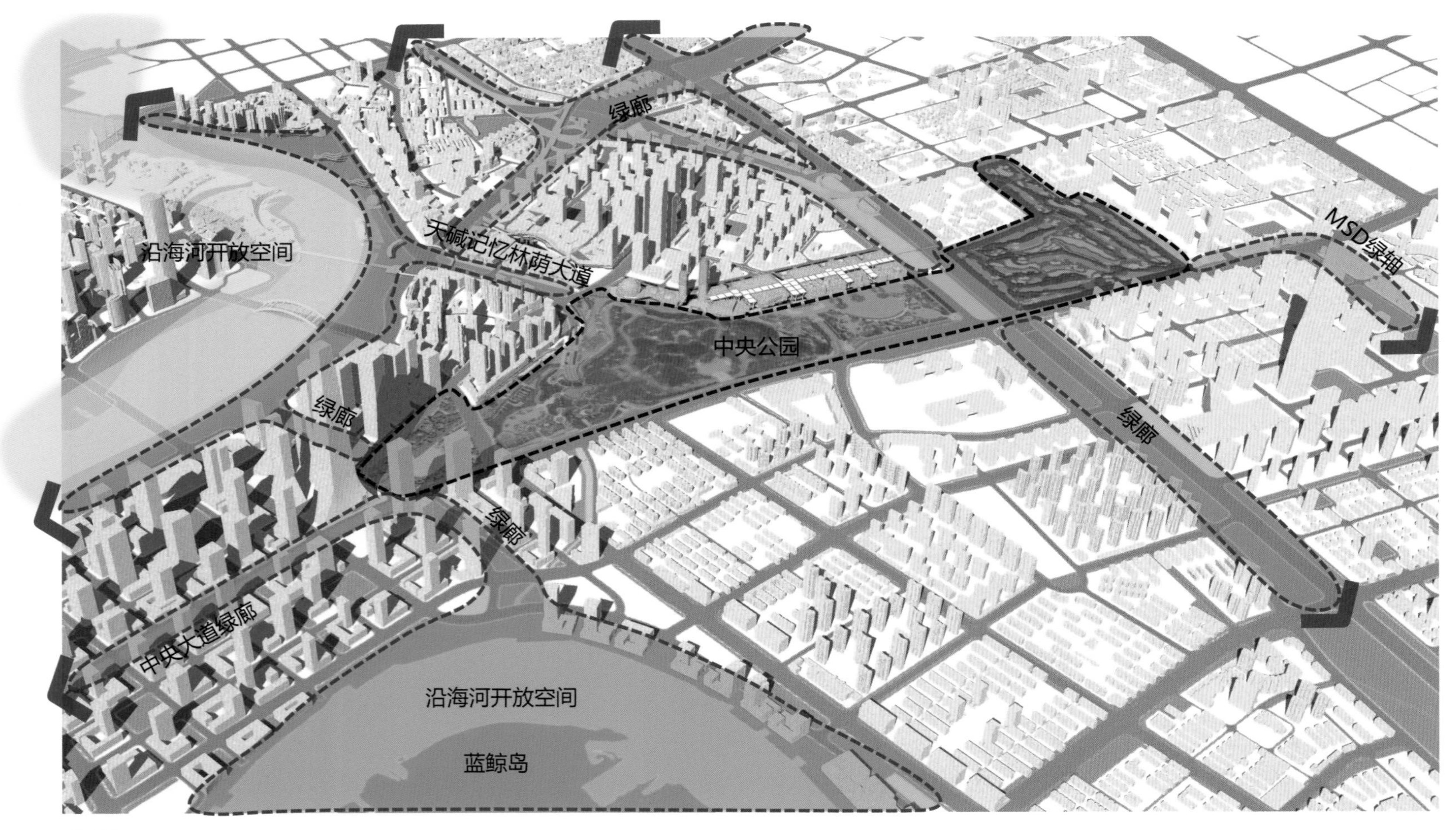

开放空间

道路系统

Road System

建立路网均衡、交通畅达的道路系统

（1）主干路网体系“五横四纵”，为周边区域到达文化中心提供均衡的交通服务；

（2）根据天碱地区交评，通过道路节点优化，满足区域路网通行需求，高峰小时交通流量：2300 人 / 小时。

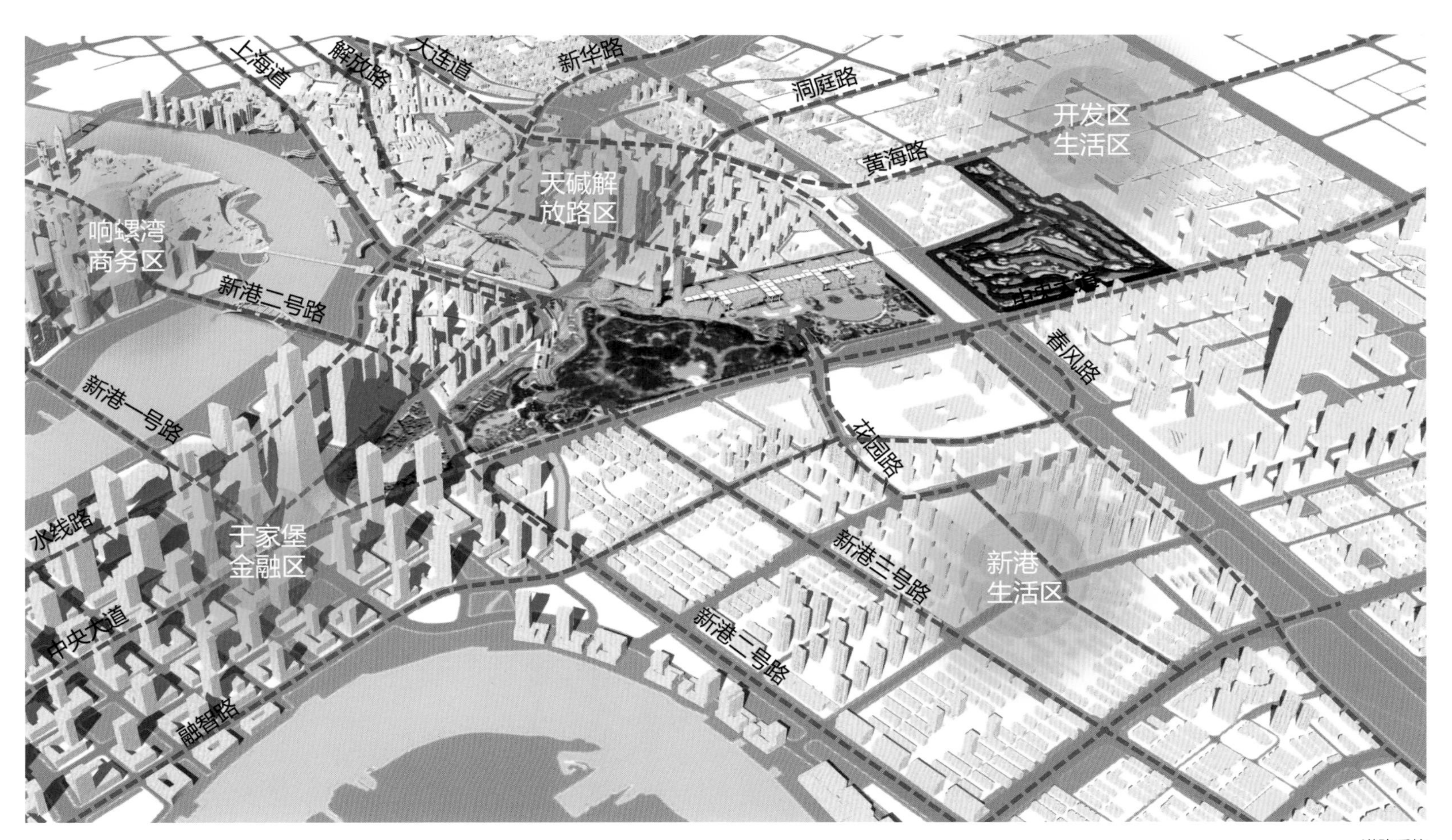

道路系统

轨道系统

Track System

构建公交优先的地铁网络和地下步行系统

（1）近期结合 M9，京津城际延长线，Z4、B1 线形成“四线五站”的地铁服务网络；

（2）远期结合 B2、B7 建设，形成“六线七站”的地铁服务网络。

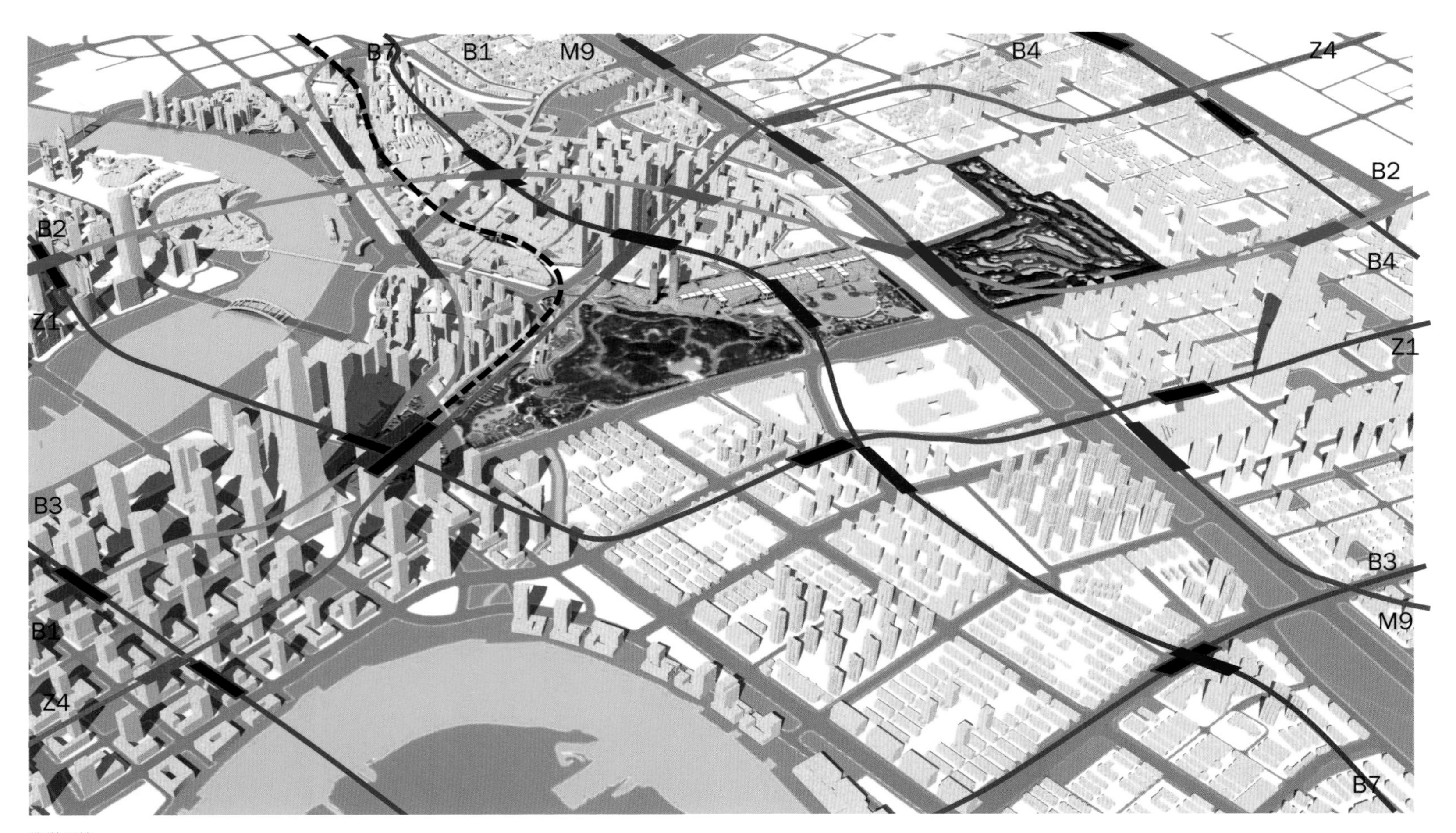

轨道系统

地下空间布局结合轨道站点，形成西接天碱解放路商业街区、南接于家堡城际车站的“T”形地下空间系统。

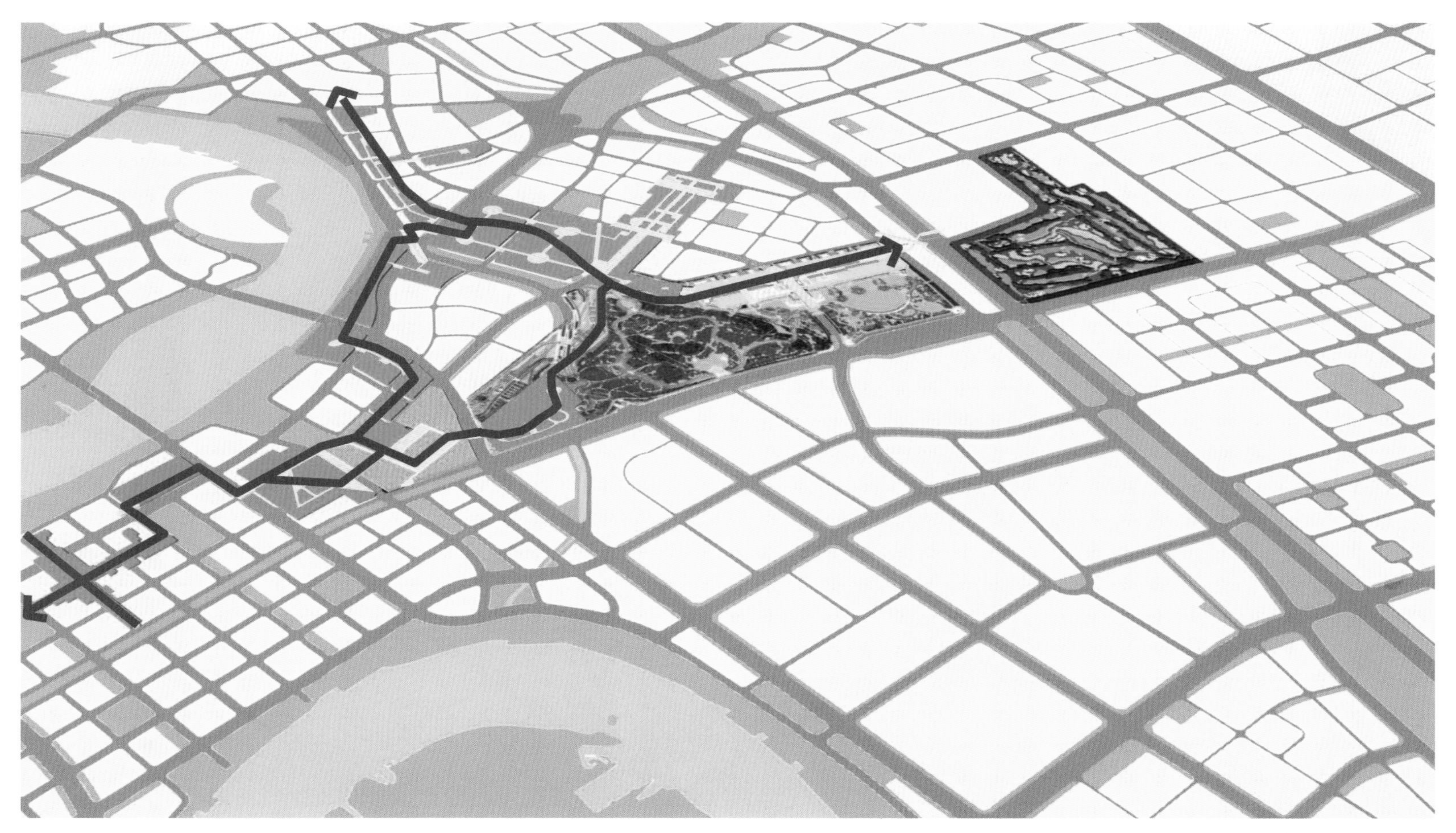

“T”形地下空间系统

步行系统

Walking System

结合开放空间系统，形成以人为本、连续友好的步行网络

（1）文化长廊向西延伸与天碱解放路商业街顺接形成 3 千米步行街，并与海河及响螺湾商务区联系；

（2）向南与京津城际车站和于家堡金融区步行街相连；

（3）向北通过步行天桥，跨越进港二线铁路屏障，与开发区 MSD 和生活区形成连续的步行网络。

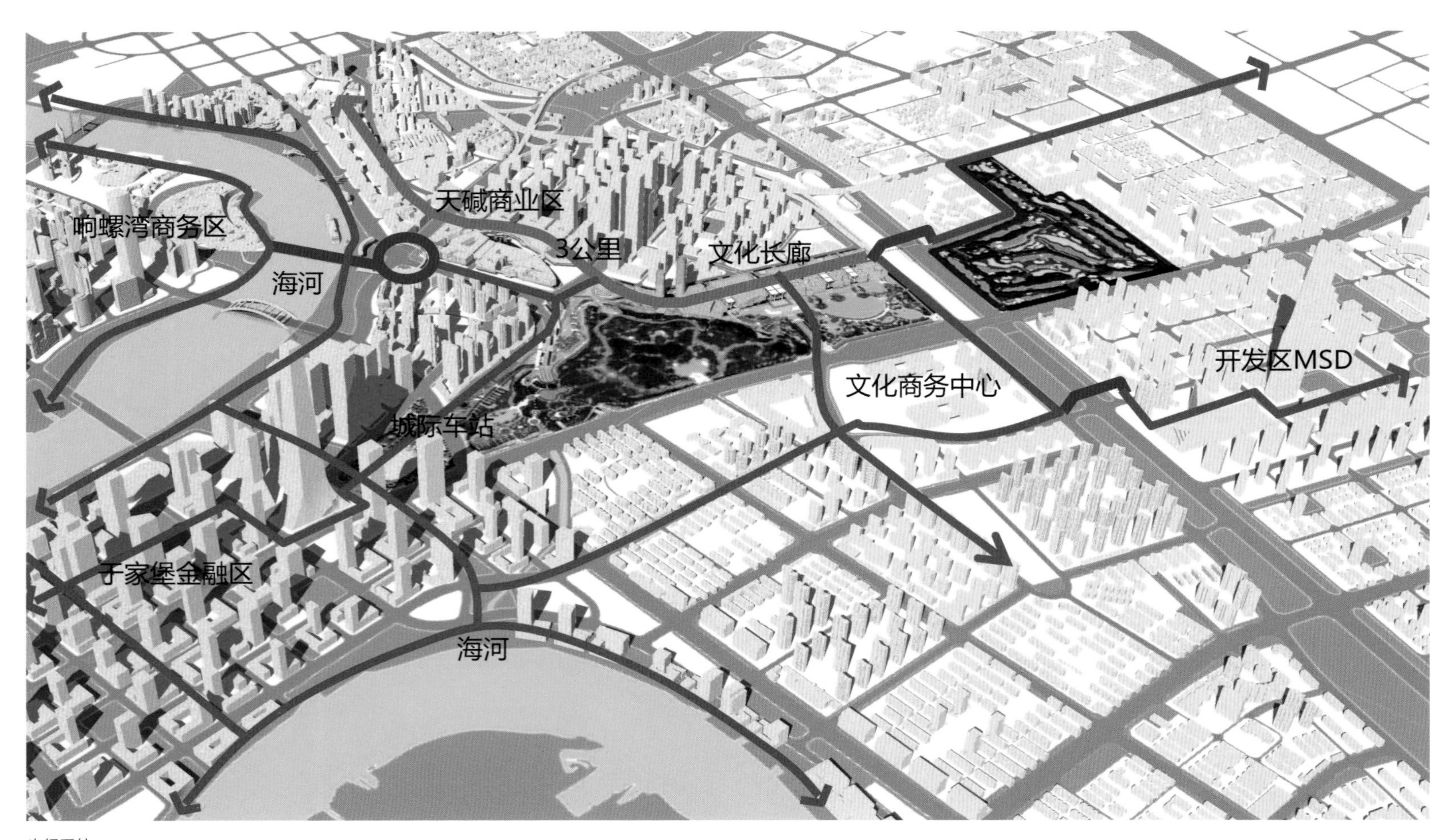

步行系统

天碱记忆

天碱 MALL 商业街

海河滨水步行街

空间形态

Space Form

建立层次丰富、相互关联的空间形态

（1）文化建筑高度 30 米，考虑与西侧天碱商业区的整体效果，形成富有层次的城市景观；

（2）面朝于家堡金融区，开发区 MSD、响螺湾商务区均考虑控制视线通廊，保证天际线景观的可视效果和质量。

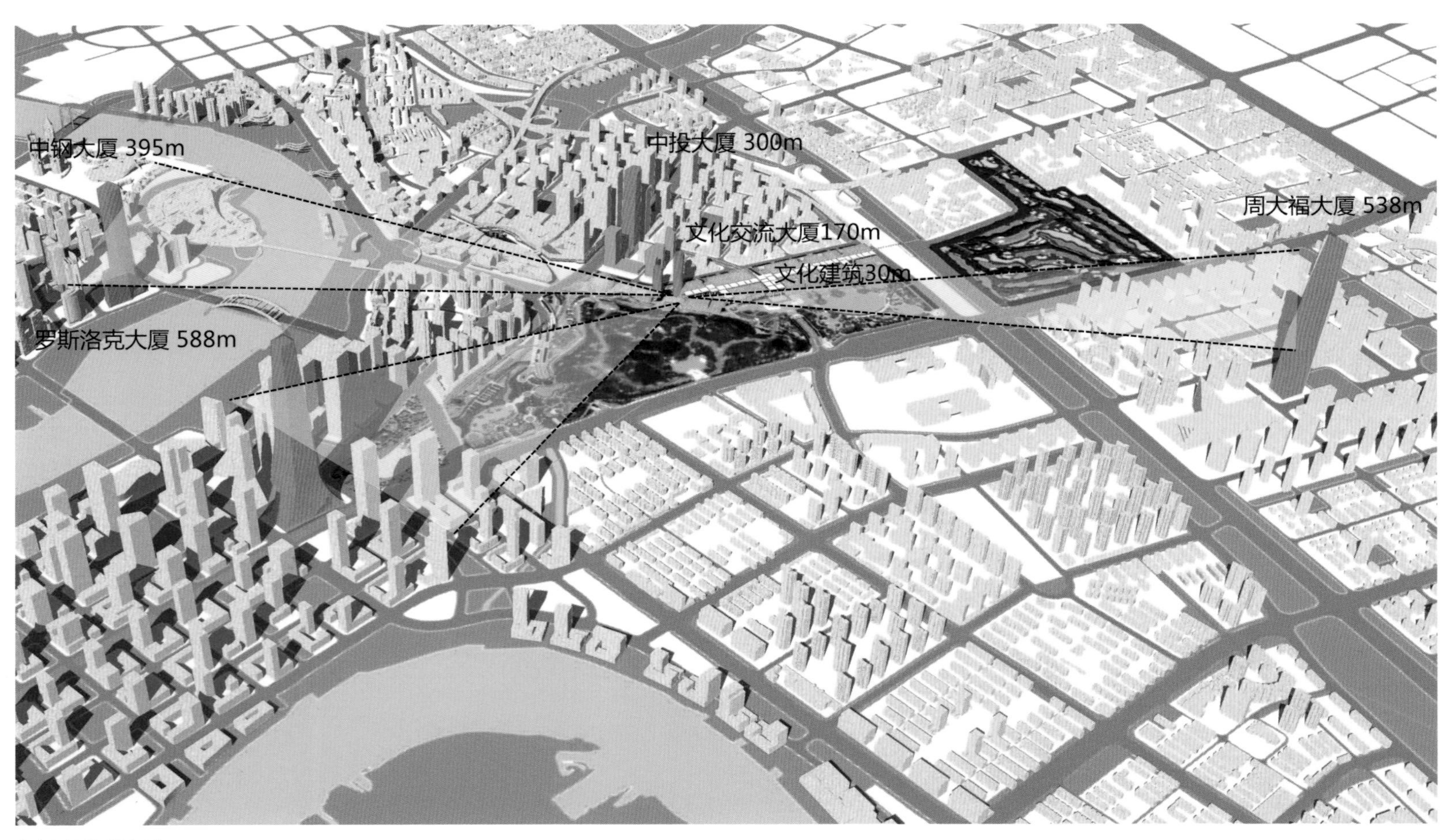

高度及视线眺望系统

罗斯洛克大厦 588m
250m
150m
100m
80m
文化交流大厦170m
中投大厦 300m
80m
80m
60m
30m

空间形态

（一期）建筑设计方案
国际咨询汇总深化和城市设计 ▷▷▷▷▷

文化中心城市设计和修建性详细规划

- 城市设计
- 修建性详细规划

城市设计
Urban Design

用地条件　Land Condition

（1）四至范围：东至中央大道，南至新港二号路于家堡城际车站，西至洞庭路和旭升路，北至大连道；
（2）总占地面积 90 公顷；
（3）南北长 1700 米，东西宽 500 米；
（4）现有临时绿地、紫云公园（碱渣山）。

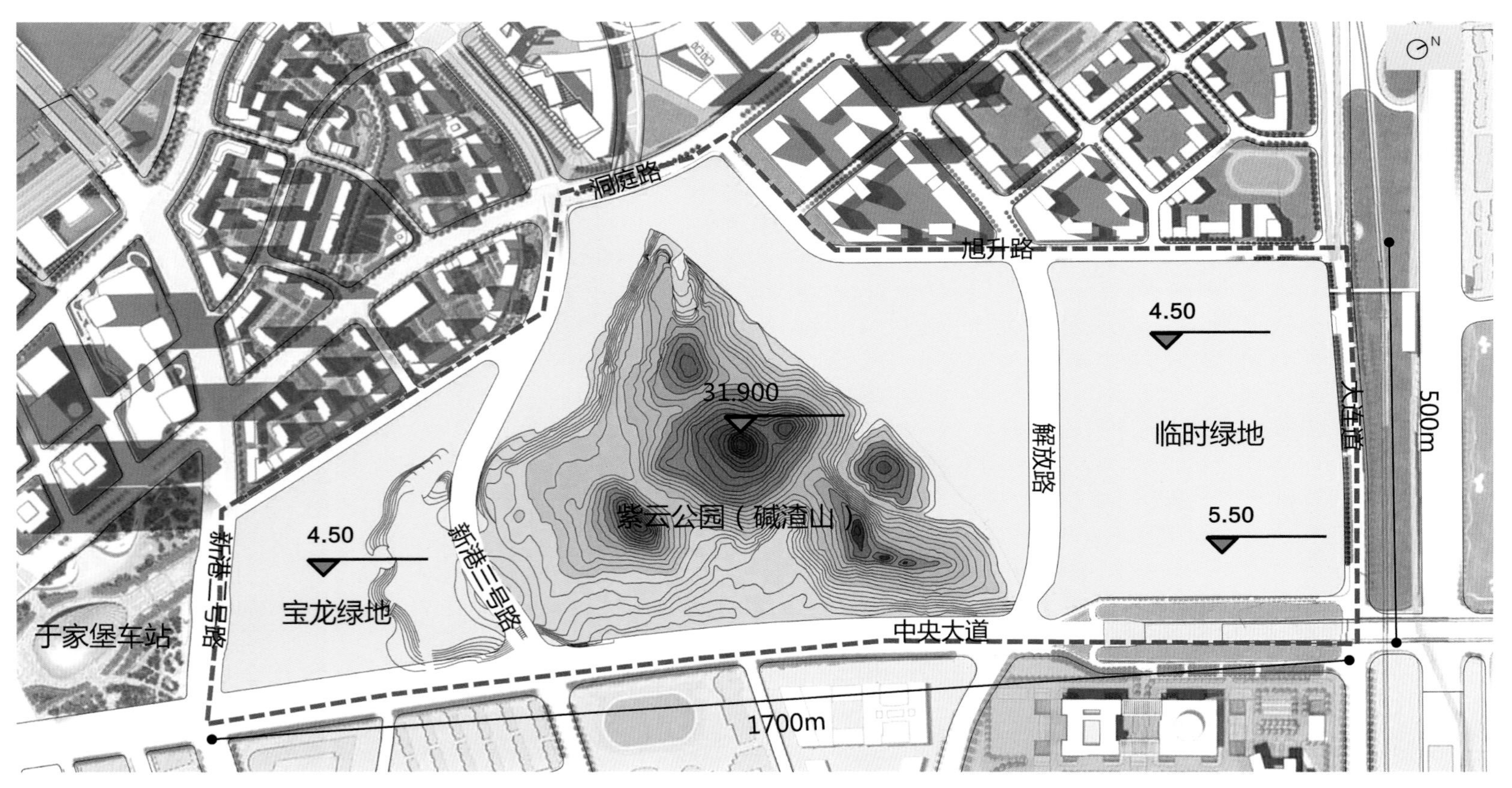

用地平面图

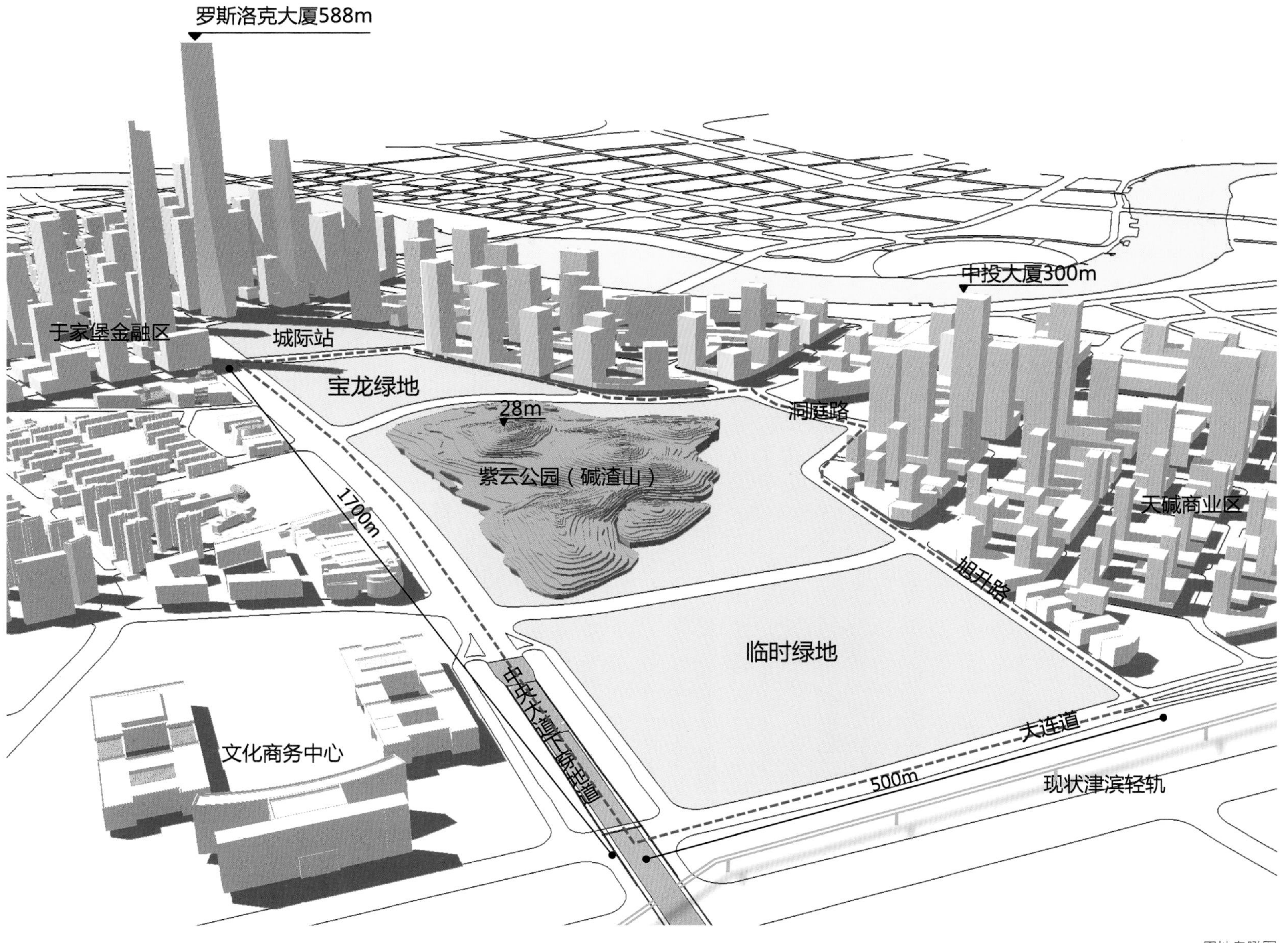
罗斯洛克大厦588m
中投大厦300m
于家堡金融区
城际站
宝龙绿地
28m
洞庭路
紫云公园（碱渣山）
天碱商业区
1700m
旭升路
临时绿地
中央大道下穿地道
大连道
文化商务中心
500m
现状津滨轻轨

用地鸟瞰图

总体布局结构　Overall Layout

两区、两廊、两心、三园、三节点

（1）两区：文化建筑区（占地 22 公顷），文化公园区（占地 68 公顷）；

（2）两廊：文化长廊（全长 1000 米，三段，连接三组团），生态绿廊；

（3）两心：文化建筑与公园交汇点形成东、南两个广场，作为人流集散活动中心和建筑主立面；

（4）三园：文化公园、紫云公园和车站公园；

（5）三节点：东、南、北三个方向形成公园的三个主要出入口节点。

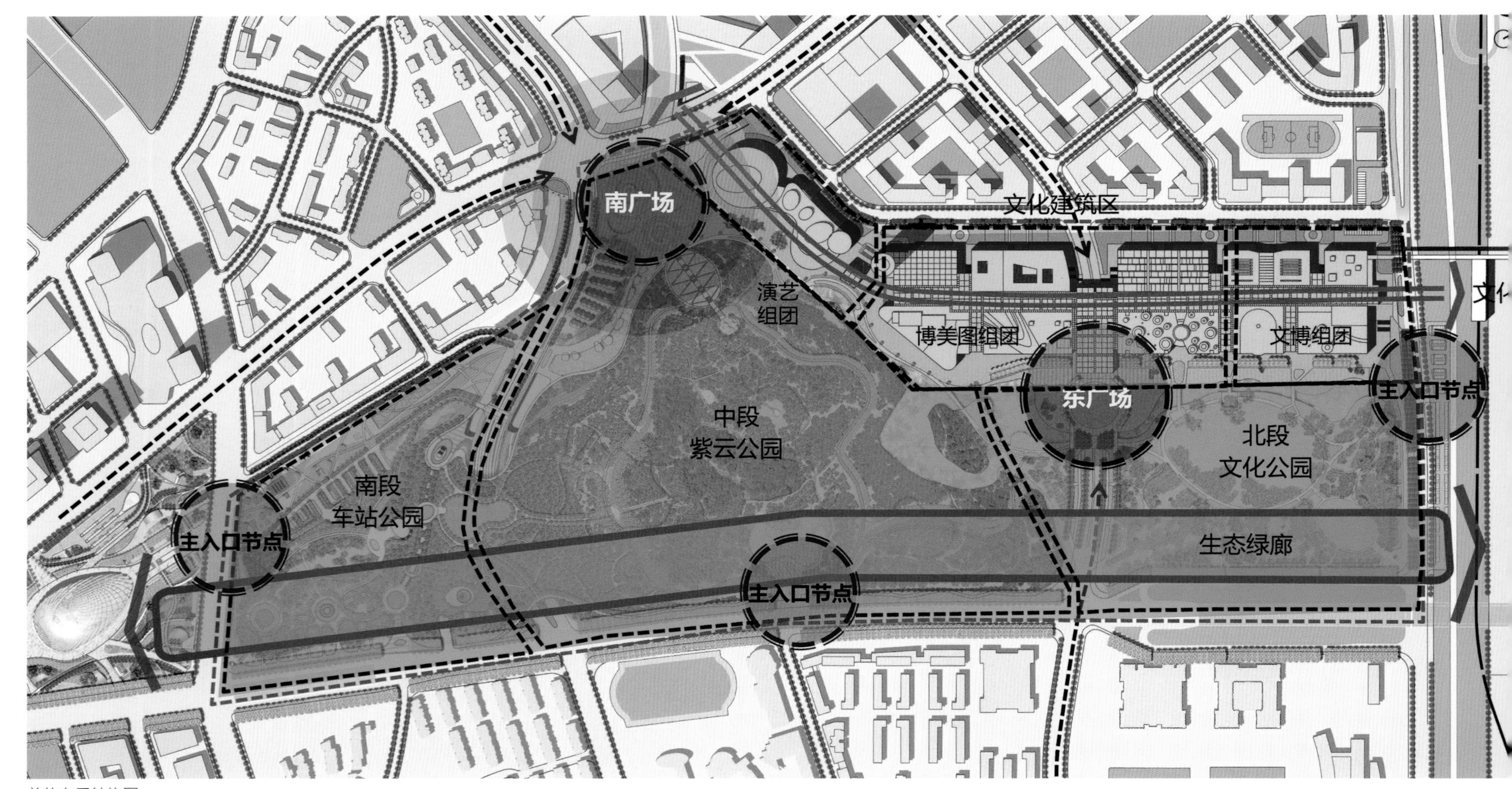

总体布局结构图

东广场效果图

南广场效果图

文化公园效果图

紫云公园效果图

车站公园效果图

道路系统　Road System

城市主干道路合理间距 400 ~ 600 米，为保证公园完整性和步行连续性，规划解放路、新港三号路下穿文化中心，满足过境和到达交通需求，实现人车合理分流。

道路系统分析图

（1）首层文化长廊步行水平连通；
（2）地下一层商业街通过垂直交通连接文化长廊。

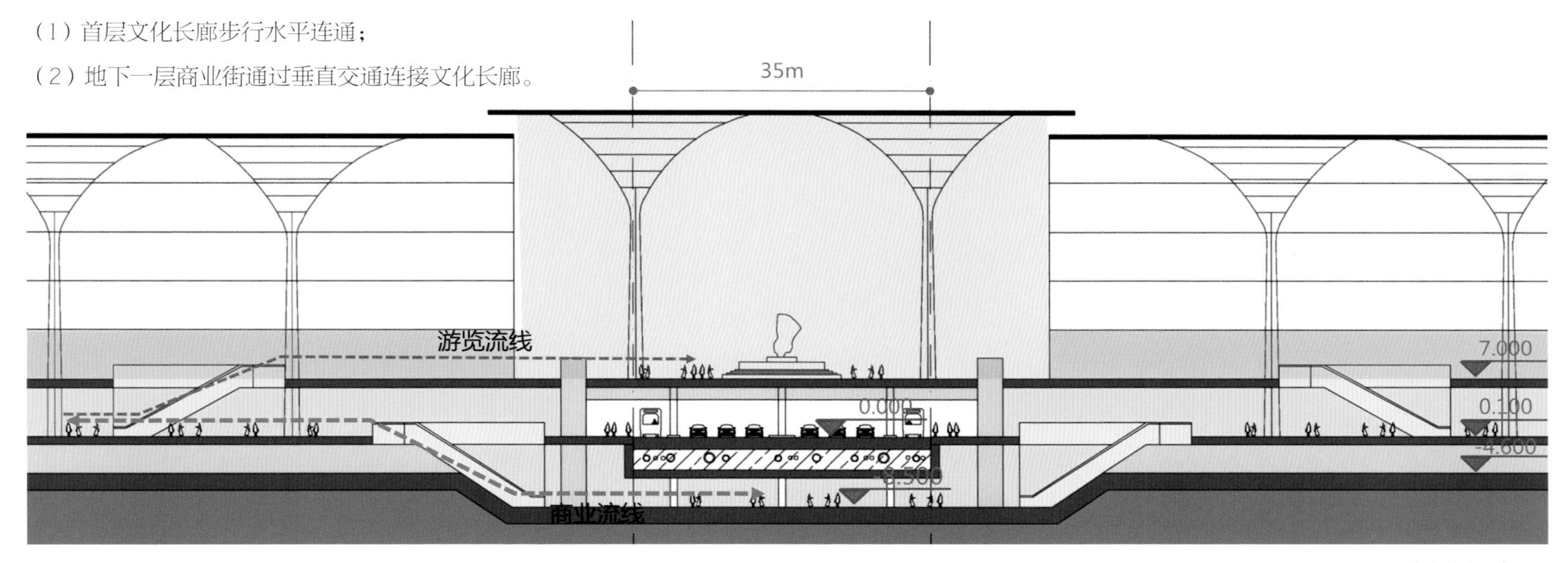

解放路道路下穿断面

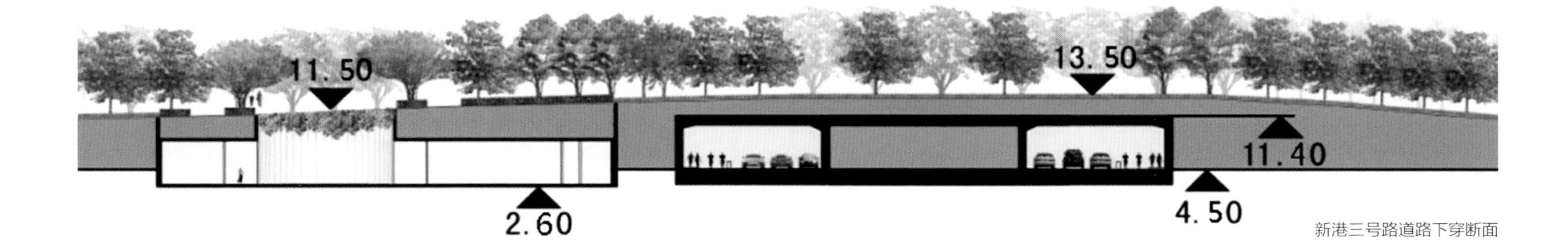

新港三号路道路下穿断面

步行系统　Walking System

文化中心将城市流线与公园流线融为一体，营造连续无阻断的步行环境，提供城市—休闲—游憩逐渐过渡的多元步行体验。这种完全融合的布局形式使公园拥有更高的融合度和互动性。

步行系统分析图

地下空间系统　Underground Space System

地下空间布局结合轨道站点形成西接天碱解放路商业街区，南接于家堡城际车站的“T”形系统；
增加 B7 线文化中心站，既保留地铁对文化中心的便捷服务，又避免一次性建设，导致空置时间较长。

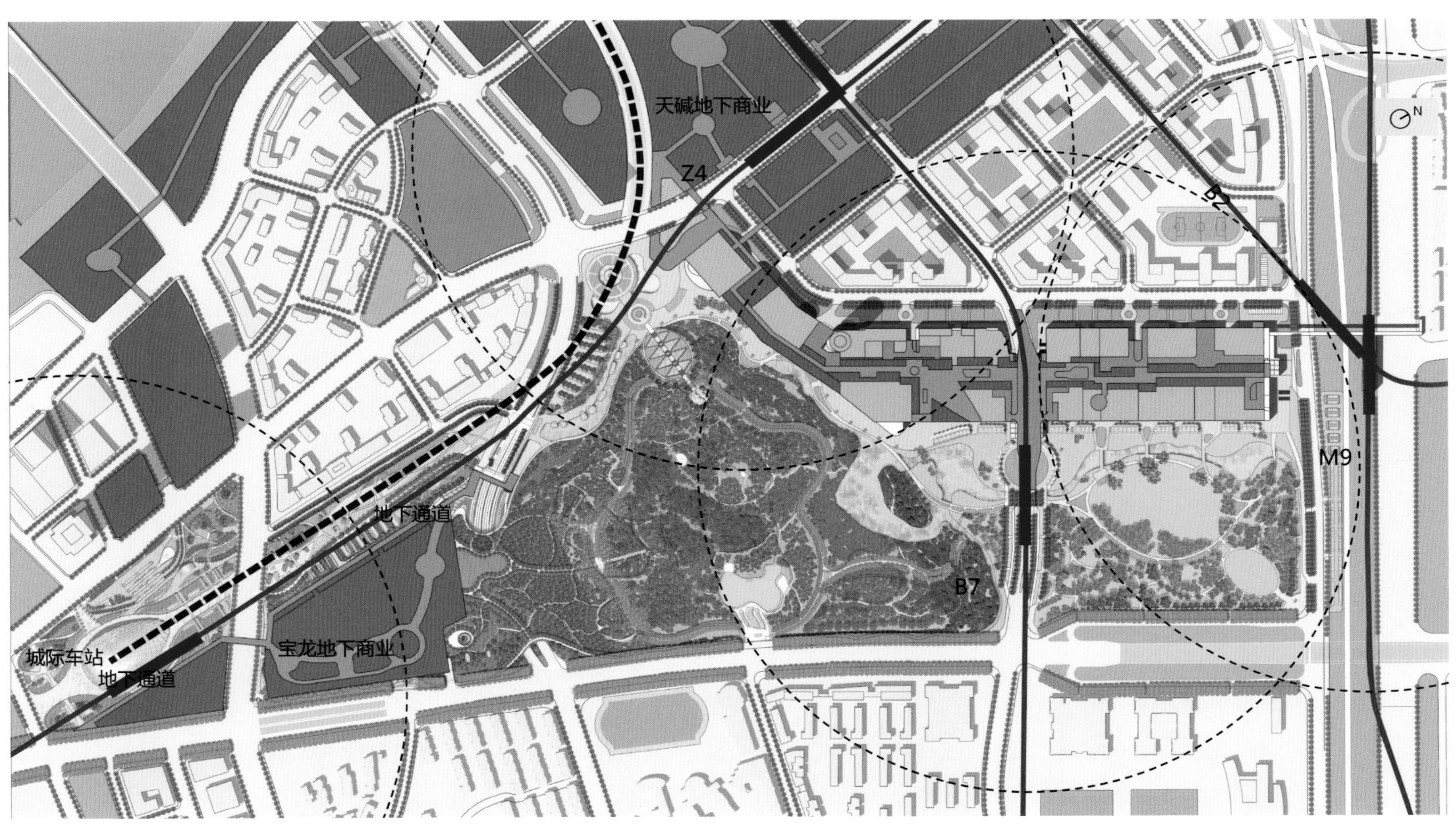

地下空间系统分析图

停车系统　Parking System

区域共设置机动车停车泊位 4653 个，地下停车泊位 3611 个，地面停车泊位 1042 个，包括社会车辆、大巴车、停车楼、出租车停靠、VIP（应急）等。非机动车停车位 5400 个，公交首末站 1 处。

停车系统分析图

竖向设计　Vertical Design

文化建筑结合基地地形建设，旭升路一侧与公园一侧有 4.5 米高差。

竖向设计分析图

分期建设 Phased Construction

一期建设

博美图组团：群艺馆、图书馆、现代城市与工业博物馆、美术馆、文化活动中心、文化交流大厦

公园：文化公园、车站公园

二期建设

演艺组团：演艺中心

三期建设

文博组团：博物馆（基金会）、预留场馆

分期平面图

近期建设内容 Recent Construction Project

博美图文组团

占地面积：11.7 公顷

建筑面积：42 万平方米（地上：27.6 万平方米， 地下：14.4 万平方米）

公园

新建绿化面积：30 万平方米

近期建设平面图

修建性详细规划

Detailed Urban Planning

规划总图　Master Plan

规划总用地面积：90 公顷

文化建筑用地面积：22 公顷

公园绿化用地面积：68 公顷

容积率：≤ 0.6

绿地率：≥ 65%

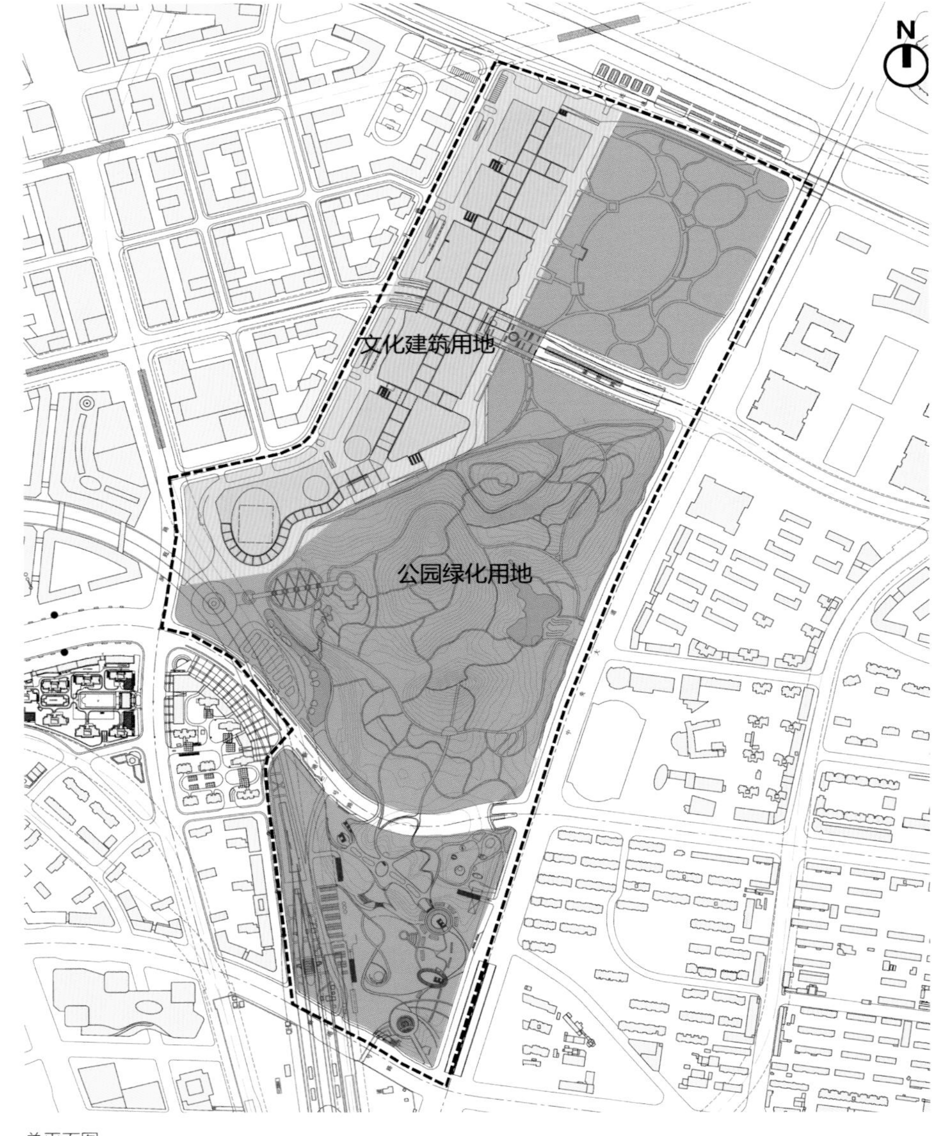

总平面图

建筑面积　Total Floor Area

总建筑面积：76 万平方米

地上建筑面积：40 万平方米

地下建筑面积：36 万平方米

文化建筑总建筑面积：60 万平方米

地上建筑面积：40 万平方米

地下建筑面积：20 万平方米

（包括：现代城市与工业博物馆、美术馆、图书馆、文化馆、市民活动中心、文化交流大厦、演艺中心、预留场馆等）

配套设施建筑面积：16 万平方米

全部为地下建筑，包括：宝龙地下商业建筑、中央大道隧道中心、部分高铁站房

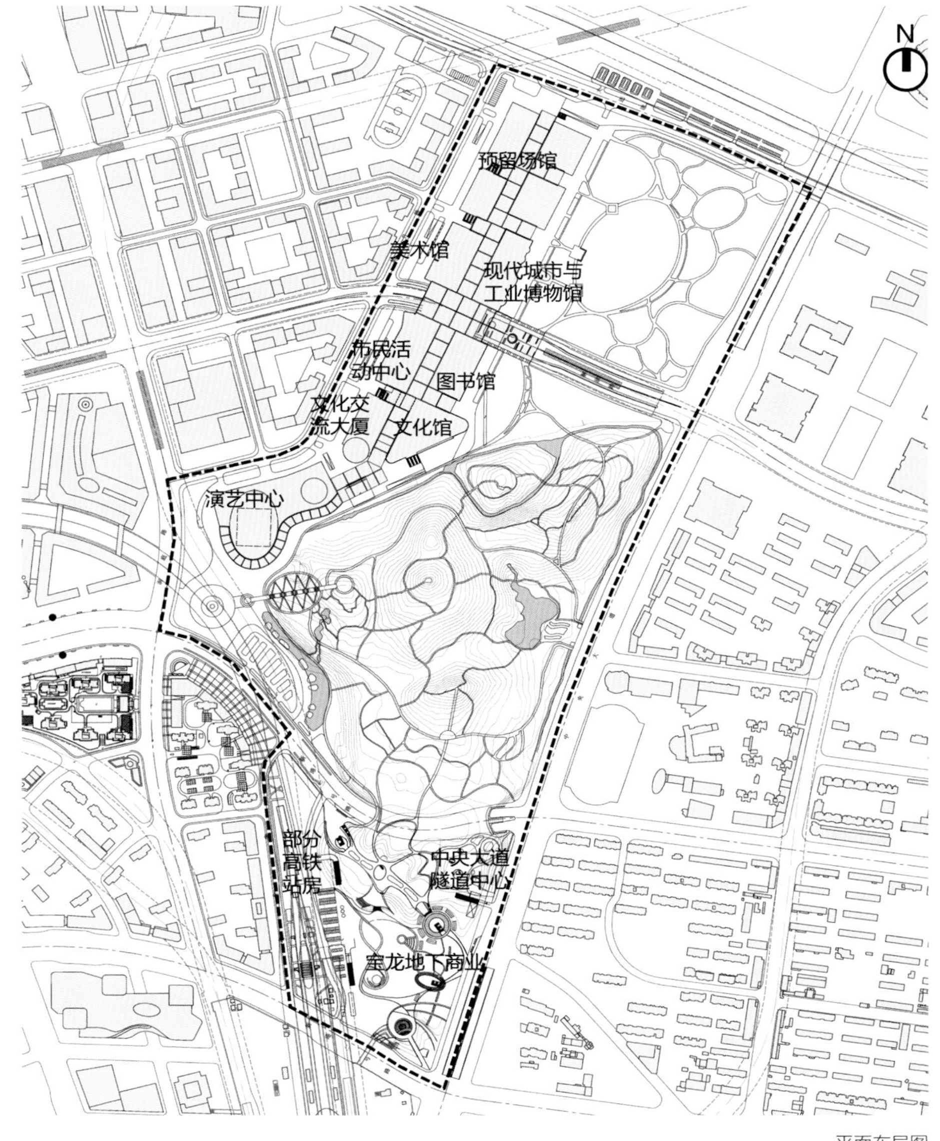

平面布局图

道路系统 Road System

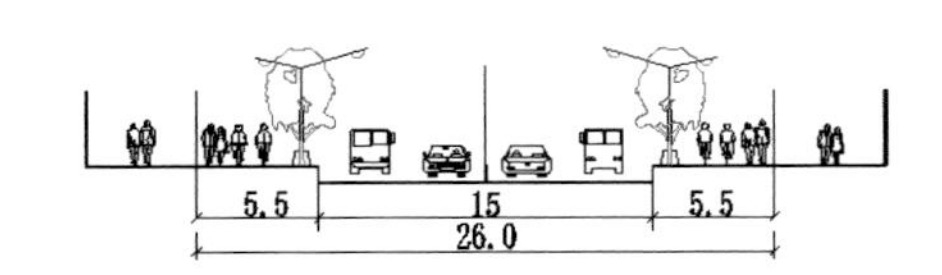

26 米旭升路道路横断面

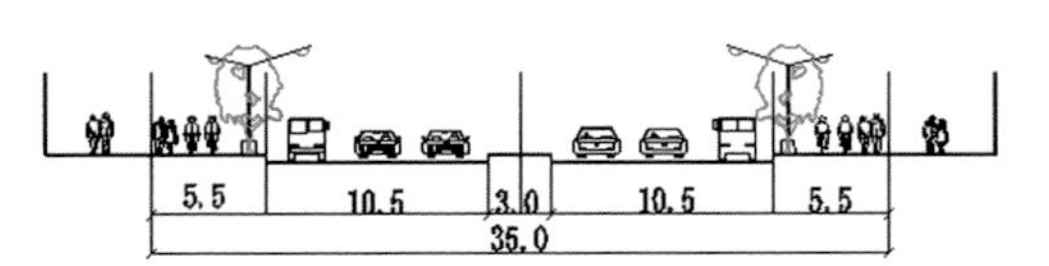

35 米解放路道路横断面

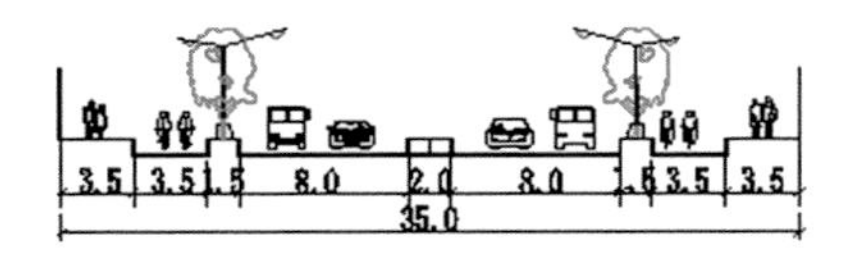

35 米大连东道道路横断面

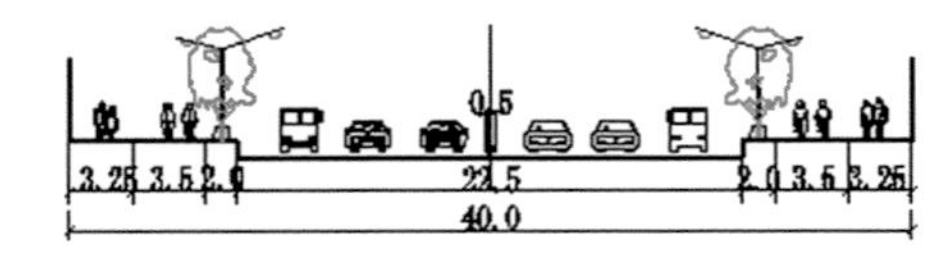

40 米上海道道路横断面

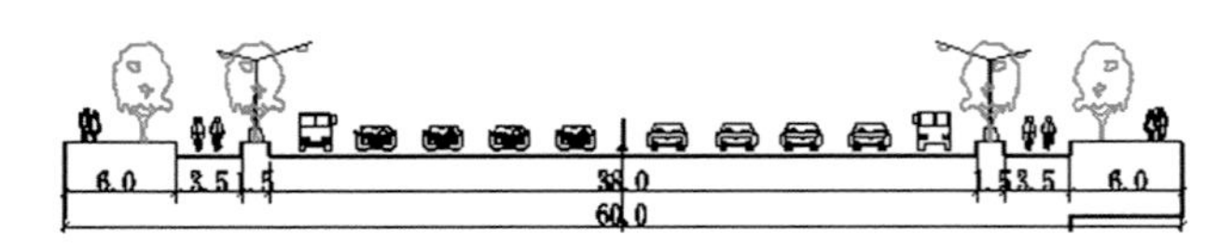

60 米中央大道道路横断面

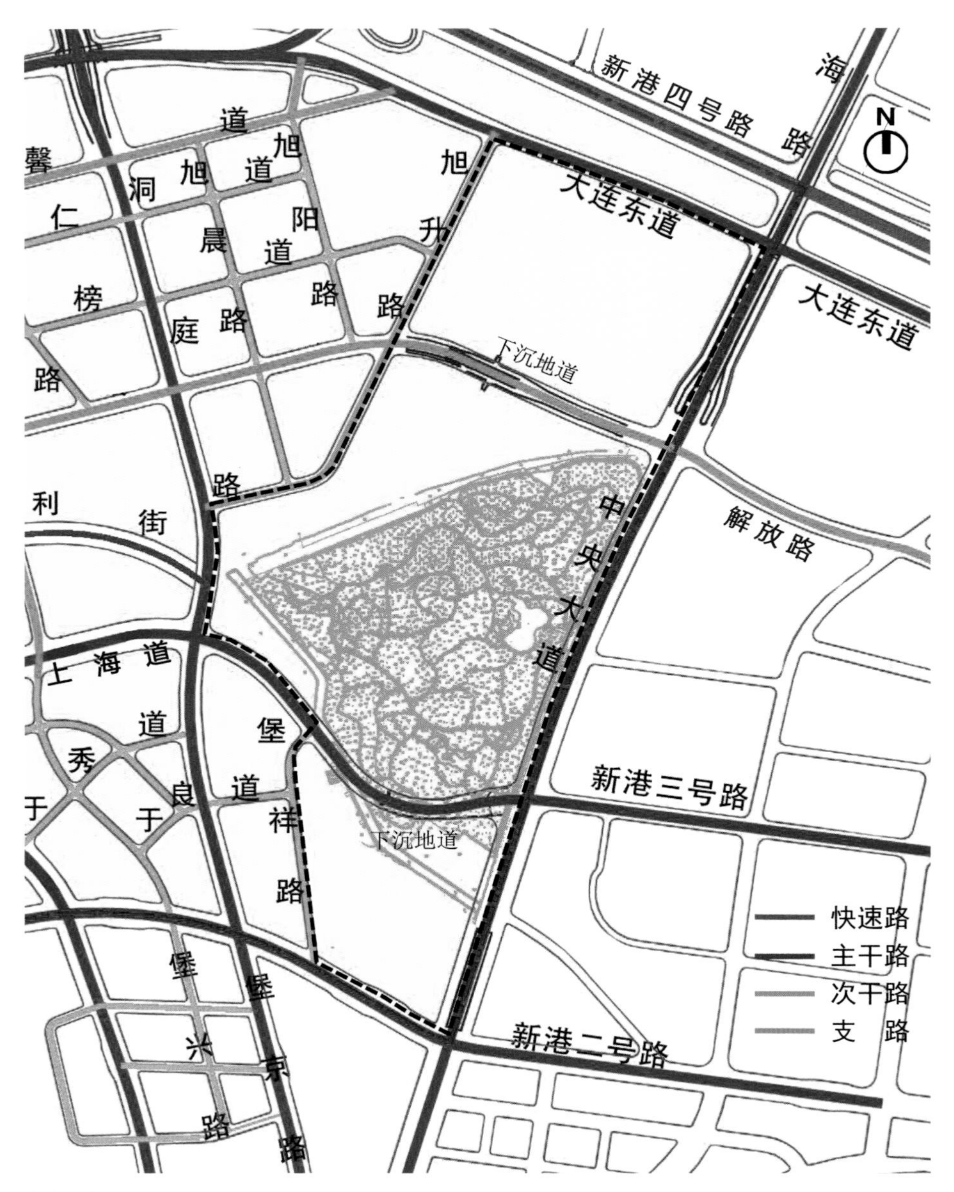

道路系统图

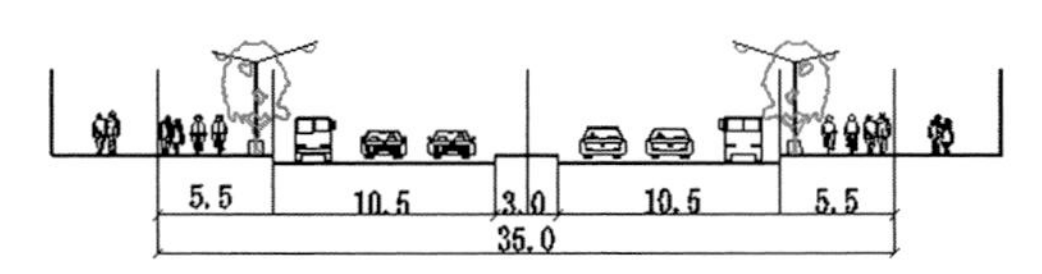

解放路一般断面 A-A 断面

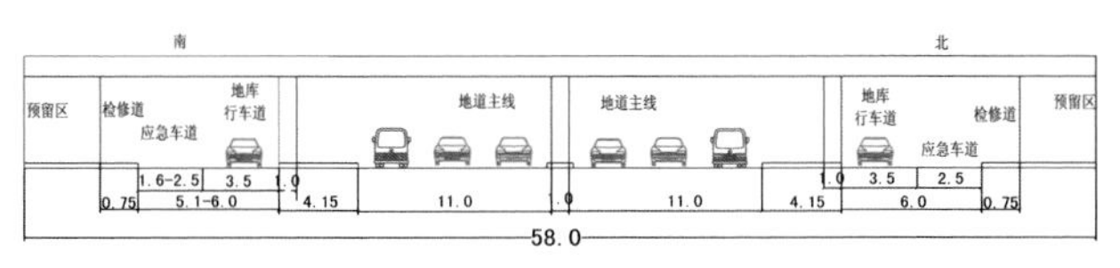

解放路建筑下穿段 B-B 断面

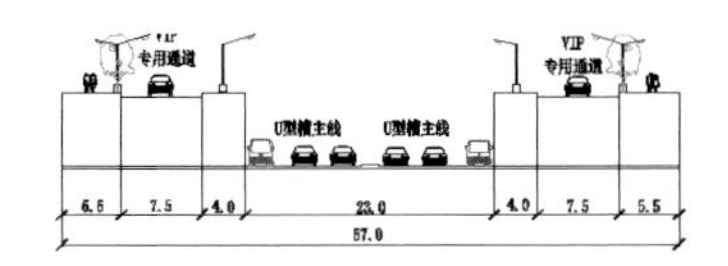

解放路凹型槽 C-C 断面

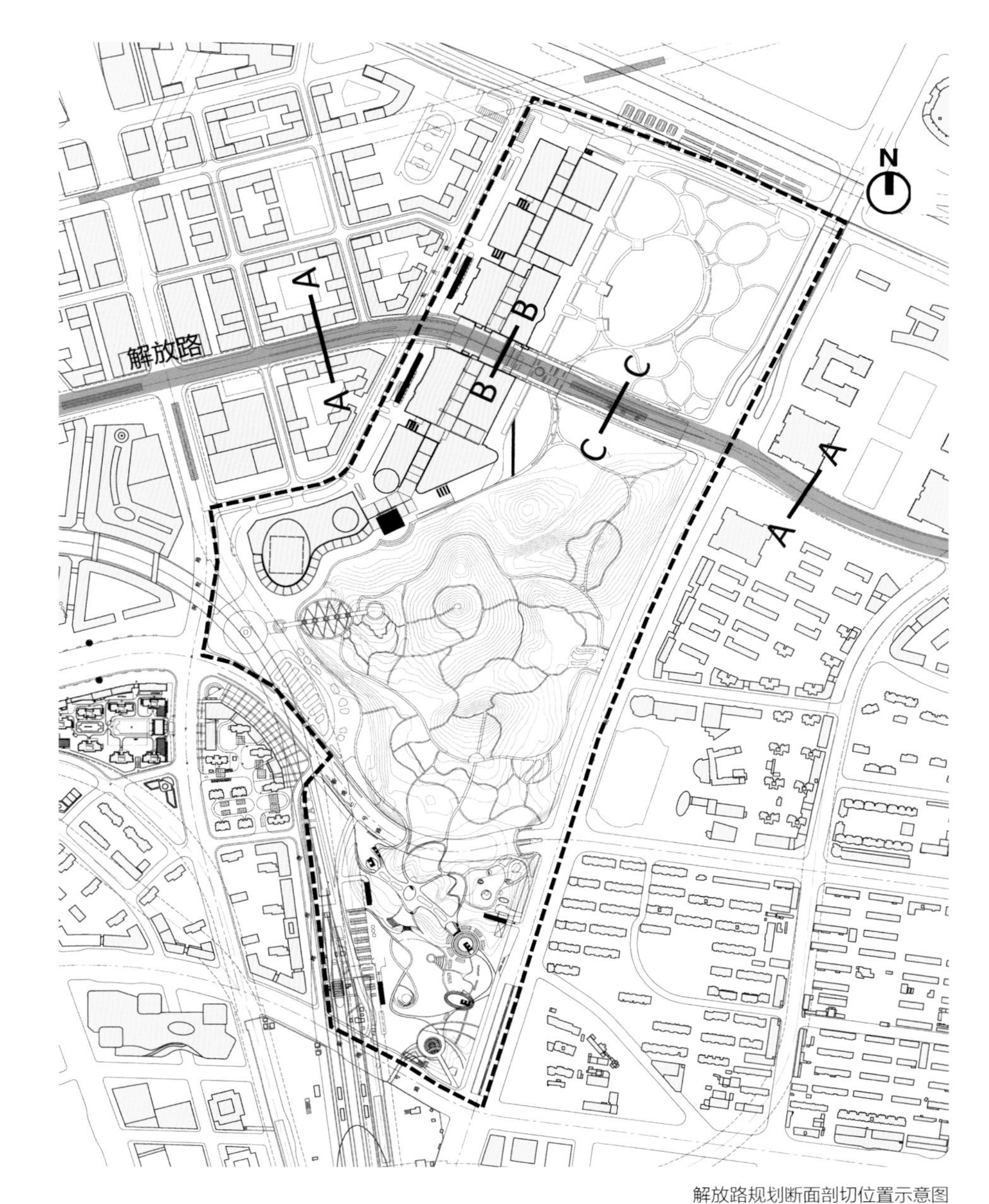

解放路规划断面剖切位置示意图

轨道系统 Track System

M9 线津滨轻轨

沿新港四号路东西方向穿过（现状），远期预留文化中心北侧车站，与 B2 换乘。

Z4 线

沿洞庭路南北方向穿过（近期建设），在文化中心西侧设站。

B2 线

西南—东北方向内部穿过，远期预留文化中心北侧车站，与 M9 换乘。

B7 线

沿解放路东西方向穿过，远期预留文化中心车站，近期不实施。

换乘站天碱站，Z4 线在上，B7 线在下。

换乘站行政中心站，B7 线在上，Z1 线在下。

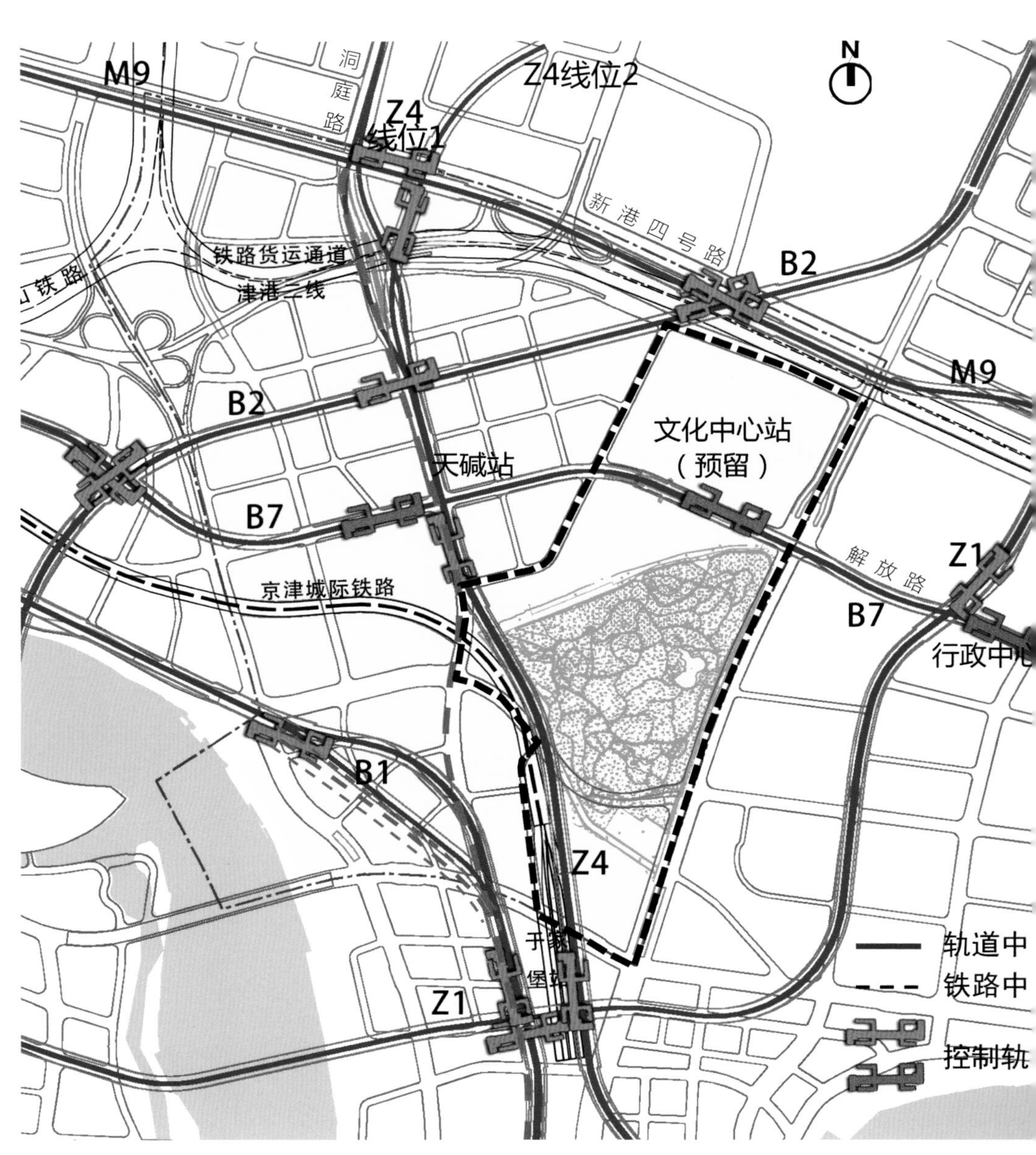

轨道系统图

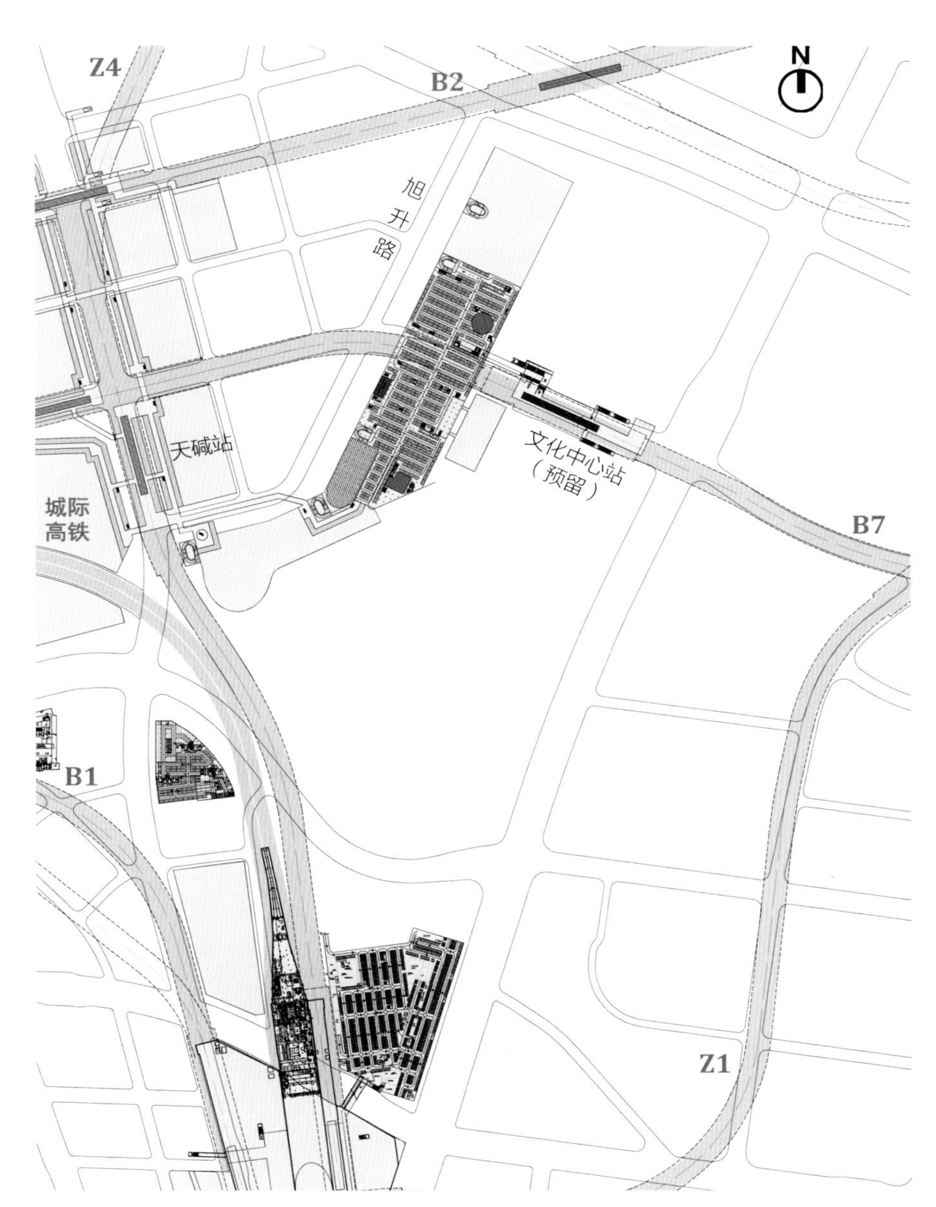

轨道站点与地下空间规划图

Z4 线

近期 Z4 线天碱站通过旭升路与文化中心（一期）通道衔接，通过垂直交通与文化中心（一期）预留接口连通。

B7 线

远期 B7 线文化中心站与文化中心（一期）贴建衔接，实现与 B7 线无缝衔接，进一步激发文化中心的活力。

步行系统　Walking System

（1）以文化长廊为核心形成主要步行流线，向西衔接解放路商业街。

（2）在中央公园形成南接于家堡城际车站，北连开发区 MSD 和生活区贯穿南北的连续的步行系统。

（3）打通中央公园—文化中心—天碱商业街区 4 条东西向主要步行通廊，形成 24 小时商业步行廊道。

（4）分别在大连道、中央大道增设人行过街天桥。向北跨越进港二线铁路屏障，与开发区 MSD 和生活区相连；区域内东跨越中央大道交通通道，与文化商务中心、新港生活区相连，形成连续的步行网络。

步行系统图

绿化系统 Landscape System

绿化总用地面积：60.7 公顷

文化公园用地面积：12.7 公顷

紫云公园用地面积：33 公顷

宝龙绿地用地面积：12 公顷

建筑所属绿地面积：3 公顷

绿地率：≥ 65%

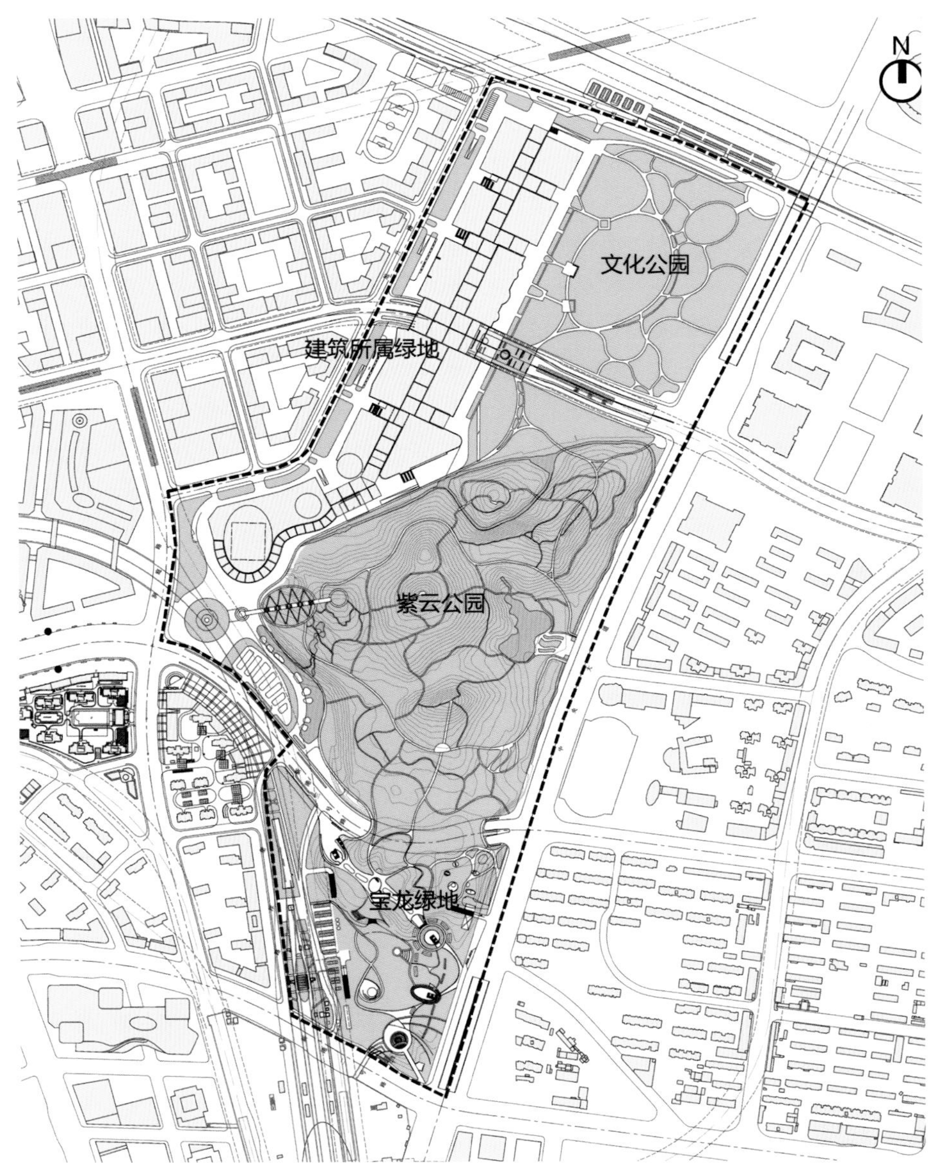

绿化系统规划图

停车位配建　Parking Plan

（1）区域机动车配建数量为 4441 个，包括地下停车泊位 3161 个，地面停车 1280 个（包括社会车辆、大巴车、停车楼等）；

（2）公交首末站 1 处，配建数量为 20 个；

（3）区域非机动车配建数量为 4834 个。

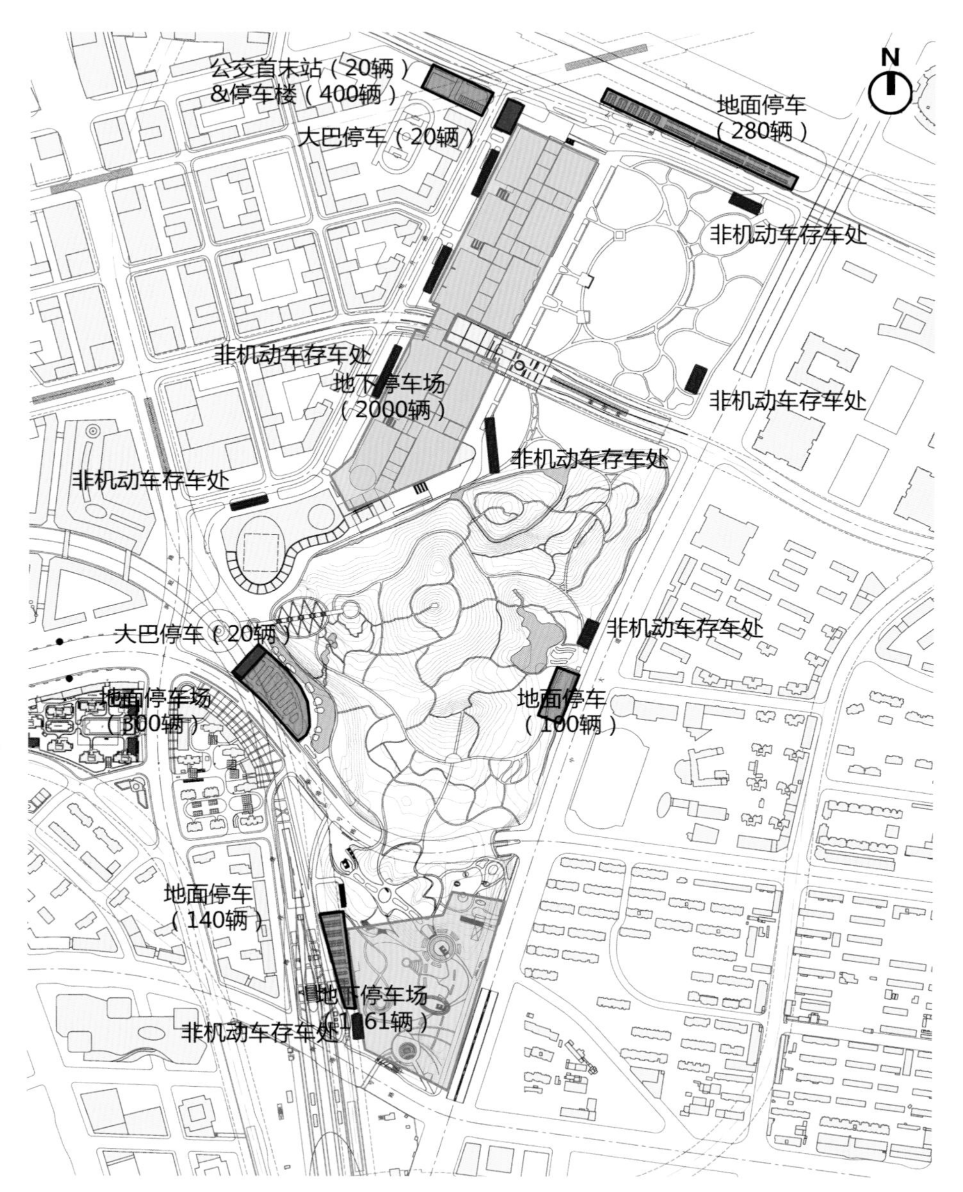

停车规划图

公交系统　Transit System

公交首末站

文化中心西北侧新增公交首末站1处，占地面积约6000平方米，可满足4条公交线路布设需求。

公交通道

项目外围道路等级均为主次干道，预留公交线路通道。

公交站点

内部公交站点间距控制在500米以内。

公交系统规划图

公园常规设施 Park General Facilities

（1）根据《公园设计规范》测算公园游人容量 9300 人。

（2）公园常规设施可分为游憩设施、服务设施、公用设施和管理设施四类。

（3）公园常规设施总用地面积≤ 2.4 公顷（小于或等于绿化总用地面积的 4%）。

（4）配建独立公共厕所 5 座，每座服务半径为 250 米，公共厕所与步行入口相结合，与公园景观相协调。

公园常规设施规划图

分期实施　Phased Implementation

项目规划（2015 年初至 2016 年底）	
文化建筑类	1. 文化场馆
景观环境类	2. 文化公园
	3. 紫云公园
	4. 宝龙绿地
	5. 二、三期临时停车及绿化
	6. 南入口广场
市政交通类	7. 解放路 U 形槽段
	8. 旭升路
	9. 中央大道
	10. 新港三号路及下穿隧道
	11. 堡祥路
	12. 新港二号路
	13. 洞庭路
	14. 公交首末站及停车楼
轨道交通类	15.Z4 线天碱站地下通道

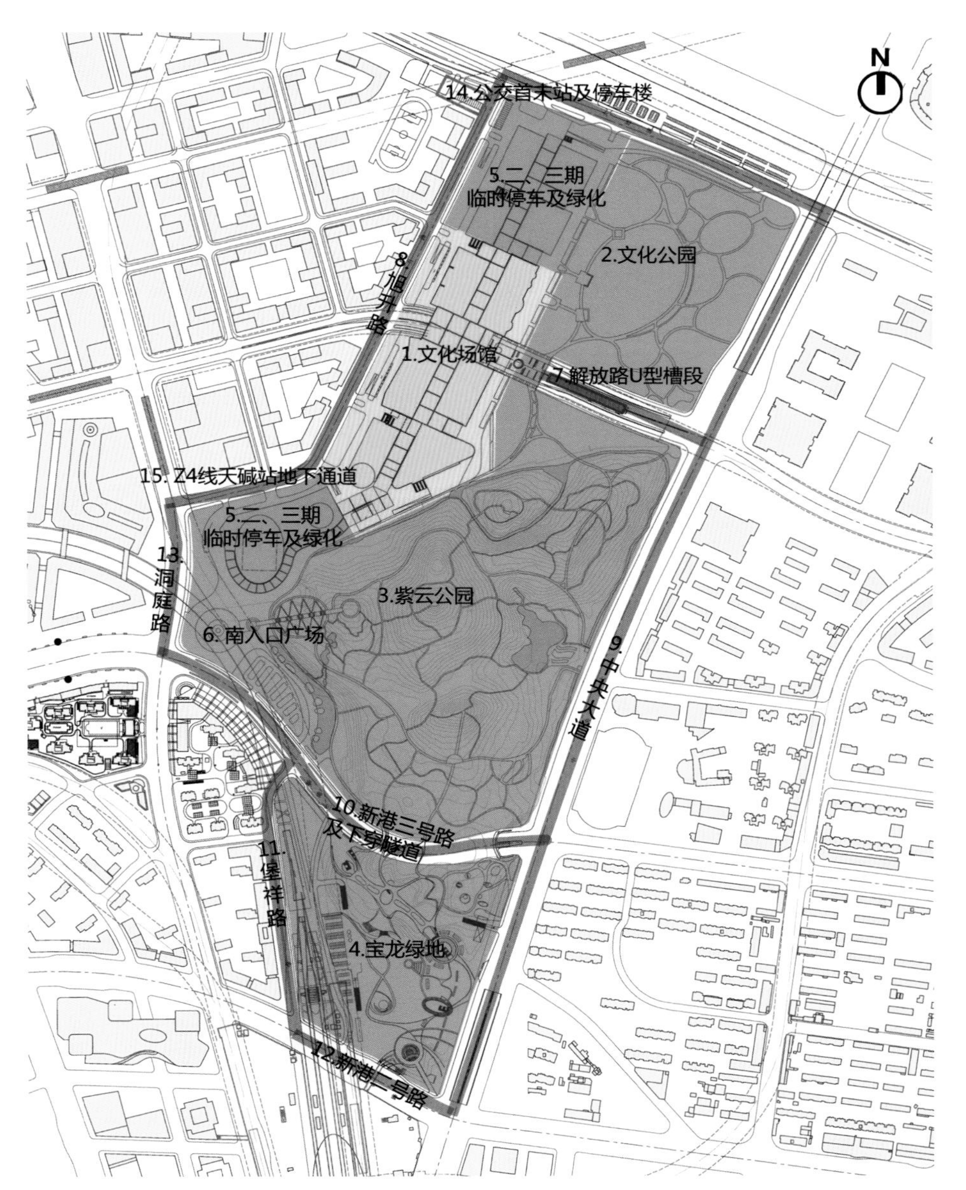

分期实施平面图

文化建筑类（2015 年初至 2016 年底）

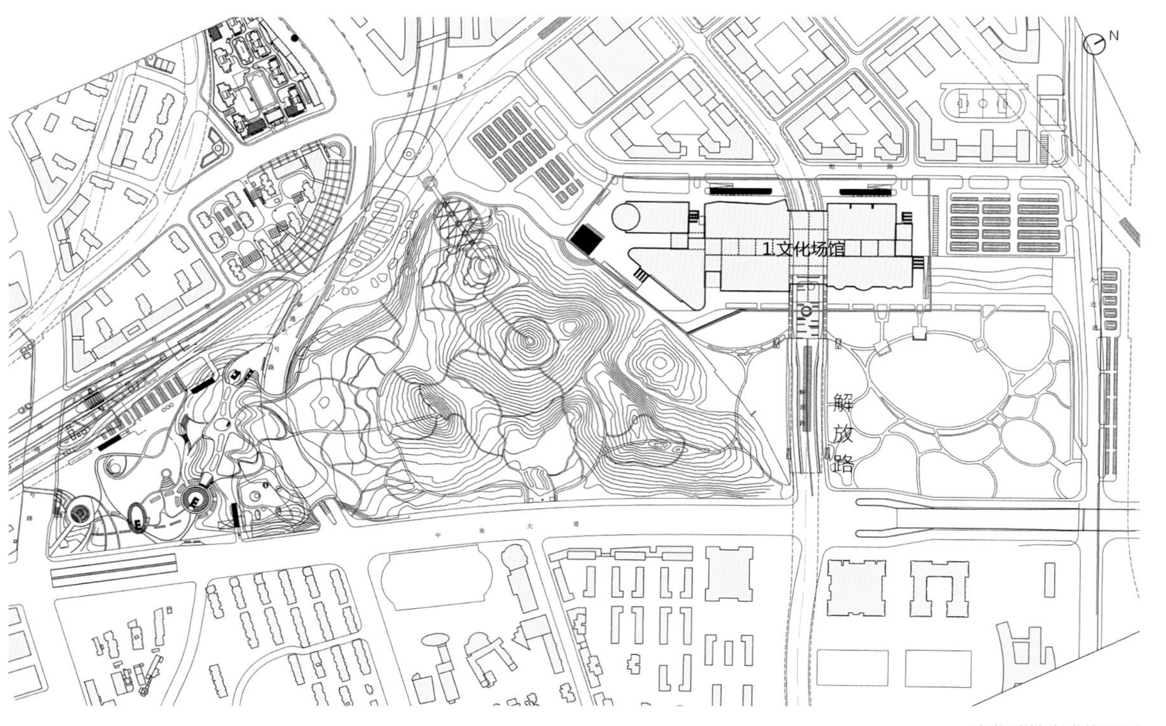

文化建筑类实施项目

项目分类	项目名称	用地面积	建筑面积	规划要求
文化建筑类	1. 文化场馆	11.6 公顷	32.6 万平方米	完成 5 个文化场馆、解放路下穿部分建设，实现与公园景观的衔接

景观环境类（2015 年初至 2016 年底）

项目分类	项目名称	用地面积	建筑
景观环境类	2. 文化公园	12.7 公顷	–
	3. 紫云公园	31.7 公顷	–
	4. 宝龙绿地（地下空间及地上公园）	12 公顷	11. 平方
	5. 二、三期临时停车及绿化	9.1 公顷	–
	6. 南入口广场	1.5 公顷	–

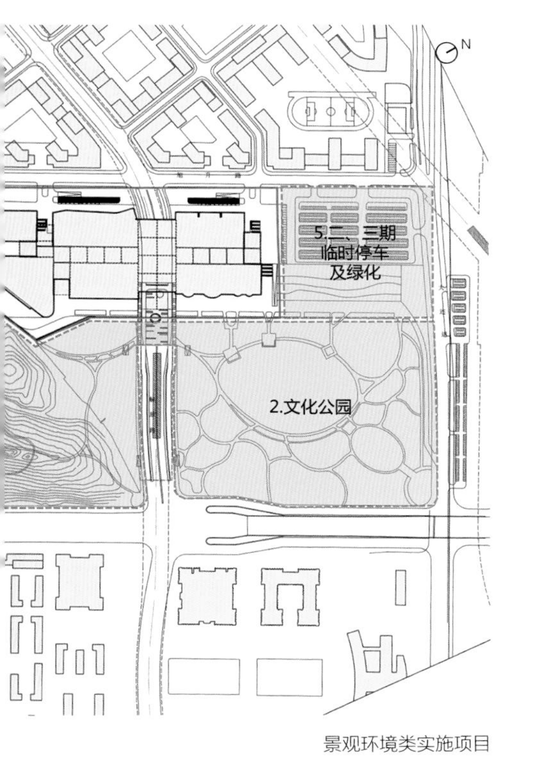

景观环境类实施项目

规划要求
化公园景观建设，完善文化公园与文化建筑的衔接
紫云公园北侧与文化公园衔接界面景观建设，紫云公园内两处规划地面停车场建设
下商业及其与周边地下空间的衔接通道，地上公园景观及停车场建设
预留用地内临时停车场建设，实现与公园的衔接
南入口广场建设，实现与天碱记忆、万达 MALL、Z4 线天碱站的景观、步行及地下空间衔接

市政交通类（2015 年初至 2016 年底）

市政交通类实施项目

项目分类	项目名称	用地面积	建筑面积	规划要求
市政交通类	7. 解放路 U 形槽段	1.3 公顷	—	完成解放路 U 形槽段，实现与隧道及文化建筑的衔接
	8. 旭升路	2.4 公顷	—	完成旭升路道路建设
	9. 中央大道	12.1 公顷	—	完成中央大道沿线景观整治，以及中央大道与解放路交口交通渠化工程
	10. 新港三号路及下穿隧道	2.7 公顷	—	已完成
	11. 堡祥路	0.6 公顷	—	完成堡祥路道路建设
	12. 新港二号路	1.4 公顷	—	完成新港二号路道路建设
	13. 洞庭路	0.9 公顷	—	完成洞庭路道路建设
	14. 公交首末站及停车楼	0.6 公顷	—	完成公交首末站结合停车楼建设

市政交通类（2015 年初至 2016 年底）

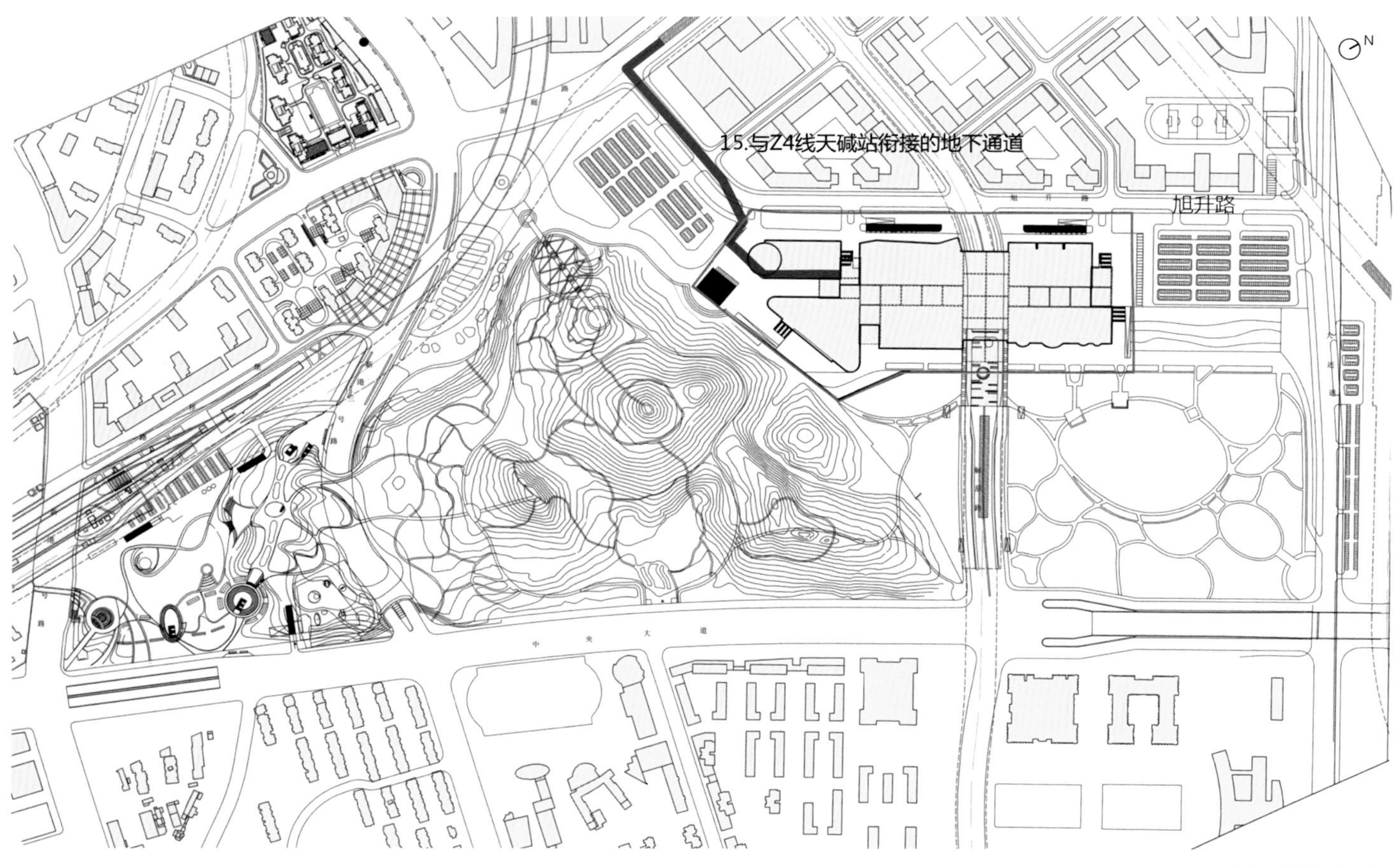

市政交通类实施项目

项目分类	项目名称	用地面积	建筑面积	规划要求
市政交通类	15. 与 Z4 线天碱站衔接的地下通道	0.5 公顷	—	Z4 线天碱站通过旭升路与文化中心（一期）通道衔接，通过垂直交通与文化中心（一期）预留接口连通

2016 年以后实施项目

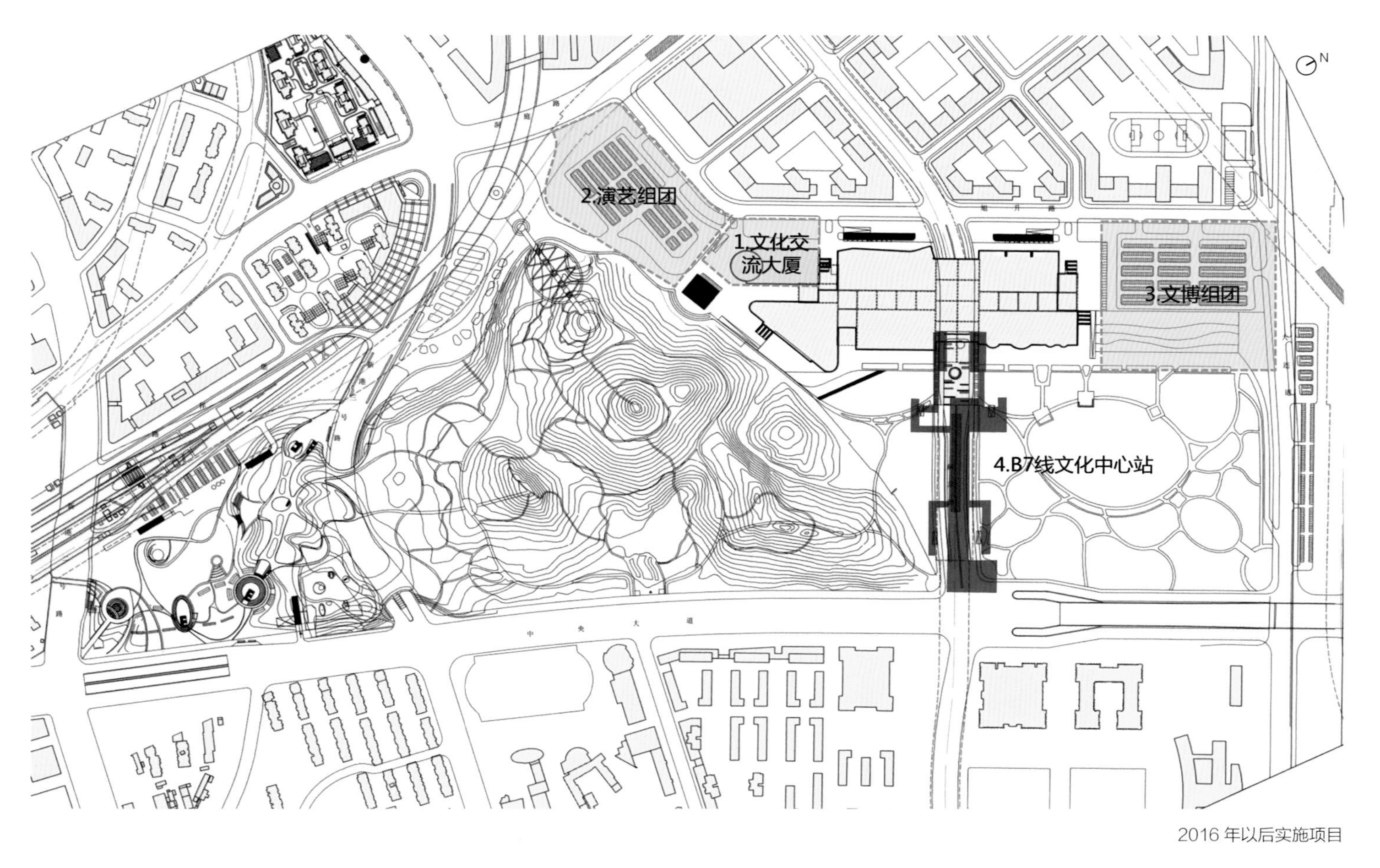

2016 年以后实施项目

项目分类	项目名称	用地面积	建筑面积	规划要求
文化建筑类	1. 文化交流大厦	1.3 公顷	10 万平方米	完成文化交流大厦建设，并做好与文化中心（一期）衔接处理
	2. 演艺组团	4.3 公顷	8.6 万平方米	完成演艺组团建设，并做好与文化中心（一期）衔接处理
	3. 文博组团	5.0 公顷	8.8 万平方米	完成文博组团建设，并做好与文化中心（一期）衔接处理
轨道交通类	4. B7 线文化中心站	—	—	由于 B7 线是远期线，规划做多方案比选，预留建站可能性，本次不做盖挖工程预留

2014-2015年

天津滨海新区文化中心

（一期）建筑群建设实施方案

2014—2015 Implementation Plan of First Phase for Cultural Center in Binhai New Area, Tianjin

（一期）建筑群建设实施方案

- 总体设计
- 文化长廊
- 滨海现代城市与工业探索馆
- 滨海现代美术馆
- 滨海图书馆
- 滨海市民活动中心
- 滨海东方演艺中心

2014 年，作为滨海新区“十大民生工程”的滨海新区文化中心正式启动建设。2014 年 10 月，滨海文投公司成立，正式委托天津市建筑设计院总承包文化中心的设计深化和施工图设计工作。设计深化延续国内外联合的设计团队和工作营、研讨会的形式，工作组织继续按照中外结对子的原则，保持工作的连续性。

滨海新区文化中心的建设将进一步完善滨海新区核心区的功能，提升人气，塑造城市形象，彰显城市特色，充分整合并形成滨海新区更大的文化优势，成为滨海新区的文化航母，引领区域发展。滨海新区文化中心利用科技手段，以创新的管理模式，打造文化艺术发展和传播的优质平台，为市民提供终身学习的场所；建设滨海创新型人才培养基地，为企业提供高科技产品发布展示平台，带动天碱及周边地区的开发建设，起到重要的“引擎”作用。

总体设计
General Plan

设计说明　Design Specification

滨海新区文化中心（一期）建筑由“一廊六馆”变为“一廊五馆”，五馆即滨海现代城市与工业探索馆、滨海现代美术馆、滨海图书馆、滨海市民活动中心和滨海东方演艺中心，赫尔默特·扬牵头设计的文化交流大厦由于各种原因暂缓建设。

滨海新区文化中心（一期）建筑的创意核心是以宽 25 米、高 30 米的文化长廊将滨海现代城市与工业探索馆、滨海现代美术馆、滨海图书馆、滨海市民活动中心和滨海东方演艺中心进行统领、衔接，共同打造一个文化综合体。

四至范围：东至文化公园，南至滨海新区文化中心（二期），北至滨海新区文化中心（三期），西至旭升路。

东北侧鸟瞰图

设计原则　Design Principle

（1）总体规划统筹兼顾，分步骤实施。

（2）发挥区位及景观优势，注重与周边自然资源相结合，利用地形地貌，科学合理布局，营造现代城市公共空间与自然景观和谐共融的空间环境。

（3）规划建筑方案突出亲民性、可达性、参与性，体现为民众与社会服务的人文关怀。

（4）注重建筑艺术、生态环境与经济性的合理统一，充分体现现代化、国际化的文化内涵；注重节能与环保，采用简洁、现代、庄重的建筑风格，彰显当代建筑的特征。

（5）建设规模和功能配置在满足现有需求的基础上适度超前，在服务于滨海新区人民群众的同时，建立国际性文化交流合作的平台。

（6）与天津市文化中心形成互补，突出滨海特色，力求创新，以人为本，低碳环保，建造人与自然、社会、城市环境等协调发展的文化中心。

经济技术指标	
可用地面积	119 640.3 平方米
总建筑面积	313 585 平方米
地上建筑面积	194 880 平方米
地下建筑面积	118 705 平方米
机动车停车数	1520 辆
地上非机动车停车	2200 辆

总平面图

西侧鸟瞰图

东南侧夜景鸟瞰图

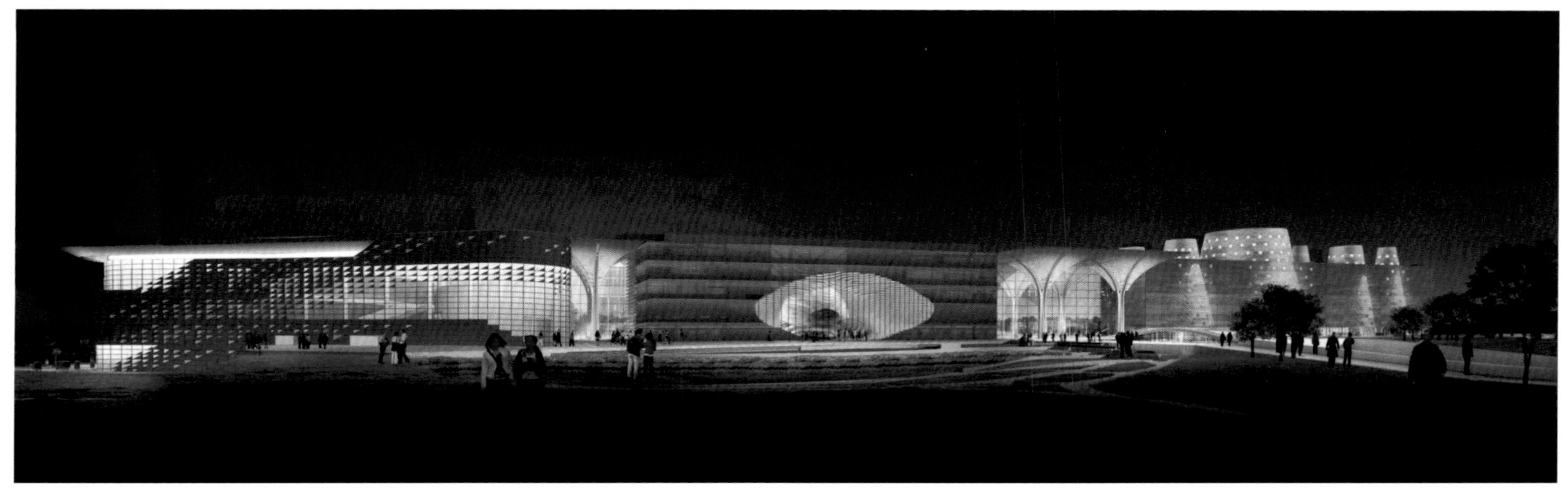
东侧立面夜景灯光效果图——平日

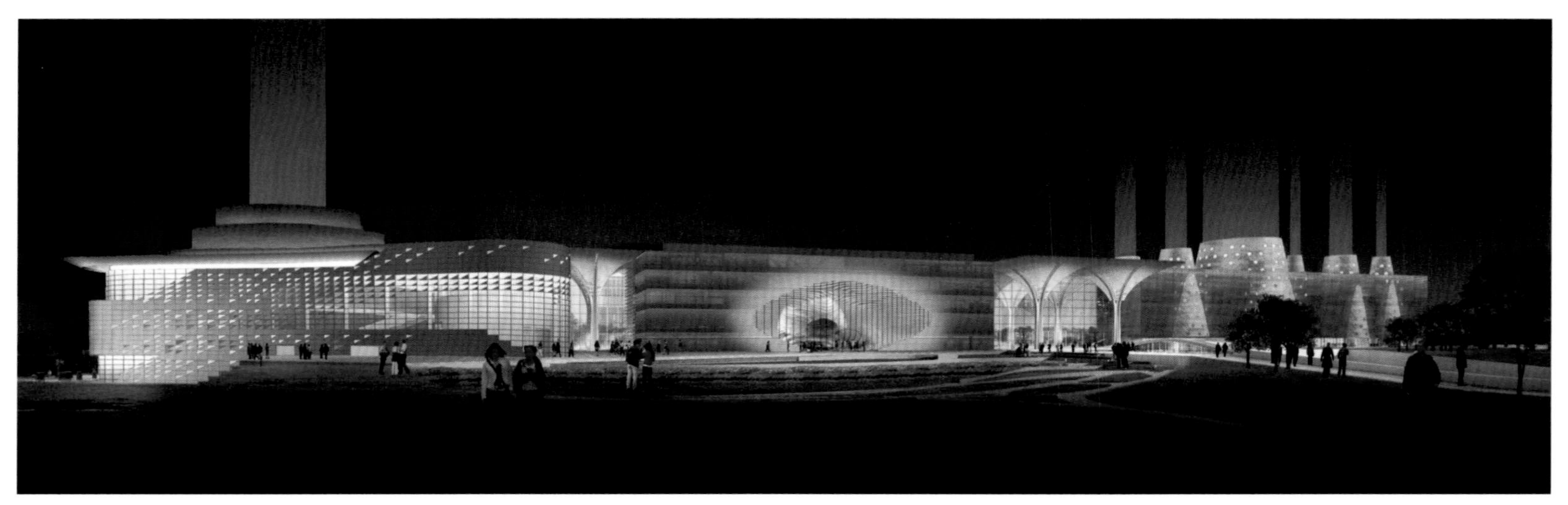
东侧立面夜景灯光效果图——重大节日

东侧立面效果图

文化中心（一期）建设项目的立面形态，力求塑造具有滨海新区城市特色的标志性城市形象，充分展示滨海新区的新世纪现代化气息，突出文化中心（一期）建筑群的整体特征，形成“文化航母”的整体形象，同时彰显各文化场馆的个性与气质。外檐材料以石材、金属幕墙及玻璃幕墙为主，简洁明快，通过对材质的选择与处理，使其在整体色彩上既协调统一又不失多样性，城市尺度恢宏大气，近人尺度亲切宜人。

主体高度控制在 35.70 米，滨海现代城市与工业探索馆局部突出至 45.70 米，整体天际线于统一中有变化。

西侧立面效果图

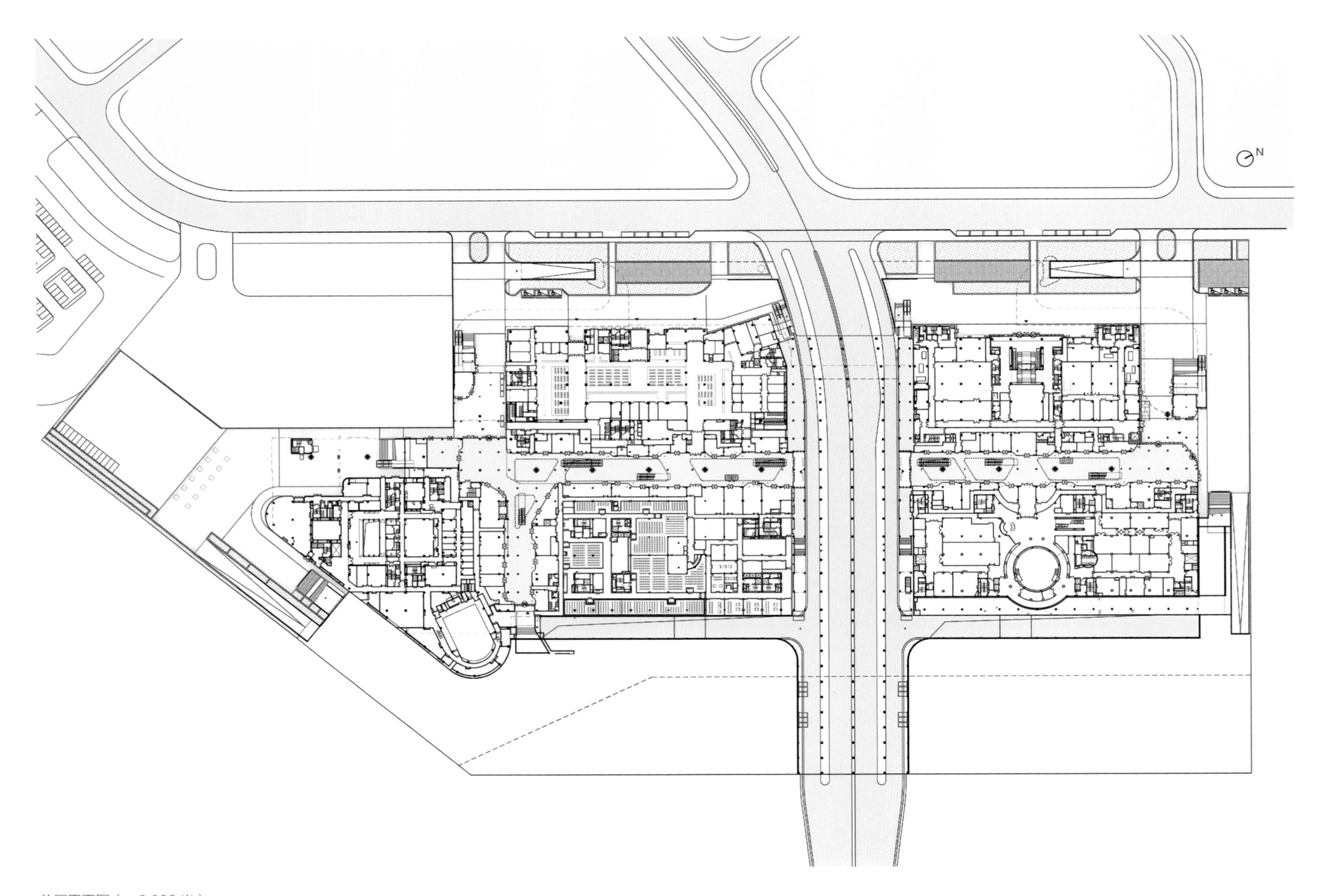

首层平面图（±0.000 米）

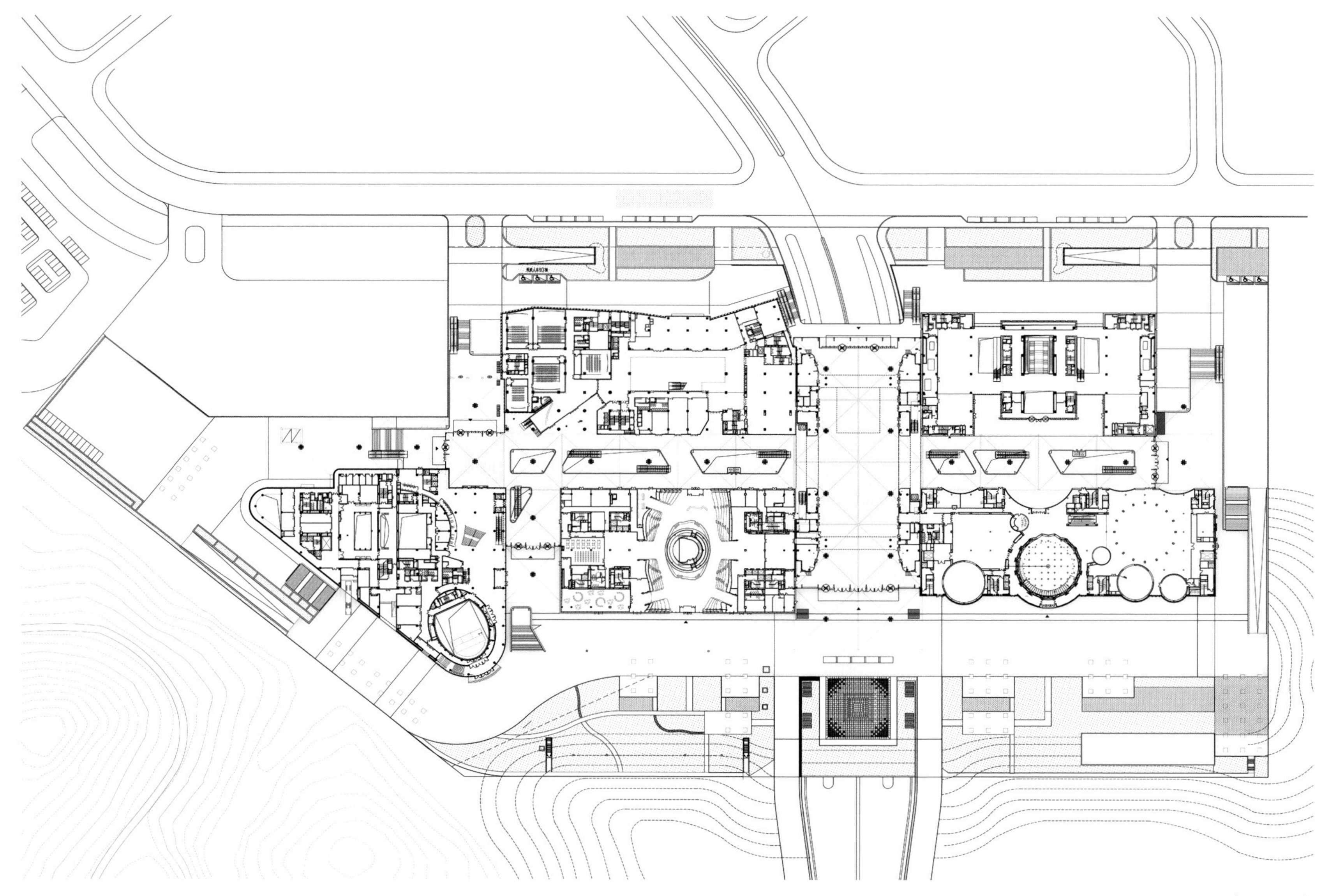

二层平面图（5.700 米）

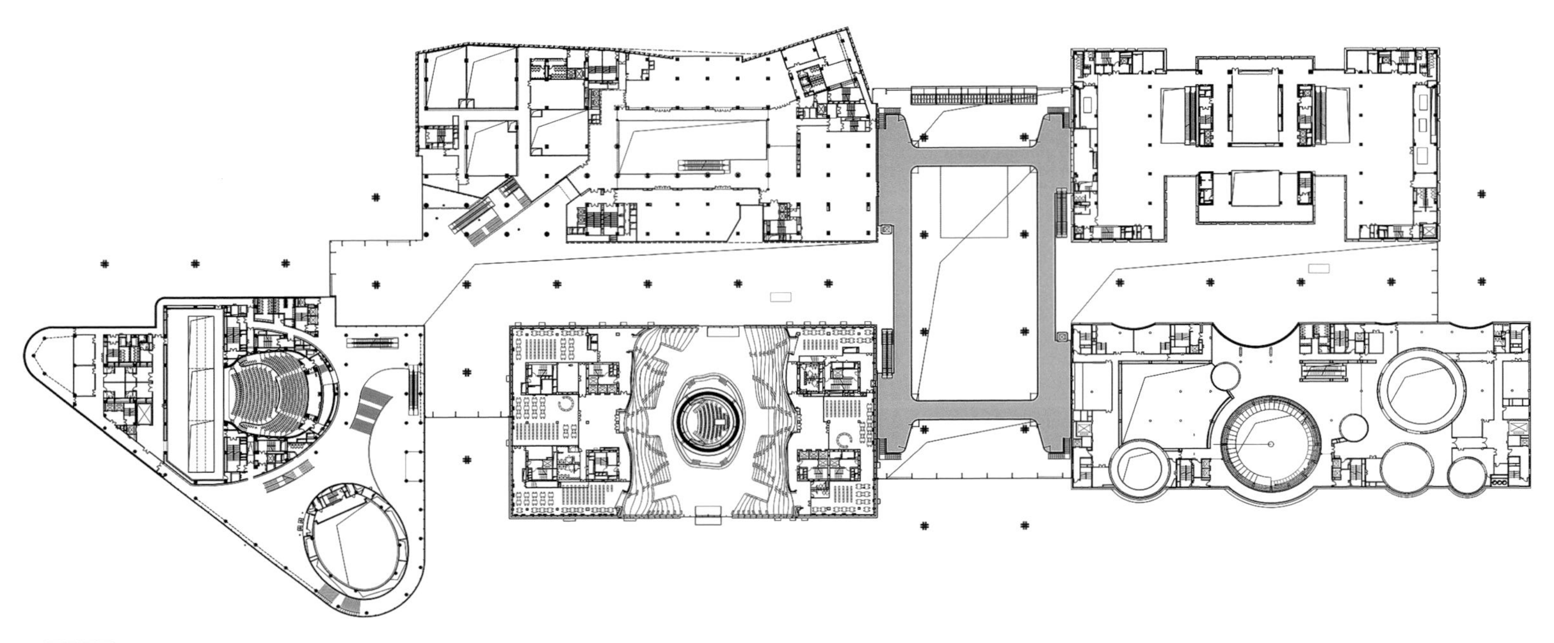

三层平面图

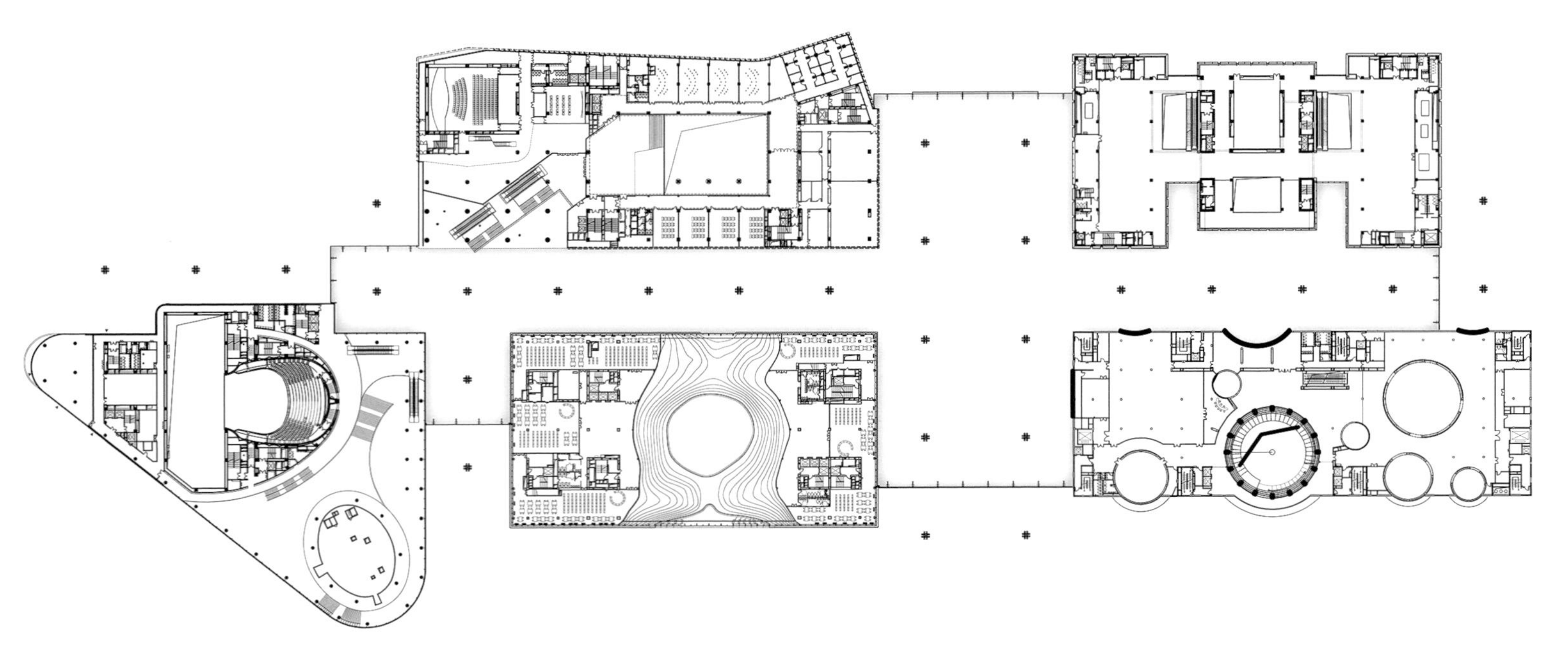

四层平面图

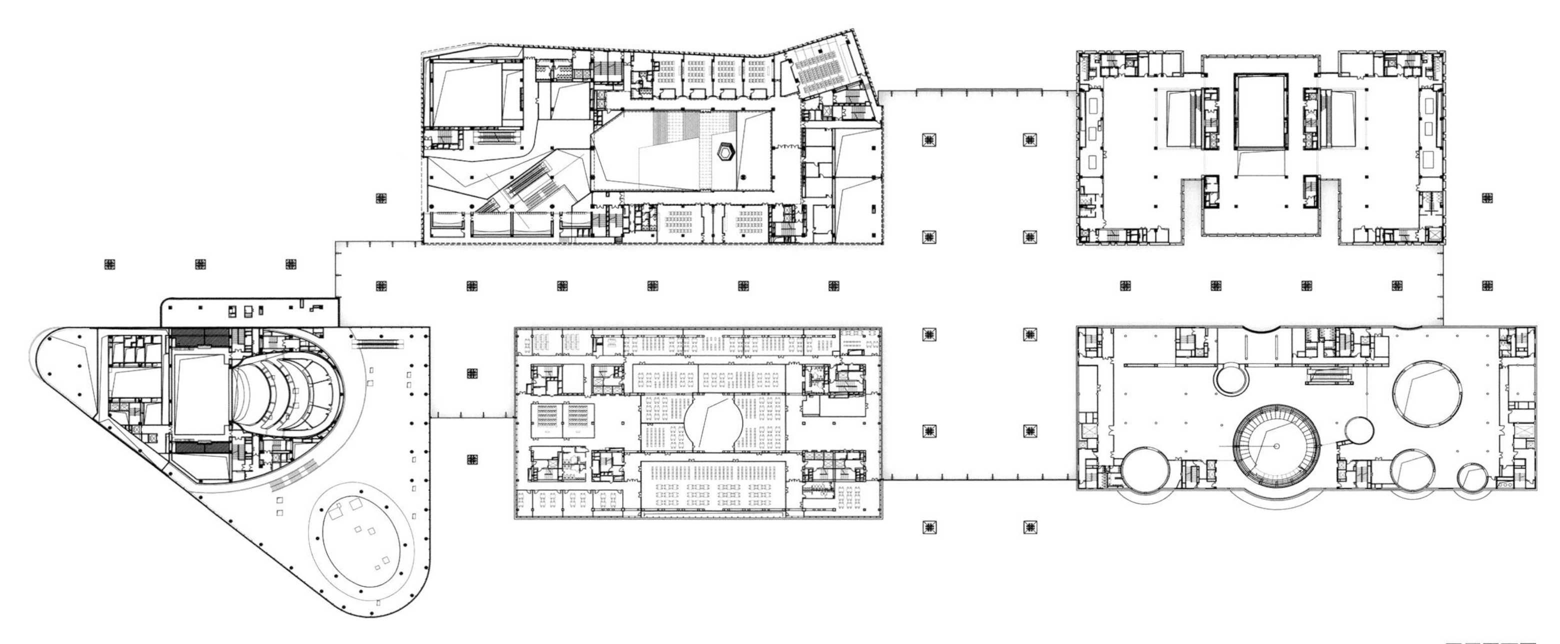

五层平面图

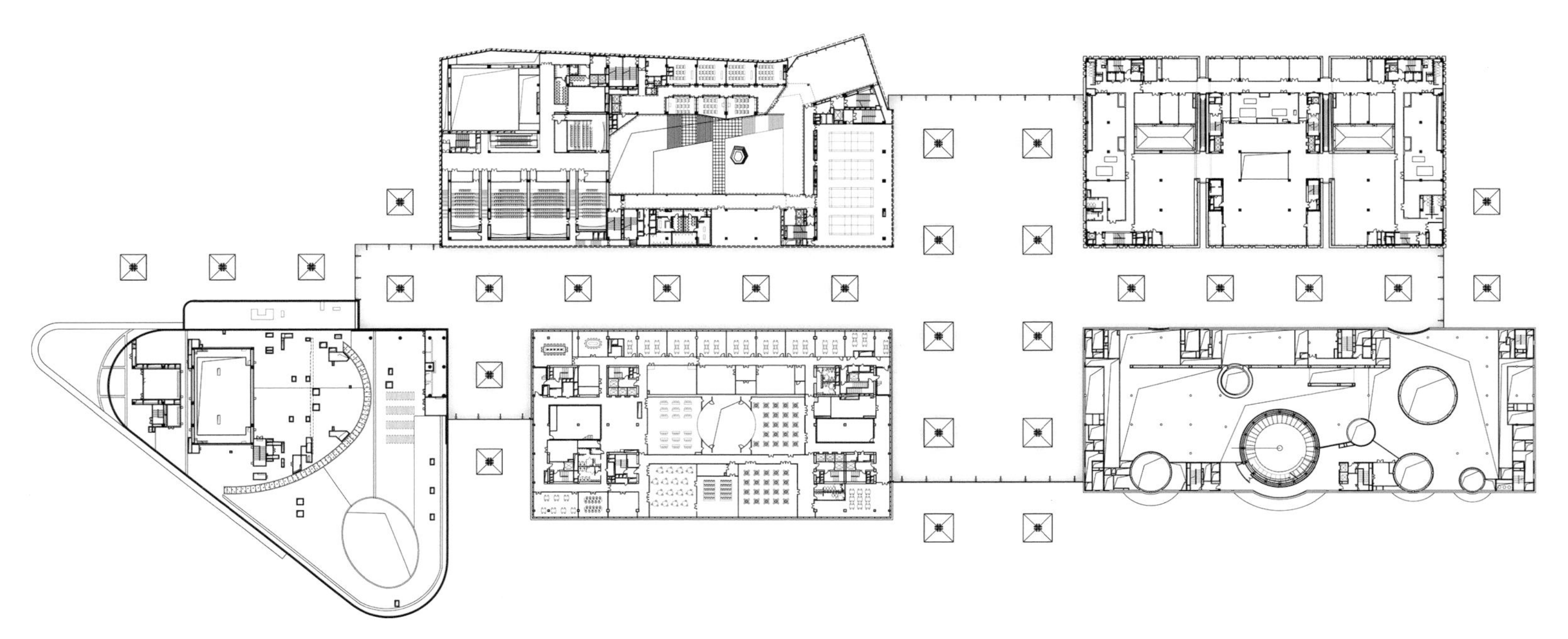

六层平面图

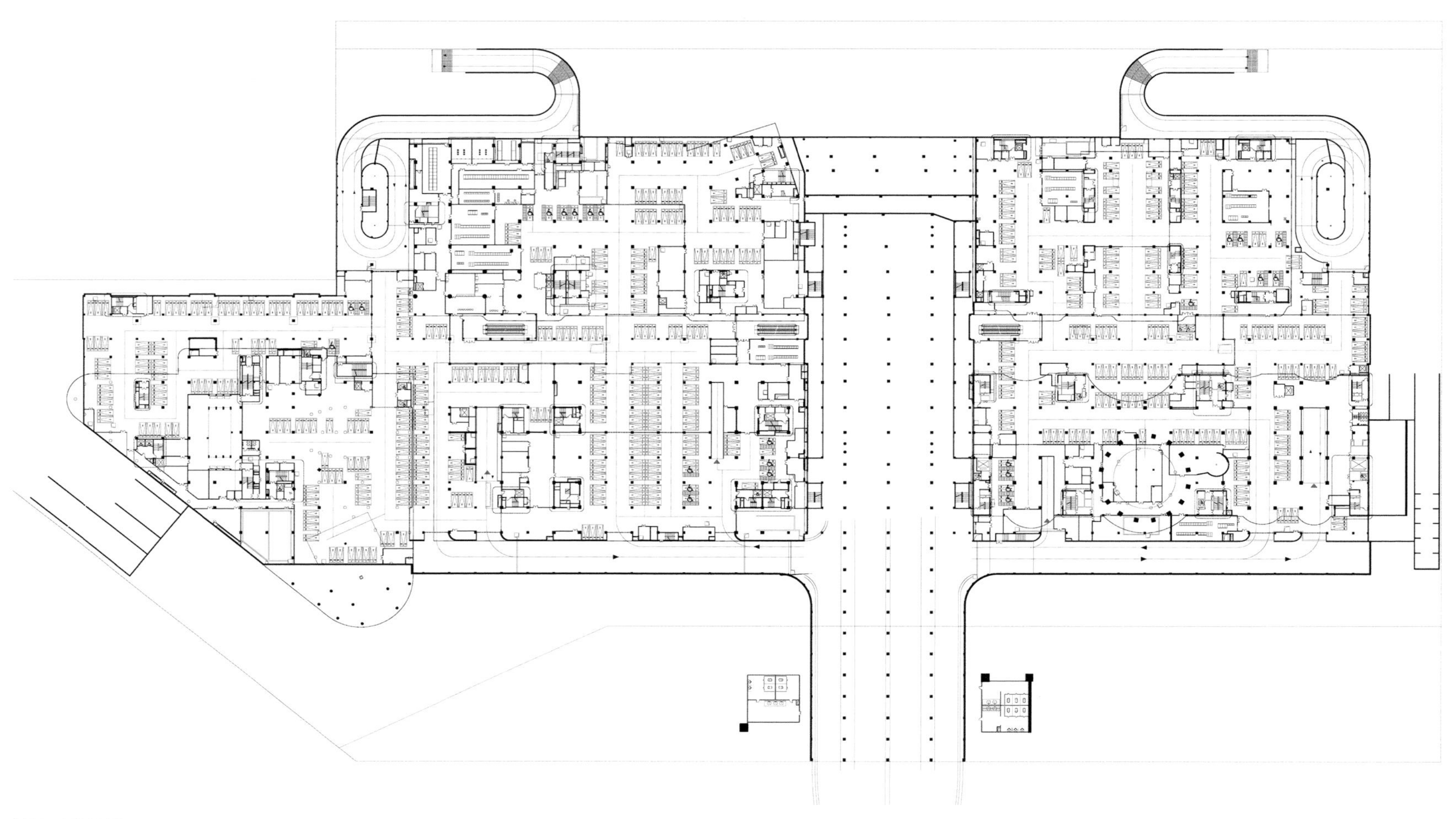

地下一层平面图

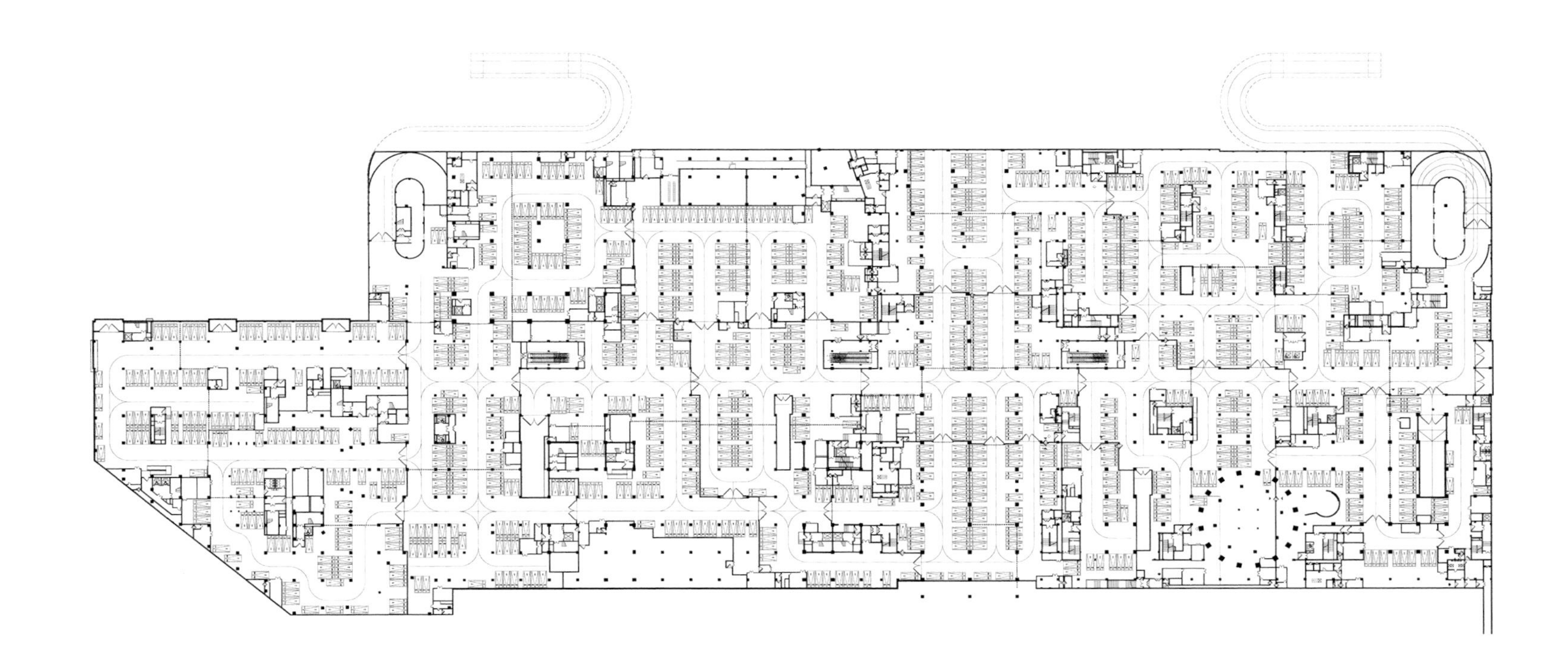

地下二层平面图

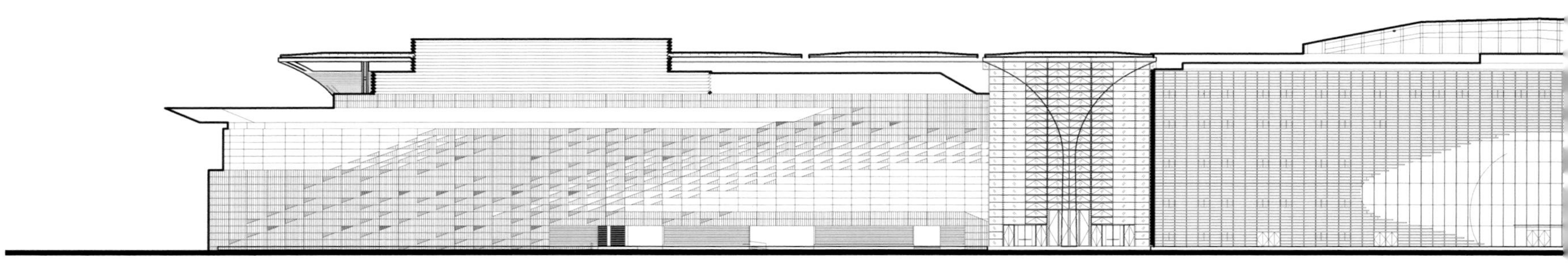

组合东立面图

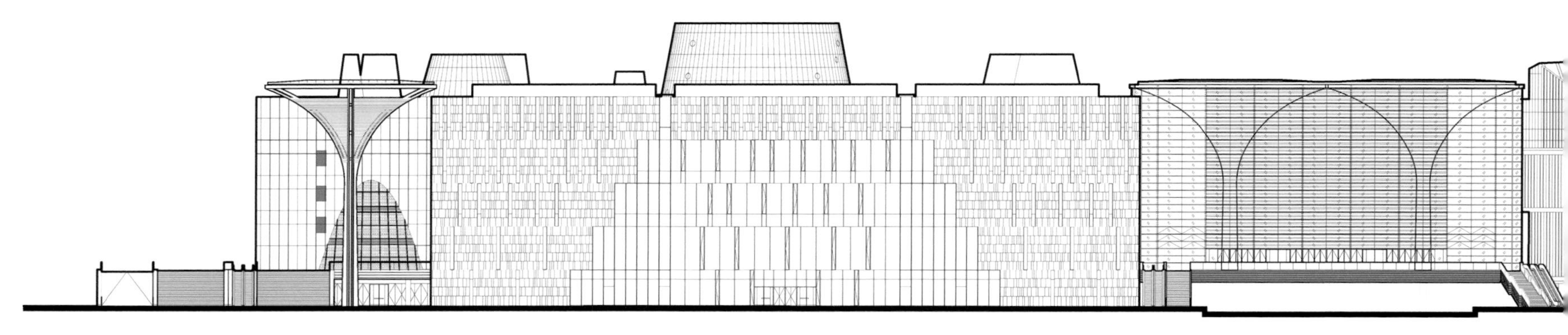

组合西立面图

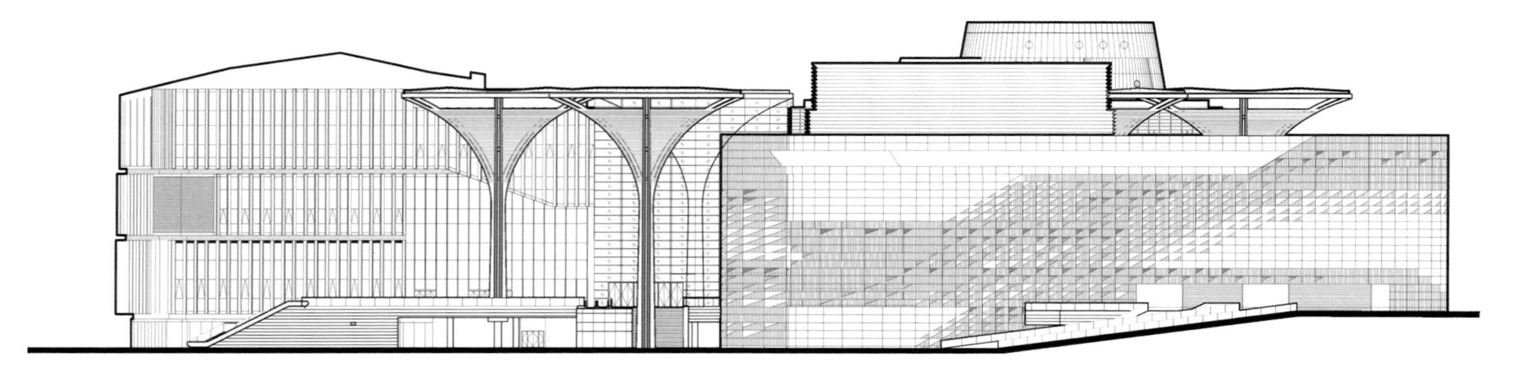

组合南立面图

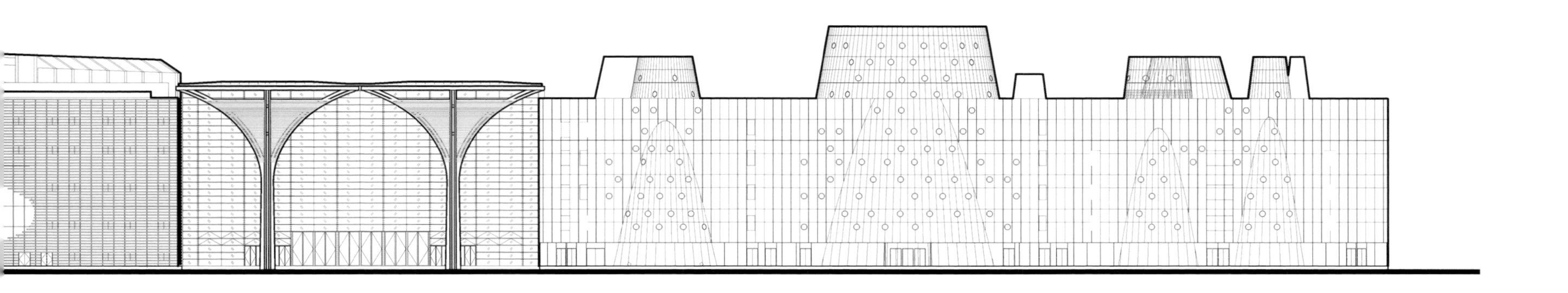

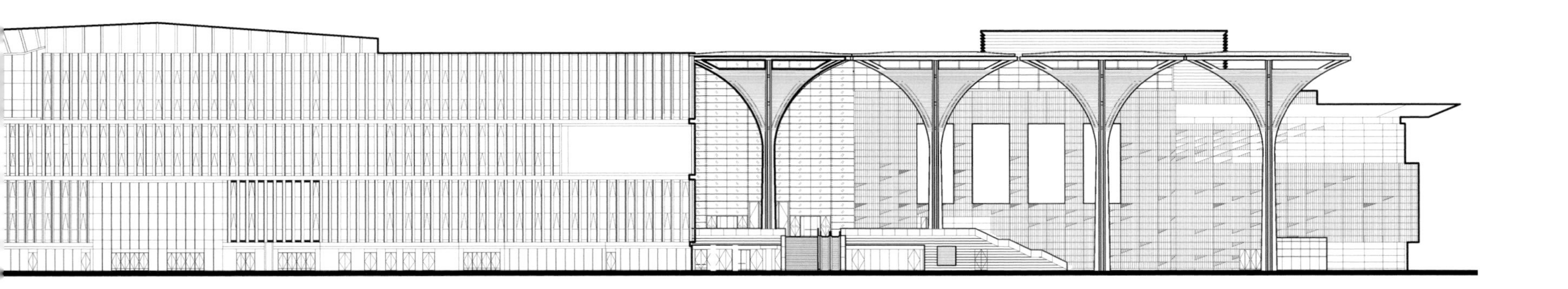

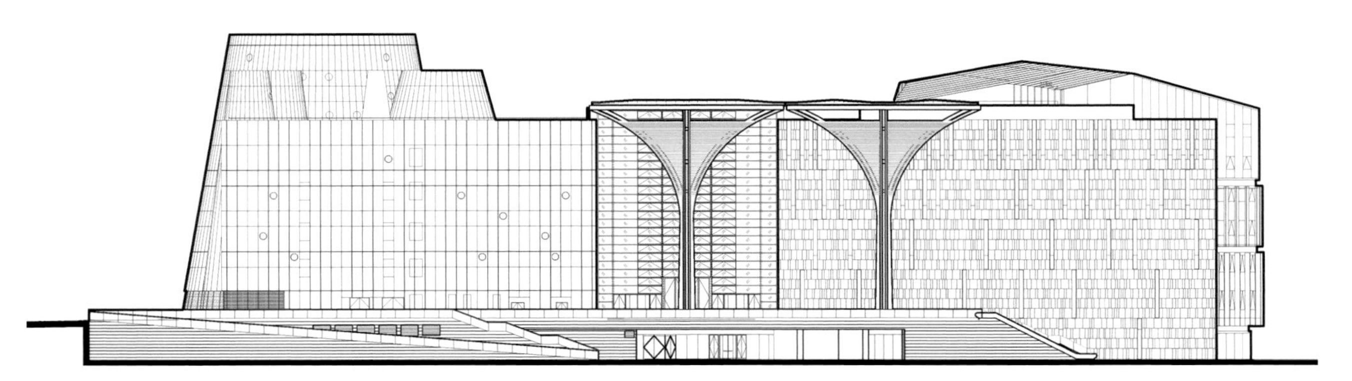

组合北立面图

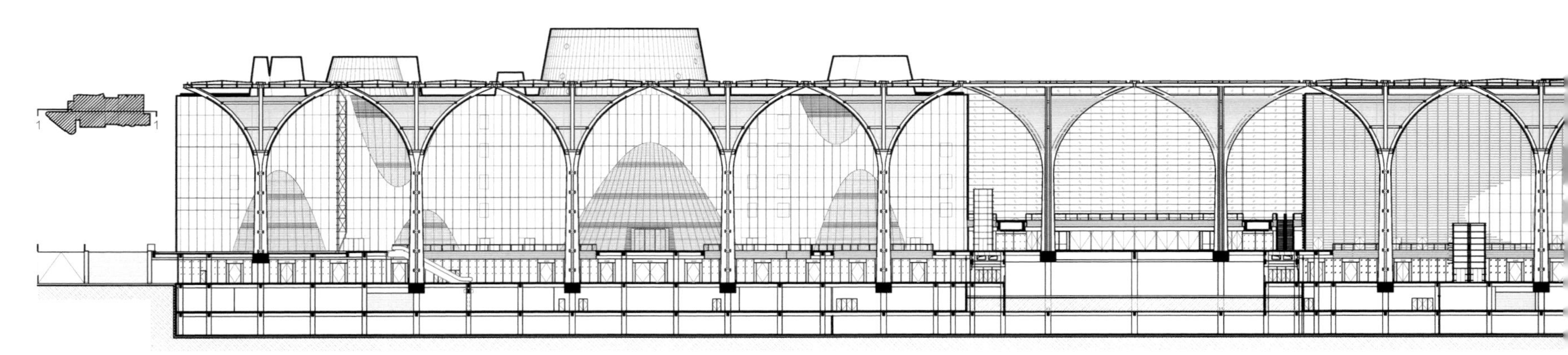

1-1 剖面图

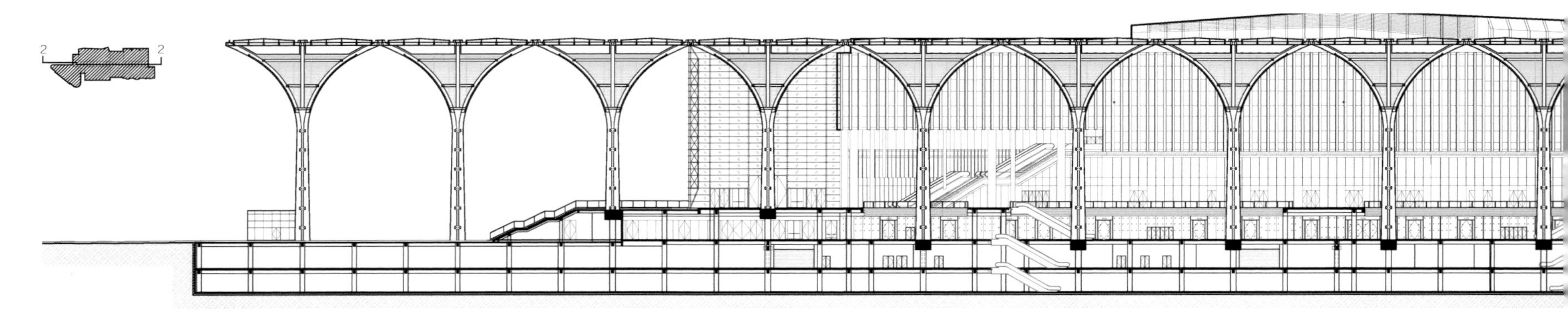

2-2 剖面图

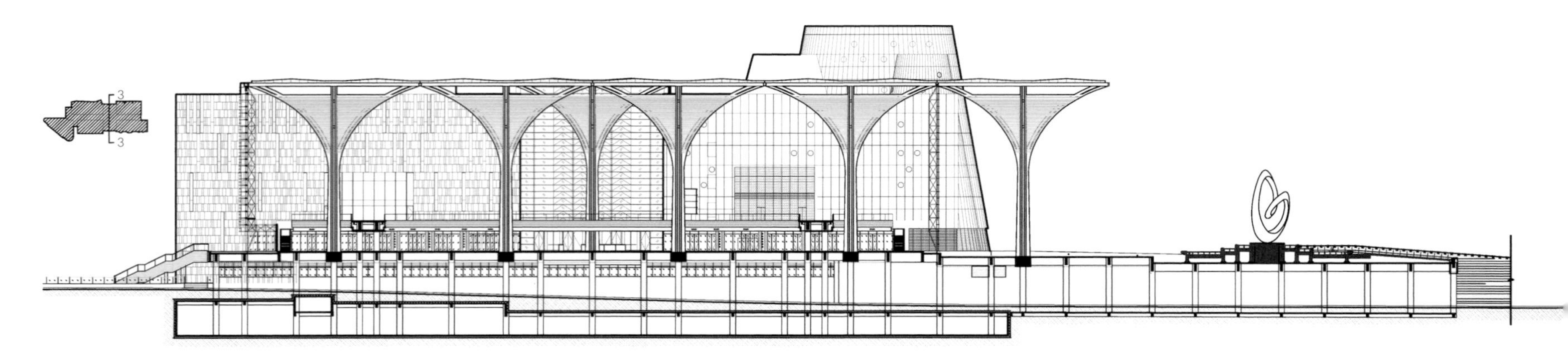

3-3 剖面图

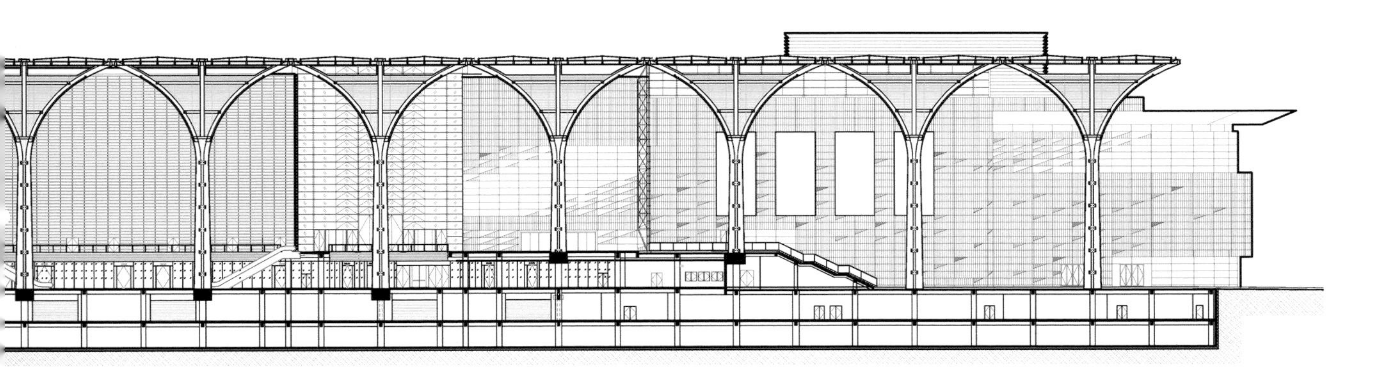

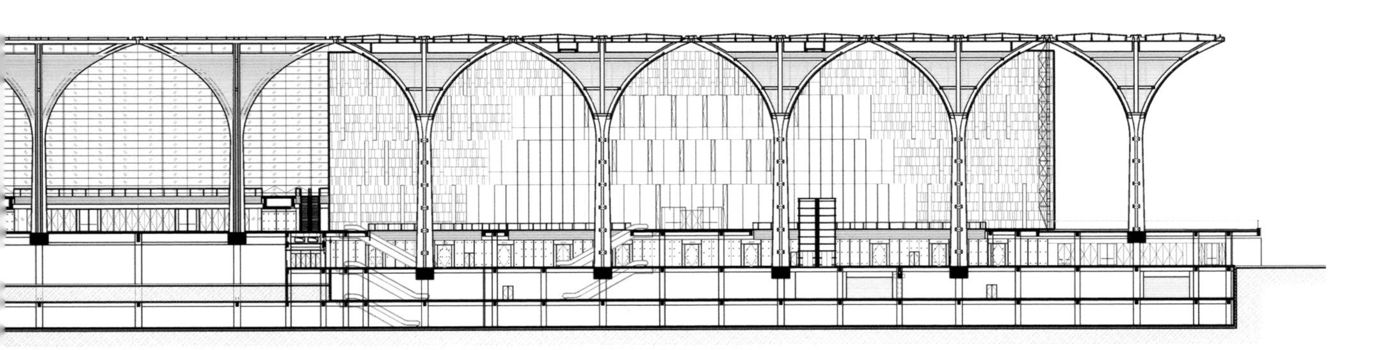

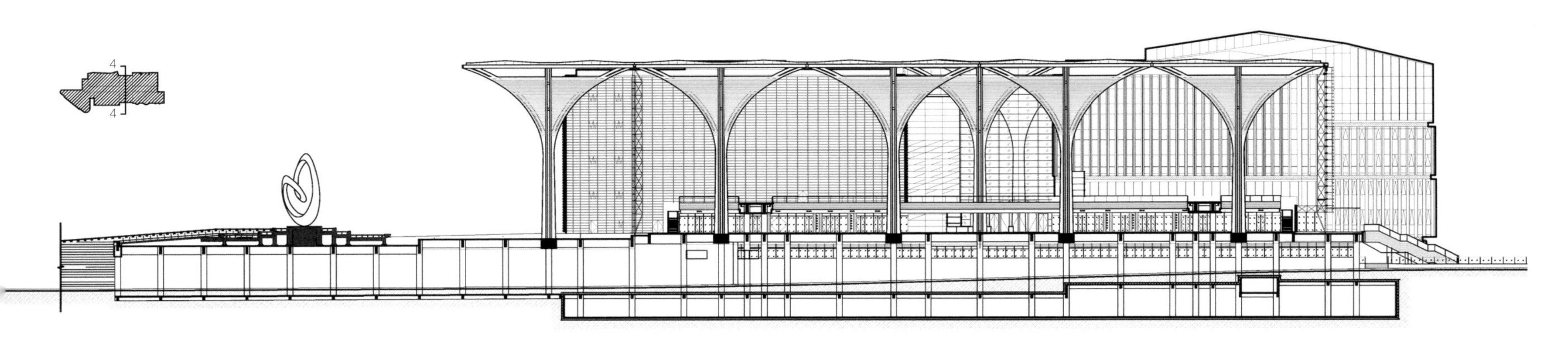

4-4 剖面图

文化长廊

Cultural Corridor

功能定位　Function Position

文化长廊是文化中心六大功能区中的“第一空间”，是与其他板块平行的第六功能板块，项目以文化长廊为“树干”，串联各板块。

文化长廊的功能：

功能延伸 —— 各场馆的配套服务；

协调统一 —— 串联各个板块功能；

业态配合 —— 满足全客层需求；

载体 —— 承办主题活动。

建筑方案团队　德国 gmp 国际建筑设计有限公司

主创设计师：曼哈德・冯・格康（Meinhard Von Gerkan）
斯特凡・胥茨（Stephan Schutz）
斯特凡・瑞沃勒（Stephan Rewolle）

建筑设计：林赛博、隋锦赢、Maarten Harms

施工图团队　天津市建筑设计院设计六所、机电二所

工程主持人：刘景樑、刘祖玲、陈天泽、李倩枚

建筑专业：王钢、李维航、杨波、刘子吟、高颖

结构专业：孙学华、胡巨茗、赵扬、韩冬杰、老浩寅

给排水专业：杨政忠、翟晓红、姚鹏

暖通专业：康方、蔡廷国

电气专业：刘伟、林娜

设计说明　Design Specification

文化长廊串联各场馆，使其有机互补，节约空间，形成多元复合的文化综合体；沿文化长廊两侧组织公共服务空间，激发文化中心活力；整合风格各异的文化建筑单体，创造既统一又不失丰富多样性的文化综合体空间形象。

文化长廊共三层，建筑面积 3.5 万平方米，由 28 个 30 米高的伞状钢柱贯穿。一层包括北侧 140 米长和南侧 160 米长的两段文化步行街，共有 5 个出入口。开敞的顶板开洞引导访客进入文化长廊二层，两个层面的长廊空间形成多样的视觉交点。二层在文化公园一侧，解放路下穿地道上方形成文化中心主入口广场，由此可进入中央大厅，同时沿旭升路一侧也设有到达中央大厅的出入口。中央大厅尺度为 120 米 × 58 米，具有交通、展示、秀场等多种功能，活动看台可容纳上千游客，可举办大型活动、表演，也可作为文化节的中心聚集地。在大厅的外侧，小尺度的空间可灵活用于咖啡厅、艺术品展示或其他公共服务空间。此外，位于南北两侧的开敞室外楼梯也可进入文化长廊二层，南北两侧各 110 米及 120 米长的走廊引导人们通向位于长廊核心位置的中央大厅。整个长廊连接不同的文化建筑，其功能是作为一个内部的交流空间，灵活地用于举办文化活动和展览等。三层的连廊连接探索馆、美术馆、图书馆及市民中心，连廊足够的宽度在满足功能流线的需求之外为访客提供休憩空间。

文化长廊效果图

景观设计　Landscape Design

文化长廊作为各场馆功能发生“化学反应”的发生器，应打造为全天候宜人的“城市客厅”；根据长廊与各文化建筑之间的呼应关系，将长廊分别定位为中央大厅、科技与艺术和人文与生态三个景观主题，形成多元的主题空间。

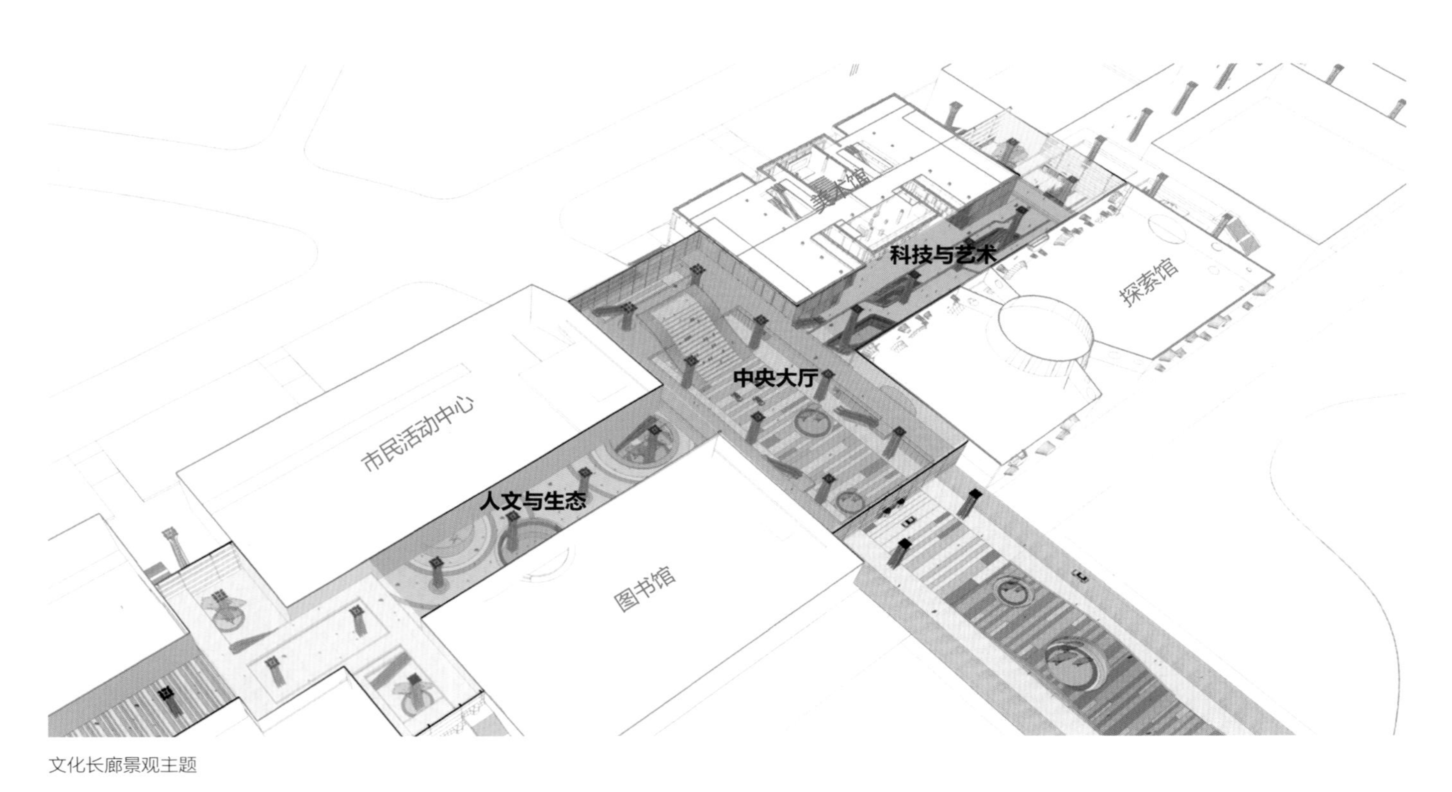

文化长廊景观主题

文化长廊效果图

文化长廊中央大厅效果图

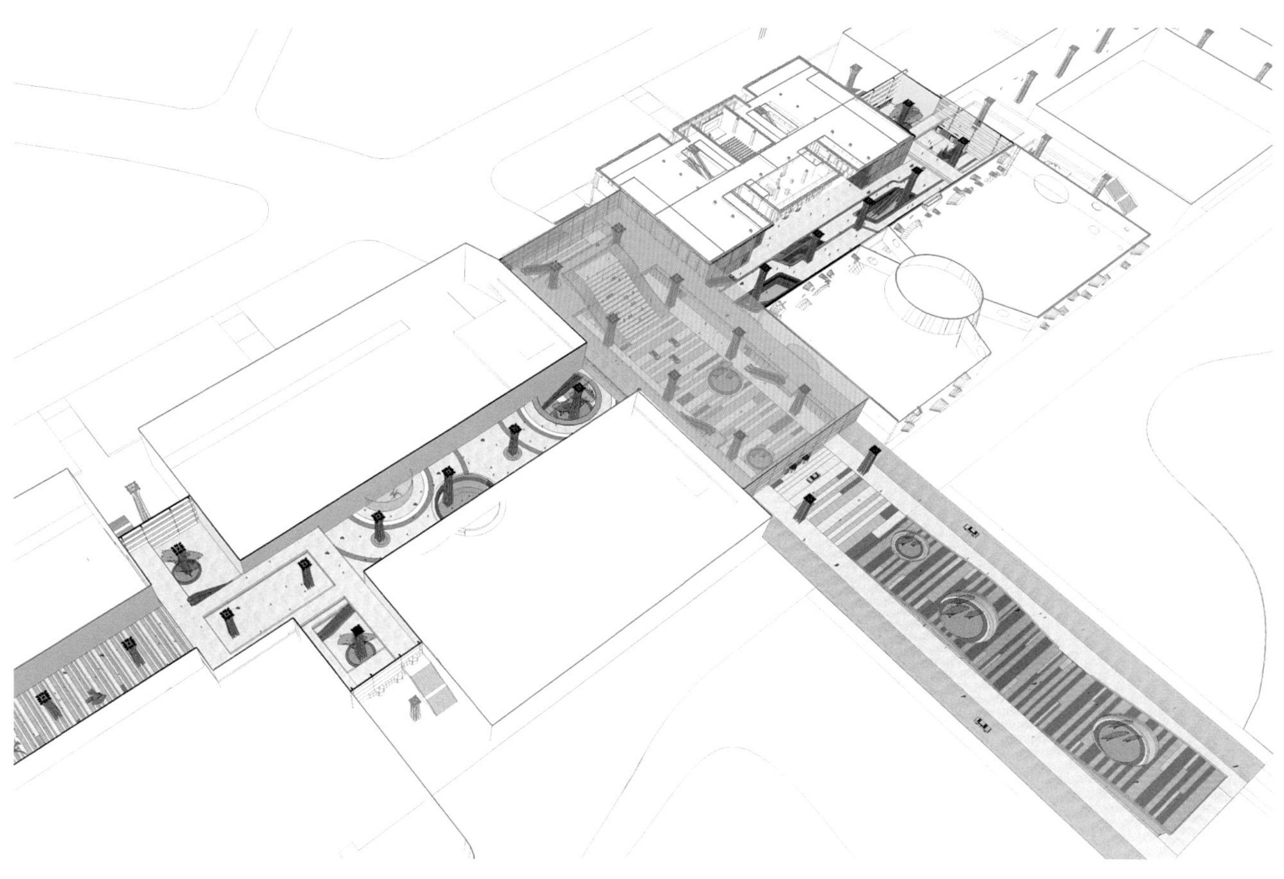

中央大厅

文化长廊科技与艺术主题景观效果图

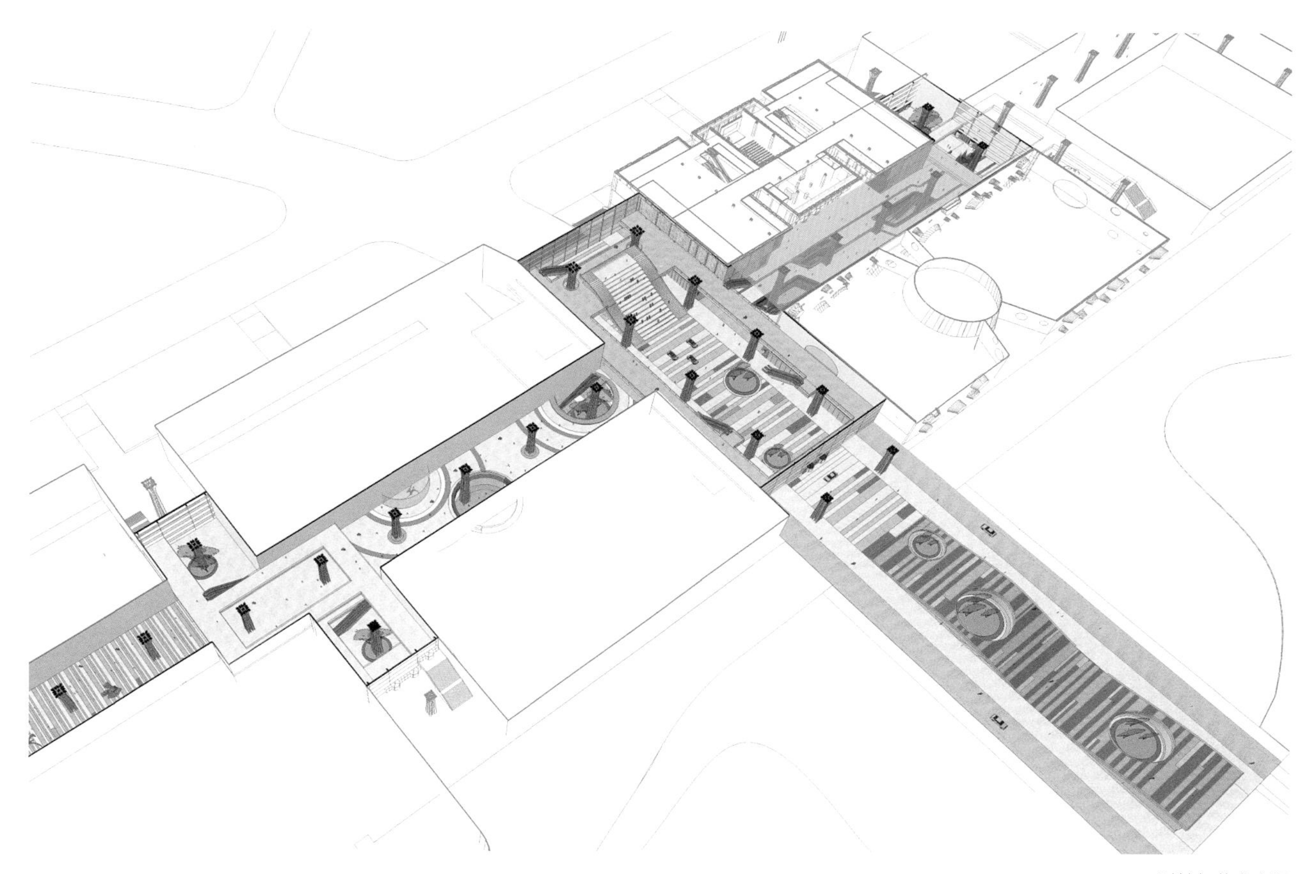

科技与艺术主题

文化长廊人文生态主题景观效果图

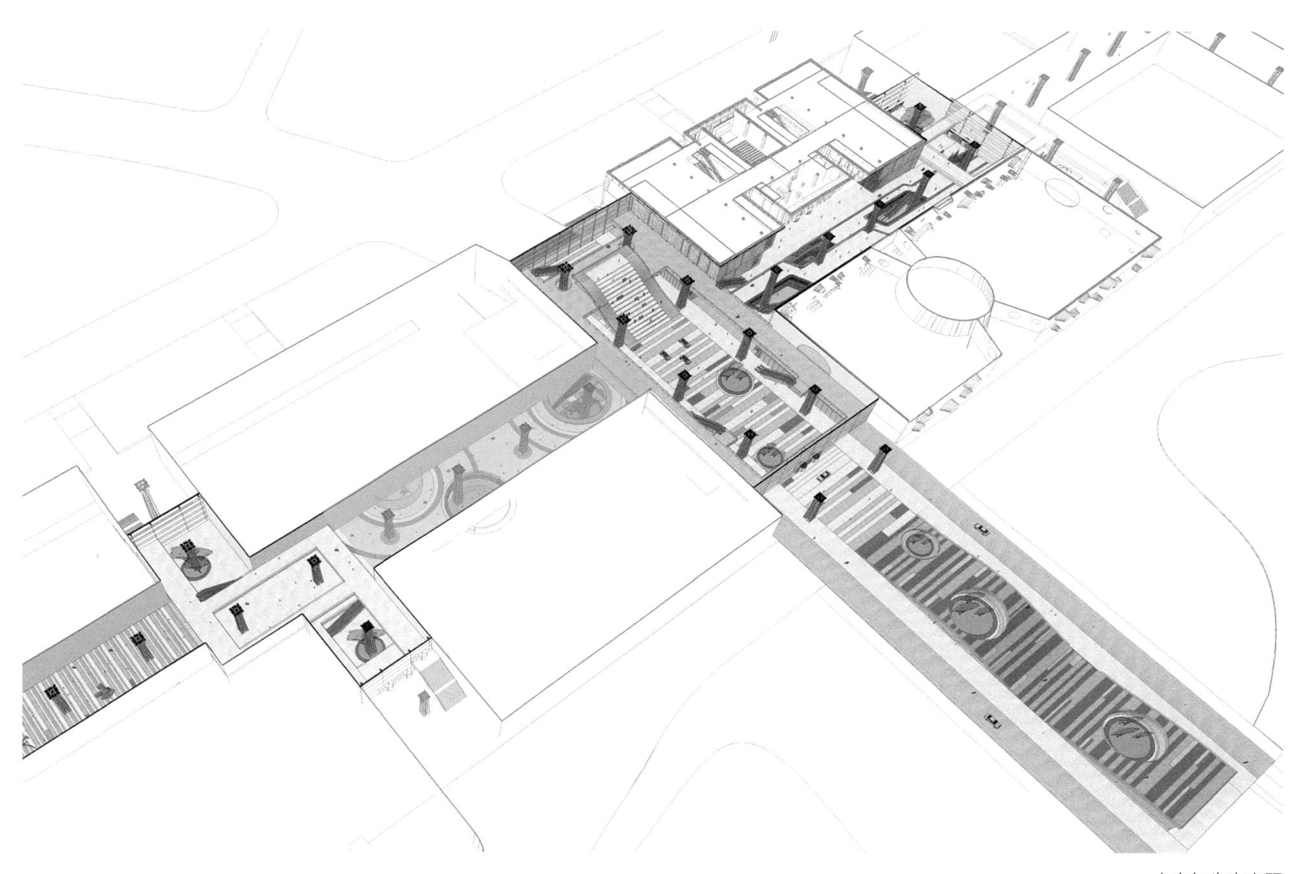

人文与生态主题

滨海现代城市与工业探索馆

Binhai Modern City and Industry Exploratorium

功能定位　Function Position

终身 —— 创 · 艺 · 家

设计说明　Design Specification

滨海现代城市与工业探索馆建筑面积 3.3 万平方米，在展示滨海新区城市规划和八大产业成果的同时，重点展示全球最新城市和建筑成就以及世界现代工业科技发展趋势。

一层为公众服务用房、城市模型展厅、库房及设备用房。二、三层为公众用房、临时展厅、序厅、中央圆筒、城市模型展厅、未来城市展厅、贵宾室、咖啡室、演讲室、纪念品店、世界城市展厅、建筑艺术展厅、工业设计展厅、工作室、办公室、会议室和设备用房等。四、五层为品牌体验店、多媒体互动展厅、情景影院、新闻发布室、电子信息展厅、新能源与新材料展厅、计算机展厅、石油化工展厅、设备制造展厅、基因技术展厅、盐生绿化展厅、直升机模型展厅、火箭模型展厅、生物医学展厅、空客模型展厅、城市农业展厅及设备用房等。

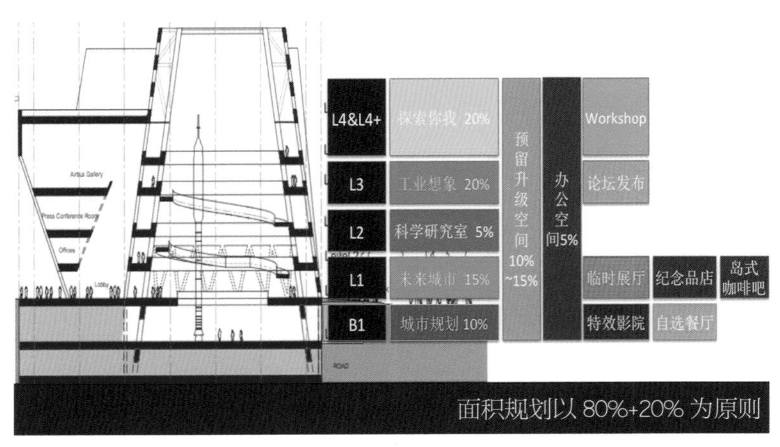

面积占比分析图

立面建筑材料以棕色仿铜拉丝穿孔铝板、深色低透玻璃、彩釉渐变玻璃和超白玻璃为主。

建筑方案团队　美国伯纳德 · 屈米建筑事务所

主创设计师：伯纳德 · 屈米（Bernard Tschumi）
建筑设计：钟念来、Joel Ruten、Christopher Lee、Pierre-Yves Kuhn

施工图团队　天津市城市规划设计研究院

工程主持人：赵春水、董天杰
建筑专业：田轶凡、韩薇、韩海雷
结构专业：韩宁、孙科章、杨贺先、夏磊
给排水专业：任艳琴、武国增
暖通专业：安志红、刘津雅、高燕
电气专业：郭鹏、何力

东立面效果图

中央圆通大厅一层效果图

中央圆通大厅二层效果图

圆通大厅效果图

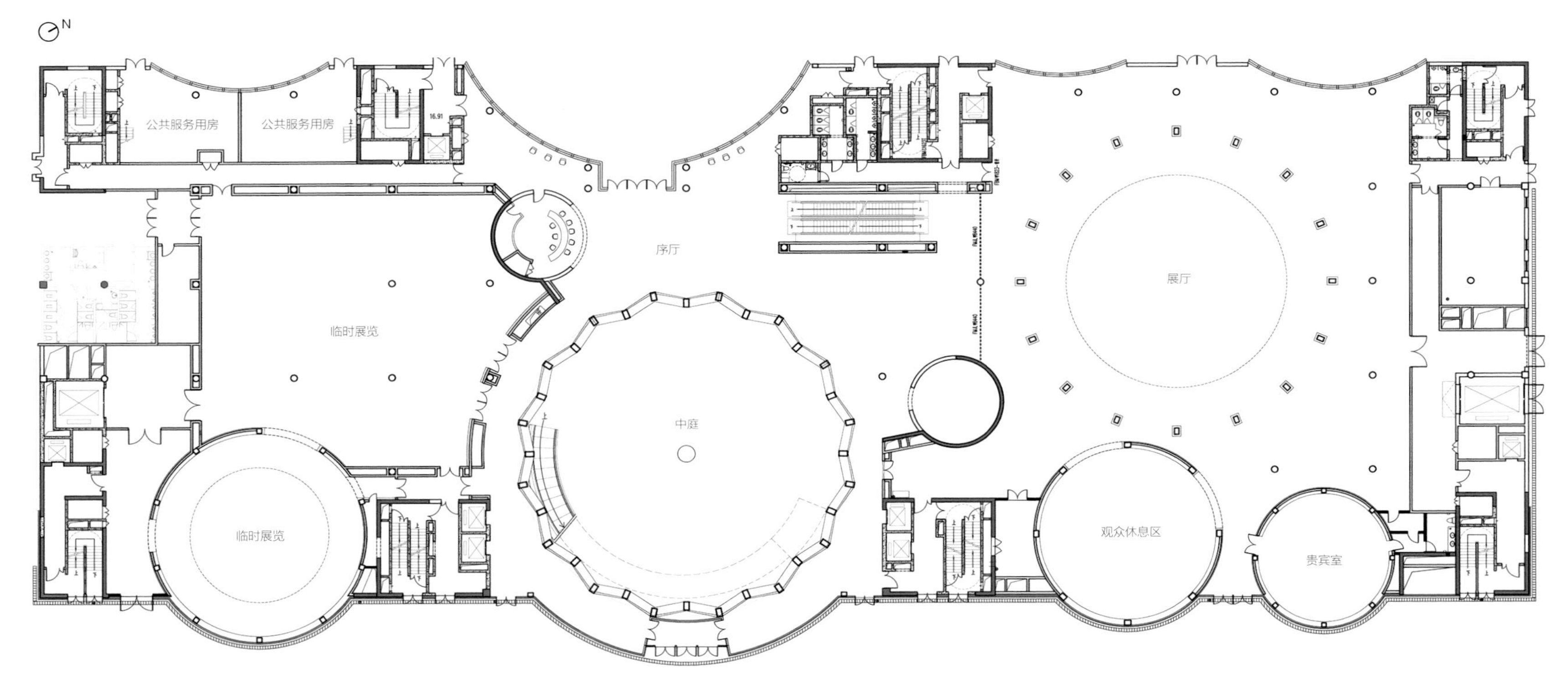

首层平面图（5.700 米）

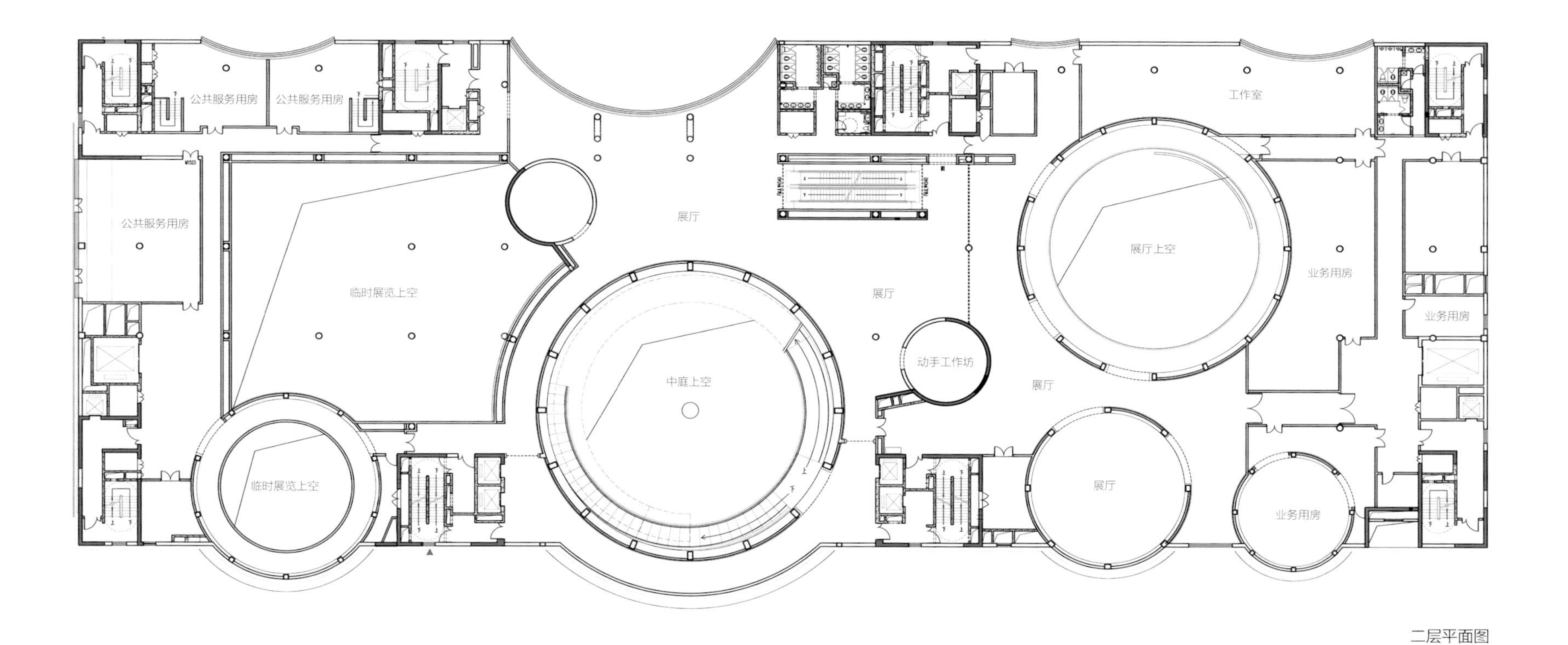
公共服务用房
公共服务用房
工作室
公共服务用房
展厅
临时展览上空
展厅
展厅上空
业务用房
业务用房
动手工作坊
中庭上空
展厅
临时展览上空
展厅
业务用房

二层平面图

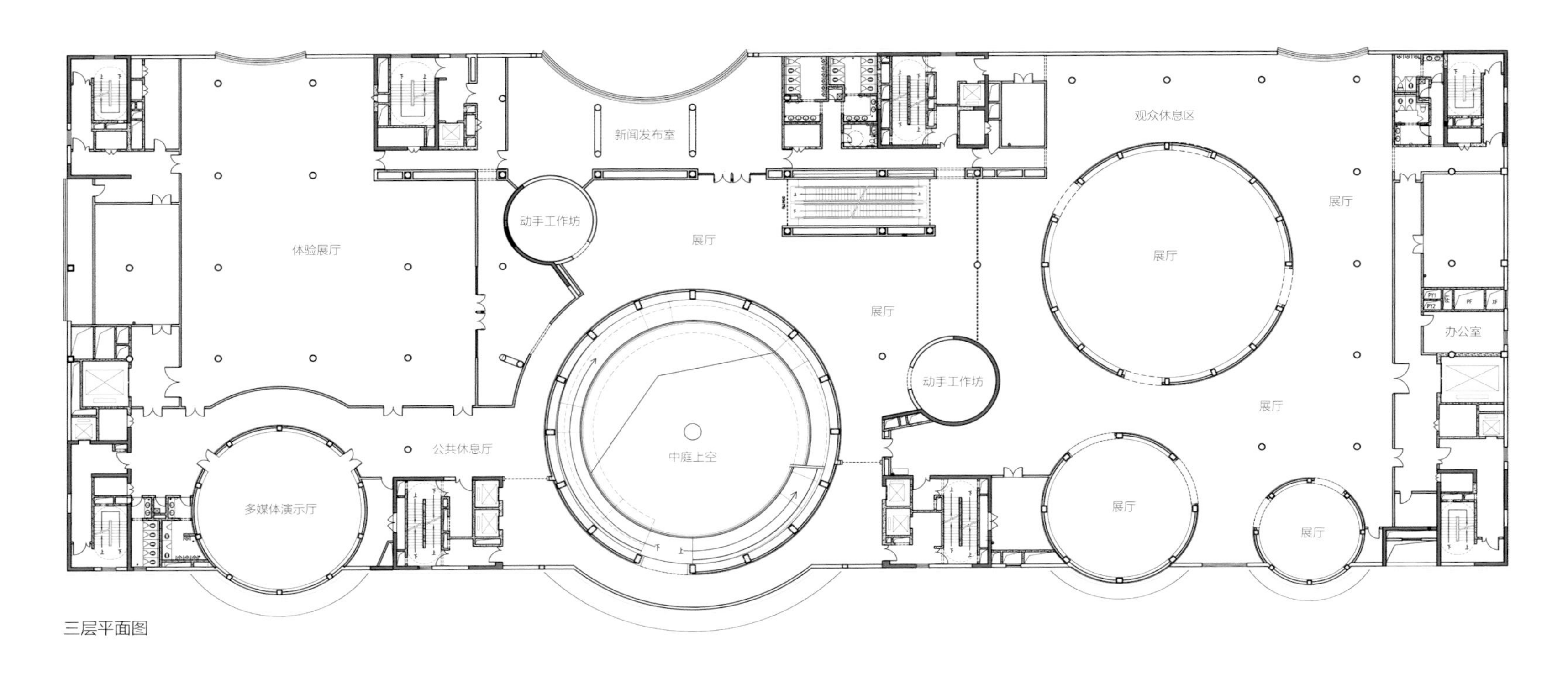
新闻发布室
观众休息区
动手工作坊
体验展厅
展厅
办公室
中庭上空
公共休息厅
多媒体演示厅
三层平面图

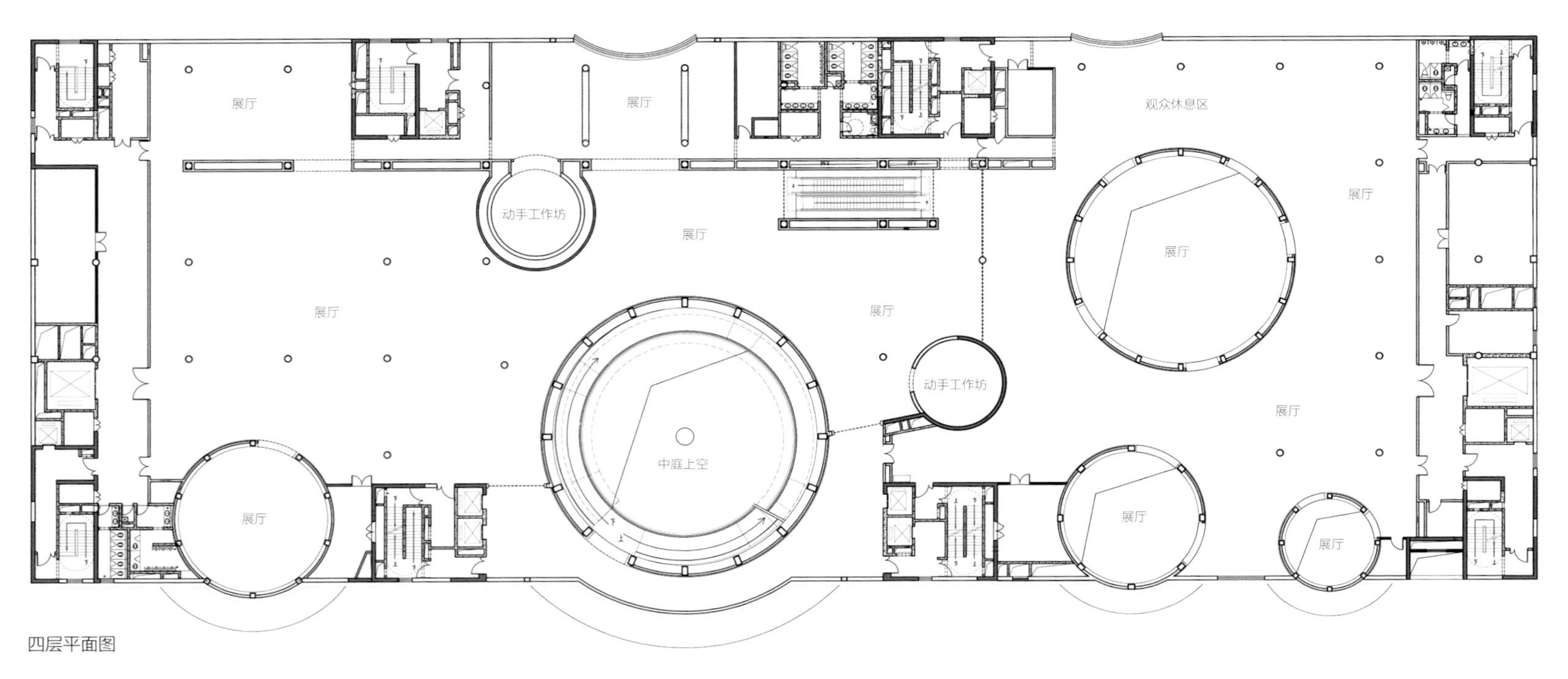
展厅
观众休息区
动手工作坊
中庭上空
四层平面图

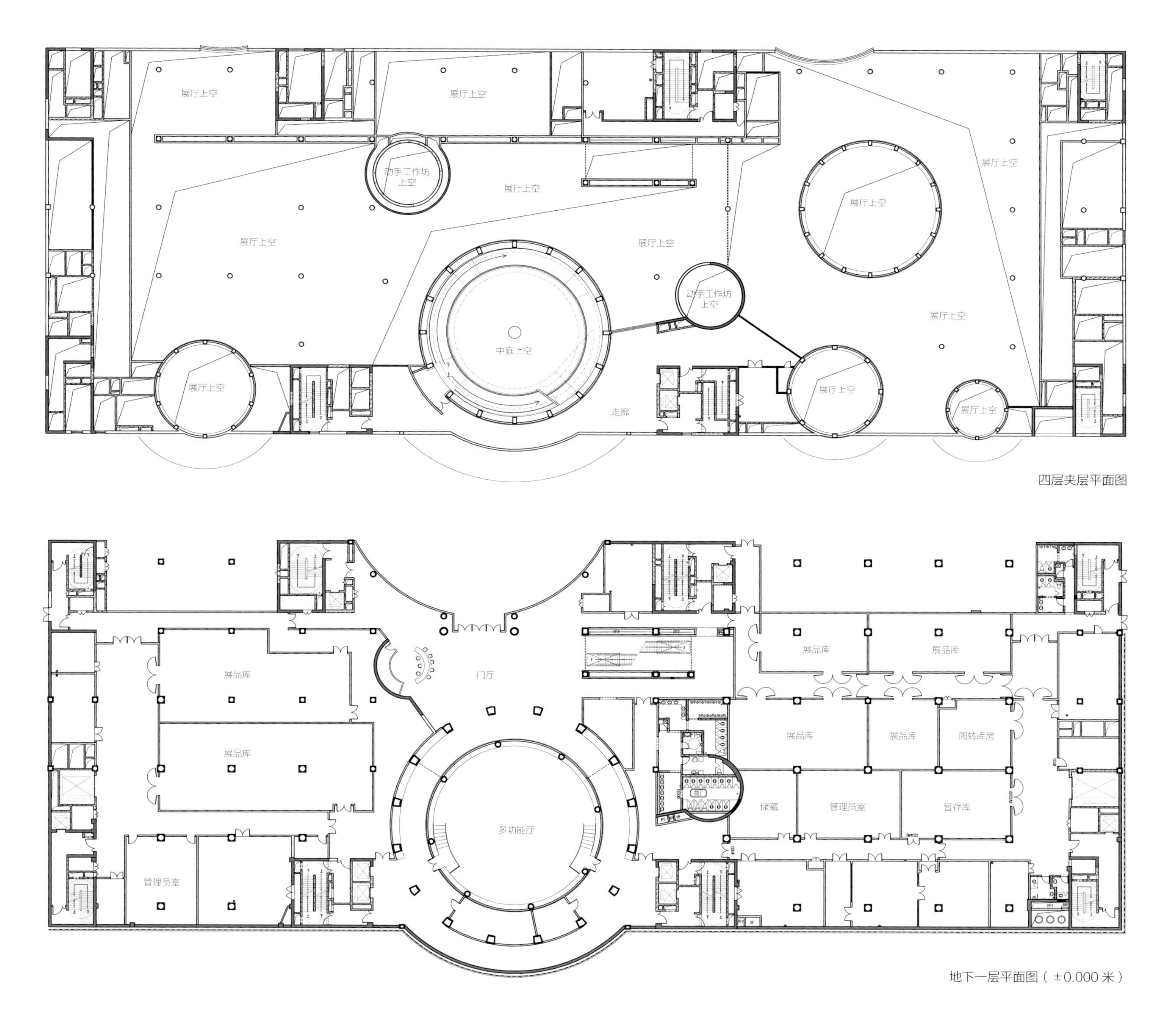

四层夹层平面图

地下一层平面图（±0.000 米）

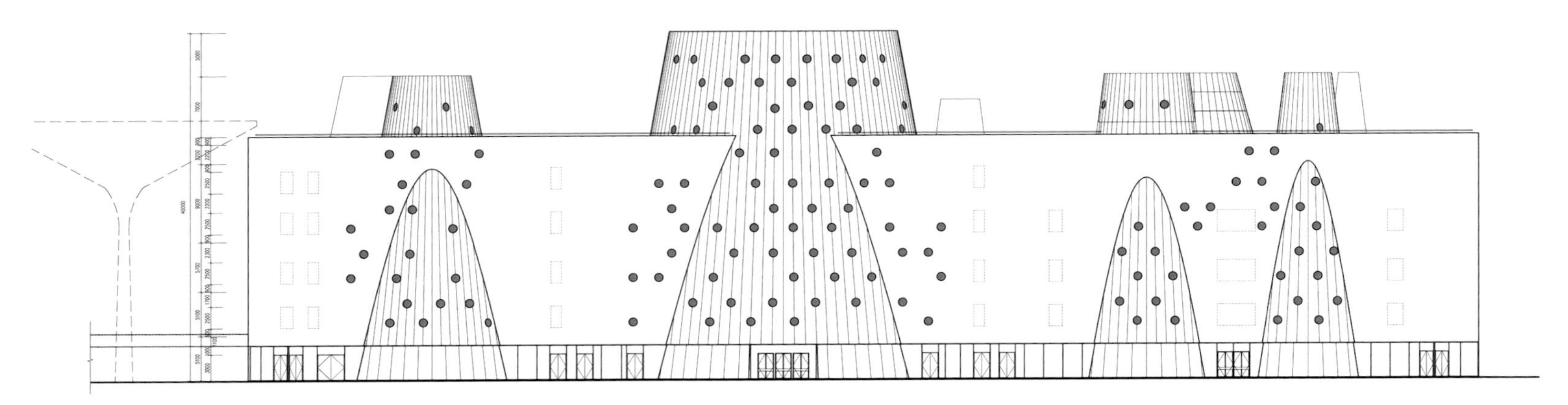
东立面图

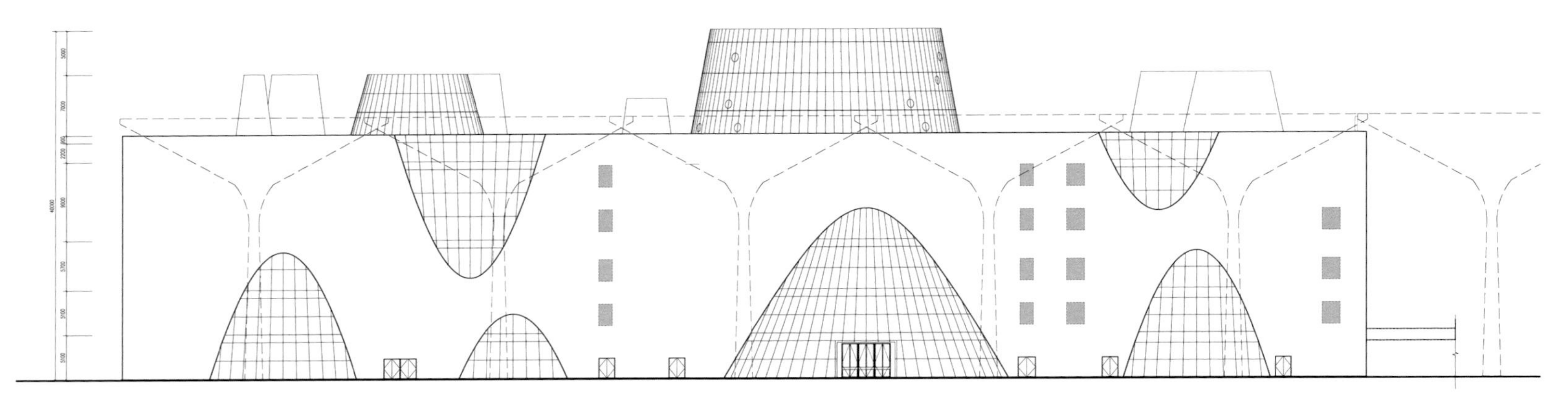
西立面图

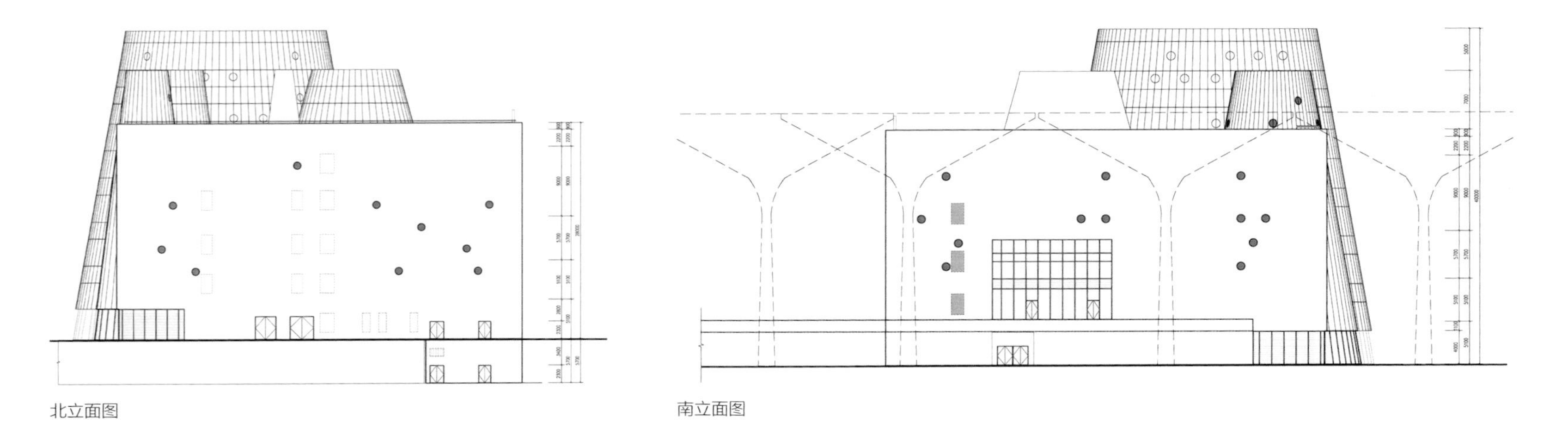
北立面图

南立面图

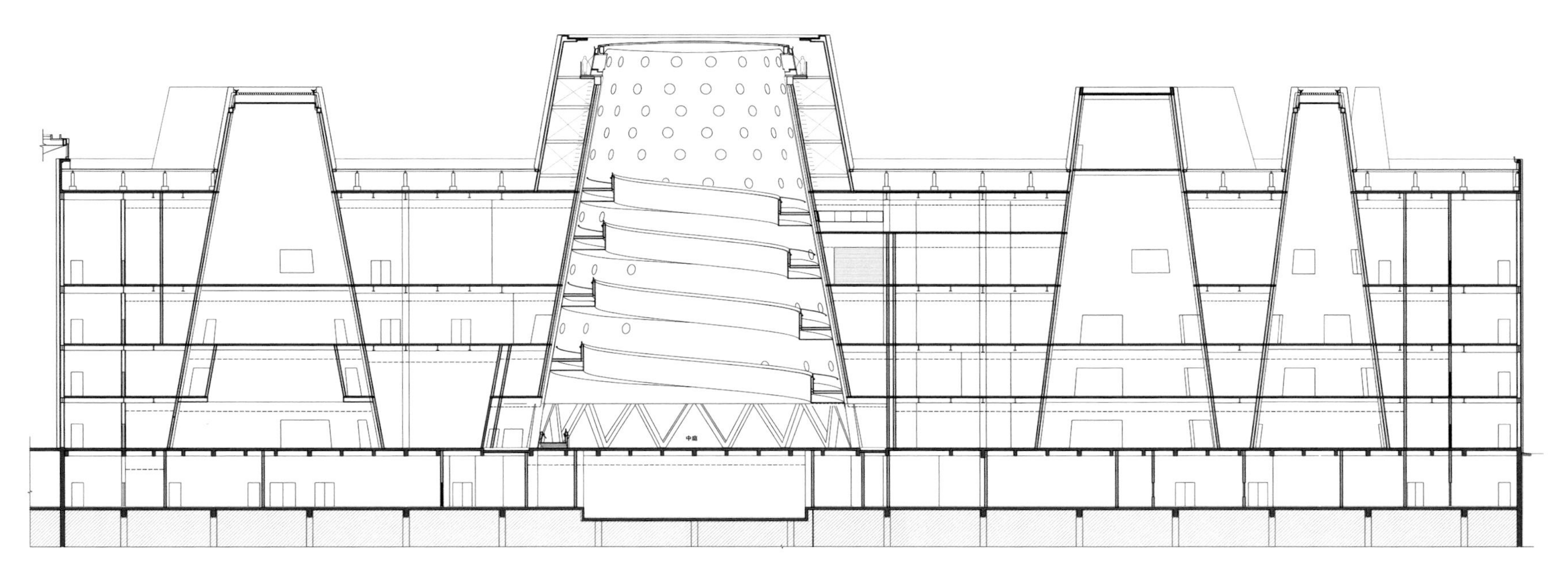

剖面图 1

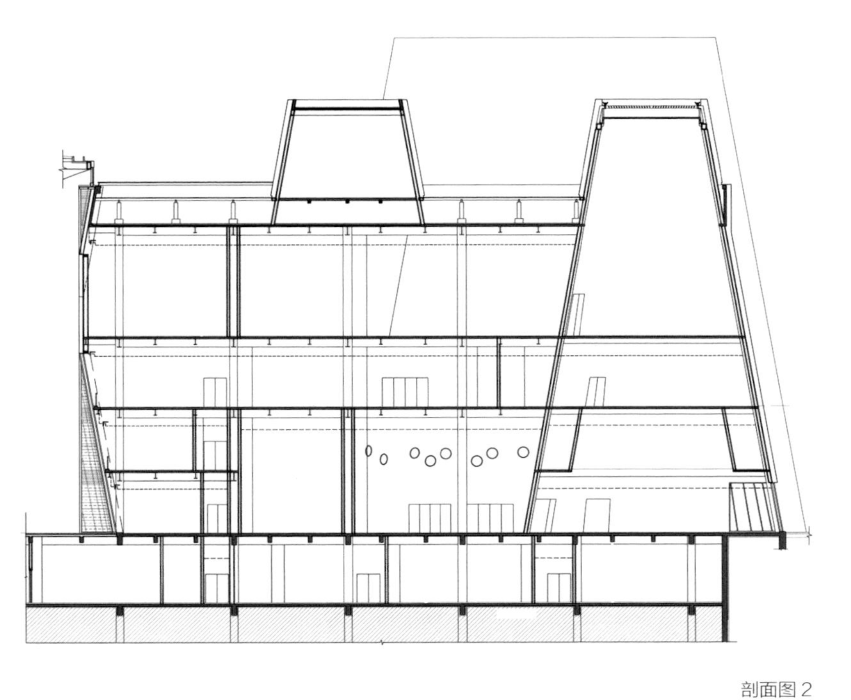

剖面图 2

剖面图 3

滨海现代美术馆

Binhai Modern Art Gallery

功能定位　Function Position

艺术之名，城市之光

尊重传统，致敬经典，形成天津滨海作为北方自贸区独有的文化艺术特色。

设计说明　Design Specification

滨海现代美术馆建筑面积 2.7 万平方米，作为国家版画基地，拟设置展示、创作和培训等内容。现代艺术展厅分为绘画、现代雕塑、装置设计艺术展厅。同时设置画廊、拍卖行、工艺品交易中心等设施。

一层为公众服务用房、画廊、拍卖大厅、摄影室、珍品库及设备用房；二层、三层为商店、临时展厅、咖啡休息、版画展厅、库房等；四层、五层为雕塑展、常设展厅、美术家工作室及库房等。

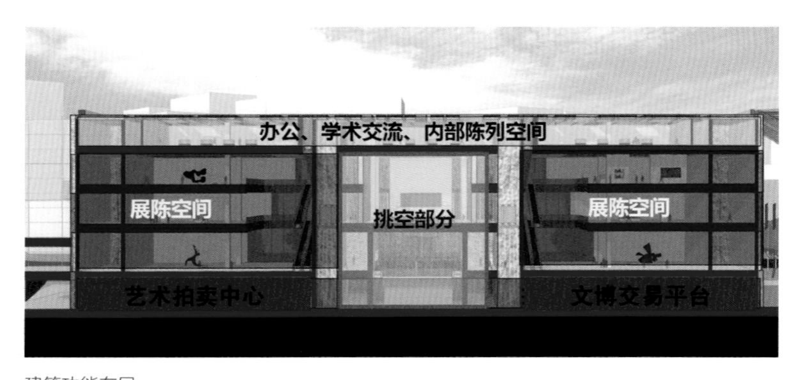

建筑功能布局

立面建筑材料以浅暖色天然花岗岩、仿石材效果蜂窝铝板（用于室外吊顶）、深灰色铝板和夹胶中空 Low-E 玻璃为主。

建筑方案团队　德国 gmp 国际建筑设计有限公司

主创设计师：曼哈德·冯·格康（Meinhard Von Gerkan）
斯特凡·胥茨（Stephan Schutz）
斯特凡·瑞沃勒（Stephan Rewolle）
建筑设计：隋锦赢 、林赛博、Mulyanto

施工图团队　天津市建筑设计院滨海分院

工程主持人：刘祖玲、屠雪临
建筑专业：孙泽山、许骥、田莹、赵继松、刘谦
结构专业：张进宝、万涛、陈磊、张帆
给排水专业：王喜林、刘芸、杜鹃
暖通专业：詹桂娟、卢祎、王晶
电气专业：王绍红、韩晓瑞、陶悦

西立面效果图

大厅效果图

展厅效果图

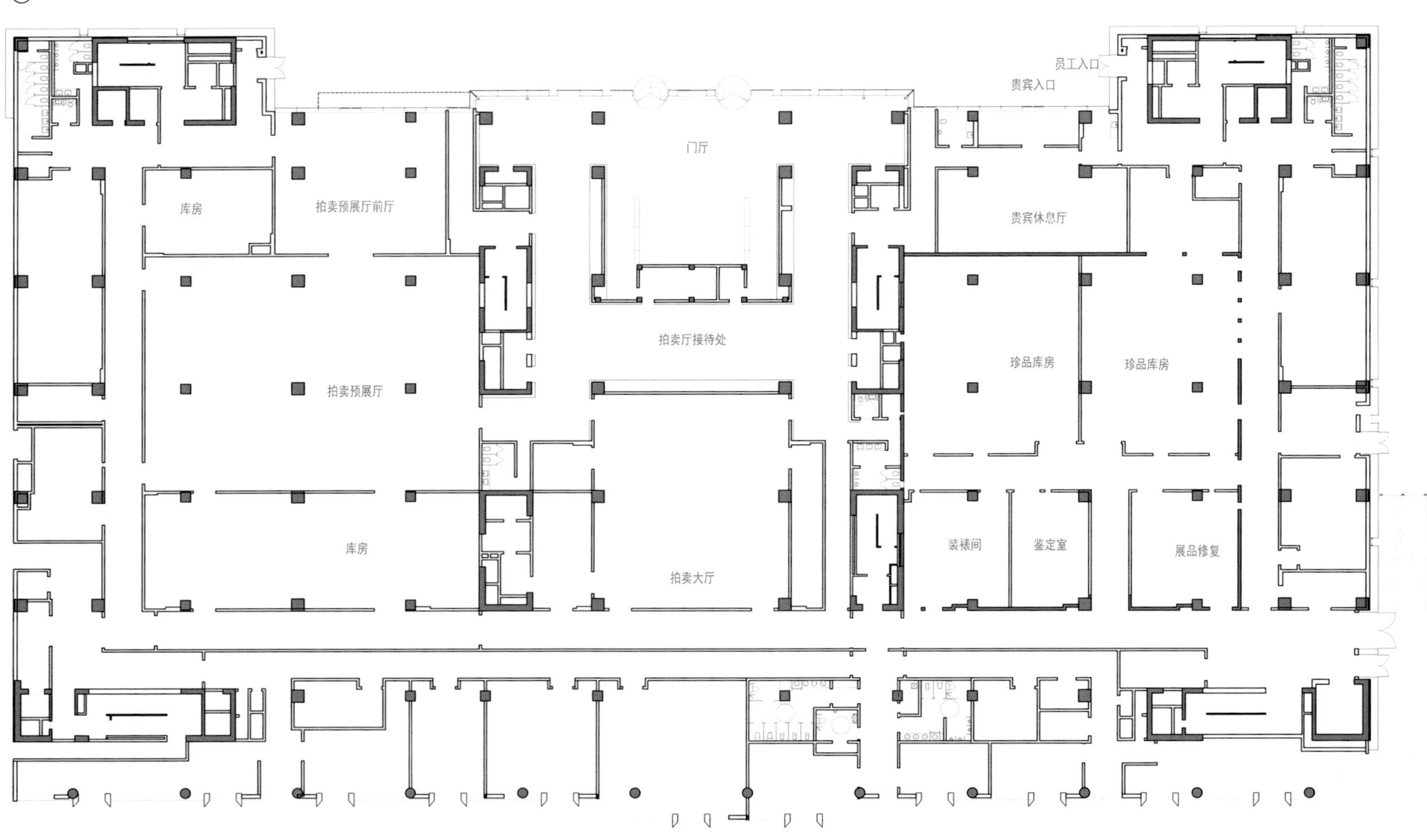
N
员工入口
贵宾入口
门厅
库房
拍卖预展厅前厅
贵宾休息厅
拍卖厅接待处
珍品库房
珍品库房
拍卖预展厅
库房
装裱间
鉴定室
展品修复
拍卖大厅

首层平面图（±0.000米）

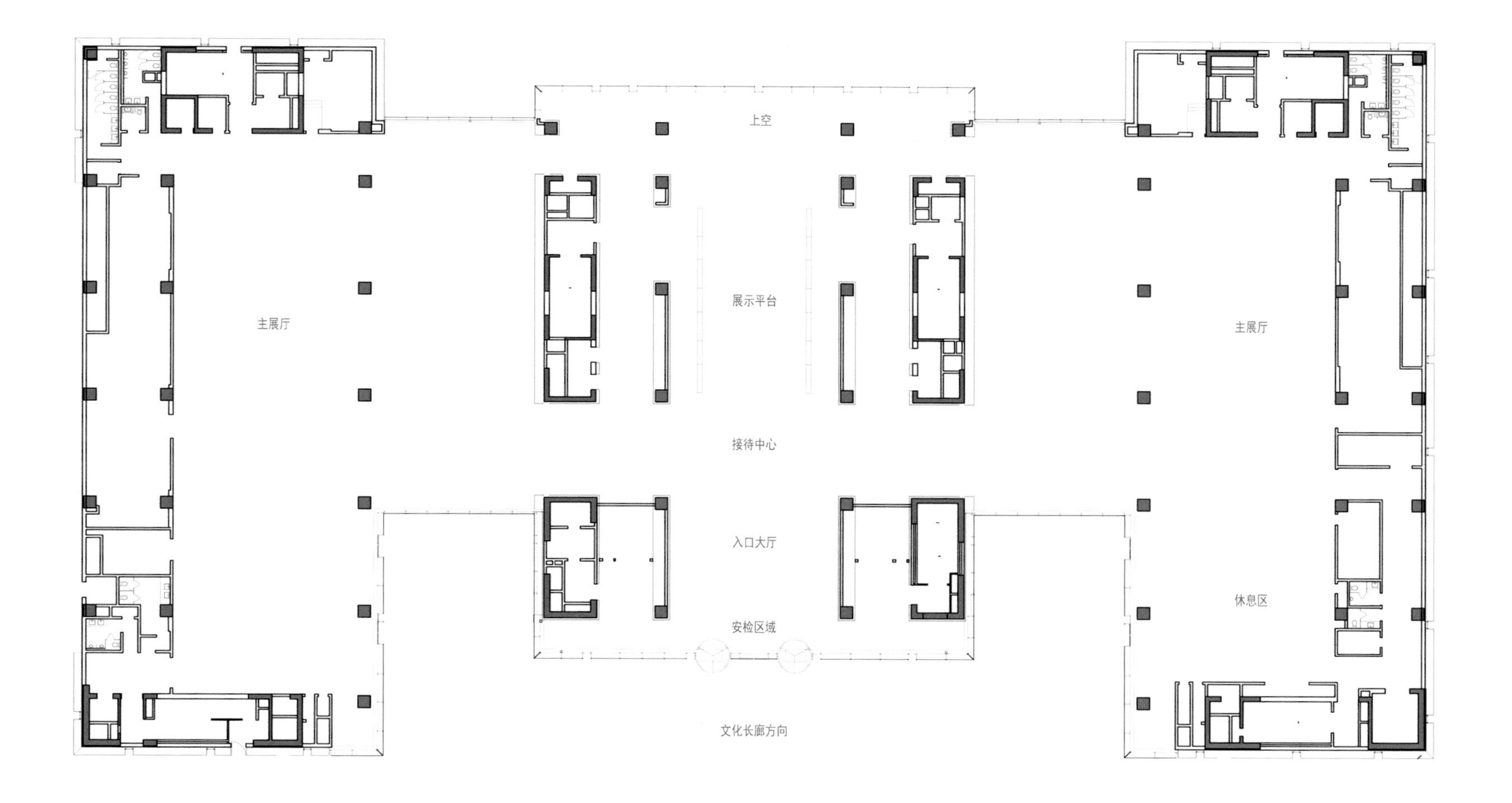
上空
展示平台
主展厅
主展厅
接待中心
入口大厅
休息区
安检区域
文化长廊方向

二层平面图

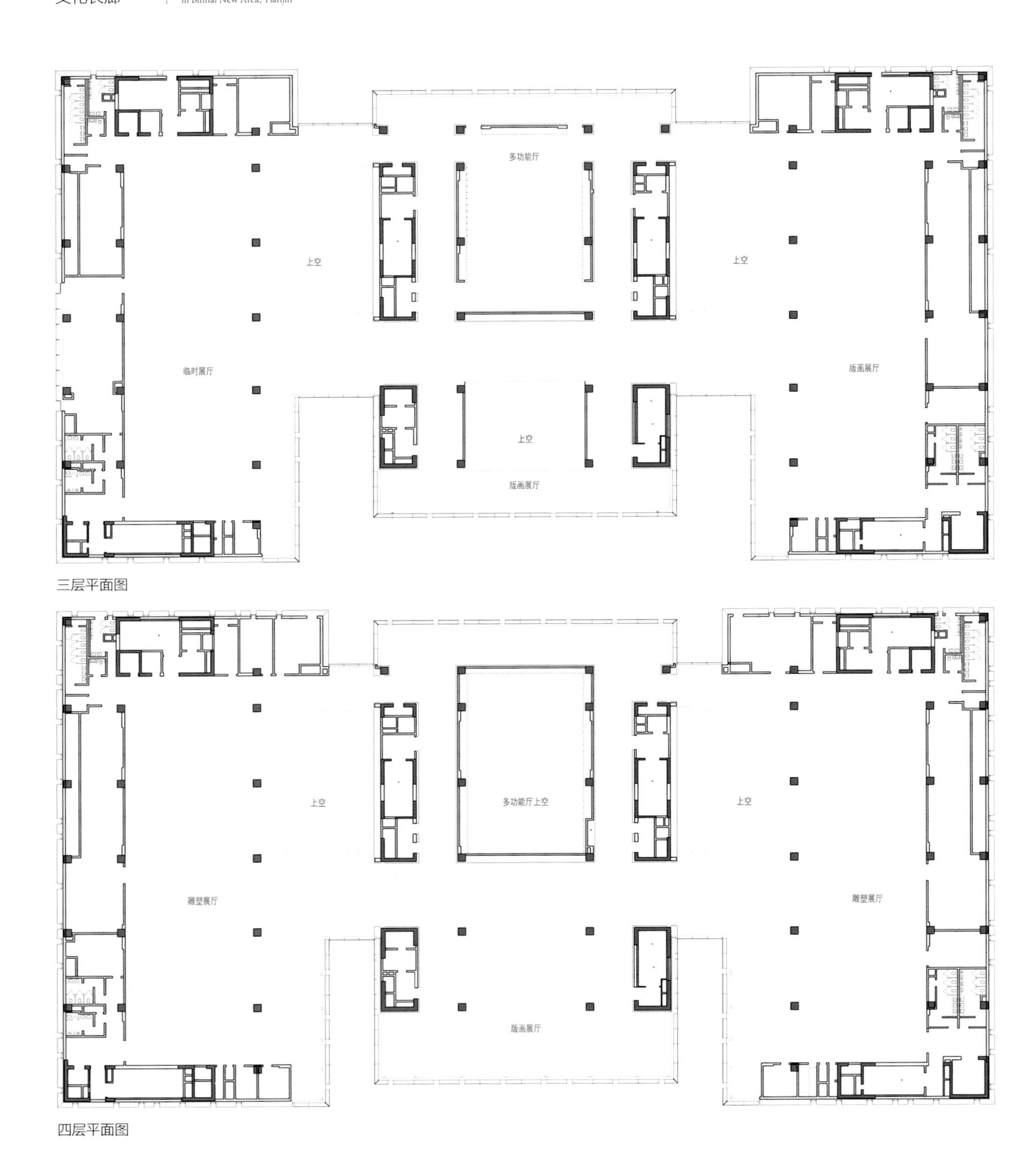

三层平面图

四层平面图

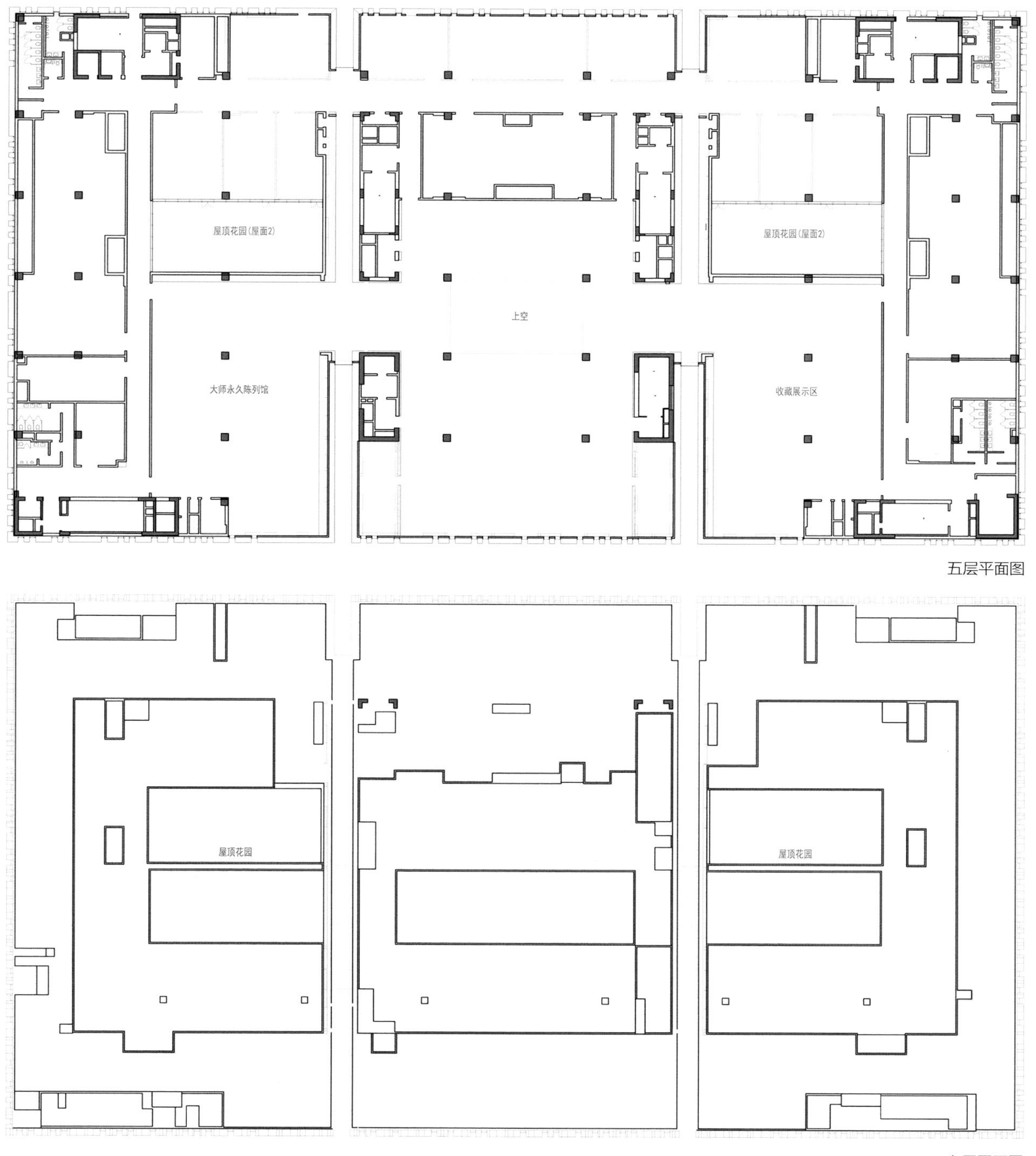
屋顶花园(屋面2)
屋顶花园(屋面2)
上空
大师永久陈列馆
收藏展示区
屋顶花园
屋顶花园

五层平面图

六层平面图

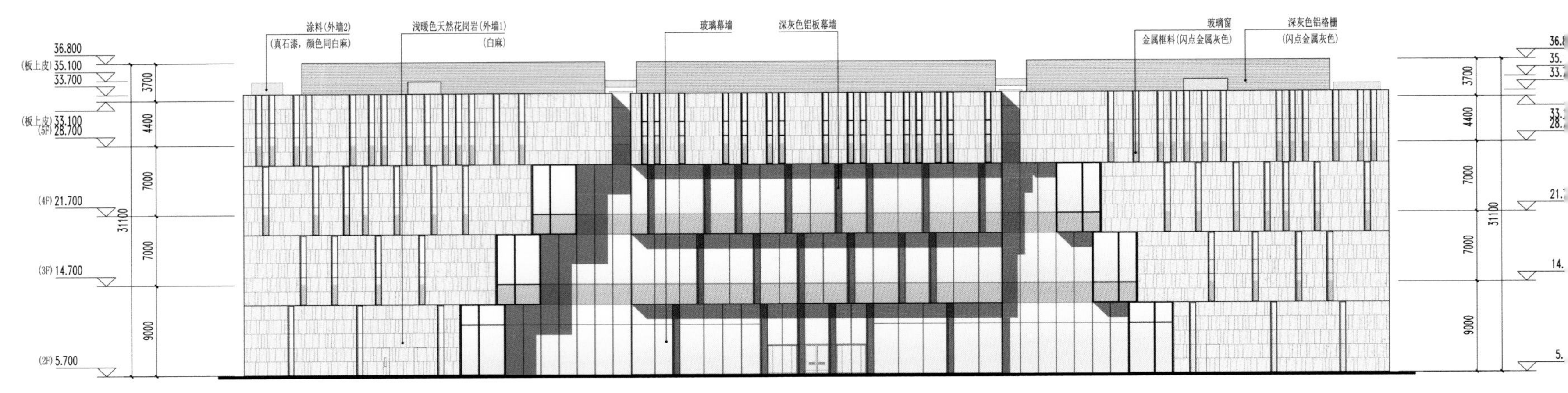
涂料(外墙2)
(真石漆，颜色同白麻)
浅暖色天然花岗岩(外墙1)
(白麻)
玻璃幕墙
深灰色铝板幕墙
玻璃窗
金属框料(闪点金属灰色)
深灰色铝格栅
(闪点金属灰色)
36.800
(板上皮) 35.100
33.700
(板上皮) 33.100
(5F) 28.700
(4F) 21.700
(3F) 14.700
(2F) 5.700
3700
4400
7000
7000
9000
31100

东立面图

涂料(外墙2)
(真石漆，颜色同白麻)
浅暖色天然花岗岩(外墙1)
(白麻)
玻璃幕墙
深灰色铝板幕墙
(可开启)
玻璃窗
金属框料(闪点金属灰色)
深灰色铝格栅
(闪点金属灰色)
36.800
(板上皮) 35.100
33.700
(板上皮) 33.100
(5F) 28.700
(4F) 21.700
(3F) 14.700
(2F) 5.700
(1F) ±0.000
−0.100
3700
4400
7000
7000
9000
5700
100
36900

西立面图

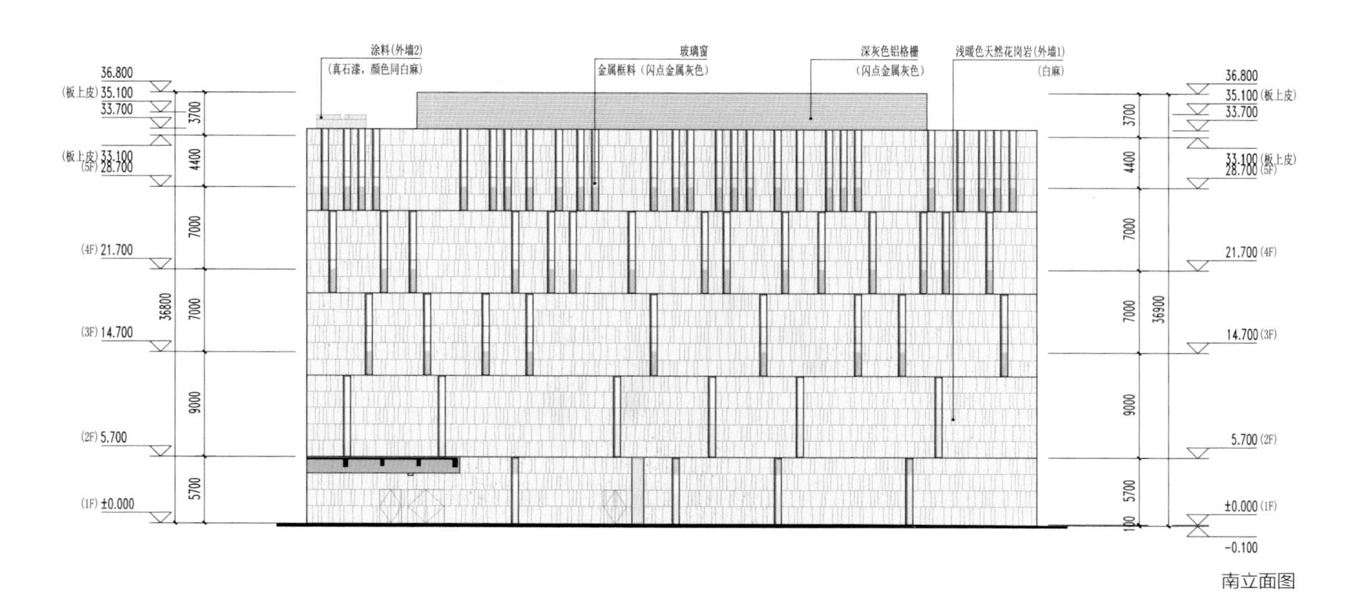
涂料(外墙2)
(真石漆，颜色同白麻)
玻璃窗
金属框料（闪点金属灰色）
深灰色铝格栅
(闪点金属灰色)
浅暖色天然花岗岩(外墙1)
(白麻)
36.800
(板上皮) 35.100
33.700
(板上皮) 33.100
(5F) 28.700
(4F) 21.700
(3F) 14.700
(2F) 5.700
(1F) ±0.000
-0.100
3700
4400
7000
7000
9000
5700
100
36800
36900

南立面图

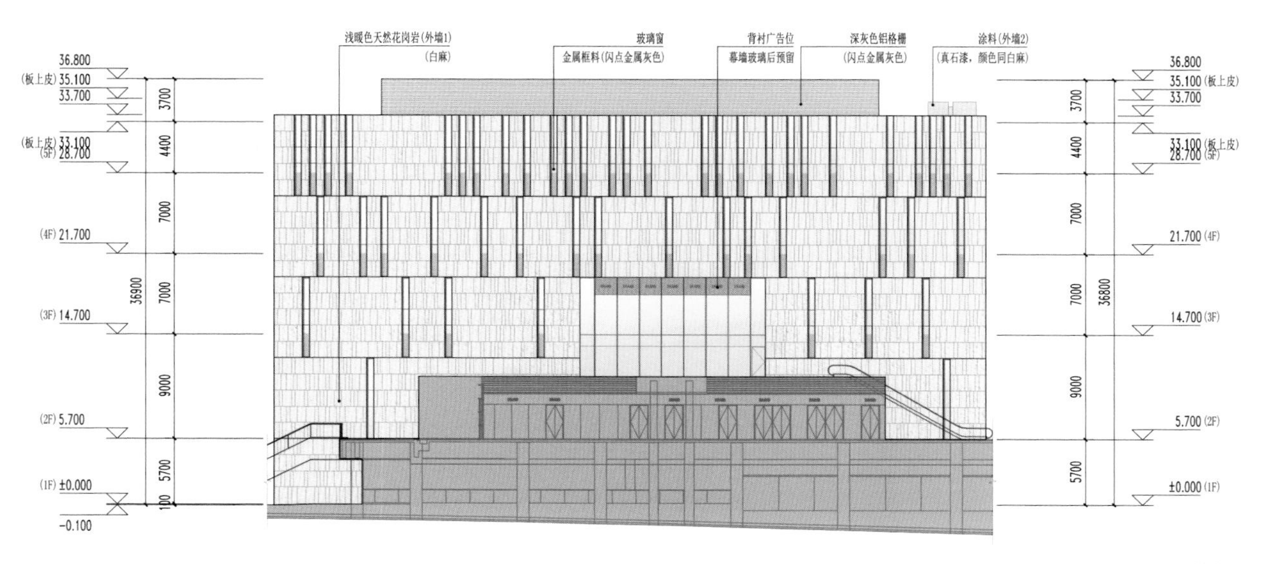
浅暖色天然花岗岩(外墙1)
(白麻)
玻璃窗
金属框料(闪点金属灰色)
背衬广告位
幕墙玻璃后预留
深灰色铝格栅
(闪点金属灰色)
涂料(外墙2)
(真石漆，颜色同白麻)
36.800
(板上皮) 35.100
33.700
(板上皮) 33.100
(5F) 28.700
(4F) 21.700
(3F) 14.700
(2F) 5.700
(1F) ±0.000
-0.100
3700
4400
7000
7000
9000
5700
100
36900
36800

北立面图

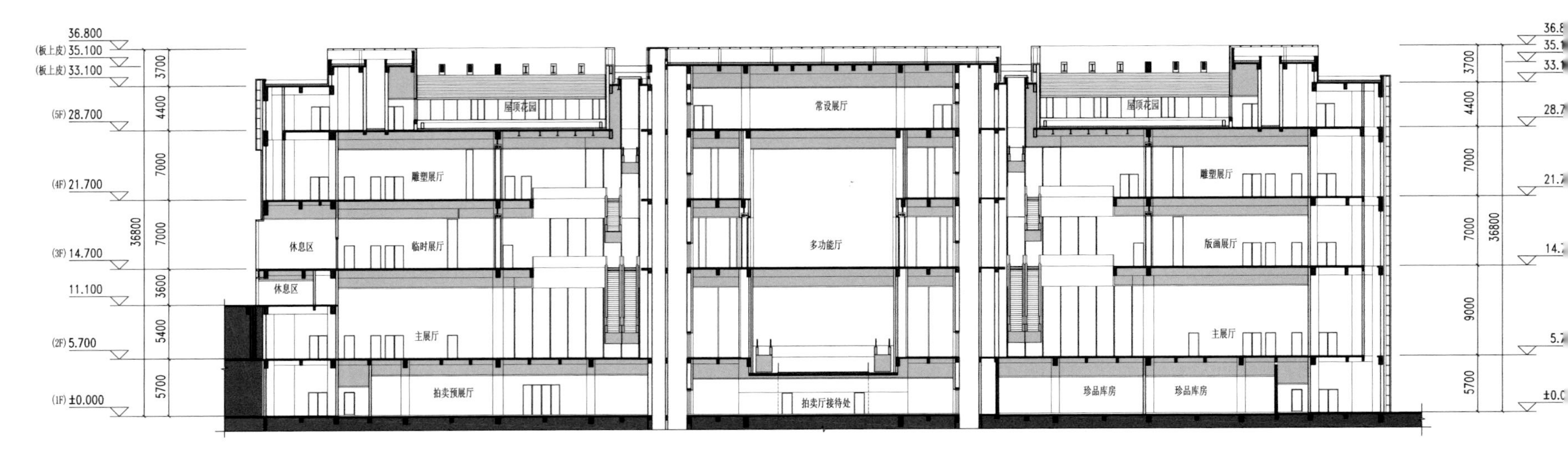
36.800
(板上皮) 35.100
(板上皮) 33.100
(5F) 28.700
(4F) 21.700
(3F) 14.700
11.100
(2F) 5.700
(1F) ±0.000
3700
4400
7000
7000
3600
5400
5700
36800
屋顶花园
常设展厅
屋顶花园
雕塑展厅
雕塑展厅
休息区
临时展厅
多功能厅
版画展厅
休息区
主展厅
主展厅
拍卖预展厅
拍卖厅接待处
珍品库房
珍品库房
9000

剖面图 1

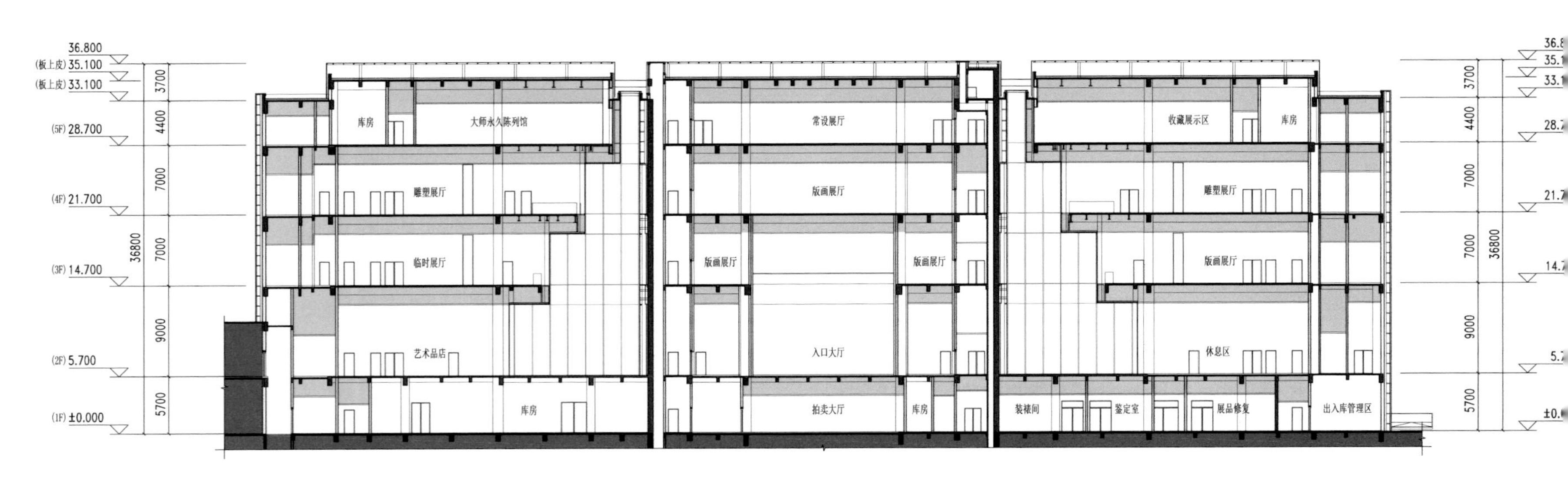
36.800
(板上皮) 35.100
(板上皮) 33.100
(5F) 28.700
(4F) 21.700
(3F) 14.700
(2F) 5.700
(1F) ±0.000
3700
4400
7000
7000
9000
5700
36800
库房
大师永久陈列馆
常设展厅
收藏展示区
库房
雕塑展厅
版画展厅
雕塑展厅
临时展厅
版画展厅
版画展厅
版画展厅
艺术品店
入口大厅
休息区
库房
拍卖大厅
库房
装裱间
鉴定室
展品修复
出入库管理区

剖面图 2

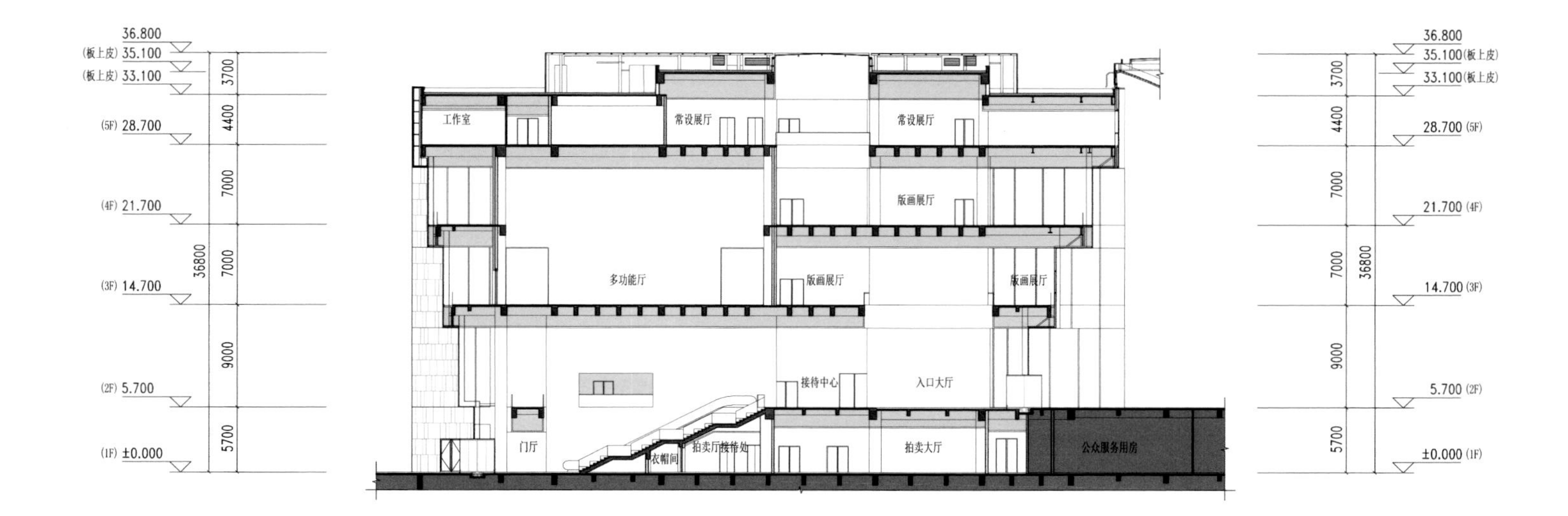
36.800
(板上皮) 35.100
(板上皮) 33.100
(5F) 28.700
(4F) 21.700
(3F) 14.700
(2F) 5.700
(1F) ±0.000
3700
4400
7000
7000
9000
5700
36800
工作室
常设展厅
常设展厅
版画展厅
多功能厅
版画展厅
版画展厅
接待中心
入口大厅
门厅
衣帽间
拍卖厅接待处
拍卖大厅
公众服务用房

剖面图 3

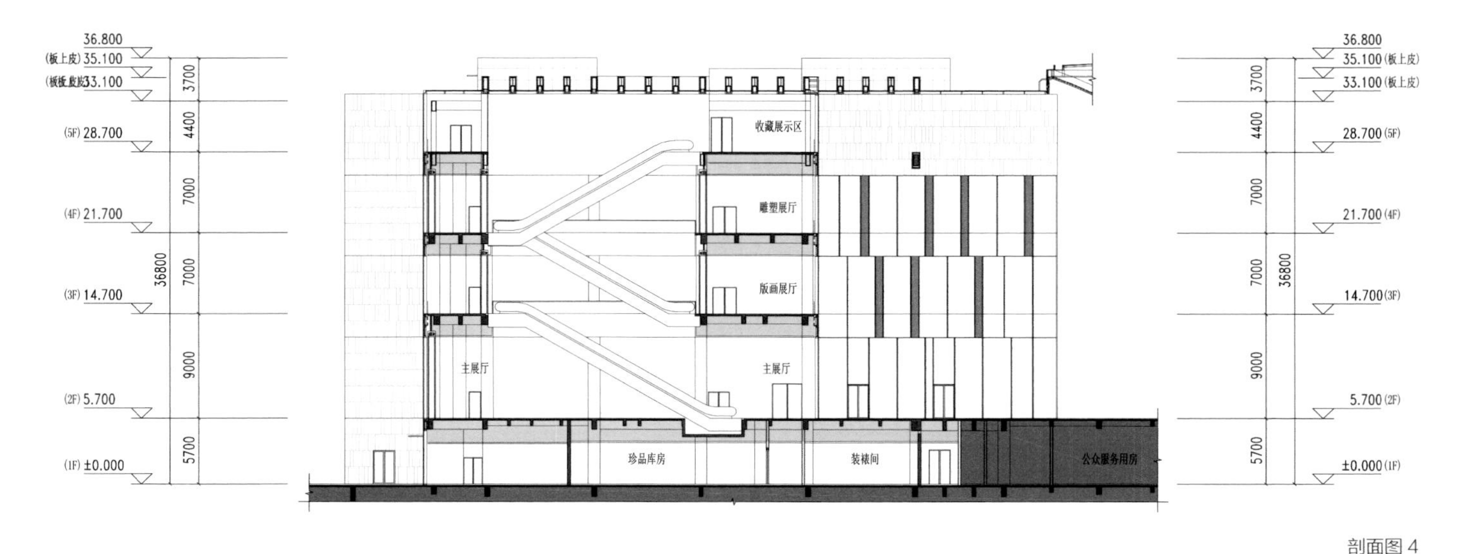
36.800
35.100
33.100
(5F) 28.700
(4F) 21.700
(3F) 14.700
(2F) 5.700
(1F) ±0.000
3700
4400
7000
7000
9000
5700
36800
收藏展示区
雕塑展厅
版画展厅
主展厅
主展厅
珍品库房
装裱间
公众服务用房

剖面图 4

滨海图书馆

Binhai Library

功能定位　Function Position

滨海之眼，由此看世界

国内第一个 O2O 模式的图书馆，线上、线下同时运营；可互动参与式的图书馆（视听中心、录音棚）；提供休闲兼学习的场所；文化事业结合文化产业。

设计说明　Design Specification

滨海图书馆建筑面积 3.4 万平方米，突出休闲阅读空间，强化多媒体网络时代；将“滨海之眼”和阅览中庭结合为图书馆内部良好的公共空间，并配备数字图书馆、球幕演示厅、媒体图书馆等新型交流设施。

一层为基本书库、业务办公室、公众服务用房、网络机房及其他技术与设备用房；二层为公共大厅、出纳台、儿童阅览区、无障碍阅览区、存包区、自助还书区、信息检索区、办证厅、配套服务用房、文创产品展示区；三层为中文阅览区、陈列展览区、读者休息厅、文创产品展示区、设备用房等；四层为中文阅览区、陈列展览区、读者休息厅、设备用房等；五层为中文阅览区、地方文献阅览区、工具书阅览区、历史文献阅览区、培训教室、个人研究室、办公室、小报告厅等；六层为数字阅览室、音乐图书馆、办公室、会议室、视听资料加工室、借阅室、贵宾接待室等。

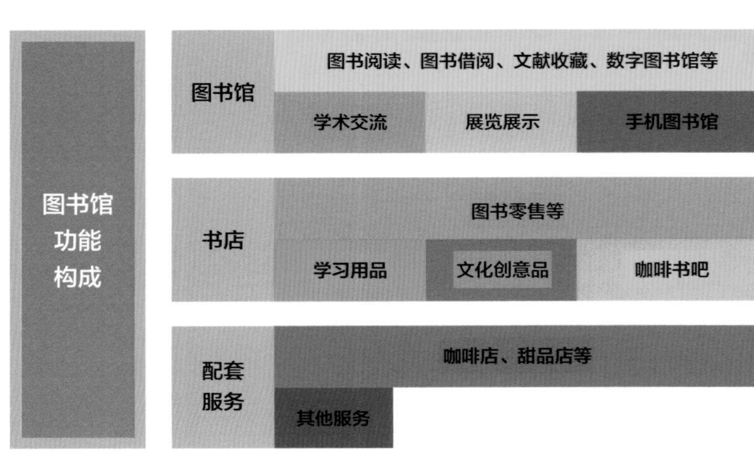

功能构成分析

立面建筑材料以暖黄色铝合金格栅和中空 Low-E 玻璃幕墙为主。

建筑方案团队　荷兰 MVRDV 事务所

主创设计师：韦尼・马斯（Winy Maas）
建筑设计：史文倩、玛丽亚・洛佩兹、孙希辰、吴非、李驰

施工图团队　天津市城市规划设计研究院

工程主持人：赵春水、田垠
建筑专业：张萌、黄轩、李薇薇
结构专业：韩宁、张明、杨贺先、李绪良
给排水专业：任艳琴
暖通专业：安志红、刘磊、关键
电气专业：郭鹏、金彪、宋金梁

东立面效果图

大厅效果图

阅览室效果图

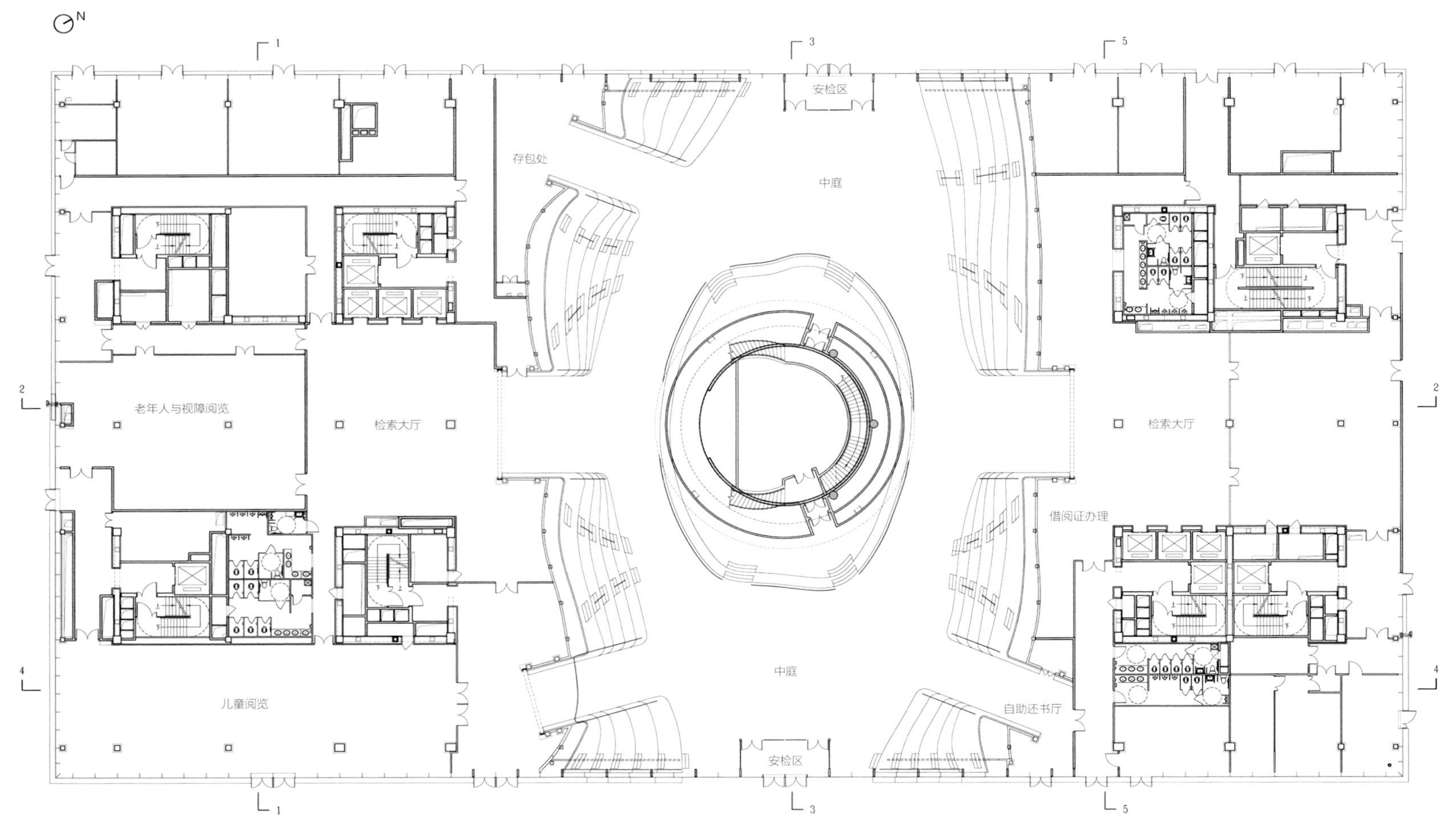
N
1
3
5
安检区
存包处
中庭
2
老年人与视障阅览
检索大厅
检索大厅
借阅证办理
4
儿童阅览
中庭
自助还书厅
安检区
1
3
5

首层平面图（5.700 米）

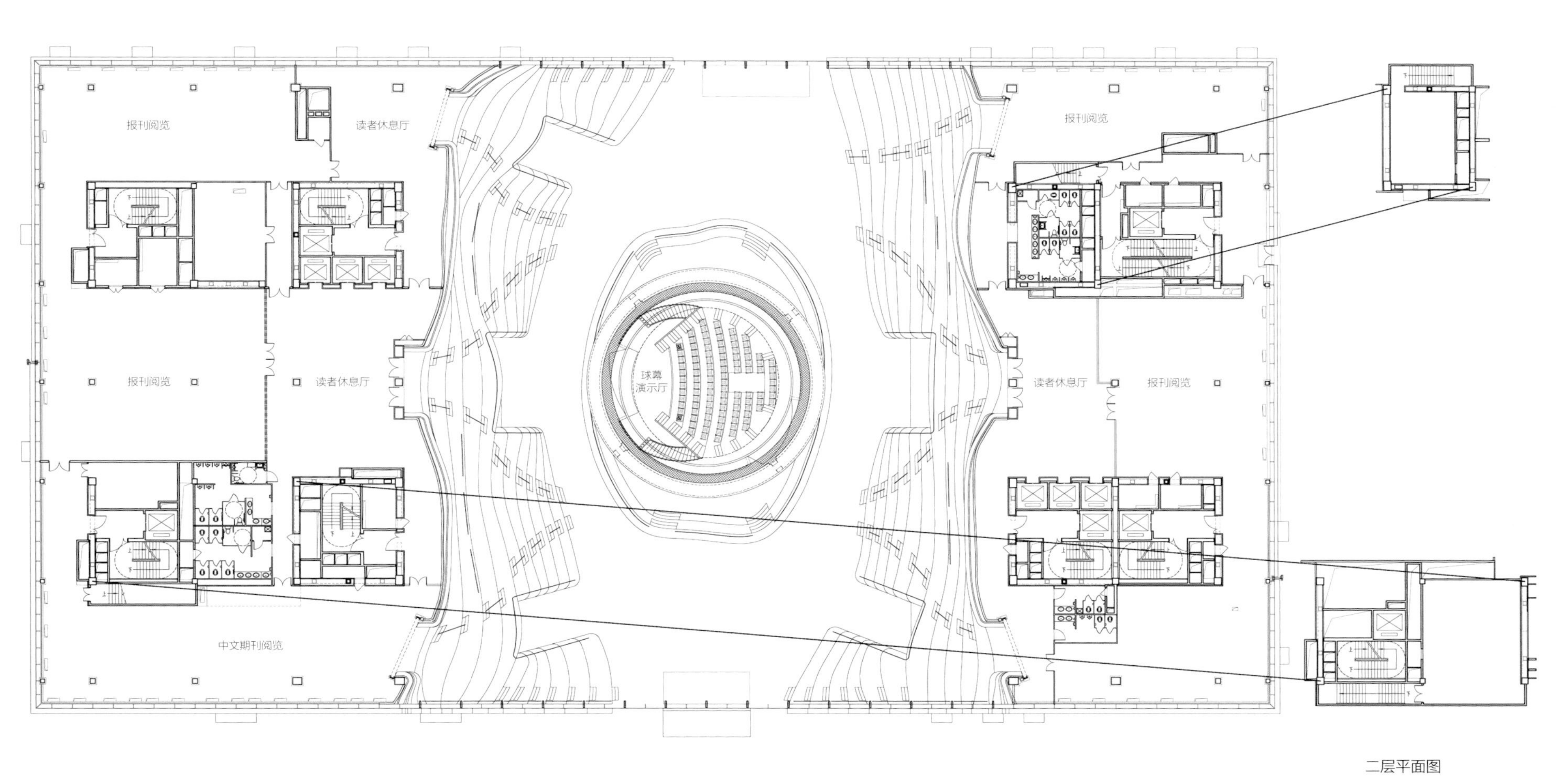

二层平面图

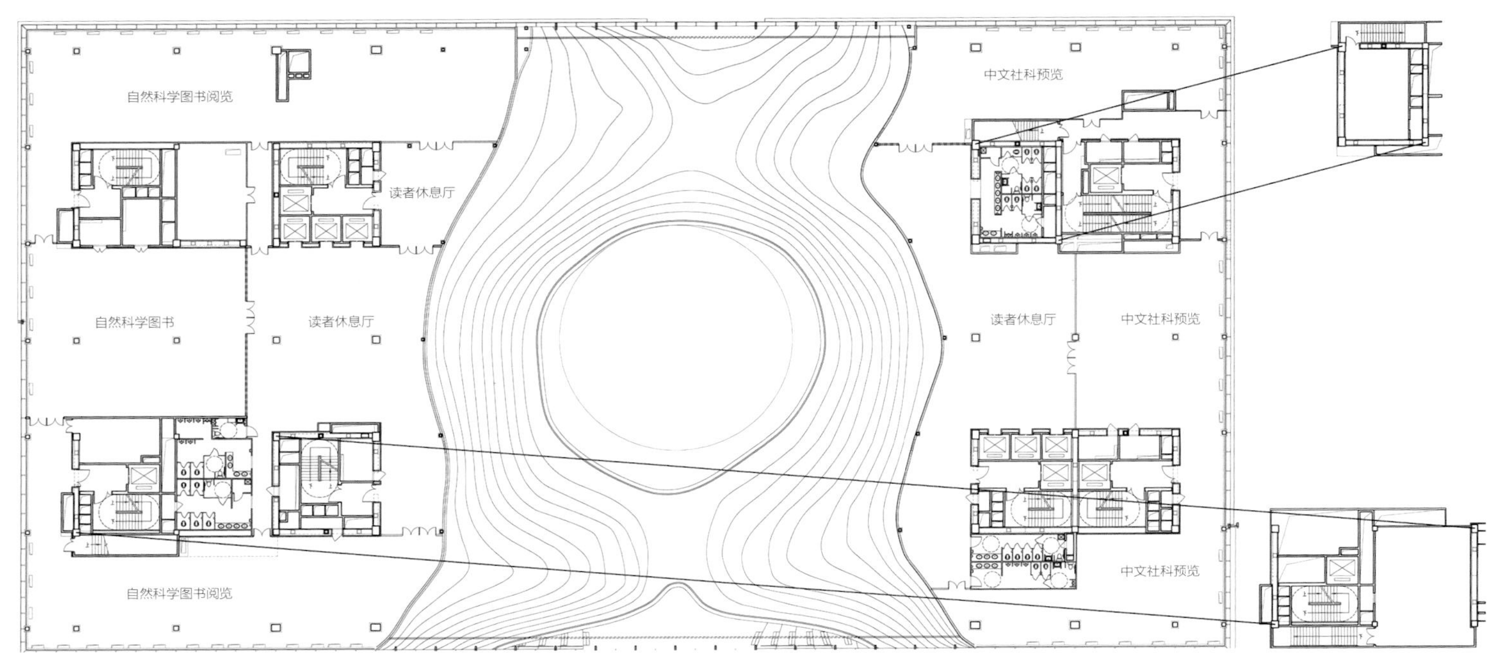
自然科学图书阅览
读者休息厅
自然科学图书
读者休息厅
自然科学图书阅览
中文社科预览
读者休息厅
中文社科预览
中文社科预览

三层平面图

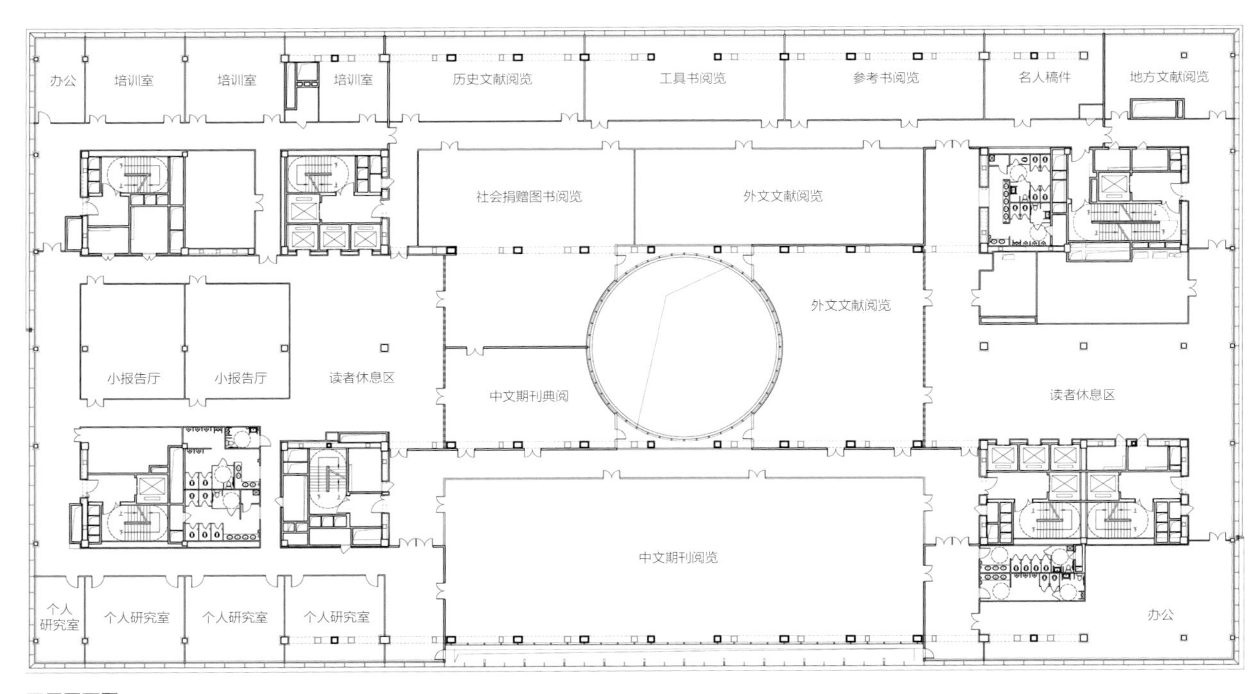
办公
培训室
培训室
培训室
历史文献阅览
工具书阅览
参考书阅览
名人稿件
地方文献阅览
社会捐赠图书阅览
外文文献阅览
外文文献阅览
小报告厅
小报告厅
读者休息区
中文期刊典阅
读者休息区
中文期刊阅览
个人
研究室
个人研究室
个人研究室
个人研究室
办公

四层平面图

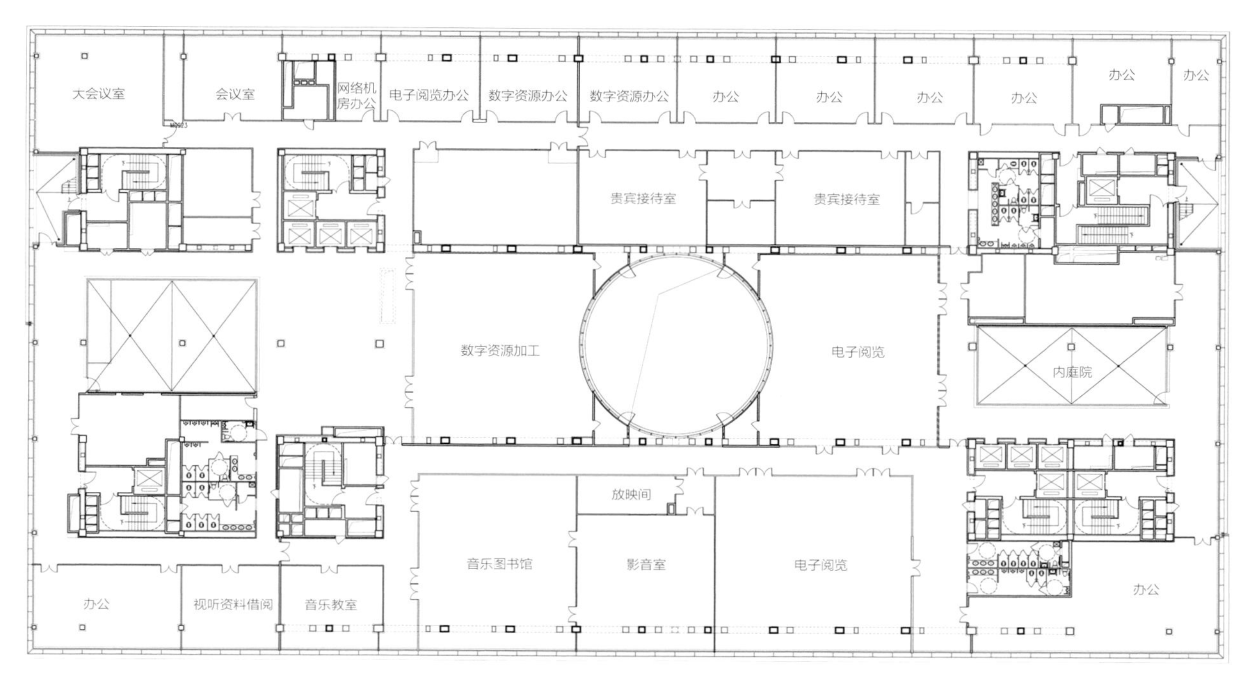

五层平面图

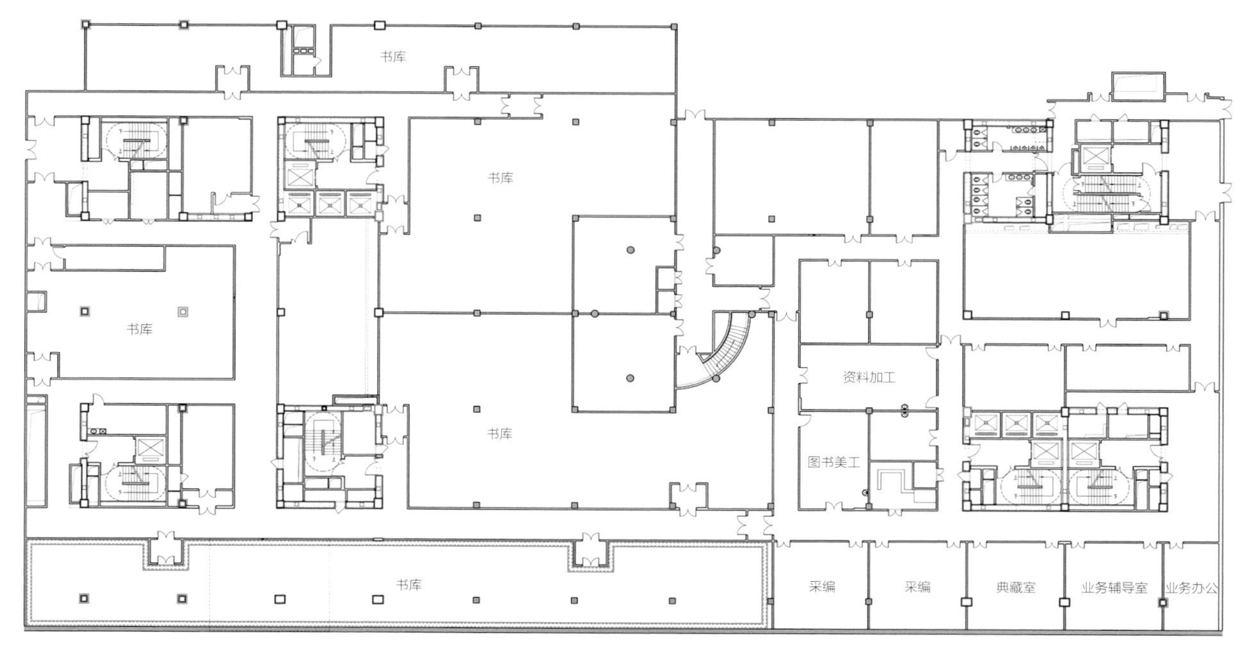

地下一层平面图（±0.000 米）

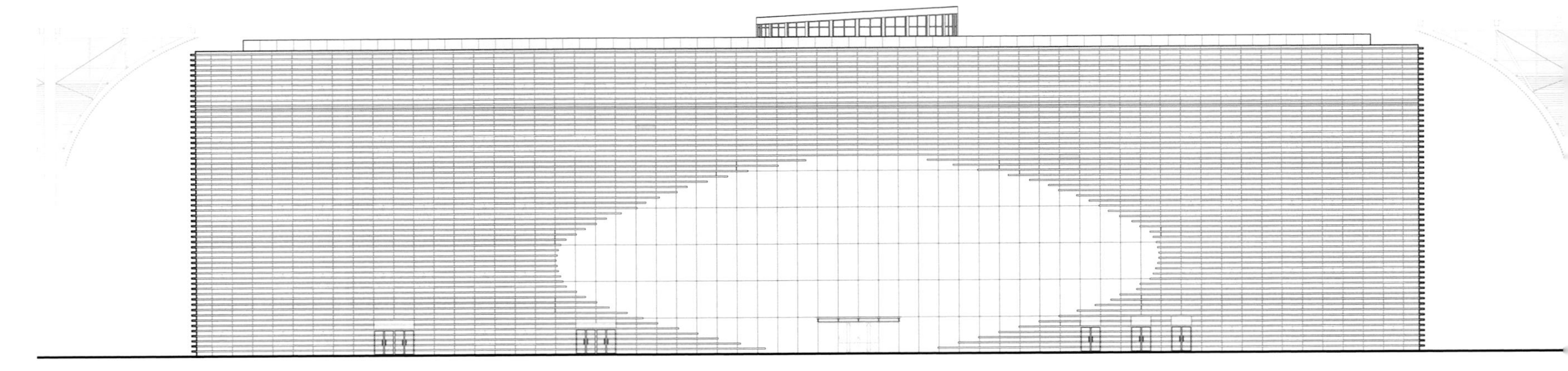

东立面图

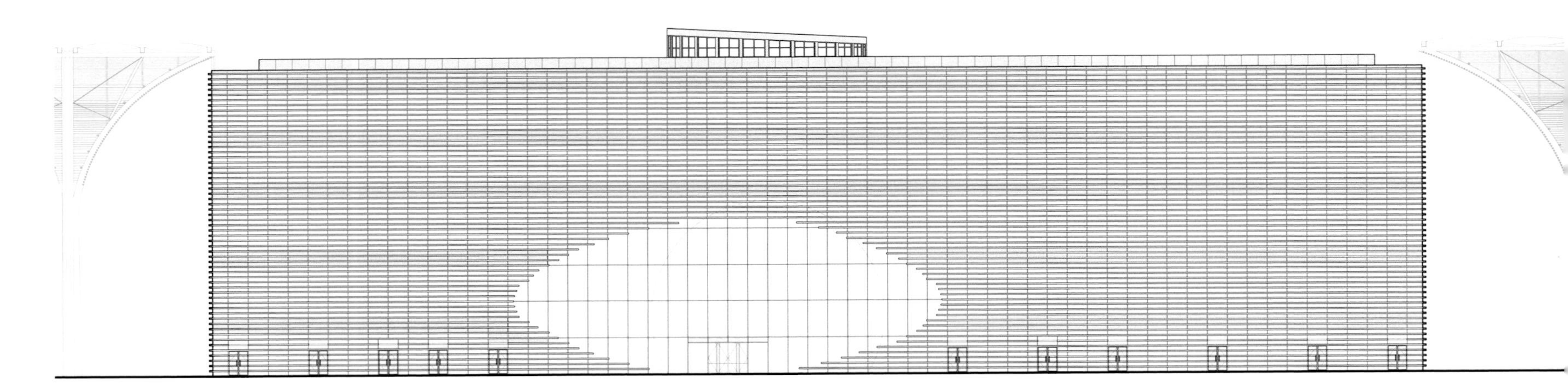

西立面图

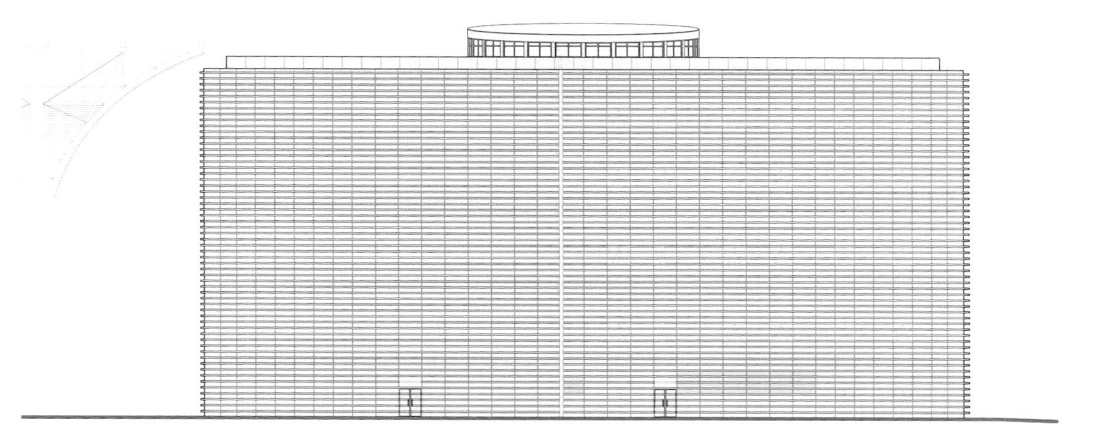

南立面图

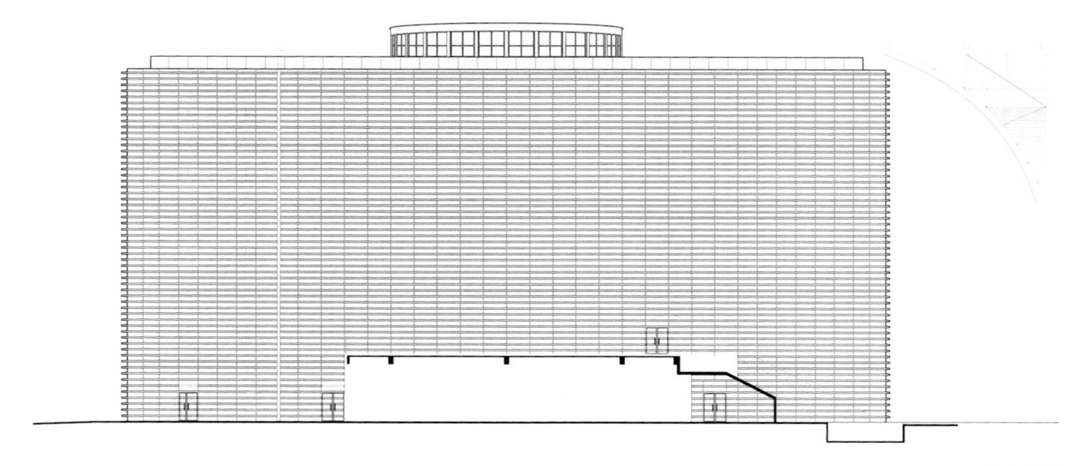

北立面图

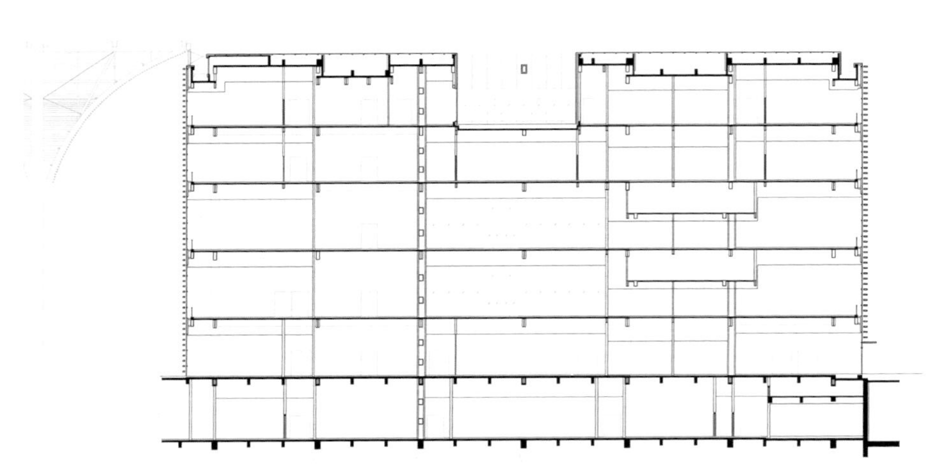

剖面图 1-1

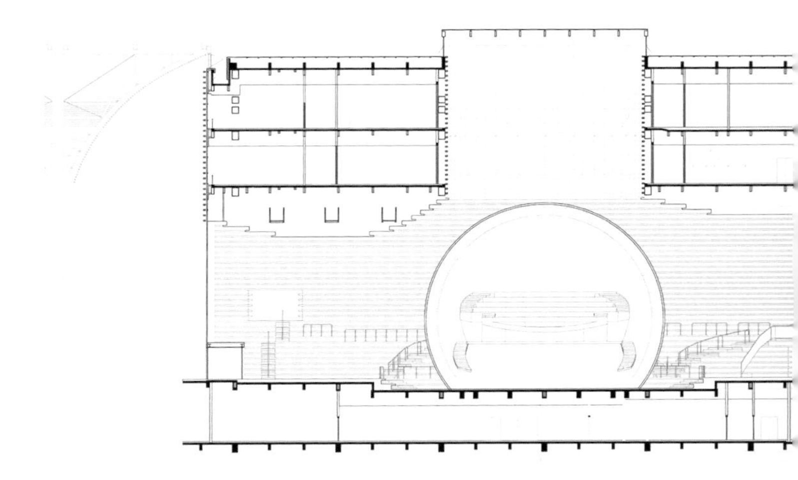

剖面图 3-3

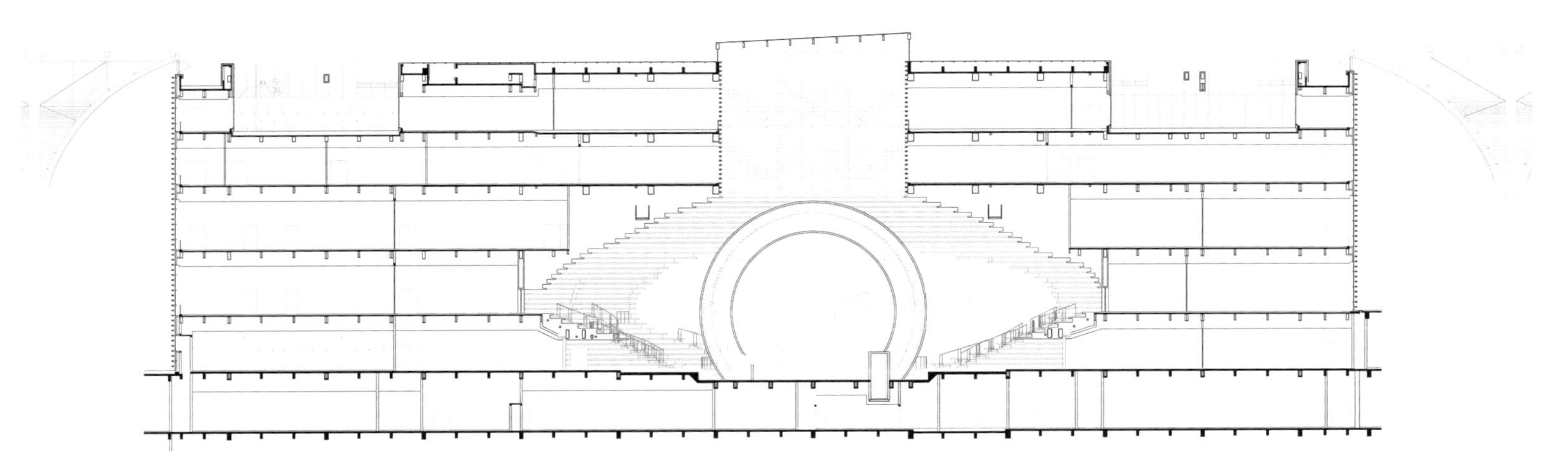

剖面图 2-2

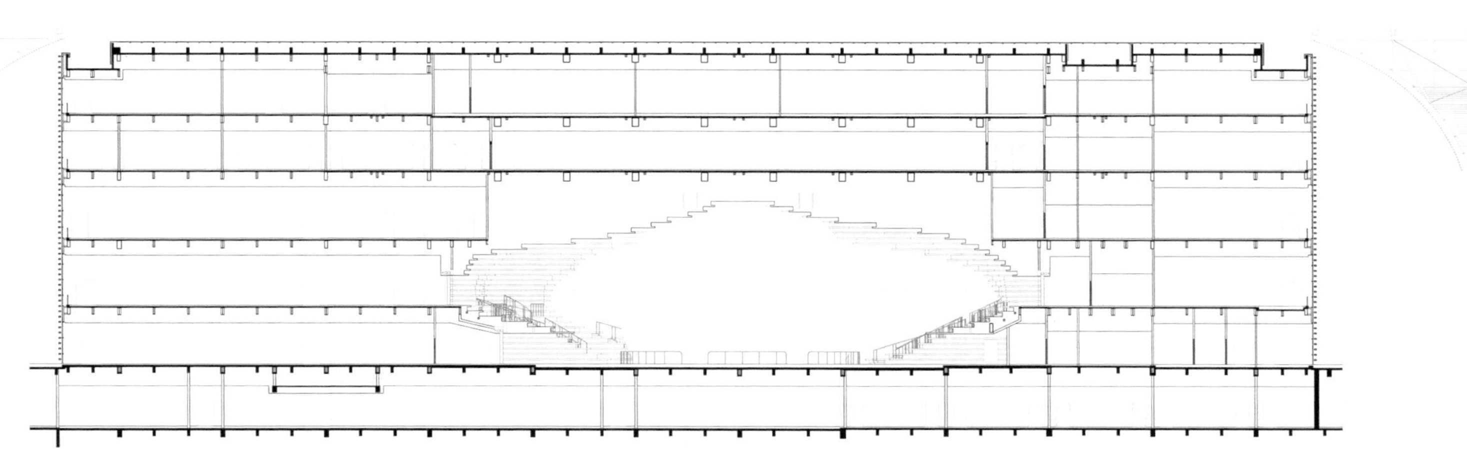

剖面图 4-4

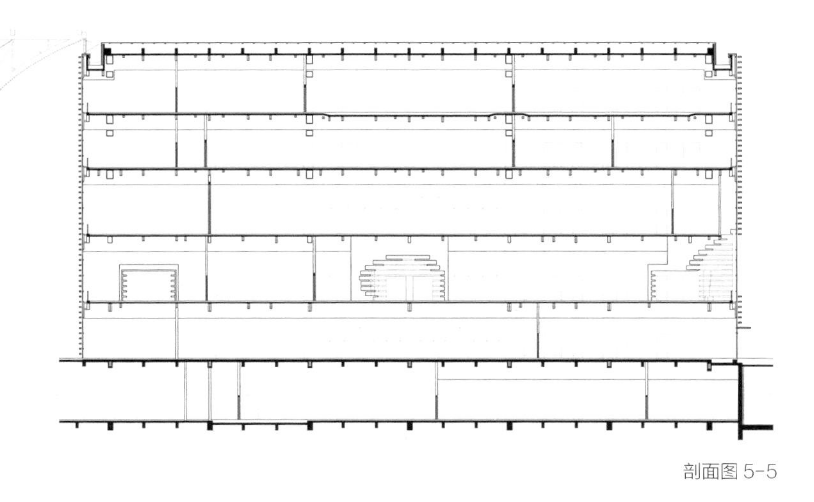

剖面图 5-5

滨海市民活动中心
Binhai Civic Activity Center

功能定位　Function Position

服务 365，市民快乐之家

为市民搭建分享快乐生活、传承文化、传播科学的平台，构筑引领时尚生活的“一站式”亲民、便民、惠民服务中心、教育中心、休闲娱乐中心。

设计说明　Design Specification

滨海市民活动中心建筑面积 4.2 万平方米，涵盖多种公共服务功能，空间设置包括政府服务窗口、市民文化活动展示与体验空间、公众培训区与继续教育区、健身中心及多规模、多标准的电影观演厅等。一层为市民综合服务大厅，不同行政部门共享综合服务的等候大厅；二层为儿童体验馆、公共展览空间；三层为公共互动体验区，为市民提供亲子体验、儿童职业体验、微缩城市等互动体验服务；四层为电影院及培训区，培训内容包括声乐、器乐、琴房、舞蹈；五层为电影院相关用房及培训区，培训区设置包括普通教室、科技教室、多媒体教室及演播室；六层为电影院、培训区及健身中心等，培训区设置普通教室，健身中心设置健身馆、羽毛球馆及相关用房；七层为电影院及培训区，培训区设置普通教室。立面建筑材料以双超白低铁高透中空 Low-E 玻璃、浅金属色单弧面、深灰色铝单板、超白玻璃和普通透明玻璃为主。

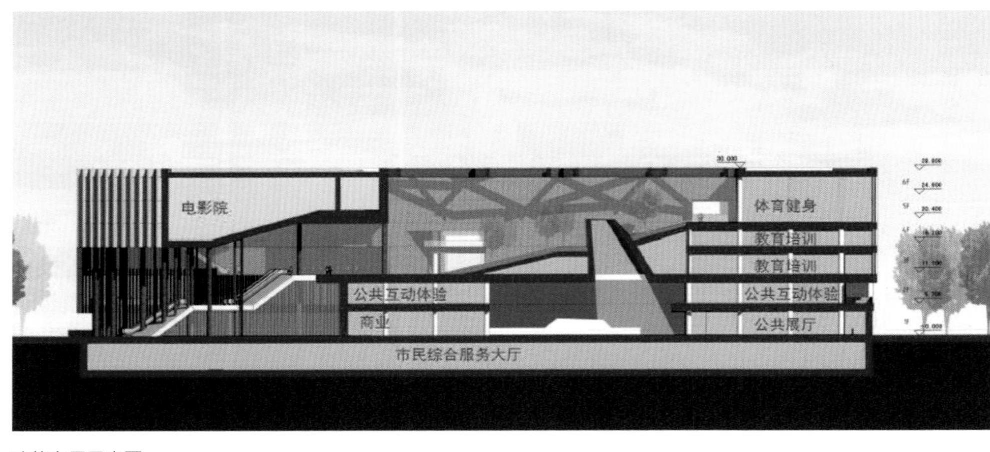

功能布局示意图

建筑方案团队　天津华汇工程建筑设计有限公司

主创设计师：周恺
建筑设计：江澎、蔡勇、于铭华、郎鹏浩

施工图团队　天津华汇工程建筑设计有限公司

工程主持人：张睿、黄彧晖
建筑专业：张睿、王伟、孙伟娜、刘思煌
结构专业：毛文俊、吴锋、任兴旺
给排水专业：魏平、曹伟
暖通专业：杨琳、曹睿智、边晶晶
电气专业：张月洁、马建辉

西立面效果图

室内效果图

室内效果图

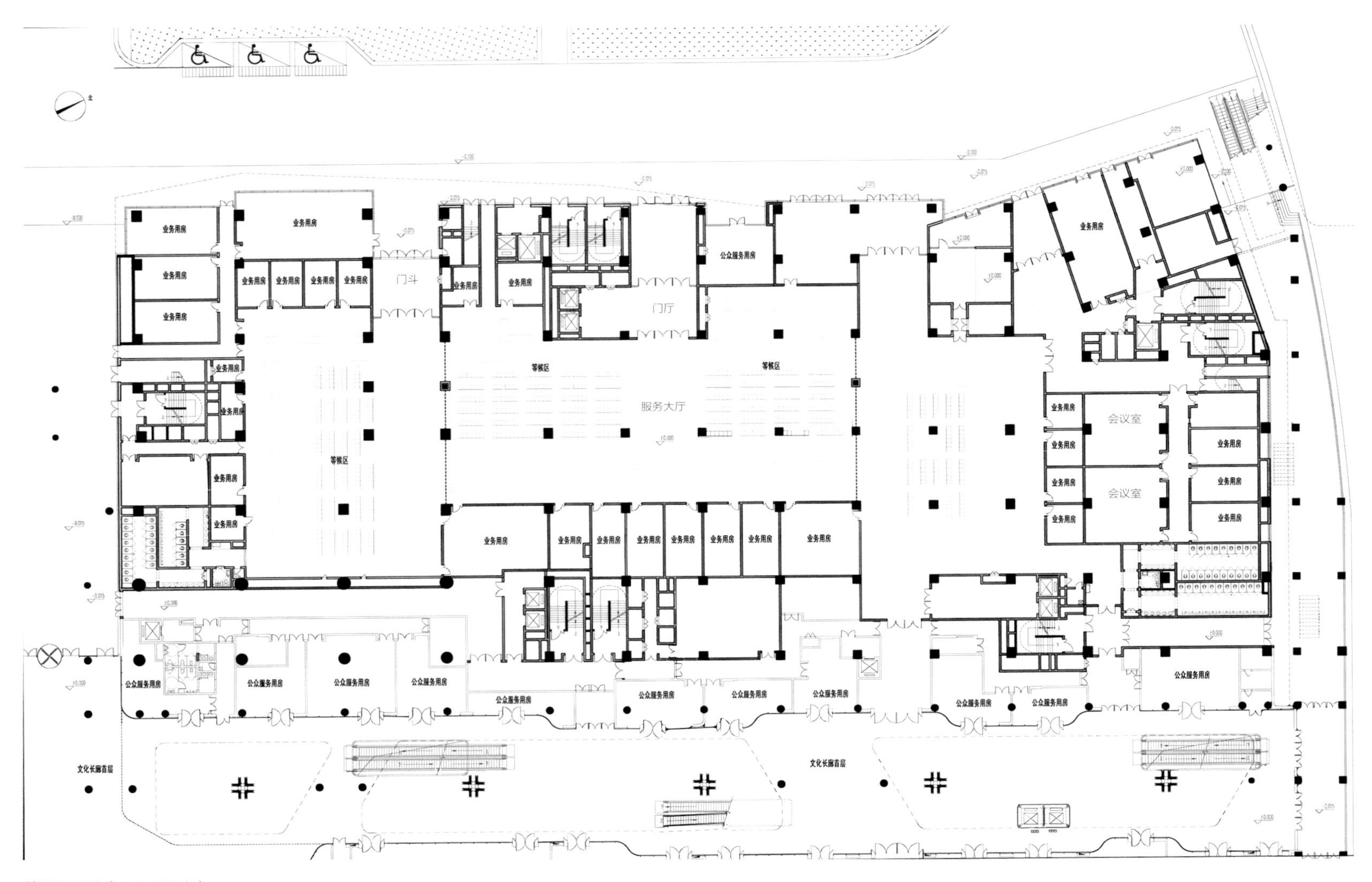

首层平面图（±0.000 米）

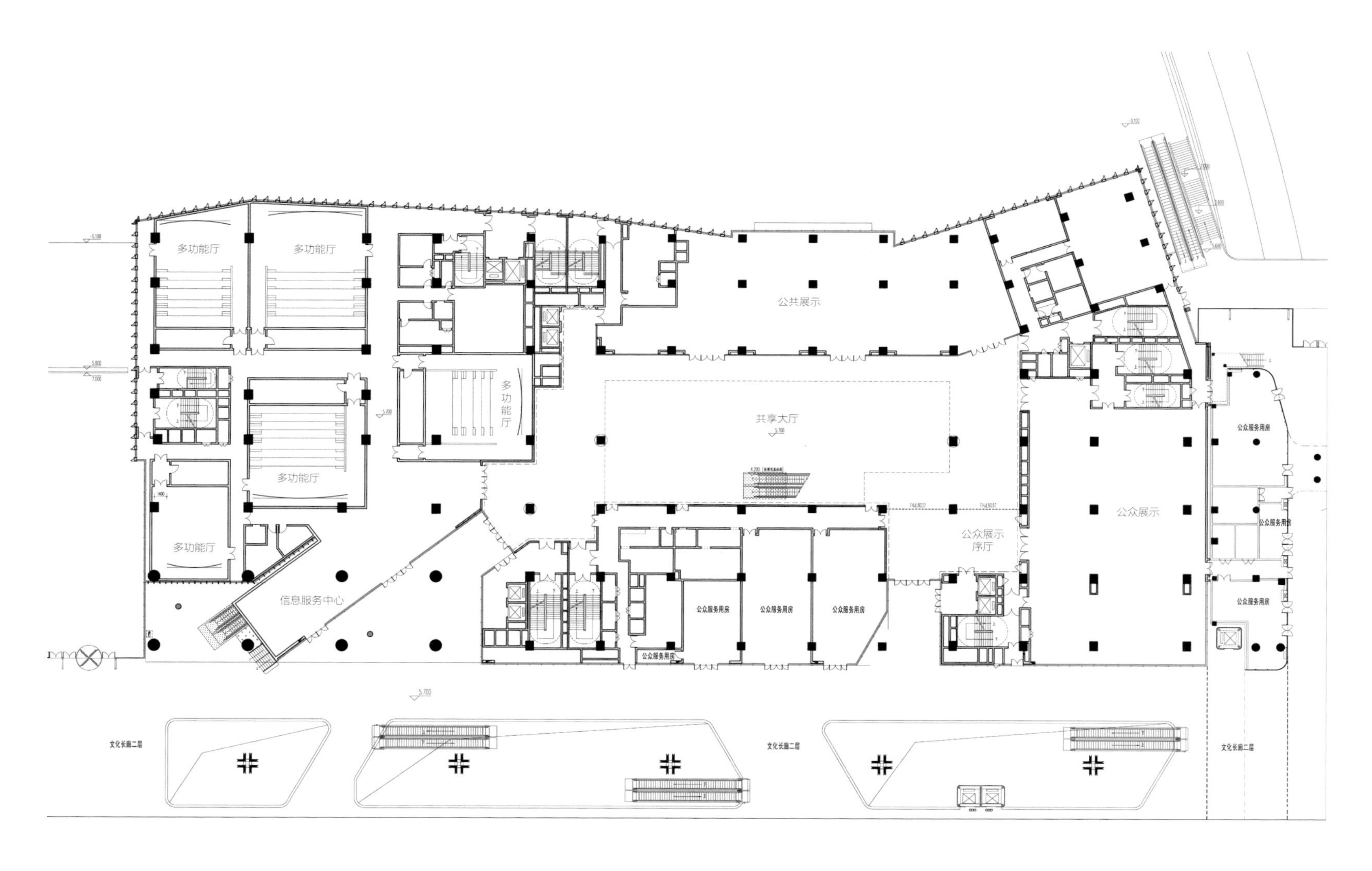
多功能厅
多功能厅
多功能厅
多功能厅
多功能厅
公共展示
共享大厅
信息服务中心
公众服务用房
公众服务用房
公众服务用房
公众服务用房
公众展示
序厅
公众展示
公众服务用房
公众服务用房
公众服务用房
文化长廊二层
文化长廊二层
文化长廊二层

二层平面图

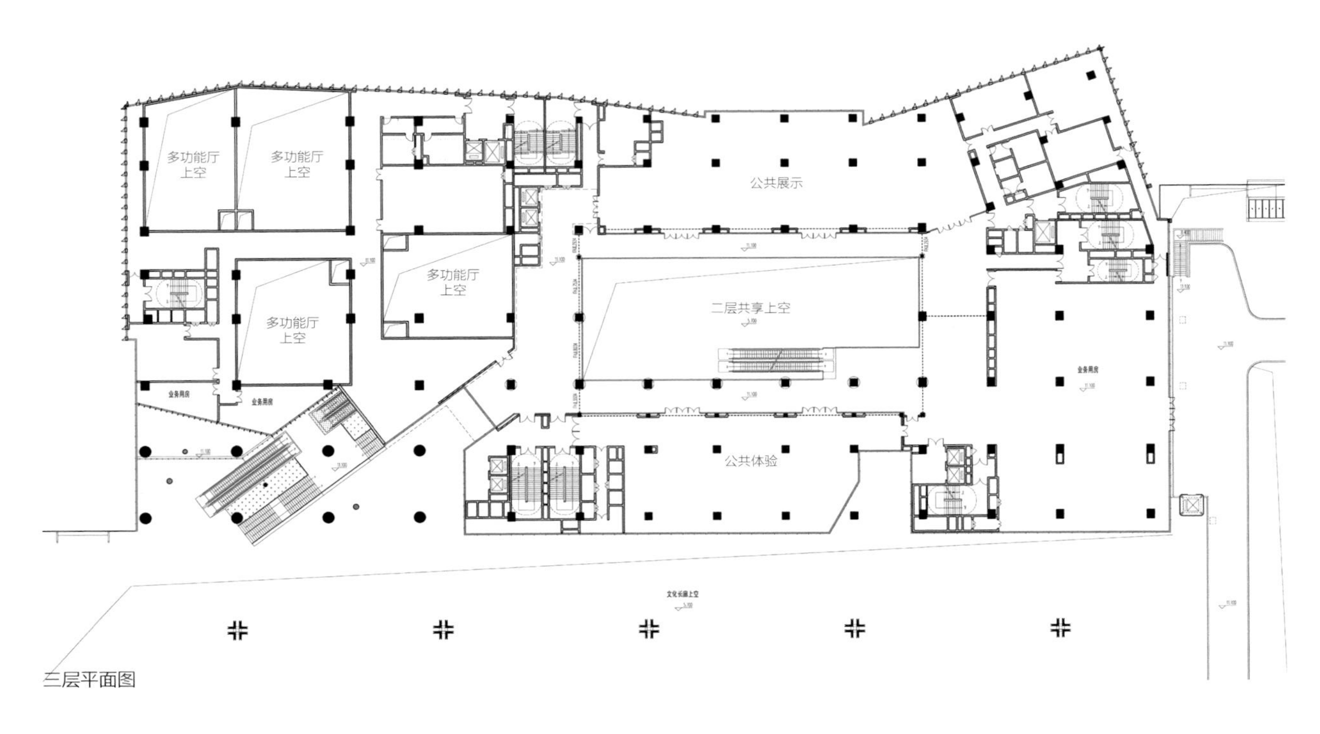
多功能厅
上空
多功能厅
上空
公共展示
多功能厅
上空
二层共享上空
多功能厅
上空
公共体验

三层平面图

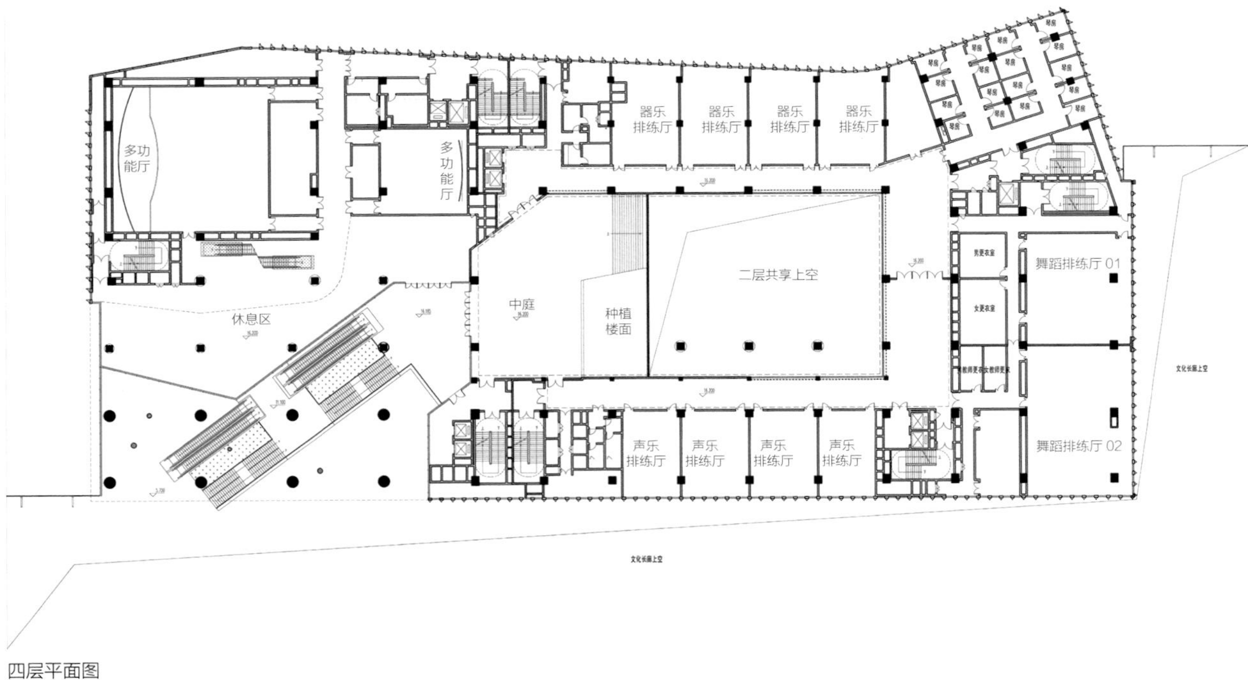
多功能厅
多功能厅
器乐
排练厅
器乐
排练厅
器乐
排练厅
器乐
排练厅
中庭
种植
楼面
二层共享上空
舞蹈排练厅 01
休息区
声乐
排练厅
声乐
排练厅
声乐
排练厅
声乐
排练厅
舞蹈排练厅 02

四层平面图

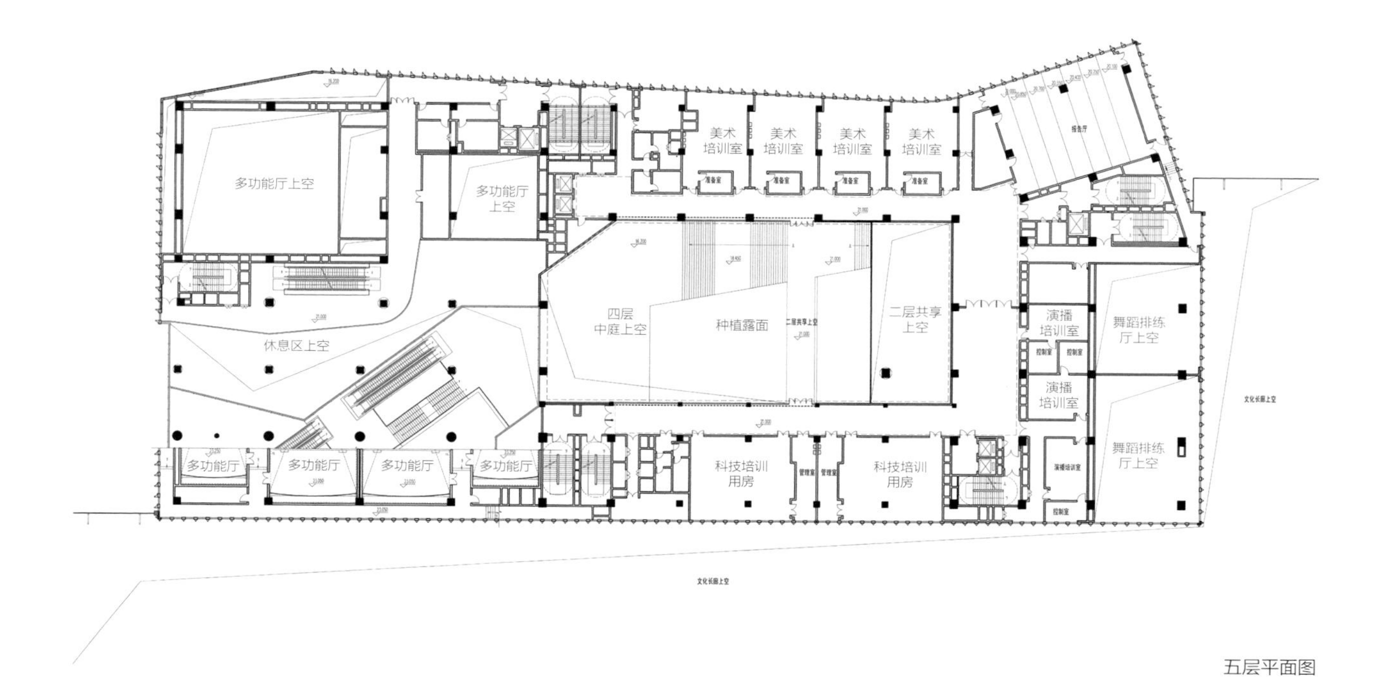
美术培训室
美术培训室
美术培训室
美术培训室
多功能厅上空
多功能厅上空
休息区上空
四层中庭上空
种植露面
二层共享上空
演播培训室
演播培训室
舞蹈排练厅上空
舞蹈排练厅上空
多功能厅
多功能厅
多功能厅
多功能厅
科技培训用房
科技培训用房

五层平面图

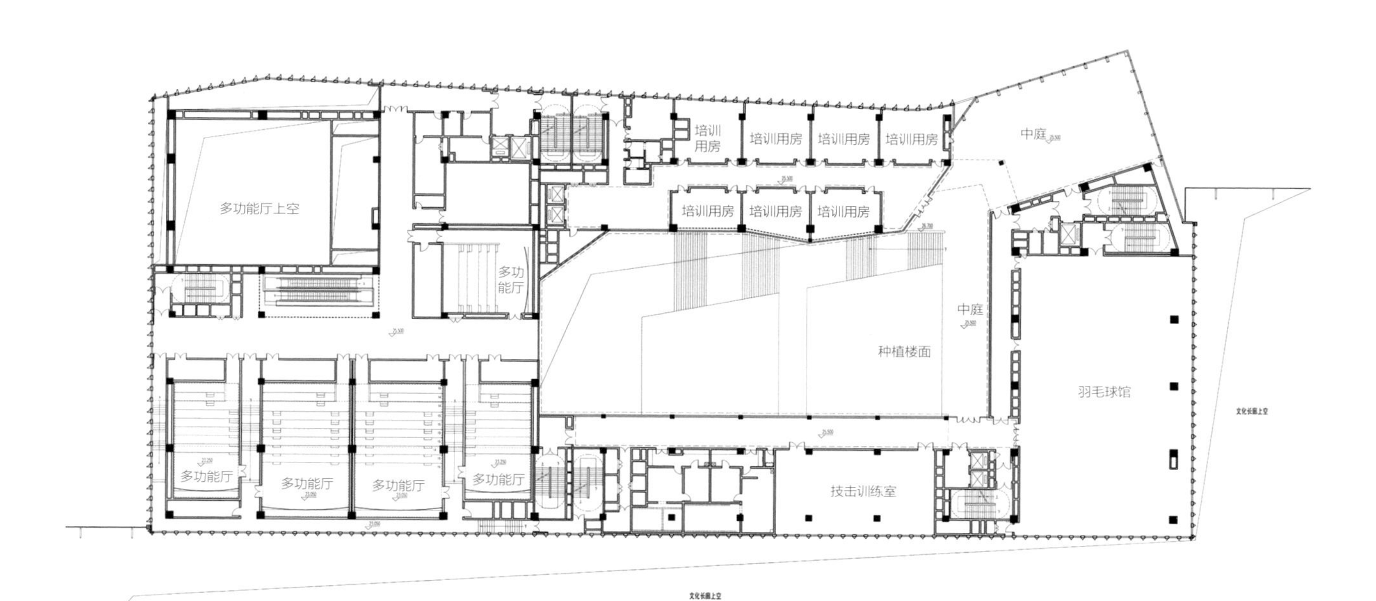
培训用房
培训用房
培训用房
培训用房
培训用房
培训用房
培训用房
中庭
多功能厅上空
多功能厅
中庭
种植楼面
羽毛球馆
多功能厅
多功能厅
多功能厅
多功能厅
技击训练室

六层平面图

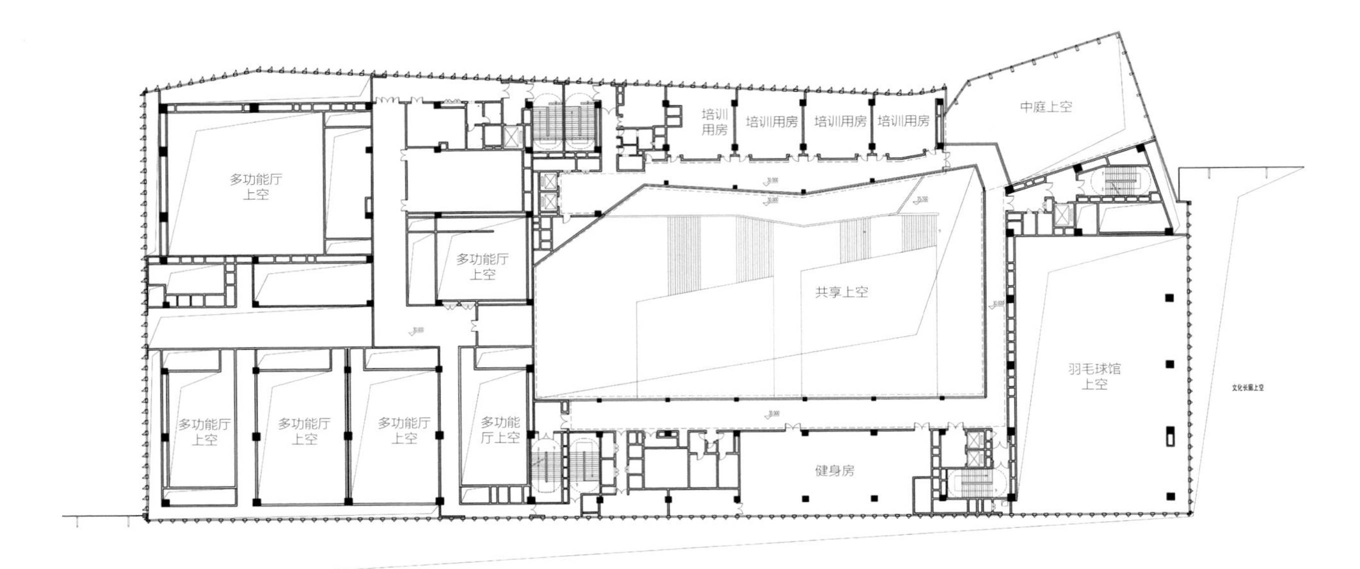
培训
用房
培训用房
培训用房
培训用房
中庭上空
多功能厅
上空
多功能厅
上空
共享上空
羽毛球馆
上空
多功能厅
上空
多功能厅
上空
多功能厅
上空
多功能
厅上空
健身房

七层平面图

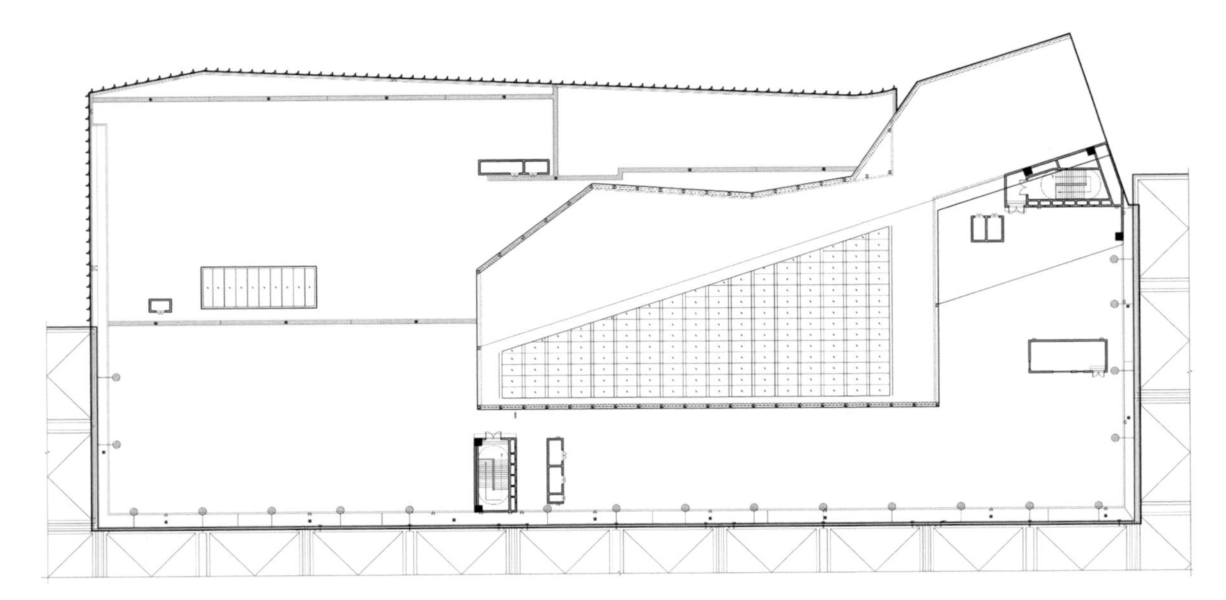

屋顶平面图

东立面图

西立面图

36.300
34.500
30.000 (07F)
25.500 (06F)
21.000 (05F)
16.200 (04F)
11.100 (03F)
5.700 (02F)
±0.000 (01F)
1800
4500
4500
4500
4800
5100
5400
5700
36750

南立面图

36.300
34.500
30.000 (07F)
25.500 (06F)
21.000 (05F)
16.200 (04F)
11.100 (03F)
5.700 (02F)
±0.000 (01F)
1800
4500
4500
4500
4800
5100
5400
5700
36750

北立面图

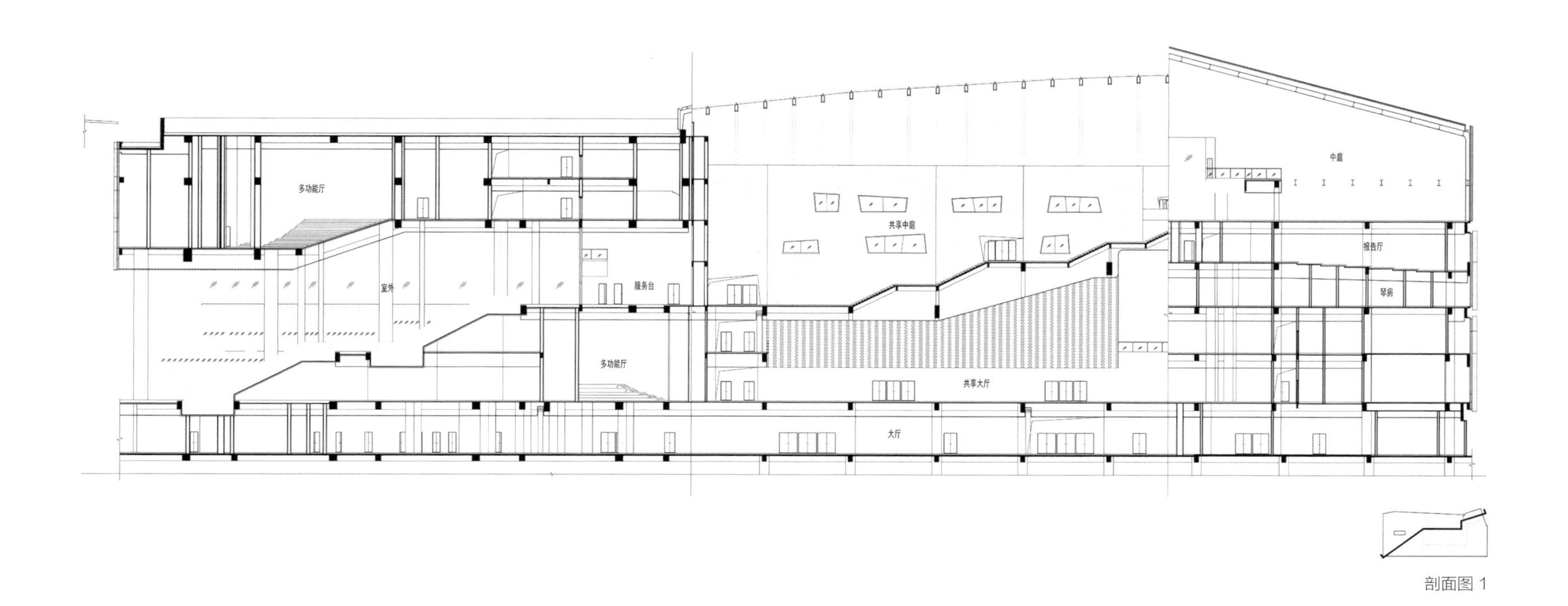
多功能厅
室外
服务台
多功能厅
共享中庭
共享大厅
大厅
中庭
报告厅
琴房

剖面图 1

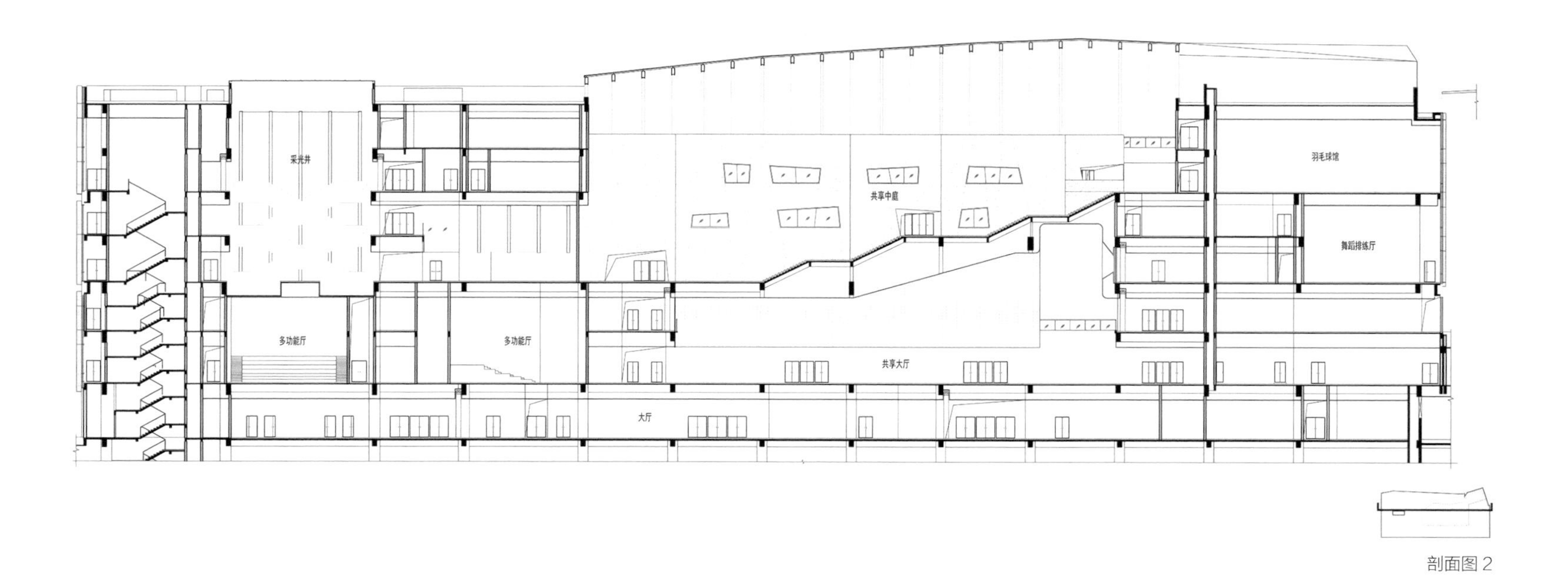
采光井
多功能厅
多功能厅
共享中庭
共享大厅
大厅
羽毛球馆
舞蹈排练厅

剖面图 2

滨海东方演艺中心

Binhai Oriental Performing Art Center

功能定位　Function Position

东方魅力，艺术之家

设计说明　Design Specification

滨海东方演艺中心建筑面积2.4万平方米，拟设置群星剧场、实验剧场、综合表演场地等。群星剧场观众厅1200座，设三层楼座；实验剧场400座，座位可灵活布置，用于彩排、动漫Cosplay演出、观摩演出和综合活动；综合表演场地结合小剧场、门厅和文化长廊空间，开展街头艺术等节目表演，并设置一定数量的音乐工作室等。一层沿长廊一侧为公众服务用房，内部为剧场舞台设备、机电用房及观众厅地下入口；二层为剧场入口大厅、400人多功能剧场、化妆间及舞台设备；三层为观众厅入口大厅及观众厅池座，南侧为舞台及演职员化妆间、排练厅；四层为观众厅楼座、文化创作空间及芭蕾舞教室，南侧为舞台设备空间及办公空间；五层为观众厅吊顶设备空间、办公空间及屋顶花园。

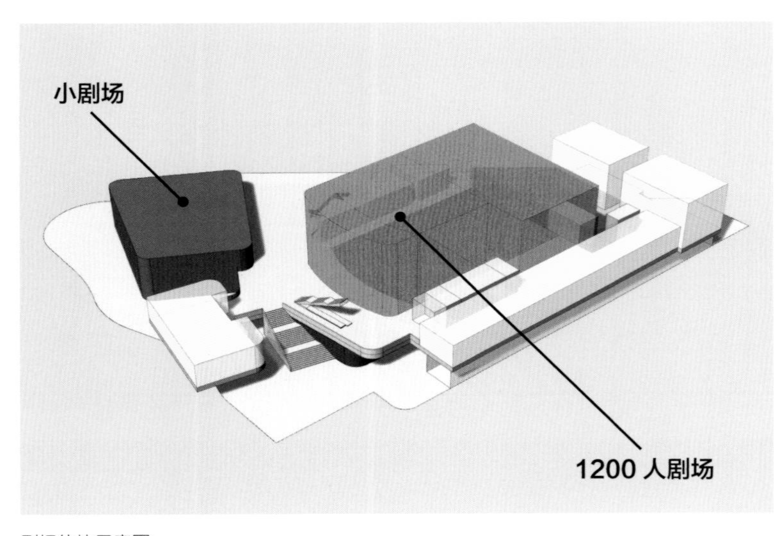

剧场体块示意图

立面建筑材料以浅灰色拉丝抛光蜂窝铝板、双超白低铁高透中空Low-E玻璃、深灰色铝单板水平格栅和浅灰色蜂窝铝板为主。

建筑方案团队　**加拿大Bing Thom建筑事务所**
天津华汇工程建筑设计有限公司

主创设计师：谭秉荣（Bing Thom）、孟令强
建筑设计：（外方）Venelin Kokalov、Alex Buss、Nicole Hu
（中方）江澎、蔡勇、张娜、左洪涛、田源

施工图团队　**天津华汇工程建筑设计有限公司**

工程主持人：冯延、黄彧晖
建筑专业：冯延、刘志成
结构专业：毛文俊、魏然
给排水专业：魏平、曹伟、谭静亮
暖通专业：杨琳、张璐璐、姚荣峰
电气专业：张月洁、李江、樊春森

东立面效果图

大厅效果图

剧场效果图

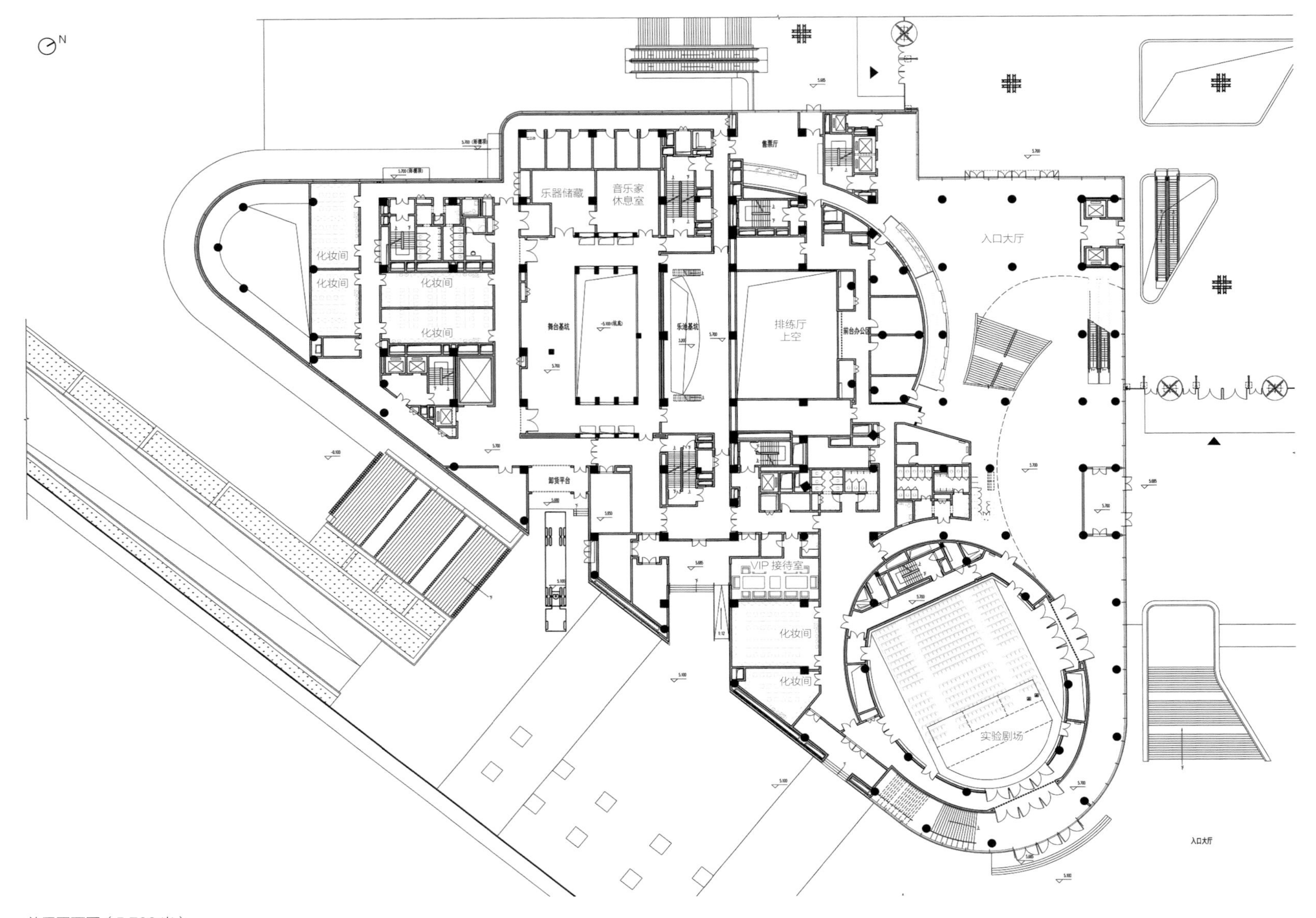
乐器储藏
音乐家
休息室
化妆间
化妆间
化妆间
化妆间
排练厅
上空
入口大厅
VIP 接待室
化妆间
化妆间
实验剧场
入口大厅

首层平面图（5.700 米）

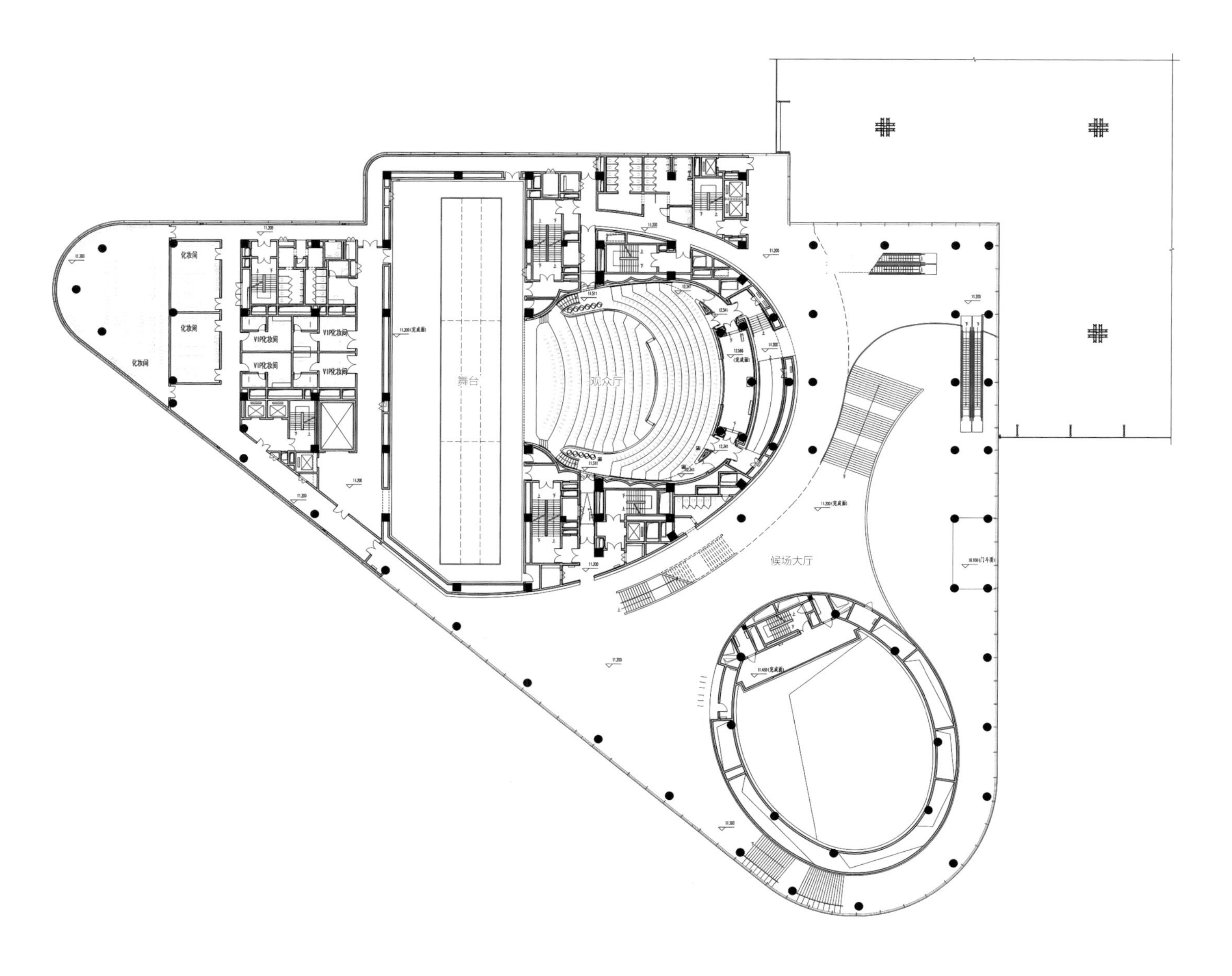

二层平面图

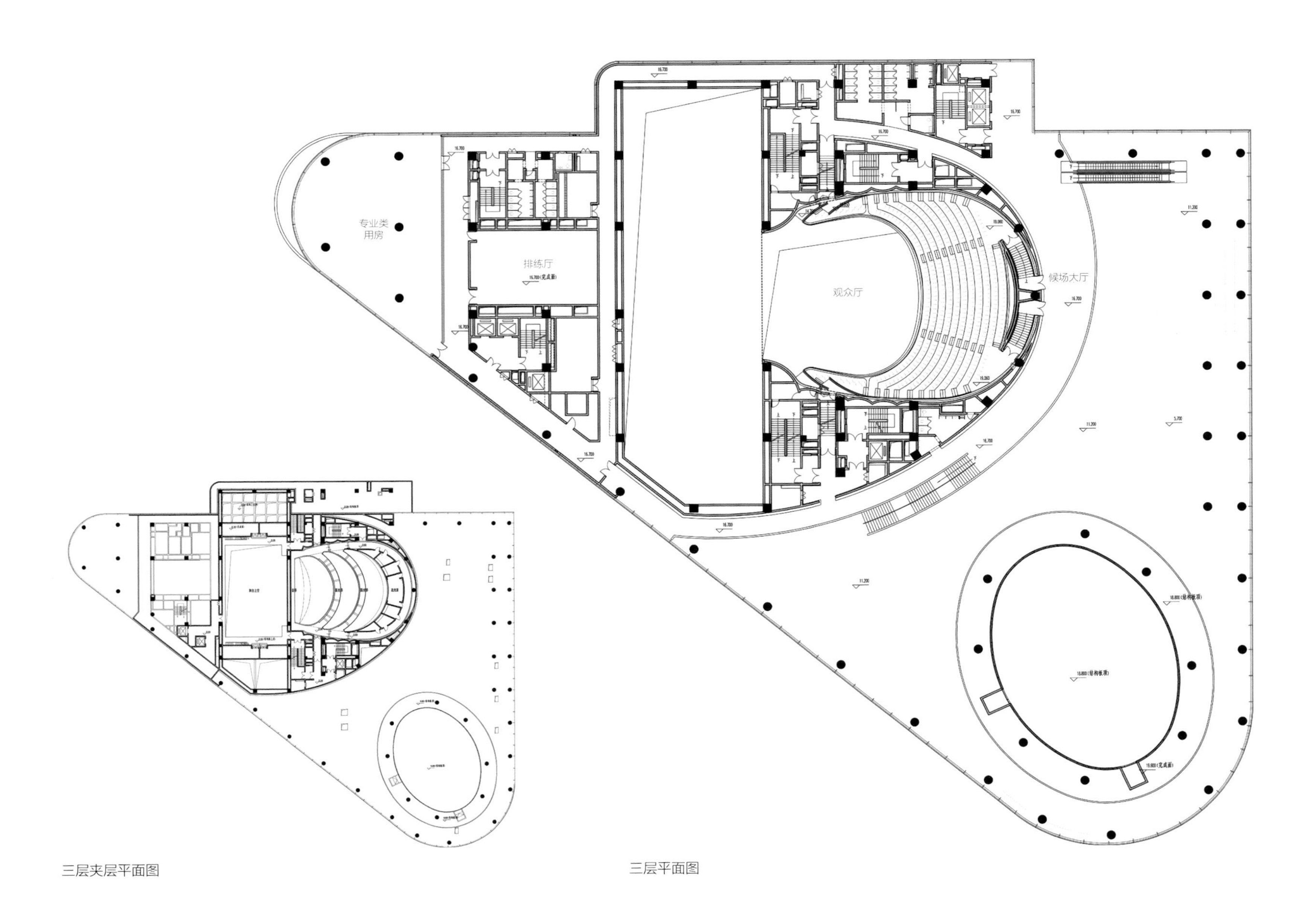

三层夹层平面图

三层平面图

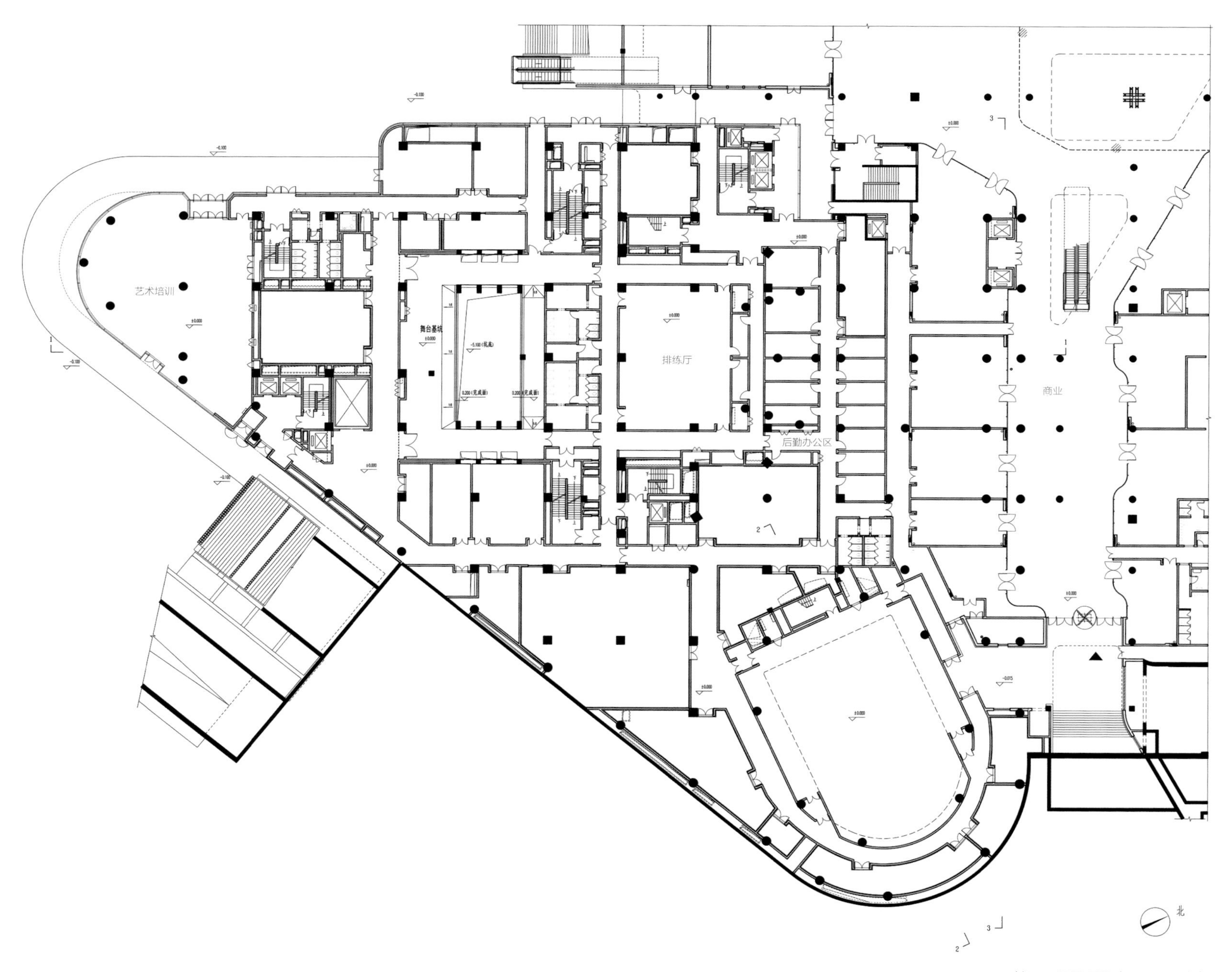

地下一层平面图（±0.000 米）

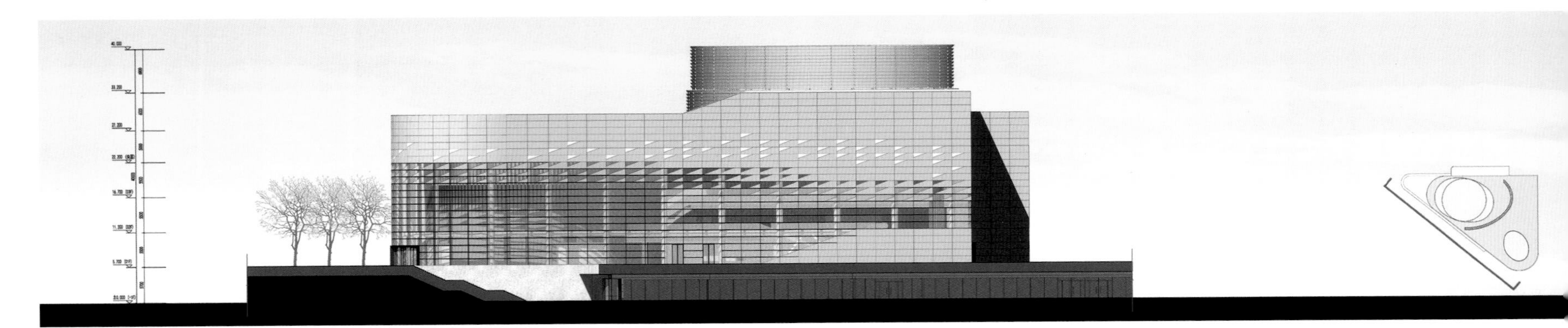

立面图 1

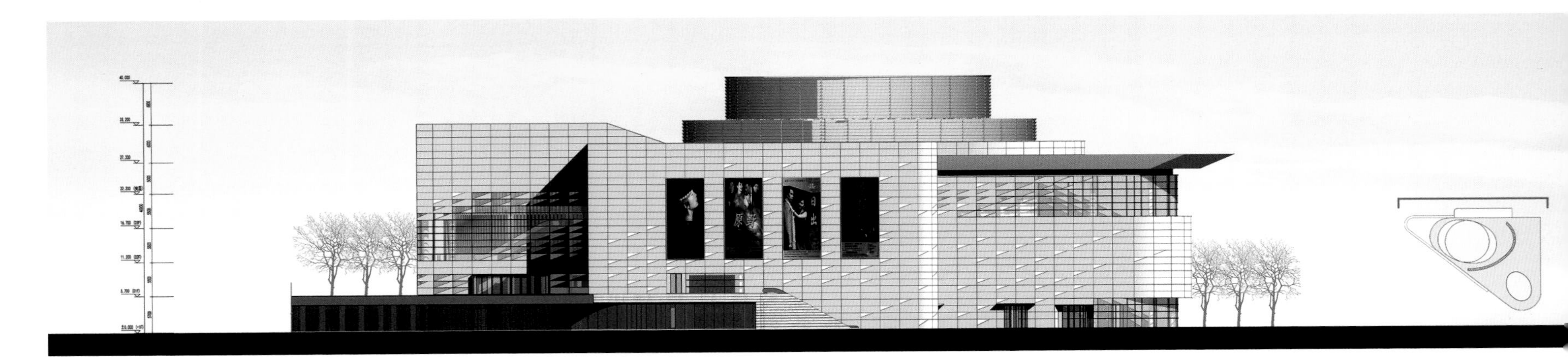

立面图 2

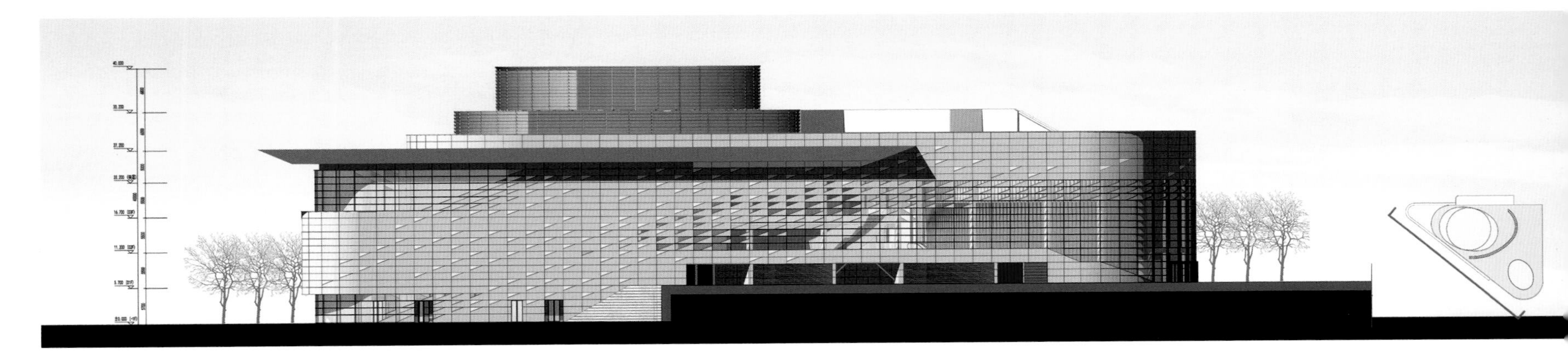

立面图 3

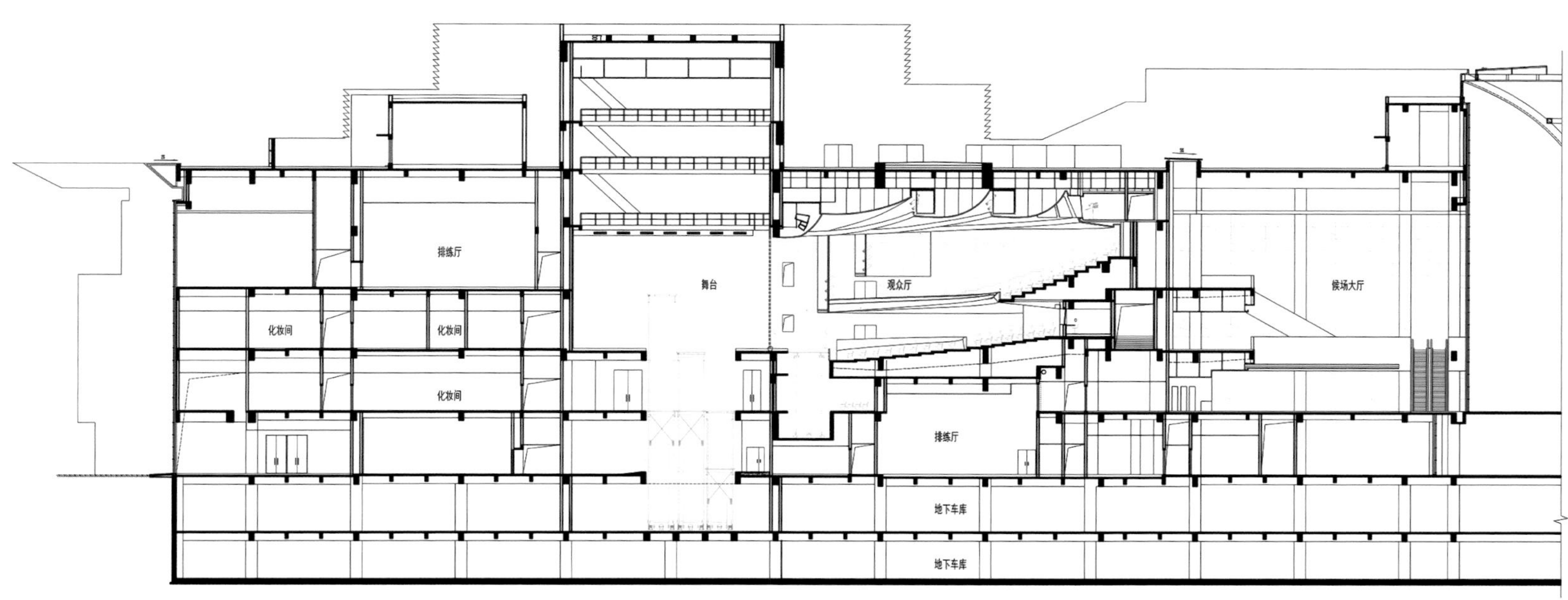

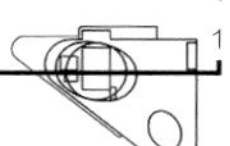

剖面图 1-1

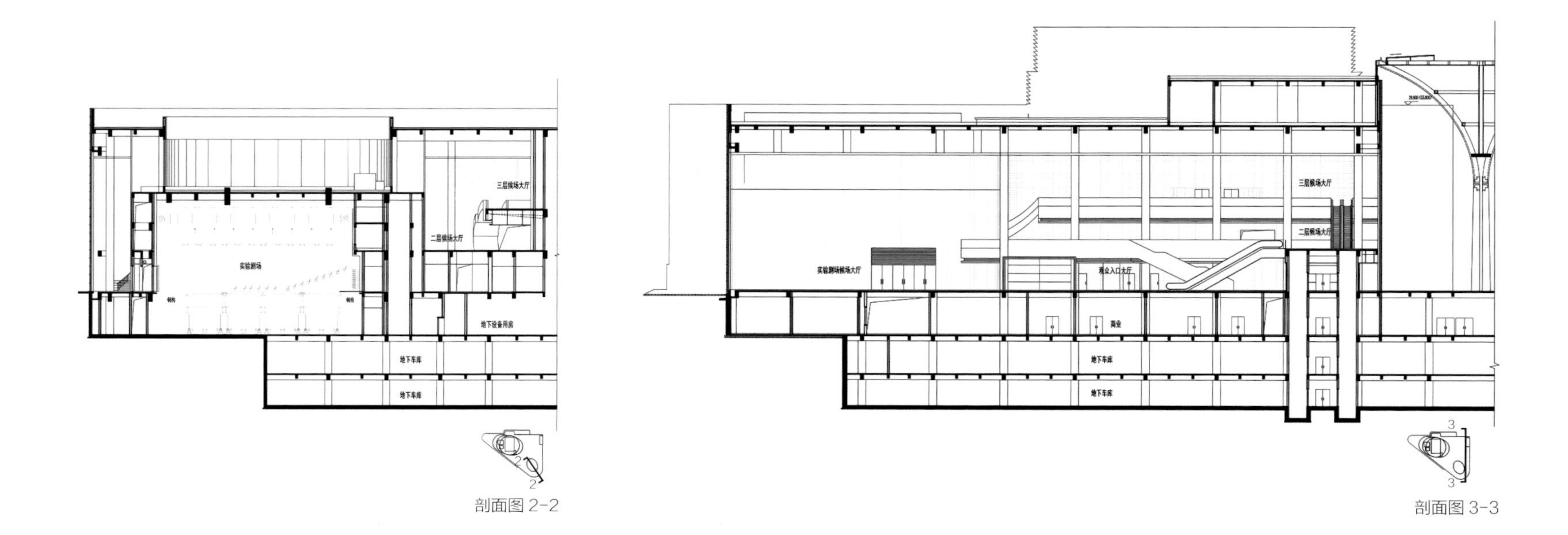

剖面图 2-2

剖面图 3-3

领导视察滨海文化中心一期实施情况

领导视察施工现场

市领导视察施工现场

市领导听取项目进展情况汇报

市领导听取项目进展情况汇报

东南侧鸟瞰图

后 记
Postscript

文化是城市的血脉，是城市发展进步的灵魂，城市的文化中心是市民的精神家园。城市的活力和竞争力与文化资源、文化氛围和文化发展水平息息相关。为适应滨海新区的快速发展，实现城市发展定位，完善城市文化服务功能，满足人民群众日益增长的文化需要，提升新区形象，新区区委、区政府规划建设了滨海新区文化中心。

作为滨海新区“十大民生工程”中的重点项目，滨海新区文化中心（一期）项目在 2015 年正式启动建设，预计于 2016 年 12 月底竣工，2017 年投入使用，届时将成为市民欣赏艺术作品、参加公共文化活动、进行文化艺术交流的重要场所。我们期待滨海新区文化中心将成为滨海新区的城市客厅，不仅展示新区的格调、品位，陶冶市民的情操，延续城市的精神，而且成为文化聚集地，打造成滨海新区的“文化航母”，同时，作为滨海新区标志性的建筑群，成为吸引外地游客参观游览并了解滨海新区的窗口。

从 2008 年选址开始，历经八年多的时间，滨海新区文化中心终于从一系列理念和决策蝉变为一张张规划设计图纸，从精挑细选的一砖一瓦羽化为一栋栋精美的建筑。建筑也是文化，滨海新区文化中心的规划设计和建筑设计本身就是文化创作。我们始终坚持“国际一流”的标准，共有来自英国、美国、德国、荷兰、加拿大、日本、中国香港以及天津本地等多个具有丰富经验的设计团队参与，聚集了世界级设计大师的创作。从第一次概念性规划设计方案国际征集华丽的建筑设计，到十几易其稿的文化中心的规划布局，探讨与城市公园、轴线的关系，再到形成以文化长廊组成文化综合体的构思，最后完成实施建筑设计方案的演变，凝聚了各级领导、国内外设计大师及其团队、专家学者、社会各界和规划设计管理人员的智慧和心血，凝聚了滨海新区文化投资公司和施工单位的积极谋划、昼夜奋战、热情参与，是城市规划管理和设计人员长期共同努力的结晶。规划设计和建筑设计也是滨海新区城市文化中心的重要组成部分，《文化长廊——天津滨海新区文化中心规划和建筑设计》一书详细记录了滨海新区文化中心规划设计几年来的历程，囊括了数位国际大师的设计成果，包括没有实施的过程方案成果，是广泛宣传和深度展示滨海新区文化中心的重要载体，它本身就是艺术品。我们希望通过展现滨海新区文化中心在规划和建筑设计过程中的理念、构思和建设实践，积极探讨城市文化空间与建筑设计的内涵和发展趋势，为营造美好的城市空间、塑造城市文化的理想而努力。

城市文化的核心是在继承历史传统的基础上，实现文化创新的大发展、大繁荣。滨海新区文化中心除在规划设计和建筑设计上勇于传承和探索创新外，也试图在建设模式和运营管理模式上进行探索，打破传统，新建一个文化场馆，新设一个事业单位管理的模式，形成文化事业与文化产业协同发展的新格局。由于规划设计走在前面，因此，在深化规划设计、建筑设计的同时，会同文化部门，邀请天津和新区的文化专家、国内外运营方面的团队进行咨询，并邀请第一太平戴维斯进行商业运营策划，借鉴国内外成功的建设模式和运营管理等经验。应该说，文化中心的建设模式、运营管理和布展的创新比较难，软件的创新也许比硬件的创新更难。然而，滨海新区的优势和魅力应该就是创新，通过借鉴先进的理念方法，改变传统的机制，使滨海新区文化中心真正成为充满活力的文化场所，成为文化大发展、大繁荣的发源地，成为京津冀地区文化产业发展极具影响力的一个重要舞台。我们充满希望和期待！

2016年3月

图书在版编目（CIP）数据

文化长廊：天津滨海新区文化中心规划和建筑设计 / 霍兵主编；《天津滨海新区规划设计丛书》编委会编. -- 南京：江苏凤凰科学技术出版社，2017.3
（天津滨海新区规划设计丛书）
ISBN 978-7-5537-7081-9

Ⅰ. ①文… Ⅱ. ①霍… ②天… Ⅲ. ①文化中心－城市规划－滨海新区②文化中心－建筑设计－滨海新区 Ⅳ. ①TU984.221.3②TU242.4

中国版本图书馆CIP数据核字（2016）第188362号

文化长廊——天津滨海新区文化中心规划和建筑设计

编　　者　《天津滨海新区规划设计丛书》编委会
主　　编　霍　兵
项目策划　凤凰空间/陈　景
责任编辑　刘屹立
特约编辑　林　溪

出版发行　凤凰出版传媒股份有限公司
　　　　　江苏凤凰科学技术出版社
出版社地址　南京市湖南路1号A楼，邮编：210009
出版社网址　http://www.pspress.cn
总 经 销　天津凤凰空间文化传媒有限公司
总经销网址　http://www.ifengspace.cn
经　　销　全国新华书店
印　　刷　上海雅昌艺术印刷有限公司

开　　本　787 mm×1 092 mm　1 / 12
印　　张　54
字　　数　518 000
版　　次　2017年3月第1版
印　　次　2017年3月第1次印刷

标准书号　ISBN 978-7-5537-7081-9
定　　价　648.00元